U0224783

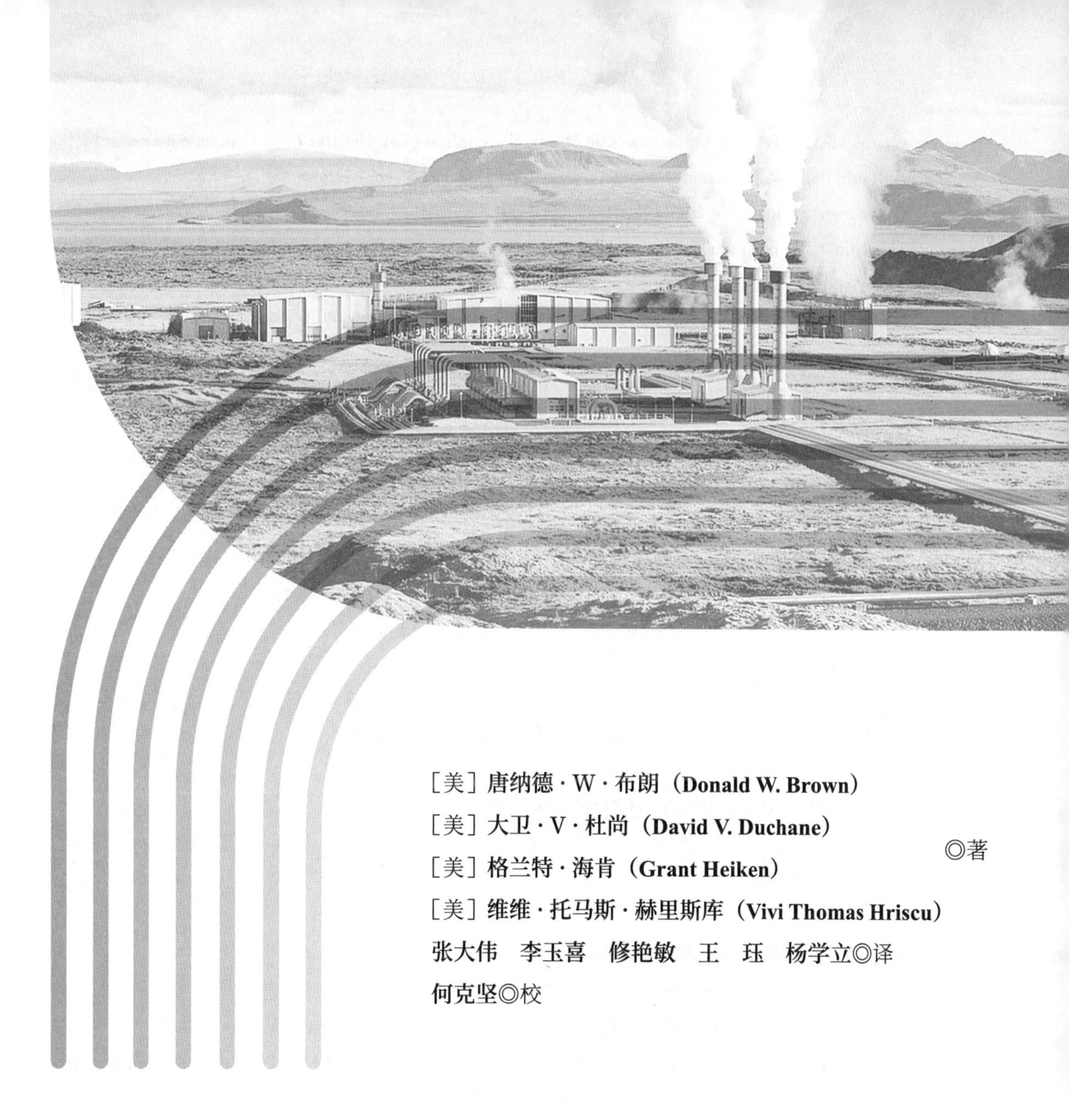

[美] 唐纳德·W·布朗（Donald W. Brown）
[美] 大卫·V·杜尚（David V. Duchane）
[美] 格兰特·海肯（Grant Heiken）
[美] 维维·托马斯·赫里斯库（Vivi Thomas Hriscu）
◎著
张大伟　李玉喜　修艳敏　王　珏　杨学立◎译
何克坚◎校

开采地球的热量

干热岩地热能

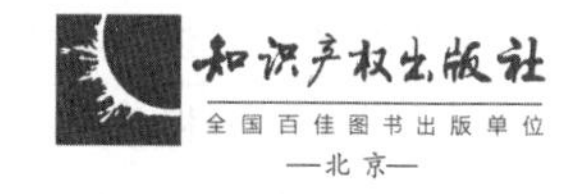

知识产权出版社
全国百佳图书出版单位
—北京—

图书在版编目（CIP）数据

开采地球的热量：干热岩地热能 /（美）唐纳德·W. 布朗（Donald W. Brown）等著；张大伟等译．— 北京：知识产权出版社，2024.1

书名原文：Mining the Earth's Heat: Hot Dry Rock Geothermal Energy

ISBN 978-7-5130-8972-2

Ⅰ．①开… Ⅱ．①唐… ②张… Ⅲ．①干热岩体—地热能 Ⅳ．①TK521

中国国家版本馆CIP数据核字（2023）第216626号

责任编辑：张　珑　　　　**责任印制**：孙婷婷

开采地球的热量——干热岩地热能

KAICAI DIQIU DE RELIANG——GANREYAN DIRENENG

［美］唐纳德·W. 布朗（Donald W. Brown）　［美］大卫·V. 杜尚（David V. Duchane）

［美］格兰特·海肯（Grant Heiken）　［美］维维·托马斯·赫里斯库（Vivi Thomas Hriscu）　著

张大伟　李玉喜　修艳敏　王　珏　杨学立　译

何克坚　校

出版发行：知识产权出版社有限责任公司　　**网　址**：http://www.ipph.cn

电　话：010－82004826　　http://www.laichushu.com

社　址：北京市海淀区气象路50号院　　**邮　编**：100081

责编电话：010－82000860转8574　　**责编邮箱**：laichushu@cnipr.com

发行电话：010－82000860转8101　　**发行传真**：010－82000893

印　刷：北京中献拓方科技发展有限公司　　**经　销**：新华书店、各大网上书店及相关专业书店

开　本：720mm×1000mm　1/16　　**印　张**：32.75

版　次：2024年1月第1版　　**印　次**：2024年1月第1次印刷

字　数：434千字　　**定　价**：200.00元

ISBN 978-7-5130-8972-2

京权图字 01-2023-6657

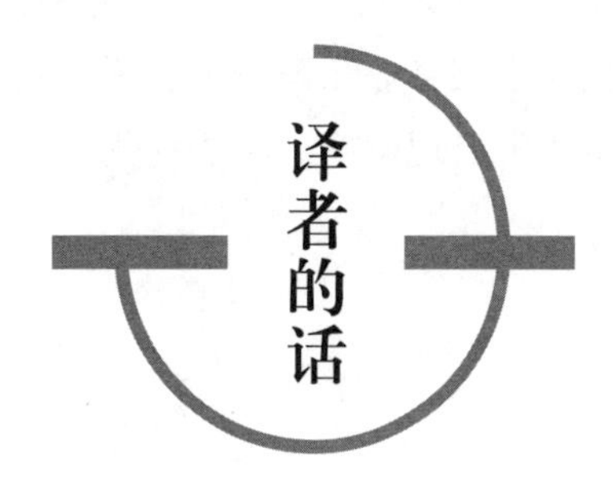

译者的话

干热岩型地热能资源（Hot Dry Rocks Geothermal Energy）是蕴藏在干热岩体中的地热资源。岩体的温度可达到数百摄氏度，但由于储热岩体中不存在热水和蒸汽，无法形成水热型地热资源，因此岩体中蕴藏的大量热能难以被直接利用。

经过多年的研究和探索，美国、法国、德国、日本、意大利等国家已经掌握了干热岩采热及发电的基本原理和技术，即在不渗透的干热岩体内进行热交换试验，并探索出三种地下热交换系统模式：人工压裂裂隙模式、天然裂隙模式、天然裂隙-断层模式。其中人工压裂裂隙模式最具普适性，该模式最早由美国洛斯阿拉莫斯（Los Almos）国家实验室提出并试验成功。该模式通过人工高压注水到井底，干热的岩石受冷水作用后形成裂隙，水在这些裂隙中穿过，即可完成进水井和出水井所组成的水循环系统热交换过程。

本书由洛斯阿拉莫斯国家实验室编著，详细记录了美国能源部芬顿山干热岩项目，即人工压裂裂隙模式的最初试验过程。人工高压裂隙模式的概念提出于1960年。当时的洛斯阿拉莫斯国家实验室领导人诺里斯·布拉德伯里（Norris Bradbury）（1945—1970年）鼓励洛斯阿拉莫斯的研究人员“提出想法”，这一号召被罗比（Robbie）领导的化学专家组所接受，于是产生了这一大胆设想。经过多年的努力和尝试，直到1974年获得了美国能源部的资助，正式开始储层试验。至1995年，历经21年，在深层热结晶岩中建立了两个独立的HDR（Hot Dry Rock）储层，并进行了广泛的研究，之后分别进行了近一年的流动测试。这些试验都是在新墨西哥州中北部杰梅斯山脉的芬顿山HDR试验场进行的，位于洛斯阿拉莫斯以西约20英里处。试验分“第I期”和“第II期”储层的深度分别为2700米和3600米，温度为180℃和240℃。通过流动测试，证明了从干热岩中采集热能在技术上是可行的。

本书共分十章，按时间顺序讲述了芬顿山干热岩项目的全部过程。在这一过程中，非常宝贵的是有很多经验和教训可以吸取，如储层改造所需的地质条件、水文地质环境，地应力对压裂的影响、钻井事故的处理、压裂与微地震活动等。从中我们不仅可以借鉴该模式的工程、技术和方法，更能感受到开创这一技术方法的艰难历程和先驱者们坚忍不拔的毅力。这一切都为我们开发干热岩地热能奠定了基础。

由于本书专业知识较强，译者的专业和英文水平有限，尽管认真编译，也难免对原文的理解出现偏差，还请专业人士提出宝贵意见并给予谅解，在此非常感谢！

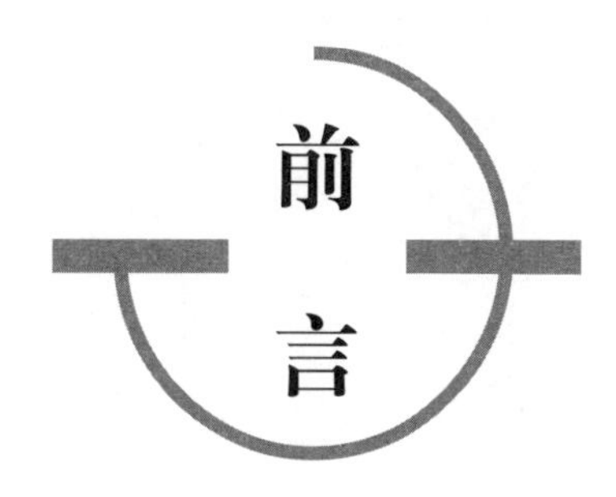

前言

“干热岩地热能”概念的诞生是由于人们认识到地球的热量代表着人类几乎取之不尽的清洁热能来源。正是由于新墨西哥州洛斯阿拉莫斯国家实验室两位具有远见卓识的科学家——鲍勃·波特和莫特·史密斯的开拓性努力，促成了从地壳上层的广大热岩区域中提取有用能源的有效可靠方法的开发。来自岩石的热量，正如史密斯所说，“代表着人类可以获得的最大量和分布最广的直接可用的热能供应”。在随后的年月里，通过洛斯阿拉莫斯的其他研究人员的共同努力，波特和史密斯的梦想成为现实。

本书详述了在洛斯阿拉莫斯附近的芬顿山进行的先驱性实验，以及由此产生的世界上第一批也是迄今为止唯一真正的干热岩储层。这些储层建造在深层节理基岩区，基岩中的节理又被次生矿物的沉积重新密封了起来（在产生节理的变形期之后，若有足够时间的条件，几乎普遍如此）。

在芬顿山创造出一系列最富有成效和最重要的技术成果时期，我担任的是干热岩项目的经理，这对我分析和综合众多测试和实验的结果特别有利。在过去的 12 年中，编写本书的要求促使我对这些发现又做了详尽的审查，并根据需要对其进行了修订和（或）重新解释，依据的都是目前有关深层节理结晶基岩行为的知识，特别是那些关于封闭的人造干热岩油藏的知识。

一些读者可能认为某些章节的长度和详细程度过高。但应该注意的是，从一个自始至终深入参与者的角度来撰写本书，目的不仅是为将来想利用地壳深处热能的人们提供有用的信息，同时也是作为芬顿山项目 23 年发展过程的完整和权威的报告。为了便于读者掌握最重要的事件和发现，第 2 章采用“执行纲要”的结构。

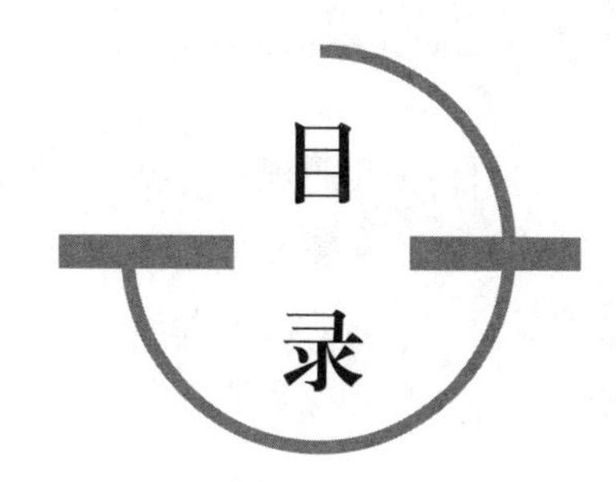
目
录

第二部分 干热岩地热能概念的首次示范：芬顿山第一期储层的开发

第三部分 HDR 系统工程：芬顿山储层第二阶段开发和试验

1

第一部分

干热岩地热能：最前沿和最大量可持续能源资源的历史与潜力

第1章 偶然历史事件：启动洛斯阿拉莫斯的干热岩地热能计划

人类最早从什么时候开始利用从地表喷口流出的热水和蒸汽来改善他们的生活？他们在迁徙过程中是否在这些地方停留，在温暖的池子里洗澡或用这些水做饭，并最终在温泉附近建造了村庄？我们只能想象人类最初是以何种方式利用地球热量的；同时我们也可以假设，各地的人类迟早会遇到那些通过深层热岩循环升到高温后冒出地面的热水，并加以利用。

在现代，人们是通过钻进地壳内具有高热流的渗透性区域来开发地热能的。如果热液储量足够大，深度可以钻井，温度足够高，岩石有足够的渗透性，那么就能提取热液到地表，转化为电能或直接用于供暖。但是拥有这些特性的地区（如意大利的Larderello，那里的深层热液自20世纪初就已经用于商业发电）是罕见的。在许多地区，勘探钻井已经钻到了温度足够高的深度，但是岩石的渗透性太小，只有少量的液体存在。换句话说，岩石是热的，但基本上是干的。那么，按照这个逻辑，下一步就应该考虑的是在地球上更多地区建造地热储层工程，只要这些地区在钻探深度以内的岩石是热的、包含非开放但相互连通的节理或断层。

从人造的地热库中采热的概念起源于20世纪70年代初，是由新墨西哥州的洛斯阿拉莫斯科学实验室（即现在的美国洛斯阿拉莫斯国家实验室）提出的[1]。

该实验室最初由美国陆军建立，主要任务是设计和测试核武器，在20世纪40年代

[1] 这段关于干热岩地热能的早期历史的文字大部分是从其先驱莫腾·史密斯(Morton C. Smith)的多篇论文中摘录的。他于1997年英年早逝，结束了他所着手的干热岩项目的详细历史。幸运的是，我们已经有了第一卷，题为"基岩中的锅炉"，其中第一部分是"干热岩地热能项目的早期，从1970年至1973年"。该书出版于1995年，研究水平高超，可读性极强，强烈建议作为补充读物。第二卷也由他完成了大量的工作，将由本书的作者尽快出版。

中期转交给至原子能委员会。那么，在那里工作的科学家是如何参与开发这种独特形式的可再生能源的呢？一个偶然情况是实验室具有真正的多学科特点和其独特的友好研究环境。设计和测试武器不仅需要武器专家的努力，而且还需要工程师、化学家、物理学家、地质学家、地球物理学家、水文学家和医疗科学家们的努力。而要在技术上保持领先，就需要“大学氛围”，让人们自由地进行创造性思维，这是实验室当时的标志，当然洛斯阿拉莫斯的科学家也正是以这种奉献精神而著称❶。

洛斯阿拉莫斯的发展

在诺里斯·布拉德伯里（Norris Bradbury）的领导下（1945—1970年），洛斯阿拉莫斯的研究人员被鼓励提出想法。尤金·罗宾孙（Eugene S. Robbie）领导的化学专家组接受了这一挑战。他们对地下深井钻探的新技术很感兴趣。激发他们兴趣的不仅是可能的实际应用（当时正在考虑超深钻地下深层取样项目），还有一种对地下可以做什么、可能发现什么的迷恋。

传统的钻井钻头是由非常坚硬的材料制成的，能够打破和磨碎固体岩石。1960年，罗宾孙小组的成员形成了这样一个想法：如果能够将岩石熔化成液体，那么其渗透可能更容易、更快（特别是随着深度的增加，以及岩石温度的提高），而且更便宜。在早期的试验中，用电将钨和钼等难熔金属加热到炽热状态，它们很容易就能穿过火成岩的样品。这些试验证实，熔化岩石所需的能量与破碎和粉碎岩石所需的能量相似（大约为1000cal/cm^3）。然后，该小组开始了研发工作，制作了一个熔化岩石的穿透器。

试验证明，新设备能够稳定地钻穿玄武岩巨石（随着钻进能将碎片——玻璃颗粒气动排射出来）。在多孔火山岩中，如火山灰凝灰岩，穿透器能够在前进过程中巩固岩石，为钻孔形成一个高密度的玻璃衬里，这就消除了排出碎片的需要。岩石熔化过程的耦合传热和流体力学行为用纳维-斯托克斯（Navier-Stokes）方程的新解进行了分析，该方程是由罗宾孙小组的成员B. B. 麦金太尔（McInteer）导出的（Armstrong et al., 1965）。

由于缺乏资金，岩石熔化项目在1963年年初终止，但在随后的几年里，小组内部对该领域可能取得的新进展进行了大量的私下猜测。1970年年初，在诺里斯·布拉德伯里的指导下，罗宾孙小组建立了一个跨学科的特设委员会（图1-1），目的是研究基于新概念的熔化岩石钻头——一个称为“核熔岩钻”的装置。它由一个紧凑的核反应堆而非电力驱动，通过热管将热能传送到反应堆周围的耐火金属外壳（Robinson et al., 1971）。与电力驱动的岩石熔化穿透器相比，这样的装置高效得多，钻出大得多的孔洞（直径可达几米），从而开辟了很多应用领域，如建造用于地下运输气体、液体、货物

❶ 在本书中,我们交替使用“洛斯阿拉莫斯”和“实验室”来指代洛斯阿拉莫斯国家实验室。

和人员的孔和隧道，废物处理或储存和保存各种材料的大型地下空洞，高温和高压处理作业的地下室，采矿和勘探的竖井，科学研究的地下实验室，尤其是创建人造地热能系统等方面。而这些应用如果用那些小型钻井设备来挖掘，既昂贵又费时。

图 1–1　熔岩钻特设委员会［左起顺时针：唐・布朗，鲍勃・波特，鲍勃・米尔斯（Bob Mills），B. B. 麦金太尔，约翰・罗利（John Rowley），莫特・史密斯（他在罗利的后面）和戴尔・阿姆斯特朗（Dale Armstrong）］。

资料来源：《原子》，1971

除了岩石熔化项目的大多数最初成员外，该特设委员会还包括所需的其他学科的专家，并聘请了外部顾问协助处理一些特别事项。该特设委员会在 1970 年的大部分时间里都在进行研究，并在给新任实验室主任哈罗德・阿格纽（Harold Agnew）的报告中提交了结论：如何制造熔岩钻，它将如何工作，以及其主要的应用。该报告实质上是一份关于熔岩钻研发的主要计划。

这个过程将偶然性链条中的另一个环节也提炼了出来。鲍勃・波特是罗宾孙小组中最具影响力和创造力的成员，他一直对将深层钻探技术应用于地热能的采集感兴趣，而这涉及通常在地壳深处发现的热结晶岩。《地球物理研究杂志》一篇描述橡树岭国家实验室水力压裂试验的文章（Sun，1969）激发了波特的想象力。橡树岭实验室利用石油工业开发的水力压裂技术进入致密的碳氢化合物储层，研究是否能够在地下沉积层中建立断裂系统来处理放射性废物。波特认为，如果水力压裂法能够用来在沉积岩中

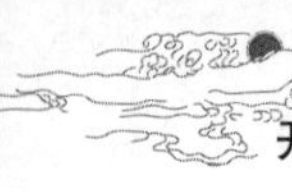

开发断裂系统，那么这项技术也可以用于对结晶岩石进行压裂[1]。

当波特将熔岩钻的应用逐渐朝地热方向发展时，橡树岭的试验又提供了一些至关重要的见解。该试验涉及两口相对较浅的井：一口是注入井，以能诱发周围岩石断裂的压力将水泵入（通过套管上开的槽）；另一口是观察井，位于西边约30ft（9m）处。将大约9000gal（34 000L）的水泵入注入井时，观察井的压力突然上升，表明水力诱导的裂缝（或很多裂缝）已与该井相交。很明显，这种裂缝能延伸到周围几十到几百米远的岩石中。这一发现，再加上岩石随着深度增加而逐渐变热的认识，使我们向下一个实现迈出了一小步：这个想法开始形成，即在岩石温度足以用于商业应用的深度，导水断裂可以作为采热系统的地下流动通道。断裂表面的热量将会转移到通过注入井泵入断裂中的流体中，然后热流体则通过第二口井（生产井）送到地面——这就是采集地热的有效手段。干热岩地热能的概念由此诞生。

在波特概念的基础上，莫特·史密斯推测，受温度升高、覆盖层应力增加、矿物改变和二次矿物沉积的综合影响，地壳岩石的孔隙度和渗透率都会随着深度的增加而逐渐减少。他认为这种地质情况，即深部低孔隙热岩在全世界都是非常普遍存在的，这与天然热液系统的罕见性形成鲜明对比。如果干热岩是可开发的，那么，只要钻井足够深，世界上几乎每个地区都可以认为拥有丰富的深层地热资源。

莫特·史密斯和唐·布朗对传统的旋转钻井技术都很有研究，两人连接起了这个系列事件中的最后一环：他们认为，干热岩系统的开发和测试不需要等待熔岩钻计划的成功，而是可以使用当时可用的储层钻井设备平行进行。特设委员会的大多数成员，特别是波特、麦金太尔、史密斯和布朗，都认为干热岩至少与熔岩钻一样重要。因此，该提案于1970年11月提交给主任阿格纽，田中对鲍勃·波特的熔岩钻概念作了详细介绍（附录F），并建议一旦熔岩钻计划开始实施，就应制订第二个计划来开发熔岩钻地热能系统。（该文件作为“推销工具”在1971年4月由莫特·史密斯更新完善，见文献：Robinson et al.，1971）。

注：核熔岩钻并未得到开发。1973年，在约翰·罗利的领导下，该计划从强调大口径隧道和钻孔应用转向支持地热钻井和勘探。随着全球石油危机（1973年阿拉伯石油禁运）的到来，人们重新燃起了对替代能源技术的兴趣，这也就很难有反对尽快开发干热岩地热系统的理由。此外，该实验室数百万美元的“漫游者计划”（开发用于太空探索的氢冷却核火箭发动机）被大幅削减，这使得该实验室需要新的项目（1976年，由于华盛顿方面缺乏兴趣，美国撤回了资金并取消了熔岩钻计划。幸运的是，干热岩项目至少在人力方面是受益者）。

---

[1] 今天，我们经常使用更准确的术语“压裂”一词。现在已经很清楚，结晶岩的特点是存在节理或裂缝网络，但这些节理或裂缝已经被矿物沉积所密封，通过水压就能将其重新打开。

处于起步阶段的干热岩

1971 年 3 月，实验室新任命的研究副主任理查德·陶舍克（Richard Taschek）启动了干热岩地热能开发项目（尚未获得资金支持），由莫特·史密斯领导，尤金·罗宾孙担任协调人。三年后，干热岩的概念获得了专利（Potter et al., 1974）[1]。

早期的洛斯阿拉莫斯干热岩项目是非正式的。其地热小组只收集和研究有关地热地区的地质学和地球物理学，以及水文学、钻井、岩石力学、储层管理和水力压裂的信息。与该小组合作的物理学家建立了从干热岩储层采热的效率模型（Harlow and Pracht，1972）。开始时，人们设想了一个闭环的地下循环系统，在地表安装热交换器，将热量从地下热流体（加压水）转移到另一种工作流体，即所谓的二元循环。这种系统的优点是简单、安全，对环境无害，并且可以在现有技术的基础上进行设计。

洛斯阿拉莫斯团队认为，只要钻井成本经济允许，在任何地热梯度高到足以具有热能开采商业价值的地方，几乎都能创建人造地热系统。由于没有办法做广泛的探索，他们就在洛斯阿拉莫斯以西的杰梅斯山脉（Jemez Mountains）寻找“就在山那边”的地方。这个地区的主要特征就是形成于大约 100 万年前的瓦利斯破火山口（Valles Caldera）。

沿着边界环形断裂的痕迹，破火山口后的流纹岩熔岩最近一次喷发发生在大约 5 万年前。温泉和一些烟孔主要在火山地貌范围内，是部分破火山口下巨大热源（岩浆体）的地表指标；广泛分布的断层提示地下节理的渗透性，使得破火山口成为水热型地热勘探和开发的主要目标。20 世纪 70~80 年代，在一项主要由美国能源部和新墨西哥州公共服务公司资助的独立项目中，加利福尼亚联合石油公司沿着火山口内一个主要的北东走向的断层构造进行了广泛的钻井和测试，确实发现了一个高温水热型（地热）系统，其发电潜力约为 25MW，但这仅为当时可行商业风险项目所要求的一半。

洛斯阿拉莫斯的研究小组推测，最近沿环形断裂的火山活动应该产生了一个温度升高的区域，从火山口向外放射状扩展至少几英里。1971 年年底，在破火山口周围的一些探测浅孔中对地热梯度的测量验证了这一推测，并表明其西侧对干热岩的开发有利。1972 年年初，在该地区钻了 4 个较深的孔，用于测量地温梯度和热流。其中 3 个孔大致位于与环形断裂平行的弧线上，在环形断裂以西 2~3mi（3~5km）远；第 4 个孔位于环形断裂正西 4.5mi 处。如表 1-1 所示，最靠近火山口的 3 个孔（A、B 和 C）的热流值都比较高，均在 5~6cal/(cm^2·s)范围内［全球平均热流约为 1.5cal/(cm^2·s)］。

---

[1] 干热岩专利是由唐·布朗撰写的，并得到实验室专利律师保罗·盖特廷斯(Paul Gaetjens)的大力协助。几乎整个干热岩概念都是由鲍勃·波特提出的；莫特·史密斯补充了一节关于通过热应力裂变增加产热的内容，而唐·布朗则贡献了一节关于使用绝缘同轴套管的单井产热概念。后来，为了纪念项目早期的财务“教父”尤金·罗宾孙——他身患晚期癌症，唐·布朗用罗宾孙的名字取代了自己的名字作为第三作者）。

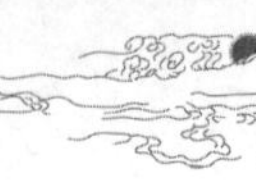

相比之下，D 孔的热流则只有另外三孔大约 1/3 的水平。

表 1-1　中等深度试验孔的热流值

	孔 A	孔 B	孔 C	孔 D
完成日期	1972 年 4 月 10 日	1972 年 4 月 13 日	1972 年 4 月 16 日	1972 年 4 月 18 日
与环形断层的距离/mi	2.0	2.4	3.0	4.5
深度/ft	590	650	750	500
热流/[cal/（cm^2·s）]	5.13×10^{-6}	5.50×10^{-6}	5.88×10^{-6}	2.20×10^{-6}

该地区前寒武系结晶基底岩石位于地表以下约 2600ft 深度。类似的岩石，当在大学实验室测试时，证明几乎是没有渗透性的，这表明像在杰梅斯山脉所发现的基岩环境可能是测试和开发干热岩的理想场所。根据这些发现，研究小组选择了瓦利斯火山口以西的芬顿山地区❶。芬顿山基本上是非火山地形，表现出较高的热梯度；结晶基岩位于合理的深度；整个地区是公共土地，是圣菲国家森林的一部分。

在大麦峡谷（Barley Canyon）选中了一个地点，位于热流测试孔 A、B 和 C 形成的弧线上。当时决定在峡谷底部钻井，主要是考虑到会减少大约 300ft 的钻井量，进而节省大量的时间和金钱。然而后来证明这是一个错误的决定，因为 1972 年至 1973 年冬天的大雪解冻后，工地变成了一个泥泞的沼泽。

在 1972 年春天，开始了第一个深层勘探孔的钻探，即花岗岩❷试验 1 号（GT-1）❸。在 2105ft（642m）处遇到了前寒武系结晶基岩，到 6 月 1 日，该孔已达到 2430ft（741m）的深度，进入了基底约 325ft。将直径 5in、13lb/ft 的 K-55 套管下入到 2400ft 的深度后，通过连续取芯，孔又加深了 145ft。最终深度为 2575ft（785m），进入结晶基底 470ft。在基底钻井的第一个 325ft 段，在套管下入之前获得的钻屑检查显示，岩石主要是眼球状片麻岩。

在连续取芯阶段，穿透的岩石是 50ft 花岗岩，40ft 片麻岩，最后是 55ft 闪长岩。第一个勘探孔显示了 100.4℃的井底温度和超过 100℃/km 的平均地温梯度，对任何地热地区来说这都是很高的❹。

❶ 译者注：芬顿山地理位置参见原书 Fig 1-2。

❷ 虽然“地热测试孔”一词出现在了许多干热岩相关出版物和报告中，但最初在许可证和原始文件中使用的术语是“花岗岩测试孔”。

❸ 译者注：GT-1 孔和火山口、4 个热流孔的位置关系见原书 Fig1-3（瓦利斯火山口和西部地区放大图）。

❹ 正如后来发现的那样，在芬顿山地区进行的所有热流和地温梯度测量都受到了源自火山口并流向前寒武系岩层上表面西部的热含水层的强烈影响。

水力压裂法的首次试验

1973 年年初，在 GT-1 连续取过芯的 145ft 长前寒武系岩层段，实施了一系列困难重重的水力压裂试验❶。

这是有史以来第一次在深层热结晶岩中进行的压裂试验，旨在验证这种岩石是否适合于进行干热岩储层的现场测试。

在对石油天然气储层实施常规水力压裂时，要对井眼封隔段❷进行预压，直到超压将井壁压裂。根据当时公认的水力压裂理论，在地应力比较典型的地区（即最大地应力是垂直的）的无节理沉积层（均质各向同性的岩石）中，诱发的裂缝应该是垂直片状的，并会正交于水平作用的最小地应力轴线。随着持续加压，断裂应该从井筒的直径方向向外延伸数百英尺，形成所谓的“硬币状垂直裂缝”。这一理论起源于 1946 年 I. N. Sneddon 的经典论文，它构成了最初干热岩系统设计的基础（图 1-2）。

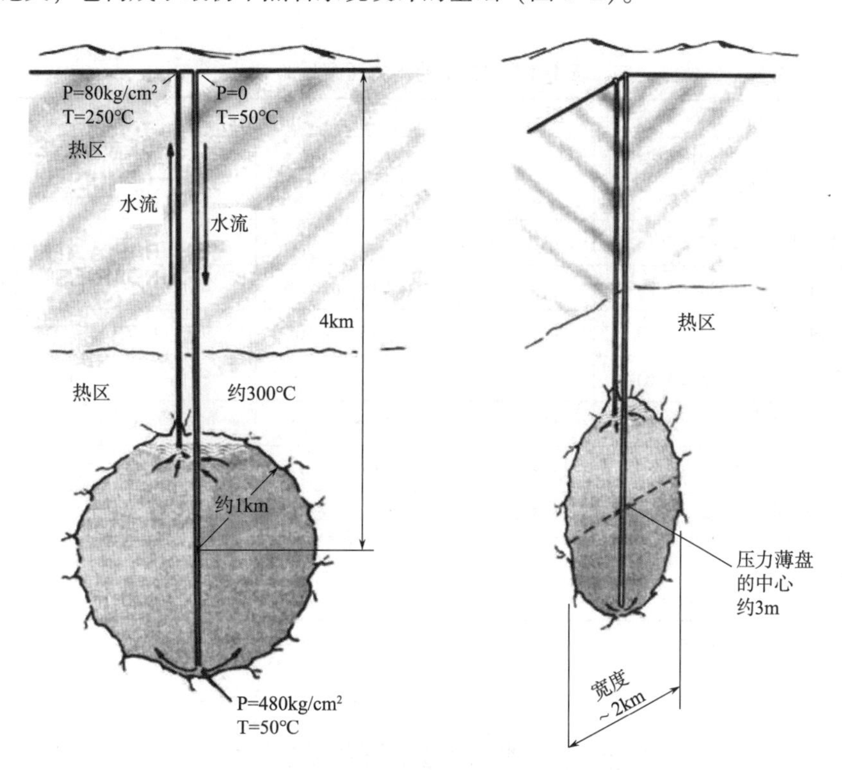

图 1-2　最初提出的干热岩地热能系统的模型。

资料来源：Robinson et al.，1971

---

❶ 这些试验在莫特 · 史密斯关于干热岩早期的优秀报告《基岩中的锅炉，第一部分》（Smith，1995）中有更全面的介绍。

❷ 待压裂的区间被隔离在一对称为封隔器的可移动密封件之间。这种跨式封隔器组件通过一条压力管（压裂管柱）与地面的高压泵相连。

但是，当洛斯阿拉莫斯团队将这一简单的理论用于对 GT-1 钻孔穿过的前寒武系结晶岩实施水力压裂时——他们以为这种古老的变质岩和火成岩的混合体是无断裂和各向同性的，在判断上犯了一个严重的错误。更糟糕的是，这个错误在其他国家后来进行的干热岩地热项目和几所大学的干热岩研究中（其中大部分，至少最初均是由洛斯阿拉莫斯支持的）延续下去。研究人员都假定会产生一个硬币状的垂直断裂，能为热量从断裂的热岩转移到循环流体提供一个很大的区域。

值得注意的是，这个概念直到 20 世纪 80 年代初才被摒弃（在日本甚至更晚）。最终，在罗斯曼诺维斯（Rosemanowes[1]）工作的英国干热岩团队和洛斯阿拉莫斯团队都意识到，除了可能紧邻井壁的一小段距离外，水力压裂实际上相对岩石的固有的抗拉强度，并没有将完整的结晶岩破裂开。相反，也许只有一个例外（见表 1-2 和相关讨论），即打开了早已存在但又重新密封的节理。传统的水力压裂理论忽略了基岩中存在的这些缺陷。(有关进一步的信息，参见第 2 章中的“深层结晶基底的特性以及它们与干热岩储层的关系”)。

表 1-2　GT-1 的水力压裂试验

日期	泵的压力/psi（MPa）				
	平均深度的节理 /ft（m）	压裂	延伸	接受流体压力* /psi（MPa）	岩石类型
1973 年 3 月 7 日	2497（761）	1320（9.1）	—	—	片麻岩
1973 年 3 月 14 日	2534（772）	—	1050（7.2）	—	角闪岩
1973 年 3 月 19 日	2464（751）	1380（9.5）	1175（8.10）	900（6.0）	花岗岩
1973 年 3 月 23 日	2545（776）	1323（9.12）	—	—	角闪岩
1973 年 3 月 24 日	2428（740）	1170（8.1）	1015（7.0）	925（6.38）	片麻岩
1973 年 3 月 27 日	2454（748）	1702（11.73）	1300（9.0）	965（6.65）	花岗岩
1973 年 3 月 28 日	2444（745）	1515（10.44）	1250（8.6）	920（6.3）	花岗岩
1973 年 4 月 4 日	2484（757）[117ft（36m）跨式间隔]	—	1090（7.5）	—	复合物

资料来源：史密斯，1995 年

* 在重新加压的情况下。

在唐·布朗的策划和指导下，这些首次尝试压裂基底岩的工作得到了美国原子能委员会物理研究部的资助。它们是独一无二的成功，而且不会很快被复制，原因有三点。

- GT-1 井的下段是用金刚石岩芯钻头钻出来的，所以井壁非常光滑，可以用跨式

[1] 从 1977 年到 1988 年，康伯恩矿业学院（The Camborne School of Mines）的人员在康沃尔半岛西南部的罗斯曼诺维斯前花岗岩采石场的卡门纳里斯（Carnmenellis）花岗岩（Cornubian Batholith）中开展了欧洲第一个大规模地热研究项目。

封隔器将许多短的井段封隔开来。

• 井下部的直径只有 4.25in，能够使用更小更有效的封隔器元件（用封隔器密封的成功率似乎与井筒直径成反比）。

• 工作深度相当浅，使得封隔器的修理相对容易。

这个计划具体如下：（1）在井筒取过芯的裸孔段隔离出 7 个短的间隔（7～9ft），然后实施水力压裂；（2）在最深的小断裂下方设置一个桥塞，在最浅的小断裂上方设置一个膨胀式封隔器，对包含所有小断裂的那段区间实施压裂，期望能促使这些断裂相互连通；（3）通过进一步泵水加压，将这个相通的复合断裂径向地向外延伸。

注：当时，石油行业的水力压裂经验仅限于沉积岩，因此人们还不太了解节理发育的结晶基底加压时的情况。根据推测，复合裂缝的扩展是垂直的，并与最小主地应力垂直，而且最小主地应力是水平的。从基于干热岩项目早期阶段可用诊断工具的分析来看，所发生的情况似乎正是如此（尽管这是一个重新密封的节理，而不是一个真正的水力断裂）：唯一可辨认的特征是一个单一的垂直断裂，在 117ft 长的整个井段（2427～2544ft 深度）延伸，其走向为 N45°W。

用膨胀式和压缩式的跨式封隔器组件隔离了 7 个独立的节理岩段，它们代表着前寒武纪基底的几种岩石类型。以约 1gal/min 的极低泵速，由小型空气驱动的容积泵对这些区间依次加压。尽管封隔器出现了许多问题，而且封隔器泄漏造成了多次运行中断，但最终在海拔 8400ft 的严冬条件下，7 个井段都在中等偏低的压力下被成功压裂（表 1-2）。对岩芯和压印封隔器的检查表明，除了 1 个井段外，其他所有井段都有明显的重新密封的自然节理。没有显示这种节理的井段（3 月 27 日测试的花岗岩井段，见表 1-2）确实含有结构性缺陷，这可能解释了为什么该井段的岩石在较低的压力下发生了断裂，而这个压力要比压裂无缺陷的真正结晶岩所预期的压力要低得多。

然而这 7 次水力压裂（节理打开）事件的能量都不足以被地面的地震探测仪阵列探测到。最后一次压裂试验中（1973 年 4 月 4 日：见表 1-2），使用商业泵送设备（Halliburton 服务公司）实现了更高的注入率——4.5～5BPM[1]（180～200gal/min 或 12～13L/s）。正如最近对 GT-1 井数据的重新审查结果所支持的那样，该试验在整个 117ft 的井段内打开了一个大节理。由 Birdwell 公司进行的井下声波电视测井表明，此节理基本上是垂直的，与几乎垂直的井眼对齐，方位是西北-东南，并连接了所有 7 个对齐的较小节理开口。正是因为这些没有任何地震验证且不完整的观察结果，似乎证实了“垂直的、硬币状的断裂理论”，所以研究小组在接下来的几年里，一直坚持其最初的干热岩系统模型（图 1-2）。

在这些压裂试验之后，鲍勃 · 波特（Bob Potter）分析了实际记录的、可用的压力

[1] 译者注：1BPM＝1 桶/min，全书同。

痕迹，并注意到每个案例中增压带来的压力曲线的线性上升，然后在之前打开的节理开始接受液体的地方出现了“翻转”（偏差）。波特起初将这种接受液体的压力（见表1-2）作为节理开放的压力，并因此作为最小主地应力（σ_3）的一个测量值——假设节理与主地应力的方向正交。我们现在知道，当一个封闭的节理打开（或“顶升”）压力接近时，即使许多表面的凸起仍然接触，节理开始压力膨胀。因此，最初的流体接受压力并不是节理的开启压力——后者要高出100~200psi❶。

在很低的注入速度下，节理扩展压力（表1-2第4栏）实际上比流体接受压力（第5栏）更接近于节理的打开压力。换句话说，在这一区域，平均深度为2428ft的实际最小主地应力为1015psi，这是所记录的6个延伸压力中最低的（3月24日）。在大约1gal/min的低注入率下，可以忽略任何对压力的摩擦效应；相反，在4月4日的复合节理压裂中，在接近200gal/min的注入率下，流动引起的摩擦压力损失可能解释了1090psi的较高延伸压力。

GT-1的钻井和测试平息了一些“专家”的担忧，即

1. 很难用传统的旋转钻井设备钻入结晶热岩。

2. 水力压裂不能压裂结晶岩。

3. 由于假定存在开放的断层和节理，结晶岩的渗透率太高，无法在压力下容纳水❷。

在大麦峡谷的试验结果为实验室干热岩能源系统的概念增加了必要的可信度：对基底热岩实施水力压裂能够产生开放的节理，加压的液体能够通过这些节理进行循环。但一些地球科学家仍然怀疑这样的系统是否可行，或者是否能克服由于矿物溶解而产生的结垢问题；但GT-1的结果足以令人鼓舞，足以获得美国原子能委员会的财政支持，用于开发一个更深层次的采热回路，以调查和证明这种系统的技术可行性。事实上，从干热岩项目一开始就已经在设想下一步的工作了。

根据从大麦峡谷工作中获得的经验，唐·布朗在附近选择了一个实施干热岩长期试验的地点，在那里试验一直持续到了1996年。这个地点称为芬顿山干热岩测试点，位于GT-1以南1.5mi（2.5km）和火山口环形断裂以西1.8mi（2.9km）处，这里有一座在1971年森林火灾中被烧光了树木的宽阔山丘。与大麦峡谷的泥泞情况形成鲜明对比，这里不仅高且干燥，而且毗邻全天候公路、电力和电话线。鉴于8700ft（2650m）的海拔高度，这些条件在冬季都是十分必要的。美国林务局向实验室颁发了许可证，允许其使用20acre的土地进行干热岩试验。1973年年底，美国能源部终于批准了拨款，以用来钻探一个4500ft深的勘探井，从而启动了本书所涉及的20多年的研发工作。

---

❶ 这个话题在第3章有更充分的讨论（特别是图3-6）。

❷ 与这些专家的预期相反，即前寒武系岩层的渗透率值将在毫达西（millidarcy）范围内，1973年夏天在GT-1进行的测量显示，175ft裸孔区间的恒定值为7.7×10^{-8}D（0.077μD）。

第2章 干热岩地热能的巨大潜力

干热岩地热能的概念起源于洛斯阿拉莫斯国家实验室。1970年，人们提议将它作为一种方法，用于开发那些地下没有流体的广大区域所包含的热量，其范围远远超过天然地热资源（干热岩占美国地热资源总量的99%以上）。虽然经常与那些大部分已经商业化的小型水热型地热资源相混淆，但干热岩地热能与水热型地热能源完全不同。水热型地热系统是利用地壳中的热流体，而干热岩系统❶则是通过流体从地表通过几千米深的人造封闭储层的闭环循环来采集地球的热量。该技术与水热型地热工业的技术几乎没有相似之处，而且与水热型地热不同的是，它几乎适用于任何地方，因此有说法称“干热岩是无处不在的”。

目前的干热岩地热系统的概念是由鲍勃·波特于1970年提出的概念演变而来的，并在最初的美国专利中进行了描述（见第1章）。如图2-1所示，钻出第一个钻井，对有自然节理的基岩实施水力压裂，在封闭的岩体中打开流动通道。这样建好的可循环的热岩储层再由两个生产井形成通路，这两口井要钻进到扩展后储层区域的两端。

目前的HDR概念也认识到了地球深部热壳的特点，这些特点在HDR项目的早期并没有得到很好的理解。现在大家都知道：

（1）深层结晶基底并不是均匀、各向同性的，而是存在很多的错断，其规模涵盖许多数量级：从毫米级的微裂缝到几厘米甚至几米的相互连通的节理网络，再到延伸几十米至几千米的断层。

（2）在地壳较冷的浅层（深度约为1km），开放的节理和断层是很典型的，而深层

❶ 术语“干热岩地热系统”通常是指加压的闭环循环系统，由干岩储层、注入井、生产井、地面管道和注入泵组成。

基底的节理和断层通常会被溶解在热循环流体中的次生矿物的沉淀重新封闭。因此，基底中唯一开放的断裂是微裂缝[1]——除非是在最近经历了断裂或褶皱的那些地区。

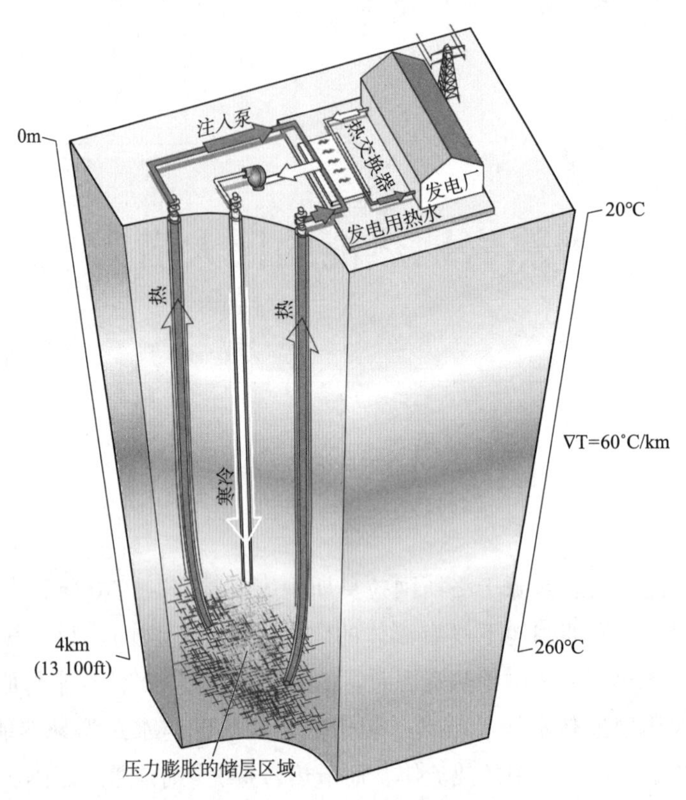

图 2-1　闭环 HDR 系统的现代概念。

资料资源：HDR 项目文件

（3）在水力压裂过程中，最终控制岩体变形的是结晶基底中先前存在的节理网络。这些被矿物沉积重新密封的节理，仍然比邻近的岩石具有更高的渗透性，并能在远低于使邻近岩石断裂所需的压裂压力下打开。压力促使节理网络扩展，使这些节理与其他节理相交，其扩展似乎会被相交的节理终止（截断），而不是穿过它们。在交汇处，延伸的节理中的高压流体将被分流到截断的节理中，形成一个树枝状的相互连通的节理模式。

到目前为止，地球深部热壳的绝大部分基本上都是密封的，因此只能用于干热岩开发。无一例外的是，干热岩储层将会建造在先前封闭的岩体中，并将完全被密封岩体所包围。

1974—1995 年期间，我们在深层热结晶岩中建造了两个独立的干热岩储层，并进

[1] 地壳中这些开放微裂缝的证据可参考文献：Kowallis and Wang 1983；Simmons and Richter，1976；Swanson，1985；Wang and Simmons，1978。充满流体的微裂缝分布广泛，使得晶体基底具有有限但非常小（即纳达西（nD）范围）的渗透率。

行了广泛的研究，然后又分别做了近一年的流动测试。这些试验都是在新墨西哥州中北部杰梅斯山脉的芬顿山干热岩试验场进行的，位于洛斯阿拉莫斯以西约 20mi 处。“第一期”和“第二期”储层的深度分别为 2700m 和 3600m，温度分别为 180℃ 和 240℃。在流动试验期间，热能生产从 4MW 的常规生产阶段，再到高达 10MW 的 15 天时间段，毫无疑问地证明了从干热岩中提取有用的热能在技术上是可行的。据作者所知，这仍然是世界上唯一真正的干热岩储层（正如下文所讨论的，在日本、英国、欧洲和澳大利亚创建的开放式储层并不符合干热岩的标准）。

在创建和流动测试过程中获得的许多见解中，影响最为深远的是芬顿山的那两个干热岩储层。

1. 干热岩储层是封闭的。这意味着，除了流体从其边界处的小规模和缓慢递减的压力依赖性扩散外，加压流体的储层是完全封闭的。

2. 干热岩地热系统是能完全工程化的。我们所说的完全工程化是指系统的每一个方面，包括注入井和生产井、干热岩储层和加压流动系统，都是经过工程建造的（而不是那些部分工程化的系统，只是对没有生产力或只有少量生产力的现有地热区进行压裂创建的）。干热岩系统的核心部件是人造储层，它是在基本不透水的热结晶岩区中创建的，通过水力压裂方法打开、压力扩大和扩展先前已存在但又重新密封的节理网络。

下面将更详细地讨论这两个关键性的见解。

干热岩资源的规模

最近的一些出版物指出（如 Tester et al.，1989a；MIT，2006），地壳中巨大的热岩区所代表的干热岩地热资源远远超过了世界化石能源的总和。图 2-2 显示出来自干热岩的潜在能源供应仅次于核聚变能源，而后者是否会能实现商业发电仍不得而知（在图 2-2 中，各种主要能源资源以对数制图）。就干热岩地热能而言，其技术可行性已经通过芬顿山的两次成功的现场演示得以证明。

适合商业规模干热岩发电厂温度（公认为要高于 150℃）的岩石，通常都发现于美国西部较浅的深度[1]。但随着干热岩产业的成熟，美国大部分地区将均能进行干热岩开发。因此，与非常有限的热液资源相比，干热岩资源基本上可以认为是无处不在的。

美国高温地热资源的规模和分布在最近的两份出版物——《美国中温和高温地热资源评估》（USGS，2008）和《地热能的未来》（MIT，2006）中得到了充分的讨论。我想说，干热岩资源是如此之大，以至于对其数量的讨论毫无必要。在未来的 20 年里，干热岩的研究人员将会回顾洛斯阿拉莫斯国家实验室所做的开创性工作，探究为什么国家花了这么长时间才最终发现了干热岩。

---

[1] 译者注：可参考原书 Fig 2-3“美国地热梯度图”。

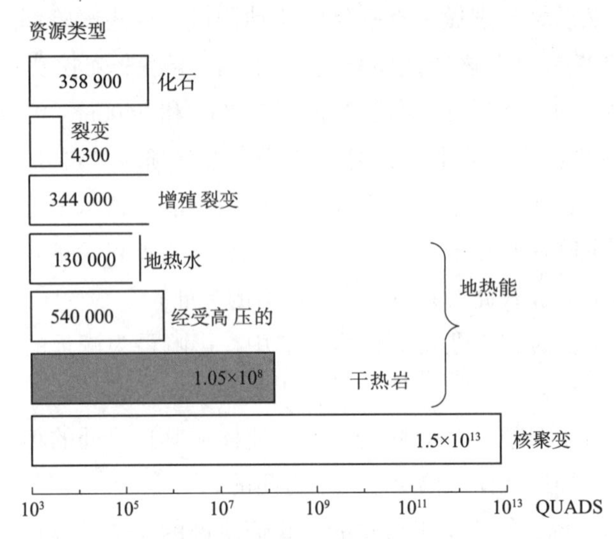

图 2-2　对全世界地热和其他能源的资源基础的估计。

注：改编自 Armstead and Tester，1987

与干热岩储层有关的深层结晶基底的特性

岩体的渗透性

干热岩储层的基本特性是其渗透性是人造的。储层的工作状况与岩体的原始渗透性只有很小的关系，而且只是通过压裂的储层区域边界处的加压流体的扩散（所谓的储层失水）。在几乎所有地壳构造静止的地区，形成基底的深层结晶岩体只会有非常低的渗透性，因为开放的断层和节理的数量会随着深度的增加而迅速减少；目前认为在低于 2km 的深度是几乎不存在开放性节理的（显然，在开发干热岩储层时，我们要避免含有开放性断层或节理系统的近期构造区域）。

合适的结晶岩体在 3~4km 深处的渗透率通常在纳达西范围内（Brown and Fehler，1989；SKB，1989）。根据岩芯研究，这种非常小但有限的渗透率归因于基质岩石内稀疏但相互连接的微裂缝网络（重新闭合的节理本身的渗透性可能比基质岩石的渗透性大 1~2 个数量级，但仍然很低）。

在 1~10km 深度范围内，大多数结晶岩通过两个相互竞争的过程经历了自然改造：（1）由于变形而断裂，这往往会打开流体通道，如节理、断层和角砾岩区；（2）封闭或愈合这些渗透性特征。当热流体在深层结晶岩的节理或断层中流动时，流体的化学性质和温度的变化会导致矿物沉淀。随着时间的推移，这些矿物质在节理或断层中的积累会逐渐减少，并最终基本上停止流体流动。这些封闭过程随深度（以及温度和应力条件）、矿物学和流体成分而变化（Khilar and Folger，1984；Carter，1990）。热诱导的应力也会产生类似的效果，使节理封闭，从而阻碍流体流动。导致节理渗透性降低的其他原因还包括在剪切位移过程中形成的刨花物质（Olsson，1992），以及岩石应力的影响，即在高温下，在高应力点造成溶解，而在低应力点则导致重新沉淀（Lehner and Bataille，1984）。封闭的速度和程度似乎都随着深度和温度的增加而增加。那么，地壳中极少数具有高渗透能力的地区将是那些目前生成节理或断层过程活跃的罕见的热液区域，如沿着美国西部盆岭区内最近仍然活跃的断层的某些部分。

深层基底的封闭节理：潜在的干热岩储层流动通道

导致结晶岩生成节理的主要地质机制是构造活动（断层、褶皱和区域性隆起），以及侵蚀作用使岩层静态应力降低。褶皱主要见于经历过多次强烈变质、推挤或造山活动的古老岩石。区域性的隆起总是伴随着覆盖层的侵蚀，这会逐渐降低下层岩石的静态应力，再次形成节理。

当一个深层热基岩区域被定为干热岩储层开发目标时，岩体中相互连通的节理网络——无论过去如何形成并重新闭合——控制着储层的发育方式。我们需要了解的是岩体中一个或多个节理组的方位，但节理网络的分布特征并不能在地表上确定，甚至也不能通过附近的钻井或邻近的干热岩储层进行观察。干热岩储层区域内的导流节理的方位要在储层形成后，通过对微震数据的分析和流动测试结果以及压裂作业后的测井来确定。

几组封闭的节理相对于当时的应力场的方位将会决定哪些节理首先打开，在多大压力下打开，压力扩展区将如何发展，以及干热岩储层的最终几何形状将会是什么。真正的干热岩储层的封闭性（压力密闭）意味着它能在储层深度的最小主地应力的高压下运行或循环。最重要的是，循环流体压力会使先前受压裂的一组或多组相互连接的节理保持开放，从而产生人造储层的孔隙度和渗透率。

芬顿山的地质和水文环境：瓦利斯火山喷口的影响

芬顿山干热岩试验场位于有126万年历史的瓦利斯火山喷口主环形断裂以西1.9mi处，位于圣安东尼奥山西南4.3mi处❶。圣安东尼奥山是一个火山口后的流纹岩圆顶，最近一次喷发是在56万年前沿环形断裂进行的。虽然明显处在火山口之外，但试验场位于火山口区以西数英里的火山灰凝灰岩区。由于靠近最近的火山活动，芬顿山的深层基岩在过去100万年或更长时间里，一直受到从火山口向外扩散的热量和孔隙流体的影响。

选择此地点的一个主要原因是，希望在靠近火山口的地方能够获得比其他区域更高的热流，而在其他方面，芬顿山与美国西部许多其他潜在的干热岩地点没有什么不

❶ 译者注：参见原书Fig2-4。此图显示了芬顿山HDR试验场的地质和结构环境。

同。然而，在古生代沉积岩中测得的地热梯度（超过 100℃/km）是有误导性的，因为其受到从火山口前寒武系岩层上表面向西流动的 100℃地下水的影响。

此外，该地点位于一个大断块的中心，它的两个主要断层一个在东面，另一个则在西面（根据热流活动推断），且二者大致平行。这两条北倾断层的方位与后来开发出的更深的干热岩储层的基本相同，几乎没有向这些深层断层的方向发展的趋势。基底岩石的深度约为 2400ft（730m），是前寒武系火成岩和变质岩组成的混杂岩。对干热岩开发更重要的是岩体有一系列纵横交错的节理，位于大约 3000ft 以下，已经被次生矿物重新填充除了稍有渗透性的节理，岩体非常致密，到了纳达西的程度。由于节理比基岩更容易渗透，加压流体可以缓慢地扩散到节理中，然后在节理封闭的压力下打开这些节理。

从火山口向西流出的热液显著地改变了位于前寒武纪岩层之上的古生代沉积物。随着时间的推移，这条地下“河流”在正好高于 100℃的温度下，溶解了最深处的石灰岩区域，形成一个相互连接的非常巨大的溶洞网络。正是此网络造成反复的井漏，严重地阻碍了继续向石灰岩和其下层的花岗岩钻进。更加严重的是，在这种山区地形中，地下水位几乎达到 1800ft 的亚静水位！

事实证明，增强的地温梯度（使得在较浅的深度的理想储层温度约为 200℃，从而能降低钻井成本）与孔隙流体中溶解的高浓度硫化氢造成的损害相抵消。硫化氢通过节理填充物向外扩散，会导致水力压裂和压裂作业中使用的高强钢的氢脆性。大多数都是在压力低于钢额定压力的一半的情况下，管道就发生了故障。

如果在该地区重新选择一个干热岩地点，根据目前我们的知识，它应该要比已选地点在环形断裂以西至少要远两倍。那里孔隙流体中的二氧化碳和硫化氢含量要低得多，这足以补偿要钻到更深处才能进入与芬顿山相当温度的岩石。

真正的干热岩储层是封闭的

真正的干热岩储层一定是封闭的，这可能是芬顿山 21 年的干热岩研究中获得的最深刻的见解（Brown，1999；Brown，2009）。真正的干热岩储层区域的限定是封闭围岩体的固有致密度，加上大地对压力扩展储层的弹性反应在其边界外围形成的应力笼（见第 6 章对应力笼概念的讨论）。一个封闭干热岩储层会表现出开放的热液系统中所没有的两个特性。

第一个特性是失水量极低，这已在试验中得到了验证，如图 2-3 显示的 1992 年第 2077 次试验的失水曲线（见第 7 章）。在此试验中，通过小型容积泵间歇性加压于第二期储层，在 17 个月内，压力一直维持在 15MPa（2200psi）的水平。如图 2-3 所示，在这段时间内，该储层（经地震测定的体积为 0.13km^3）的失水率持续下降，最终降至约 2gal/min，低于花园水管的流速。如果第二期的储层是开放的，失水量不会减少，但会保持相对稳定（请注意，以生产流量的百分比来报告失水的方法是不可取的。失水量是储层边界压力的一个函数，与流量没有特别的关系）。

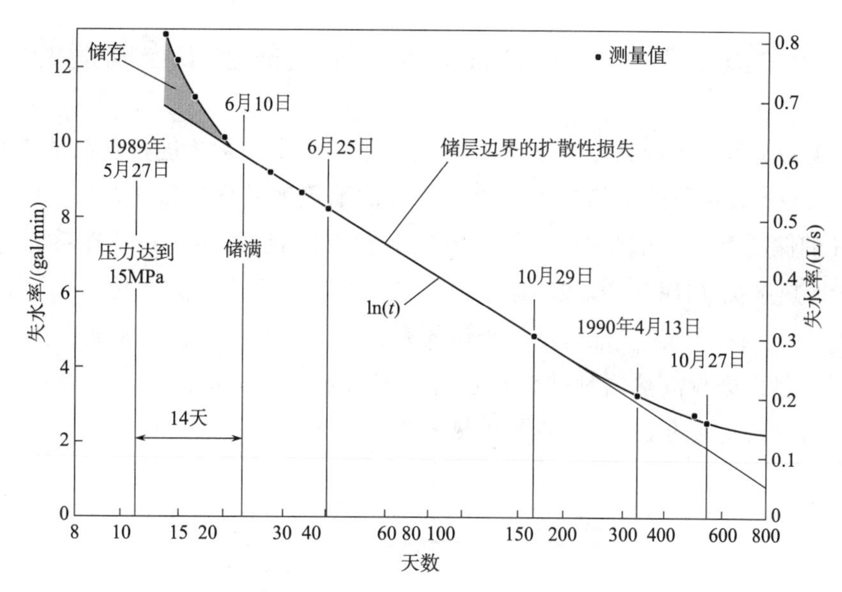

图 2-3　第 2077 次试验中 15MPa 恒定压力下，失水率与对数（时间）的关系（加压水向远场的扩散）。

资料来源：Brown，1995b

第二个特性是在恒定的注入率和压力（高于节理开启压力）下，储层区域的增长与时间呈线性关系。这种关系如图 2-4 所示：第二期压裂区的体积增长与注入水的体积增长呈线性关系。如果压裂区是开放而不是封闭的，那么随着注入量的增加，地震体积的增长会趋于平缓，这在石油工业中的水力压裂作业中经常发生。

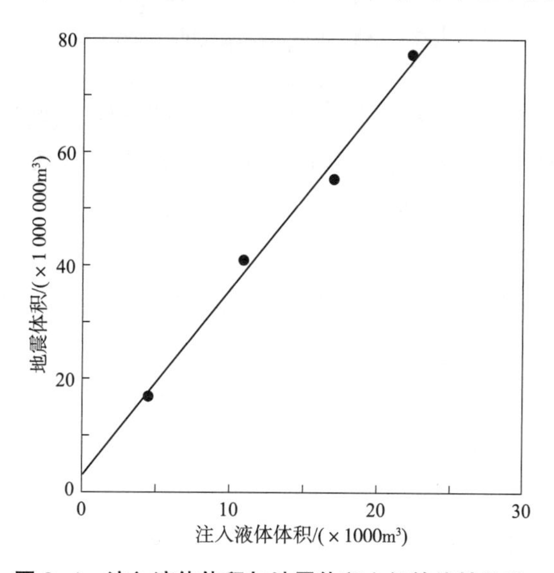

图 2-4　注入液体体积与地震体积之间的线性关系。

资料来源：Brown，1995

一个真正的干热岩地热系统一定是完全工程制造的

在紧实的基岩地区创建一个干热岩储层，那就必须对系统进行全面的工程制造。而世界上其他地方声称的干热岩和（或）工程的地热项目只是部分如此。日本 Hijiori 和 Ogachi 的储层都位于火山口内，并与开放且导流的断层和（或）节理系统相关，称为湿热岩地热系统（HWR）[1]。20 世纪 80 年代末，在这两个地方成功地进行了水力压裂。但几年后，认识到这些地区不可否认的开放（热液）性质，日本研究人员又进行了一个新项目，进行湿热岩地热储层设计（见文献：Takahashi and Hashida，1993）。图 2-5 是摘自该文献的湿热岩概念与干热岩的对比。

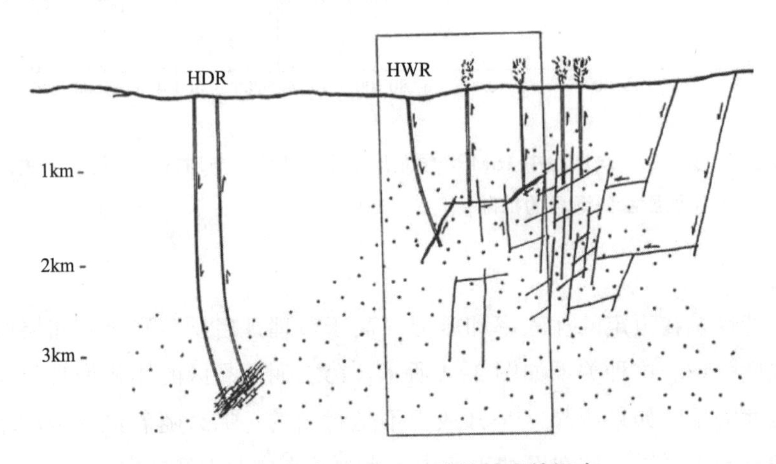

图 2-5　热湿岩（HWR）地热储层的概念。

资料来源：Takahashi and Hashida，1993

澳大利亚库珀盆地的干热岩项目也是开放而非封闭的。欧洲 Soultz-sous-Forêts（Alsace）的干热岩项目在 2001 年重新命名为增强型地热系统（enhanced geothermal system，EGS）。在两次延长流动测试中，只实现了约 30% 的注入液回收率，这突显了储层的开放性（Gérard et al.，2006）。

所有这些湿热岩系统都是部分工程化的（如通过压裂提高了天然节理或断层的渗透性，在某些情况下还通过使用套管和（或）生产井的井下泵水进行区域隔离）；但由于有关的储层不是封闭的，这些系统都不是完全工程化的。

只有储层边界是封闭和密封的干热岩系统才能完全工程化，也就是说，这样就能够控制所有的关键参数：

- 生产温度，通过选择钻井深度；

[1] 在 20 世纪 90 年代初，日本人这样命名。

- 干热岩储层的大小，通过设计注入的液体量；
- 储层注入压力和流速；
- 生产井回压；
- 生产井位设置以达到最佳生产力。

开发干热岩系统

干热岩系统的开发要通过一系列步骤实现，具体如下。

选址

唐·布朗直接参与了选择芬顿山作为世界上唯一的真正干热岩储层开发地点的过程，这使他对如何选择下一个干热岩开发点，即创建一个发电系统有其独特的理解。选址首先要能满足其所服务的社区的要求，其次才是地质条件（其中最重要的是在所选定的储层深度不能有活跃的断层）。主要标准如下：

- 靠近市政负荷中心，要有水电供应，以及道路通行。
- 目标储层区域的构造要呈静止状态。
- 在储层深度要有适当的岩石类型。所有结晶基岩都要是合适的；节理结构是决定干热岩储层特性的主要元素。
- 要有合适的地热梯度，至少要40℃/km。这需要钻一个中等深度的勘探井来确定（至少要钻入基底岩石500ft，以排除任何基底以上沉积物中的地下水流对地温梯度数据的影响）。

几乎毫无例外，地下深处都会由火成岩或变质岩组成，其中曾打开的节理已被热液沉积物重新封堵。岩体会表现出非常低的初始孔隙度和渗透率，即会是一个灼热但基本干燥的岩石区。在这样的地区，井筒可以钻到11 000~16 000ft（3400~4900m）的深度。只有在这样深度，才有可能（1）达到足够高的温度，以具备一定的商业可行性[1]；（2）确保干热岩储层围岩能够保持紧密封闭，这样储层才会是封闭的。

注入井的钻井

注入井必须钻进到岩石温度适合发电的深度。第一个钻孔基本是垂直钻进，不涉及定向钻进，因为在储层压裂之前，对目标储层区域的压裂特性知之甚少，如被压裂区域的形状和方位，以及打开并扩展所含节理需要的压力。要从自井底向上1000~2000ft段固井短隔离衬管（长约1000ft）来完成注入井，以隔离孔的下部压力，然后从

---

[1] 在平均深度为14 000ft，地温梯度为40℃/km的情况下，储层温度为180℃左右。

隔离衬管的顶部到地表安装压裂管柱（用于水力压裂作业的高压管）[1]。

首次加压测试

注入井完成后，要通过加压来对深层岩体进行“探查”。这种测试是为了收集设计创建干热岩储层所需的各种数据。这必须用一辆最大流速为 5BPM 的紧凑型压裂车和一流的仪器：

- 在很低的注入速度和控制压力下，确定岩体的渗透性。
- 首次形成破坏压力，即该压力水平能使最有利方位的那些节理中开始有液体流动。
- 渐进式的节理延展压力。
- 是否存在任何开放的断层。
- 已通液体的那些节理的方位［由测试前后的斯伦贝谢地层微电阻成像（Schlumberger FMI）测井获得］。

储层的创建

干热岩储层是通过石油和天然气行业普遍采用的高压水力压裂（hydro-frac）技术，在之前非渗透的热结晶基岩体内制造出的。然而，在创建干热岩储层时，这些压裂作业通常规模更大，所用压力会更高。在一个或数个阶段的水力压裂中，对注入井井底隔离出的裸眼段的围岩加压，来建造一个巨大的（约 $1km^3$）的被压力扩展的岩石区域。

通过注入井，借助流体压力来打开岩体中曾经存在但又被重新密封的多个相互连通的节理，从而形成一系列穿越储层的流动通道。这些通道将为生产井所使用。其中单个通道的流动阻抗可能会相对较高，但当所有通道都有流体穿过干热岩储层时，其总阻抗将会低得多。

在干热岩储层区的最初开发以及随后的扩展过程中，必须对地震活动进行监测。作为洛斯阿拉莫斯国家实验室所做的开创性工作成果之一，压力诱导微震分析已成为一种主要工具，用来确定储层区域的形状和方位（观察到的微震事件位置的数据云能划定出储层的边界），以及其内部结构的重要特性（Albright and Hanold，1976；Albright and Pearson，1982；House et al.，1985；Fehler et al.，1987；House，1987；Fehler，1989；Roff et al.，1996；Phillips et al.，1997）。这些信息对于确定生产井的最佳位置，以及能够最好地进入储层的钻井轨迹至关重要。

---

[1] 芬顿山的第二期试验证明了用来隔离井眼部分的高温高压膨胀式封隔器都不可靠（对封隔器的详细叙述，见第 4 章和第 6 章）。即使经过实验室和工业伙伴的长期合作研发和测试，也只获得了 50% 的最佳成功率。

根据从芬顿山两个干热岩储层的独立开发中获得的知识，我们可以推测，典型的干热岩储层应是椭圆形的。这是因为地壳深处的应力场必然是各向异性的。在美国西部的盆-岭地区（那里储藏着大量高等级的干热岩资源），其最大的地应力通常是垂直的，最小的主地应力是水平的。这样的应力状态将会造成一个细长形的储层区域，其最小的尺寸是水平的，其最大的尺寸则接近垂直，并与最小主地应力的方向近乎正交。芬顿山的第二期储层似乎遵循了这种发展模式，可以将其描述为一个边缘陡立、呈椭圆形的“枕头”，其最大尺寸在南北向。

1986 年中期进行的初始闭环流动测试（见第 7 章）特别显示出，在高注入压力（4570psi，即 31.5MPa）下，储层的扩展主要是向南而远离生产井的方向（生产井在注入井的北面）。其结果是一个“停滞无用”受高压的南部储层区域，没有任何通往生产井的路径。由于储层的这一部分基本上是孤立的，初始闭环流动试验只达到了 10MW 热能。但是，如果能在储层的南部钻出第二口生产井，估计从这个干热岩储层中至少能获得两倍的热能，即 20MW 热能。

这种细长储层形状表明，干热岩储层生产的最佳配置是一口位于中心的注入井和两口生产井，这两口井要分别靠近椭圆形储层区域的两端（Brown and DuTeaux，1997）。在压裂过程中，储层优先在这些细长形边界区域延伸，两口生产井能起到减压阀的作用：抑制这些关键区域储层的进一步扩展，使储层能在甚至比单口生产井更高的注入压力下运行。

储层的生产力直接取决于流动阻抗，或流经储层的阻力程度（这是干热岩地热能的独特概念）。流动阻抗通常以 psi/(gal/min) 或 MPa/(L/s) 为单位表示。储层的整体流动阻抗有三个组成部分：穿越扩展后储层最大范围的本体阻抗、靠近生产井筒的出口阻抗，以及靠近注入井筒的入口阻抗。这些将会在第 4 章做进一步的讨论。随着注入压力的提高，穿越储层的主要流道将会进一步扩大，从而减少本体阻抗，提高储层生产力。

生产井的钻井

要钻两口生产井来创建干热岩循环系统，这两口井要在细长形储层区域（其边界由地震数据所确定）的两端与储层相交。

流动测试

建成的干热岩地热系统要进行流动测试，以确定最佳生产流速。测试参数包括可用的注入和生产压力范围。如果生产井的累积流速太低，就要进行压力和温度循环操作，以减少这些井的近井筒出口阻抗。此外，可以从每口生产井的底部附近处钻出一些水平井，以提高生产率。

与干热岩地热能相关的地震风险

由于干热岩工作人员的环境意识，从大麦峡谷的试验开始，地震监测就是所有压裂活动的“必要环节”。

1972 年夏天，内华达大学的地震专家伯特·斯利蒙斯（Bert Slemmons）教授花了 5 周时间调查芬顿山地区的断层结构和地震历史，并评估了计划中的水力压裂作业潜在的地震危险（关于芬顿山已经有了大量的数据。在过去几年中，一些地球科学家广泛地研究了美国典型的火山口之一的瓦利斯火山口及其周围地区，如文献：Smith et al.，1970）。

斯利蒙斯博士在洛斯阿拉莫斯国家实验室的出版物中报告了他的发现（Slemmons，1975）。根据低太阳角度的摄影和实地研究，他确认了该地区已知断层的存在，并在芬顿山东南 2.5mi 处的维珍峡谷（Virgin Canyon）发现了一个以前没有绘制出的小断层。其平均运动速率很低，并且有远离芬顿山的趋势。在芬顿山 15mi 半径内的其他断层似乎也没有地震危险（除了维珍峡谷断层外，没有发现任何使地质学上的年轻地表火山岩发生位移的断层）。

他还收集并分析了新墨西哥州的所有现有地震数据，认为芬顿山周围地区的地震活动水平很低；该地区的水力压裂试验涉及自然断层活动或造成当地地震的风险很小；这种试验不大可能会激活该地区的任何已知断层，包括距离最近和最新的断层。

在随后的 22 年，最大的诱发地震事件的震级仅约为里氏 1.0 级［洛斯阿拉莫斯国家实验室的利·豪斯（Leigh House）2009 年 5 月的个人通信］。值得注意的是，根据 5 个井下地震检波器站记录的到达时间，在 1983 年大规模水力压裂试验期间可靠地定位了 844 次微地震，震级范围为 $-3\sim0$（House et al.，1985）。正是干热岩系统储层的封闭性，解释了相对于增强型热液储层而言，其大大降低的地震风险。只有在受压裂的干热岩区域的受压包络内才会产生地震活动，而且通常是在扩展的里氏规模上低于零的震级。任何附近的断层都会被干热岩储层的压力密封边界所屏蔽，无法激活（压裂）。

相比之下，在已知热液系统内或邻近地区（如日本 Hijiori 和 Ogachi 的湿热岩系统，以及目前正在澳大利亚库珀盆地深处开发的干热岩系统）进行压裂，由于这些系统的开放（非封闭）性质，风险会高得多。例如，最近在位于莱茵河上游地堑的东南边缘、地震活动频繁的瑞士巴塞尔地区尝试了这种压裂[1]。为了加强深部花岗岩基底的热液流动，在六天内将 11 600m^3 的水注入了深部注入井（在该市内的钻井“巴塞尔 1 号”）。在 5000m 深处，其井底温度约为 195℃。随着注入压力最终达到 29.6MPa（4300lb），

[1] 1356 年，一场估计震级为 6.2 级的地震摧毁了中世纪城市巴塞尔的部分地区。

2006 年 12 月 8 日发生了里氏 2.7 级地震。按照预先的计划，终止了注入。4h 后又发生了 3.4 级地震，震撼了该市，此时关闭的储层压力约为 19MPa。这场地震使整个工作停顿了下来（Dyer et al.，2008）。即便如此，由于大量的水以高压注入断层系统，地震持续了一年或更长时间。尽管如此高的诱发地震水平在世界各地的其他湿热岩压裂中很少见，但这是一个警告，说明如果开放的热液系统受到高压压裂时可能会发生的情况。

注：在巴塞尔使用的注入压力（29.6MPa）仅略高于芬顿山第二期储层流动测试期间常规使用的压力，后者平均约为 27.3MPa。

干热岩地热能的经济性

参与干热岩地热能开发的研究人员认为，干热岩商业化的首选途径是发电。美国能源部在与洛斯阿拉莫斯干热岩地热能项目的长期合作中也认同这一观点，当然这仅是基于经济上的考虑。同时，一些集中的直接加热的应用，如文献 Tester 等（1989a）中所阐述的那样，有可能引入竞争的方式。例如，干热岩地热可以直接为同一地点的化石燃料发电厂提供给水加热；在这种情况下，考虑到目前对可再生能源的税收优惠和减少二氧化碳排放的预期成本激励，如碳税等，这有利于干热岩直接加热的经济性。尽管在直觉上可能不是很明显，如果干热岩系统不能在给定的条件下经济地产生电力，或许也就不能经济地用于直接加热。在直接加热系统中，将加压的热水运送到最终目的地的成本会大大高于天然气的成本。这一论断是基于目前的天然气价格。与天然气供暖相比，我们推论仅有中等温度的干热岩衍生的地热是不经济的。

2012 年春天在写本书之时，很难准确地预测建造干热岩电厂的经济性，特别是在没有建造过这样的电厂的情况下。主要的资本成本是钻深层注水井，开发压裂的干热岩储层，然后钻两口生产井。据估计，这些成本会占整个干热岩发电系统总资本投资的 2/3（主要取决于井的深度）。

在 2010 年夏天，石油价格比现在要低得多。在过去的几个月里，尤其是中东地区的广泛动荡等因素的介入，使石油价格恢复到了 2008 年的水平。考虑到无法预测这种波动，使用 2008 年的估计，即勘探和完成 3 个井筒至 13 500ft 的费用约为 2400 万美元，仍然是目前的最佳成本［2008 年 9 月与小路易斯·卡普阿诺（Louis Capuano Jr.）（Therma Source，Inc.）的个人通信］。但是，进一步的考虑是，即将出现的最新钻头技术［2011 年 6 月与戴维·霍尔（David Hall）（Novatek 国际公司）的个人通信］可以将成本降低一半！

在估计干热岩工厂的功率输出时，主要的未知因素是储层的生产力。根据芬顿山第Ⅱ期较深储层的流动测试，预计一个三井系统的输出功率至少为20MW热能。此外，如果在已退役的芬顿山厂区建立一个干热岩工厂，可以通过各种方案提高这一生产力，其中最可行的方案是从每口生产井的底部钻出一个水平井。可以想象，这可以将功率输出提高到接近40MW热能。其他方案包括压力和（或）温度循环（以减少近井筒出口阻抗），这两种方法似乎都很有吸引力，但必须还要通过现场演示进行验证。

实际上，在第一个真正的干热岩发电系统建立和运行之前，这种革命性的新电源的实际成本只能是猜测（注意：当能源部在1995年撤回资金时，这样的系统已经即将动工，见文献：Duchane，1995d）。

在讨论利用干热岩地热资源发电时（Armstead and Tester，1987），考虑了开放（闪蒸）和封闭（二元循环）系统。自20世纪80年代初以来，从环境和水利用的角度来看，他们一直认为洛斯阿拉莫斯干热岩项目中的封闭式循环地热系统是首选的方法。在这种类型的系统中，在足以确保液态的压力下产生的地下流体通过一个热交换器，将其所包含的热量转移来汽化二次工作流体，膨胀后推动涡轮机产生机械动力。该二次工作流体接下来在冷却塔或空气冷却的热交换器中冷凝，重新加压，然后返回到一级热交换器中重新使用。

Milora 和 Tester（1976）考虑了二元循环系统的7种可能工作流体。图3-3显示的是在地下流体生产温度100~300℃范围内，每种流体的热力学可用性随温度变化的关系。在典型的生产温度下，商业化干热岩的开发将会在这个范围的高位。因此，根据这项分析，氨应该是最好的工作流体。

干热岩发电经济性的真实情况必须依赖于原型电厂的调试和运行，而原型电厂甚至还没有进入到规划阶段。此外，储层生产力的主要经济问题还必须等待储层运行前的流动测试，而这在建造二元循环发电厂之前就要完成。在流动测试中，技术人员要对几个提高产量的方法建议做出评估。

用干热岩储层进行负荷跟踪

1995年7月，在第二期储层的长期流动测试接近尾声时，进行了一种非常重要的试验（见第9章）。它证明了一个被称为负荷跟踪的概念，由此，干热岩储层能够在每天的某几个小时中，大大地增加热能产量（Brown，1996a，1997b）[1]。

在测试的6天内，当注入压力稳定在3960psi（27.3MPa），采用了20h的高回压［2200psi（15.2MPa）］运行，与4h的大幅增加的生产流量交替进行（通过控制降低高回压，最终值为500psi）。图2-6显示的是6个24h周期中的最后两个周期。

---

[1] 在这次试验后仅几个星期，所有的流动测试都停止了，在财政年度结束时，能源部终止了干热岩项目。

在每日周期的 4h 内，生产流速都持续增加了 60%。生产液体温度增加 10℃时，获得的总功率水平则比之前 20h 的稳定运行期高出 65%。

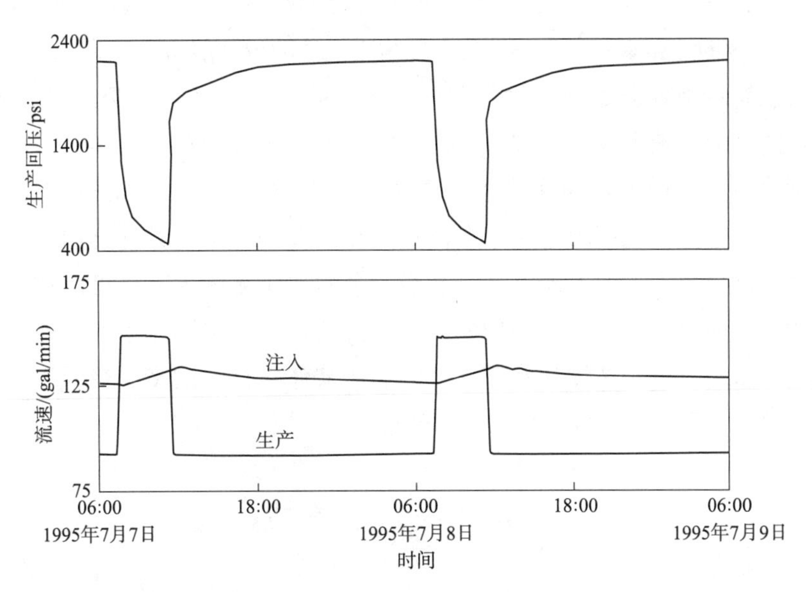

图 2-6　注入和生产流量曲线，与生产井回压的控制性变化在负荷跟踪试验（1995 年）的最后两个日常周期中的对比。

资料来源：Brown，1996 年 a

如图 2-6 所示，在每个周期中，生产井的回压开始于 2200psi，结束于 500psi。然而，为了最大限度地提高周期中 4h 时段的储层生产功率，应该要增加一些 20h 时段的回压，如增加到 2400psi，最后的压力可以降到接近 182psi（190℃时水的饱和压力）。这些操作变化会使 4h 强化生产期的功率乘数从 1. 65 提高到接近 2. 0，这是一个相当大的改进。

当以这种先进的操作模式利用干热岩储层时，人们还可以应用“抽水蓄能”的原理，即在储层内储存额外的加压流体。实质上，在芬顿山的负荷跟踪试验中，在 4h 内，将储存在生产井附近的一部分高压储层流体（临时生产的）排到了下面；然后在下一个 20h 的稳态运行期间，在 2200psi 的回压下，储层以稍高的速度注入（在随后的 20h 内流速会逐渐恢复到之前的稳态水平）。

注：在第二期储层的流动测试中，只要打开生产井上的电机驱动节流阀，大约 2min 后储层生产功率就几乎翻倍。利用干热岩这种负荷跟踪能力，应该能缓解当地电力公司在高峰需求期使用天然气进行“旋转备用”之需。这是一种非常昂贵但也非常普遍的负荷跟踪方法，特别是在夏季的空调季节。

干热岩地热系统在基载模式下运行，在有需求时能提供高峰用电的能力，这也是干热岩电厂额外的成本优势，然而这点在目前的干热岩经济研究中并没有加以考虑。高峰用电的溢价通常是基载价格的两倍以上。例如，基载母线价格为 9 美分/(kW·h)，4h 的高峰价格为 21 美分/(kW·h)，总的有效价格为 11 美分/(kW·h)，这就会产生 2 美分/(kW·h)的溢价，因此可以明显改变干热岩发电厂的盈利能力。

当时并没有特别强调试验的水泵蓄能应用。芬顿山的试验表明，在重新加压时，生产井周围的区域表现得像一个弹簧，储存加压的液体以便第二天再输送。最近风能的增长（通常在夜间产生）为利用这一方面提供了好机会：在再加压的 20h 的全部或部分时间里，多余的风能可用于为一个额外的注入泵提供动力，补充储存一些加压液体，使干热岩储层成为一种大地电池。这些多余的加压流体大部分可以在第二天以增加发电量的形式回收，以应对高峰期的需求。换句话说，储层能够加压到高于稳态运行的平均压力水平，在非高峰期储存更多的加压液体。存量的多少受限于压力，只要不超过会导致储层重新或过度扩展的压力就行。

干热岩技术的挑战

在干热岩项目早期，地球科学界表达了一些担忧，或者说对实施该技术存在着许多的挑战。实验室对干热岩地热能概念的持续研究和在芬顿山的现场试验，成功地解决了其中大部分的问题。除了两个最重要的问题（上文讨论的失水和诱发地震）之外，这些挑战还包括以下几个方面。

• 控制储层区域的增长。在第二期，当储层在很高的压力（3960psi）下测试的两年多的时间里，没有迹象表明储层在增长。

• 防止化学结垢。充满矿物质的热水多年流经低碳钢和空气冷却的热交换器后，只发现了非常薄而实际上是保护性的碳酸铁涂层，这可能是由于 1983 年 12 月大规模水力压裂试验期间注入了细粒碳酸钙（见第 6 章）。此外，在任何地表管道或井下管道中都没有发现有害的矿物沉积物的堆积。因此事实证明，化学结垢并不是问题。

• 为商业规模的运营需要制造出足够大的储层体积。芬顿山的第二期储层具有至少 2000 万 m^2 的循环可及体积，这足以能够至少在 10 年内连续生产至少 20MW 的热能，而且热功率降会非常低。此外，如果有传热量不够的问题，在开始产能之前，可以很容易地通过进一步的压裂来增加循环可及体积，而且这个成本非常低。

• 实现更高的生产力。提高从人造储层中提取能量的速度是干热岩地热能商业化的主要挑战。这个速度取决于流动阻抗（以下公式中的“I”），它决定在给定的储层入口和出口压力（在地面测量的）下，能够通过压力扩大的储层区域循环的水量。

$$I=\frac{(\text{注入压力}-\text{生产压力})}{\text{生产流速}}$$

储层生产力与近井筒出口阻抗有特别密切的关系（见第 4 章中关于流动阻抗的讨

论）。在较高的回压下运行生产井，储层的流动出口能保持部分扩张，可大大减少这种阻抗。否则，在井筒应力集中和流动汇聚到生产井筒时的压差下降的共同作用下❶，将会使这些出口几乎完全关闭。

• 储层内水流的“短路”。1992—1995 年深层储层的长期流动测试提供了非常有利的数据，打消了这种担忧。示踪剂测试表明，随着时间的推移，流动模式变得更加分散，这表明随着流动的继续，流体进入了更多的储层，但并没有短路的趋势。

重要观察结果和实际教训

我们从芬顿山干热岩储层测试和开发中观察到的一个主要情况是，节理岩体的特征是多变的，而且是不可预测的。例如，第一期储层的节理扩展压力只有约 2000psi，而第二期储层的相应节理扩展压力则是 5500psi，而深度只有 2300ft（700m），这是一个显著的差异。这种压力不是由地应力本身控制的，而是由主要流动节理相对于地应力的方位控制的，而这一点目前还不能从井眼中的观测了解，当然更不能从地面上了解！这非常重要。尽管微震监测对了解干热岩储层的开发至关重要，但在这一领域还有许多工作要做，特别是要了解和辨别构成主要流动通道的节理打开时诱发的那些地震活动。

从实验室干热岩工作中得到的最实用的经验是，干热岩地热系统工程始于在第一口井中建造储层。然后再钻两口生产井到接近其（地震确定的）椭圆体积的边界处来获取储层。如果首先就钻两口井，然后试图通过水力压裂来连通它们，这几乎是不可能的。而钻两口生产井有两个方面的原因：首先，通过更充分地进入储层来明显提高生产率；其次，允许更高的储层工作压力，以进一步扩张流通节理，来减少本体阻抗，同时又能限制储层的进一步增长。

---

❶　这种压差是作用于打开节理的循环流体的压力和作用于关闭节理的正常应力之间的差值。它在储层本体中从正值迅速下降到中性，最后在流向储层的出口汇入生产井时变成负值。这种现象是干热岩储层所特有的，它解释了为什么生产井回压的增加会降低近井筒的出口阻抗。因此，这种压差越大（即越负），生产井附近的节理就越紧闭。

2

第二部分

干热岩地热能概念的首次示范：芬顿山第一期储层的开发

第3章 第一期钻井和建立水力连通的最初尝试

世界上第一个干热岩地热能概念的示范，是在20世纪70年代中后期，在新墨西哥州芬顿山进行的。其目的是在适当温度（约200℃）的岩石中创建一个大型的人造干热岩储层，再钻两个深井进入储层，完成加压的地下循环回路。

如第1章所述，干热岩地热能系统的最初概念是由鲍勃·波特在1970年提出的（Robinson et al.，1971）。图3-1是两年后发表的概念图（Brown et al.，1972）。当时预计这种系统应该会首先创建在美国西部的盆-岭省的某个地方，因此，估计在基底岩石上会覆盖有8000ft的沉积岩和火山岩，并假设15 000ft处的温度为300℃（这些是如孔径和管道尺寸都包括在内的技术规格，以便计算热能产量）。

早期，唐·布朗向原子能委员会总部人员和其他有关方面介绍在热结晶岩中创建干热岩储层的简单性时，通常概述为：

- 钻一个垂直井，直到岩石温度适合发电的深度；
- 使用成熟的储层水力压裂技术，在井底制造一个大的垂直裂缝；
- 使用常规定向钻井技术钻出第二口井与垂直裂缝相交。

（注：当时人们认为定向钻井不比“击中谷仓宽阔的一侧”更难。但实际我们那时知道得甚少！）

1972年发表的干热岩概念保持一般性是有非常具体的原因：盆-岭省的干热岩地热能的潜力是巨大的，而对特定地点的了解还远远不够。正如第1章所述，同年，实验室新生的干热岩小组在杰梅斯山脉的芬顿山地区做了一些初步研究，该地区在瓦利斯破火山口的西部。在该地区地质和热流测量的基础上，他们在大麦峡谷钻了第一个勘探井（GT-1），深度为2575ft。从该井取得了令人鼓舞的成果，使得在其附近又选了一处地点来进行长期的干热岩试验[1]。

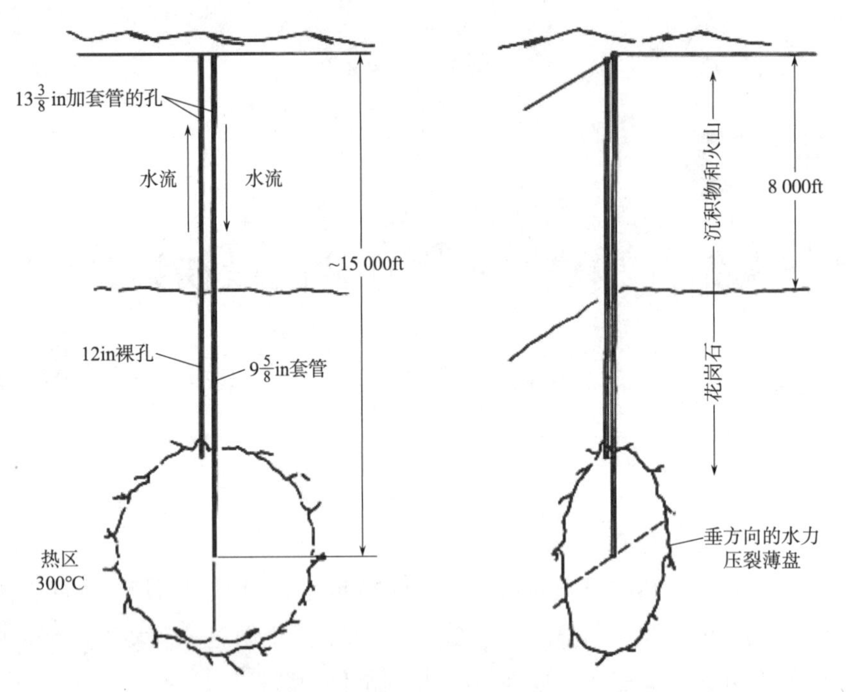

图 3-1　首次提出的在美国西部开发的商业能源系统干地热储层（1972）。

资料来源：Brown et al.，1972 年

芬顿山新址第一期作业的主要目标是评估该地区深层前寒武系基底是否适合容纳加压干热岩循环系统。加压流体注入测试将在第二口井（花岗岩测试井 2，或 GT-2）的不同深度进行。从一开始，就设想 GT-2 是一个类似于 GT-1 的勘探井，但比 GT-1 要深得多，大约在 4500～6000ft。首先，用它是想确认芬顿山是否适合作为世界上第一个人造采热系统的地点；其次，在水力压裂作业和储层开发的试验中，将其作为深层地震观测站，以及后来用作储层调查和井诊断，但不会参与循环作业。

第一期钻井和尝试建立储层的总结

GT-2 是首个深入到芬顿山干热岩试验场的热前寒武系基岩的井。但是，随着干热岩项目重点的转移，与原计划有了一些重大偏离。其中，一是在钻井的后期阶段，GT-2 先是作为勘探井，然后又作为储层探测井，与储层创建和生产井分开，其作用发生了变化。在 1975 年 1 月前，原子能委员会成立能源研究与发展局后，其地热能部随之增加了微观管理，决定将 GT-2 作为首次干热岩储层试验的注入井。实验室默许了这一改变，这意味着在第一期的试

[1] 此地点称为芬顿山干热岩试验场，其实验室称为第 57 号技术部（TA-57），或简称为芬顿山。

验中，只实施了计划中的两个额外的井（称为 EE-1 和 EE-2，意为能量提取）中的一个；而 GT-2 两次加深，超出了原计划的深度，总共进行了三个阶段的钻井。

1974 年 12 月 9 日 GT-2 完钻，其完钻深度为 9619ft（2932m），其井底温度为 197℃。此后不久，在 GT-2 井底附近，通过水力加压打开了一个方位有利的节理，形成了最初的储层热交换系统（根据当时流行的水力压裂理论，各向同性的均匀结晶岩中形成了“硬币”状的垂直裂缝，如图 3-1 所示）。接下来钻第二口井：EE-1。然而经过激烈的讨论和分析后，这口井的定向钻井计划与图 3-1 所示有所改变。EE-1 的目标不再是 GT-2 节理的上部，而是在 GT-2 的底部直接钻井，以便与节理的下部相交（根据理论，节理将会从注入点向上和向下对称地、接近垂直地生长）。因此，两口井原来的作用互换了，即 EE-1 成为注入井，GT-2 则成为生产井。

变化的主因有两个：第一，专家们担心如果 EE-1 钻到 GT-2 底部上面所形成的裂缝平面以上，就可能会与该井相交；第二，由于假定该裂缝是近乎垂直的，如果 EE-1 是直接在 GT-2 底部开钻，它很有可能与该裂缝的下部延伸相交（几乎不用考虑该裂缝在平面图中的方位）。而另一个考虑是，为循环液体创造一个更深的入口，这可以提供一个更好的流动或热传递条件。

根据图 3-1 中的概念，入口流体是冷的，应该在重力作用下落到加压的硬币状大断裂的底部，然后在上升到生产井时会再次被加热。

然而，EE-1 并没有击中“谷仓宽阔的一面”，即 GT-2 底部的节理所代表的大目标，其轨迹无意中偏离了 GT-2，差了不到 30ft！由于声波测距数据的地震分析出现了一个 180°的错误，干热岩项目的地球物理学家认为在深度上，EE-1 钻到了 GT-2 的西面，而不是其东面。项目管理层认为 EE-1 已经钻过了 GT-2 的底部，而事实上并没有。大约 18 个月后，即 1976 年 12 月，在进行磁力测距和耦合性能更好的声波测距试验时，人们才发现了 180°的错误。1977 年春天，当专门为实验室开发的高温陀螺仪在 GT-2 中测量时，进一步证实了这一发现。

花了一年半的时间，试图在两口井之间创建一个干热岩储层。经过所有这些努力，达到的流动阻抗为 24psi/gpm［2. 6MPa/(L/s)］，这还算合格，仍然高于正常所需的水平［大约 10psi/gpm，或 1MPa/(L/s)］。此外，24psi/(gal/min) 的阻抗并没有保持下来，在两井之间的多节理流动连通被石英浸出试验的碎屑堵塞时，阻抗增加到了 100psi/(gal/min)。项目员工决定重钻 GT-2 井来与那个近乎垂直的节理相交，而不是重新打开那些被堵塞的节理和做进一步压裂来连通节理。根据地震数据，该节理在 EE-1 的套管外面约 9050ft 深处已经打开了。

GT-2 井的规划、钻井和测试

钻井计划

GT-2 钻井的最初计划的完钻深度是介于 4500~6000ft，要深入到杰梅斯高原下的前寒武系基岩中超过 2000ft 以上。这样深的井有可能：

- 获得更深的前白垩纪基底的额外地质信息；
- 评估岩体的渗透性，最好是要到 6000ft 的深度。

实验室干热岩小组（Q-22 小组）成员准备了一份详细的 GT-2 钻井和套管计划，包括材料和设备。外聘钻井工程师（来自 Fenix 和 Scisson 公司）审查了该计划，并做了微小修改后，1973 年 10 月 13 日完成了投标。

干热岩部门办公室审查了最终计划（图 3-2），并于 11 月 21 日将其交付给实验室供应和财产部门。中标者是俄克拉荷马州塔尔萨市的 Calvert 西部勘探公司。

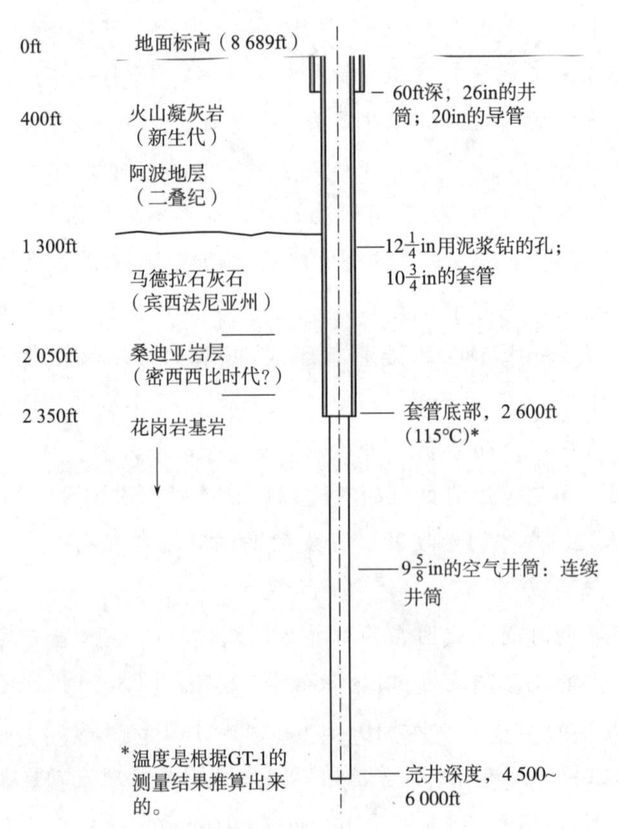

图 3-2　GT-2 井筒和套管的最终计划，显示了预期的地层截面和预期的井底温度。

注：根据 Pettitt，(1975a)（附录 C）

然而，这个最终计划证实只是 GT-2（T）三个发展阶段中的第一个（表 3-1）。最后，考虑到预算和时间做了一些调整。

表 3-1　钻井作业-GT-2 井口

钻井阶段	开始日期	最终深度/ft（m）
1	1974 年 2 月 17 日	6356（1937）
2	1974 年 8 月 30 日	6702（2043）
3	1974 年 10 月 12 日	9619（2932）

除了钻井和套管计划的细节外（见 Pettitt，1975a），投标文件中的计划还要求司钻：（1）用空气作为循环介质，从前寒武系花岗岩的顶部起开始连续取芯，且深度至少要到 4500ft；（2）按照实验室的要求，进行水力压裂试验并做测井和调查。作为深度的函数，通过岩芯分析确定岩石骨架的若干特性：

- 岩石学（包括年代）；
- 机械和声学特性；
- 热导率；
- 节理填充物的性质；
- 孔隙度和渗透率（根据复制的原位应力状态的实验室测试推断）；
- 潜在的岩石和水相互作用的性质和地球化学。

注解

现在回想起来，考虑到所涉及的成本和时间，钻井计划中优先考虑取岩芯是不合理的。正如在储层测试过程中了解到的（见第 9 章），采集的岩芯材料产生的岩石骨架数据与储层开发和流动性并不真正相关（例如，不论岩石骨架是花岗岩还是闪长岩，它们对储层的流动性影响很小）。真正影响储层开发和流动的物理特性是岩体的物理特性，主要受岩体主要节理组的特性和方位控制。这些物理特性中最重要的是整体渗透性和可压缩性，它们决定着通过节理网络的流动将如何随着加压水平的变化而变化。尽管一些基质属性也能代表岩体（如热导率，因为节理孔隙度很小），但大多数属性主要是用于储层建模。

第一阶段的钻井和在 GT-2 中进行的大量测试操作的主要内容来自 Pettitt（1975a，1975b）和 Blair 等（1976）。

第一阶段：钻井

地表火山岩的钻井

1974 年 2 月 17 日，在芬顿山地表暴露的班德利尔（Bandelier）火山凝灰岩中开始了 GT-2 钻井。在井深达到 77ft（24m）后，[1] 将一个 65ft 长，外径为 20in（510mm）的导管套管柱下入井筒，并固井到地面。然后，用史密斯（Smith）工具公司的 $12\frac{1}{4}$in（311mm）三锥钢齿岩石钻头继续钻井，穿过 450ft（137m）的地表火山岩，进入到了下伏的二叠系沉积地层中。

钻过古生代沉积地层，进入花岗岩岩层

在钻穿大约 780ft（240m）的二叠纪 Abo 地层的红土、粉砂岩和砂岩之后，钻井在 1230ft（375m）以下的 Madera 和 Sandia 地层的宾夕法尼亚岩石中进行（在新墨西哥州北部的这一地区，二叠纪和宾夕法尼亚纪岩石之间的过渡通常是由红层中石灰岩的增量所决定的；当石灰岩远多于红色沉积物时，就不再认为是二叠纪岩石了）。除了史密斯公司钻头外，在沉积层中还使用了 Security 和 Hughes 工具公司的钻头，但这两款史密斯钻头的钻进距离超过了其他公司钻头的两倍，每款都接近 600ft。

2 月 28 日，在 Madera 石灰岩中的钻进以平均 6~8in/h 的速度进行，在深度 1916ft（584m）处，突然发生了大规模的钻井液漏失，随后在芬顿山的所有井中都发生了这种情况（在大麦峡谷钻 GT-1 时已经发生过这种情况，但在这第一个勘探井，其上部的直径小得多，只有 $6\frac{3}{4}$in，所以情况比较好处理）。然而在 GT-2 的这个深度，钻孔显然是穿过了一个多洞石灰岩井段，其中的溶洞是由前寒武系花岗岩岩体上方向西流动的热水（约 100℃）形成的。这种热流体的来源可能是紧靠芬顿山东部的瓦利斯火山口的环形断裂。

在一个星期的时间里，人们尝试了各种方法来封堵问题井段，包括在钻井液中加入堵漏材料和两次水泥封堵作业。很明显，即便进一步的努力也可能不会成功[2]。随着钻孔状况的不断恶化，唯一的解决方案就是尽快使用套管。3 月 9 日，扩孔至直径 $17\frac{1}{2}$in，将一个 $13\frac{3}{8}$in（340mm）的表层套管管柱下入到了 1604ft（489m）的深度并水泥固井，在底部安装了一个贝克水泥鞋，并在 1573ft（480m）处安装了一个贝克浮箍。如果能将套管装到约 1900ft，正好在漏失区之上，那就会更好，但当时的井筒条件不可能实现；1600ft 长的套管意味着所有的 Abo 地层和 Madera 地层中相当一部分的互

---

[1] 除非另有说明，芬顿山钻井作业的所有给定深度都是从方钻杆轴套顶部沿井眼斜度测量的（所谓的“斜面深度”——通常通过钻杆增量测量获得）。在 GT-2 的情况下，方钻杆补芯高出地面 13ft（相当于芬顿山高于平均海平面 8701.5ft）。由于 GT-2 号钻井基本上是垂直的，所以“垂深”（TVD）——由斜面测量的测量深度得出已完成的井筒的深度——只比电缆测量的总深度（TD）少几英尺。

[2] 事实上，直到芬顿山试验结束时，所用过的各种堵漏材料都没有取得任何成功。令这些材料的供应商感到失望的是，任何可以通过钻机的泥浆泵（用于循环钻井液的容积泵）而不堵塞泵的物质，都不可能封住在芬顿山遇到的那种严重漏失区。

层状红色黏土岩都会被套管隔封住。

3 月 17 日，采用了 $12\frac{1}{4}$in 的钻头继续钻井，以水为循环介质；但到 1889ft（576m）处再次发生了钻井液漏失。只好弃用水，转而使用空气钻井和密度更低的钻井液。最初的计划本是要用空气钻进前寒武系基底，在 $10\frac{3}{4}$in 的技术套管管柱安装和固井后，空气钻井所需的大部分设备都已经在现场了❶。钻井液是一种由肥皂、膨润土和凝胶泡沫组成的乳液，其稠度与奶昔相当，密度约为 1lb/gal，用于稳定和润滑井筒，在一定程度上减少了持续的压损和卡钻的问题。即便如此，在 3 月 25 日，钻井不得不在 2230ft 深处停止，因为在大约 300ft 更高处，Madera 地层中出现了严重的塌陷，井筒中的泡沫柱的压力很低，已有大量的水流入。（当井眼的压力环境从完全静水压降到非常低的静水压时，以前的漏失区就变成了生产区）。在接下来的 3 天里，连续进行了 8 次水泥作业，试图封住该区域并稳定井筒。随后恢复了空气钻井，在 3 月 30 日到达了前寒武纪基底顶部，即 2404ft 深度，上面沉积岩的崩落继续带来了严重的问题。此外，在前寒武系岩层表面之上，还遇到了一个更重要的热含水层。与高出约 400ft 的热含水层一样，它似乎是向西流动的，热流体是来自正东的瓦列斯火山口环状断裂。随着时间的推移，这股水在石灰岩中冲刷出了好些几英尺宽的大洞。

钻井继续，进入了结晶基岩，但从地层中流入的水越来越多；在 2463ft 处，有必要对井眼的下部（2463~2105ft）再次做水泥固井。在分 4 个阶段完成固井后，继续钻井，将井加深了 72ft，达到了 2535ft（773m）的深度，进入前寒武纪基底达 131ft。

糟糕的是，尽管做了水泥固井作业，但上面的沉积地层的崩落已经非常严重，以至于在没有套管的情况下，即便使用空气钻井，也不能安全地进一步增加井深。4 月 5 日，计划中的 $10\frac{3}{4}$in 的 K-55 套管柱（45. 5lb/ft）从地表下入到了前寒武纪基底顶部，到达了 2535ft 的钻孔最深处。在底部安装了一个贝克水泥鞋，并在 2404ft 深处安装了一个贝克浮箍。浮箍安装在管柱的这个深度，是为了防止固井水泥从套管和花岗岩之间的环空中出现替空，并确保水泥至少能向上延伸到 Sandia 地层的下部（约 2380ft 处）那个更深的漏失区。

4 月 6 日，Dowell 公司对从 2535ft 到更深的漏失区的下段套管做了尾部固井❷。将大约 1 万 gal 的水泵入了空套管（静态水位低于地面约 1700ft），然后是 2400gal 的固井

❶ 空气钻井设备包括：三台重型英格索兰空气压缩机［每台的额定压力为 300psi（2. 1MPa），2400SCFM，海拔为 8700ft］；一台增压泵，用于将压缩机的输出功率提高到 1500psi（10MPa）；一台雾化泵（16gal/min，1500psi）；以及相关管道。此外，压缩空气服务合同包括一名工程师和两名操作员的服务，时间约为 7 周。

❷ 北卡罗来纳州法明顿市的道威固井服务站，当时是陶氏化学公司的一个分部。

水泥浆。在上面插入一个橡胶塞后，用 14 700gal 的水将水泥顺井眼向下驱替。驱替水量要计算到正好在浮箍上方留下大约 30ft 的水泥，使得水泥能在环空中上升到 Sandia 地层的漏失区。水泥凝固后，用 $9\frac{5}{8}$in 的史密斯球齿（空气）钻头，首先钻出水泥和浮箍的顶塞；其次是浮箍；然后浮箍和水泥鞋之间留在套管中的水泥；接下来是水泥鞋；最后是孔底残留的任何水泥和碎屑。为了确保该孔在即将进行的取芯作业中处于良好状态，钻孔随后又加深到了 2547ft 深度。

注：GT-2 钻井过程中遇到的漏失区也会影响到接下来三个井（EE-1、EE-2 和 EE-3）的钻井作业。特别是 EE-2 和 EE-3 的合同工程师们会根据他们以往的油田经验，来解决这些漏失区所带来的问题。位于 Madera 底层（约 1900ft 处）的较高漏失区是这两个井中比较容易处理的；通常通过在其上方设置一个技术套管管柱来进行处理，然后在穿过该区域时向钻井液中加入堵漏材料。紧临前寒武系岩层上表面（2380~2400ft 深度段）的大块漏失区则要困难得多。尝试了许多不同的方法，但都不太成功。

前寒武系结晶杂岩体中的钻井

最初 GT-2 前寒武系基底岩石的钻井计划要求连续的绳索取芯，深度至少为 4500ft，如果可能的话最好到 6000ft。指定的取芯钻头是为 JOIDES（联合海洋学机构深层地球采样）计划[1]开发的，用于钻深海海底玄武岩（它比芬顿山的花岗岩更软，更容易钻井）。史密斯公司为干热岩项目制造了 15 个 JOIDES 型 $9\frac{5}{8}$in 的岩芯钻头。如图 3-3 所示，包含四个碳化钨嵌入（TCI）的牙轮，可产生直径为 $2\frac{7}{16}$in 的岩芯。

为了提供绳索取芯筒所需的额外间隙，而无需在每次取芯后将钻杆起出，公司采购了一个特殊的大口径旋转钻进控制头，用于持续的绳索取芯。然而，在整个绳索取芯系统投入使用之前，进行了几次试运行，以检查该系统在芬顿山前寒武纪基底取芯的可行性（结果证明这是一个明智的举措）。前两次试运行实际上是在 Madera 石灰岩的钻井过程中进行的（尽管当时遇到了钻井液漏失的问题）：一次在 2078ft 深度，另一次则在 2248ft 深处。但这两次都没有采到完整的岩芯，只是些碎片。在前寒武纪基底又进行了两次试采，第一次从 2547~2580ft 深度段，第二次从 2580~2600ft。每个钻进回次后，都卸掉了方杆，并将钢绳下入钻杆，拴住并回收了岩芯筒。

---

[1] 达雷尔·西姆斯(Darrell Sims)在加利福尼亚州拉霍亚的斯克里普斯海洋学研究所工作时，在为 Glomar Challenger 号(JOIDES 钻井船)设计 JOIDES 取芯系统方面发挥了重要作用。他后来加入了实验室的 Q-22 小组[由莫特·史密斯(Mort Smith)领导的最初的 HDR 小组]，并深入参与了 GT-2 井筒的规划工作。

这些试运行都是非常失败的。取芯桶的不合理设计以及 JOIDES 钻头明显不适合花岗质岩石的钻进（见下文的第 1 阶段取芯），看来在芬顿山前寒武系地下连续取芯是行不通的，尽管实验室的工程师们对岩芯筒与钻头的接口做了“即时”重新设计，将岩芯捕捉器放在了钻头的正上方。由于最初订购的 15 个 JOIDES 钻头只从制造商那里收到 7 个，所以又尝试了另一种策略，要求史密斯公司修改剩余的 8 个钻头，用最硬的碳化钨球齿代替了最中心的碳化物镶齿（用于切割钻芯的外径）。但是，即使经过这两次修改，JOIDES 取芯系统还是无法胜任芬顿山的工作。因此，决定使用 STC9JS 钻头继续钻井，并且只按照项目组的指示取芯。

图 3-3　史密斯公司为芬顿山干热岩项目生产的 JOIDES 岩芯钻头。

资料来源：Pettitt，1975a

如上所述，GT-2 钻井计划还要求对基底岩石实施空气钻井［英格索兰（Ingersoll-Rand）员工，根据他们在采矿业的经验，说服了干热岩项目的钻井工程师们，空气钻井能够达到更高的钻速，总体成本比水或泥浆更低］。其一个明显的优势是，因为水必须运到现场，所以空气钻井在芬顿山更实用。

技术套管柱直径为 $10\frac{3}{4}$in，其最大钻头尺寸为 $9\frac{5}{8}$in（244mm），用它来钻 $2535\frac{3}{4}$in 以下的结晶基底岩石。选用的硬岩钻头（还是在计划连续取芯时就订购了，因为最终可能需要常规钻井作为后备）是 STC9JS 全断面 TCI 钻头。开发这些标准的矿用钻头是为了钻进采矿业中最坚硬、最具研磨性的含矿岩，包括铁燧石、白垩岩、花岗岩、石英岩，以及其他坚硬的火成岩和变质岩。这些钻头是专门为空气钻井设计的，配备了硬化的开放式轴承，可以通过空气冷却并冲洗掉岩屑（不同于休斯工具公司当时为石油行业生产的密封轴承钻头）。此外，STC9JS 钻头还有内置的注水器，可以通过焊接来关闭空气通道（铜管），以适应水钻，清洁空气通过该通道引向开放的轴承；然后轴承由流经注水器的清洁水来润滑。

空气钻井在结晶基底中进展迅速，其间还进行了 4 回次取芯钻进和几回次水泥作业，以修复过度进水的井段。4 月 23 日，当钻井深度达到 3542ft 时，水从井眼中流出，速度之快（估计超过 400gal/min）使沉淀池接近溢出。当天完成的一系列商业测井表明，套管没有损坏，消除了人们对套管上的一个洞可能是流入水源的担忧，但猜测水是来自花岗岩表面以上的咸水层，在套管底部周围流过一个固井水泥缺口（这一结论很快就会被钻孔更深处的作业所驳倒）。

为了试图用额外的水泥（所谓的套管鞋“挤压”作业）封住假设在套管固井水泥中的缺口，采用了用钢绳操作的裸眼桥塞，置于 2580ft 处，即在套管鞋下方的 45ft 处。接下来，通过钻杆下入一个可拆卸封隔器，并在 2400ft 深度座封在套管内，在封隔器和桥塞之间注入 300 袋水泥浆。尽管这足够能将上述密封井段填满两次，但后来确认水泥已经流到了桥塞周围并残留到了井下。

起出钻杆，并将那些从 2400ft 以下至桥塞的残留水泥钻了出来。但在钻开桥塞之前，水开始流入孔中，其速度之快使空气钻井无法继续。在再次尝试用水泥堵住流入的水（仍认为是来自套管底部）后，清除了孔中的水泥，钻穿了桥塞。但该井眼很快又充满了水，水位约为 1700ft，这表明水流与花岗岩表面上方的含水层继续相通。现在看来，裸眼桥塞可能无法承受超过 1500psi 的流体压力差，这是由挤水泥作业和随后的空气钻井过程所造成的。

现在的工作重点是要调查更深的地方，以确定流入水的来源。在钻杆上安装了一个可膨胀的莱恩斯裸眼封隔器，座封在套管鞋下面的井筒里。在封隔器下方做了注水测试，用的是一个加了泵压的完全静压水头。结果表明，在 3150ft 以下很大井段范围内，井眼正在接受水（后来，井径测井显示，在约 3220ft 处的井眼的一部分被扩大了，这显然是断裂带与井眼的交汇处）。5 月 4 日，300 袋水泥浆通过光头钻杆泵入孔中，填充了底部部分（从 3542ft 到 3119ft）。凝固后，用空气钻将水泥成功地钻了出来。然后，将该孔加深到了 3556ft，但井眼再次充满了水。深层水泥塞有效地封住了水，直到将它钻了出来，这一事实有利地证明，水流入的路线不是围绕套管底部，而是通过基岩中的那些张裂缝。

至此，决定改用清水钻进，即使这可能意味着要无上返钻穿基岩中任何额外的张开裂缝。在备用池中安装了一个泵，以提供所需的额外的水（并同时将空气钻井时产生的大量水抽走）。在花岗质岩石中，钻井深入到了 3666ft，没有出现过多的失水，这表明非常细小的钻井岩屑正在缓慢地封闭那些张开的裂缝。实验室完成了一套全面的温度记录，结果得到了一个没有明显扰动的温度曲线，这表明在大约 3600ft 以下的井眼是紧密的。

由于计划重新采用空气钻井，因而两次尝试用水泥封堵3150~3600ft深度之间的那些裂缝，结果都是灾难性的。在5月9日的第一次尝试中，水泥按配方在26℃下固化时间应该为1.75h，但通过光头钻杆泵入水泥，仅用了19min就完成了钻杆中的快速固化。只好将29个充满水泥的钻杆（约2600ft长）拉了出来，送到新墨西哥州的法明顿去将其钻通（与此同时，还租了额外的钻杆，以便继续作业）。继续水钻到了3728ft深度。进一步的温度测井结果表明，在3600ft处仍有水从井筒流出（几周后的井径测井显示，在3550~3600ft深度之间的井筒截面也扩大了，可能代表基岩中的另一个断裂区）。

5月15日实施第二次挤水泥作业：将光头钻杆下入到3680ft处，然后注入水泥（大约20min内注入了150袋）。这一次的水泥配方经过了实验室测试，在110℃下泵入时间为1h37min，这样即使在出现意外延误的情况下，也能为泵入时间提供充足的余度。糟糕的是，由于钻杆底部位于3550~3600ft处之间主要流入区的下方，且井内水泥与欠压流入区之间存在较大的压力差，钻杆被“吸”在了井壁上，这种现象在钻井行业被称为压差卡钻。当水泥开始凝固时，钻杆就无法移动。当对钻杆内的水泥进行探查时，发现钻杆头位于3232ft深处；然后用小直径的钻杆和$3\frac{1}{2}$in的钻头将水泥钻了出来。接下来，用服务公司的声学设备确定了钻杆外面水泥固井的深度，接着就是打捞工作（打捞是钻井术语，是指从井中清除任何损坏的钻杆、卡住的工具、钻头、碎屑等）：随着一次深入的、倒扣的爆炸性射击，除了330ft长一段以外的所有钻杆都从孔中起了出来。

5月19日，在洗过和拧开那些钻杆接头后，在深度为3556ft的环空中碰到了坚硬的固井水泥。5月28日，费力地将水泥从环空中铰出（用装有包括金刚石在内的各种切割面的清洗管），慢慢地将剩余的钻杆逐段释放了出来。最后，清理了井筒后，空气钻井再次开始，钻到了3814ft的新深度。但水仍然以60~70gal/min的速度流入，主要是因为挤水泥作业都没能成功地封住与井筒相交的张开裂缝[1]。

注：直到很久以后，在第一期储层的流动测试中，GT-2井在上部结晶基底中穿过那些“流动裂缝”的真正性质才变得明显。在不太大的空气钻井压差条件下，产量接近400gal/min，因此流入的水一定是通过了开放的断裂带，而不是通过了基岩中未封闭但紧密的那些“裂缝”。要产生这么多的水，构成这些断裂带的羽列断裂一定经历了相当大的近期位移，以及随之而来的剪切扩张（在干热岩文献中经常称为“自撑”）。GT-2井遇到了两个断裂带，一个在3220ft处，一个在3550~3600ft深度，可能是相对

[1] 在油井钻井中，有时会将额外的水泥缓慢地泵入（和通过）劣质固井来密封套管固井中的水通道和其他空隙。当新固井水泥开始凝固时，会导致泵送压力逐渐增加，从而迫使仍有弹性的水泥浆进入原固井的剩余空隙和通道（因此称为“挤”水泥作业）。然而，结晶性基岩中的开放节理（或断层区）不能做类似的“挤水泥”。如果没有使节理与井筒交汇处扩张所需的压力，那么封闭的节理将会作为一个筛子，从固井水泥浆中过滤出水泥颗粒；当水通过时，就会在节理入口处留下厚厚的脱水水泥堆积物。

较新（但较小）的陡倾断裂带，然而在芬顿山最初选址调查时并没有检测到它们。此时，考虑到空气钻井的钻进速度并不是特别快（5~6ft/h），空气压缩机、增压泵以及所需的额外人员也都非常费钱，而且从井眼中吹出产出水的难度也越来越大，在实际现场条件下，决定对空气钻井还是水钻井进行评估。用 STC 9JS 钻头连续进行了两次钻进，一次用空气，一次用水，记录了钻进进尺、钻进时间和钻头磨损等关键参数。当结果显示水钻比空气钻井有较小但明显的优势时（表 3-2），决定在所有后续钻井作业中都使用水。6 月 2 日关闭空压机，两天后终止了与英格索兰的压缩空气合同。

表 3-2　钻井性能：空气与水

测量参数	空气作为循环介质	水作为循环介质
钻井区间	199ft（61m）	237ft（78m）
钻井时间/h	39	42
刀头磨损	0. 25in（0. 6cm）	0. 125in（0. 3cm）
铰刀磨损	0. 125in（0. 3cm）	0. 062 5in（0. 2cm）
钻进速度	5. 1ft/h（1. 6m/h）	6. 1ft/h（1. 9m/h）
钻杆重量（钻头质量）/lb	44 000	45 000
钻进速度/（r/min）	40	45

随着钻井的进行，流体继续流失到了断裂带中，其中大部分可能都是在 3550~3600ft 深度区域。为了密封这些断裂带，并帮助清除钻屑，从 6 月 10 日开始，在钻井液中加入了少量的膨润土和堵漏材料。最终，失水率从每分钟几十加仑减少到大约 2. 5gal/min。

随着钻井稳定进展，大量的温度测井和取芯作业与标准化顺序的钻井作业穿插地进行，以获得关于井下部基岩特性的最大信息。在 4915ft 的深度，第一个重新配置的 JOIDES 取芯钻头和修改后的取芯组件在不到 2h 里，完成了 6ft 的取芯，回收率达到 100%（相比之下，前 6 次 JOIDES 取芯的平均回收率只有 26%）。最后三个主要的钻程，即 313ft、239ft 和 310ft，都很顺利，将井加深到了 5979ft。

随着时间的推移，我们已经能对 STC9JS 钻头的寿命做出预测。在转速为 40~50r/min、钻头负载为 38 000~42 000lb 的情况下，一个钻头预期能持续大约 60h，钻进近 300ft（91m），平均约为 5ft/h。到这时，钻头尺寸通常会小 1/4in，失掉 15~25 个球齿，底部扩孔器则会减小 1/16~1/8in。因此，在钻头旋转大约 50h 之后，对钻速就要进行密切的监测。如果钻速明显低于平均 5in/h，或者出现蹩钻或扭矩增大，则要停止钻进，更换钻头。由此，可以最大限度地利用钻头，同时最大限度地减少钻头损坏的风险（通常是突然出现明显蹩钻的钻进，这是因为丢失了 3 个牙轮中的一个）。

在最后两次取芯后，第一阶段钻井工作于 1974 年 7 月 14 日完成。总钻井深度为 6356ft（1937m）。基底岩石的主要钻井情况总结在表 3-3，岩石类型显示在地质剖面图图 3-4 中。

梯度剖面中前寒武系基底岩石顶部（2404ft 处），那个非常明显的“膝状弯”说明了火山口热液流出的规模。在此深度，从这股热流中进入上覆沉积岩的热量对流，有效地使地表的梯度增加了一倍，即从刚刚超过 60℃/km 增加到了大约 120℃/km。图 3-4 中的断线代表 60℃/km 的梯度。

表 3-3　GT-2 井的主要第一阶段钻井活动

钻井深度 /ft（m）	钻井区间 /ft（m）	钻井时间 /h	岩石类型	钻井介质	平均渗透率 /（ft/h）（m/h）
2857～3147（871～959）	290（88.4）	27	单斜长岩 生物岩-花岗石片麻岩	空气	10.7（3.2）
3182～3463（970～1056）	281（85.6）	32.5	单斜长岩 生物岩-花岗石片麻岩	空气	8.6（2.6）
3814～4013（1163～1223）	199（60.7）	39	单斜长岩型片麻岩	空气	5.1（1.6）
4013～4270（1223～1302）	257（78.3）	42	单斜长岩 单晶石	水	6.1（1.9）
4279～4556（1304～1389）	277（84.5）	49.5	独山子岩 单斜面片麻岩	水	5.6（1.7）
4556～4835（1389～1474）	279（85）	60.5	单斜长岩 花岗岩片麻岩	水	4.6（1.4）
4921～5234（1450～1595）	313（95.4）	65	单斜长岩 生物岩-花岗石片麻岩，生物岩-方解石片麻岩	水	4.8（1.5）
5240～5479（1579～1670）	239（72.8）	51	单斜长岩 生物岩-花岗石片麻岩	水	4.7（1.42）
5669～5979（1728～1822）	310（94.5）	55.5	单晶岩质 片麻岩，角闪石-生物岩片岩，闪长岩	水	5.6（1.7）

在 GT-2 的空气钻井过程中，从这个漏失区生产的热流体超过 1000gal/min（空气压缩机充当了提升泵）。在前寒武系顶面向西流动的亚静水含水层中，有如此高的热产量表明，尽管温度较低，但丰富的地热资源已经开发出来了（难怪给钻井工作带来了如此大的障碍）！

第一阶段取岩芯

第一阶段的取芯运行情况总结见表 3-4。

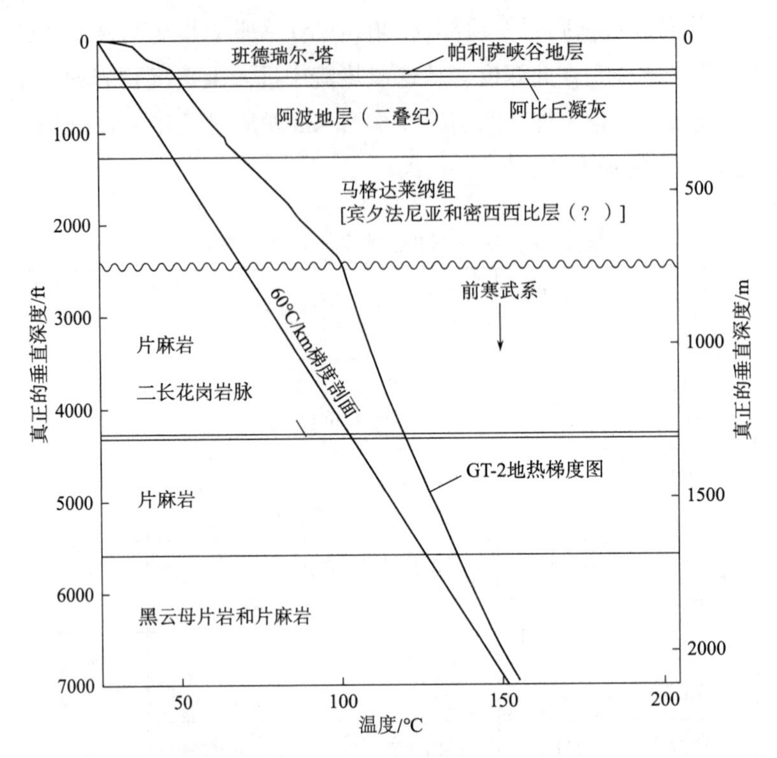

图 3-4　前寒武纪基底和上覆地层的地质断面，显示地热梯度。

注：该图中的信息比表 3-3 和表 3-4 中的岩相信息更为笼统。

表 3-4　GT-2 井的第一阶段取芯运行情况

取芯序号	取芯区间 /ft（m）	回收率 /%	取芯筒 (J=JOIDES 类型；C=Christensen)	岩石类型
1	2078~2098 (633~640)	25[a]	J	黏土、石灰石碎片
2	2248~2258 (685~688)	50[a]	J	页岩、石灰石碎片
3	2547~2580 (776~786)	35[a]	J	浅色石英二长石[b]
4	2580~2600 (786~793)	33[a]	J	浅色石英二长石[b]
5	2831~2844 (863~867)	30	J	花岗岩[b]
6	2844~2857 (867~871)	20	J	石英二长石[c]

续表

取芯序号	取芯区间 /ft（m）	回收率 /%	取芯筒 （J=JOIDES 类型；C=Christensen）	岩石类型
7	3151~3182 （960~970）	20	J	黑云母花岗闪长岩[b]
8	3464~3476 （1056~1060）	17	J	浅色石英二长石[b]
9	3694~3705 （1126~1129）	100	C	浅色石英二长石[b]
10	4278~4285 （1304~1306）	85	C	浅色花岗闪长岩和石英二长石[b]
11	4892~4897 （1491~1493）	100	C	黑云母奥长花岗岩、浅色花岗闪长岩和石英二长石[b]
12	4915~4921 （1498~1500）	100	J	浅色石英二长石[b]
13	5234~5240 （1595~1597）	38	J	石英二长石，花岗闪长岩[b]
14	5487~5492 （1672~1674）	90	C	石英二长石[c]
15	5654~5660 （1723~1725）	92	J	角闪石黑云母片岩[c]
16	5980~5986 （1823~1825）	100	J	角闪石黑云母片岩[c]
17	6150~6156 （1875~1876）	66	J	石英二长石[c]
18	6156~6162 （1876~1878）	100	J	石英二长石[c]
19	6344~6350 （1934~1936）	16	J	花岗闪长岩[b]
20	6350~6356 （1936~1937）	5	J	花岗岩碎片[c]

资料来源：Pettitt，1975a

注：这些岩芯样品后来又做了重新评估，并描述了片麻岩纹理。表 3-3 和图 3-4 中的信息反映出后来的数据。

a 用钢绳取回岩芯筒；

b 根据薄片的岩相学检查确定；

c 通过手工检查确定。

如前所述，为 JOIDES 项目开发的绳索取芯系统的改进版遇到了许多机械困难。主要的改进是使其原本从地面下入到充满水的井筒中工作的取芯组件，在空气钻的 GT-2 中也要能够工作。同时，还增加了一种功能，能确定岩芯在原来岩石中的方位。在基岩中进行了两次绳索取芯试验（表 3-4 中的第 3 次和第 4 次），均失败后，又进行了两次未采用绳索的取芯试验。但由于岩芯卡在岩芯筒内，岩芯采取率仍然很低。考虑到项目的时间限制，没有对连续绳索取芯系统再做进一步的开发；JOIDES 取芯钻头仍以常规方式使用，即取芯筒与钻柱一起出井。

遗憾的是，在常规取芯作业中，即使钻头用了更硬的碳化钨镶齿并将取芯筒降低到仅略高于钻头，也都没有能够提高取芯率（比较表 3-4 中的第 5~8 与第 3~4 次作业）。这些钻头在芬顿山的表现与 JOIDES 项目深海钻井阶段的大致相当（玄武岩采收率约为 25%）。调查岩芯回收的问题花了不少时间。与此同时，用 JOIDES 钻头进行了另外两次取芯作业（第 7 次和第 8 次），结果更差。在回顾往事时，达雷尔・西姆斯说，Glomar 挑战者号（JOIDES 项目钻井船）取的深海玄武岩岩芯呈典型的“眼球状”，具有光滑的圆角。这一现象当时解释为玄武岩在被切割后由于应力释放而剥落成了薄片，然后它们在岩芯管中“翻了滚”。现在，在芬顿山这种大不相同的岩石类型中，又看到了类似的圆眼球状岩芯岩屑。最明显的结论是，取芯钻头本身出了问题：经检查发现，它在做横向摆动，在切出岩芯的过程中也切出了岩屑。为了抑制这种侧向摆动，定制了一种全直径的叶片稳定器，直接安装在钻头上方。

重新设计的 JOIDES 取芯组件，增加了叶片稳定器，除了一个以外，其余的都采用了。有了叶片稳定器，取芯率提高 3 倍多，在第 12 次至第 18 次取芯的平均取芯率约为 84%，与传统金刚石钻头的（约 95%）相当，但钻速和钻头寿命却比传统金刚石钻头高出 4 倍。(在最后两次 JOIDES 运行中遇到的问题是与叶片稳定器的过度磨损有关)。

第一阶段水文试验

干热岩项目员工从未打算在浅层就去开发干热岩地热开采系统，GT-2 井第一阶段（深 6356ft）获得了中等的岩石温度（约 146℃）。同时，他们认识到，任何加压干热岩系统的成功最终取决于能否进入到大规模的低渗透基岩区，并能够维持热交换系统，不会在其边界处有过多的失水。正因为如此，GT-2 钻井项目的主要目标之一就是要调查芬顿山前寒武系岩体的渗透率，其深度超过了 GT-1 井的 2575ft。考虑到空气钻井过程中在 3220ft 和 3550~3600ft 之间所遇到的断裂带，这种调查似乎特别有必要，因为大量的水通过这些断层流进井筒。

一种油田测试井眼渗透性的方法，称为钻杆测试，被应用在 GT-2 非常小直径的井眼条件下（渗透性预计在低微达西到几百纳西的范围内，仅为典型含油地层的渗透性的 1/1000，甚至更少）。这种方法是将潜在的生产井段与井眼流体隔离开来，之后在几个准流体静压力下通过岩层的实际产液量来测试其渗透率。

GT–2 井中钻杆测试的井段是根据两个标准来选择的：（1）井壁的光滑度，（2）没有与井壁相交的已有节理（相交节理的存在往往会导致井眼扩大）。在 GT–2 井中用井径测井数据来确定井眼中最接近真实尺寸的部分，并期望这些井段能更有利于在封隔器座封后不会发生泄漏（而且也可能要比井眼的其他部分“更紧”）。糟糕的是，测试从开始到结束，都受到泄漏问题的困扰：封隔器要么是没有正确就位，要么在粗糙的井壁上破裂了，要么由于其他原因而无法发挥作用。这根“肉中刺”会扎在干热岩项目整整一年，贯穿于接下来两个阶段的钻井测试期。

1974 年 7 月 17 日至 8 月 4 日，在第一阶段钻井和取芯之后，在 2600～2900ft（792～884m）和 4700～6200ft（1433～1890m）的深度井段完成大约 16 次钻杆测试。这些测试中使用的所有封隔器都来自斯伦贝谢（Schlumberger）公司的约翰斯顿（Johnston）部门。通常，软橡胶封隔器是以跨式结构使用的（一个封隔器在测试区的上方，一个则在测试区的下方），封隔器的间距为 90～408ft（27～124m）。这个测试组件还具有压力平衡功能，即一旦封隔器被压缩和固定好，通过一根穿过封隔器组件中的管子，从而就能平衡下封隔器下面的裸孔和上封隔器上面的环空之间的压力。此外，如果在加压测试中，下封隔器出现故障，这一功能就会立即显示出这种情况：从加压区间拉开下封隔器的流体会通过管子向上流入上封隔器上方的环空，从而迫使环空中的流体流向地面。

在最初的几次测试中，封隔器的直径为 $8\frac{1}{2}$in（216mm），但结果证明，在所施加的钻杆压缩载荷下，这些钻杆太小，无法正确就位。事实证明，直径稍大的 $9\frac{1}{4}$in（232mm）的尺寸更令人满意。即便如此，橡胶封隔器还是经常因为被拖过粗糙、不规则的井壁而被撕裂和断裂。通常情况下，在每次测试结束时，至少有一个封隔器需要更换。在早期测试中还遇到了其他的问题：设备故障、钻杆泄漏和钻屑堵塞配件等。这些在后期都得到了纠正。

最后两次测试都是在井眼的最低段进行的，只用了一个上压缩封隔器（井底作为下封隔器）。用许多钻铤做成了一个钻柱，在其顶部安装上封隔器和多流测试器（MFE）。这样改进后的钻杆测试组合下入井眼中使其停留在孔底；然后施加额外的钻杆载荷来压缩上封隔器，使其膨胀并紧贴井壁。之前的空钻杆现在部分注满了水，以防止蒸汽喷出，并且打开了多流测试器的主控制阀，让地层中的水流入封隔器和井底之间的间隔。测试结束后，将 0.66gal 液体样本截留在多流测试器采样室中，以带到地面进行分析。结果表明，这种流体不是储层的“孔隙流体”，而是当钻杆部分注水时从地面泵出的一些井中流体。

遗憾的是，16 次钻杆水文测试都没有得出任何明确的结果，只有证据表明所有的测试井段似乎都很紧密。确实是，由于基岩非常致密，在任何一次测试中都没有测到储层孔隙流体，甚至在多次修改了跨式封隔器配置之后也是如此。然而，尽管这些试验只是定性的，但确实表明，花岗岩的渗透性很低，应该能够以可接受的低失水率容纳承压水。

第一阶段压裂测试

在水文试验之后，在GT-2井中又做了几次测试，以调查在合理的地表压力下是否能够破裂深层基岩，并测量产生的裂缝从井筒继续向外延伸时注入其中的流体量。根据在高达2000psi的压力下成功地水力压裂GT-1花岗岩的经验，人们认为GT-2也不会有多大问题。然而，GT-2的裸眼段与GT-1的裸眼段有两个显著的不同：首先，其花岗岩段的直径要大得多，为$9\frac{5}{8}$in，相比之下，GT-1的只有$4\frac{1}{4}$in，这使得封隔器的密封性更加困难；其次，与GT-1有非常光滑的花岗岩壁（连续用了金刚石取芯钻头取芯）相比，GT-2的牙轮旋转钻进井壁非常粗糙，不利于封隔器的密封。这些问题都会成为GT-2水力压裂过程中经常遇到的问题。

根据水文试验结果、井壁条件和地球物理测井数据，我们找到了那些断裂最少、渗透率最低的有利位置，选择了裸眼的6个井段进行水力压裂试验。在决定下一个测试井段之前，每个井段都被选中并进行了测试，数据如下。

井段一：2775~2865ft（843~873m）；
井段二：2600~2680ft（793~817m）；
井段三：4730~4880ft（1442~1487m）；
井段四：4880~5020ft（1487~1530m）；
井段五：5314~5394ft（1620~1644m）；
井段六：4617~5153ft（1407~1571m）。

在大多数水力压裂测试中，在不同的井段，都再次使用约翰斯顿（Johnston）封隔器，而且这次（为了控制泄漏）采用“双跨式”配置，即两个封隔器在测试区域上方，两个封隔器在测试区域下方。下层的一对封隔器由管线下端的钩壁锚固定，上层的一对封隔器在选定的井段插入管柱。

在最初的日子里，项目还没有获得能够进行裂缝开启和扩展测试的螺杆泵。相反，水是由3个10gal、5000psi的蓄能器一起泵入孔中的。流量由机电控制阀调节，可以准确地保持在1~20gal/min（0.06~1.3L/s）的速率。

注释

在本书中，我们试图始终如一地使用原始的测量单位。例如，如果psi是压力传感器或压力表在特定操作中使用的单位，相关文本就会使用psi（lb/ft^2），为方便非美国读者，有时会用与其等效的 MPa（兆帕）。另一个例子是：当使用干热岩项目的泵送设备注入流体时，流速的原始计量单位是 gal/min，而使用租赁泵送设备时，计量单位是 BPM（桶/分钟），1BPM = 42gal/min。

图 3-5 显示的是每次压裂试验的深度以及使用的封隔器类型（按试验日期绘制）。

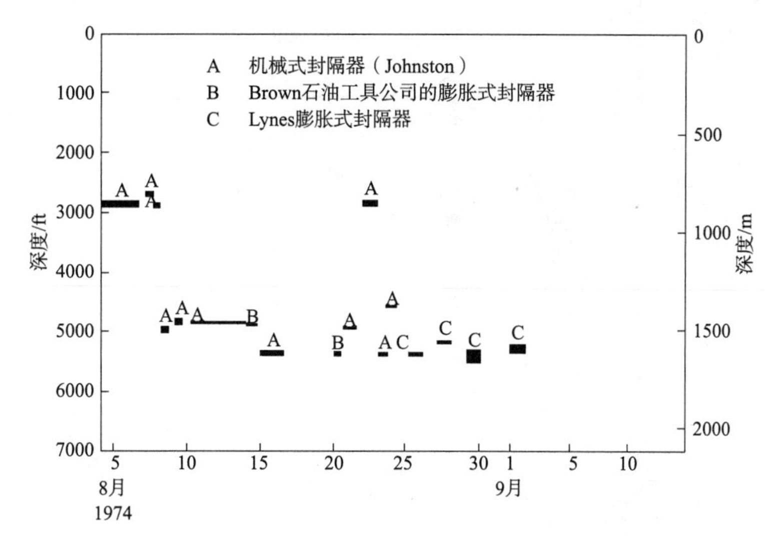

图 3-5　采用机械式和膨胀式封隔器实施的 GT-2 第一阶段压裂试验（根据试验日期绘制）。

资料来源：Blair et al.，1976

1974 年 8 月 6 日实施了第一次试验（在井段一）。约翰斯顿封隔器最初不仅能够承受近 1400psi 的压力且没有泄漏，而且还成功地启动了“水力压裂”（正如第 1 章和第 2 章中所讨论的那样，几年后人们才清楚，芬顿山的所有“断裂”实际上早就存在了，但这些重新封闭的节理又被压裂打开了）。

一个小而明显的压力过冲证明了这个节理的打开，反映出裂缝的“开裂”点。图 3-6 所示就是这种经常观察到的现象和重新加压时观察到的典型压力曲线。当重新封闭的节理刚开始接受液体时，压力曲线就会偏离压裂管柱中水的直线压缩曲线。在这种压力下，应力闭合的封闭节理首先变得有轻微的渗透性。然而，只有在进一步加压的情况下，节理才会真正打开。这种现象是在 GT-1 的水力压裂试验中首次发现的（见第 1 章）。

在 8 月 6 日的测试中，最初在 1397psi 的压力下打开了节理。然后，当节理以 19gal/min 的恒定注入速度进一步打开和延伸时，压力迅速下降了，并在 1286psi 的压力下趋于平稳。这两个压力之间的差值是 111psi，可以解释为填充物的抗拉强度。考虑到井壁上的岩石会有至少几千 psi 的破裂压力（根据实验室拉伸强度测试），这种压力突升实在是太小了，不能反映在没有缺陷的花岗岩中产生出新的水力裂缝。第一次压裂试验因封隔器周围的水流而结束，本系列中的所有其他试验将都会如此。

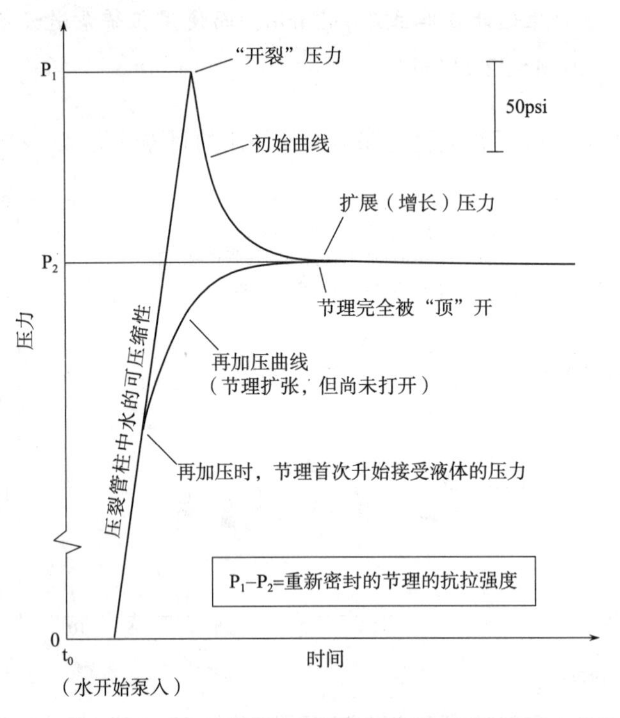

图 3-6 在恒定的注入速率下，"压裂"事件（打开重新密封的节理）开始时压力的突然升高，以及随后的节理再加压时的压力分布。

在首次压裂测试成功后，在井眼较高段（井段二）进行了约翰斯顿跨式封隔器测试，然后在更深的区域（井段三和井段四）也做了试验。但这些压裂试验都没有成功：由于跨层段的泵送压力仅为 500~1000psi（低于断裂开启压力），封隔器严重泄漏，以至于试验无法继续。除了最后几次试验外，所有的封隔器都安装了柔性硬橡胶元件(硬度为 90)。在最后几次试验中，试用了软封隔器元件（硬度为 70)；这些元件使得封隔器承受住了高达 1600psi（11MPa）的压力而不泄漏。然后增加了钻柱质量，范围从 8 万 lb 到 15 万 lb，以进一步压缩封隔器，但仍没有能阻止住泄漏。用约翰斯顿机械封隔器的这一系列试验于 8 月 14 日结束。

8 月 20 日和 21 日，在井段五尝试用布朗石油工具公司的膨胀式封隔器实施为期两天的加压测试，采用跨式配置。但这些封隔器在加压时不是爆裂就是泄漏，在随后 4 天测试中不得不重新使用约翰斯顿封隔器。

最后，在井段五和井段六（1974 年 8 月 26 日至 30 日和 9 月 2 日）使用莱恩斯膨胀式封隔器实施一系列的加压试验，同样也是采用跨式配置。8 月 30 日，将封隔器座封在约 5150ft 的中心位置，在封隔器泄漏前压力达到 1300psi（9MPa）。图 3-7 显示的是这次测试中使用的上封隔器的照片，能清楚地看到两个方解石充填的节理，呈 70°的倾斜，在钻井过程中受到了侵蚀。此外，还能看到一个倾斜更陡的节理（倾斜方向相反、更微弱、更窄的裂缝），可能是在大约 1300psi 的压力下打开的（泵注记录没有明确显示节理扩张）。由于封隔器多次不能保持住压力，这个节理和在 8 月 6 日首次短暂压裂测试中打开的节理是这些裸眼井段压裂试验中仅有的两个明确打开了的节理。

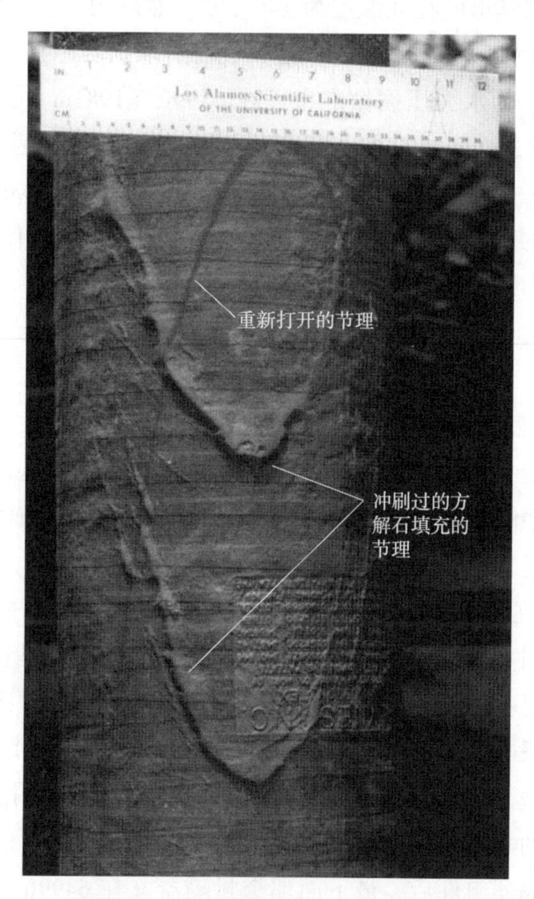

图 3-7　莱恩斯上封隔器的照片（位于 GT-2 约 5100ft 处），显示在 1974 年 8 月 30 日的压裂试验中，打开了两个 70°侵蚀节理和一个陡倾的节理。

资料来源：Pettitt，1975b

1974 年 8 月 30 日，在等待新的莱恩斯膨胀封隔器元件的到来，以实施更多的水力压裂作业时，现场工程师决定继续钻井，而不是将钻机闲置。除了有效利用等待时间外，这种额外的钻井将能为进一步的压裂和水文测试提供一个新井段。GT-2 井第二阶段的作业信息主要来自文献：Pettitt（1975b，1975c）和 Blair 等（1976）。

第二阶段钻井

将深度 6200~6356ft 段扩孔后，8 月 31 日开始使用 STC $9\frac{7}{8}$in 的 TCI 采矿钻头钻

井，9月5日在6696ft的深度结束。然后，循环水通过钻杆光头端对井筒做清洗，并将一个实验室制作的温度探针下入钻杆。在将膨润土和Cellex的羟甲基纤维素组成的“药丸”（约800gal）泵入孔底以减少热对流后，将钻杆和温度探针放在孔底。根据接下来20h的测量结果推算出的孔底温度为146.2℃。然后用一个JOIDES岩芯钻具组合将孔加深到6702ft（技术上这是第21次取芯，但没有取到岩芯）。

1974年9月8日，为水力压裂做准备，在6499ft（1981m）深度以下做了水文试验，以评估孔下部的渗透性。试验在适度的压力下进行了1h，使用了一个座封在孔底的压紧式封隔器组件。它由三个约翰斯顿封隔器组成，位于长203ft钻铤的顶部，最低的封隔器底部位于6499ft处。1h后，关闭了的加压系统中没有任何可察觉的压力下降，这表明6499~6702ft深度井段的流失量为零。

第二阶段压裂试验

GT-2底部的新裸眼段的压力测试是一个很好的机会来澄清在完整的岩石中是否已经形成真正的水力断裂，或者是否打开穿过井眼的现有节理（这次试验，就像所有后续注入试验一样，对井筒的一段较长井段加压时，会发现所施加的水压都只能打开现有的节理，但并不能压裂没有破裂的岩石）。

在排空井眼后，在压缩式封隔器上加上了更多的质量，井底部井段加压到约2000psi，比水文试验时要高得多，期望制造一个水力裂缝。但是在这种高压下，封隔器再次出现泄漏，不得不关闭并终止试验。从地面迹象来看，这次加压没有显示出任何水力压裂的证据（没有压力突然下降，然后出现压力平缓平台）。同时，对当时可用的裸眼封隔器来说，这是一个了不起的成就；以前，根本无法保持住1300~1600psi的压力，总是会有严重的封隔器泄漏。

收回约翰斯顿封隔器组件后，最下面那个封隔器（在6499ft深度）的底部处，可见几个相距约6in、倾斜70°的张开节理（一个“真正的”水力裂缝，一条“细裂纹”在软橡胶上是看不到的）。因此，看来确实已经达到这些倾斜节理的开启压力，尽管当时注入流速非常低，因为封隔器有泄漏。事实上，考虑到封隔器在GT-2水力压裂时问题频出，我们决定第二阶段剩余的测试不再使用已经订购的莱恩斯膨胀式封隔器。取而代之的是一个带有抛光孔座的隔离衬管，将它应用在了这个新区间的顶部，并做了衬管固井。

与哈里伯顿（Halliburton）油井固井公司商定好后，就立即开展工作。井底部用粗砂回填至6525ft的深度，在砂顶上设置一个水泥塞至6501ft深，并将水泥抹平至6510ft处，以便为隔离衬管提供一个坚实的底部。9月10日，将一个210ft的20lb/ft、7in的钢制套管（内径为6.46in）由钻杆下置于塞上，然后往上又提起12ft。管顶部的抛光孔座是一个3.5ft的扩口部分，有一个加工过的内表面，抛光孔座的芯轴定位在其中。从套管下端（6498ft）一直到6288ft深度都是用水泥固定的。

等水泥凝固 24h 后，一个 $6\frac{1}{8}$in 的钻头通过套管下入，钻出残余水泥和水泥塞，并将砂粒从井底冲出。9 月 13 日，抛光孔座芯轴组件由 $5\frac{1}{2}$in 钻杆下入，在重为 14 万 lb 的钻柱质量的作用下落座。隔离衬管下面被隔离出来的这段 204ft 长的裸眼段（6498～6702ft）将用来进行压力测试，称为井段七。从本质上讲，失效的封隔器已经被压力密闭的钢筋水泥封隔器所取代，在干热岩项目期间，当应用常规封隔器失败时，还会多次使用这种技术。在 GT-2 底部实施进一步加压试验的井筒结构如图 3-8 所示。

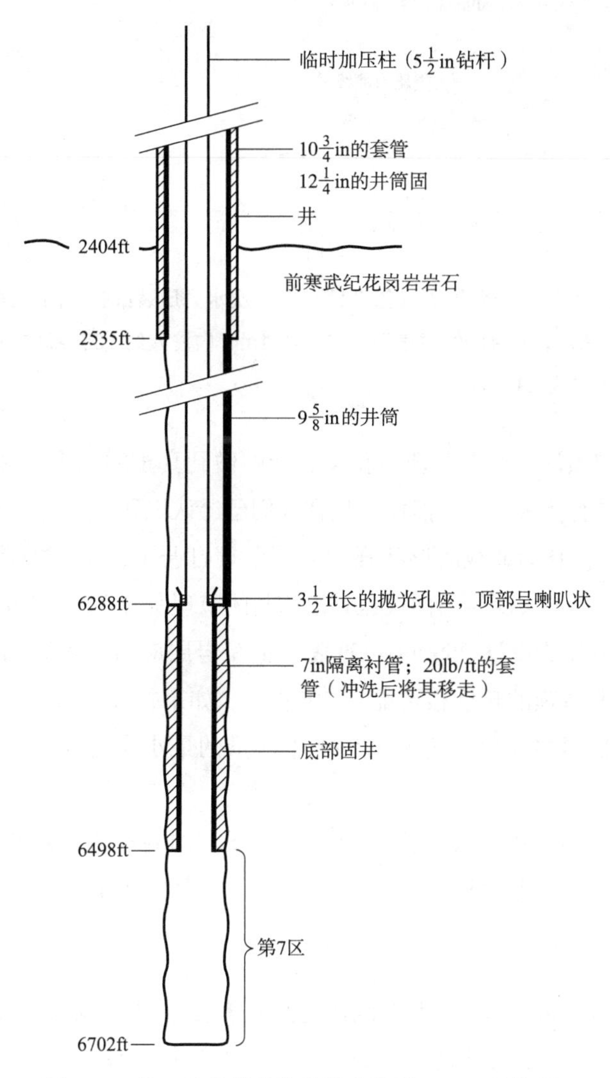

图 3-8　第二阶段钻井和管道安装的 GT-2 结构图。

9 月 14 日，在井段七重新开始了加压试验，采用商用卡车安装的压裂注入泵。这一系列试验中只有第一次试验产生了有意义的数据。糟糕的是，在第一次试验之后，隔封总成（接有井下温度测量仪器的电缆）开始并持续泄漏，直到完全失效。图 3-9 显示的是第一次试验的地面测量压力曲线，在此期间，流体以 3BPM（8L/s）的速度注入，持续不到 1min。该曲线并没有表现出预期的“破裂压力”偏移，而只是压力急剧上升，然后在关闭前突然稳定在 2500psi 左右。这种压力行为强烈表明，在 2500psi 或以下的压力下打开了一个或多个节理（记录的质量相当差，掩盖了这个非常短暂的节理打开和流体注入时段）。

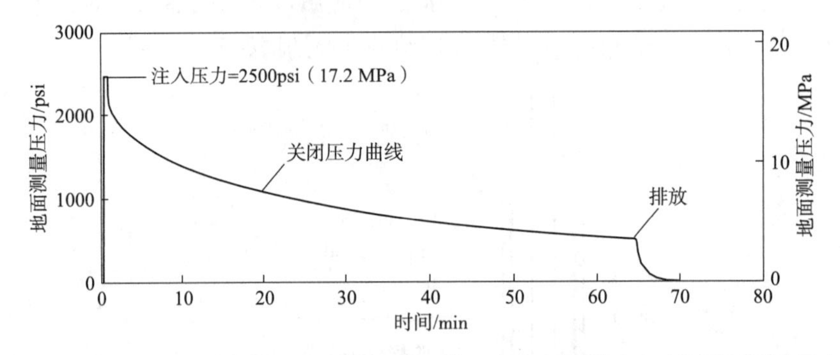

图 3-9　在 GT-2 固井套管下面（第 7 区）第一次水力压裂试验时的地面测量压力。在 3BPM（8L/s）的泵速下，在大约 1min 内注入约 105gal 的液体。

注：改编自：Blair et al.，1976

许多项目员工都预计对没有节理的花岗岩能够做到真正的水力压裂，所以当时人们并不被认为这个结果有什么意义。然而，现在人们已经认识到，这是迄今为止 GT-2 完成的最重要的压裂试验。压力曲线的形状强烈表明节理打开了，压力先是急剧上升，然后突然变平。节理打开后的关闭压力曲线也是以前封闭节理所具有的典型曲线。

受激节理的打开压力高达 2500psi，这表明上覆岩层应力（s1）对节理的正应力有很大的贡献，这表明节理的角度很可能在 70°左右。如果打开的节理是接近垂直的，那么其打开压力就会低得多（更接近在 GT-1 中测量的最小主地应力 1015psi，参见第 1 章中表 1-2 相关的讨论）。

进一步的证据，即那些注入试验期间在套管下方的温度测井结果上看到的温度波动，也表明在第 7 区的顶部附近有一个（或多个）节理被打开了。

注释

在理想的情况下（但现场很少能见到的这样的情况），即在均匀的各向同性岩体（没有任何裂隙，如早已存在但又重新闭合的节理）的井筒中，当注入压力增加到足以平衡井壁的最小周向（环向）应力集中（钻井除掉岩石时产生）和岩石的抗拉强度两者时，井壁就会发生水力压裂。在初始压裂过程中，会出现一个压力“过冲”，它与岩石抗拉强度相等；然后，再加压时，裂缝会在等于井壁最小应力集中的压力下重新打开。

在现场看到真实的情况，几乎总会是岩体有一个重新闭合的节理网络。加压时，与井壁相交而且方位有利的节理会首先打开，其压力过冲大致等于节理闭合胶结物的抗拉强度，但比岩石的抗拉强度要低得多（在50~250psi的范围）。在石油行业，水力压裂都是在沉积岩中进行，其抗拉强度通常在几百到1000psi之间。相比之下，在实验室测试中，即使存在一些微裂缝（取芯后的应力释放），芬顿山的前寒武系花岗质岩石显示出约5000psi的抗拉强度。根据作者在芬顿山多年的经验，从来就没有观察到真正的水力压裂。

为了修复泄漏的隔封总成，必须将钻柱抬高一些，这就得将抛光孔座芯轴从孔座中抽出。修复作业完成后，重新设置芯轴，恢复泵送。但是，当观察到环空有水流出后不久，泵送再次停了下来，并将抛光孔座芯轴拉出孔外。检查发现，在重新定位操作中，尼龙雪佛龙密封件已严重损坏。损坏非常严重，因此放弃了抛光孔座密封方法；井段七其余的加压试验只好改用套管封隔器。9月21日，用钻杆将一个贝克油田套管封隔器下入到套管中的6325ft深处。

接下来的两天，实施了进一步的注入试验。通过斯伦贝谢公司的转子流量计测量进入已打开节理的流量，水以越来越大的体积泵入节理［最大的一次注入量为4600gal（17 000L），所用压力约为2500psi（17.2MPa），流速为3~4.5BPM（8~12L/s）］。根据20次测量结果，确定了两个流体接受井段均为倾斜的节理：一个在6529~6540ft（1990~1993m），另一个在6559~6568ft（1999~2002m）深度区间。从9月25日到27日，对这两个节理又做了3次注入，分别为11 000gal、20 000gal和36 000gal（即42 000L，76 000L和136 000L），同样的，最大注入压力为2500psi，最大流速为4BPM（11L/s）（应该注意的是，这些注入试验多次使用了的这两个节理，它们与装隔离衬管之前第一次水力压裂试验时的那些节理不一样，前者更深些，后者在最低的约翰斯顿封隔器处留下了裂痕）。

井段七注入测试中的一个观察结果引发了大量讨论，即尽管反复泵注入和排出，但每次试验回收的注入流体远不及原来的一半。有几种理论提了出来：（1）受压节理与井眼之外一个可渗透但压力低得多的区域相通，该区域吸收了大部分的流量；（2）流体对井壁上裂缝的渗透占了大部分漏失；（3）节理与井眼的交汇处，就像压力激活的二极管一样，随着井眼压力的释放而迅速关闭，并将注入的流体困在了压力扩大的节理中。

在一个周日的早晨（9月28日），当周围无人之时，罗纳德·帕提特（Roland Pettitt）和唐·布朗与西部公司安排了一次加砂压裂作业（在那个年代，这样的运作是可能的，不需要太多的采购手续，只要得到了当时的供应和财产部门主管哈里·艾伦的批准就行）。泵速为9BPM（24L/s），向井段七的那些节理注入4500gal处理过的水（水已经与9500lb的沙子混合成交联聚合物，载沙量刚好过2lb/gal；聚合物有效地将沙子悬浮在了液体中，防止其在泵送时流失）。由于混合物具有很高的黏性，在处理过程中，泵送压力上升到2950psi左右，使节理撑得更宽。注入后，关闭泵送，立即排空钻孔，只留下了“砂粒支撑”的那些节理。在不到1h的时间内，回收超过90%的注入流体，而持续排出又回收了8%，总回收率达到了98%。

注：由于西部公司的泵车仍在现场，这本来是进行注入测试的理想时间，以确定砂支撑节理在低流速（0.75~1BPM）时所受的注入压力。遗憾的是，错过了这个独特的机会。

这个特别的试验证明了第三种理论的有效性，即节理被“咔嚓”一声关闭，并将液体困在其中。它本身不仅是一个有趣的试验，而且对今后的干热岩项目也会产生深远的影响：从它开始，人们认识到近井出口阻抗是由节理闭合来控制的。当注入压力低于顶压，即低于垂直于节理平面的闭合应力时，会导致节理突然关闭而产生阻抗，这意味着，只要找到能降低这种阻抗的方法，就能显著提高干热岩储层的产量。

此时，干热岩项目的一些员工很明显地发现，水压只是打开了现有的节理，而不能形成新的垂直裂缝。但对其他人来说，包括项目经理莫特·史密斯和其他几位高级组员，“硬币型断裂”理论仍然占据了主导地位。根据这一理论，开发大型干热岩储层的方法是在倾斜的井眼中形成一系列羽列的垂直断裂[1]。为了控制这种“硬币型”裂缝阵列间距，一个提法是通过套管上不连续的射孔组来压裂，这似乎比裸眼完井能更直接地控制储层的入口和出口的流动条件。这个想法纯属经验之谈；在当时，还没有射孔压裂结晶岩的公认理论（今天也没有!）。一些项目员工假设，套管上的射孔至少会延伸到岩石中几英寸，超过紧挨着井筒的高应力区域，从而可能会达到一个点，在该点上开始真正的水力压裂。他们还推测，如果没有任何压倒性的岩石抗拉强度，启动压裂所需的压力可能会低一些。因此，由于隔离衬管已经固井到位，其下面的节理也已压裂过多次，而且试验成本很低，现在似乎是首次通过套管上的射孔来压裂花岗岩的最佳时机。

9月30日，在6370~6380ft深度的一小区段（10ft）内，对固井套管做好80个射孔，然后将一个约翰斯顿跨式封隔器组件下入井中，设置在6345~6390ft井段，包围着射孔区。当用西部公司泵对该井段加压时，压力上升到1850psi（12.8MPa），但环空有持续向上流动表明封隔器组件有了泄漏，并且没有证据表明射孔处对应的岩石有水力压裂现象。拆除了该组件，并在射孔区上方的套管中座封了一个贝克封隔器，位于6330ft处。

但是，衬管下方的砂撑节理受到了流体压力，这样做试验更容易，而无需在射孔区域下方安装桥塞［桥塞必须得从法明顿（Farmington）运至现场］；再就是，9月14日砂撑节理在2500psi的压力下打开了，因而假设射孔处对应的岩石中的节理在低于

---

[1] 九年后，1983年深秋，约翰·威顿(John Whetton)博士(当时是地球和空间科学部门的负责人和干热岩项目的经理)、地质工程小组负责人休·墨菲博士和芬顿山干热岩作业的项目经理唐·布朗访问了位于俄克拉何马州邓肯的哈里伯顿研究实验室，就即将在芬顿山开展的大规模水力压裂试验向世界公认的水力压裂领域的专家咨询。哈里伯顿公司的专家们确信，尽管唐·布朗提出了相反的证据(表明多次制造水力压裂的结果只是打开了早已存在的节理)，但在芬顿山的深层结晶基底中还是有可能形成一条新的连续垂直裂缝。

2500psi 的压力下就会打开。使用西部公司泵，以 0.75BPM（2L/s）低速率和最大压力 1950psi（13.4MPa）泵送了 1h。系统关闭了 15min 后，然后排放。2012gal 的注入水有 92%得到了回收。

目睹排空后异常高的液体回收率，再加上较低的注入压力，现场工程师们意识到，大部分（如果不是全部的话）的注入水不是通过射孔（如一些项目员工所预测的那样），而是进入了衬管下面的砂撑节理之中。为了满足那些仍然坚持认为有可能通过射孔形成单一裂缝的少数人，我们通过测试套管下面的节理和所谓应形成裂缝之间的流通来调查这种可能性。10 月 2 日，将贝克封隔器在钻杆下入到 6432ft 深处的衬管中，位于射孔的下方（从而将射孔区暴露于钻杆外的环空中），对第 7 区再次加压。泵速为 0.75BPM（2L/s）持续了 2h，注入压力高达 2185psi。尽管泵送时间长、压力高，但环空中完全没有流动。然后对衬管下方的区域进行排放，在 5h 内回收了 85%的注入流体。这再次表明，套管下面的砂撑节理接受了所有的流量。

在做射孔压裂作业的最后一次努力时，我们设计了一个更有效的系统，横跨 6370~6380ft 深度的射孔井段。钻杆底部装有一个桥塞，上面有一个贝克封隔器，然后下入井中，将桥塞的顶部置于 6432ft 处，封隔器的底部则在 6328ft（井段长度为 104ft）处。随后，用西部公司泵对射孔井段的岩石加压。在几次由于泵问题导致的误启动后，加压速率稳定在 4BPM（11L/s）。在这次压裂试验中，在大约 6375ft 处的地方，通过射孔井段确实打开了一个节理，但所用压力要比以前远高得多。如图 3-10 所示，压力最高达到 3860psi（26.6MPa）。但是，即使在如此高的压力下，地面测量压力和流速也显示出典型的节理打开曲线，而不是对没有缺陷的岩石做真正水力压裂时所能看到的那种剖面。

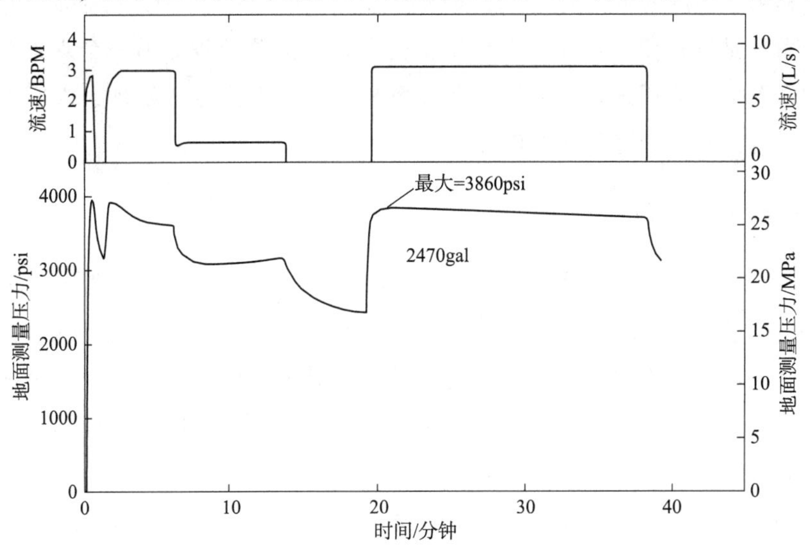

图 3-10　通过套管射孔压裂：在 GT-2 井 6370~6380ft 深度区间，一个高打开压力的节理压裂时的压力和流量曲线。

资料来源：Blaire et al.，1976

从测试开始约 20min 后，随着钻杆中的流体不断被压缩，压力急剧线性上升，然后随着流体开始渗透进闭合节理（仍然比周围岩石渗透性强得多），压力逐渐减小。随着节理逐渐被压开，泵送压力曲线在最大值时趋于平缓，然后随着节理压开部分的扩大，压力逐渐降低。这种行为表明，岩石的一个孔眼与节理相交，促进节理在水压下打开了。在整个试验过程中，对该节理共注入 2470gal 的水。

现在，项目员工开始意识到，要找到开口压力低的节理，需要接触到大量节理，这就要对一个比 10ft 长得多的井段进行加压。在 6375ft 深度打开的那个节理，其打开压力比下面井段七那些打开的节理的要高得多。显然，垂直于它的垂直应力成分更大，表明它比井段七的节理更倾向于水平方向。可以用传统的分析技术来确定这个压裂的节理可能的倾斜度。考虑到大致的南北方向（与 1240psi 的最小主地应力正交），并且最大地应力垂直于并等于覆盖层应力，很容易地计算出了节理的倾斜度，即它与垂直方向倾斜约为 40°。

第二天，松开并放下桥塞和封隔器组件，将封隔器重置在 6422ft 处（射孔段下方）。然后将孔底部分加压到 2200psi（15.2MPa），流速为 1.5BPM（4L/s），以确定通过射孔打开的那个节理与隔离衬管下面区域的那些节理之间现在是否有水力联通。当环空水位出现短暂而快速的上升，随后从流线上出现稳定的 3BPM 的小排放时，看起来有可能（尽管证据非常脆弱），当套管下面的那些砂撑节理受压时，少量的水从射孔井段的节理中被挤了出来。

第 1 和第 2 阶段的水文测试和压裂试验表明，在 GT-2 井中并没有发生过真正的岩石断裂，而只是打开和扩展（扩大）了早已存在的那些节理。另一个观察结果是，尽管深处的岩石似乎节理很多，但流体泄漏率相当小。根据这些发现，人们判定芬顿山的现场很适合开发一个更深的干热岩系统。

对计划的又一次修订

考虑到 GT-2 钻井已到深度的成本，以及进一步加深所需成本的增加相对较低，项目员工决定继续钻到 9600ft 深度，此处岩石温度估计约为 200℃。这项额外的工作应能提供该深度的地质、水文和岩体特性的信息，这对于确认芬顿山场地是否适合世界上第一个干热岩取热示范非常重要。因此，制定了钻井第三阶段的时间表，包括取芯、测试和钻后诊断测井作业。以往的经验表明，每个钻头将能够在 3 天内钻出约 500ft 的井筒。计划钻井深度约为 7920ft、8420ft、8930ft 和 9440ft；在每个深度，井筒都要做循环清洁、24 小时的井底温度测量，并取出一段 10ft 长的岩芯。GT-2 一旦完井，就要在自孔底向上不远处，对一个长 600ft 的隔离衬管和孔座坐圈的组件做固井。该组件应能为衬管下方的基岩提供一个非常好的压裂平台，消除不可靠的裸眼封隔器经常出现的问题和不确定性。它还可以为锚定和设置更可靠的高温高压套管封隔器（如果需要）提供一个标准环境。最后，它应能提供足够长的测试区间，以彻底研究射孔压裂。同时还建议，如果射孔压裂能成功地创造一个大型节理系统与衬管下方的节理相连，那就可以进行一个单井循环试验。通过钻杆和置于深处的封隔器，泵水入衬管下方的区域，水就会通过封隔器上方的射孔，以及相互连通的节理向上循环，最后进入钻杆外的环空。为了考虑这些不同的选择，计划在第三阶段钻井之后，进行一系列广泛的水文、地球物理和压裂试验。

关于第三阶段操作的信息主要摘自文献：Pettitt（1975b，1975c），Blair 等（1976）和 Smith（正在准备）。

第三阶段钻井

从 GT-2 井移除桥塞和封隔器组件后，开始准备移除隔离衬管。组装好冲洗钻具，通过钻杆将其下入孔中，但操作过程中遇到一些困难：首先，基岩非常坚硬（通常，油田冲洗作业都是在软得多的沉积岩中进行的）；第二，衬管尾段上的抛光孔座部分的外径几乎等于洗井钻头的内径；第三，焊接在衬管外部的扶正器鳍几乎碰到孔壁。在两次不同的情况下，先是洗井钻头卡住，然后震击钻具又坏了，不得不从孔中捞出。直到 10 月 11 日，衬管组件的最后一部分才从孔中取出。然后，下入一个 9.875in 的 STC Q9（TCI）全断面采矿钻头（带着一个打捞篮），以钻出固定衬管的水泥残渣。截至 10 月 12 日凌晨，已钻到 6702ft 的井底。

现在继续钻井，使用新的 STC Q9 钻头，水作为循环液。钻头只钻了 15ft 的新井筒，其动作就变得非常不稳定，这表明洗井作业在井底还留有大量的垃圾。取出钻头后，将磁铁送入井中，磁铁吸出大量的金属碎片。然后继续钻井，使用另一个 STC Q9 矿用钻头。到 10 月 16 日，这个钻头已经钻到 7102ft 的深度，实际钻进时间为 48h，钻进 385ft，即平均钻速为 8.0ft/h（在钻井过程中还穿插了 5 次磁铁运行和 3 次黏性泥浆清扫，以进一步清理孔中的金属颗粒）。

井筒终于明显洗干净后，用一个 $9\frac{5}{8}$in×$4\frac{1}{2}$in 的克里斯滕森（Christensen）金刚石取芯钻头做成第一个取芯组件。从 7102~7104ft，对该 2ft 段取芯（第 22 次取芯作业），获得大约 75% 的取芯率（当组件起出时，在孔的底部留下 6in 的岩芯）。10 月 18 日，钻井作业开始，使用最后的 $9\frac{7}{8}$in STC Q9 矿用钻头。这次当钻头钻到 7107ft 的深度时，钻杆在大约 6000ft 处的钻具连接处断裂。到 10 月 20 日，将钻杆捞出井，然后用同一个钻头继续钻井，钻到 7485ft 深。这次 STC 钻头共钻了 67h，平均为 5.6ft/h。

1973 年的阿拉伯石油禁运掀起了国内石油钻井的巨大高潮，造成钻井设备的短缺，包括第三阶段钻井时所使用的 $9\frac{7}{8}$in 的 STC 钻头。因此，第三阶段钻井计划的剩余部分都是用 Dresser-Security $9\frac{5}{8}$in 的 H10J 钻头进行的。在岩石硬度为 1 到 10 的等级中，这些钻头定为 10：能够钻井最硬最难钻的岩石类型（如白垩岩、石英岩、铁燧岩和花岗岩等）。使用这种钻头的第一次作业中，58.5h 内将井眼钻到 7918ft 深，平均钻速为 7.4ft/h，明显优于 STC 钻头的钻速。然后，在 24h 内测量井底温度；恢复温度为 161℃，无限时推断为 164℃。

在用克里斯滕森金刚石钻头做了一次短暂的取芯作业（第 23 号作业）后，10 月 29 日用新的 H10J 钻头再次开始钻井。81h 钻了 658ft 后，达到 8577ft 深，钻速为 8.1ft/h，再次对花岗岩取得了不错的钻速。在 11 月 2 日取出钻头时，发现其尺寸小了$\frac{1}{8}$in，但所有三个牙轮仍然相当紧，表明轴承的磨损很小。在这个深度，井眼与垂直方向的偏差为 $2\frac{1}{8}$°，向西偏移了。在做了 24h 的井底测温后，用 JOIDES 钻头进行了 10ft 的取芯作业（第 24 号）到 8587ft 处；取芯率为 70%。

图 3-11　莱恩斯膨胀封隔器显示出 6535ft 中心处的垂直节理痕迹（通过粉笔擦拭加强了显示）。

资料来源：Pettitt，1975c

在 11 月 4 日和 7 日之间，利用停钻时间，回到之前在 GT-2 中较高处打开的节理：在井段七 6535~6564ft 深度区间。为了确定该节理的方位，使用莱恩斯膨胀封隔器做了几次测试。其中最成功的一次，在 6535ft 中心处得到一个约 4ft 长的垂直节理的印记；这无疑是早些时候（9 月 22 日至 23 日），由 6529~6540ft 深度区间的转子流量计测井所确定的那个上部“倾斜”节理。它是因为与井眼相交较短（11ft），而识别成倾斜节理。然而，压痕封隔器显示它是垂直的，但在顶部截断，在底部分叉（图 3-11）。这个节理的方位大约是北东-南西方向，考虑到这个深度的最小主地应力的方向（推断为东西方向，与紧靠东部的火山口环形断裂带所表现出的正断层大致正交），这个结果有点令人惊讶。

注：在后来试图确定在 GT-2 大约 9600ft 处打开的“目标”节理的方位时❶，将会调用在 6535ft 处的节理的东北-西南方向。这实际就是假设，较高节理的方位能向下推断超过 3000ft 直到 GT-2 的孔底，但这是一个错误的假设，它对随后 EE-1 定向钻井中确定与 GT-2 目标节理相交的最佳钻孔路径的努

❶ 见下文第三阶段压裂试验。

力，起到了误导作用。

11 月 7 日再次开始钻井，但两天后，在 8842ft 深度，旋转转轴出现了问题。换转轴，用一个新的 H10J 钻头。在接下来的 75h 里，井加深了 672ft，至 9514ft 深度。在非常坚硬的花岗岩中，只用水作为循环液体，钻头这样长时间运行后取出时，发现其尺寸仅小了$\frac{1}{8}$in，牙轮只有轻微的松动，即使按照今天的标准衡量，这也是一个非凡的表现。

接下的两天，做了温度测井，来为安装 608ft 长的隔离衬管制定固井方案。在下入井中之前，钻杆装了一个专门制作的低热导电木端头（该端头直径几乎与井筒的一样大，应该能阻止在狭窄的环空中的热驱对流，将它与井壁隔离），以使钻杆的测温仪有更好的隔热性。两次测温后，又进行了两次 JOIDES 取芯作业（第 25 和 26 次），井加深到了 9537ft 深度。

11 月 19 日，从直径为 $9\frac{5}{8}$in 的井底钻出一个 10ft 长、直径为 $7\frac{7}{8}$in 的导向孔，以便为衬管的下放着陆提供平台。然后取出钻头，换上装有直径为 $7\frac{7}{8}$in 的克里斯滕森金刚石岩芯钻头的取芯组件。由于流体循环的问题，取芯作业进展得非常缓慢：花了大约 8h 才切下 2.7ft 岩芯。当取芯组件从孔中起出时，只有内芯筒（无芯）仍然附着；岩芯外筒、岩芯钻头和稳定器都留在了井底。

11 月 25 日上午，当钻机的液压制动器失灵时，游动滑车（与 9200ft 处的钻杆相连）掉到了转盘上，将打捞工具下入井中。尽管钻杆还在升降机中，由旋转台抓住，但剧烈的颠簸导致一个钻具接头分离，将 4000ft 长的钻杆下部送到了井底。现在还需把这根钻杆从井中打捞出来（一旦捞出，有 85 个接头需要矫正）。最后，在 11 月 29 日，将外部岩芯筒从井中捞了出来，但钻头和稳定器没有捞出。铣削和洗井作业一直持续到 12 月 7 日，将钻头和稳定器以及所有切割的岩芯都捞了出来。然后用 $9\frac{5}{8}$in 的 TCI 钻头钻到 9581ft（2920m）的深度，清理了井底。

12 月 8 日，钻井公司钻了一个新的导向孔，作为隔离衬管落地的平台。这一次孔是对中的；深度为 5ft，使用的是 $7\frac{7}{8}$in 的钻头，钻头是在 $9\frac{5}{8}$in 的稳定器的底部。在 GT-2 钻井的最后一天，即 1974 年 12 月 9 日，$7\frac{7}{8}$ in 的导向孔又加深了 33ft，以便在支架下面提供一个 38ft 长的裸孔（“鼠洞”）。在 9619ft 的完钻深度，GT-2 现在是在花岗岩中钻出的最深的井，可能也是最热的井：在 9607ft 处测得的井底平衡温度为 197℃，地热梯度为 60℃/km（而在约 6000ft 处为 50℃/km）。根据从偏差和定向测量中得到的信息，计算出 GT-2 的底部与地表位置相差约 360ft，偏向西北方向。

随着第三阶段的钻井完成，608ft 长、直径为 $7\frac{5}{8}$in、顶部有一个抛光孔座组件的隔离衬管成功地落在了 9581ft 处的支架上，并做了固井（虽然套管的直径比它下面的 $7\frac{7}{8}$in 的中心孔略小，但重力的作用将套管定在了稍微倾斜的孔的低边）。一旦固好，就用了 $6\frac{3}{4}$in 的钻头将衬管中的和衬管下面裸眼段中的水泥钻了出来。然后设计了一个系统，以便在撤下钻机后对衬管下面的裸眼段进行压裂：将一管柱直径为 $4\frac{1}{2}$in、底部带有抛光孔座芯轴的高压套管下入井中，并插进孔座的顶部。测试表明，套管组件和衬管都是压力密闭的。12 月 20 日，撤下了钻机。

表 3-5　GT-2 第三阶段钻的主要钻井工作

钻井深度 /ft（m）	钻井区间 /ft（m）	钻井时间 /h	岩石类型	平均钻速 /(ft/h)（m/h）
6717~7102 (2047~2165)	385 (117)	48	黑云母-花岗闪长质片麻岩，黑云母-石英闪长岩片麻岩	8.0 (2.4)
7107~7485 (2166~2281)	378 (115)	67	黑云母-石英闪长岩片麻岩，黑云母-花岗闪长质片麻岩，二长花岗岩片麻岩	5.6 (1.7)
7485~7918 (2281~2413)	433 (132)	58.5	花岗闪长质片麻岩，二长花岗岩片麻岩	7.4 (2.3)
7919~8577 (2414~2614)	658 (200)	81	二长花岗岩片麻岩 黑云母花岗石	8.1 (2.5)
8587~8842 (2617~2695)	255 (78)	30.75		8.3 (2.5)
8842~9514 (2695~2900)	672 (205)	75	黑云母花岗闪长岩	9.0 (2.7)

表 3-6　GT-2 第三阶段的主要取芯工作

取芯作业	钻井区间 /ft（m）	回收率 /%	取芯钻头 (J=JOIDES 型；C=克里斯滕森)	岩石类型*
22	7102~7104 (2164.7~2165.3)	75	C	黑云母　石英闪长岩 二长花岗岩
23	7918~7919 (2413.4~2413.7)	100	C	浅色 二长花岗岩

续表

取芯作业	钻井区间 /ft（m）	回收率 /%	取芯钻头 （J=JOIDES 型； C=克里斯滕森）	岩石类型*
24	8577~8587 (2614~2617)	70	J	黑云母 二长花岗岩伟晶岩
25	9519~9527 (2901~2904)	50	J	黑云母 花岗闪长岩
26	9527~9537 (2904~2907)	50	J	黑云母 二长花岗岩

＊所有的岩石类型都是通过岩石学薄片鉴定确定的

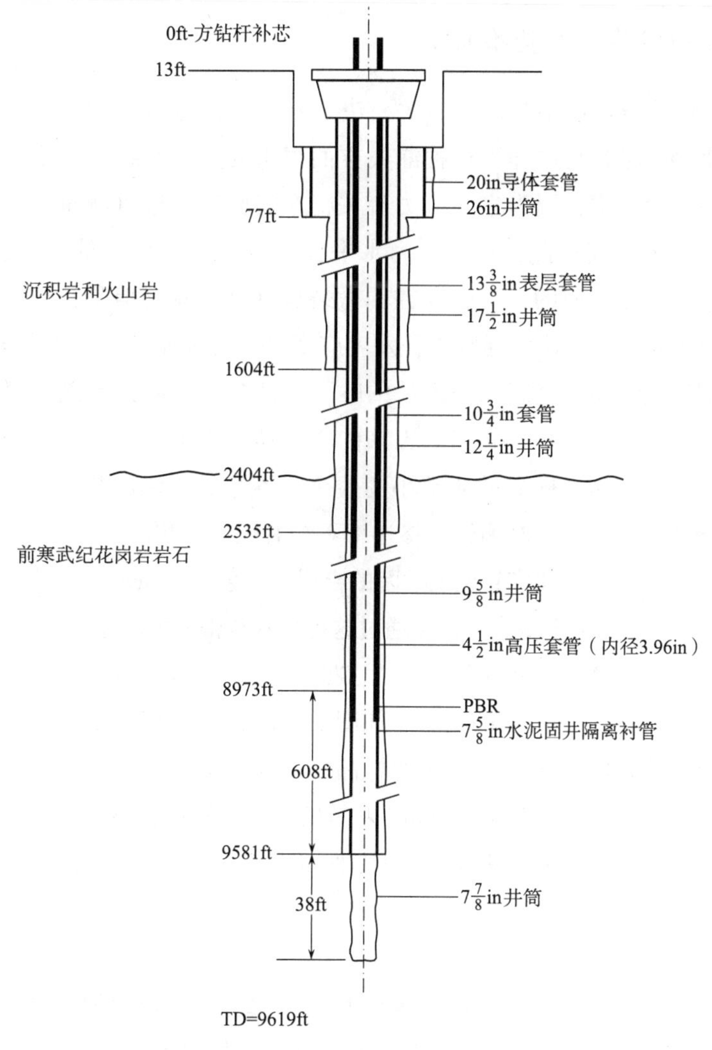

图 3-12　1974 年 12 月完成的 GT-2 井。

资料来源：Blair et al.，1976

注：如前所述，在 1975 年 1 月能源研究与发展局成立后，GT-2 作为一个勘探井、后来又作为一个储层研究井（从干热岩循环回路中分离出来）的计划被位于华盛顿特区局总部的地热能管理部取消了。相反，GT-2 将会成为循环回路的第一“腿”，即制造储层和注入井。然而，经过几次角色转换和两次再钻井，GT-2 最终将会成为第一期储层的生产井。

岩石基质的物理特性（从 GT-2 岩芯获得）

GT-2 井在 9619ft 的深度完钻后，对钻井期间断断续续采集的岩芯样本做了分析，以获得有关岩石基质性能的信息。如前所述，岩芯材料通常不会产生与储层开发和流动性能相关的数据，但它们确实能产生对储层建模有用的数据。

原位渗透率（由实验室测量推断出）

结晶岩基体的原位渗透率与应力有关，决定着通过扩散流失到压力扩大的储层边界以外区域的水量。尽管它在计算这种漏失方面很重要，但对结晶岩物理性质的描述通常不会包括原位渗透率，因为它与应力有关，在实验室中很难测量。这在所关注的非常高的应力水平上尤其如此，这些应力水平代表着深层原位条件。在这种条件下，基体渗透性完全由相互连通的、早已存在的微裂缝网络控制。但是，当岩石从其深层环境中以岩芯取出时，这些应力会释放，发生应变松弛（膨胀），新的微裂缝结构则会覆盖并完全支配原位结构。复制原位条件的唯一方法是要重新封闭新的微裂缝，这非常困难。试样基本上是从原始岩芯切割出来的立方体，必须在一个特殊的三轴应力夹具中重新加压后，才能测量样品的非常小的残余渗透率。遗憾的是，没人能够完全确定新的微裂缝能精确地闭合，对测量的渗透率不会有任何影响。

只有极少数研究人员，如麻省理工学院的吉尼·西蒙斯（Gene Simmons），以及那些在干热岩项目工作的岩石力学专家，试图通过这种技术获得相关的渗透率值。图 3-13 所示为在洛斯阿拉莫斯以这种方式测量的两个 GT-2 岩芯样品的渗透率，作为 24℃，最高达 5000psi（34.5MPa）的围压的函数。如图 3-13 所示，两个样品之间的渗透率差异接近一个数量级，这表明，至少在较深的样品中，应力夹具不能完全重新封闭所有的新微裂缝。该图还显示，在最初的 1000psi 左右的压缩过程中，两个样品的测量渗透率变化得非常快：当新的微裂缝被重新封闭时，它们下降了一个数量级。

微裂缝孔隙度

与基体渗透率一样，结晶基体的微裂缝孔隙度也必须在原位应力条件下测量。图 3-14 所示的数据是基于麻省理工学院吉尼·西蒙斯的工作得出的，显示的是孔隙度值随取芯深度的变化。这些数据比较分散，不仅反映出测量的难度，而且也反映出岩芯样品收取和处理的变化无常。从这些测量中得出的令人惊讶的结果是，芬顿山的平均深层孔隙度是 0.0001 量级（0.01%），仅为“墓碑”花岗岩的典型孔隙度值的百分之一。

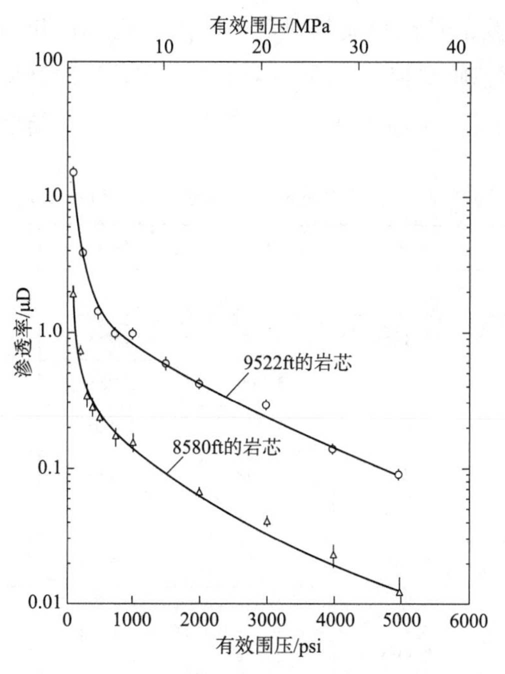

图 3-13　24℃时渗透率与有效围压的关系（根据 GT-2 的两个花岗岩岩芯样本）。

注：改编自：HDR，1978

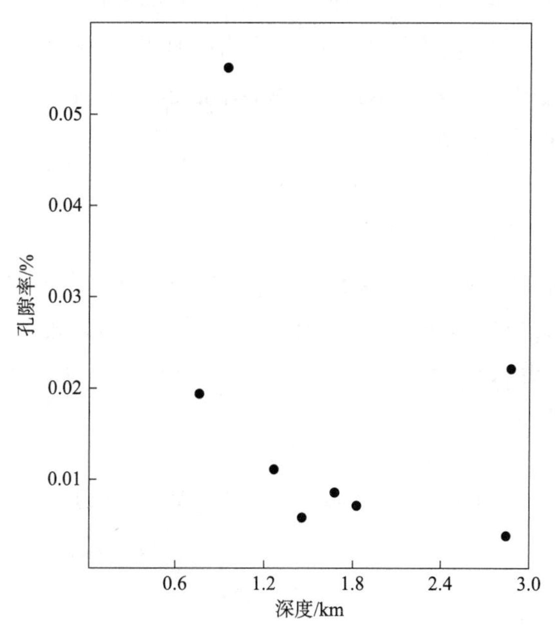

图 3-14　差分应变分析确定的原位微裂缝孔隙度。

注：根据文献 Simmons and Cooper，1977

热导率

干热岩储层内最主要的传热机制是对流，即流体流过张开的节理。岩石基质的导热率（λ），主要取决于基质矿物学，用于储层的热模拟（计算从岩石块内部到节理表面的热量转移）。表3-7总结的是从GT-2岩芯获得的热导率结果。

表 3-7　GT-2 井岩石的热导性　W/（m·K）

深度/ft	0℃	50℃	100℃	150℃	200℃	250℃
λ 平行于核芯轴线*						
2580	3.785	3.475	3.206	2.998	2.820	2.680
4918	3.800	3.475	3.209	2.981	2.797	2.646
5964	2.900	2.714	2.565	2.440	2.341	2.260
6153a	3.475	3.222	2.992	2.836	2.713	2.608
6153b	3.413	3.143	2.921	2.735	2.584	2.466
6156	2.908	2.777	2.625	2.503	2.393	2.292
λ 垂直于岩芯轴线的*						
8579	3.125	2.990	2.852	2.750	2.660	2.595
9608	3.115	2.906	2.728	2.587	2.473	2.376

* 平行测量时使用切杆比较器，垂直测量时使用针式探针。

这些热导率值与列出岩石物理性质的标准手册（如S. P. Clark，Handbook of Physical Constants，1966）中的值相当接近。前6个岩芯样品在0℃到200℃之间平均下降22%，这种随温度的变化与手册中Barre与Rockport花岗岩（-17%和-23%）和石英二长岩（-22%）的值特别吻合。

其他物理特性

用在GT-2井前寒武系基岩2570~5240ft（780~1600m）深度井段内采集的17个岩芯样品，测量了许多其他物理性能（包括密度、P波和S波声速和弹性参数）。

密度是由美国矿务局实验室测定的，与一家服务公司收集的现场密度日志吻合极好（±2%）（表3-8）。

表 3-8　密度：实验室与现场测量（平均值）

样品深度/ft（m）	密度/（g/cm³）	
	美国矿务局实验室	现场日志
2580（786）	2.64	2.70
2600（792）	2.66	2.71

续表

样品深度/ft（m）	密度/（g/cm³）	
	美国矿务局实验室	现场日志
2844（867）	2.62	2.64
2857（871）	2.61	2.64
3151（960）	2.66	2.68
3464（1056）	2.61	2.62
3697（1127）	2.63	2.63
4279（1304）	2.63	2.60
4894（1492）	2.64	2.59
4915（1498）	2.64	2.64
5234（1595）	2.69	2.55

常温下的 P 波和 S 波速度也是在现场和实验室测量的。从表 3-9 可以看出，实验室和现场数据符合得并不好。实验室测得的速度一直都低于现场值，这主要是由于在岩芯中叠加了新的、由应力释放产生的大量微裂缝。

表 3-9　P 波和 S 波速度：实验室与现场测量的对比（平均数值）

样品深度/ft（m）	P 波速度（km/s）		S 波速度（km/s）	
	实验室	现场	实验室	现场
2600（792）	5.89	6.03	3.43	3.43
2850（869）	5.88	6.33	3.47	3.52
3151（960）	4.98	5.78	2.91	2.97
3464（1056）	5.66	6.02	3.19	3.43
3697（1127）	5.87	5.86	3.49	3.51
4279（1304）	5.86	5.99	3.43	3.49
4894（1492）	5.85	5.93	3.47	3.52
4915（1498）	5.53	5.98	3.39	3.54
5234（1595）	5.9	6.03	3.42	3.56

然后用 P 波和 S 波的速度数据来计算平均年龄的弹性参数（表 3-10）。

表 3-10　平均弹性参数（由 P 波和 S 波速度数据得出）

弹性参数	实验室	钻井日志	弹性参数	实验室	钻井日志
弹性模量/GPa	71.6	78.7	体积模量/GPa	47.0	54.1
剪切模量/GPa	30.2	31.4	泊松比	0.257	0.255

第三阶段水文试验

1975年1月8日开始在鼠洞中进行静态水文测试，以估计钻井揭露岩体的渗透性。当时，直径为$4\frac{1}{2}$in的高压套管管柱中的水位在地表以下120ft处，而它周围的环空（在隔离衬管之上）的水位在地表以下325ft的深度。在GT-2完钻后的近五周的时间里，这两个水面仍然没有达到平衡，这表明套管管柱和抛光孔座是压力密闭的。在接下来的一周里，观察发现，套管（其内径为3.96in）中的水位每天下降约5ft，而环空中的则每天下降约7ft。

在环空区（即大约6600ft长的裸眼中）的这些水位测量的意义，当然可以有很多解释，因为有太多的未知因素：在早期的压裂试验时，井壁与一些表面面积未知的张开节理相交；它暴露于环空中变化中的水头；流体的扩散，有些是沿着整个井壁扩散到岩石基质的微裂缝中，有些扩散到了节理中，这些过程在不同的水位持续了很长一段时间。这些众多的未知因素使得对套管上方的长裸眼段做岩石渗透性分析几乎是不可能的。

然而，对于钻井的第9个月在基岩中钻出和测试了的鼠洞来说，邻近井筒表面的岩石的渗透性更容易估计些。假设（根据流体扩散模型）在几乎全静水压力下经过一个月的“浸泡”，加压的流体应会渗透到井壁大约3cm的深度，由此可得出岩石渗透率为0.01μD，确实非常低。这一估计与岩芯渗透率的测量结果（见图3-13）非常一致。

1月28日进行了3次加压水文试验，地面测量压力分别为400psi、800psi和1200psi（低于约1400psi的节理打开压力），但这些试验都没有给出数据或分析。

第三阶段压裂试验

1975年1~5月，在38ft的鼠洞中（位于GT-2的底部，在固井隔离套管下面）进行了多次节理压裂和膨胀试验，总结见图3-15和图3-16[1]。其目的是获得可用于以下方面的数据：

- 确定节理破裂压力、节理膨胀压力和与流速相关的节理扩展压力；
- 开发出技术以确定“水力裂缝”的方位，并在每个扩展阶段测量其表面积。

在这些测试的过程中，似乎有一个位于大约9600ft处方向有利的、重新闭合的节理被压开，反复加压和排空，最后使该节理扩展（应该记住，在这个时候，硬币状垂直节理的概念仍然还主导着项目员工的思想）。

图3-15总结的是第一个系列的11次试验的结果。这些试验包括加压、恒压和压力衰减试验，地面测量压力从400~1600psi不等（3月8日还进行了一次短暂的、计划外的加压到1750psi）。

---

[1] 这些数字缺乏细节是令人遗憾的，但就这些特别的试验而言，除了莫特·史密斯的《基岩中的锅炉》第二部分中的一些简要说明外，从当时的报告中无法获得更多信息。

2 月 8 日，第一次对鼠洞加压到 1400psi。在压力保持在这个水平的条件下，注入 200gal 的水，表明与鼠洞相交的一个节理（在大约 9600ft 的深度）已经压裂打开。然后，将该节理一直排空到零压力。在接下来的几个星期里，每次对鼠洞再加压（到一个略高的水平，1500psi 左右），然后排空。每次对这个节理都注入同样数量的液体，即大约 200gal。这一结果表明节理没有扩展，最终形成一个“最佳猜测”，即额外的体积代表着流体储存在一个接近垂直的、未密封的或重新开放的古老节理中（这不是真正的水力压裂裂缝）。此外，受压体积的失水量非常小，这表明该节理被紧密地封闭在岩体中，其暴露表面的渗透性非常低。

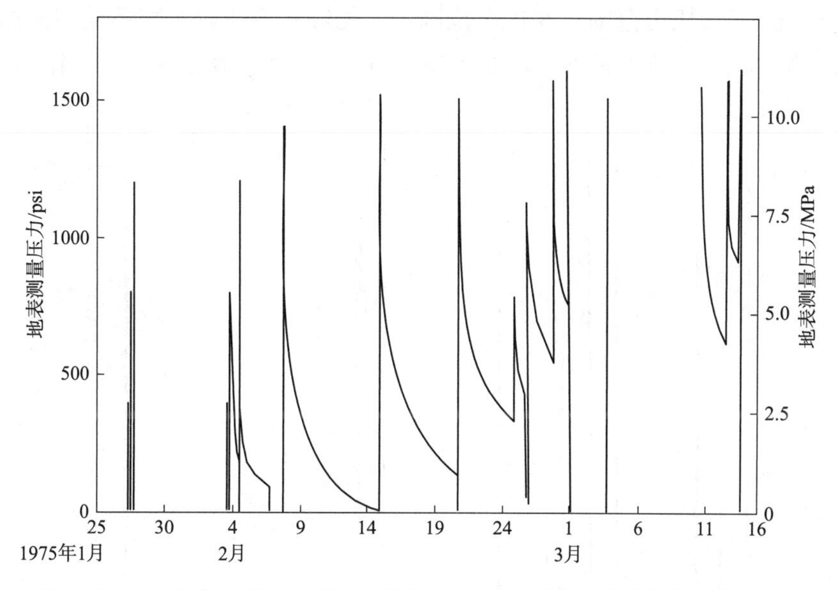

图 3-15　1975 年 1 月 25 日至 3 月 16 日 GT-2 底部 38ft 鼠洞的压裂试验。

资料来源：Blair et al.，1976 年

3 月 8 日无意之中将鼠洞的压力提高到 1750psi，打开并扩展了这个节理，水体积到了约为 800gal。看来，这个近乎垂直的节理的方向大约垂直于该深度的最小主地应力（高于静水压力 1240psi）[1]。如果这确实是一个单一的节理，根据弹性断裂力学计算，其半径应该在 100ft 左右。

扩大的节理表面的渗透率，最重要的是其密封边缘的渗透率，是非常低的，大约为 0.3μD（但仍然高于压裂前对 38ft 长的鼠洞壁计算出的 0.01μD）。

下一个系列的测试是在 1975 年 4 月中旬至 5 月初进行的（图 3-16）。4 月 21 日，大约 1600gal 的水以 8.5gal/min 的速度泵入鼠洞。泵压达到 1700psi，并保持了 3h，在

[1] 在 GT-2 井 9600ft 处，最小主地应力数值并不比在 GT-1 井 2428ft 处所测得的 1015psi 的平均值大多少，这表明在芬顿山，最小主地应力随深度变化并不大。这一观察结果与紧靠东部的延伸型里奥格兰德大裂谷的预期构造应力环境是一致的。

此期间，在地表观察到一些地震信号（这表明节理正在压力扩展，并可能发生了一些剪切位移）。然后，关井一晚上，并记录了压力衰减情况。第二天，将系统排空，重复这一过程，结果仍然相似：仅仅是地震信号的振幅和压力衰减的速度小了些。看来第一组地震信号代表了节理的扩展，计算出的半径约为200ft，而第二组（排空后）的能量较小，仅代表之前扩展的节理的再次扩展。在进一步的再次扩展测试中，节理打开和再次扩展的压力都略有上升，约为20psi。在1993—1995年第二期储层的长期流动测试中又再次观察到这一现象，这可能是由于就在密封但有一定渗透性的节理未扩展的顶端，孔隙流体压力的局部增加而造成的。正如莫特·史密斯所观察到的，这种效应证明可能有助于扩大压力范围，在这个范围内，能够在不造成节理不受控制的扩展的情况下运行循环回路（在开放节理的压力测试的早期阶段，这是一个很敏锐的观察）。

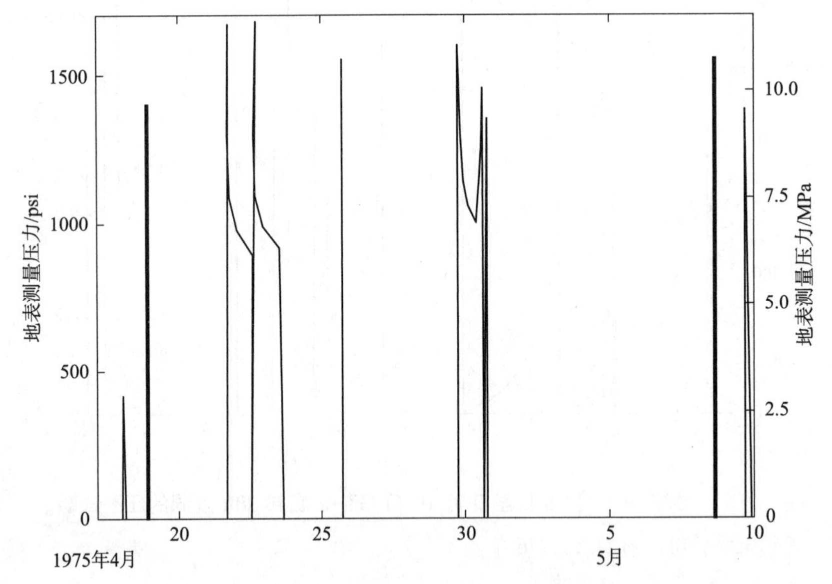

图3-16　1975年4月15日至5月10日在GT-2井底38ft（鼠洞）的加压测试。

资料来源：Blair et al.，1976

这一时，期蒙特·史密斯的另一项重要观察结果是前寒武系基底岩石要比以往的认识要复杂得多。GT-2井底部1120ft井段穿越了非常均匀的侵入性花岗闪长岩，与上面的基岩一样，有许多古老的节理交错发育。但是，这些节理都被次生矿物紧紧地封住了，所以岩体的渗透性非常低，这使它非常适合容纳一个加压的循环回路。

用失水测量评估加压是如何影响流体流入9600ft深的张开节理表面的：在地面测量压力为600psi时，鼠洞的失水率为1gal/min；在900psi时，为4gal/min；在1200psi时，则为5.6gal/min。在这一系列的测试中，总共注入600gal的水，其中大约一半在反排的最初2h内回收，95%的则在4天内回收了。显而易见的结论是，在这个深度，加压循环回路的失水量应该是非常低的。

1975 年 7 月和 8 月，做了最后一系列的加压试验（图 3-17），以进一步研究射孔压裂（这也是最后一次这样的努力；随着它的终止，这种实现储层的概念终于明确地“搁置”了）。这一系列的测试甚至包括尝试同时扩展两条“裂缝”，即同时对两者进行加压，希望实现它们的合并（如果“这些裂缝”真的是垂直的，那它们与垂直方向仅有 2°倾斜的井眼几乎是共面的）。

为准备测试，将 $4\frac{1}{2}$ in 的套管管柱从孔中取了出来，在隔离衬管 5 个 10ft 长的井段（分别在 9150ft、9250ft、9350ft、9450ft 和 9550ft 处对好中）上射孔。每次加压时，在选定的射孔井段都设置一个贝克跨式封隔器组件（每个区都加压数次）。B 井段（对中在 9250ft 处）记录到的最低打开压力为 1800psi，表明该井段包含或与这些测试中受压的最有利方向的节理紧密相连。在测试接近尾声时，对 9450ft 和 9550ft 处的节理同时泵压（见“D+E”，图 3-17）。然后，下部的节理（E）被自身加压，但没有证据表明与上部的节理有联系。然而，由于最底层的射孔显然已被钻屑堵塞，压力上升到了近 5000psi，使得这一测试无定论。

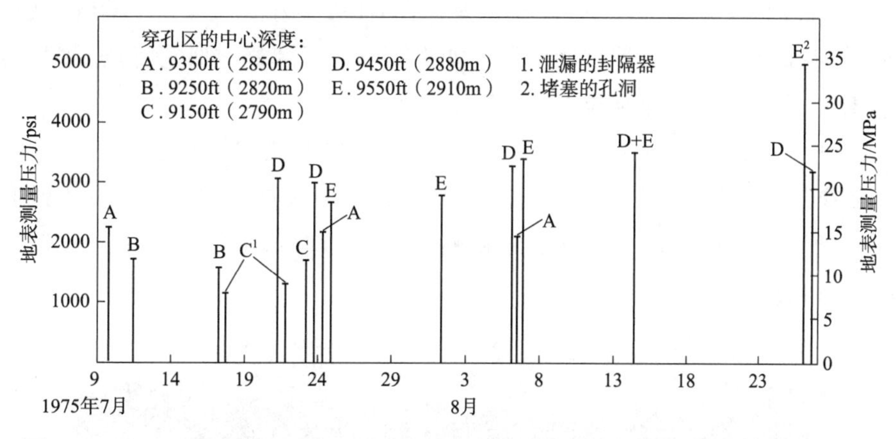

图 3-17　1975 年 7 月和 8 月，通过 GT-2 隔离衬管上的那些射孔进行压裂的结果。

资料来源：Blair et al.，1976

每次加压，结果都有些不同，但试验确实表明，要想通过射孔压裂节理，总是需要更高的压力，即高于打开和扩展下面鼠洞中暴露的有利方向的节理所需的压力。正是这一发现终止了这种试验。此外，在这些试验中，约有 1/3 的封隔器发生了泄漏或破裂（其中大部分甚至都没有记录，因此没有出现在图中）。

EE-1 井筒的规划、钻井和测试

钻井计划

EE-1 是两井循环系统的指定生产井，其最初的钻井计划要求将井上部从 GT-2 向北偏移约 250ft，并要几乎垂直地钻到约 7000ft 的深度（该计划的这一部分假定 EE-1 会像 GT-2 那样，多少会以平行路径向西北方向漂移）。然后，使用传统的定向钻井技术，将井下部逐渐向南旋转，直到与 GT-2 底部附近约 9600ft 深处打开的大节理的上部相交（图 3-1 中的概念）。根据对压裂数据的解释，我们认为这个节理接近垂直，半径约为 200ft，方向为北西-南东。为了从大致垂直于其平面的方向与之相交，EE-1 需要进行定向钻井。

但在 1975 年夏末，当 EE-1 的垂直部分仍在钻井时，项目员工对 GT-2 节理的方向产生了严重的分歧：其走向是北西-南东，还是北东-南西，还是介于两者之间？然而，鉴于大家普遍认为该节理可能是近乎垂直的，因此无论其方向如何，它都应该直接延伸到 GT-2 的底部以下。经过多次讨论，决定将 EE-1 的下部定向钻到 GT-2 底部的正下方约 50ft 处，而不是在延伸的节理上部的一侧或另一侧。这条钻井路径还可以防止无意中钻入到 GT-2 井中，这是任何试图与压力开启的节理上部相交都存在的风险。计划的改变意味着 GT-2 和 EE-1 的角色将被颠覆：GT-2 现在是较浅的井，要成为生产井，而 EE-1 则是注入井。幸运的是，在 GT-2 井中，最后一个套管柱还没有装上并固井，从而避免了一个严重的问题：如果套管已经装好，那它将被压缩，然后将其固井起注入作用，而不是被拉伸以发挥生产作用。

EE-1 的钻井地点（图 3-18）位于 GT-2 以北约 252ft 处（方位为 N14°E），海拔仅高出约 8ft。如表 3-11 所详述的，EE-1 将分两个阶段进行钻井，最终达到 10 053ft（3064m）的斜深。关于 EE-1 的钻井和测试作业的大部分信息都来自文献：Pettitt（1977b）和 Blair 等（1976）。

图 3-18　芬顿山遗址的鸟瞰图，显示左边的 GT-2（上面有一个工作装置）和中间的 EE-1。

资料来源：干热岩项目照片档案

表 3-11　EE-1 钻井作业

钻井阶段	开始日期	最终深度/ft（m）
一	1975 年 5 月 26 日	6886（2099）
二	1975 年 8 月 31 日	10 053（3064）

第一阶段钻井

第一阶段的钻井于 1975 年 5 月 8 日开始。钻了一个深 10ft、直径 4ft 的孔，将 10ft 长的直径为 30in 的波纹金属管作为导管套管固井。第二天，向科罗拉多州丹佛市的信号钻井公司发出了意向书，一周后，信号公司开始将其 5 号钻机的设备向 EE-1 的位置转移，并在 5 月 25 日之前到位（图 3-19）。方钻杆补芯的顶部安置在 8711.3ft（2655m）处，比 8696.3ft 的地面水平高出 15ft。

图 3-19　在 EE-1 位置上的信号钻井公司的 5 号钻机。

资料来源：Pettitt，1977b

地表火山岩和沉积地层的钻井

EE-1 井穿过 Bandelier 火山凝灰岩和 Abo 地层上部的部分（深度为 599ft）均是用 $17\frac{1}{2}$in 钢齿钻头钻的。后来，在非常短的（10ft）导管套管周围的地表有反复的泥浆漏失，所以将井眼扩大到直径为26in，并将一个20in的表层套管的深管柱下到580ft处。将套管用水泥固井一直到在地表后，使用$17\frac{1}{2}$inTCI和钢齿钻头继续在Abo地层和Madera地层钻井。预计在GT-2钻井过程中会遇到井漏区（在Madera地层中，深度约为1900ft），所以在接近这一深度时，钻井液中加入浓度很高的堵漏材料，但仍能泵送。即便如此，6月12日，在1905ft的深度，所有循环阻断，钻杆被卡住。经过几个小时的努力，松了钻杆并从孔中起出。将喷嘴上的钻头移走，将钻井液中的堵漏材料浓度增加到30%，将钻杆再次下到孔中。

随后，在Madera石灰岩中的钻进令人满意，但要在钻井泥浆中不断地加入堵漏材料（cottonseed hulls、Fibertex和Gelflake），以控制流体流向1905ft处的漏失区。然而，当在2359ft深处遇到Sandia地层下部的溶洞石灰岩区间时，循环再次中断，钻杆又被卡住。

恢复循环和释放被卡住钻杆的作业持续了两天，在此期间，将5个40%堵漏材料"药丸"（每个2800gal）泵入孔中。但这些努力毫无效果，最后将GO-International测井公司召了过来。他们确定钻杆的"自由点"应在离井底80ft处，于是在离井底110ft处的一个钻具接头处引爆了"松扣药包"，松开了接头。6月21日一早，将剩余的钻杆从井中起出。用来回收井底110ft钻柱的冲洗装置在Abo和上Madera地层的页岩段遇到了许多台阶，井漏仍在继续。到6月24日，回收了剩余的底部组件；但是由于没有重新建立循环，研究小组决定尝试用固井封住下层Sandia地层中的溶洞石灰岩井段。在第一次尝试中，将添加了堵漏材料（膨润土碎片和Gelflake）的水泥混合物泵入井中，但并没有填满该区域。接下来，又尝试了"胶黏物质"挤压，在柴油浆中加入水泥和膨润土的混合物，以减缓水泥的水化速度，但仍然没有成功。最后一次尝试，使用含有Cello-flake井漏材料的100袋水泥，以及3%的氯化钙作为水泥速凝剂，好像确实封堵住了漏失区。

在钻穿水泥塞后，在新的石灰岩中重新钻井。糟糕的是，刚前进了1ft，又是完全井漏。这次的漏失不仅发生在孔底，而且还发生在1900ft以上的Madera和Abo地层中。由于在1700ft以上井筒中没有液体来稳定它们，这些红黏土正在膨胀和剥落，严重地阻碍了钻井。为了稳定井筒，在1900ft和2100ft处安置了两个水泥塞。然后，项目员工决定无上返继续钻进花岗岩基底。这是一个非常危险的行动，因为钻杆有可能再次被卡住。公司增加了运水车后再开钻。在2401ft的深度是前寒武系岩层，使用无上返钻进继续前进到2431ft处，但困难重重。

此刻，团队认为使用套管是稳定井筒的唯一希望，于是设计了一个三阶段的固井作业。首先，从井底到大约2360ft深度的溶洞石灰岩段，对套管最低的71ft做尾部固井；第二，将分级箍置于1783ft深的套管柱中（绕过2360~1905ft的区间，由于井漏严重，无法固井），固井套管柱至800ft处；第三，套管柱从大约800ft深度到地表的上部部分，用第二个分级箍固井。

在装套管之前，反复扩孔从 1500ft 到 2200ft 深度，试图保持其直径均在 $17\frac{1}{2}$in。但只取得了部分成功，原因是黏土层继续膨胀并挤入井眼，限制了直径，有时甚至必须将扩孔组合从井中“钻”出来，才能开始下一次作业。

在将扩孔装置起出井之前，泵入一些混有 Baroid Torq-Trim 的膨润土泥浆药丸，以帮助润滑井壁，从而有利于安放套管。最后，在 7 月 3 日下午，13. 375in 的技术套管（54. 5lb/ft，K-55 型）柱开始下入井内，其底部有一个贝克水泥鞋，并带有两个备用浮箍。下箍位于套管底部一个接头之上，上箍位于其上部三个接头处；因此，一旦套管位于底部，它们的深度将分别为 2390ft 和 2307ft。在安装过程中，在套管管柱中装了两个分级箍（每个下面都有一个接水泥伞，以堵住套管外的环空），用于第二和第三阶段的固井；两箍的位置是这样的：一旦套管下到井底，一个在 1783ft 处，另一个则在钻台以下 790ft 处。然而，安装这些分级箍就是设想计划中的系列固井作业都会成功，而没有考虑到突发事件。然而，从花岗岩钻井遇到的这么多问题来看，应急计划应该是最重要的。

第二天早上，当套管在 Abo 和 Madera 地层仍在膨胀中的黏土区缓慢下降时，令人失望的是它完全停止了，其下端离底部还有约 200ft。但约 1h 后，它终于慢慢地滑下来，进入到花岗岩基底！套管在 2431ft 深处着陆。

注：EE-1 的技术套管柱固井差点就是完败的，只是在最后一刻经过深思熟虑，对套管底部 71ft 段实施了重复尾部固井。各阶段的结果如下。

- 第 1 阶段（套管底部的尾部固井）：不合格；
- 第 2 阶段（在 1783ft 处通过分级箍固井）：失败了；
- 第 3 阶段（在 790ft 处通过分级箍固井）：部分成功了（2/3 的水泥通过分级箍进入了环空）。
- 套管底部的反复尾部固井：成功了。

后来确定了许多导致这种近乎失败的原因：（1）在山区进行固井作业的监督人员和固井工人，他们只有在“平地”油田作业方面的经验，受到了严重井漏的困扰。（2）技术监督不力，钻井监督员未能理解尾部固井作业后要做亚静水位测量的意义，测量结果表明套管在 2360ft 处与漏失区有直接的流体连通。（3）干热岩小组人员在场或监督都不足，现场人员更倾向于接受所雇钻井或固井“专家”的建议，但对其建议没做任何批判性评价。

技术套管管柱的固井

准备第一阶段（套管底部 71ft 段）固井时，泵入大约 16 000gal 的膨润土泥浆，以稳定井筒。然后，将 8800gal 含有 Pozzolan、硅粉和 Cello-flake 的水泥浆泵入套管。泵送暂停了一会，将注入流体从水泥混合物转换为水，从地面的固井头释放了一个橡胶塞，然后泵水将它送入到了套管中。事实证明这是一个错误：在芬顿山特殊的山区环境中，地下1700ft深的地下水位造成了严重的井漏，这意味着套管顶部超过1700ft长的地方充满的是空气，而不是水[1]。因此，在泵送暂停期间，水泥通过重力流下套管，进入漏失区，吸入其后的空气；当释放塞子，接着是驱替水时，它只能"咯咯"作响地沿着套管向下，几乎是自由落体。很难估计塞子下落时的速度，但由于缺乏压力脉冲，塞子没有完整地到达上浮箍（2307ft处），因此未能形成必要的密封。其结果是，水在塞子周围流动，驱替了所有的水泥，通过套管底部的水泥鞋，向上到了套管外的环空，进入约2360ft处的漏失区。完成了尾部固井后，做了几次水位测量。显示套管一直下至2157ft的深度都没有任何液体，这是一个明确的迹象，表明其最低的部分根本没有固井（哪怕套管外面有很短的固井段，也会导致液体返到地面）。

关于这一事件的报告（Pettitt，1977b）明确指出，钻井主管当时知道塞子没有正确就位。但遗憾的是，他们没有意识到尾部固井已经失败，也没有理解水位测量的重要性：事实上，流经Madera石灰岩2360ft处的含水层与套管内的水处于水力连通状态，这应该很明显地表明，置换水已经将所有的水泥冲到这个准静漏失区。钻台监督人员本可以简单地通过向套管注水来发现发生了什么问题，但他们没有。

注：尾部固井失败的教训是，在这种严重漏失的情况下，固井后不应该用桥塞或驱替水。水泥应由重力作用落下围绕水泥鞋"U"形管处。

然后，人们以为尾部固井作业（多少）已经成功，钻台主管们开始了第二阶段的工作。7月4日晚，将那个下分级箍上的滑动套筒（1783ft处）向上移动，以打开那些固井端口后，开始了放置第二阶段固井水泥。将9500gal的固井水泥浆（与用于尾部固井的类似）注入套管中，随后是串列式橡胶塞和置换水。但结果几乎与尾部固井阶段的结果相同：当塞子在驱替水的推动下高速撞击下分级箍时，箍或塞子都没有足够的强度来承受撞击。塞子就"向前行"，将箍上的滑动套筒打了回去，重新关闭了端口（这两个塞子后来在靠近孔底的上浮箍的顶部）。水继续沿着套管往下流，把水泥推到了前面。在大约2360ft处的井漏区，水泥飞快地流入，使套管内基本为空。换句话说，快速下降的水泥并没有像预期的那样流过分级箍的开放端口，而是顺着套管继续往下，穿过套管底部附近的上浮箍顶部的橡胶塞，从水泥鞋中流出，回头向上进入2360ft处的漏失区。第二阶段固井后水深测量结果表明，套管直到1783ft处上分级箍的这一段全是空的。经过这么些努力，根本没有固住那根$13\frac{3}{8}$in的技术套管管柱。

---

[1] 在典型的油田环境中，地下水位接近地表，这种严重井漏很少见（套管中充满着水，而不是在顶部有一个空气柱）。因此，在传统的尾部固井作业中，首先是水泥，然后是塞子，慢慢地沿着套管向下泵送，接着是经过仔细测量的置换水（将塞子泵到底部，同时迫使水泥通过水泥鞋向上到环空）。

显然，意识到第二阶段的固井作业肯定出了问题，钻机主管暂停了固井作业[1]。当时的报告指出，必须推迟第三阶段，直到流体循环能够建立起来，即通过 790ft 处的那些固井端口通过环空回到地面。由于循环对通过分级箍的任何固井都是绝对必要的，而且在第二阶段之前就应该建立起来，这等于承认第三阶段如果没有循环，就会像第二阶段一样失败；而且即使打开下分级箍上的固井端口，阻力最小的水泥流动路径也会和第二阶段的一样。

不过，钻机主管还是打开了 790ft 处上分级箍上的那些固井端口，将液体泵入套管，通过这些接口进行循环。令人惊讶的是，流体全都消失了。假设流体通过了这些端口，但以某种方式绕过了环空下方的水泥篮，在套管外面往下流。得出的结论是要塞住水泥篮（实际上，流体是一直在套管里面往下流，经过 2307ft 处上浮套顶部的受损橡胶塞，从套管底部的水泥鞋流出，沿环空向上流到 2360ft 处的漏失区）。

堵住水泥篮（其实没坏）的作业，包括连续泵入三次 25 000gal 的膨润土丸，混有 30%～50% 的堵漏材料。前两次从套管底部流到深层井漏区，无回流。第三次时，上浮箍顶部的受损塞子周围的空间几乎完全被封闭，这迫使大部分流量最终通过 790ft 处分级箍上的固井端口，向上流到环空（小部分仍然一路从套管流下，进入 2360ft 处的漏失区）。这种“修复”虽然不是预期的，但至少暂时建立了一个相当程度的循环。

7 月 6 日，开始了第三阶段，对上分级箍上方 800ft 长的环空进行固井。这个阶段本应该相对简单；但是当固井水泥注入时，不是全部水泥通过固井端口，而是约 1/3 的水泥顺着套管流了下去（这个环空区的计算体积，其大部分都是在 20in 表层套管的 580ft 段内，有 890ft^3。实际注入的水泥量，加上标准的 20% 过量，约为 1070ft^3，这仍然有约 140ft^3 的环空是空的）。

第二天，在水泥凝固后，用一根直径为 1in 的管子沿环空下行探到了水泥顶。然后，通过这根管道又泵入了 170ft^3 的水泥，将剩余的空隙填满到离地表几英尺的范围内。

这个固井项目最后的“惊喜”，显然是一些启示。当钻机主管们用钻头清理套管时，发现钻头基本上是干净的（除了少量的水泥和上分级箍中的塞子），直到钻头在 2307ft 处遇到了上浮箍顶部的那些塞子。上面的两个塞子，在失败的第二阶段固井中完全被钻透了。然而，将直接位于该浮箍顶部的破损塞子（在第一次尾部固井时泵下的塞子）钻上来时，循环彻底停止了。最终，主管们了解到，正是这个问题塞，在套管的输送过程中损坏了，导致了尾部固井作业的失败；而在第三阶段之前实现了循环，只是因为套管的底部被围绕塞子的堵漏材料暂时封住了，现在塞子破碎并给冲走了。在评估了情况后，他们决定清理套管的其余部分，然后非常小心地通过钻杆开口端反复地进行了尾部固井。

7 月 7 日，套管底部 71ft 处的尾部固井成功：泵入固井水泥浆（225 袋含有 3% 氯

[1] 看来人们还不知道尾部固井作业也没有成功。

化钙的 B 级水泥，与 25 袋 Cello-flake 混合），允许在重力作用下下降（没有置换水跟随），到达在 2431ft 处围绕套管鞋的“U”形管处。

前寒武系岩层的钻井

钻结晶基岩，能得到满足要求的 $12\frac{1}{4}$in（311mm）直径 TCI 硬岩钻头只有 STC Q9J 和 Security H-100 钻头。这两种钻头都使用了，以便对其性能进行比较。史密斯钻头的碳化钨镶齿比更先进的油田型 Security 钻头的镶齿要软一些，后者也有预润滑和密封的滚子轴承，设计只能用泥浆或水作为循环介质。钻头承载从 6 万 lb 到 7 万 lb 不等，转速从 40r/min 到 50r/min 不等。人们发现 SecurityH-100 钻头的性能优于 STC Q9J 钻头，其钻速平均接近 7ft/h，其使用寿命超过 100h，几乎是 Q9J 的两倍（归功于 H-100 的密封滚子轴承和更硬的硬质合金镶齿）。

7 月 9 日在技术套管下面的结晶基底开始钻井，使用 $12\frac{1}{4}$in 的 STC Q9J 钻头和水作为循环液。在 2509ft 处对该段井筒的勘察显示，其轨迹为 N52°W，0.75°[1]。

第一次换钻头是在 2785ft 处，当时钻进变得不稳定。起出钻头，检查发现，三个牙轮中的两个几乎完全被锁住，四个球齿丢失。即便如此，钻头仍然尺寸合规。下一个钻头是 Security H-100，在 107.5h 内钻进 650ft，对于一个在花岗岩中钻进的 $12\frac{1}{4}$in 的钻头来说，这是一个了不起的表现（在 65 000lb 的载荷下，这次钻头作业的平均转速是 44r/min）。当拉出并检查时，钻头球齿缺了大约 1/3，并且尺寸减小 $\frac{3}{8}$in。然后继续钻井，交替使用 STC Q9J 和 Security H-100 钻头。

相比 GT-2 钻井，在 EE-1 钻过 3600～3700ft 深度区间时，钻井液损失没有增加（当时约为 200gal/h）。到此深度，孔斜在 N75°W 方向增加到了 2°。在 370ft 以下的钻井过程中，孔斜将会继续逐渐增加，就像 GT-2 的孔斜一样，到 6500ft 时达到约 6°（北西方向）。

直到 8 月 5 日钻井作业都非常顺利，然而在 5985ft 处，钻速突然从 6ft/h 增加到 19ft/h，这表明遇到了一个断层角砾岩带。计划本是要钻到 6300ft 深度，用 $10\frac{3}{4}$in 套管固井，然后用 $9\frac{5}{8}$in 的钻头继续钻进。然而，这种钻井暂停的深度如此接近 6300ft，导致人们担忧 6300ft 处的岩石可能不适合安装套管，因为水有可能会通过套管鞋下方的

[1] 井轨迹符号首先是方位角或方向，然后才是井斜或角度。例如，N52°W，3/4°意味着井测得的方向为 N52°W，与垂直方向的倾角为 3/4°。

角砾岩渗出。因此，计划改变了：在设置深层套管柱之前，要用 $12\frac{1}{4}$in 钻头将孔加深至少到 6420ft。随着钻井的继续，发现角砾岩区向下延伸了约 255ft，至 6240ft 处。在这个深度，钻速再次下降，到了大约为 10ft/h。

8 月 8 日，当钻至 6420ft 的深度时，对井眼做了循环冷却，并清理了钻井液，准备测井作业。从 8 月 8 日至 12 日，Dresser-Atlas（简称为 D-A）石油服务公司在大约 2430ft 处与孔底之间做了裸眼诊断测井，包括 4 臂井径测井仪、声波测井、Densilog 测井、侧向测井和频谱测井；伽马射线探测器与许多测井一起使用，以实现精确的深度关联。此外，8 月 11 日，科学服务公司的 Birdwell 部门在裸眼的不同井段做了一套辅助诊断日志。

8 月 13 日，下入 $10\frac{3}{4}$in 套管至 6420ft 深度着陆。为了防止驱替塞和（或）浮箍故障，像对技术套管管柱实施第一和第二阶段尾部固井时的那样，在上浮箍上方 40ft 处安装了铝塞着陆挡板。用的驱替塞是哈里伯顿公司的铸铝塞，可以承受高的着陆压力。

同一天，哈里伯顿油井固井公司进行了单阶段固井作业，即仅对套管底部的 1000ft 固井。首先，注入 400gal 的“垫子”水；然后将 2250gal 的固井水泥浆泵入套管，接着泵入铝塞和 25 750gal 的驱替水。等水泥凝固 18h 后，将一个 $9\frac{5}{8}$in 的 SecurityH10J TCI 钻头下入孔内，钻出铝塞和浮箍。然后用这个钻头在 50h 内钻到 6874ft 的深度（9. 1ft/h），为一系列的压裂试验提供了隔离良好的裸眼段（尽管附近的角砾岩井段应该会让项目员工在计划此类试验时叫暂停）。

在测试开始之前，用 STC 改良的 $9\frac{5}{8}$in JOIDES 取芯钻头取 12ft 长（至 6886ft 处）的岩芯，但只获得了 3ft 的岩芯（回收率 25%）。根据对该岩芯的岩石学薄片检查，将其归类为浅色二长花岗片麻岩。

第一阶段压裂试验

1975 年 8 月 23 日，将实验室新设计的高温地震检波器组件（图 3-20）首次部署在 GT-2 井中（为射孔压裂试验而从井中取出的 $4\frac{1}{2}$in 高压套管管柱没有再重新安装，以便让直径为 5in 的地震检波器组件通过）。这套设备包含有 12 个地震检波器，分为三组，一组是垂直的，两组是水平的，以记录三个正交轴上的运动。每组中的 4 个检波器串联起来，对其输出进行平均，然后送到一个放大器以增加增益。放大器和电池是安置在一个装满冰的杜瓦瓶中，能在井下温度保护放大器和电池约 12h。在检波器组件的底部有一个锁定臂，以迫使地震仪靠在井壁上。这个臂的理想位置是在井的高边，借助重力将组件压在井的低边。遗憾的是，由于组件在下入井中时会随机旋转，锁定臂的位置往往迫使组件靠向孔壁之前被抬离孔的低边；因此，耦合效果较差。

在 GT-2 的 6585ft 深处安装了检波器组件，位于法明顿的西部公司提供的商用泵对 EE-1 裸眼段加压。从初速约 1BPM（2.7L/s）开始，泵送逐渐增速到 5.5BPM（14.6L/s），最大注入压力仅为 1200psi。起初，并没有证据表明发生了破裂（即打开了一个或多个密封的节理），但是排空井眼时出现了相当大的回流，这表明打开并扩展了一个以前存在的节理系统。因为在 GT-2 的地震检波器上没有记录到地震信号，所以人们认为这个节理的打开基本上是无地震的，即没有岩石拉伸断裂或节理剪切位移。事后看来，有可能存在节理打开的信号，但在第一次尝试做“裂缝”图时没有观察到。该数据记录系统有两个缺点：井下放大器的频率不够高，地面系统还没有采用高速的 Ampex 磁带记录系统（将会在几个月后添加），因此，不能纪录频率超过 125Hz 的信号。

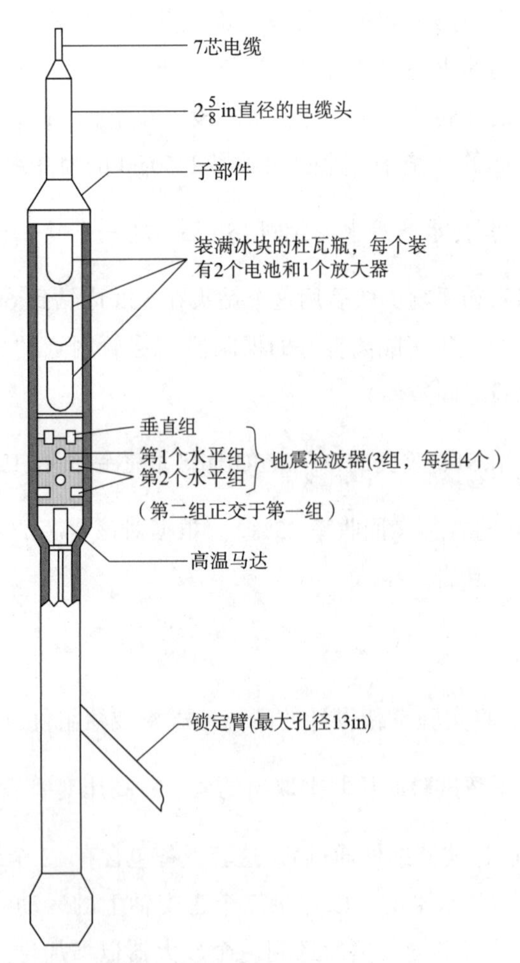

图 3-20　实验室的第一台高温地震仪组件的示意图（约 1975 年）。

资料来源：Pettitt，1977b

两天后，假设EE-1新打开的节理位于6500ft以上的深度，在6480ft深度（套管底部以下60ft）设置了一个莱恩斯膨胀式封隔器，期望对封隔器顶部与套管鞋之间60ft的裸眼环空封隔段加压后，可能会打开另一个节理。使用项目最近获得的9gal/min的科比（Kobe）容积泵，将流体泵入钻杆和套管之间的环空。在开始加压之前，使用一个小型实验室泵将封隔器加压到1500psi（超过这个压力，封隔器将会保持在比注入压力高出200psi的内部压力）。

然后，以恒定的9gal/min开始泵入。压力迅速上升到约1900psi，然后又回落到约1400psi。在此压力下，注入800gal的液体。这种压力行为表明又打开了另一个密封的节理；但是在GT-2的检波器上没有记录到地震信号，这表明这又是一个真正拉张节理（没有明显的剪切分量，因此几乎没有地震）。然后自然电位电测井结果表明，在被隔离的裸眼段的中间位置，即6437~6454ft之间打开了一个节理，它与井眼的交汇约为17ft长。该打开的节理的走向虽未确定，但根据其与井眼相交的长度和其井斜约6°，可以推断出其与井眼垂直度在2°以内。

随后，将莱恩斯膨胀封隔器减压，用科比泵对套管下面的整个裸眼段再加压。至少可以说，结果是反常的！在9gal/min的恒定注入速度下，现在达到的最高压力只有300psi。这强烈表明在封隔器设定深度6480ft以下的某个地方存在一个开放的连通系统（也可能是通过一个之前打开了的节理系统，其深度也大约在GT-2的深度，连通到了GT-2）。然后，将莱恩斯膨胀封隔器进一步下移240ft，到6720ft的深度。使用科比泵对套管鞋和封隔器之间这个更长（300ft）的裸眼环空区域加压，在1375psi的压力下注入500gal的水，这表明低压张开节理系统位于封隔器的下方。

在这个关键时刻，团队决定对EE-1底部的张开节理系统固井。如果其保持开放状态，则会形成井漏区，其流体接受压力很低，会给后续钻井作业带来问题。将哈里伯顿公司从法明顿招了过来，8月26日通过光头钻杆泵入1750gal的固井水泥浆，对孔底固井。随后探到硬化的水泥顶在6480ft处，这是第一次坐封莱恩斯膨胀封隔器的深度。

随着井眼下部注满水泥，对从6480ft到套管鞋的裸眼段进行了多次加压；当此段（6437~6454ft）的节理首次打开时，其压力表现与之前观察到的情况类似。8月27日，下入莱恩斯膨胀封隔器，对该段加压至1850psi，试图获得节理的方位压印。糟糕的是，当拉出封隔器时，发现软橡胶套遗留在了井内。在8月30日的第二次尝试中，将一个串联式莱恩斯压印封隔器坐封在了6437~6454ft深度段（两个5ft的单元，一个位于6438ft中心，另一个位于6449ft中心），这次成功了：使用了9gal/min的科比泵在2000psi压力下重新加压，然后用一个较小的实验室泵在2300psi压力下对封隔器加压4小时。当封隔器组件从井中取出时，其显示出了节理的清晰印迹，方向为北西-南东走向。

第二阶段钻井至 9168ft 深度

与 GT-2 的情况一样，EE-1 在第一阶段钻井时向西北方向漂移了。但其井斜比 GT-2 的增加得更快，在 6490ft 时达到 $5\frac{3}{4}$°，在 6874ft 时则达到了 6°。如图 3-21 所示，EE-1 在 6886ft 处的方向几乎是正西方。因此，如果从 GT-2 底部发出的大型节理是北东-南西方向的，就像团队有人推断的那样，尽管这是在非常脆弱的基础上（即根据前一年 11 月在 6535ft 处发现的节理的方向外推 3000ft 以下的深度），那么，在第一阶段钻井结束时，EE-1 井会远远超出节理的范围，其位置不利于最初计划中与节理相交的目的。

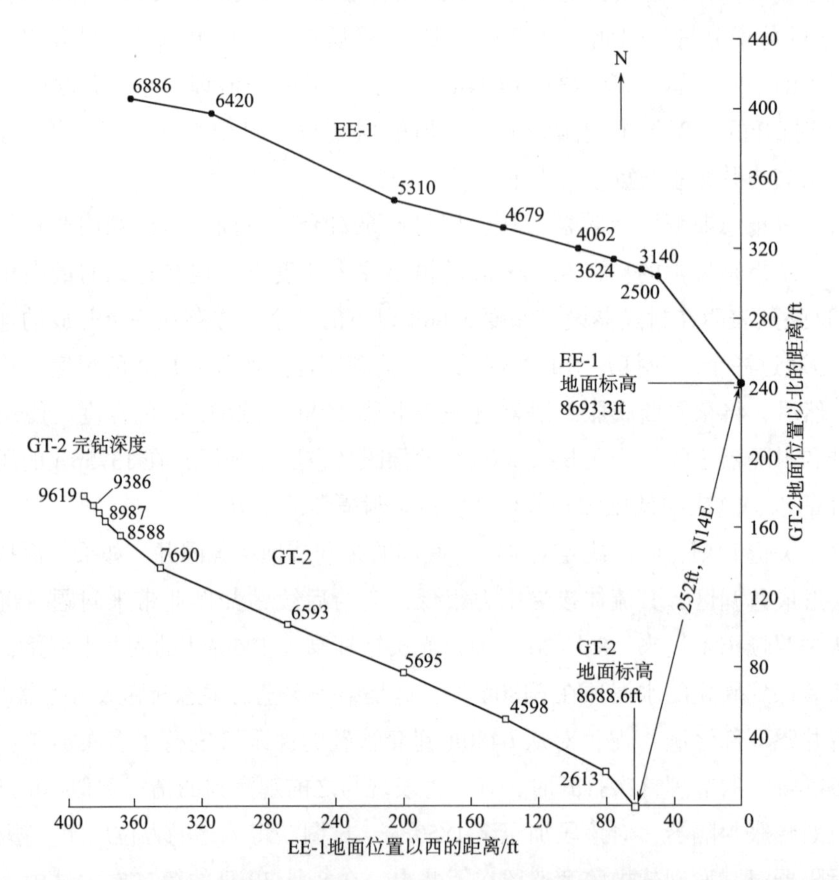

图 3-21　在第一阶段钻井结束时，根据钻井过程中的磁性单点测斜结果，完成的 GT-2 井相对 EE-1 井的钻井轨迹的平面图。（请注意，后来在 1977 年 2 月和 3 月对 GT-2 做了三次陀螺仪测量，显示 7690ft 以下的北向曲线不太明显；可能是由于较深的花岗岩中的磁性矿物含量较高，磁力测量结果有些失真。）

注：改编自 Blair et al.，1976

然而，8 月 30 日在 EE-1 测得的封隔器痕迹表明，节理与井筒相交在约 6450ft 深处，呈北西-南东方向。鉴于这些看似矛盾的信息，项目成员决定将 EE-1 从西向迅速旋转到南向，然后继续向南钻井，以使其能直接通过 GT-2 的下方。如前所述，这一策略都将最大限度地提高与在 GT-2 底部打开的节理相交的概率，无论其方向如何。

当时，石油行业的定向钻井设备的额定最高温度约为 180℃（350 ℉）。项目人员认为，如果在钻进过程中偶尔对设备进行冷却，那就足以在 EE-1 钻井计划的南倾路径上，达到约 9600ft 处（该深度的岩石温度约为 200℃）。

更不确定的是现有测井设备的抗高温能力：对 Sperry-Sun（简称 S-S）和 Eastman Whipstock（简称 E-W）两家公司的调查显示，其陀螺仪的最高温度仅能达到约 150℃。相比之下，更常用的 E-W 磁力测量工具在热屏蔽的条件下，200℃能持续 2h，这似乎刚好够用。由于这个原因，在钻井过程中，磁力测斜是确定两孔相对位置的主要方法。

EE-1 定向钻井选择了 Dyna-Drill（简称 D-D）钻具组合。与传统的旋转钻井设备不同，它有自己的井下正向位移马达，不需要旋转钻杆。这种特别设计的马达由一个多级莫伊诺泵（Moyno）组成，包括一个金属转子和一个弹性定子（一个橡胶样的元件，带有一个扁圆形截面的螺旋通道）。

1975 年 8 月 31 日，在 6886ft 的深度进行了第一次 D-D 钻具组合定向钻进，将井从 N78°W 转向 S81°W，转角 21°，进尺 65ft。在这个新的深度（6951ft），钻井轨迹为 S81°W，5.5°。由加州纽波特海滩的 Scientific Drilling Controls 公司生产的电子偏航设备（EYE）导向工具，用于指导和检查定向钻井走向。在接下来的 82ft，用一个柔性钻具组合旋转钻井，将其向南再旋转了 11°，在 7033ft 的深度轨迹是 S70°W，6°。这两次钻井作业，增加了 147ft 的深度，井眼转了 32°，标志着第一次在热花岗岩中完成了定向钻井！

另外两次 D-D 钻进，分别为 139ft 和 140ft，中间有 75ft 的常规旋转钻进，将井加深到 7387ft。到这个深度时，EE-1 已经额外旋转了 90°，到了 S23°E。这已经超过了其目标方向的正南，其井斜已经增加到了大约 8°。传统的旋转钻进和 D-D 的再一次作业（从 8200ft 到 8313ft）使井达到了 9168ft 深度。到此，钻井轨迹已经旋转了 43°，再次向南，到 S20°W，4.5°。

第二阶段最后钻井：尝试将 EE-1 与 GT-2 底部的节理连接起来

在 6886~9110ft 段的定向钻井过程中，在不同深度进行了磁力单点测斜。根据这些测量结果，EE-1 钻井轨迹如图 3-22 所示。9 月 16 日，E-W 公司在 6700~8990ft（2040~2740m）的深度段又做了磁力多点测斜，确认了钻井轨迹。

图 3-22 显示，在 EE-1 井深为 9110ft（GT-2 井则为 9068ft，考虑到该井更加倾斜的垂直等效深度），两者之间的水平距离为 40ft，EE-1 几乎位于 GT-2 的正北方。此外，在其目前的 S20°W、4.5°的轨迹上，EE-1 直接瞄准了 GT-2 的底部，而不是计划中的在其 200ft 以下。如图 3-22 所示，由于此处 GT-2 的底部仍比 EE-1 深 500ft。如果钻孔真是在 GT-2 下面的 200ft 处穿过的话，那么 EE-1 的倾角就要会更陡，即与垂直方向约为 2.5°（剩余的 500 多 ft 的钻井只能在水平方向上前进 30ft）。

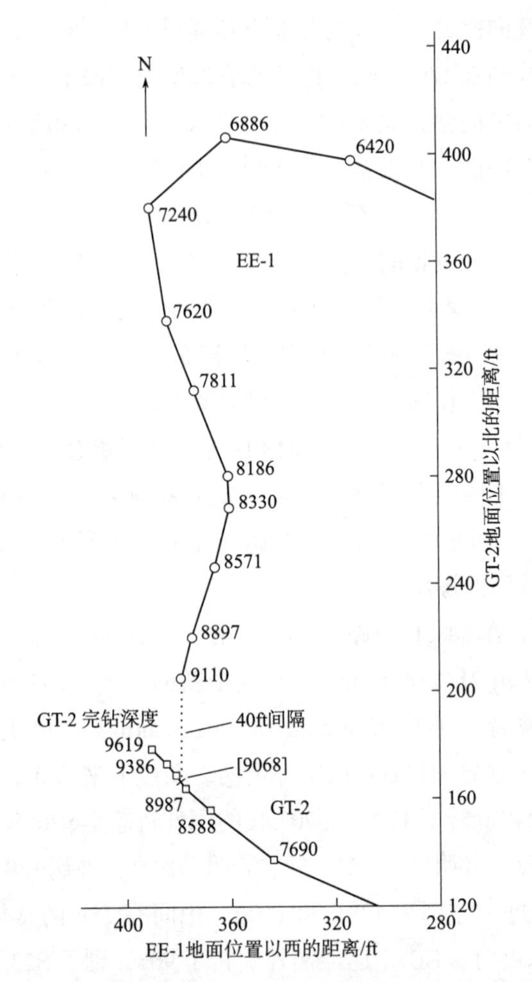

图 3-22 相对 GT-2，EE-1 井在 6886ft 和 9110ft 之间的钻井轨迹平面图。轨迹根据的是钻井过程中磁力单点测斜结果（如图 3-21 所示的第一阶段钻井轨迹）。虚线表示 EE-1（9110ft 深）和 GT-2（9068ft 深）之间的水平距离。

注：改编自 Blair et al.，1976

第一个系列的地震测距试验

9 月 20 日，在 EE-1 的 9100ft 深度做了一系列的地震测距试验，主要目标有两个：（1）测量从 EE-1 到 GT-2 的水平距离；（2）确定在该深度从 EE-1 到 GT-2 的罗盘方向。为了准备这些试验，重新安装了 $4\frac{1}{2}$in 的高压套管柱，以引导钢绳工具进入 GT-2 的隔离衬管（之后还要用套管柱，对隔离衬管，即以前的管柱的下方打开的节理再加压）。新的检波器组件下至在了 EE-1 的 9100ft 深处，它现在安装了黄铜端部锁紧臂，以改善与井壁的耦合。然后将雷管帽下入到 GT-2 的隔离衬管，在 9018ft、9068ft 和 9118ft 深度处连续起爆。在 EE-1 的 9100ft 和 GT-2 的 9068ft 处的两井之间的水平距离是 52ft，根据地震检波器接收到的压缩和剪切信号的首次到达时间差值，得出 EE-1 的 9100ft 与 GT-2 的 9068ft 处的两井之间的水平距离为 52ft（用于此计算的岩石特性是 P 波速度为 5.85km/s，S 波速度 3.38km/s，旅行时间精度为±1ms）。这个距离与磁力单点测斜在相同深度得到的 40ft 相比还算不错（图 3-22）；但认为地震测距数据要更准确，表明 GT-2 在这一深度的真正轨迹比图中所示的轨迹会更偏南一些。

然而，地震测距试验并没有得到关于两井在 9100ft 深度的相对水平位置的任何数据。由于没有任何地震方向数据来确认图 3-22 所示的那些位置，团队决定继续 EE-1 钻井，朝向在 GT-2 正下方的目标。

第二系列地震测距试验

在接下来的 4 天里，又进行了三次旋转钻进，将 EE-1 加深到 9575ft；在此深度，井方位角几乎是正南，倾斜度为 3.75°。图 3-23 描述的是根据磁力单点测斜数据计算出来的 EE-1 在 8897ft 和 9575ft 之间的水平路径。如果它是正确的（在当时，没有理由不这么认为），那么在 9100ft 和 9575ft 之间，EE-1 又向南推进了 30ft。这样的话，那就应该在大约 9560ft 的深度与 GT-2 井相交（事实证明并非如此。之后对 GT-2 的陀螺仪测斜结果显示，单点测斜数据有些错误，将 GT-2 的底部置于其真实位置以北约 35ft，以东约 30ft 处）。

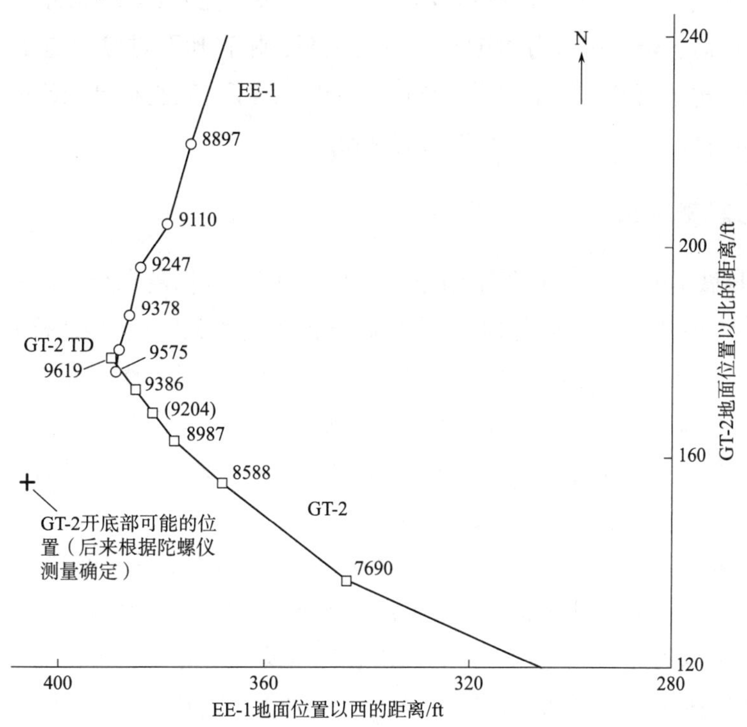

图 3-23　相对于 GT-2 井轨迹，8897ft 和 9575ft 深度之间的 EE-1 钻井轨迹特写（根据磁力单点测斜数据计算得出）。

9月26日，在EE-1的新深度9575ft处开始第二轮测距试验，其中穿插了几次泵水试验。

在第一次泵水试验中，地震检波器组件放在EE-1井底，那些检波器则位于9565ft处。然后，使用9gal/min的科比泵对GT-2底部的主节理重新加压。在最大压力1600psi的情况下，7h内注入3600gal的水，但在EE-1地震检波器上没有产生可识别的地震信号。

当GT-2排空后，做了一个测距试验，以验证图3-23中的单点测斜数据所显示的相对井筒位置。在D-A公司电缆上安装了3个GO-International公司的雷管，并配有实验室设计的起爆装置；一个地震检波器触发装置能确保精确的起爆时间，其精确度为±0.05ms。将这些雷管下入GT-2中，并在9531ft和8581ft处起爆。这一次，收到的信号表明，在GT-2的9531ft深度和EE-1的垂直等效深度ft9565处，两井之间的水平距离（精确度为±1ft）是26ft（而不是像单点测斜数据显示的那样，基本为零）。遗憾的是，由于Eastman相机的故障，没有能测量EE-1中地震检波器组件的方位，因而再次没能获得关于井筒相对位置的地震信息。那么，关键问题仍然是：EE-1是在GT-2底部的9575ft处以西还是以东？

9月29日，在为期两天的仪器设备的修理和修改后，进行了第二次泵送试验。对GT-2底部的节理再次加压，这次用的是西部公司泵。注入约3500gal的水，速度为3.7BPM（10L/s），最大压力为2200psi。然后关泵，用科比泵继续泵送1.5h，同时在EE-1做了感应电位测井。结果表明，节理进一步扩展了，其直径已经超过400ft，这是在4月21日计算出的上一次节理扩展后的直径。

第三系列地震测距试验

9月30日做了第三个系列的测距试验，目的是解决人们越来越关注的问题，即两井的相对位置。这次还将要确定EE-1中地震检波器的罗盘方向：地震检波器探头中专门安装了一个E-W公司高温罗盘，其读数将通过在1.5mi外引爆地面炸药并记录声音信号（其方向已知）来验证。有了可靠的地震检波器探头定向数据，通过矢端图地震分析技术，就能得到其相对于雷管的方向，即相对于GT-2的方向。从首次到达的P波和S波信号则能得到其与GT-2井之间的距离。

在GT-2排空后，地震检波器组件设置在EE-1的底部（仪器的实际深度为9558ft）。糟糕的是，电缆头上的电气连接出了问题，组件上的锁定臂无法伸展，因此，探头与井壁的耦合性很差。这就会使方向信息变得模糊不清（理想情况下，地震检波器组件应该与井壁作为一个整体移动，但鉴于其质量，这几乎是不可能完成的任务，即使锁定臂的方向完美，能将组件压在井的低边，这是在重力的帮助下而不是对抗重力）。此外，当在GT-2的9535ft和9512ft深度起爆雷管时，雷管包靠在井的低边；这种倾斜的位置使得可靠的读数更不可能（为了使方向测量准确无误，爆炸在井中必须对称，向所有方向平均地传送压缩声波）。此时，地震检波器组件由于长期暴露在高温环境中已经造成了损失：只有一组水平的地震检波器仍然在运行，但是，这组仪器接收到了雷管爆炸时的良好信号，当地面炸药在芬顿山东南约 1.5mi 处的塞波利塔山的一个浅洞中爆炸时，这组也收到了比较清晰的信号。

根据 GT-2 雷管发射的 P 波和 S 波到达时间进行的测距计算显示，井间距的水平距离为 26ft，与 4 天前发现的一致。根据罗盘测量（和炸药爆炸验证）的 EE-1 中地震检波器组件的方向，对声学信号做了矢端图分析，显示 EE-1 的位置几乎在 GT-2 的正西方。

注：在这个阶段，EE-1 井位于 9575ft 处，E-W 公司可以利用现有的设备立即进行热屏蔽磁力多点测斜，以验证地震测距试验的结果。如果这样做了，那么图 3-23 所示的 EE-1 钻井轨迹就可能会被认为是错误的，从而能得以纠正。遗憾的是，当时的干热岩项目不是由工程师指导的，而是由地球物理学家主导的，他们对地震定向数据比磁力测斜数据更有信心，但后来证明地震定向数据是错误的。

在 9 月 30 日进行的最后一次注入测试中，用了西部公司泵进一步来延伸 GT-2 底部的节理，在第二天恢复钻井时为 EE-1 提供更好的目标。在 90min 的时间里，将大约 12 000gal 的水注入这个节理（前一天注入的最大体积是 3500gal）。泵送是按照阶梯式曲线进行的：注入速度以 1BPM 为阶梯的速度增加，一直加到约 4BPM，注入压力为 2250psi。在这次测试中，计算出 GT-2 节理的直径实际上又增加了一倍，即从 400ft 增加到了 800ft。

这次注水试验最重要的结果是，首次在附近的检波器上记录到了来自一个压力膨胀和扩展节理的地震信号。虽然微震信号的来源没有很好地定位，但可以推算出从检波器到这些事件的震源的距离。需要注意的是，这些信号表现出的剪切成分比压缩成分要高得多，这意味着它们与压力膨胀的节理面之间的剪切滑移有关。

EE-1 无意中偏离了 GT-2 目标

10 月 1 日，在 9575ft 的深度，使用 D-D 钻具组合恢复了定向钻井。在钻了约 115ft 后，EE-1 迅速转向东面近 90°，在 9690ft 这个新深度，井底已经水平地向东行进了大约 7ft。虽然实际钻井时间刚过 4h，但需要在两回次钻井之间更换钻头，因此作业时间延长到 10 月 3 日。继续钻井的同时，对 GT-2 井 9gal/min 的速度，用科比泵间歇性地泵送，以使底部的目标节理保持膨胀。据预计，如果能与节理相交，流入 EE-1 的流体将足够大，会使 GT-2 井口压力急剧下降。然而，这种压力降速，将强烈依赖于流入 EE-1 的速率。如果发生在某次反复关泵期，就可能会被“掩盖”住（图 3-24）。

套管在 270ft 处出现浅层破裂，钻井中断了几天（10 月 4 日和 5 日）。这原本是个好时机，排空 GT–2，再做一次地震测距试验，以确定 EE–1 号是否确实在接近或是远离 GT–2 井。EE–1 等效于 GT–2 井底深度（9619ft）的垂直深度是 9653ft。在此深度，EE–1 相对其在 9575ft 的位置，已经水平向东移动了约 3ft。使用当时最新的距离计算值 26ft（从第二和第三次测距试验中得出），那么测得的距离将会是 23ft[（26–3）ft，即更近）]或 29ft[（26+3）ft，即更远）]。如果当时做了这项工作，就会发现井筒位置的误差。只需在 EE–1 的底部固井一个造斜器，钻井就能转回西面，再钻几百英尺，就可以与 GT–2 底部的目标节理相交了！

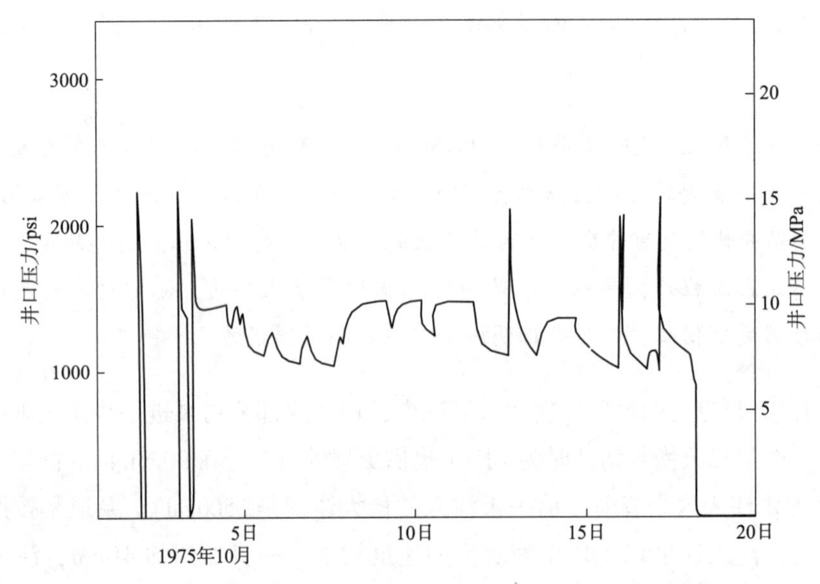

图 3–24　在 EE–1 定向钻井期间，GT–2 的加压曲线（压力下降表示关泵）。

资料来源：Blair et al.，1976

相反，通过固井修复了套管断裂，并继续定向钻进。一个回次的 D–D 钻具钻进了 76ft 和一回次旋转钻进，使孔深达到 9791ft。但是，10 月 7 日再次 D–D 钻进时，仅钻了 1ft 就失败了：显然是由于循环液体冷却定子叶片不够充分，叶片脱落了。在此深度的井眼轨迹读数是 N77°E，7°。在等制造商运送新的 D–D 钻头期间，用旋转钻进到 9877ft 的深度，井斜为 $7\frac{1}{4}$°。

GT–2 目标节理的地震探测

1975 年 10 月 10 日，用西部公司泵再次对 GT–2 最下面的部分进行压裂。总的注入量只比 9 月 30 日的注入试验略大（12 400gal 与 12 000gal）；但这次试验是专门设计的，目的是对与 GT–2 井在隔离衬管外面或正好其下面相交的节理进行地震探测。在 EE–1 底部附近的 4 个不同深度（9211ft、9409ft、9656ft 和 9856ft）依次放置了地震检波器组件，对与 GT–2 井相交的节理进行地震探测。附在检波器组件底部的 E–W 磁力测斜工具能够在每个深度确定检波器组件的罗盘方向。

在地震检波器组件下入 EE-1 后，通过与隔离衬管顶部相连的高压套管管柱将水泵入 GT-2。在大约 1.25h 内，井底加压到 2150psi，泵速约为 4BPM。在这段时间里，EE-1 中的检波器组件以 15min 的间隔依次放置在每个站点，然后在最后 15min 返回到第一个站点（9211ft 处）。应该注意的是，虽然这些站点与 GT-2 中隔离衬管的中点（约 9280ft 处）之间的水平距离只有 40～70ft，但两个较深的站点与该中点之间的垂直距离则要大得多（最深的站点为 576ft，位于 9856ft 处）。由于距离较远，到达角度较陡，来自 GT-2 中隔离衬管附近的地震信号高度衰减，这意味着它们的位置主要取决于那些灵敏度较低的垂直地震检波器（7 年后，在第二期储层开发期间，将会能够量化这种灵敏度差异，并明确归因于地震检波器与井壁的垂直耦合受损）。

在 EE-1 的 4 个测站中，有 3 个记录到了与节理有关的微震事件，其特点是具有明显的 P 波和 S 波到达的地震信号（遗憾的是，在 9409ft 处的 15min 记录间隔期间，地震检波器组件的地表读数暂时丢失了）。

假设这些事件的焦点源自于正在膨胀的节理面，这看起来也似乎合理，这些信号就会形成节理的时空地震图。图 3-25 就是这些图的代表：GT-2 节理面显示为根据 EE-1 中 3 个深度记录的事件得到的最小二乘拟合水平投影。所示的节理面假定受压裂的节理是垂直的，并且只在其走向上有变化。

注释

使用地震信号来确定微地震事件的方向，会受到焦点数据的“非唯一性”的限制。这些数据部分是基于地震信号对检波器站的接近方位角。虽然在有些情况下，单个事件的震源应能定义一个平面的地震区，从而允许平面解来确定接近的方向，但仍然存在 180°的不确定性（即，如果没有已知的单个事件的震源机制，与检波器站相反方向的两个地点，其可能性相同）。最终，这个问题的解决方案是应用测站组合：每个井中要用一个或多个测站。

10 月 10 日的试验注入的液体量仅略大于 9 月 30 日的试验，因此预计只有在加压的后期，之前排空的 GT-2 节理才会扩展。这正是所发生的，如图 3-25 所示。在最初的 15min 记录区间，地震活动都集中在第一个测站附近（140ft 以内），这表明节理的初始膨胀。然后，在试验快结束，仪器又回到该测点时，大部分的地震活动都是在很远的地方（有些远到了 300ft），这表明节理在扩展。

图 3-25 表明，在 GT-2 底部附近可能压裂了三个独立的节理，其中最为明确的一个节理，对 9211ft 处的测站是大约左右对称，走向为 N27°W。同时，观察到这三个节理中每个都“恰好”都与 EE-1 中预设的三个测站之一对称，这让人对三个独立节理的概念产生了怀疑。两个更深的“节理”是可疑的，原因有二：首先，用于定位的地震事件相对较少；其次，如果地震事件确实是因走向 N27°W 节理压裂产生（这是很可

能的）。但相对较深的测站，那么陡的接近方位角和远距离会大大影响矢端图的分析。对于这些较深的测站，由于过分依赖垂直地震检波器信号，精确的分析特别困难。在9656ft和9856ft深度所记录的地震活动，有可能是源自于中心在9211ft处的节理向深处的延伸。鉴于这些缺点和不确定性，最可能的情况是，实际在GT-2中仅查到一个节理，其走向为N27°W。

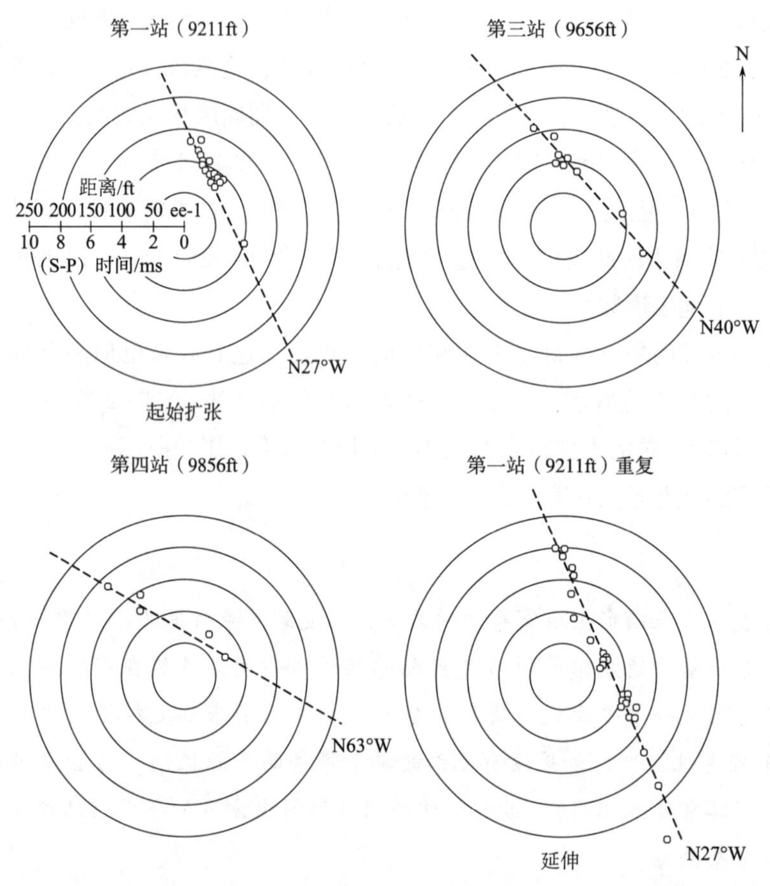

图3-25 根据1975年10月10日的地震试验确定的GT-2节理的平面。

资料来源：Blair et al.，1976

由GT-2节理膨胀和扩展产生的许多微震信号都显示出可辨认的P波和S波，尽管在某些情况下，P波并没有从背景噪声中清晰地显现出来，无法准确定位事件。一个事件的焦点定位需要：（a）与事件的距离，（b）P波到达的方向。距离是由P波和S波到达的时间差以及两个信号的传播速度计算出来的。由于P波在信号传播方向上是线性偏振的，P波的到达方向是由其方位角和倾角来决定的（这是通过分析地震检波器记录的P波速度振幅的两个分量的矢端图确定的）。

尽管在大多数情况下，在一个周期之内，就能确定P波初至，但对初至波的辨认通常就不那么明确，从而造成180°方位角的不确定性。然而，在10月10日试验的特殊情况下，节理的方位（即走向和倾角）并没有受到这种模糊性的影响：由于 EE-1 的记录检波器离 GT-2 的节理起始点如此之近，事件焦点图基本上对其是中心对称的。

这个试验标志着第一次将水力压裂有节理的深部基岩热区所产生的微地震事件的发生点在空间中明确定了位，并与先前存在的节理的再膨胀或扩展明确地联系了起来。

EE-1 深层部分压裂的最后努力

在地震试验之后，科比泵取代了西部公司泵。GT-2 的压力继续保持在 9gal/min，同时从 EE-1 上拆下检波器组件，并将实验室的自然电位仪装了进去。在大约 9500ft 处，发现了一个电位异常，似乎与 9 月下旬 D-A 公司的自然电位测井所探测到的一样，这意味着 EE-1 存在流体进入区。然后，在 9856ft 的深度，发现了第二个自然电位异常。后者在随后的两次自然电位日志记录中又再次被检测到。在这些测试中，观察到有少量的水从 EE-1 中流出，这是两井之间流动连通的首个证据（虽然很小，只有大约 1gal/min）。这可能是通过一个具有高阻抗的迂回多节理流动路径。

在此期间，在 EE-1 的 9877～9881ft 处，用美国 Coldset 公司的金刚石钻头，外径为 $9\frac{5}{8}$in（244mm），内径为 6in（152mm），采集了最后一个岩芯。采芯率只有 17% 左右。

1975 年 10 月 12 日进行了最后一次钻井（使用 $9\frac{5}{8}$in 的旋转钻机），在 EE-1 的 10 053ft 深度完钻。10 月 13 日做了温度测井，确定了 EE-1 的流体入口点在 9500ft 处，因为刚好在该深度下温度就陡降了 4～5℃（水从入口流进并从 EE-1 井中向上，穿越井附近的节理岩石时被加热了）。当天的重复温度测井证实了流体入口点的确是在 9500ft 处，但是重复的自然电位测井没有显示出 3 天前在 9856ft 处所看到的异常。孔底的平衡温度为 205.5℃，地热梯度约为 60℃/km。

除了没安装套管之外，EE-1 完钻了，随后又进行了几次温度测井、电测井、泵水和压裂试验，于 10 月 22 日结束。结果证实 GT-2 和 EE-1 之间存在一个“渗漏式”的流动连通，这多少也值得庆祝。但也许更令人吃惊的是：考虑到注入 GT-2 的水量，在 9500ft 处流入 EE-1 的流速非常低（只有大约 1gal/min），表明流动阻抗非常高。因此，可以十分肯定没有形成干热岩储层。

1975 年 10 月 14 日，为了改善水力连通，在 EE-1 的 9600ft 处座封了一个莱恩斯膨胀式封隔器，以将井底与其他裸眼段隔离。接下来，用西部泵对 GT-2 加压；当压力达到 2100psi 时，将西部泵移到 EE-1 井口，再换用科比泵以 9gal/min 的速度继续向 GT-2 注水。在 9gal/min 时，GT-2 的注入压力迅速下降到 1800psi，然后继续缓慢下降。由于西部泵现在连接到了 EE-1 的钻杆上，封隔器下面的区域以越来越高的注入率加压，在 2400psi 时大约到了 2.1gal/min（5.6L/s）。但在向 EE-1 注入 3700gal 之后，莱恩斯封隔器失效了。在给 EE-1 加压的过程中，虽然向 GT-2 的注入速率保持在 9gal/min，但泵送压力继续以稳定的速度下降，直到最后稳定在 1500psi。

用科比泵继续向 GT-2 注入，同时对 EE-1 排空，将失效的封隔器从井口起了出来。在此期间，GT-2 的注入压力进一步下降，然后再次稳定在 1190psi。EE-1 的排出流速最终稳定在大约 4gal/min（0.25L/s）。这种 GT-2 流动连通的有所改善，表明在 9600ft 以下，大约 2400psi 的压力下，已经为 EE-1 开辟了一条新的流道。

第二天，以 1190psi 的压力继续泵入 GT-2，从 EE-1 测得的流速为 5gal/min。在 EE-1 中做的温度测井和自然电位测井结果都显示在 9650ft 处有非常明显的异常，表明有新的流体进入点。有迹象表明，与 GT-2 可能存在一个更深更好的流体连通。因此计划进一步加压，试图打开这个 EE-1 节理（或节理组）。在接下来的几天里，又使用了几次莱恩斯膨胀式封隔器。第一个封隔器下到 9600ft 处时被挂住了，需要对 9570～9918ft 井段扩孔。10 月 17 日，第二个封隔器下到 9822ft 的深度，但未能座封。当钻杆从孔中取出时，发现封隔器组件已经脱落在孔中。第二天又尝试了第三个封隔器，但无法降到 9278ft 以下；当起出封隔器时，其下部的 1/3 缺失了。此时，只好钻头作业到 10 022ft 深度，将几个封隔器的残余物推到了井底。

最后，在 10 月 20 日，第四个封隔器成功地坐封在 9791ft 的深度，然后用西部泵对井底 260ft 加压。在水流过封隔器之前，压力达到 3300psi 后，发现水流绕过封隔器，但是没有发生井筒崩塌。在当时，这种行为是令人惊讶的，因为考虑到井筒所承受的压力远远高于最小主地应力（在该深度大约比静水压高出 1240lb）。

第二天，再次尝试对钻孔下部实施水力压裂，但封隔器在大约 800ft 处过早就位，不得不退了出来。至此，结束了 EE-1 井 9800ft 以下的水力压裂作业。

注：数年后的后续工作表明，EE-1 的约 9650ft 深度以下的部分实际上位于更深的第二期储层区域内，其节理打开压力要高得多。

EE-1 井完钻

1975 年 10 月 23 日，最后一套（复合）管柱，其底部安装了哈里伯顿公司的水泥鞋，下到 EE-1 的 9599ft 深度。在下入该套管的前几周，E-W 钻井公司在 EE-1 做了高温磁力多点测斜。其日期不确定，因为当时任何报告中都没有描述或提及这项调查。但是在大约三年之后，即重钻 GT-2 之后发表的一份报告中，EE-1 的井位是根据 1975 年 10 月 E-W 的测量数据所确定（Pettitt，1978b 中的图 20）。显然，到了 1978 年，钻井人员已经认识到，这些早期的磁力多点测斜数据代表着对 EE-1 钻井轨迹的最佳认识。它们比后来（1977 年）在 EE-1 中任何陀螺仪测量数据都要好。

最后一段管柱的上段是 $8\frac{5}{8}$in、32lb/ft 的 J-55 钢级套管；底部长 999ft，由直径 $7\frac{5}{8}$in、26.4lb/ft 的 N-80 钢级套管组成（下段的直径较小，为其在 $9\frac{5}{8}$in 井筒中的固

井提供了额外的环空）。在下段下入的同时，哈里伯顿公司的浮箍和挡板在浮鞋上方处安装了两节连接（约 80ft）。在准备固井时，用大约 400gal 的水冲洗了套管。

一天后，哈里伯顿公司尾部固井了套管的下部。将约 1800gal 的高缓凝固井水泥浆（含近 25% 的硅粉）泵入套管；随后是一个直径为 $8\frac{5}{8}$in 的软橡胶刮塞，其柔性足以适应下部 $7\frac{5}{8}$in 的套管部分。然后，用 24 000gal 的水（计算出的水量正好能填满套管到浮箍），将水泥沿着套管向下，围绕底部在 9599ft 处的浮鞋，并上升到环空。当水泥顶部的刮塞“撞到”浮箍上的阀门时，泵送停止，环空关闭。关闭后，环空的表面压力为 800psi，比 1200ft 的尾部固井柱所预期的要高。这表明从 GT-2 向套管鞋下面的 EE-1 流动是造成这一压力的原因。

在固井作业期间，GT-2 井口一直保持着压力，以防止任何水泥进入到裂缝连通中。糟糕的是，还是出现了一个意想不到的后果：来自 GT-2 井的加压水以大约 1gal/min 的速度流向套管外 EE-1 井的最下层，缓慢地将水泥向上驱替。熟悉固井的人都知道，这种水流会向上输送，会在缓慢硬化的水泥中形成流道。

注释

我们要强烈强调，EE-1 套管固井过程中的错误本不应该发生。当时没有证据，后来也没有任何证据表明，在固井所用的那种适中压力下，水泥会流入被加压打开然后又减压的结晶基底的那些节理中。事实上，正如本章前面所述，在 GT-2 钻井的早期，试图用固井封闭流体入口不仅失败了，而且还造成了灾难性的后果。EE-1 钻井主管们（以及一些项目员工）都认为，流动的节理可能无意地被固井封闭了，这是因为对 GT-2 钻井过程中发生的事情缺乏根本了解。

在等待水泥凝固 24h 后，用钻头清洗了套管，钻出浮箍和浮鞋，并清洗了井底。但是，钻头在浮箍和浮鞋之间都没有遇到水泥，这让人怀疑套管下部周围的固井可能存在问题。然而，在钻穿浮鞋后，使用钻机泵进行了约 1000psi 的压力测试，没有发现任何问题。

在钻机于 10 月 27 日撤下之前，D-A 公司做了水泥胶结测井。结果显示，由于水泥意外地向上驱替（伴随着 $7\frac{5}{8}$in 套管下部外环空的“水切”和窜槽效应），从 9599ft 水泥鞋处至 9020ft 井段的胶结率仅为 30%～50%。在 9020ft 至 7900ft 井段（$8\frac{5}{8}$in 套管受水切和驱替的影响较小），胶结良好（95%～98%）。EE-1 的完井包括套管固井作业细节如图 3-26 所示。

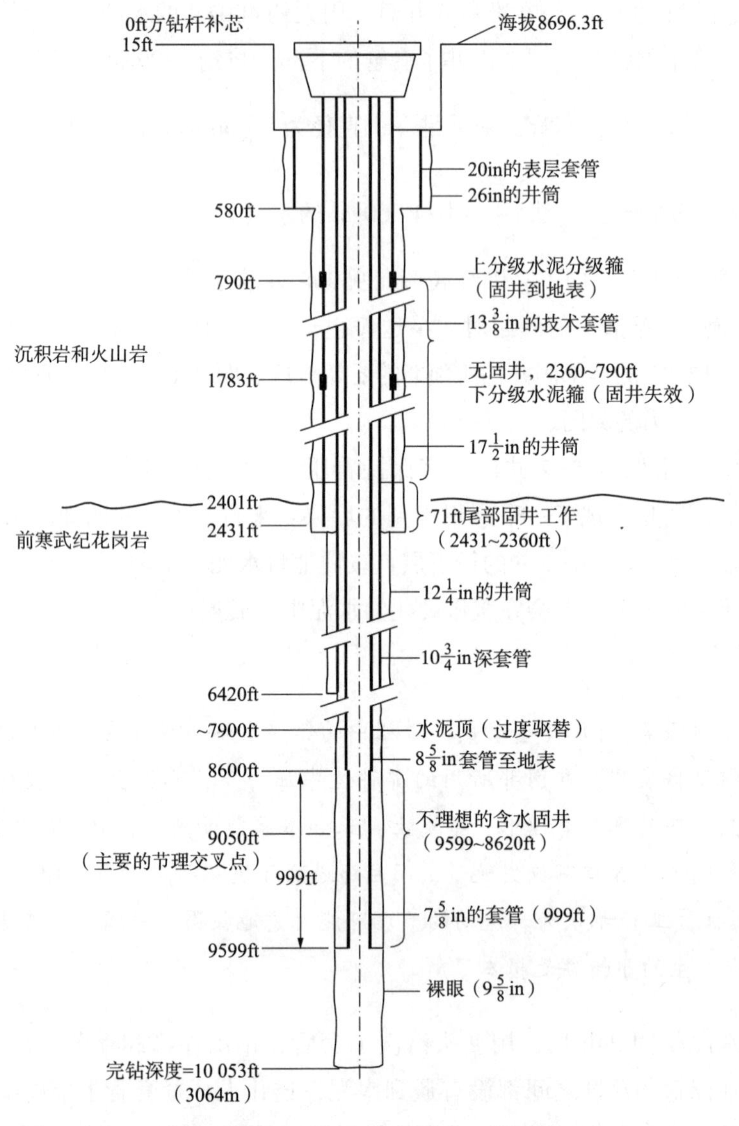

图 3-26　1975 年 10 月 EE-1 的完井。

快进：钻孔的真正位置

最后 500ft 的钻井使 EE-1 井远离而不是接近 GT-2 底部走向为 N27°W 的节理，所以没有能实现预期的储层连接。到 10 月下旬进行磁力多点测斜时，钻井已经转错了方向，其完钻深度为 10 053ft（项目员工还是不知道两个井筒真正的相对位置，仍然认为能显著提高它们之间的流动连通）。

还要等近一年半的时间，才有更多的调查数据来揭示这一问题。1975 年，实验室与 E-K 公司和 S-S 公司签订了开发高温陀螺测量仪的合同❶，1977 年年初在这两个井筒中进行测试时，这些仪器在 GT-2（水平位移较小的井）中表现良好，但在 EE-1（水平位移较大的井）中则表现不佳。事实上，人们发现 EE-1 的 5 次陀螺仪测斜都没有 1975 年 10 月 E-K 磁力多点测斜的结果准确。对于 GT-2 来说，E-K 测量不仅优于 S-S 测量，而且优于钻井时进行的磁力单点测斜（后者可能受到较深花岗岩中磁性矿物含量的不利影响）。

图 3-27 结合了两井的最佳轨迹（EE-1 的 1975 年磁力多点测斜和 GT-2 的 1977 年陀螺仪测斜结果），显示图 3-23 所示的轨迹有一定的误差，约为 0.5%。

GT-2 的底部实际上比磁力单点测斜的结果还要向南多出约 35ft，向西多约 30ft（图 3-21~图 3-23）；在 9575ft 深度，EE-1 实际上比图 3-23 所示的位置要向南多 37ft，向西多 15ft。

但更严重的是，地震数据分析显示，9575ft 处的 EE-1 几乎是在 GT-2 的正西方向，这有 180°的误差！对于地震信号的接收方向，用于分析的矢端

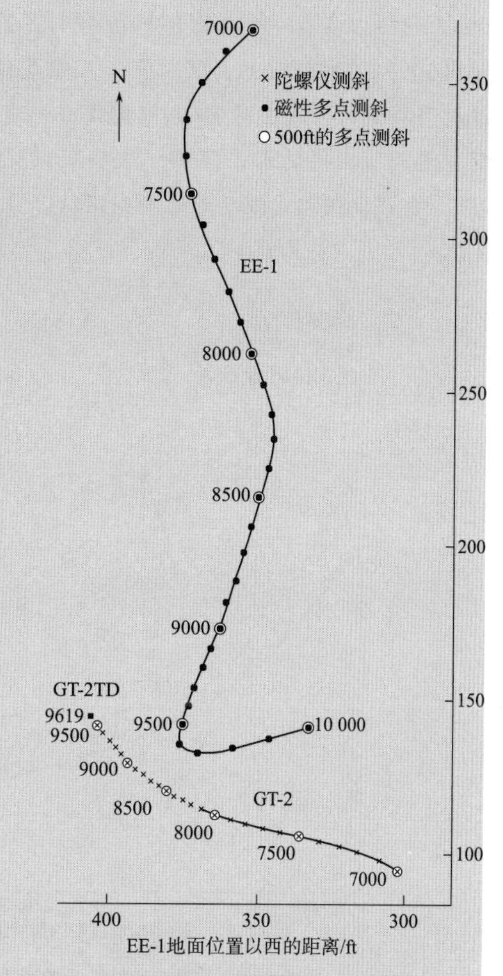

图 3-27　GT-2和EE-1完井在7000ft以下的轨迹平面图，根据EE-1的E-K高温磁力多点测斜（1975年10月）和GT-2 的 E-K 高温陀螺仪测斜结果（1977 年 1 月）。

注：改编自 Pettitt，1978b

❶ 当芬顿山试验于 1974 年开始时，大多数技术、设备和仪器都不存在，但这些是用来表征位于基岩中 1 万 ft 深、温度高于 200℃的干热岩储层的必需品。尤其缺乏可靠的方法来测量要远高于当时石油钻井所遇到的温度。例如，在努力确定 GT-2 和 EE-1 的相对位置时使用的磁力测量技术产生了相互矛盾的结果，这是因为磁异常（由于基岩中磁铁矿的含量变化）和温度升高。由于需要更好的测量数据，所以实验室与休斯敦的 E-K 和 S-S 公司谈判合同，开发高温（至少 200℃）陀螺仪井眼测量仪。二者都使用了相同的基本设计：一个真空隔热罩和一个 Cerrobend（低温熔化合金）散热器，以保护陀螺仪和电池。E-K 组件有地表读数，而 S-S 工具则是完全独立的内部记录。

图有一个固有的180°的不确定性：如果地震检波器和（或）雷管的耦合性较差，就像这种情况一样，那么P波到达时初始上升的迹象是不确定的。1975年10月EE-1的磁力多点测斜，结合1977年GT-2的陀螺仪测斜结果（图3-27），应显示出EE-1在该深度的真实位置，几乎是位于GT-2的正东方向。图3-27中两井近乎相交的区域在图3-28中被放大，同时显示出EE-1中9100ft和9575ft处两井之间所测得的水平距离。这些距离，在9100ft处为52ft，在9575ft处则为28ft，也证实在相同深度的地震测距结果（即52ft和26ft）。

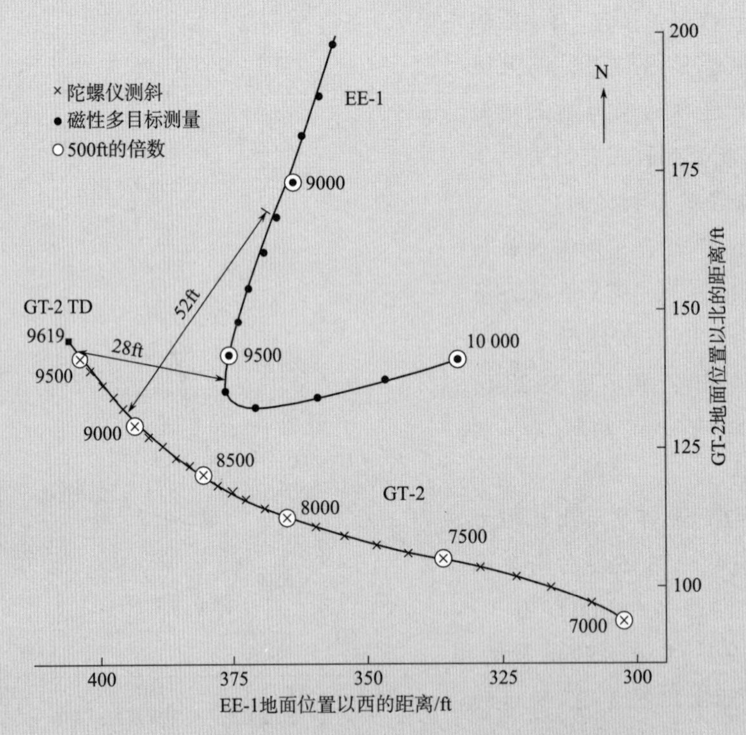

图3-28　图3-27所示的两井最接近轨迹的区域放大图。

如上所述，如果EE-1的磁力多点测斜是在井钻到9575ft的时候就进行的话，那么其结果将会使项目“彻底停止”，直到一个协调一致的诊断能够解决井之间的真正相对位置的问题！然而，当1975年10月重新开始定向钻井时，EE-1的轨迹转向了一个非常小的向东弧线（最终转向深度为9690ft的N77°E），使井偏离了GT-2和目标节理的方向。这一错误的决定根据的是地震分析得到的EE-1相对GT-2的位置，甚至是面对相互矛盾的数据做出的。继续在这条路径上钻井，直到完钻深度10 053ft，但EE-1离预定目标就越来越远了！

本章的其余部分将描述如何最终澄清了钻井的真实位置，以及如何因此修改了干热岩项目的方向。

EE-1 和 GT-2 深部节理的研究和改善水力连通的尝试（1975 年 11 月至 1976 年 11 月）

干热岩项目员工认识到，EE-1 较深的部分未能与 GT-2 底部的大型节理相交，因此没有实现预期的 GT-2 和 EE-1 之间的低阻抗水力连通。对此失败的现成答案是因为没有澄清芬顿山井下的几何形状，包括井筒本身和周围的节理岩石。这确实是一个原因，特别是考虑到仍然还不知道两井的相对位置；当然，最主要的原因是应用矢端图法对地震数据做出了错误的解释，当 EE-1 加深到 9575ft 以下时，两井之间的距离越来越远，而不是更近。正如前面所强调的，这种混淆本应该可以在继续钻井之前解决，当时也有这样做的技术，但并没有去这样做。

随后，团队认为，在这个阶段，项目的主要需求是要更好地了解井下环境，因此决定来年的工作重点将要放在旨在实现这一目标的研究上。

- 通过各种调查技术，来表征 GT-2 底部附近的主要压裂节理和 EE-1 中 9000ft 以下的一个或多个压裂节理的几何特征（尺寸、走向和倾向倾角）；
- 改善两井之间的水力连通。

这些研究是在 1975 年 11 月至 1976 年 11 月之间进行的，涉及许多试验和测试。其中，不少试验使用了一种更大的新科比泵，其泵率为 34gal/min（这台泵是干热岩项目在 1975 年年底采购的，此后称为大科比泵，原来的 9gal/min 泵称为小科比泵）。为了便于后来的参考，对这一系列的试验都做了编号，从第 101 次试验开始。然而，并不是所有最初提出的试验都实际实施了：由于仪器或设备故障、恶劣的天气或其他问题，一些试验最终也没有结果；在少数情况下，试验的时间顺序与所示编号不同。表 3-12 列出的是最重要的那些试验，这些在接下来的讨论中将会适当提及。

表 3-12　调查深层系统的节理和改善水力连接的主要试验和测试（1975 年 11 月至 1976 年 11 月）

试验编号	日期	描述	备注
101	1975 年 11 月 6 日	GT-2 中的背景温度测井。	在大约 9200ft（在套管上已经铣了一个孔）和 9450ft（套管穿了孔）处出现温度异常；井底温度恒定在 197℃。
102	1975 年 11 月 12 日	以 9gal/min 速度和 1000psi 压力向 GT-2 泵送。	实测 EE-1 的流出量为 2.2 gal/min。
104	1975 年 12 月 2 日	EE-1 中的背景温度测量。	没有发现异常情况，井底温度=205.5℃。

续表

试验编号	日期	描述	备注
105	1975年12月3—4日	泵入EE-1时（速度34gal/min，注入压力 = 1150psi），GT-2的温度日志。	EE-1注入量 = 13 600gal；GT-2流出量 = 10 680 gal，75%来自9200ft，25%来自9450ft处。
106	1975年12月23—24日	以34gal/min的速度向EE-1泵送，然后记录温度日志（注入压力 = 1360 psi）。	EE-1的注入量 = 11 600gal；GT-2的流出量 = 7000gal，流速为9gal/min。无温度变化。阻抗 = 155［psi/(gal/min)］［17 MPa/(L/s)］。
109	1976年2月11日	EE-1中的诱导电位和自电位测井。	测井显示从9770ft到9780ft（9599ft处的套管下面）为导电区。
111	1976年3月16—19日	在GT-2关闭时，以多个压力向EE-1泵送，最高达到1320 psi。	EE-1注入量 = 27 000gal；GT-2压力 = 950psi。两口井都关井53h后，EE-1 = 705psi，GT-2 = 730psi。
114	1976年2月4—7日	在节理系统扩张的情况下，测量液压连通的流速潜力。	两井都分级加压至约1300psi，然后GT-2以14～20gal/min的速度缓慢排空(25psi/h)。在GT-2中测得的σ_3 = 1240 psi。最终流阻 = 50 psi/(gal/min)［5.5MPa/(L/s)］。
115	1976年3月23—24日	通过示踪技术对节理系统进行驻留时间分析。EE-1的注入压力保持在1300 psi。	EE-1注入量 = 60 080gal与100gal荧光素钠染料。在相互连接的节理系统中看到了大量的示踪剂分散。
116	1976年3月20—21日	向GT-2和EE-1注入碘示踪剂。两个井筒的伽马射线测井和GT-2的水泥胶结测井（均由Dresser-Atlas公司负责）。	EE-1节理相交从9610ft到9690ft，方向为N54°W。GT-2在9200ft处通过套管注水，Otis封隔器先前被磨掉，套管被破坏。
117	1976年3月3—5日	对EE-1节理进行测绘。首先以4gal/min速度和1600 psi压力向EE-1注入，然后在5gal/min和1700psi的条件下，在GT-2中使用地震检波器组件。	实现了检波器组件的定向。从不同方位角和深度收到了许多离散的地震信号。

续表

试验编号	日期	描述	备注
119	1976 年 4 月 27—29 日	减压的节理系统的驻留时间分析（在 700psi 的控制压力下向 EE-1 泵入荧光素钠染料，GT-2 排放）。	EE-1 注入量 = 31 540gal，含 1.8gal 的浓缩染料。在 GT-2 中首次出现染料。最大计算短路时间后，2500gal。回收了 91% 的注入量。最终阻抗 = 75psi/（gal/min）［8.2 MPa/（L/s）］。
120	1976 年 5 月 11—14 日	恒压注入 EE-1（34gal/min，1350psi），持续 90h。GT-2 的流速保持在 10gal/min。	稳态循环建立。低压流动阻抗 = 26psi/（gal/min）［2.8 MPa/（L/s）］；EE-1 注入 = 182 730gal；GT-2 产量 = 145 750gal。（80%）。
122	1976 年 5 月 6 日	在 9650ft 处对 EE-1 节理进行地震测绘。	地震仪故障、雷击、停电等许多问题。没有地震数据。
122A	1976 年 5 月 10 日	继续第 122 次试验。以 5gal/min 流速和 1200psi（注入压力与第 114 次试验测得的 σ_3 非常接近）向 EE-1 注入 41 400gal。随着 GT-2 的排放，流速达到约 50gal/min。	当 GT-2 关闭时，压力在 1h 内趋平至 1102psi；当排放时，在注入结束时，流动阻抗降至 24psi/（gal/min）［2.6 MPa/（L/s）］。这是在套管后面较高处的节理（后来定位于 9050ft 处）打开的早期迹象，它将发展成为 EE-1 的主要流动连接。
127	1976 年 6 月 16—17 日	测距试验以确认在 9100ft 处两井的间距。	测得的间距为 46ft，与之前在此深度测得的 52ft 间距基本一致。
129	1976 年 6 月 22—29 日	对 9050ft 处的 EE-1 节理进行地震测绘。	50 320gal 注入 EE-1，获得了“足够的”地震信号。
133	1976 年 7 月 19—21 日	在向 EE-1 泵送流量为 34gal/min 和 43gal/min、压力高达 1550 psi 的条件下，测量流动阻抗；测量 GT-2 高压柱和套管内的温度曲线，以检测从 GT-2 节理处流出，进入到隔离衬管外面的区域和衬管上方的环形空间的流动。	GT-2 的温度测量显示，从 EE-1 进入 GT-2 节理的流动现在从 9015ft 和 9100ft 之间的节理流出，通过隔离衬管外面窜槽的固井水泥通道，然后进入衬管上面的环空（而不是像以前那样通过衬管上的高阻抗铣孔进入钻孔）。这种出口流道的变化导致整体流动阻抗从 100 psi/（gal/min）降至 30 psi/（gal/min）［3.3 MPa/（L/s）］。
137	1976 年 11 月 1—11 日	流动测试以确定碳酸钠浸出试验的基本参数（以低速率注入 25 万 gal）。	分析流速和压力信息。测试结束时的流量阻抗稳定在 75psi/（gal/min）。

续表

试验编号	日期	描述	备注
138	1976年11月11—18日	碳酸钠用于浸出EE-1中9050ft处接触表面的石英；11月17日在1200lb的压力下关闭了钻孔。	评价了测试结果。流动阻抗增加，达到90~100psi/（gal/min）。
144A	1976年10月	使用新的热敏电阻做GT-2的温度日志。	做了井筒全深度温度测井。
144B	1976年10月21日	使用新的热敏电阻做GT-2的温度日志。	做了井筒全深度温度测井。
145	1976年10月14日	在GT-2中重复测距试验（在9020ft、9090ft和9390ft处）。	证实了第127次的试验结果。

本部分信息主要来源于文献：Blair等（1976）、干热岩地热能开发项目（1978）和Pettitt（1978b）。

温度测井探测流体进出点

GT-2的温度测井（第101次试验）表明，注入的水再反排出出井筒，不仅从GT-2的底部，在大约9200ft处（一个封隔器被铣出的地方）通过隔离衬管排出；而且还在大约9450ft处通过那些射孔流出。这些信息表明，GT-2井节理的扩展范围很大，可能是由几个雁列状紧密排列的节理组成的。

11月12日，在用小型科比泵以9gal/min和约1000psi的压力向GT-2泵送时（第102次试验），测得的EE-1流出率为2.2gal/min，这表明顶多只有最低限度的流动连接。三周后，第104次试验（EE-1的背景温度测井）显示没有残余液体流入点。

在第105次试验期间（12月3—4日），EE-1在34gal/min的流速下加压共400min，同时在GT-2中做了温度测井。通过比较9200ft和9450ft处温度异常的大小，可以得出这样的结论：9200ft处的流出率大约是9450ft处的三倍。然而，从9581ft处的隔离衬管底部到孔底的距离非常短，仅38ft（以及与衬管相比较大的裸眼直径），因此无法检测到一个与1975年年初在套管下打开了的节理相关的温度异常。

节理图示试验

1976年上半年做了一系列漫长的试验。对两井之间微弱的流动连通做了测试和再测试。EE-1与GT-2底部向下延伸的节理之间所推测的直接连通并没有导致非常低的流动阻抗，员工们都感到相当不可思议。在对连接的节理网络实施了反复的加压后，取得的最佳阻抗为26psi/（gal/min）。第115和116次试验（示踪试验）结果显示出了高度的分散性，证实了相互连通的节理网络的复杂性。

1976年3月初进行的第117次试验，是为了测试去年10月在9650ft深处打开的EE-1的节理。该节理在1975年12月进行了两次再加压❶。这个试验基本上是1975年10月10日地震试验的重复，只是交换了两井的角色，注入EE-1，在GT-2中记录地震。

3月3日，将地震检波器组件安置在了GT-2中（于井底9619ft处，因为连接在探头上的磁定向仪需要置于井筒未装套管的井段）。在1600psi的压力下，以4gal/min（11L/s）的速度注入9040gal的水，对EE-1节理再加压2h；在此期间，地震检波器记录了15次微地震事件。

经过一夜的关井后，检波器组件再次放置在GT-2的9619ft处。这次，重新加压EE-1节理，并以5gal/min（13L/s）的流速和1700psi的压力注入22 000gal的水，而且时间增加到2.5h。在第二天，记录了65个微震事件。在节理再膨胀阶段，频率不到每分钟一次，但在节理扩展阶段，则是前者的两倍。

信噪比较低，使得P波到达时间不确定，第二天没有任何事件能用来图示EE-1节理的方向。在第一天随机分布的15个事件中，只有6个提供了可用于绘图的信息。假设EE-1节理是垂直的，其节理面❷由这6个事件位置所预测，如图3-29所示，其走向为N54°W。该平面将节理定位于GT-2地震检波器位置的西南方向约75ft处。即使EE-1相对于GT-2底部的位置如图3-23所示，正如当时所相信的那样，EE-1的这种位置至少可以说是不可能的：那样节理的轨迹就会超出图中的下边界很多。至于两井的真正相对位置，只有在第二年春天才会发现这样的位置几乎不可能。

放射性碘测量（第116次试验段的一部分）和温度测井紧随第117次试验，目的是测量EE-1节理与井筒相交处的方位。两种方法都给出了节理交汇高度长为80ft，其中点在9650ft处。根据已知的EE-1井在9650ft处的倾斜和方向，并假设节理垂直，计算出的走向是N54°W，与第117次试验确定的相同（图3-29）。显然，鉴于图3-27所示的井位，N54°W走向的节理在9650ft处与EE-1井相交，不可能同时占据图3-29所示的空间位置（GT-2西南75ft处）。第117次试验再次证明，在确定相对单个微地震事件的方向时，矢端图方法有固有的180°不确定性。实际上，EE-1节理是位于GT-2底部东北方向75ft处（但图3-29的N54°W所示的方位仍然正确）。

---

❶ 这个节理最初是在1975年10月打开的(泵注速率为2.1gal/min,即5.6L/s,压力最高达2400psi),第二天就确定了流体入口。后来以34gal/min的速度又对该节理做了两次再加压,第一次是在1975年12月3—4日(第105次试验,在1150psi的压力下注入13 600gal的水),第二次是在12月23—24日(第106次试验,在1360psi的压力下注入11 600gal)。

❷ 从1975年以GT-2开始,美国地质调查局用其高温井下声波电视对这两井的裸眼段进行了定期调查,这种声波扫描工具,可以探测和绘制与井壁相交的自然节理和诱发裂缝。这些调查以及对井筒温度异常的垂直范围的分析表明,与EE-1和GT-2相连的那些主要节理基本上都是垂直的。

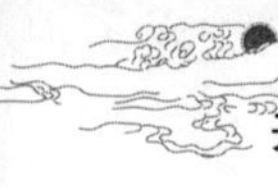

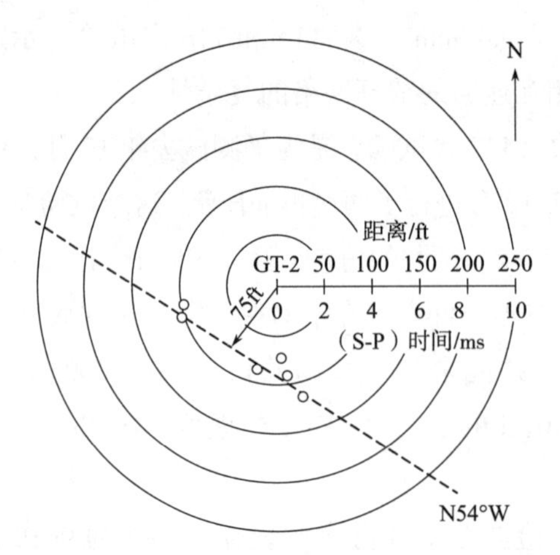

图 3-29　1976 年 3 月初第 117 次试验期间所确定的 9650ft 处的 EE-1 节理平面。

改编自：Blair et al.，1976

4 月 27—29 日，为了进一步研究连接两个井筒的节理系统，排空了 GT-2，并向 EE-1（第 119 次试验）注入染料示踪剂。在 700psi 的控制注入压力下，将大约 3154gal 含有荧光素钠的水泵入井中。随后注入流体的回收率达到 91%，这表明节理系统非常紧密，即流体在受压节理表面的扩散非常小。

几周后，进行了第三次试验，以标定 EE-1 节理在 9650ft 处的方位，分为两个部分（122 和 122A）；但由于垂直检波器的故障，试验失败，严重影响了矢端图的分析。以 5BPM 的流速向 EE-1 注入约 41 400gal 水，注入压力约为 1200psi，略低于之前的高注入速率试验（例如，第 117 次试验的压力为 1600psi）。这是许多迹象中的第一个，表明流体不再只进入 9650ft 处的节理。另一个迹象是流动阻抗（一直在下降）趋平在 24psi/（gal/min），这是迄今测到的最低值。事实上，考虑到较高的注入速率，这一较低的阻抗表明，现在相当一部分的流动是在套管外面向上流动，并从一个新的节理开口（后来定位于约 9050ft 处）流出。

注：在 1976 年的这个关键时刻，迄今为止进行的各种测试和试验的结果对两井之间微弱的流动连通得出了以下结论：

- 从 GT-2 和 EE-1 的底部已经开发出了几乎平行的节理系统；
- 两井之间的流动阻抗太高，无法进行有意义的采热试验；
- 在 GT-2 和 EE-1 节理之间的岩石对降低流动阻抗构成相当大的障碍。

虽然还计划做一些另外的试验，以试图减少流动阻抗，但人们越来越认为重钻几个井筒中的某个，才是芬顿山实现可行的干热岩采热系统最实际的选择。1976 年 6 月开始重新钻井项目的初步研究，1976 年 7 月编写了计划的规范。1977 年 1 月，在继续流动测试和其他试验的同时，为了深入研究重新钻井的预期问题，正式组织了一个工作小组，并建议从一个井筒定向钻出，来与另一个井筒底部附近打开的节理系统相交。

最后一次 EE-1 绘图试验（第 129 次）是在 1976 年 6 月底进行的，产生了一个令人惊讶的结果。试验中，以约 1.7BPM（4.5L/s）的速度向 EE-1 注入 50 320gal 的水，分 4 个阶段完成（每个阶段持续一天），而地震检波器组件放置在 GT-2 隔离衬管内的 4 个不同站点。遗憾的是，由于地震记录系统的低信噪比和高温检波器之间的频率响应不同，唯一可用的地震数据来自第 4 天，这些事件的绘图如图 3-30 所示（由垂直的和两个水平的检波器记录的典型微地震事件的轨迹显示在图的下方）。图中的地震活动发生点大致呈线性，走向为西北方向。图中所示的地震轨迹突出了在背景噪声中选取 P 波的难度，而选取后续的 S 波则相对容易。

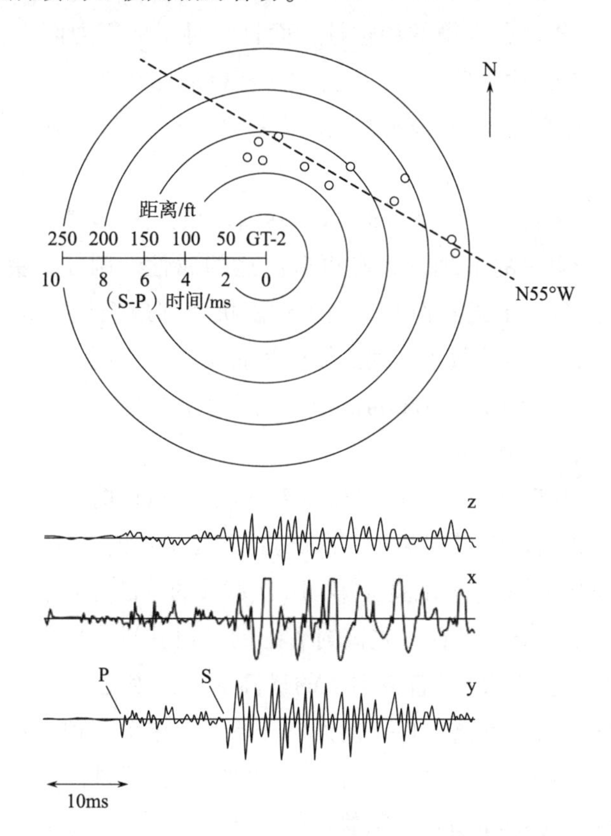

图 3-30　1976 年 6 月下旬第 129 次试验期间确定的较高的 EE-1 节理的平面（后来定位于 9050ft 处）。图中还显示出试验期间记录的典型微震事件。

资料来源：HDR，1978

令人惊讶的是，当将第 129 次与 117 次试验结果做比较时（图 3-29）。第 117 次试验定位的节理位于 GT-2 的西南方向，而第 129 次试验测绘的节理则明显是在东北方向（问题是，后来也会看出，图 3-23 所示的 GT-2 井位是错的；第 117 次试验定位的节理实际上几乎是在 GT-2 的顶部，而不是西南方向）。

不同注入压力的第 117 次（1600psi）和 122 次（1200psi）试验表明，在 EE-1 对两个独立但本质上平行的节理进行了压裂：在第 117 次试验中，重新加压在 9650ft 处与钻孔相交的节理，其走向为 N54°W（最初于 1975 年 10 月打开的）；然后，在 122A 次试验中，在 EE-1 套管外面的更高位置打开了一个走向为 N55°W 的新节理。它是在第 129 次试验时，仅根据 11 个事件勉强定位出的。后来的温度测井、放射性示踪剂测试和其他诊断技术（1977 年 2 月第 156 次试验）将该节理定位在 9050ft 处。其打开显然是在 EE-1 中反复加压和温度循环试验的结果，包括第 114 次、117 次、119 次、120 次和 122A 次试验，这使得水最终穿过套管外面的固井水泥（在最初的固井作业中，GT-2 一直处于加压状态，水窜槽效应很大），打开了井壁上的一个薄弱点。

这个位置较高的节理有轻微的渗透性，而且相对于地应力而言，它一定是处于非常有利的方位。第 122A 次试验从 GT-2 井关井获得的此节理的压力数据显示，甚至在这个深度范围，测得的平衡再膨胀或扩展压力最低，只有 1100psi，但这使其最接近于与最小主地应力正交。

在 EE-1 中如此形成的新节理连通对该系列后续的所有流动试验将会产生严重的影响。在 9650ft 处那个更深的节理，具有更有前途的属性。例如，更深的传热入口点，与 GT-2 节理的物理位置更近；但是，当流动阻抗达到最低值 24psi/(gal/min)时，尽管在第 122A 次试验时仍然接收了一些流体，然而现在这个更深的与 GT-2 的流动连通基本上已经断了（它需要 1500~1600psi 的注入压力才能有大流入，而位于较高处新打开节理的注入压力只有 1200psi）。

7 月中旬，以相当低的流速（34gal/min 和 43gal/min）向 EE-1 注水，进一步研究 EE-1 和 GT-2 之间的流动阻碍（第 133 次试验）。几个月前，即 1976 年 3 月，在 GT-2 的隔离衬管中的放射性示踪剂试验（第 116 次试验的一部分）表明，从 GT-2 进入其主要节理的流量中约有 85% 是通过隔离衬管上的铣出孔进入的，其深度为 9200ft。当时，这个流动连通点是该节理垂直方向上的最高标示，因此具有最低的进入或流出压力。现在，在第 133 次试验中，EE-1 的流体开始流入这个节理，然后流入 GT-2 的开放环空区域，在隔离衬管上方和高压套管外，出现了流动阻抗的明显下降［从 100psi/(gal/min) 降至 30psi/(gal/min)］。衬管内的温度测井显示，流出区域从 9100ft 延伸到了 9015ft 处，位于衬管的上半部分外面（显然是通过了劣质固井井段）。换句话说，从 GT-2 节理的流出现在是通过一个开放区，在该区的流动要比从隔离衬管上铣出的射孔流动更加容易。

事实上，最初是从隔离衬管下面（大约 9600ft 处）进入 GT-2 的目标节理，然后是沿着尾管的几个中间点（通过那些射孔），最后是从套管上部（其顶部在 8973ft 处）的外面进入的，这表明这个节理具有不寻常的连续性。事实上，如果检查一下 GT-2 井 9000ft 以下含隔离衬管部分的轨迹（见图 3-27），就很容易看出该部分和走向为 N27°W 的垂直节理基本上位于同一平面。

注：在该试验序列的这个阶段，EE-1 和 GT-2 之间的整体流动阻抗已经降低到了 24~30psi/(gal/min)（第 122A 次和 133 次试验）。因此，如果 GT-2 完钻是刚刚超过隔离衬管的顶部，直接进入第 133 次试验观察到的从 GT-2 井筒到 GT-2 节理之间极好的流动连通，就应该是已经开发出了令人满意的干热岩流通回路，而不需要再重新钻井（还可节省大量的费用和时间）。以 EE-1 为注入井，GT-2 为生产井的情况下，对 GT-2 节理做进一步的压裂，应该可能会形成一个在反向压力条件下运行，整体阻抗仅为几个 psi/(gal/min) 的流动回路。(见第 2 章中关于储层流动阻抗及其与储层生产力关系的讨论)。

降低流动阻抗的石英浸出试验

第 137 次和 138 次试验，也称为石英浸出试验，是为减少两井之间的流动阻抗所做的最后努力。从连接 EE-1 较高处节理的节理网络表面去除二氧化硅（石英），现在认为这是主要的流动连通，尽管还没有精确定位其深度，但它与 GT-2 底部附近的那个大节理相通。

第 137 次试验旨在确定基本参数，特别是稳态流速和总流动阻抗，作为评估第 138 试验从节理表面碳酸钠溶解二氧化硅效应的基础。在大约 7 天的时间里，在 1200psi 的控制压力下，向 EE-1 注入约 25 万 gal 的水，泵送结束后的流速从最初 43BPM 降到 20BPM。在注入接近尾声时，GT-2 的产量稳定在 15BPM，稳态流动阻抗为 75psi/(gal/min)。

1976 年 11 月 11 日下午，紧跟着第 137 次试验，在没有任何中断或改变泵送速度或注入压力的情况下，开始了第 138 次试验。这个二氧化硅浸出试验包括在 1200psi 的控制注入压力下注入大量（近 48 000gal）的标准碳酸钠溶液。到第二天，注入速度从第 137 次试验的 20gal/min 增加到 88gal/min；然后逐渐下降到 9gal/min，最后又略有上升。随着第一次注入 25 000gal 碳酸盐溶液，GT-2 的流出速度从第 137 次试验测得的 15gal/min 下降到 12gal/min。在剩下的试验中，也会保持在这个较低值。

11 月 12 日中午左右，在 GT-2 出水中观察到碳酸氢盐浓度显著增加了，但氟化物浓度（20ppm）仍然相对较低，二氧化硅浓度为 200ppm 不变。在注入 47 870gal 的碳酸钠溶液后，注入液重新换成了水。午后出水二氧化硅浓度开始升高，当晚 22：00 时达到 1400ppm；在同一时期，氟化物的浓度上升到了 140ppm。两者最终分别达到峰值 2500ppm 和 190ppm。11 月 17 日，在第 137 次和 138 次试验期间累计注入 42.6 万 gal 的液体后，EE-1 最终关闭。这两项试验的结果充其量是令人困惑。尽管 GT-2 废水的地球化学分析表明，第 138 次试验中有 1~2t 的二氧化硅从裂缝系统中浸出，但总流动阻抗非但没有减少，反而从第 133 次试验的 30psi/(gal/min) 的水平增加到第 137 次试验的 75psi/(gal/min)，然后又增加到第 137 次试验的 90~100psi/(gal/min)。若对当时井下流动情况做个审查可能会说明一些问题。

7 个月前，在第 122A 次试验期间，测得连接 EE-1 和 GT-2 的节理系统的长期流动阻抗为24psi/（gal/min）。正是在这个阶段，很显然大部分注入EE-1的水开始通过更高（9050ft）处走向为N55°W的节理流出了井眼。通过这个节理的水流基本上是横向的，直到它到达与走向为N27°W的GT-2节理非常尖锐的交汇处，该节理可能位于EE-1注入点西北约100ft处❶。

在1200psi的注入压力下，EE-1节理理应被“顶开”。因此可以假设，在碳酸盐处理后，其本体阻抗至少与之前一样低。那么，对高得多的总阻抗最可能的解释是，在处理之后，与GT-2节理交汇处的阻抗明显提高了。在二氧化硅浸出过程中，从EE-1套管固井以及9050ft处节理表面释放出的矿物残留物，可能最终部分地堵塞了这两个节理（也可能是GT-2节理的一部分）之间的连通。

觉醒：1977年年初

由于认识到二氧化硅浸出试验不但没有改善，反而恶化了系统的流动阻抗，加之1976年至1977年冬季一些进一步试验的结果，最终几乎所有人都清楚地看到了现实情况：EE-1的钻井轨迹偏离了GT-2底部的目标节理，距离交汇点还差了几十英尺，因此未能实现两井之间的直接连通。此外，两井之间100psi/（gal/min）的流动阻抗，并不能合理地降低到接近或低于预期值10psi/（gal/min）（至少在项目管理层看来是这样）。

因此，再也没有其他选择：如果要实现足够的流动连通，两个深井的某一个需要重钻。由于EE-1的套管已经装到了约9600ft处，最明显的选择则是重钻GT-2，来与EE-1的套管外面打开的节理相交。

当然，重新钻井意味着当时还不确定GT-2和EE-1的相对位置（EE-1是在GT-2的东边还是西边?），这需要明确地确定。此外，EE-1在9050ft处的实际高度和方位也需要得到验证。为了解决这些问题，在1976年12月至1977年3月期间进行了一系列试验（表3-13）。

表3-13　确定GT-2和EE-1的相对位置，表征主要的EE-1节理的试验（1976年12月至1977年3月）

试验编号	日期	描述	备注
149	1976年12月2日	在EE-1的9655ft和9735ft深度之间进行磁力测距试验，以确定GT-2和EE-1的相对位置。	在GT-2底部（9619ft处）使用S-S勘测罗盘，在EE-1中下入条形磁铁；罗盘的反应显示EE-1的底部在GT-2的东面（而不是西面，正如之前用地震矢端图的发现）。

❶　对于一个或多个倾斜节理的流动连通，可以提出一个论点，在打开9050ft处的节理后，在EE-1的压力测试中，井眼没未承受过打开这种连接节理所需的高压（3500psi及以上）。在第一期储层测试时，EE-1的套管底部重新固井并激活了更深的节理（9650ft处）后，将会打开一组倾斜的节理。

续表

试验编号	日期	描述	备注
150	1977 年 1 月 12—13 日	确认钻孔位置的地震试验（大型检波器组件，为更好的声学耦合而修改，放入 EE-1；在 GT-2 中起爆雷管）。	大大改善了的地震首达波数据证实了 EE-1 的位置是在 GT-2 感兴趣的较深区域的东面，而不是西面。
156	1977 年 2 月 7—11 日	EE-1 水泥胶结测井和放射性碘示踪剂研究流体的注入路径，由 Dresser-Atlas 公司进行。	从 9599ft 到 8980ft 深度段，套管外面几乎没有固井，允许水从环空流到较高的节理；示踪结果显示，这个节理是 EE-1 的主要流动连通，并将其定位在 9050ft 处。
157	1977 年 1 月 28—31 日	用新开发的高温 E-W 陀螺仪对 EE-1 和 GT-2 进行勘测。	对 GT-2 的 E-W 测量结果为定位其井位提供了最好的数据（E-W 和 S-S 的仪器都是用实验室测井电缆运行）。
	1977 年 2 月 14—16 日	用 S-S 的热硬化陀螺仪对 EE-1 和 GT-2 进行调查。	
159A	1977 年 3 月 8 日	剪切阴影试验，以确定 9050ft 处 EE-1 主要节理的上部范围。在 9045ft 处的 GT-2 中放置地震检波器；在 9038ft 处的 EE-1 中击发三个雷管。测试了节理，首先是降压得到背景响应，然后加压，以 1150psi 的压力注入 EE-1。	引爆器位置对于在约 9050ft 处与井筒相交的节理来说非常不合适。错误的试验设计（相信待测节理是位于 9650ft 处较深的节理）导致雷管位置离节理的交汇点太近。结果是在节理加压的情况下，有适度的剪切波衰减。
159B	1977 年 3 月 9 日	在较浅的深度重复第 159A 次试验（EE-1 中 8487ft，GT-2 中 8544ft 处）。认为这是远高于节理上部的范围（这个深度范围后来被选为重新钻井的目标区域）。	在这个深度，在节理加压的情况下有明显的剪切波衰减。结果出乎意料（该试验和 159A 一样，错误地设计成测试 9650ft 处的节理）。
159C	1977 年 3 月 21 日	在 EE-1 的 8762ft、GT-2 的 8794ft 处重复了第 159A 次试验。	在这个深度有最大剪切波衰减，表明 EE-1 节理的起源在 9050ft，而不是 9650ft 处。
159D	1977 年 3 月 22 日	在 EE-1 的 8000ft、GT-2 的 8123ft 处重复了第 159A 次试验。	剪切波的衰减不明显——意味着 EE-1 节理的上部范围正好在 8080ft 之下。

续表

试验编号	日期	描述	备注
160	1977年3月16日	在9050ft处对EE-1节理做诱导电位（IP）测井，以确定扩张区的上部范围。	电流电极置于EE-1的9700ft处，对EE-1的节理先降压，然后加压，同时用电压探针进行测量。降压时，GT-2电位在8500~9000ft处出现了明显的下降。试验的结果与第159D次的一致，显示节理向上延伸到约8300ft处。

额外的测向试验

在第149次试验（磁力测向试验）中，将一块25ft长的永久磁铁下入EE-1中套管的下面，然后将一个有隔热的S-S测量罗盘置于GT-2中的9619ft处（裸眼段的底部）。随着磁铁置于几个不同的深度，计算和观察到的罗盘偏转都显示EE-1在GT-2的东面（如果EE-1在GT-2的西面，所有观察到的偏转都将会逆转）。这些明确的磁场测向结果与1975年夏秋声波测距矢端图的那些推断完全矛盾，其推断显示EE-1在GT-2以西。现在不可否认的是，正是这种差异最终“点亮了”矢端图180°不确定性的“灯”：项目地震学家们终于意识到，他们之前对P波初至的解释是错误的。与此同时，他们还意识到，在没有其他选择的情况下，矢端图还得继续用于储层开发，因此，解决方向不确定性势在必行。

为了准备进一步的试验和测井，将新墨西哥州Hobbs的DA & S油井服务公司召到芬顿山，从GT-2井内移除压力管柱和抛光孔座芯轴。于12月20日完成了这些作业，并于1977年1月中旬进行了第150次试验。此地震测距试验之目的是要测试一些改进设备的效果：一个雷管支架，能将雷管置于井的中心，以确保对称的爆炸，以及一个直径为6in的新地震检波器仪器组件，能更牢固地靠在井壁上。

在EE-1的9560ft处安装了检波器组件，在GT-2的垂直等效深度（隔离衬管内）起爆了12枚雷管。在两次击发之间，将检波器组件抬起并重新放置，以便测试各种的检波器组件方向。单点测斜数据标准差为8.6°。第150次试验成功地验证了第149次试验（数据标准误差为2.6°）的结果：EE-1相对于GT-2的平均方位为101°，即东边！令人高兴的是，新设备运行良好，通过矢端图分析得到的方向信息最终是正确的了！

陀螺仪测井

在认识到了前一年地球物理数据解释的错误后，项目组现在集中精力，要实施一组新的调查，以获得GT-2和EE-1轨迹的“最可能的”情况，特别是两井的相对深度位置，这对规划重新钻井计划至关重要（如前所述，即使在这些测量之后，也会是一年多前磁力多点测斜结果所显示的 EE-1 轨迹，成为最终的“确定”轨迹）。

1977 年年初，第 157 次试验开始了，都是用 Eastman Whipstock 公司新开发的高温陀螺仪来勘测 EE-1 和 GT-2 井。密封失效造成两次失败后，在 1 月下旬，成功地完成了这两口井的测井。但令人不安的是，结果显示其间距（约 9500ft 处）为 46ft，与众多声波测距结果（约 26ft）不太一致。2 月中旬，用 Sperry-Sun 公司刚开发的新型高温陀螺仪在这两个井中进行了多次测量，但结果只是增加了不确定性（而且相当打击了项目员工的厚望，因为他们委托并资助了开发这种新仪器）。图 3-31 总结的是两个井中大约 8000ft 以下的各种陀螺仪测量结果。

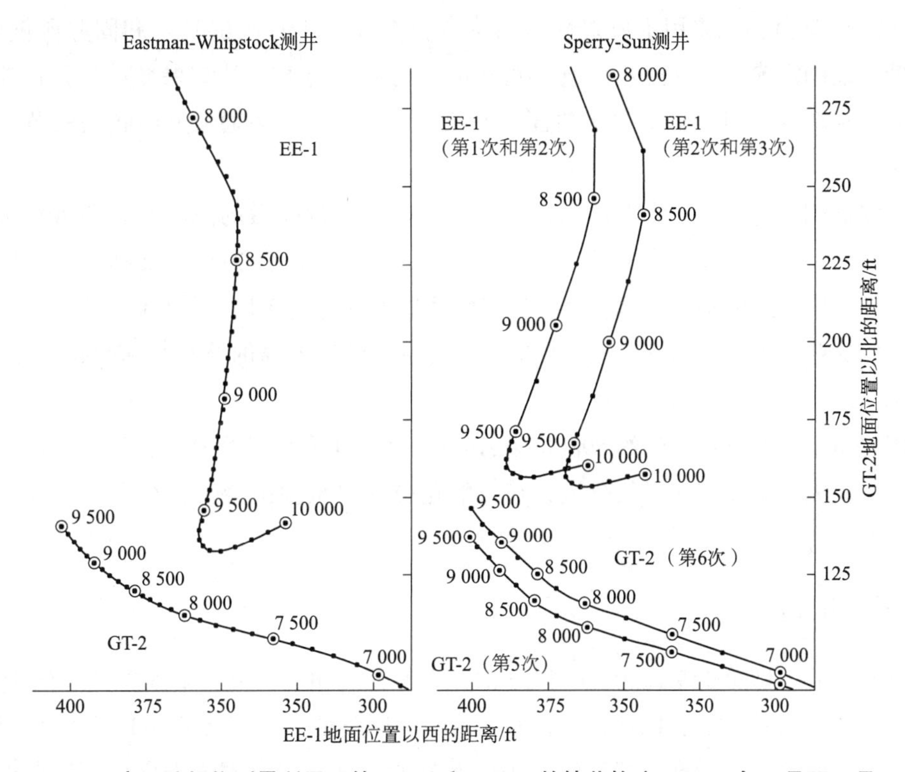

图 3-31　高温陀螺仪测量所显示的 EE-1 和 GT-2 的钻井轨迹（1977 年 1 月至 2 月）。

资料来源：HDR，1978

从图 3-31 中可以看出，EE-1 井测井结果的横向扩散非常明显，其中 Eastman Whipstock 公司仪器和 Sperry-Sun 仪器测量结果之间的横向扩散最大，并且 S-S 第 1 和第 2 次与其第 3 和第 4 次测量结果之间也很明显。然而，对 GT-2 井的三次陀螺仪测量结果的内部一致性则要好得多：显示出 GT-2 底部是在图 3-21 所示位置以南约 40ft 处，该位置是由钻井期间的磁力单点测斜结果得出的。EE-1 井测井结果的差异很可能是定向钻井段钻井路径更曲折更长，以及地面上连续读数的累积误差造成的。从这张图中可以得出的唯一真正的结论是 EE-1 在 GT-2 的东边，9500ft 处，

第 157 次试验之后的分析、讨论和辩论最终使研究小组得出了结论：

• 在 EE-1 井中，1975 年 10 月 E-W 磁性多点测斜（图 3-27 和图 3-28）比 5 次陀螺仪测量中的任何一次都更精确；

• GT-2 的 E-W 陀螺仪测量（介于两次 S-S 测量之间）为 GT-2 提供了最佳轨迹。

这些结论表明：(1) 在 9575ft 处的井距为 28ft，与之前声波测距的结果（26ft）一致；(2) 在 GT-2 孔底（9619ft 处），GT-2 相对 EE-1 的方位约为 100°（约向东），与第 149 次试验的磁力测向结果一致。

额外的示踪和固井质量测井

1977 年 2 月初，采用了放射性碘同位素调查（第 156 次试验）和固井质量测井，以更精确地确定 EE-1 中由几个温度测井记录的流体通道（其结果显示，套管外面有明显的“逆流”流动，即通过劣质固井井段向上流动，然后通过 9050ft 处的节理离开环空区）。

示踪剂调查的结果非常有启示性，将会明显影响到随后的流动测试和重新钻井作业。主要的发现是，注入套管的 90% 以上的水在套管鞋（9599ft）处拐弯，然后在套管外的环空中向上流动，流体从环空流出的区域大约有 33ft 长（从 9082 到 9049ft）。换句话说，这些示踪结果明确显示，构成 EE-1 主要流动连通的节理是 9050ft 处的节理，而不是 9650ft 处更深的那个节理。

固井质量测井显示，到约 8980ft 深的区域，EE-1 套管外面基本上没有水泥了。这并不奇怪，因为水泥富含二氧化硅，在二氧化硅浸出试验中会失去很多这种成分（第 138 次试验）。

剪切屏蔽试验

这些试验，即第 159A、B、C 和 D 次，以及诱导电位（IP）试验（第 160 次，见下文）将提供最终数据，以选择重钻 GT-2 的最佳路径，使其与 EE-1 节理上部相交。剪切屏蔽试验是要测量这个节理的已张开部分的高度。假设流体入口点大致在扩张节理的中心位置，靠近顶部的钻井目标将为从节理到循环流体的热传递提供最佳间距。

简单地说，剪切屏蔽原理是基于 S 波不能通过流体传播这一事实。因此，当声波信号通过流体膨胀节理处传输时，与通过泄压后的相同节理传输的信号相比，剪切相位将会减弱。衰减的程度取决于信号相交深度处节理的宽度和横向范围，二者在节理中心附近都应是最大的。

这些试验持续了两个星期。用电缆将高温炸药雷管下入 EE-1 中，依次置于几个不同深度。在每次试验中，在 GT-2 中一个相应深度放置一个地震检波器组件，引爆雷管，发送声学信号通过 EE-1 上部节理，先降压，然后再加压。预计最大的 S 波衰减将会出现在节理的中间高度，也就是扩张横截面最大的地方（就现在 EE-1 的主要节理而言，就是在 9050ft 处与井筒相交的地方）。

似乎由于某种不明的原因，负责这项试验的地球物理学家仍然假定 EE-1 的主要流动连通是通过 9650ft 处的节理，尽管现在已经认识到了 9050ft 处较高的节理容纳了大量的水流。然而由于缺乏了解，可能再加上对 GT-2 和 EE-1 的相对位置的持续混淆，因而设计了剪切屏蔽试验，来测量一个比真正的主节理深 600ft 的节理。然而，由于这个更深的节理现在几乎没有接收任何液体，调查的节理实际是在 9050ft 处。4 次试验中，两井井筒相对于该节理的位置和雷管以及检波器的位置（确定声学信号路径），如图 3-32 所示。

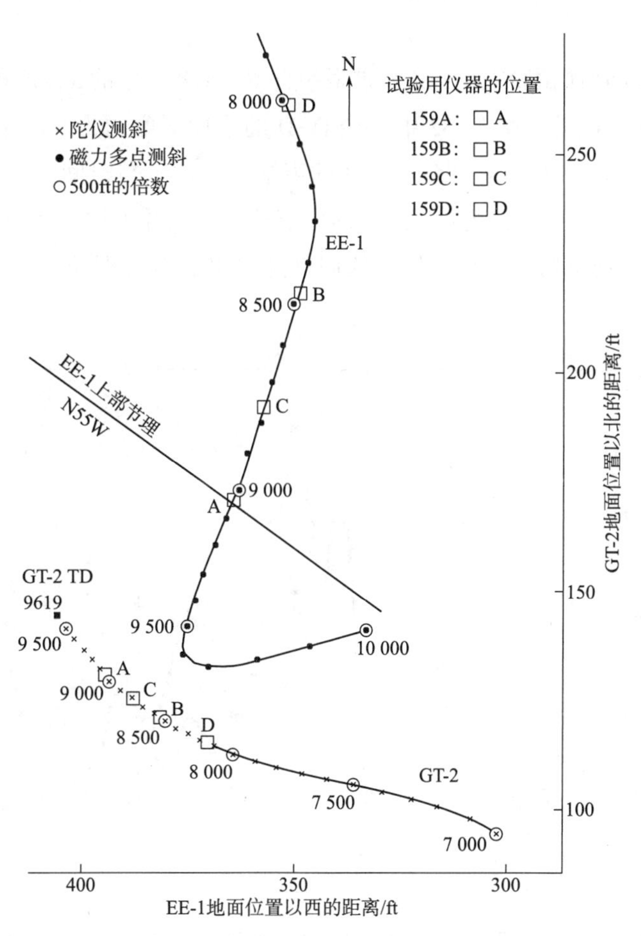

图 3-32　在四次剪影试验中，EE-1 和 GT-2 的井位，以及雷管和检波器的位置。声波信号路径为 A-A、B-B、C-C 和 D-D。

在第 159A 次试验中，检波器组件置于 GT-2 中的 9045ft 处，雷管在 EE-1 中 9038ft 处（在节理与井眼的交汇处几英尺内）点火，首先对节理降压，然后加压。节理加压时，S 波只是温和衰减，这不出所料，因为雷管的确切深度相对于节理与 EE-1 的交汇处有几十英尺的不确定性（在这个深度，电缆测量通常有不确定的±30ft）。当时，试验员工仍然认为膨胀的节理是在 9650ft 处的那个，因而认为这个结果是反常的。

在159B次试验中，检波器组件置于GT-2中的8544ft处，雷管在EE-1的8487ft处起爆。在EE-1节理加压时，剪切波衰减很明显。那些仍然认为主要节理是在9650ft处的人们再次认为这是一个反常的结果。但从图3-32显而易见，声波信号路径B-B（从一边到另一边）会穿过加压节理的中心（9050ft处），高出其与EE-1井筒的交汇点约550ft。

在第159C次试验中，地震检波器组件置于GT-2中的8794ft处，雷管在EE-1中的8762ft处起爆。在EE-1节理加压时，剪切波的衰减最大，这一结果与图3-32中声波信号（C-C）的路径一致，该信号再次穿过节理的中点，但这次只高出其与井筒的交汇处约280ft。

最后，在第159D次试验中，地震检波器组件置于GT-2中的8123ft处，雷管在EE-1中约8000ft处起爆。因此，图3-32中路径D-D的平均深度约为8080ft，高出9050ft处EE-1节理的名义中心约1000ft。路径D-D的声学信号功率与时间的关系图（图3-33）显示，其平均深度非常接近节理的上限：加压节理的S波并不比降压节理的S波小多少（75%），即信号的衰减相对较小，如果他们都通过EE-1节理膨胀部分的顶端就符合预期。

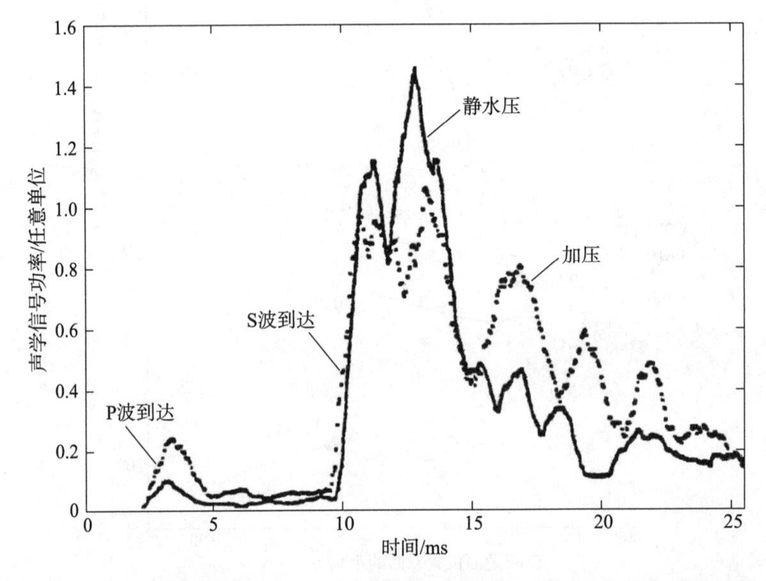

图3-33　声学信号路径D-D（平均深度=8080ft）的信号功率与时间的关系。P波的到达时间约为2.5ms，S波的到达时间则约为7ms。

资料来源：HDR，1978

第159D次试验清楚地表明，重钻GT-2的最佳目标位于声学信号路径D-D平均深度8080ft以下几百英尺处。

请注意，从剪切屏蔽试验中得出的位于EE-1井9050ft处加压膨胀节理总高度（并假设围绕注入点对称加压）约为2000ft。这是个最重要的尺度，因为它意味着非同质岩体的流动连续性达到惊人的程度。

EE-1 节理的感应电压测井

作为本系列的最后一次试验（第 160 次），对源自 EE-1 井 9050ft 处的节理做电测井。将电流电极置于 EE-1 中 9700ft 处，用一个有线电压探针测量在 GT-2 下部（7400～9100ft 段）产生的感应电压，首先将 EE-1 节理降压，然后再加压。测量结果表明，加压的节理向上延伸至 8300ft 的深度，比其与 EE-1 井的交点（假设的中心）高出 750ft。GT-2 的感应电压下降最明显的是在深度 8500～9000ft 之间，这与 EE-1 节理最大加压井段相对应（注意：GT-2 的钢隔离衬管的顶部在 8973ft 处，在此深度以下的 EE-1 加压节理部分无法电测井）。

总结：重钻 GT-2 前的情况

图 3-34 为平面图，显示的是到 1977 年 3 月底时已知的 GT-2 和 EE-1 底部附近打开的那些主要近垂直节理的几何形状。

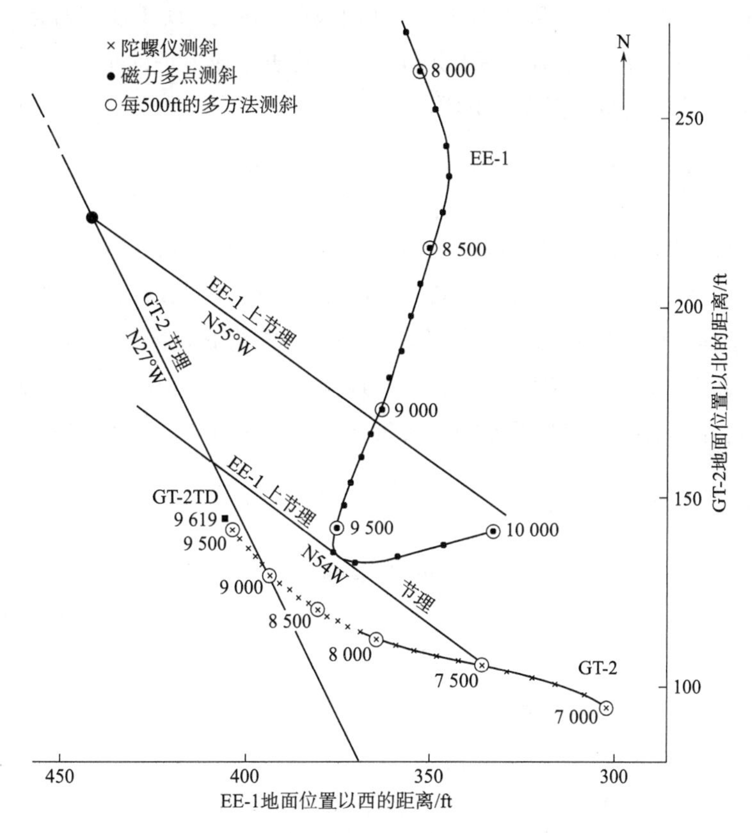

图 3-34　GT-2 和 EE-1 最接近的区域，在平面图中，显示出地震确定的靠近两井底的三个主要压裂节理的方位。

GT-2 的主要节理

GT-2 底部附近开发出的主要节理是在 1975 年 2 月中旬，在 9600ft 的深度初次打开的，当时以 1400psi 的注入压力泵入到隔离衬管下方的 38ft 深的鼠洞中。在接下来的两个月里，对此节理实施了反复的加压和排空；4 月 21 日，注入 3600gal，注入压力为 1600psi，泵送速率为 9gal/min，最终将其直径延伸至大约 400ft（计算得出的）。西部泵在 2250psi 的压力下，以约 4gal/min（11L/s）的速度注入 12 000gal 的水，将 GT-2“目标节理”进一步延伸至 800ft 的计算直径。

同年 10 月 10 日，人们首次对深部热花岗岩中正在膨胀的节理进行了地震监测。在 EE-1 中几个不同深度放置了检波器组件，用西部泵对 GT-2 节理重新加压，最终使其产生了一定程度的扩展（注入速率为 4gal/min，压力为 2150psi）。在其初始膨胀和随后的扩展期间，测得该节理的方位都是 N27°W。然而，GT-2 的主要地震活动现在似乎都是在大约 9300ft 的深度，表明膨胀区域向上增长。在测试过程中，测得的节理膨胀部分的宽度约为 500ft。

第二年（1976 年）夏天（7 月 21 日），在向最近钻进的 EE-1 注水时，观察到 GT-2 的向外流动是在隔离衬管外面高至 9015ft 处流出，这表明该节理的垂直延伸至少有 600ft（不考虑从 9600ft 处的初始扩张点向下增长）。

EE-1 的几个主要节理

在 EE-1 的底部附近，依次对两个主要的节理进行了压裂：第一个在大约 9650ft，第二个则在大约 9050ft 深度。1975 年 10 月 14 日首次打开了较深的节理，用西部泵以 2.1BPM（5.6L/s）的速度注入，压力高达 2400psi。测得其走向为 N54°W。

在套管外面那个较高的节理于 1976 年 5 月首次打开，其走向为 N55°W，显示出较低的打开压力，即 1200psi（在类似的注入条件下，较深的节理则为 1600psi）。

EE-1 至 GT-2 的流动阻抗

一旦激活了 EE-1 的上部节理，井间的流动阻抗就下降到比最初观察到的更为合理的数值，尽管对于一个生产循环回路来说仍然太高。在 1976 年的流动测试中，获得了以下数值：

26psi/(gal/min)（第 120 次试验）；

24psi/(gal/min)（第 122A 次试验）；

30psi/(gal/min)（第 133 次试验，在初始值 100psi/gpm 后达到）。

但令人费解的是，在第 137 次试验中，流体阻抗增加到 75psi/（gal/min），然后在石英浸出试验（第 138 次试验）之后，又增加到 90 至 100psi/（gal/min）。这些数据表明，两个节理之间的连通很脆弱，容易被反复堵塞住，然后又通过水流清洗而通畅。

对节理系统几何结构的思考

考察图 3-34，很容易对 EE-1 和 GT-2 之间流动几何学做出些推断。第一，如果注入 EE-1 的流体向西北方向横向流动 100ft，在垂直交汇处转个急弯进入 GT-2 节理，然后向 GT-2 回流，这样的路径则能解释许多试验的观察结果。预计主要的流动阻抗将会发生在两个节理的非常狭窄的交汇处，一个高度未知但很重要的接触区。

第二，很明显到 1976 年年底，实验室已经设法在 GT-2 和 EE-1 之间开发出了一个真正的干热岩储层。流动路径的几何形状是横向的，而不是垂直的，但这对于最初的采热试验来说已经足够了。如果这样的试验早点做了，就能节省一年或更多的工作，更不用说两次重钻 GT-2 的大量费用。此外，开发更深更热的第二期储层，即项目的主要目标，本可以更早地实现。

第4章 第一期储层开发，重新钻井和流动测试

1977年年初，芬顿山的两个深井的情况如下：GT-2深度为9619ft（2832m），在8973~9581ft，下入$7\frac{5}{8}$in隔离衬管并固井，在衬管下方留下了一个38ft长的“鼠洞”（图3-12）。EE-1钻到10 053ft（3064m）深，将一个复合套管柱从9599ft深度起一直到地面（其中，从9599~8600ft段为直径$7\frac{5}{8}$in长为999ft的套管。8600ft深度以上则是直径为$8\frac{5}{8}$in的套管，见图3-26）。

计划是首先从GT-2上移除临时的$4\frac{1}{2}$in的高压套管，它曾用于对鼠洞进行压裂，并引导电缆工具进入隔离衬管。下一步则是动员一台钻机至GT-2井，在所需侧钻深度下方安放一个水泥塞，并在约8200ft（2500m）处侧钻。最后，侧钻将定向钻进到EE-1中那个压裂的大型节理，其深度为9050ft（在套管外面）。由于终于知道了两井的真实位置，那就从8200ft处造斜，沿着N30°E的轨迹（见图3-32）重钻GT-2，这样新井眼几乎就会垂直地钻向EE-1井节理。

第一期储层开发和测试的总结

正如第3章所详述的，项目组花了一年多的时间，试图开发出EE-1和GT-2之间的低阻抗流动连通。这些努力的一个意外结果是EE-1最后一根套管底部周围的劣质固井被侵蚀，最终（1976年2—5月）在9050ft处，打开了该套管外面的节理，由此流动继续增加。最终，通过这个节理实现了与GT-2的连通，其流动阻抗适中，约为24psi/（gal/min），不过我们认为还是太高了。

遗憾的是，当时没有认识到在两井之间实际上已经形成了一个多重连通的干热岩储层，如果通过更积极的压裂（如本章所述的最后 EE-1 套管重新固井后所做的压裂作业），便可以进一步开发此储层。因此，这个多节理的新生储层被这样放弃了，取而代之的却是 GT-2 下部的两次定向重钻（形成 GT-2A 和 GT-2B“双腿”）。第二次重钻最终与 EE-1 在 9050ft 处打开的节理实现了令人满意的水力连通，制造了“最初的第一期储层”。

在 1977 年末至 1978 年中，对两井之间的这种流动连通进行了三次测试（第 1、第 2 和第 3 阶段测试），很明显，原来的第一期储层主要是 EE-1 和 GT-2B 之间的单节理连通，表面面积非常有限，没有多少扩展的机会。因此，在这些测试之后，对 EE-1 的底部 600ft 长的套管段重新固井，以封闭套管外面进入 9050ft 处节理的流路。然后，对最初在 1975 年 10 月用更高压力打开的更深的节理（9650ft 处）进行了更强力的压裂。此节理的开发和扩展，基本上创造出了一个扩大的第一期储层，但与原来的储层一样，GT-2B 井也有很多出口。在对更深的 EE-1 节理实施压裂后，又进行了两次流动测试（第 4 和第 5 阶段）；其中第二次测试持续了九个多月，于 1980 年 12 月底结束。

然而，EE-1 中 9050ft 处节理在扩大的第一期储层中继续发挥着重要作用；随着加压流动测试的继续，从储层的流体通过该节理进入 EE-1 环空，并逐渐通过刚好在 9050ft 深度以上的未完全重新固井的区域，最终形成一个主要的旁通流，这使得 EE-1 井在 1981 年年初就不再适合于进一步测试储层。

最终，位于芬顿山的第一期干热岩储层的开发与最初的计划大相径庭，通过一个逐步的过程，使人们对基岩中的“水力裂缝”的真正含义有了更清楚的认识。直到 20 世纪 80 年代初，人们才最终认识到（除了干热岩项目的一些顽固成员），“硬币状断裂”理论虽然对各向同性的均匀介质有效，但不能适用于芬顿山花岗岩基岩，它既不是各向同性的，也不是均质的。实际上，岩石根本没有被压裂；相反，水压在岩体中打开了一些以前就存在的（但重新密封的）节理。因此，流体通道的几何形状比最初想象的要复杂得多：它由一个复杂的压力膨胀的节理网络组成，这些节理可能有不同的方位，因此也有不同的打开（或顶开）压力。

重钻 GT-2 井

本节中的信息主要摘自文献：Pettitt（1978b）。

GT-2A 井的侧钻和定向钻井

1976 年 12 月中旬，HobbsDA & S 公司启出了临时的 $4\frac{1}{2}$in 套管。然后他们从得克萨斯州米德兰的 Noble Drilling 公司定购了一台钻机，用于重钻 GT-2。1977 年 3 月 29 日，N115 号钻机动员到芬顿山。井架竖起后，测得的方钻杆补心海拔为 8714.9ft。

4 月 7 日，哈里伯顿位于法明顿的固井公司在井中设置了一个水泥塞，研磨至 8263ft 处，两天后第一次试图从这个水泥塞侧钻。钻具组合包括一个碳化钨镶齿硬岩钻头、一个 Dyna-Drill 马达、一个 2°弯接头和一个 Eastman Whipstock 公司的单点定向工具。准备以 N30°E 方向侧钻，来与 EE-1 在 9050ft 处的节理面大约垂直相交。然而，由于马达无法转动，只好撤回了钻具组合。检查发现马达被水泥屑堵塞了，然后就用一个新的 Dyna-Drill 马达做替换。4 月 10 日，再次下入钻具组合，开始向 N30°E 方向钻进。7h 后，深度达到 8342ft，但钻井组合仍然在原钻孔中，没有侧钻到花岗岩侧壁。

第二天，哈里伯顿公司安装了第二个水泥塞，由更少的缓凝剂和水组成更硬的混合物，研磨至 8163ft 处（比第一个水泥塞高出 100ft）。4 月 12 日，下入一个 1.5°弯接头、另一个 Dyna-Drill 马达（这个马达有一个 1.5°弯曲的外壳）和一个 $9\frac{7}{8}$in 的 Security H7SGJ 钢齿钻头组成的钻具组合。但是，由于没有充分清理干净井筒，水泥塞顶部已经堆积了 75~100ft 厚的水泥填充物，随着钻进此填充物，马达上方的两节钻铤被岩屑堵塞，马达停止了转动。然后，使用直旋钻具组合将同一个钢齿钻头下入井中，并用 Baroid Quickgel（译者：一种添加剂）和苏打灰的混合物（通常称为“泥浆清扫器”）冲洗钻孔，将水泥屑从孔中清理了出来❶。接下来，带有弯曲外壳和马达的钻具组合配备了新的 Security 钢齿钻头，以实现定时钻井。钻了 20ft 固井水泥之后，钻到 8183ft 的深度。很明显，这一努力没有成功：钻头的外齿列的外缘出现了严重磨损（注意：钢齿钻头不能用来钻花岗岩）。

GT-1 的经验表明，金刚石钻头能钻花岗岩，尽管钻速只有 1ft/h。通过同样的钻具组合，试用 Christensen 侧切金刚石钻头，用它钻进了 15ft，从 8183ft 至 8198ft 深度（显然有点进入了花岗岩侧壁）。但 4 月 15 日上午 Dyna-Drill 钻具出现故障，无法继续钻井。后续使用 TCI 钻头进行旋转钻井时，结果只钻到固井水泥，于是试着用了一个特别设计的 $9\frac{5}{8}$in 侧切克里斯滕森钻头，取得一些成功。

在接下来的一周中，又使用各种金刚石和碳化钨钻头进行了 5 次侧钻尝试。其中两次连续的金刚石钻头作业，实际只侧钻一小段距离；但随后的钻进（使用刚性旋转

---

❶ 泥浆清理成为每次钻井结束时清洁和循环井筒的标准做法。

钻具组合和 TCI 钻头）结束时，钻头又漂移回到原来的钻孔，在水泥中钻进到 8280ft 的深度。此时，计划进行管下扩眼作业，以形成一个侧钻的支撑。

4 月 23 日，使用了一个三牙轮的 TCI 井底扩孔器组合，在 8110~8120ft 深度段，将 GT-2 井筒直径从 $9\frac{5}{8}$in 扩大到 16in。第二天，哈里伯顿公司通过光头钻杆将 150 袋的水泥塞下置到 8040ft 深处。用 $9\frac{5}{8}$in 钻头将水泥塞磨平至 8110ft 深后，制作了一个 $7\frac{7}{8}$in 的克里斯滕森侧切金刚石钻头和马达上方 2°弯接头组成的 D-D 钻具组合。4 月 25 和 26 日，不对称地钻穿水泥：沿着直径为 16in 井段的底边，钻了一个直径约 8in 的孔，正好在 8120ft 处的支撑之上（在这个深度，GT-2 的井斜为 3. 4°）。

接下来使用了一个 2°弯接头的钻头、一个 D-D 钻具和一个 $7\frac{7}{8}$in 的新金刚石钻头定向钻进。从 8120ft 处形成的台阶处钻孔的低边开始，向东北方向钻进（从孔的右侧出来）到 8128ft 处，钻头负荷在这个深度开始增加，随着钻进到 8140ft 处（控制钻速在 1~2ft/h），以此速度前进所需的钻头负荷从 5000lb 增加到了 8000lb。

钻头上不断增加的载荷以及岩屑中出现的一些花岗质碎屑表明，已经成功侧钻。然后取出金刚石钻具组合，使用 D-D 钻具组合划眼（全直径 8110~8139ft），该钻具组合有一个 2°弯接头和一个 $9\frac{5}{8}$in 的史密斯（Smith）9JA 球齿钻头。接下来是两个非常短的（每个 1ft 长）D-D 钻进，第一次使用 $9\frac{5}{8}$in 的金刚石钻头，第二次则是 9JA 钻头，做了清理作业。4 月 29 日，进行了最后一回次金刚石钻头钻井（2°弯接头、D-D 马达和 $9\frac{5}{8}$in 钻头）。在钻头停止切削之前，将井加深至 8144ft。岩屑显示出越来越多的花岗岩碎片。

金刚石钻头从井中取出后，下入一个带有 2°弯接头的 D-D 和一个史密斯 9JA 球齿钻头组合。钻井 5ft 后，在 8149ft 处 60% 的岩屑是花岗岩屑。继续钻井，负载逐渐增加到 12 000lb，钻速为 10~12ft/h，将井加深到 8154ft，此时 95% 的岩屑为花岗岩屑。记录显示，GT-2 在 8144ft 的深度被认为是侧钻的，定向钻出的新钻孔（称为 GT-2A）在右侧东北向离开了老井筒，大致垂直于老井筒的西北方向。

注：GT-2 的侧钻是在深部基岩中完成的首次侧钻。尝试如何在花岗岩中侧钻花了 22 天时间和大约 30 万美元，但人们希望这次学习经验将会有益于芬顿山（和其他地方）未来所有的侧钻项目。

随着 GT-2A 的钻进，用大科比泵（34gal/min）对 EE-1 开始压裂，来膨胀 9050ft

处的目标节理。GT-2A 的钻井继续，使用相同的 D-D 钻具组合，按照计划的 NE 路线，以 12ft/h 的钻速钻到 8215ft 的深度。在此深度，钻头开始运行不畅，当拉出钻具组合时，检查发现钻头有三个球齿破裂或崩坏了，并且其直径减小$\frac{1}{8}$in。在随后的钻进中，使用了一个旋转钻头组合，其中包括一个 Monel 钻铤、一个扩孔器和一个在底部的 $9\frac{5}{8}$in 史密斯 9JA 钻头。首先扩孔到 8215ft 处，然后向前钻到 8357ft 处。在这个新深度的测井结果显示，其轨迹为 N39°E、6°。

5 月 4 日，使用新的史密斯 9JA 钻头，继续钻井到 8496ft 处，在此深度孔的方向是 N25°E，井斜是 9.25°。为了限制井斜的进一步增加，将钻井组合从孔中拉出，换上了一个更硬的组合。它由一个球齿钻头、一个三点扩孔器、一个短钻铤和另一个三点扩孔器组成。这的确将井斜保持在了 9°左右。再一回次的钻进将 GT-2A 钻到 8736ft 的深度，通过了 EE-1 节理的向上延伸部分。在 5 月 5 日，当 GT-2A 在 8645ft 处与该节理相交时，EE-1 的压力开始以约 0.5psi/min 的速度下降，尽管注入速度保持在 34gal/min。这个节理交汇点比 EE-1 的流体入口点（9050ft 处）高出约 400ft，提供了一个认为是足够的传热表面。

注：在重钻 GT-2 之前的几个月里所做的一些节理探测试验已经确定了 EE-1 节理的上部范围（见第 3 章）。第 159B 和 159D 次试验（剪切屏蔽）表明该节理是刚好在 8080ft 之下，第 160 次试验（感应电位）则显示在 8300ft 处。因此，实际上是与该节理交汇于 8300ft 处，这由从 GT-2A 流出的流动所证实，也是可预见的。

令人费解的是，当在 8736ft 深度结束钻井，准备要对 8645ft 处的节理实施压裂时，钻井经理更换了新的史密斯钻头，又继续钻了两天至 9184ft 的深度（5 月 8 日达到）。在此期间，GT-2A 测得的流出速度保持在 7~9gal/min。果不其然，鉴于图 3-34 所示的节理方位，在这次向东北方向的长时间钻进中，GT-2A 没有进一步显示出有节理相交的迹象。

图 4-1（放大的平面图）显示的是 EE-1 节理的几何形状相对应 GT-2、GT-2A 和 EE-1 的钻井轨迹。

使用（1）测量的 N55°W 走向和该节理与 EE-1 井在 9050ft 处相交，（2）该节理与 GT-2A 交点的深度（8645ft），以及（3）从该节理 405ft 的垂直投影到 8645ft 处交点的距离（13ft，如图 4-1 所示），可以计算出该节理的实际倾斜角度为 1.9°，倾向西南方向，这近乎垂直！

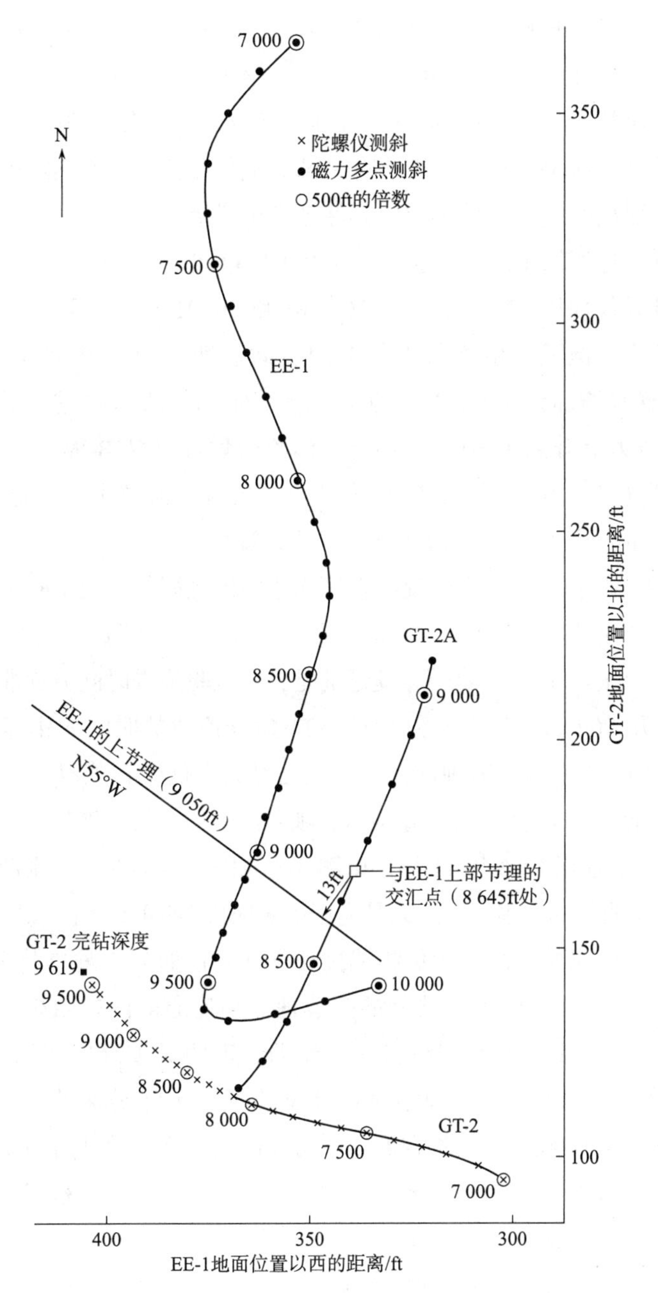

图 4-1　位于 9050ft 处 EE-1 节理的平面图，显示其与 GT-2、GT-2A 和 EE-1 的轨迹之关系。

节理交汇处的压裂

在建立了与 EE-1 节理的重要连通后，现在终于能制订对这个节理交汇处实施压裂的计划。采用高温莱恩斯膨胀式封隔器[1]对 GT-2A 井上部进行压力隔离，同时对封隔器下面的井段压裂。在 5 月 11 日第一次压裂（第 161 次试验），封隔器坐封在 8275ft 处，比交汇点高出约 370ft。泵送速率为 4BPM（11L/s），压力为 1550psi。此后不久，观察到有流体从环空流出，这表明至少有一部分流体绕过了封隔器，因此终止了泵送。当封隔器从井中取出时，发现外侧橡胶元件已完全脱落了。

第二天，准备进行第 162 次试验时，又在 8245ft 处座封一个莱恩斯膨胀式封隔器。在对其下面的井眼仅加压 20min 后，在 1600psi 和 1BPM 的泵速下，再次观察到一些旁通流体从环空流出。但是，检查封隔器上的负载表明它仍然在起作用（至少在机械上），于是将泵送量增加到 5.5BPM（14.6L/s），对 GT-2A 节理进行了压裂。在接下来的 3h 里，注入压力上升到 1830psi，环空区的流速增加到 75BPM（约为泵速的 1/3）。在泵入量 1 千桶（42 000gal）后，终止了试验。当封隔器拉出时，橡胶元件再次丢失了。5 月 12 日，钻机平台进入待命状态，以节省资金。

为了评估 EE-1 与 GT-2A 之间现已直接连通的流动阻抗，对 EE-1 用科比泵加压至 34gal/min（第 163 次试验，于 5 月 17 日开始）。测得的流动阻抗变化范围为 10~35psi/(gal/min)［1.1~3.8MPa/（L/s）］。遗憾的是，该试验报告时间方面非常模糊，没有给出 EE-1 注入压力、GT-2A 生产压力和 GT-2A 生产流速的时间变化等参数的实际测量值。事实上，9050ft 处的 EE1 节理的流动阻抗已经大大低于石英浸出试验（第 138 次试验）结束时的测量值，大约低 1/3。这应该让项目经理们能暂时停顿一下。花了整整一年的时间（1975 年 11 月至 1976 年 11 月）试图改善 EE-1 至 GT-2 的流动阻抗，现在仅在一周内就显示出了明显的改善，而这只是应用了该项目 34gal/min 的大科比泵。

但由于流动阻抗仍然太高，无法继续流动测试。正如第 3 章总结中所解释的那样，在重钻 GT-2 之前，EE1 和 GT-2 之间的多节理流动连通的内在阻抗一直在 24~30psi/(gal/min）范围内，直到石英浸出试验时，流动通道明显被碎屑堵塞了。当钻 GT-2A 井段时，该流道已经减少为一个单节理的流动连通，现在是通的，但仍有部分堵塞，其开启压力为 1100~1200psi。如果在商业泵可能的高压下［在 5gal/min（13L/s）下约 2400psi］）从 EE-1 泵入该节理进行过度加压，就有可能清除该流道，使流动阻抗下降到可接受的水平［10psi/（gal/min）］。事实上，正如本章后面所讨论的（见下文第 4 段：1979 年 10 至 11 月），通过同时对 GT-2A 施加适度的回压，则可能实现更大的阻抗下降。但遗憾的是，并没有实施这种策略。相反，他们决定用固井来封堵 GT-2A 井眼，并在更深部侧钻新的井眼。

---

[1] 1976 年 8 月，向 Lynes United Services 公司发出了一份独家采购请求，要求制造 6 个 $8\frac{5}{8}$in 的高温裸眼封隔器和两个芯轴组件。这些封隔器在得克萨斯州休斯敦的莱恩斯工厂成功地完成了测试（在 400°F 的温度和 2300psi 的压力下测试了 15h），然后送到新墨西哥州的 Hobbs 储存，直到安排在芬顿山使用。

GT-2B 的侧钻、定向钻和流动测试

第二次重钻的计划是在 GT-2A 中 8300ft 深处向北钻，由左侧钻出，与 EE-1 节理在 8800ft 深处相交（比其与 EE-1 的交汇点仅高出 250ft）。

5 月 18 日，钻机重新启动，光头钻杆下入至 8437ft 处，并泵入水泥以塞堵该深度以上约 300ft 长的 GT-2A 段。钻井开始时使用的是一个非常简单的钻具组合，包括一个稳定器、一个钻铤和一个 $9\frac{5}{8}$in 的史密斯 9JA TCI 钻头，希望能有个好的造斜。在 8135ft 处遇到固井的顶部。随着钻进的进行，钻头似乎没有“挖进去”，而只是沿着孔低边刮削。将这个组合起出井，更换了一个 2°的弯接头、一个 D-D 马达和一个较小的（$7\frac{7}{8}$in）史密斯 9JA 球齿钻具组合。朝北向，钻具在孔内上下移动，试图在孔壁上找到一个不规则的地方，作为侧钻的造斜点。当没有发现满意的“台阶”时，只能以 1ft/h 的缓慢速度在水泥塞上钻进。唯一表明已经钻出一些花岗岩的迹象是，在钻进结束时，钻头上的负荷已经增加到 5000lb。

然后将钻具组合从井中取出，对钻头的检查显示其直径减少了$\frac{1}{4}$in，外排球齿也有严重磨损。采用相同的 D-D 组合，使用 $9\frac{5}{8}$in 史密斯 9JA 钻头又钻了两回次。第一次到达 8269ft 深度，没有任何明显的钻头负载。进行了 5 次定向测量后（当钻具一到底部就开始了测量），第二回次以 1ft/h 的缓慢速度又前进了几英尺，负载只有 2000lb。随着钻井继续，钻进速度逐渐增加到 3ft/h，负载增加到 3000lb。5 月 22 日上午，在 8300ft 的深度，载荷急剧增加至 9000lb。继续钻进了 14ft，然后将钻具组合起出。这一次钻头的整个表面都磨损严重，证实了正在花岗岩中钻进，侧钻已经成功了（根据测井数据，8270ft 这个深度后来认为正是该井的侧钻深度）。此新井段称为 GT-2B。

注释

尽管 GT-2A 和 GT-2B 的侧钻都不需要使用旋转钻井，但两者都需要定向钻手有相当好的技巧。将井筒从 $9\frac{5}{8}$in 扩孔至 16in，形成一个台阶，由此才开始侧钻 GT-2A，用的是 $7\frac{7}{8}$ in 的特殊侧切金刚石钻头。GT-2B 则是用了 $7\frac{7}{8}$in 的球齿钻头，在自然形成的台阶上进行侧钻的。在这两种情况下，都用固井堵住台阶下面的井筒部分，以帮助侧钻。鉴于这些操作的成功，以下步骤应指导未来干热岩系统的开发，这种系统有多个（分叉的）完井的生产井，以提高产能：

1. 不用旋转钻进的情况下，要用在坚硬的结晶岩中有过斜井作业经验的定向司钻。

2. 让司钻订购作业必需的井下马达、弯接头和测量设备。

3. 为了使井能够作为多井完井的一部分，不要在初始井眼内放置水泥塞。

4. 在要离开初始井眼底部的所需深度，用一个柔性划眼工具对一个相当长的井段做管下扩孔，以形成一个可用台阶，特别是在孔的低边。

5. 用泥浆马达和弯接头慢慢地从台阶上钻出，最初使用直径稍小的特殊侧切金刚石钻头（如在 $9\frac{5}{8}$in 的孔中使用 $7\frac{7}{8}$in 钻头）。用泥浆马达和弯接头慢慢地从台阶上钻出，最初使用直径稍小的特殊侧切金刚石钻头（如在 $9\frac{5}{8}$in 的孔中使用 $7\frac{7}{8}$in 的钻头）。

接下来，一个扩孔组件（没用 D-D 钻具）与一个 $9\frac{5}{8}$in 的新史密斯 9JA 钻头一起作业，以越来越大的负荷钻进，直到 8380ft 处。在这个深度，磁力测斜显示了一个 N6°E、3°的轨迹。继续以 9ft/h 和 4 万 lb 的负荷钻井；到了 8415ft 的深度，切削物几乎都是花岗岩碎片。又钻进 150ft 后（到 8565ft 的深度），将底部钻具组合起了出来。

在运行另一个装有新史密斯 9JA 钻头的 D-D 钻具组合的同时，用大科比泵（34gal/min）对 EE-1 节理实施了压裂。当钻至 8686ft 深度时，将钻具组合拉出；然后重新下入带 6 点扩孔器的史密斯钻头，对井眼进行了全深度划眼。井底测量显示，钻井轨迹为 N77°E、5.25°，比要求偏东。

5 月 26 日，用电子偏航导向设备来更紧密地控制钻井方向。经过一整天的努力，导向设备才得以在复杂的井下环境中正常工作，结果发现极端的井筒弯曲阻碍了 D-D 钻具的正确方向。因而换成一个传统的旋转组合，用史密斯 9JA 钻头完成 30ft 的直钻，使孔达到 8716ft。在这个深度，重新开始定向钻进，导向工具引导 D-D 和 2°弯接头下的史密斯 9JA 钻头钻进。5 月 28 日午夜，EE-1 井的注入压力急剧下降，表明与目标节理已经相交于 8769ft 处（比预期的 8800ft 略高）。这一次，计划立即停止钻井，并对该节理取芯，以获得其样品。

对井眼做了测量，将钻具组合从孔中起出，并在 5 月 29 日下入一个 8.5in 的克里斯滕森岩芯钻头作业。切出的岩芯长 4ft（至 8773ft 处，回收率为 50%），由黑云母花岗闪长岩组成，显示出了三个节理面。其中两个仍被方解石封闭着，一个显然已重新打开。这个岩芯在确认构成第一期储层的那些压裂节理的性质方面上有着不可思议的运气：岩芯中重新打开的节理是将 EE-1 主要节理（9050ft 处）与 GT-2B 连通的那些附属节理其中一个的实际样品。

第二天，带有导向工具的 D-D 钻具组合继续作业，但两者都出现了故障，导致无法再钻进。这是 GT-2B 定向钻井的最后一次努力。在接下来的几周里，在 GT-2B 中做了几次试验，以评估 EE-1 中新流动连通的性质（表 4-1）。

表 4-1　研究 EE-1 与 GT-2B 流体连通的初步试验和测试

（1977 年 5 月 31 日—6 月 17 日）

试验编号	日期	描述	备注
165	1977 年 5 月 31 日	初始系统流动阻抗测量。	测得阻抗 = 15 ~ 18 psi/（gal/min）[（1.6~2.0 MPa/（L/s））]。
166	1977 年 6 月 1—3 日	对 GT-2B 的 8769ft 处的节理加压，以降低流动阻抗，莱恩斯膨胀封隔器座封在 8706ft 处。用西部泵以 1~5BPM 的速率注入 GT-2B；然后以 2.5BPM 的速度注入 EE-1。	在注入 EE-1 期间，GT-2B 出水温度达到 130℃。最终 EE-1 到 GT-2B 的流动阻抗（GT-2B 的回压极低，为 70 psi）= 9.5 psi/(gal/min)[（1.0 MPa/(L/s)]。
167	1977 年 6 月 8—9 日	在 GT-2B 中钻进时，监测注入 EE-1（科比泵）的压力。	EE-1 有了第二大的压力响应，导致在 GT-2B 的 8894ft 深处又进行了一次取芯作业。
168	1977 年 6 月 9 日	在注入 EE-1 期间，对 GT-2B 进行温度测井，以确定 GT-2B 中两个可能的流体入口之间的流量分配。用大科比泵（GT-2B 关闭）注入 EE-1 期间，对 EE-1 做温度测井。	4 次独立的温度测井结果都没能确认 GT-2B 底部附近存在第二个流体入口。
169	1977 年 6 月 16 日	以 5BPM 的速度注入 EE-1 期间，测试的系统流动阻抗（在 GT-2B 下入套管前的最后测试）。	EE-1 至 GT-2B 流量阻抗约为 10 psi/(gal/min)。
170	1977 年 6 月 17 日	重复 GT-2B 的温度测井，以 1BPM 的速度注入 EE-1，持续 9h，再次测试流量是否在两个流体入口之间分流。	同样，温度测井结果不能确认 GT-2B 底部附近有第二个流体入口。

在第 165 次试验中，用科比泵泵送 8h，测量了从 EE-1 到 GT-2B 的节理连通的流动阻抗。测得的阻抗为 15~18psi/（gal/min）。然后用一个常规的钻具组合将 GT-2B 铰接到底部，又再钻了一个 5ft 长的井眼，至 8778ft 的深度。随后 GT-2B 的温度测井结果显示，主要的流体入口在 8769ft 处，在该点之上可能有一个小的流体入口，大约在 8670ft 处。（注意：有趣的是，这个小流体入口几乎就在较深的 EE-1 节理的正上方，于 9650ft 处。如果两个流体入口实际上代表着相同的纵向节理，或隔得很近的节理组合，其与 GT-2B 的连通将会是漫长（±1000ft）和曲折的，这或许能解释为什么在后来的流动测试时，特别是第二段的测试，得到了异常的地球化学结果。）

6月1日，开始了第166次试验，将莱恩斯膨胀封式高温隔器下入GT-2B；封隔器座封在了8706ft深，以便对8769ft处的节理处实施压裂。用租借的西部泵，开始时以1BPM，然后缓慢增加到5BPM（13L/s）的速率泵送，最终注入压力为1830psi。对GT-2B压裂之后，对EE-1也随后进行了类似的作业。钻机置于待机状态，将西部泵车移至EE-1，以2.5BPM（6.6L/s）的注入速率对连接GT-2B的节理持续了20h的压裂。对EE-1的注入压力仅为1000psi，GT-2B的回压则保持在70psi，以防止地表管道沸腾。到第166次试验结束时，GT-2B出口温度已升至130℃。这一系列的压裂作业成功地将整个系统的流动阻抗降低到9.5psi/（gal/min）。由于存在持续的井漏问题，在第一阶段测试期间，没有再次使用莱恩斯膨胀封隔器。在建立第二期储层期间，将会反复使用这些设备，但只有在实验室与莱恩斯公司的关系有了大发展之后才会使用。

6月8日，钻井开始，从8778ft继续钻至8879ft，在此深度，将钻具组合拉出，做了磁力多点测斜。然后用$9\frac{5}{8}$in的史密斯9JA钻头对底部60ft长井段扩孔，第二天又钻了14ft（至8893ft）。在这个深度，在EE-1处出现了第二大的压力信号，表明有另一个节理交汇点。停止钻井，用克里斯滕森金刚钻头对8893~8898ft段取芯，但没有取到岩芯。随后的温度测井（多次证明了能很好地显示节理与钻孔之间的那些流动交汇点）不能证实在当时最深的8898ft处存在一个节理交汇点（注：随后，在第2段测试中，温度测井和转子流量计测井结果显示，在完钻深度8907ft附近有两个GT-2B流动连通，一个在8880ft，另一个刚好在8900ft深度之下）。

6月12日，D-A公司用四臂井径测井仪（“Laterolog”，侧向测井）和光谱伽马井径测井仪（“Spectralog”，光谱测井）对GT-2B的2540~8900ft段进行了测井。两天后，D-A公司还在GT-2B做了两次声波测井。光谱测井显示在大约8769ft处有一个铀尖峰（表明存在矿物填充的节理），侧向测井显示在大约相同的深度有一个节理交汇点。

现在回想起来，这些测井几乎都是在浪费时间和金钱。侧向测井无法探测到8769ft处的封闭（未加压）节理中包含的少量流体，因此完全没有用处（此外，之前在EE-1井测井时对应侧向测井中所看到的那些尖峰后来发现都是错误的）。在测井井段，声波测井是均匀的，没有任何特征，只是用来确认早先通过主动声波测距得到的岩石声速（5.85km/s）。从这些测井中获得的唯一可能有意义的信息是来自侧向测井结果，证实了5月29日在岩芯中观察到的两个方解石填充节理的存在。

6月16日进行的第169次试验是对EE-1到GT-2B流动阻抗的最终评估。西部泵以5BPM（13L/s）的速率注入EE-1，对9050ft处的主要节理实施了再次压裂。当发现阻抗约为10psi/（gal/min）时，认为这足以能进行有意义的采热试验，于是制定了GT-2B的完井计划，以便做流动测试。

第169次试验还花了几个小时对套管外面区域实施压裂。注入压力高达1400psi，高于最初在9050ft处打开节理所需的压力。结果是该区域与EE-1井交汇的其他几个节理都被打开，其中大多数都在 9050ft 深度以上。图 4-2 是第 169 次试验之后，在 EE-1 进行的温度测井结果，显示出这些额外的节理以及 9050ft 处的主要流体入口。

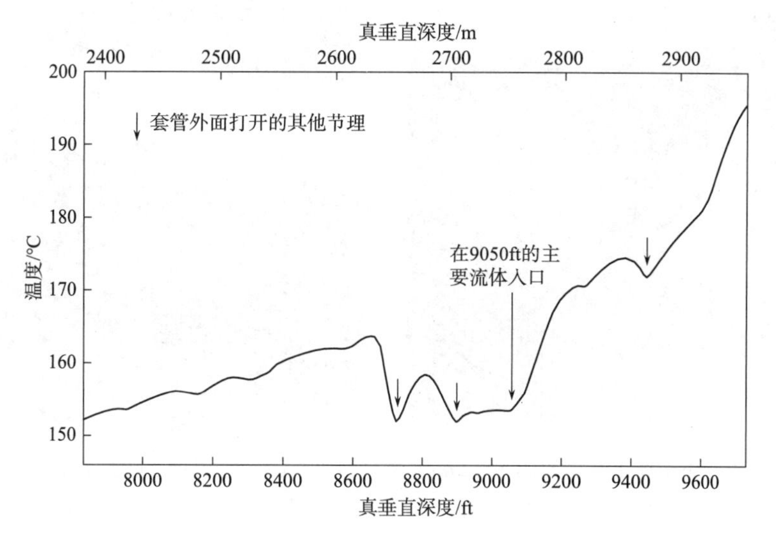

图 4-2　在第 169 次试验之后，对 EE-1 下部的温度测井结果。图中显示的深度是真正的垂直深度，大约比沿井筒测量的深度要少 50ft。

注：改编自 HDR，1978

没有证据表明其他节理与 GT-2B 相通，但它们的存在会使第一期储层流动测试的后续分析变得更复杂。这些节理的交汇点很可能是通过在固井和岩石之间形成的微小环空接收到了一些加压水（尽管这个井段的套管已经充分固井，但很可能朝井下注入的冷流体造成套管和固井的热收缩）。即使是少量的水流过这样的微小环空，也会渗透到这些节理中，因为在井筒的更上方，地应力较低。

第二天，再次评估了 GT-2B 的流动情况（第 170 次试验）：在注入 EE-1 期间做了温度测井，以 1BPM 的速率持续了 9h，再次显示只有一个生产区，位于 8769ft 深度。

6 月 18 日和 19 日，又做了两次取芯作业，将 GT-2B 加深到 8907ft 的完钻深度。第一次用的是金刚石取芯钻头，但没有取到岩芯；第二次用的是新开发的 Stratapax 四牙轮 TCI 取芯钻头（由 Smith Tool 公司生产），切割的孔长达 5ft，取芯率达到 89%。Stratapax 钻头设计成外侧有四个牙轮（用于切出围绕 3in 中央岩芯区域的整个外孔）和四个内侧的 Stratapax 刀具。这些铣刀是安装在基座上的多晶金刚石颗粒，通过补偿滚牙轮上最里面的硬质合金球齿的磨损来保持岩芯的直径（任何直径的增加都会使岩芯卡在岩芯筒里）。岩石是一种黑云母花岗岩，显现出几个明显的节理面，显然是在取芯过程中被机械地打开了。图 4-3 所示为在取芯过程结束时的史密斯钻头，其钻进方式比金刚石取芯钻头粗糙得多，此时已经失去了固定合成金刚石切割器的四个螺柱中的三个。

图 4-3　史密斯工具公司的 Stratapax 岩芯钻头：(a) 钻井前；(b) 在花岗岩中进行了 5ft 的取芯作业之后。

资料来源：Pettitt，1978b

GT-2B 井完井

GT-2B 井完井的第一步是要在 8769ft 处主要流动连通深度以上的井筒中设置一个水泥塞（因为此深度的井斜接近垂直，所以不需要桥塞来防止水泥继续向下流动）。6 月 20 日，将固井水泥（50 袋）在 8650ft 深处通过光头钻杆下入，然而，当钻头进入孔内钻水泥塞时，没有遇到固体水泥。看来，水泥已经被来自 EE-1 的持续流动流体所驱散（虽然已经关闭，但由于之前的泵送作业，EE-1 仍有一定的压力）。第二天，将 EE-1 井排空，之后又重复了固井作业，这次成功了。探得固结水泥顶部在 8515ft 处，将其研磨到了 8572ft 深度。为固井，从水泥塞上方 2ft 处到地表安装了一个 $7\frac{5}{8}$in（194mm）的生产套管管柱，构成如下。

- 长 2620ft、33. 7lb/ft，底部为 S-95 钢级套管；
- 长 2800ft、33. 7lb/ft，中部为 N-80 钢级套管；
- 长 3158ft、33. 7lb/ft，顶部为 S-95 钢级套管。

底部和顶部都使用了 S-95 钢级的套管，因为一旦套管作业完成，底部的压应力最大，而顶部的拉应力也最大。哈里伯顿公司的浮鞋安装在套管底部，其浮箍则安装在浮鞋上方高出一节（40ft 长）的管柱中。

随着套管管柱的下入，沿底部 20 节（约 800ft 长）安装了 22 个扶正器。在管道贴上水泥塞后，又提升了 2ft（将套管的底部放在了 8570ft 处）。然后，从地面上将套管悬挂了起来，哈里伯顿公司对其底部长 1500ft 段完成了尾部固井。

固井之前，根据钻机质量指示器上的记录，套管管柱的质量为 25. 2 万 lb（相当于空气中的质量为 28. 9 万 lb）。在水泥硬化时，钻台上的套管卡瓦支撑了大部分的质量。接下来，钻出水泥鞋和水泥塞，冲洗井筒到底部，用安装在井筒上的液压套管千斤顶拉紧套管。最后，套管在井口着陆，载荷为 41 万 lb（由荷重传感器测量）。根据计算，在温度达到 180℃的储层生产期间，套管将会一直保持着受拉伸状态。

图 4-4 显示的是原始的 GT-2 井以及 GT-2A 和 GT-2B 侧钻井段相对于 EE-1 井的轨迹。

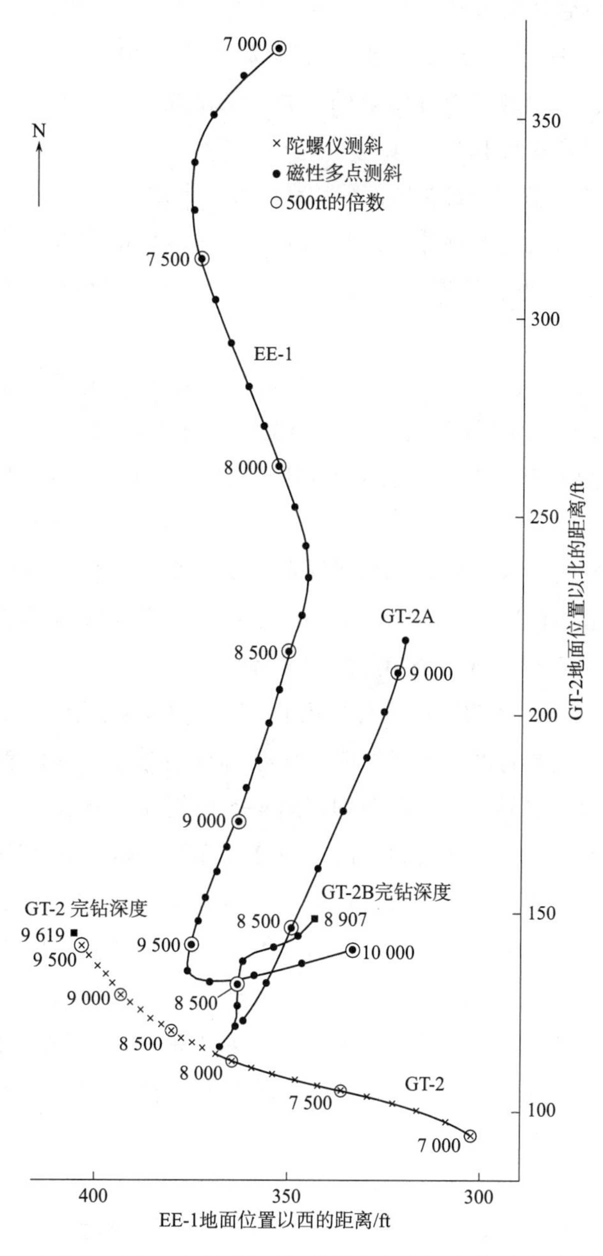

图 4-4　GT-2、GT-2A 和 GT-2B 的路径与 EE-1 的关系（平面图）。

资料来源：Pettitt，1978b

第一期储层的概念模型

1977 年中期，在 GT-2B 完井后，在各种流动测试、地球物理和温度测井数据的基础上，开发出了第一期储层的概念模型，如图 4-5 所示，包括：

（1）一个必需的经压裂改造的垂直节理，当时称为“裂缝”，根据地震监测结果，该裂缝起源于 EE-1 井深度 9050 处，走向 N55°W（图 3-30）；

（2）此节理的位置以及三个非常陡的井眼，都是在一个约 50ft 宽很狭窄的储层区域，如图 4-5 剖面（阴影面积）所示；

（3）GT-2A 井筒与节理上部扩展部分的交汇处，是位于深度 8645ft 处（由 EE-1 明显的压力扰动证明，在 GT-2A 钻井过程中，以 34gal/min 的恒定压力对 EE-1 加压）；

（4）GT-2B 有几个明显的流体进入点（在该井段钻井时检测到），但与过 EE-1 节理没有实际的交汇点；

（5）从 9050ft 处的 EE-1 节理到 GT-2B 井筒，有一个或多个方位不明的流动连通，这在流动测试中得到了证明（见上文第 165 次至 170 次试验）；

（6）根据已知的节理结构，在 EE-1 节理和 GT-2B 井之间的区域，似乎没有任何连接的流动路径。

虽然一些项目员工对这一概念作出了贡献，但绝不是全体一致的观点。为了解决（5）和（6）之间的明显矛盾，因为（5）意味着中间区域确实存在着流动连通，（6）则相反，意味着必须得有一个额外的假设特性：

在 EE-1 和 GT-2B 之间的区域，有好几个节理，倾向北西倾角 30°，这可以根据许多钻孔异常推断出，包括温度、地球物理（那些伽马能谱尖峰，代表铀）和流量（由转子流量计测量显示）等异常。这些节理在图 4-5 中用虚线表示。

然而，一些事实能反驳概念模型的这一部分。首先，30°倾斜节理的概念是通过几乎任意的数据连接得出的：在 GT-2B 和 EE-1 井筒的异常簇之间绘制一些直线（如图中 8894ft 处的流动连通，当时较小）。人们也可以很容易地以不同方式来相连这些异常，如这些节理向西南方向倾斜 45°。其次，没有这样一组 30°倾斜节理的地震证据。再次，打开这样一组密封节理所需的注入压力约为 2800psi。对这两个井筒都没有加压过那么高的压力；到现在为止所用的最高注入压力为 1830psi（1976 年 5 月和 6 月期间的第 162 次和 166 次试验）。

那么，EE-1 节理和 GT-2B 井之间的流动连通的真实性质是什么？正如下文所讨论的那样（见第 2 段和第 3 段测试部分），这些连通更可能是由一组相对 EE-1 而言稍微有些倾斜的节理构成的，即近似于 GT-2 节理的 N27°W 走向（图 3-34）。例如，一个垂直节理的走向为 N35°W，从 9050ft 处 EE-1 节理的 N55°W 走向旋转 20°，就会有一个约为 1500psi 的闭合应力，完全在所使用的压裂压力范围内。

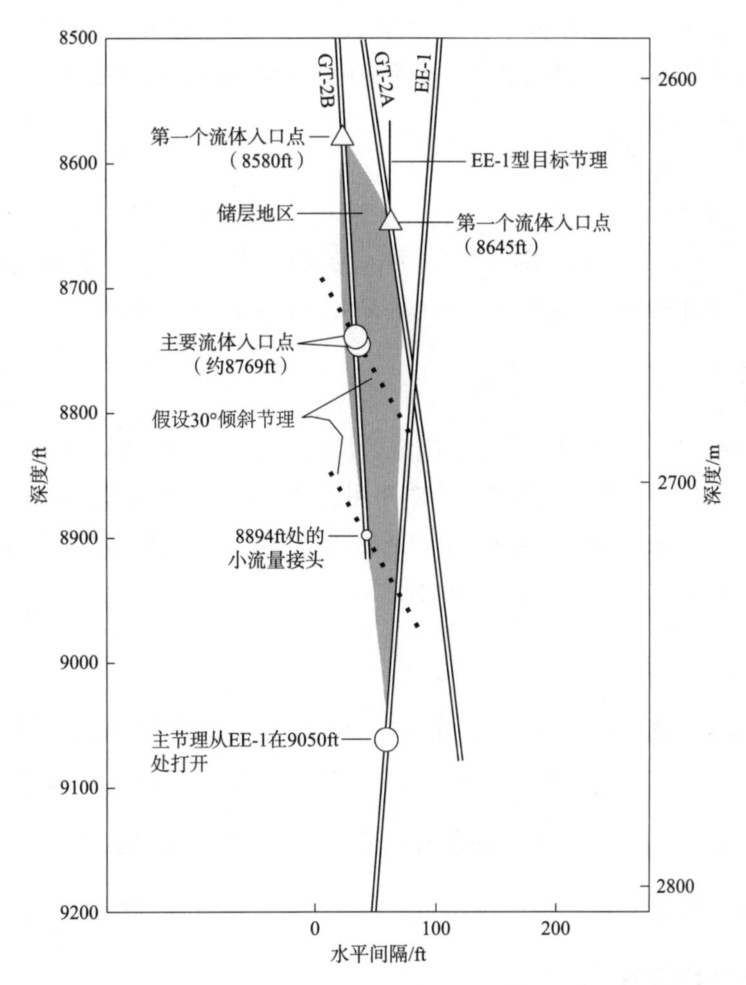

图 4-5　在 GT-2B 钻井和测试后的第一期储层区域概念（在 N55°W 方向，沿着 EE-1 在 9050ft 处节理的平面，以 N55°W 方向来看），图中显示出钻井过程中检测到的那些主要流体进入点。

注：改编自 HDR，1978

第一阶段地面设施

在第一期储层的流动测试开始之前，许多设备和特殊装置必须到位。图 4-6 显示的是 1977 年秋季地面设施的主要组成部分。

水储存

一个较大的（500 桶，即 8 万 L）长方形储水池位于 GT-2 井场周围的木栅栏外，一个较小的（6000gal）圆形储水池则位于 EE-1 井场周围的栅栏外。用于 EE-1 钻井的泥浆池已扩大为一个 40 万 gal，用于排空 EE-1 和地面回路的的储水池或辅助储水池。此外，在重钻 GT-2 时使用的两个泥浆池中较大的那个，用来排空该井。

注入泵

采购两个多级离心泵，并垂直安装（在混凝土墙的圆井中）。每个的额定速率为 250gal/min，压差为 1350psi。在回压为 175psi 的循环作业过程中，这些泵的吸入压力约为 150psi，相当于 500gal/min 时 EE-1 的最大注入压力为 1500psi。

地面流动循环

GT-2 的热生产流体通过一根长的绝缘管流向 1977 年购买和安装的空气冷却热交换器（图 4-6）[1]。冷却后，流体进入 EE-1 附近的注入泵，在那里加入足够的补水以达到指定的注入流速（补水泵从 EE-1 附近的圆柱形储水罐提供这些额外的水）。将来自注入泵的加压流体注入 EE-1，完成地面循环。

现场水井

1976 年夏天，现场钻了一口井，作为生活饮用水，也可用于钻井、压裂和循环作业（在此之前，水是用卡车从附近的 La Cueva 社区运来的）。这口井深 450ft（137m），直径 6.25in（15.9cm）；底部 60ft 段装有一根 $5\frac{5}{8}$in（14.3cm）的割缝筛管。这口井从二叠纪地层顶部的含水层以大约 40gal/min（2.5L/s）的速度提供天然饮用水。

控制和数据采集拖车

控制和数据采集（CDA）拖车是第一期储层流动测试所有活动的枢纽。地面系统的所有数据，包括流速、压力、温度、某些阀门的变化（那些不由现场直接控制的阀门）等，都输送到这辆拖车上；几个主要参数中的任何一个紧急情况的警报都会在车上展示；注入泵和 4 组分热交换器的操作也是在这里控制。随着流动测试的进行，这辆拖车也是许多热烈讨论的场所。

化学拖车

化学拖车位于控制和数据采集拖车旁边，附近还有与水井以及连接 GT-2 和热交换

---

[1] 这个热交换器是芬顿山试验场为数不多的“不变因素”之一（另一个因素是井筒的位置）。甚至道路也随着项目的发展而改变。换热器用于所有闭环流量测试，包括 1995 年结束的长期流动测试。

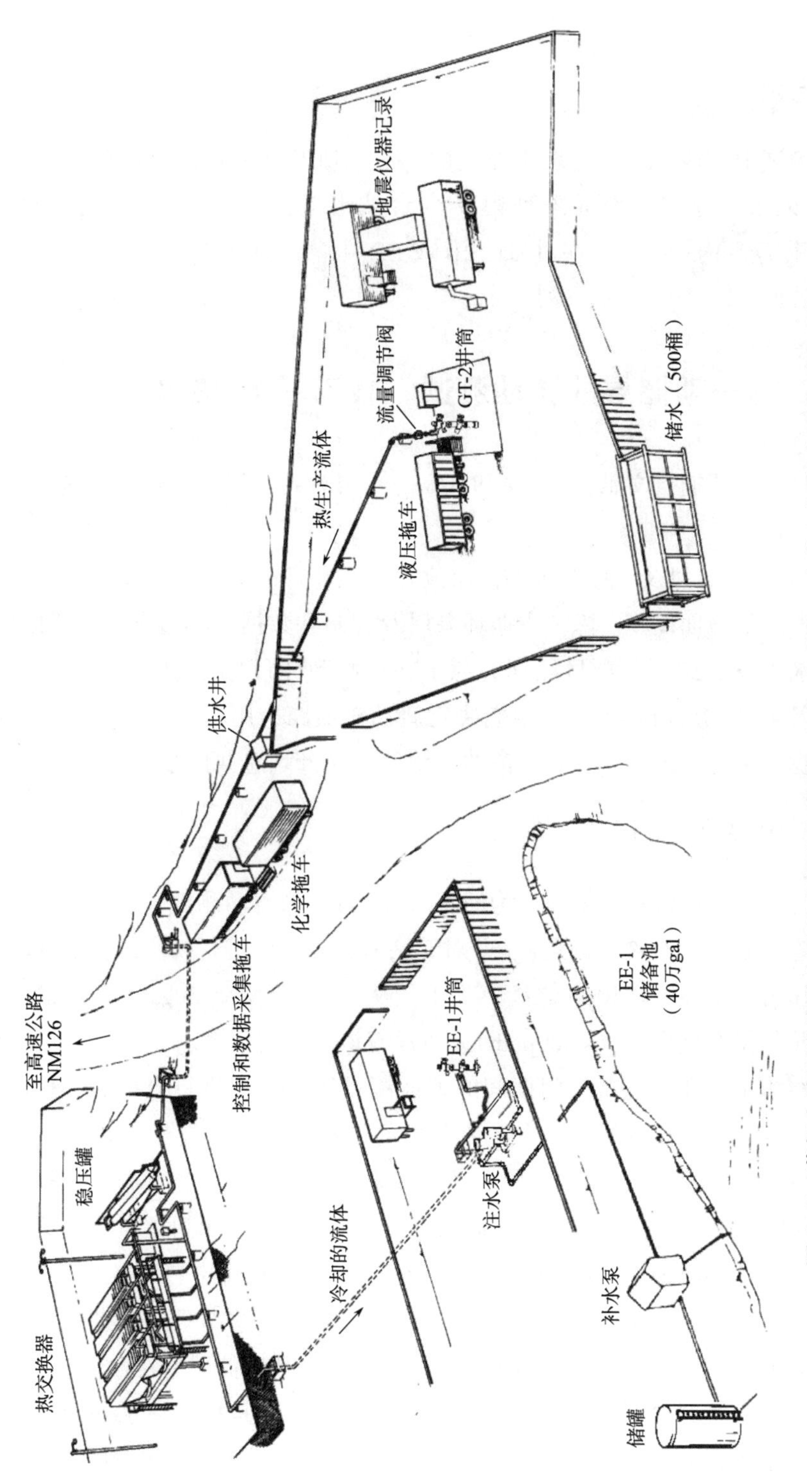

图4-6　芬顿山地面设施的主要组成部分和结构（1977年秋天，在第一期流动测试开始之前）。

资料来源：Tester and Albright，1979

器的流体管线。其中有大量复杂的化学分析设备，将会连续使用超过 15 年，直到长期流动测试结束。

地震仪器和记录

在第一期测试中，这些拖车是地震监测的核心。所有地面地震台以及井下地震检波器的信号都记录在这里。地面阵列由 9 个台站组成，在距离 EE－1 井口约 2mi（3.2km）的半径范围内；此外，在对 GT-2B 或 EE-1 泵送时，通常会在另一个井中安装一个地震检波器。

第一期储层的流动测试，1977—1978 年

本节中的信息主要摘自文献：Tester 和 Albright（1979），以及干热岩地热能开发计划（1979）。

随着 GT-2B 完井，以及一些初步的储层流动测试和咨询的完成，安装并检查了封闭式能源提取回路的地面设施。除了主循环泵以及控制和数据采集拖车的最终配置外，一切都在 9 月前准备就绪了。项目经理们急于在本财政年度结束前（1977 年 9 月 30 日）报告一次重要的储层流动测试，他们决定启动该回路，用租来的泵设备和临时组装的控制和数据采集拖车进行干热岩示范的初始部分（计划总共持续 1 万 h）。

运行第 1 段：1977 年 9 月

此段也称为第 176 次试验，是一个为期 4 天（96h）的流动测试，旨在对闭环采热系统做初步检查（预计会有许多问题），并对储层的流动特性进行初步评估。在 4 天的测试中，注入压力在 1000~1350psi 之间，失水量从 86gal 下降到 30gal，产出的液体中的溶解固体总量保持在低水平（<400ppm），也没有诱发地震活动。

通过对运行第 1 段几次流量关闭期间的地面测量压力变化进行分析后，得出储层系统的流动阻抗有两个主要分量和一个次要分量的结论。主要分量是：（1）通过主节理（即干热岩储层的最简单形式）的阻抗称为本体阻抗；（2）在一个或多个节理将 EE-1 主节理与生产井筒连通的高应力和限流区域的阻抗，称为近井筒出口阻抗。在第 1 段期间，本体阻抗为 3.7psi/(gal/min)[0.4MPa/(L/s)]，而近井筒出口阻抗范围为 7.3~11psi/(gal/min)[(0.8~1.2MPa/(L/s)]（注：在十多年后对多节理第二期储层的测试中也会发现，近井筒出口阻抗高于本体阻抗，证明这是干热岩储层的特性）。

整个储层流动阻抗的次要分量，称为近井筒入口阻抗，是指从注水井筒进入储层本体，通过连通节理的最初几米时的流动阻抗。这种阻抗最初是很小的［大约 1psi/(gal/min) 或更小］，但随着注入的冷流体不断诱发已经被压力膨胀的入口节理的热收缩，这种阻抗甚至小到几乎无法测量。

在测试结束时，在生产流速为 100gal/min 和出口温度为 130℃的情况下，生产的热功率已上升到 3.2MW。运行第 1 段首次证明了能够高效地从人造干热岩储层中采热。此外，它提高了人们的期望，即在系统的持续闭环运行中不会遇到重大问题。

10 月 11 日和 12 日，在运行第 1 段之后，Dresser-Atlas 公司使用声波固井质量测井和放射性碘示踪剂对 EE-1 底部套管固井状况进行了检测。他们发现，在大约 9000ft 以下几乎完全没有固井信号，几乎所有的注入流量（>90%）都是通过 9050ft 处的节理，再通过套管外面的环空流道，离开 EE-1 井眼的，这支持了以前对 EE-1 井中分流的许多测量结果（例如，见第 3 章中的第 122A 次、129 次和 156 次试验）。

运行第 2 段：1978 年 1—4 月

这是一个 75 天的低回压闭环作业，首次真实地评估了由单一近垂直节理（当时第一期储层的结构形态）主导的压力膨胀节理网络的热和流动特性。通过 EE-1 将水注入储层，注入压力从 1200psi（第 5 天）到 870psi（第 72 天）不等，然后通过 GT-2 生产井回收。回收的热水通过水与空气热交换器冷却至 25℃。在此基础上再加入一定量的补给水，以补充因渗透到围岩中而从储层中流失的水。最后，将这些水再重新注入 EE-1。

图 4-7 显示的是 GT-2B 在 8530ft 处的储层生产温度的变化情况。在第 2 段的 75 天里，该温度的下降（速率）相当明显：从初始值 175℃下降到 85℃。

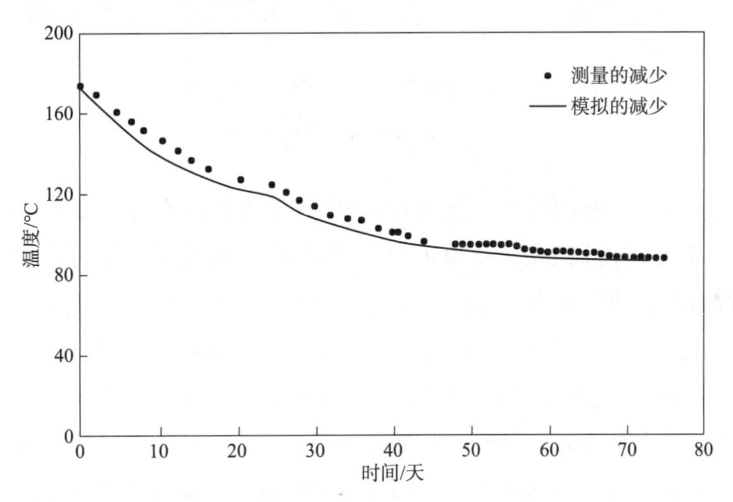

图 4-7　在运行地 2 段期间，在 GT-2B 井 8530ft 处测得的储层生产温度的变化。图中还显示出根据恒定节理面积 86 000ft² 得到的储层热衰减模型。

资料来源：Testerand Albright，1979

此时，正在开发几个数值模型来估计储层的传热表面。其中之一认为图 4-7 的衰减曲线对应于一个约 86 000ft²（8000m²）的传热表面。如果我们假设（1）EE-1 和

GT-2B 之间有一个几乎直接连通的单一流动节理，以及（2）一个大致为矩形的节理，入口在 EE-1 的 9050ft 处，出口在 GT-2B 的 8769ft 处（即高度为 281ft），这种规模的传热表面（一侧）将意味着可用节理宽度约为 300ft。

图 4-7 中模拟的热衰减曲线与整个 75 天的实测曲线非常接近，这表明在此次试验中，有效传热表面保持不变，沿冷却节理表面的热应力开裂对它影响不大。

运行第 2 段期间产生的净热功率如图 4-8 所示。它表示从储层岩石向节理中流动的流体传导的热量（s），减去从井眼周围岩石向地表流动过程中损失的热量。在测试的最后 28 天里，净热功率平均约为 4.3MW。

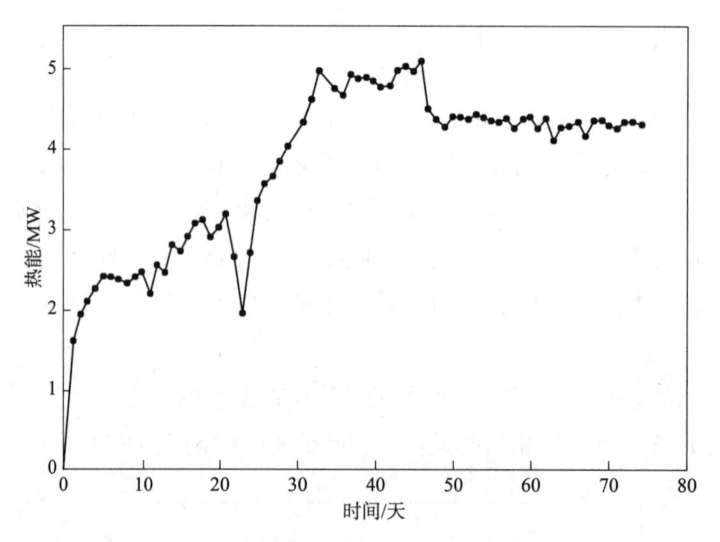

图 4-8　运行第 2 段期间的热能生产。

资料来源：Tester and Albright，1979

第一期储层令人困惑问题之一就是 GT-2B 井眼的流动连通太复杂。在运行第 2 段期间，在 GT-2B 生产层段 8530~8900ft 之间进行了 58 次温度测量（当测温仪器不测温时，它就“停放”在 8530ft 处，就在最浅生产层的上方，连续记录储层混合平均生产温度）。图 4-9 显示的是其中的 3 次温度测量结果，分别是在开始热能生产后的 7 天、12 天和 16 天进行的。它们表明随着流动测试的进行，流入口如何变化或发展。例如，8769ft 处的主要流动连通似乎随着时间而增加，在 2 月 13 日的测量中这一现象更加明显；在这 3 次测量期间，较高的流量入口（8620ft 处）仅略有增加；8670ft 处[1]的异常（高温、低流量）流体入口在调查的 9 天内基本没有变化；在 2 月 13 日的温度分布图

[1] 事实上，它的存在几乎没有改变沿井筒向上流动的混合平均温度，这表明该入口的流量非常低。

上，一个或多个流动入口再次显示是在井底附近❶（此外还有一个较冷的全新流体入口，可能是在 8820ft 处形成的）。换句话说，在仅仅 16 天的生产后，就可以看到 GT-2B 生产层的流动连通发生了相当大的变化，至少有 4 个节理连通。这些变化大部分可能是由于 EE-1 的持续加压流动所造成的。

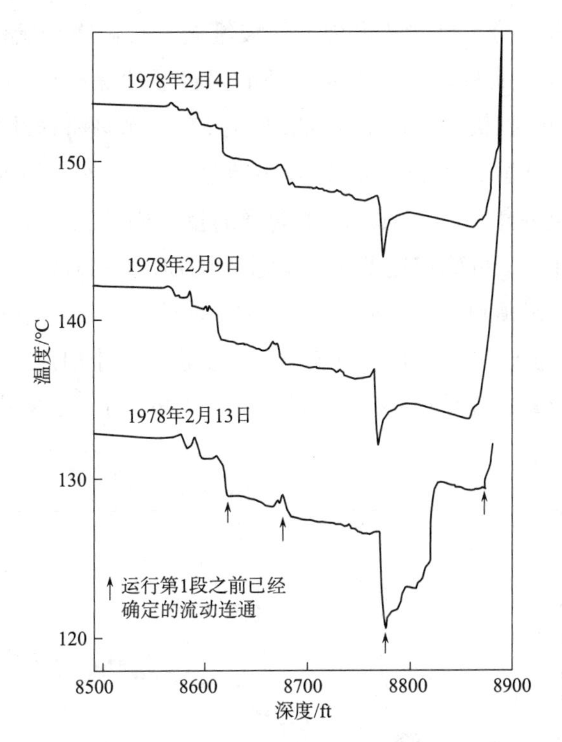

图 4-9　运行第 2 段的早期，在 GT-2B 的裸眼段做的 3 次温度测量结果。

注：改编自 Tester and Albright，1979

考虑到离 9050ft 处的节理很近（图 4-5），在 75 天的流动测试结束时，运行第 2 段的冷却效应可能延伸到储层区域的大部分，导致热收缩，因此可能造成一些冷却诱导的节理开口。

正如休·墨菲关于 2 号运行段报告（Tester and Albright，1979）中所指出的那样，即使粗略地看一下这些温度测量结果，人们就能得出结论：储层和生产井之间的连通非常复杂。如前所述，这种复杂性表明，将 9050ft 处的 EE-1 节理与 GT-2B 生产层之间连通起来的是一系列近垂直低开启压力节理，而不是一些项目员工所推测的一组 30° 倾斜的高开启压力节理（图 4-5）。

❶　显然，GT-2B 的三次温度测量都没有达到其完钻深度 8907ft 处，这可能是为了避免仪器在底部硬着陆时损坏的风险。因此，井底附近水流入口的深度不容易确定，可能位于 8880ft 处的那个（在 2 月 13 日的测量中很清楚地看到的）是个例外。

在此段运行期间中，在地表环路❶周围的一些位置对循环流体进行了采样，并在整个75天内仔细监测其地球化学数据。结果是反常的。如图4-10所示，在整个测试过程中，采出液中的二氧化硅含量普遍增加，而储层生产温度（图4-7）则下降。这样的流体地球化学行为表明，少量与主节理流动无关的热饱和流体流入了GT-2B，其他溶解物（钙、镁、锂、钠、钾、氯化物、碳酸氢盐、氟化物和硫酸盐都随时间增加）的浓度曲线也支持这一推断。这种流体循环的路径显然保持或接近初始储层的温度，并有很大的接触面积。据推测，位于9650ft处的EE-1节理将这部分热流体输送到GT-2B的生产流体中，通过一条长而曲折得多节理路径，在大约8670ft处进入GT-2（图4-9）（注：将近一年后，随着EE-1套管的重新固井，封闭了作为进入9050ft处节理的主要通道的环空，可确定这条次流动通道是EE-1和GT-2B之间唯一的连接）。

开发了一个模型来预测二氧化硅浓度与时间的函数，假定有5%的GT-2B生产流量持续通过这个次级流道进行再循环（5%的数值得到了对EE-1温度测井结果分析的支持，测井是在运行第2段结束19天后进行的，见下文）。二氧化硅的“预测”曲线如图4-10所示。

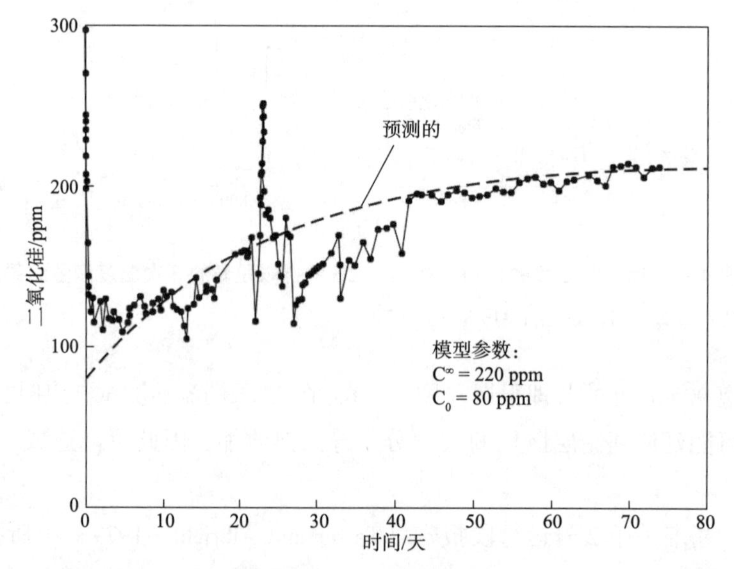

图4-10　在运行第2段期间，测量和模型预测的产出液体中的二氧化硅浓度。

资料来源：Tester and Albright，1979

最近对相关试验数据的重新分析表明，与GT-2B相连的可能的次级流道首次变得明显，是在165次试验之后，温度测井结果不仅证实了8769ft处的主要节理交汇点，而且还显示了在大约8670ft处有一个小而热的流体入口。3次连续的GT-2B温度测井

❶ 采样地点分别是GT-2井口、热交换器的输入口、注入泵补水管道上游处和EE-1的输入口。

结果（图 4-9）也再次显示出这一流动路径，即一个微小但反复出现的阶梯式温度上升和随后的下降，大约为 3℃。此温度脉冲可能表示井筒与节理的交汇处，由此连接这个小的次级流道，并表明是以几乎恒定的速度和温度流入。图 4-9 的 3 条温度测井曲线也显示，刚好在生产区间上方的 8530ft 处，测量的储层混合平均生产温度随时间而下降（分别为 154℃、142℃和 133℃）。

在运行第 2 段结束 19 天后，EE-1 的温度测井确定了那些主要的流体入口，但也确定了几个无关的、容易混淆的流体入口区域（图 4-11）。遗憾的是，正如经常观察到的那样，温度下降并不总是意味着大量冷水的流入。在某些情况下，小的温度降低可能是由于冷流体长期渗透到节理（或一段节理）中引起的，当那些单个节理被比围岩基质更易渗透的次生矿化物填充时，就会发生这种情况。

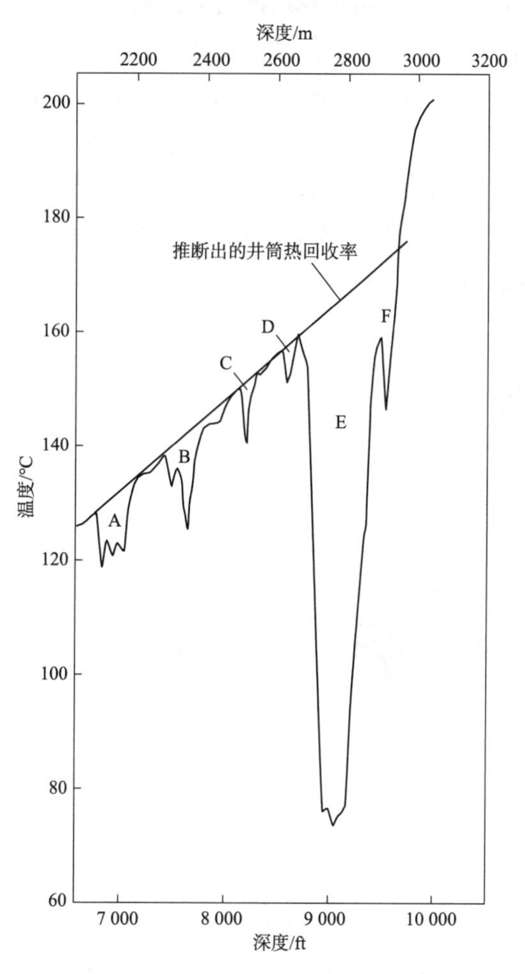

图 4-11　1978 年 6 月 2 日，运行第 2 段结束 19 天后，在注入井（EE-1）中测得的温度曲线。凹陷“E”是在 9050ft 处进入节理的主要流体入口。

资料来源：Tester and Albright，1979

图 4-11 所示的温度曲线说明的是这一现象。异常 A 和 B 分别是在套管外面的开放环空中和位于 7900ft 处的固井顶部之上。没有明显的环压或流动（环空向地表的大气开放），很难解释这些异常现象，只能说是以前井筒测试假象，尤其是受到 75 天注入井的降温影响，温度恢复可能并不总是均匀的。异常点 C 和 D 出现在套管固井良好部分的后面，在那里，即使有的话，流动也会是最小的，压力为零，表面流出量非常少。

相比之下，9050ft 和 9650ft 处的两个异常（分别为 E 和 F）代表着与主要节理相关的真正流动引起的凹陷，这些已识别出的节理与 EE-1 相交。温度凹陷 F 的估计流量分数是 5% [注意此凹陷的尖锐程度，表明与井筒相交的是一个单一的节理，而两个上部的温度异常（A 和 B）都出现在长约 400ft 的井段，这对于单个节理交汇点来说太宽了]。

如图 4-12 所示，储层的流动阻抗在逐渐增加，从第 2 段开始时的 13psi/(gal/min) [1.4MPa/(L/s)]增加到第 8 天的最高值 15.5psi/(gal/min) [1.69MPa/(L/s)]；而在其余的测试部分，总体是有所下降，最终值为 3psi/(gal/min) [0.3MPa/(L/s)]。这些阻抗值是通过 EE-1 的注入压力和 GT-2B 的生产压力（均在地表测量）之间的差值除以生产流速得到的。然后对结果进行浮力校正，即注入井中的积分平均流体密度与生产井中的积分平均流体密度之差乘以平均储层高度，再转换为 psi（这种修正，在运行第 2 段开始时达到+260psi，到第二天迅速下降到大约+120psi，然后保持不变，直到第 75 天测试结束）。

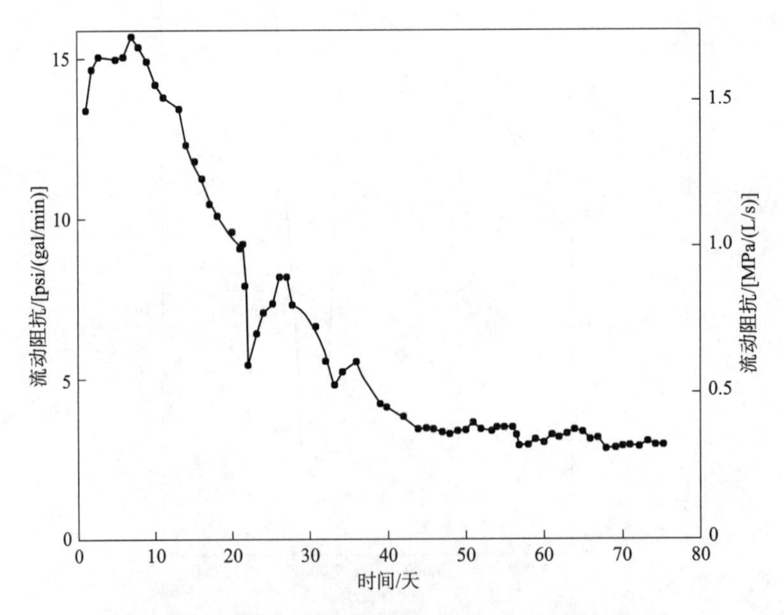

图 4-12 运行第 2 段期间的净流阻（经过了浮力校正）。

资料来源：Tester and Albright，1979

将图 4-12 中的流动阻抗分布图与图 4-7 中的生产温度分布图做对比，可以发现储层阻抗与温度之间存在很强的相关性。最有可能的解释是，主要流动节理在冷却过程中扩张了，特别是在连接它到 GT-2B 的那些节理与井筒相交的地方（近井筒出口阻抗）。

流动阻抗在运行第 2 段期间出现了一些阶梯式变化。其中最大的变化发生在第 22 天，如流动阻抗曲线（图 4-12），以及温度和功率曲线（图 4-7 和图 4-8）。阻抗突然下降 4psi/(gal/min)，使得 GT-2B 的生产流速几乎翻倍，需要关闭整个地面系统 3h 多。在这一阻抗下降之后（这归因于节理面的轻微剪切位移，可能是由于冷却时有效节理闭合应力的降低），花了许多小时才使流动回路重新顺利运行。流速、补水压力、热交换器上的百叶设置和节流阀设置都必须重新调整。

计划是在整个运行第 2 段，将 EE-1 的注入压力保持在 1200psi（略低于节理闭合应力）。然而，30 天后，流动阻抗已经下降到这个程度（图 4-12），使得泵不能再维持这个水平的注入压力。从此刻起，试验以恒定的注入速度（230gal/min）运行，GT-2B 处以恒定的 250psi 的回压运行，由此产生的压力曲线如图 4-13 所示。

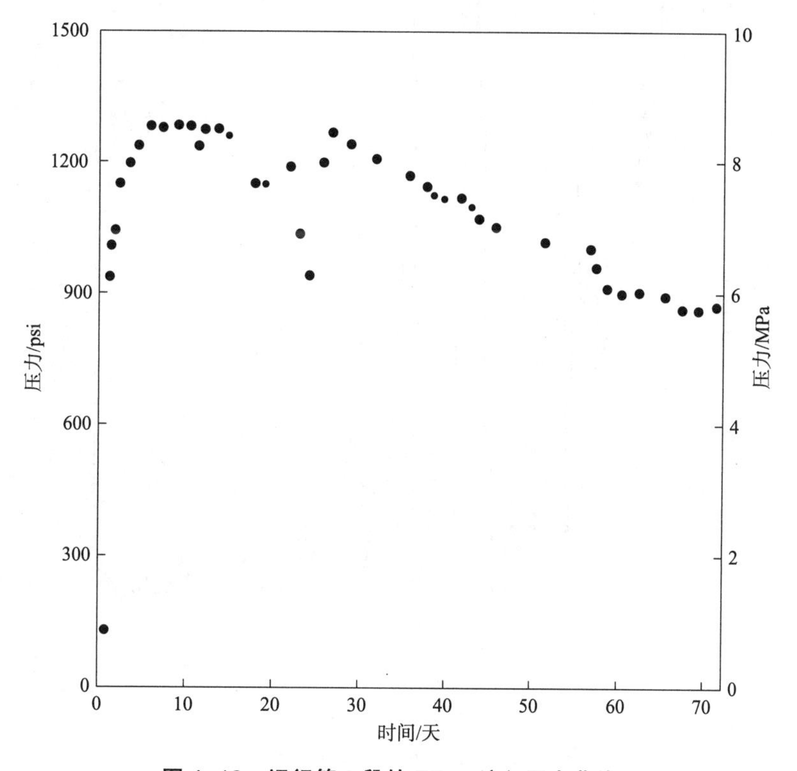

图 4-13　运行第 2 段的 EE-1 注入压力曲线。

注：改编自 Tester and Albright，1979

整体流动阻抗的第一分量，即本体阻抗，是通过假设压力扩张节理的孔径恒定为 0.2mm 来计算的。这一假设取决于整个节理本体的压力下降幅度不大（也就是说，在 GT-2B 从入口到出口附近，通过那些互通节理的流线迅速收敛到这些节理与井筒的交汇点处）。测试结果是大约 3psi/(gal/min)[0.3MPa/(L/s)]，这与运行第 1 段为该部分推导出的3.7psi/(gal/min)[0.4MPa/(L/s)]的值相当接近。因此，很可能在第2段的早期，在冷却效果达到近井筒出口阻抗区域之前，第9天观察到的整体流动阻抗约为15psi/(gal/min)[1.6MPa/(L/s)]，其中包括3.0psi/(gal/min)的本体阻抗和12psi/(gal/min)的近井出口阻抗。

图4-14显示，在运行第2段期间，第一期的早期储层（基本上是一个节理）的失水持续减少，因为从节理压裂部分的边缘扩散慢慢减少了❶。储层失水本来就是一个高噪声的测量方法，因为它是由注入流速减去生产流速来计算的，这两个量都很大，而且为了维修水泵或其他地面系统部件，还不得不经常停泵，使得测量变得更为复杂。运行第2段开始时，随着对主节理的再加压，显示的失水率等于注入速率230gal/min(损失100%)。但在测试结束时，失水率已降至了2gal/min，不到注入速率的1%。

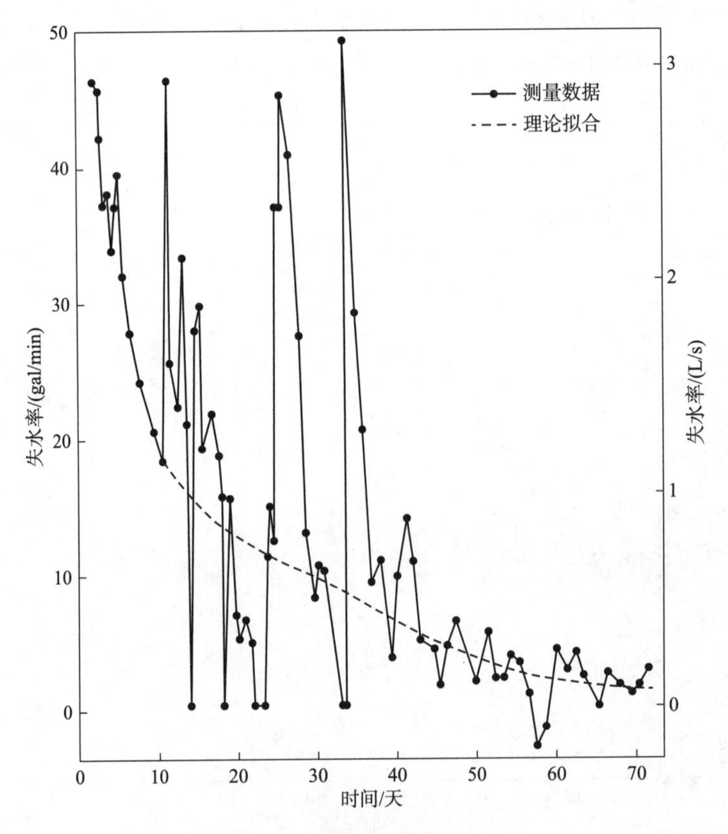

图4-14　运行第2段期间的失水率。

资料来源：Tester and Albright，1979

在运行第2段期间，产出流体的化学成分是良性的。在测试结束时，固体溶解总

❶ 然而，需要注意的是，如果EE-1的注入压力保持在略高于节理闭合应力的水平，那么在其距离EE-1的9050ft交汇处最远的区域，主节理将会继续缓慢地压裂扩张(延伸)，从而导致更高的失水，即一些“失掉”的流体储存在了不停地扩展的节理中(即一个不断扩大的储层区域)。

量为 2000ppm，地面流动设备中没有结垢的迹象。在这段运行过程中，现场也都没有诱发可测量的地震活动。然而，正如之前所指出的（图 4-7），产出水的热衰减相对较快，从 175℃ 降至 85℃，这表明储层内的有效传热表面积很小，约为 86 000ft^2（8000m^2），而且基本上局限于连接 EE-1 和 GT-2B 的单一节理。

在运行第 2 段结束时，在 EE-1 套管外形成了一个小的环空旁通流。虽然估计小于 1gal/min（当时认为不是很严重），但这种流动表明套管固井水泥开始恶化，并预示着计划的重大变化。

注：在关于运行第 2 段的报告中，作者意识到了裂缝系统的几何、热和化学性质之间的关系非常复杂，评论说“至少就我们现在掌握的储层性质的信息而言，一个与所有数据均符合的独特模型并不存在”（Testerand Albright，1979）。

运行第 2 段：里程碑

1977 年，历时 75 天的运行第 2 段是干热岩系统首次成功运行。超过 4MW 的热能产量，对这次闭环循环测试来说虽然不算高，但最终证明了干热岩地热能概念的可行性。

在这次成功的现场示范之后，能源部指示要将该项目推广到全国范围。项目命名为干热岩地热能开发计划，将由洛斯阿拉莫斯管理（HDR，1979）。

除芬顿山项目外，新的国家干热岩计划将会包括所有其他干热岩开发和支持活动（如仪器仪表、干热岩勘探技术和经济研究），以及美国其他地方的所有干热岩相关项目。

扩大后的项目的一项关键活动就是要选择第二个干热岩试验地点，其在地质和地理上都要与芬顿山不同。美国能源部地热能部门认为，开发这样的第二个地点是必要的，以建立：

（1）芬顿山采用的干热岩储层开发基本技术（对有节理的致密岩体的压裂）也能应用于其他类型的热基岩；

（2）干热岩系统临近年轻的硅火山并不是干热岩概念成功的先决条件。

运行第 3 段：1978 年 9—10 月

此段也称为第 186 次试验，或高回压流动试验，其目的是要确认或驳斥唐 · 布朗的主张，即对生产井施加非常高的回压，从而将连接 GT-2B 井节理内的流体压力提高到高于节理闭合应力的水平，这样就有可能显著降低储层的流动阻抗（这一论断就是承认储层主要由一个近乎垂直的单一节理组成）。项目经理们为第 186 次试验又增加了第二个目标：确定在高回压条件下的运行是否会增加有效传热表面。

运行第 3 段只持续了 28 天，EE-1 井中形成的旁路通过和围绕劣质的套管固井，开始从表面环隙流出了大量液体，因此不得不缩短了此段作业。但是在这短暂的四个星期，EE-1 恒定的回压为 1400psi，注入压约为 1330psi 的情况下，不仅节理的整个流动阻抗急剧下降，而且使阻抗下降的最大因素是几乎完全消除了压力引起的近井出口阻抗。

如图 4-15 所示，运行第 3 段的整体流动阻抗随时间的变化是由测量和计算的浮力数据联合确定的。在第 2 天达到 2psi/(gal/min) 的峰值后，随后的流动测试中阻抗都一直在稳步下降，第 28 天达到 0.5psi/(gal/min) 的最终值［第 2 段第 28 天对应的数值为 7psi/(gal/min)，要大 14 倍!］。这些阻抗结果是个真正的"大开眼界"！它们清楚地证明，在高回压条件下作业能够显著降低近井出口阻抗。在运行第 2 段的早期，此分量约占总流量阻抗的 80%［即在第 2 天，15psi/(gal/min) 中的 12psi/(gal/min)］。当生产井回压提高到节理闭合应力以上时，节理与 GT-2B 井交汇处的应力诱导的夹断几乎完全消失。

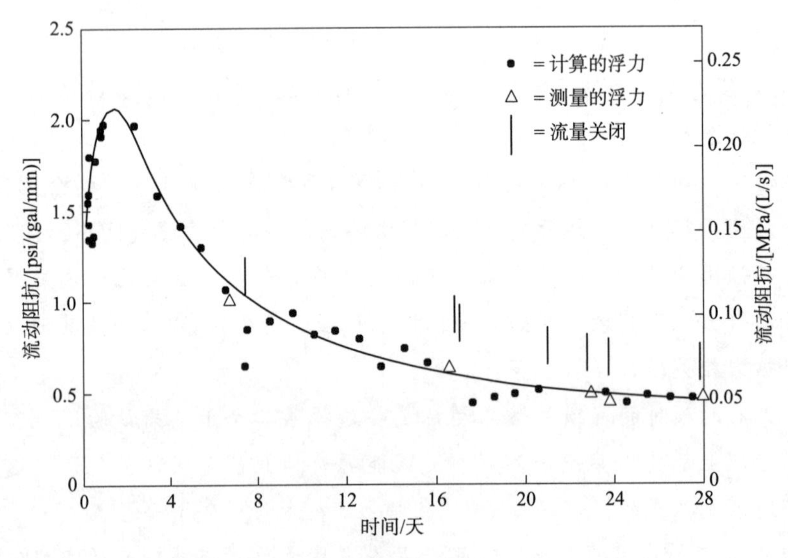

图 4-15　运行第 3 段的流动阻抗（经过了浮力校正）。

资料来源：Dash et al.，1981

这些结果进一步证实，没有必要像图 4-5 中所描述的那样，假设一组 30°倾角的紧闭连接点（注：一些仍然坚持这一概念的项目员工试图用它来解释运行第 2 段的高出口阻抗。然而，如果 EE-1 节理和 GT-2B 井筒之间，仅仅是通过一组 30°倾角节理来连通，按照图 4-5 所示的那种概念，那出口阻抗将会要高得多）。

图 4-16 显示的是第一期储层修订后的概念模型，根据的是运行第 2 段和第 3 段的试验数据。图 4-5 所示的模型特征仍然有效，除了用一组走向约为 N27°W 的近乎垂直节理来取代假定的 30°倾斜节理。如图 4-9 所示，朝 9050ft 处 EE-1 节理的方向倾斜，

这些节理与 GT−2B 井筒在 3 个最重要的深度处连接，分别为 8620ft、8769ft 和 8900ft（其中最深的代表着从 8880ft 到刚低于 8900ft 的不同测量值），在其他深度，也可能与 GT−2B 井筒相连。这样一组 N27°W 走向节理的存在至少得到以下观察结果的支持。

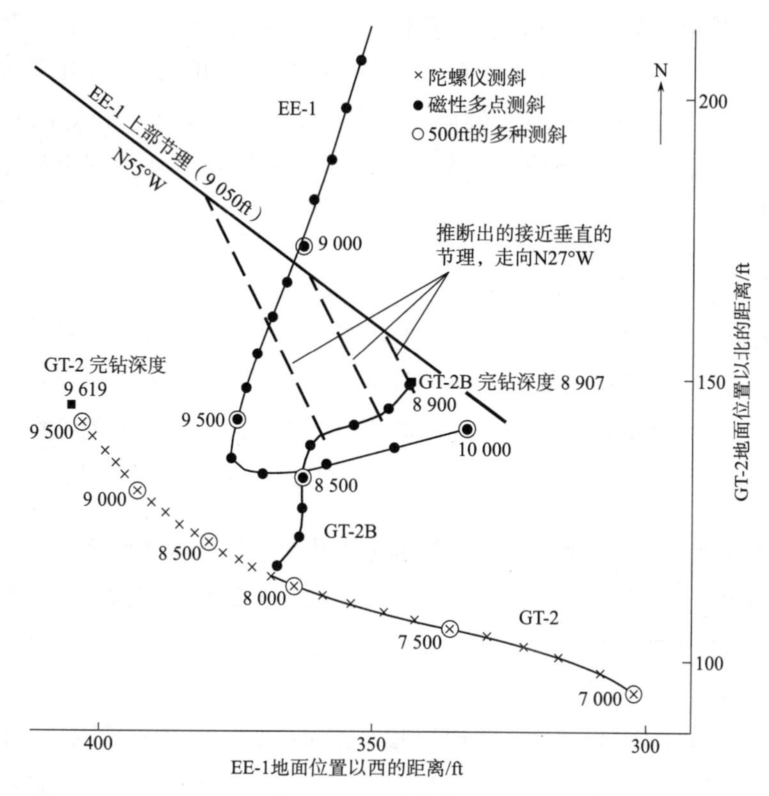

图 4−16 运行第 3 段完成后得出的单节理第一期储层的平面概念图。

- 9050ft 处的 EE−1 节理和 GT−2B 的裸眼段之间有多个连接。
- 此前，在靠近 GT−2 底部附近发现了一个 N27°W 走向的节理，位于第一期储层附近，深度大致相同（见图 3−25 和图 3−34）。

需要注意的是，从 9050ft 处的节理通过最深的 N27°W 节理，到 GT−2B 井筒的横向距离只有大约 10ft，这是一个非常短的低阻抗流动连通。

注：随着我们对干热岩储层理解的加深，一些项目员工开始意识到，在较低的储层工作压力下，并不是所有压裂区域的岩石都能很容易地接收到循环流体。这些不容易接近的区域包括：膨胀节理的远边界处；与节理相邻的岩石，其打开压力高于储层运行压力；以及远离生产井的区域，因此不会被循环流体充分“波及”。这就产生了储层循环可及部分的概念：这部分压裂区域与低压循环流体保持着良好的热连通。

在运行第 3 段期间，GT−2B 井底 8500ft 处的生产温度从 135℃下降到 98.5℃，这与节理一侧 86 000ft^2（8000m^2）的有效传热表面一致。换句话说，高回压作业并不像一些人所预期的那样，增加了储层循环可及区域的规模。其平均热能产量为 2.1MW，而运行第 2 段为 3.1MW。

从运行第 3 段得出的一个主要结论是，在 1976 年中至 1977 年 3 月期间，在重钻 GT-2 之前（参见第 3 章），对 EE-1 的各种压裂仅仅是先打开了一个天然节理，然后又延伸了该节理，现在则已经有效地连通了 EE-1 和 GT-2B。此节理几乎与最小主地应力正交，其方向近似为 NE-SW。然后，在第 3 段期间，应用了注入压力 1330psi 和回压 1400psi，足以顶开整个节理（可能也接近打开图 4-16 所示的那组相连的倾斜节理所需的压力）。

注释

当先前打开过的节理内部的流体压力接近其闭合应力时，随着先前的粗糙接触面越来越多地分离开，节理变得越来越容易渗透。因此，节理从紧密闭合状态到完全张开状态，这是一个渗透性不断增加的连续过程。事实上，现场（不是实验室）的试验表明，在流体压力超过闭合应力时，节理就会继续膨胀，进一步压缩围岩。

冷水注入井（较高的流体密度）和热水生产井（较低的流体密度）之间的密度差在整个储层产生了一个负压差，这是一种浮力驱动力，提高了有效泵压。如果能够通过泵送以外的其他方式（如注入高密度盐水）来维持节理打开压力，那么仅通过浮力驱动就能实现储层的自然循环。

图 4-17 显示的是在运行第 3 段和第 2 段结束时在 GT-2B 中转子流量计测量结果的比较。第 2 段的结果显示有 5 个流动入口，沿生产层段均匀分布；其中最深的入口两个位于 8880ft（也由 2 月 13 日的温度测井结果所确认，如图 4-9 所示）和完钻深度 8907ft 处，几乎占总流量的 40%。相比之下，在第 3 段（1978 年 10 月 12 日）的高回压流动条件下的结果显示，约 70% 的流量是通过这两个最深的节理交汇处进入（注：显然，由于井底深度为 8907ft，本次测量存在一定的深度误差[1]）。其余 30% 则是通过其他连接节理在 8850ft 深度以上进入。似乎是高回压运行改变了 GT-2B 的那些流动连通，实际上关闭了 8769ft 处在运行第 2 段期间很重要的流入口，但同时明显打开了在 GT-2B 底部附近的那些流入口。

考虑到第 3 段的流动阻抗消失，图 4-16 所示的那些节理一定是表现出直接节理连通的特性。也就是说，它们的闭合应力彼此相似，但略大于 EE-1 节理的。这种行为反过来又意味着它们几乎是垂直的，走向与 EE-1 节理的走向偏移几十度左右。在第 2 段测试结束时的转子流量计测量结果显示，至少 5 个连通节理之间的水流分布相当均匀，

---

[1] 各种测井方法测得的与 GT-2B 连接的那些节理交汇点深度的这些和其他一些差异（例如图 4-9）是由于（1）不同回次测井时电缆伸展程度不同，（2）所使用的测井仪器的质量不同，以及（3）井中电缆的拖拽程度不同。对于同一井的特性，不同的测量结果有多达 30ft 的变化。

这反映出当时储层的真实复杂性。

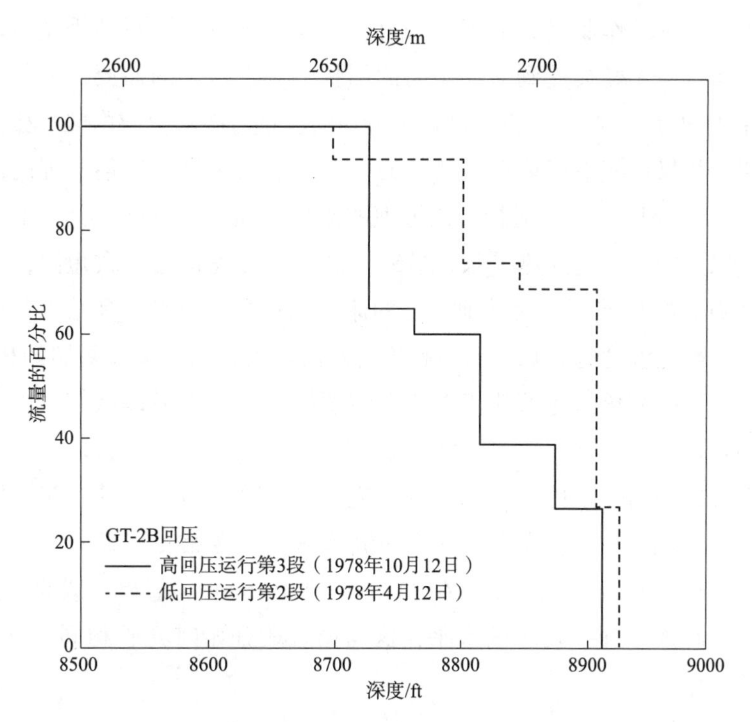

图 4-17　在高回压条件下（运行第 3 段）与低回压条件下（运行第 2 段）GT-2B 生产流量分布的对比。

注：改编自 HDR，1979

随着套管固井质量的持续恶化，EE-1 的环空旁通流量一直在稳步增加，导致运行第 3 段的提前结束；到第 28 天测试终止时，旁通流量已经达到 5gal/min 的水平。

运行第 1 段至 3 段：一般观察结果

三年前（1975 年 10 月）套管固井作业质量不佳，不仅使 EE-1 出现环空旁通流，而且还开辟了一条通向 9050ft 处节理的主要流动通道，最终将压裂作业的重点转移到了该节理上。如果固井作业完好，要与 GT-2 建立流动连通，那么 9650ft 处的 EE-1 节理就该是压裂的主要目标。如果这样做的话，第一期储层无疑就会能更快地开发出来，而且开发方式也会大不相同，可能并不需要重钻 GT-2。如果从图 3-34（第 3 章）所示的平面几何图形中删除掉 9050ft 处的节理，就可以直观地看到一些可能的策略。与重钻 GT-2 昂贵耗时不同，更好的策略应该是以更高的流速和压力，用更长的时间，反复地注入 EE-1 和 GT-2 井。以这样的策略最终能制造出一个由多个相通的节理组成的储层，而不是几年后创建的那个较深的第二期储层（见第 6 章）。

在运行第 3 段期间取得了非常低的流动阻抗，对于理解地应力和流体压力之间的相互作用对热结晶基底中的节理的控制非常重要，同时这反过来又决定着储层的生产力。然而，从长期干热岩发电的角度来看，这并不是一个完全有利的成就。在如此低的阻抗下，为下一阶段作业（第Ⅱ期）设计的储层，即一组平行的垂直节理，如果在高回压条件下运行，无疑会受到流动短路的困扰。对于这样的储层，近井筒出口阻抗高将是“不幸中的万幸”：从本质上将各个节理的流量与冷却引起的热扩张的影响分离开。换句话说，如果那些平行垂直节理中的一个的初始流量比其他节理的流量大一些（多半可能），随着储层的持续运行，该节理的流量增加将会产生比其他节理越来越大的冷却效应，以及冷却引起的热扩张。最终，这样的过程将会导致短路，即大部分流量通过这个“有利的”节理，而其他节理的流量则很少。但是，高的近井筒出口阻抗在很大程度上不会受温度的影响，而会趋于稳定的流动行为，减少短路的机会。此外，这种流动控制方法很简单，比那些正在研究的硬件（如电缆驱动滑套，以及其他一些项目，如控制从注入井到预想的多入口储层的流体流动）要简单得多。

在运行第 2 段和第 3 段进行的示踪剂研究表明，冷却引起的热扩张会影响储层的过流流体体积[1]。该体积（计算为积分平均流体体积）在第 2 段期间的变化范围是从 34 400L 到 56 200L，第 3 段期间则是在 33 100L 到 49 600L。值得注意的是，在第 3 段开始时，流体体积恢复到了较小的水平，这与第 2 段开始时几乎相同，反映出在这 5 个月中储层的热恢复。

EE-1：重新套管固井和重新压裂深层节理（9650ft 处）

由于三年前的套管固井作业质量不佳，在运行第 3 段临近结束时出现了问题，因此决定重新固井 EE-1 套管的底部部分。修复这段固井将会：（1）消除使运行第 3 段过早终止的环空旁通流问题，（2）切断向 9050ft 处节理的流动（该节理是进入第一期储层的主要入口，已经尽可能地进行了压裂；很明显，进一步压裂不会再产生任何明显的储层扩大）。一旦 9050ft 处的节理关闭，计划则是要通过更深的 EE-1 节理来扩大第一期储层。入口和出口之间更大的距离可能会获得大得多的传热表面。

注：结果表明，尽管这样产生的多节理储层确实提供了更大的传热表面，但两井之间失去了直接的节理连通，最终导致 10~15psi/(gal/min) 范围内的流动阻抗［远非运行第 3 段在高回压流动条件下获得的 1psi/(gal/min) 阻抗］。运行第 2 段所显示的，也将会在以后再次看到，在 9650ft 处的 EE-1 节理并没有直接与 GT-2B 相连，而是通过倾斜于此节理的一组节理与之连通，因此流动阻抗要高得多。

---

[1] 在多种测量方法中，采用示踪研究来确定在选定时间内流过储层的流体体积。本书中使用的方法，除了运行第 5 段之外，都是积分平均流体体积。其他方法，以及在干热岩文献中引用的方法，还包括中位数体积和模态体积。因为积分平均流体体积不稳定，后者用在了运行第 5 段，它是示踪剂从进入储层直到在出口处其浓度达到最大值的这段时间内，在储层中循环的示踪剂体积。

EE-1 套管的再固井：1979 年 1 月

1979 年 1 月中旬，对 EE-1 套管底部 600ft 井段重新固井，以堵塞管鞋（9599ft 处）和节理入口（9050ft 处）固井段之间的流动通道。3 年前，由于对 GT-2 井加压时的水流入驱替了固井水泥使得水泥含水，最初这也起到了脆弱的密封作用。但在 1976 年年年初，在压力和温度循环中固井受到了高压水的渗透和侵蚀，然后在第 138 次试验（石英浸出试验）中进一步遭受了水侵蚀和化学侵蚀（该试验的设计者们知道环空中的固井水泥含有 40% 的二氧化硅，应该要意识到用来从节理表面上去除二氧化硅的热碳酸钠浸出液会首先侵蚀套管外面的固井！）。

在重新固井作业中，哈里伯顿设计并测试了一种由 80% 的硅粉来稳定的 H 级硅酸盐水泥，它能够长期保持温度稳定性。为了准备井眼，在裸眼段回填了砂石，距离套管鞋只有几英尺。然后将水泥沿套管向下泵入，围绕着套管鞋，再沿环空向上。继续泵送直到压力显著增加，此时停止泵送，保持套管压力直到水泥凝结。然后钻穿套管中的剩余水泥，将砂粒从裸眼段中洗出。图 4-18 所示为在 EE-1 固井作业前（1 月 8 日）和作业后（1 月 16 日）哈里伯顿所做的固井质量测井结果，表明在 9599 ~ 9050ft 之间环空的黏合度从 0% 增加到 70% ~98% 。经过两个月的反复加压和温度循环，证实 EE-1 井 9050ft 处的注入区已经完全隔离。GT-2 目前唯一的流动连通是正好位于套管下方 9650ft 处裸眼段中的连通。

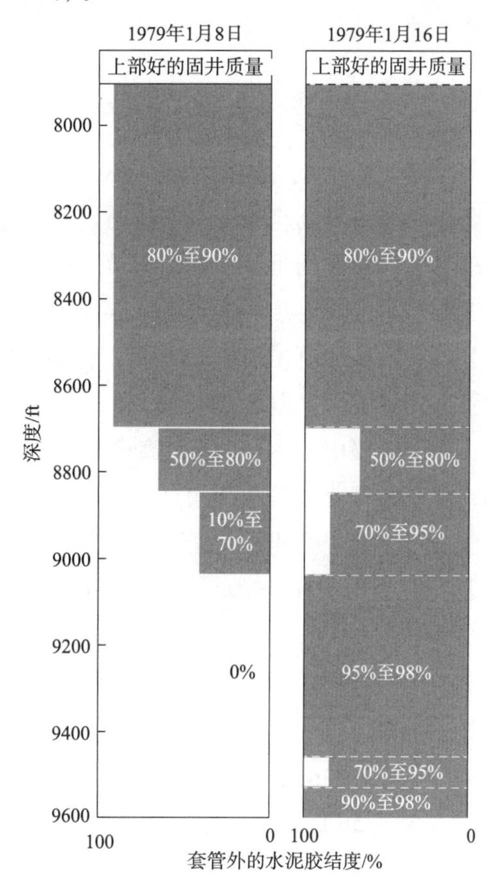

图 4-18　1979 年 1 月在 EE-1 中的水泥胶结测井结果

注：改编自 HDR，1980

1979 年 2 月 14 日，进行了一项放射性溴示踪研究（第 194 次试验），以测试补救套管固井作业的完好性，并定位其余的 EE-1 流动连通。该研究表明在重新固井的套管外面没有发现任何流动迹象，并清楚地显示了9650ft处的主节理。

在进行第194次试验时，发现EE-1和GT-2B之间的循环流动阻抗高得惊人，达到了137psi/(gal/min)［14.9MPa/(L/s)］！这一数值比3年前第106次试验（在激活9050ft处的低阻抗节理之前）的测量值仅低出10%左右。想到从那时起做了这么多的储层开发工作，真希望有一个更好的结果！

在EE-1注入过程中，多次关闭GT-2B来测量压力上升。对GT-2B压力上升的分析表明，EE-1的流体通过同一节理系统进入GT-2B，在EE-1套管重新固井之前，该节理系统在运行第2段期间一直处于活动状态。换句话说，9650ft处的节理也必定是与该节理系统连通了，尽管要通过更长更曲折的流动路径。这一结论由GT-2B加压下的伽马测井得到了证实：在第2段和第3段，通过温度和旋转仪测量，示踪剂出现在那些相同的节理入口。

第203和195次试验：地震活动性和推断出的储层体积

考虑到第194次试验期间测得的高流动阻抗，项目员工意识到需要采取特别的措施，即要在高得多的流速和压力下进行压裂，才能使形状已改变的第一期储层获得合适的流动阻抗（有趣的是，一些高层员工认为这一策略仍然属于大规模水力压裂之类，只是将EE-1井9650ft处以前创建的小型“水力裂缝”向上驱动）。不管对采用这种方法产生分歧有哪些理由，1979年3月，仍对EE-1在9650ft处的节理用当时非常高的流速和压力实施了两次压裂。[1] 通过置于GT-2B 8810ft处的三轴检波器，记录到了地震活动，该位置仅比EE-1注入点高出840ft。

第一次压裂作业（第203次试验）于3月14日实施，主要目标有两个：

1. 测试重新固井作业的完好性；

2. 通过强力压裂在9650ft处与EE-1相交的节理，来降低流向GT-2B的流动连通阻抗。

第203次试验包括大约在6h的时间里，注入该节理约16万gal的水，注入速率保持在10BPM（除了一些由租赁泵设备故障引起的初始瞬时现象外）。注入压力在最初的30min内上升到2800psi，并持续上升，在又1h注入后达到2880psi，然后慢慢下降到2730psi。在泵送5h后，为了修复破裂的压力传感器连接，将系统关闭15min，然后以10BPM的速度恢复泵送，又进行了1/4h。最终的注入压力为2130psi，这是一个显著的下降，可能表明15min关闭造成了无意的压力循环，使得节理几何形状重新组构。在

[1] 该EE-1节理最初于1975年打开。如第3章所讨论的，在EE-1完井之前，一个莱恩斯膨胀封隔器坐封在了9600ft的深度，用西部公司泵对整个裸井段（至10 053ft深度）实施了加压。打开并延伸了一个中心位于9650ft处、走向N54W的节理，注入流速为2.1BPM（5.6L/s），压力达到了2400psi。1976年春天，在EE-1完井后，对这个节理又进行了多次压裂（见第3章中第111次、116次、117次和120次试验的讨论）。

这次测试中，没有任何“裂缝破裂”压力的证据。这清楚表明在 EE-1 的套管鞋下面没有打开任何新的节理（也就是说，9650ft 处的节理只是压力膨胀了，也可能扩展了或与附近的其他节理有了更好的互通而已）。

由于在第 3 段的高回压运行显著地降低了储层流动阻抗，因此在第 203 次试验中试图复制这些结果。然而，糟糕的是，地面上的电缆头密封（GT-2B 深埋检波器组件所需要的）无规律泄漏，有时泄漏速率超过 100gal/min，这使得在稳态高回压条件下无法测量流动阻抗。

在检波器组上安装了一个 Sperry-Sun 高温磁力多点罗盘，以确定检波器的方向；但在预期的井温下，检波器的寿命很有限，在到达时长 5h 就必须将检波器组件拉起并停放在地面附近。

3 月 21 日进行第二次压裂作业（第 195 次试验）[1]，目的是进一步改善井间的流动连通性。由于 EE-1 套管的压力限制为 3000psi，因此注入速率并不是预先确定的（西部公司泵有足够的速率，注入速率可高达 20BPM，也即 53L/s）。为了这次测试，制作了一个压力锁，装在 GT-2 井口，当井筒处于高压状态时，其中的检波器组就会拉起。

第 195 次试验的主要部分是在 GT-2B 关闭的条件下进行的。对节理系统最初以注入速率为 3BPM 实施再加压，然后将速率提高到 16BPM。为了避免超过套管压力极限，只好又将注入速率降低到 12BPM。在注入压力缓慢下降的过程中，该速率保持了 90min，然后又再次提高到 16BPM，重新建立了 3000psi 的注入压力。总的来说，在 6.5h 内向 EE-1 井注入大约 20 万 gal 的液体。

在试验的高压和地震部分完成后，将检波器组件拉回到地面并固定在压力锁中。然后，将注入速度降低到约 10BPM，在地面测量压力为 1400~1500psi 时开始可控地将 GT-2B 排出。当 GT-2B 的生产率高至 100gal/min 时，高回压流动阻抗从 14psi/(gal/min) 慢慢下降到 12psi/(gal/min)。

高回压储层循环的倡导者唐·布朗对这个结果感到很困惑。他认为，如果在 9650ft 处与 EE-1 相交的节理直接连通到了 GT-2B，那么高回压的流动阻抗应该不会超过 1psi/(gal/min)。但它是如此之高，表明一定存在一组节理通过与 GT-2B 相交的那组节理的连通来与 9650ft 处的节理相连。这一观察结果证实了项目员工逐渐对干热岩储层的看法，即干热岩储层是由相互连通的节理网络组成。

在扩大后的第一期储层的生产测试中，失水率约为 75%，其中大部分失水都用在了进一步膨胀和扩展节理系统。

在第 203 次试验期间和第 195 次试验的后半部分，记录了大量的微震活动。如图 4-19 所示，地震活动几乎伴随第 203 次试验的开始，并在接下来的 4.5h 内以较高的

---

[1] 如第 3 章所述，试验并不总是按照提出的顺序（和编号）实施的。

稳定速度持续进行着（到5h之前，必须将检测组件起出，以避免出现与温度有关的问题）。在第195次试验中，地震活动的开始推迟了大约2h，因为第203次试验中压力膨胀和剪切应力缓解了此区域，因而注入首批65 000gal的液体时，无地震地膨胀了该区域。很明显，只有在第二次压裂试验接近尾声时，才恢复了地震活动的旺盛增长（如在第203次试验中所看到的那样）。在这两次试验中，事件的累计数量和发生频率远远超过以往注入试验的记录次数；此外，事件发生的地点与注入点的距离也要大得多。

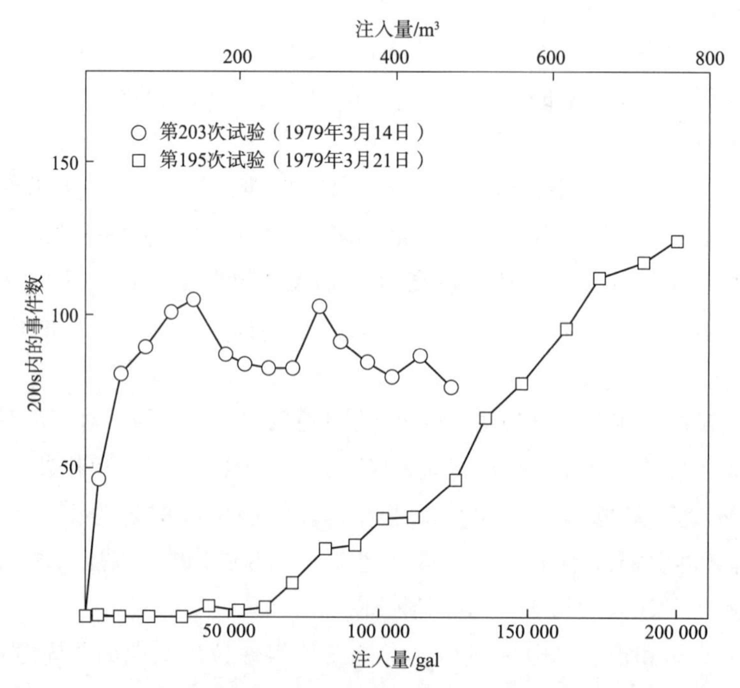

图4-19　1979年3月高速注入EE-1时记录的微震活动（第203次和第195次试验）。

资料来源：HDR，1980

对地震信号的分析表明，从9650ft处的液体进入点开始，压裂区域向上延伸至少到8530ft（2600m）处。这段距离为1120ft（340m），是之前在运行第1段至第3段期间测试的储层区域的3倍多，这表明有效传热表面积也会显著增加。

图4-20是第203次试验中发生的微地震事件位置的水平投影。从对平面投影的统计分析（未显示）可以看出，第203次和第195次试验的微震活动都局限在一个倾斜为85°~89°的近垂直区域。该区域的突出特征是其走向为N15°W。储层区域由多个相互连通的节理组成，其走向是这样的：向中间主应力方向（远离N55°W）旋转40°，就能解释这两次压裂试验为什么都需要更高的注入压力，以及该区域内显著的剪切释放。地震活动的空间进程也支持一个近垂直的几何形状，最早的事件发生在EE-1注入点的附近，然后在这个N15°W走向的区域内向上和向外推进。这些节理与9650ft处

EE-1 节理的 N55°W 走向（约 40°）的倾角比储层早期部分的那些节理与当时活跃的 9050ft 处节理的倾角（10°至 20°）要大。流过这一交汇节理区域的曲折流动产生了“内部”流动阻抗，从而改变了 EE-1 到 GT-2b 的整体流动阻抗，使其显著高于在第 3 段测试的单节理储层区域的数值。

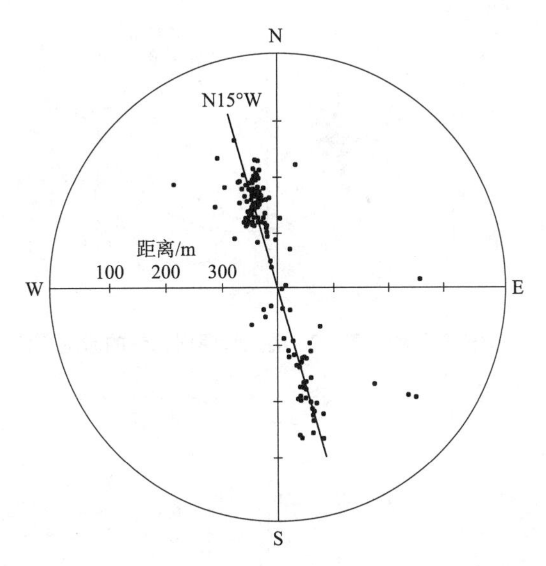

图 4-20　第 203 次试验（1979 年 3 月 14 日）期间记录的微地震活动的水平投影。

资料来源：HDR，1980

如图 4-20 中在一个水平面的投影所示，地震活跃区域的长度约为 500m（1600ft），平均宽度约为 90m（300ft）。有趣的是，EE-1 注入点周围的区域（几乎正好就在 GT-2B 检波器位置的下方，即图的中心处）则是相对平静。

图 4-21a 和 4-21b 代表的是地震活动的垂直剖面：第一视图垂直于活动走向（N75°E 方向），第二视图则沿活动“平面”，方向为 N15°W。这两个剖面图显示，地震活动区域局限于一个半径为 270m，平均宽度约为 90m 的半圆形区域内。该地震圈定区域对应的岩石体积或地震体积为 1000 万 $m^3$❶。假设第 203 次和第 195 次试验期间注入该区域的水全部进入节理扩张区域（16 万 gal+20 万 gal，共 $1360m^3$），地震体积孔隙度为 1.4×10^{-4}。

❶ 在本书中，储层岩石体积仅以 m^3（立方米）为单位；传热表面积则以 m^2（平方米）为单位，或以与 m^2 等值的 ft^2（平方英尺）为单位。

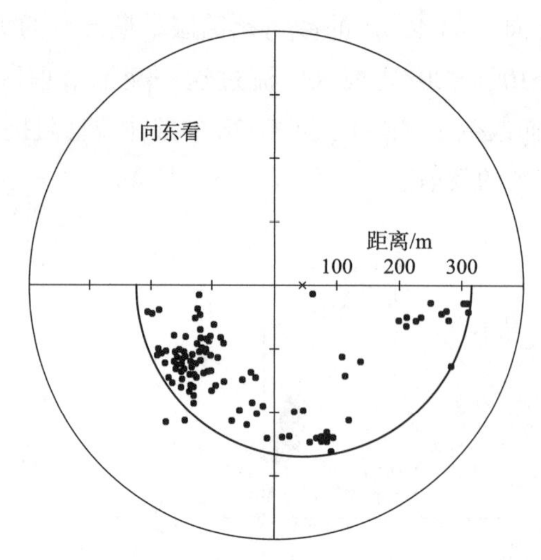

图 4-21a　从 N75°E 方向看，第 203 次试验期间记录的微地震活动的垂直投影。

资料来源：HDR，1980

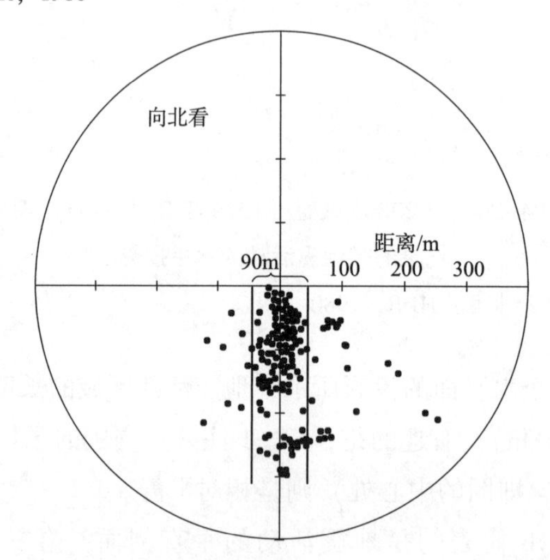

图 4-21b　从 N15°W 方向看，第 203 次试验和 195 次试验期间记录的微地震活动的垂直投影。

资料来源：HDR，1980

衡量干热岩储层的真正度量：岩石体积

前面的讨论介绍了储层体积的概念。对于基本上只是单个节理的早期第一期储层区域，评价的度量是传热表面，即循环流体可以接触到的节理表面积。在多节理的干热岩储层中，体积便成为更重要的度量。循环流体能进入的岩石体积是影响储层产热的最重要参数（现再次回顾一下，此时许多项目员工还没有认识到，在第 203 次和第 195 次试验期间扩建的第一期储层具有多节理特性；他们仍然认为运行第 2 段和第 3 段的储层是由单个的“硬币状断裂”构成的，而那些高流量和高压试验产生的只是第二个更大些的同类型断裂）。

随着对干热岩储层复杂性的理解，我们意识到储层包括两个不同的岩石体积：

（1）地震岩体：它是岩石压裂区，包含初始加压时产生的大部分微地震事件的震源（我们断言，如果没有加压流体的作用首先使节理膨胀，就不会发生节理滑移，这是产生这些事件的机制）。此地震岩石体积与其关联有一个流体体积，这是最初用来压裂（通常在相对较高的压力下）该地震体积的流体体积。

（2）循环可及岩石体积：它是在闭环储层生产过程中（在压力低于用于形成地震体积的压力下），循环流体所能触及的较小的岩石体积。在典型的生产压力下，选用这种压力是为了防止储层增长和降低泵送成本，许多压力膨胀的节理，尤其是那些打开压力较高和位于地震带边缘的节理，则很难获得循环流体。这种循环可及的岩石体积，可以看作是能用于传热的活跃储层体积，但不能直接测量得到；只有根据已知（或合理估计）的平均节理间距建模研究才能得知，并要在储层出现显著热衰减之后才能进行。然而，与这一岩石体积相关的流体体积，即过流流体体积，则能通过示踪技术确定。

需要注意的是，这两个岩石体积代表的是一个体积连续体的两端点，它们都取决于平均储层工作压力。因此，可以通过“设计”中间体积来满足特定的目标，如通过增加可循环的岩石体积来提高储层产能。

（因为硬币状裂缝的概念将仍然会继续主导一些项目员工的想法，术语“传热表面”会继续出现在下面以此为思想的测试和试验的讨论中）。

第一期储层内的应力状况

根据早期的测试，结合运行第 3 段的结果，我们能得出结论，第一期储层深度（9000~9600ft）的最小主地应力值约为 1240lb，即 8.6MPa（见第 3 章表 3-12 中的第 114 次和 122A 次试验）。Dey 和 Brown（1986）使用了不同的方法，发现在第一期储层区域的 9500ft 深度，最小主地应力值为 9.6MPa（1390psi），中间主应力值为 21.6MPa（3130psi）。对于储层内最小主地应力的方向，Burns（1988）做了一个非常精确的判断，利用大量的井筒崩塌电视测井图像，确定了其方向为 N110.7°E（±10.3°）。

对于走向为 N15°W 的近垂直节理，使用标准的岩石力学关系和第 203 次试验中测得的最小节理闭合应力 2130psi，就可以直接得到中间主地应力（σ_2），如下所示：

$$\sigma_{法向}=\sigma_3\cos^2\phi+\sigma_2\sin^2\phi,$$

其中，σ_3（最小应力）= 1240psi，$\sigma_{法向}$（那些 N75°E 节理的闭合应力，方向为 N75°E）= 2130psi，ϕ（N15°W 节理的法线与最小主应力方向［N111°E］的夹角）= 36°。

σ_2 = 3800psi（合理地接近 Dey 和 Brown 所确定的数值）。

请注意，σ_2 值大约是 9500ft 深处 10 900psi 的上覆应力（σ_1）的 1/3（因为芬顿山的构造体制是伸展性的，最大地应力是垂直的）。

扩大的第一期储层的流动测试：1979—1980 年

本节中的信息主要摘自以下文献：Dash 等（1981）、《干热岩地热能开发计划》（1979）、Murphy 等（1980a）、《干热岩地热能开发计划》（1980 年）、Murphy 等（1981a，1981c）和 Zyvoloski 等（1981a）。

运行第 4 段：1979 年 10—11 月

此运行段（第 215 次试验）设计为 4 个作业段，其参数如下（其中一些参数在实际运行中发生了改变）：

1. 对 9650ft 处的 EE-1 节理的早期附加压裂，注入率为每分钟 10 桶；
2. 一次 36 小时的低回压流动测试（注入压力为 1800psi，生产井回压 160psi）；
3. 两阶段的高回压流动试验（注入压力均为 1800psi，生产井筒回压第一阶段为 900psi，第二阶段则为 1700psi）；
4. 一次为期 14 天的低回压下的采热流动试验（注入压力为 1400psi，生产压力为 160psi）。

注：实验室最近购买的离心泵不能超过 1500psi 的注入压力，因此，这些泵只能用于第 4 阶段的作业。前 3 个阶段使用的都是从西部公司租赁的泵送设备。

运行第 4 段的第 1 阶段，基本上是重复第 195 次试验（EE-1 套管重新固井后的第二大流量的高压压裂试验）。以 2900psi 的压力和 10BPM（26. 5L/s）的速度注入 20 万 gal 的液体，持续了大约 8 小时，在整个测试期间，GT-2B 以 160psi 的低回压水平排出。在 8 小时内，GT-2B 的生产率从 15gal/min 增加到了 100gal/min，最终的流量阻抗为 27psi/(gal/min)（基本上与 1976 年 5 月在第 122A 次试验期间测得的结果相同）。

第 2 阶段包括用同样的回压 160psi，但注入压力为 2450psi 的情况下，对储层进行了额外一天的循环。在这一阶段，生产流量缓慢地增长至 116psi/(gal/min)，这反映出流动阻抗有所改善，降到 19. 7psi/(gal/min)。

运行第 4 段的第 3 个阶段随即进行，但注入压力接近恒定的 2420psi，高于计划的注入压力；而且也只使用了一次高回压水平（1480psi），而不是两次。在 60 小时的循环期间，生产流速增加到 131gal/min，实测流动阻抗为 7.3psi/(gal/min)，有了显著的改善。地震监测表明，只有在第 3 阶段才出现了低水平的地震活动，而且仅为扩展里氏震级 1.5 或以下。在距离注入点 2300ft 的地方检测到了地震活动，表明 2420psi 的注入压力产生了一个缓慢增长的压裂区。

第 4 阶段也是最后一个阶段，于 10 月 30 日开始，持续了 16 天，是为更长的运行第 5 段试验做准备的采热试验。它是一个闭环作业：产生的地质流体冷却后再循环，并加入足够的补给水，以补充在压力扩张储层区域边界处的失水（补水最初由储备池提供，后来随着需要的减少，就从现场水井中获取）。注入压力维持在 1400psi 左右，生产压力保持在 160psi 的低水平。

在第 4 阶段开始时，关闭系统，以便为闭环流动系统重新配置地面管道，该系统包括实验室新购置的离心泵。然后大约一周后，再次短暂地关闭了两口井，以便从注入和生产两端观察储层的关闭行为，并确定总体流动阻抗的几个分量（见下文储层流动阻抗）。

在第 4 阶段的低回压和大约 95gal/min 的流速下，整个储层的流动阻抗缓慢下降，在接近其尾声时达到了 13.1psi/(gal/min)。在这 16 天里，失水不断变化，最后稳定在了 20gal/min 的速率（注入率的 17%）。在最初的两天瞬变期之后，平均热能生产几乎恒定在了 3MPa（在 8500ft 深测得的储层出口温度为恒定的 153℃）。

运行第 4 段：观察结果

储层过流流体体积

使用荧光素钠染料示踪剂，驻留时间研究显示初始过流流体体积从 20.7 万 L 增加到了 28.3 万 L。在运行第 2 和第 3 段开始时测得的积分平均流体体积是初始第一期储层的 4~5 倍。这种体积的增加表明，从 EE-1 扩大的储层在第 203 次和第 195 次试验的高压压裂作用下，不仅压力膨胀，而且冷却和热膨胀了。对于那些仍然相信垂直水力压裂概念的人们来说，这种规模的流体体积增加可能意味着传热表面也增加了 5 倍，达到约 43 万 ft^2（4 万 m^2）。然而，在运行第 4 段中，储层出口温度基本恒定（即没有下降），这意味着无法来确定在此段中扩大的第一期储层的传热表面。尽管如此，一些勇敢的项目员工还是发表了他们基于流体体积变化的猜测：传热表面约为 48 万 ft^2（4.5 万 m^2）。

注释

对于仅由几个流动节理组成的储层，在温度和压力不变、节理孔径不变的条件下，由示踪剂得出的过流流体体积的增加应该就能表明换热表面新增的面积量。然而，对于涉及压力循环的储层运行，伴随的冷却会产生一定程度的热收缩；而入口和（或）

出口压力的变化会引起节理压力膨胀的变化。因此，此流体体积并不是计算换热面增加的可靠依据，除非能够修正这些温度和压力的影响。然而，在大多数情况下这是一项非常困难的任务。

储层温度

图4-22显示的是在运行第4段期间，地球化学和流体温度测量获得的储层相关温度随时间的变化情况。最突出的特点是两条地球化学曲线（用钠-钾-钙地温计和石英地温计测得）之间的一致性。特别是在第16至24天这段时间里，这些曲线与储层出口温度（由位于约8500ft的线缆温度计测得）之间有近40℃的差异。对这一差异的解释相当简单：当注入的液体流过储层最热的部分，即9650ft处节理入口附近的区域时，地温计主要受到与温度有关的化学溶解的影响。然而，储层出口温度则将（糟糕的是）受GT-2B附近的那些流体流过的储层区域的影响最大，因为在运行第2和第3段期间3个半月的热能生产，已使这些区域冷却了下来（相关热衰减分别为85℃和98.5℃）。

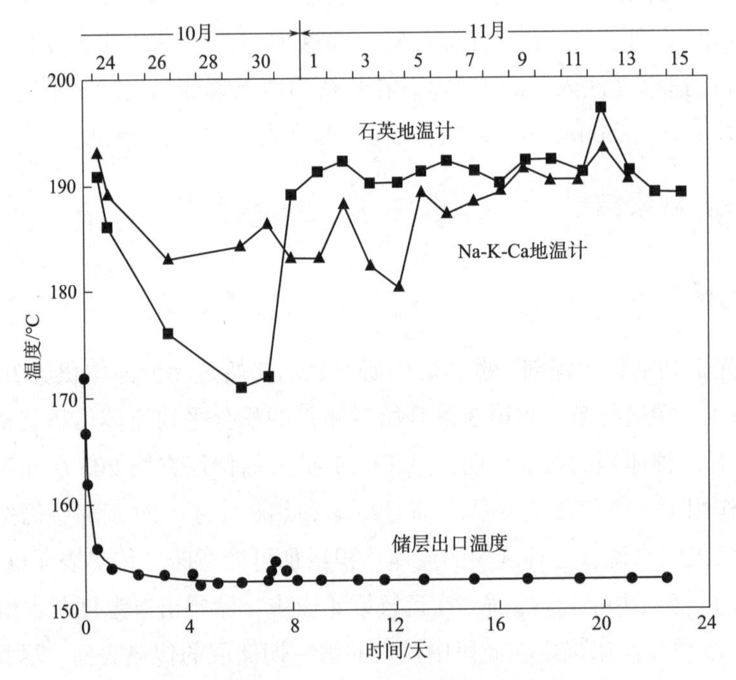

图4-22　在运行第4段期间测得的储层出口温度。

资料来源：Murphy et al.，1980a

换句话说，地温计的平均读数（190℃）和储层出口温度（约153℃）之间的明显差异，特别是在储层稳定运行的最后8天，清晰地反映出：（1）流体流经新打开的那些节理时，加热到了190℃，节理与EE-1井9650ft处的入口相连，（2）流体流经与GT-2B井相通的那些节理时，温度降至153℃（这些节理的温度仍处于运行第2和第3

段冷却后的恢复阶段）。

注：在为期 9 个月的流动测试中，运行第 5 段的主要目的是要确定扩大的第一阶段储层的有效传热表面积。如上所述，正在使用的分析模型并没有纳入储层体积的概念，因为当时还没有认识到扩大的储层是一个多节理连通的储层。因而，此段的目标多少受到复杂的流动情况的影响：在储层较新的、多节理部分的未知流动集合形态，加上这个较新的部分和严重冷却的较旧部分之间的一组性质未知的节理。当任何数值计算的参数都取决于所采用的特定几何储层模型，而且唯一可用的参数是储层出口温度随时间的变化时，问题是如何去估计一个传热表面。由于这些同时的加热和冷却过程，甚至该参数也会以一种意想不到的方式表现出来（实际上在运行第 5 段的前 100 天略有增加，参见下文运行第 5 段）。

储层流动特性

在运行第 4 段的多次流动过程中，地面注入与生产条件之间的脱钩变得很明显。高回压或低回压下操作对注入速率几乎没有影响；也就是说，维持 2450psi 恒定压力所需的流速在逐渐增加，与 GT-2B 的回压无关。就好像储层的一边“根本不知道另一边在做什么”。因此，我们可以预期，如果流动试验以恒定的注入率进行，注入压力也同样不会受到 GT-2B 的高或低回压的影响，只会慢慢下降。

扩大的储层对入口或出口压力的变化不敏感，与此形成对比的是，在运行第 2 和第 3 段期间，单裂缝为主的储层则显现出更加“连通”的出口和入口行为。主要原因是储层两部分之间流动阻抗的大小和分布不同。例如，在运行第三阶段期间，经过几天的流动测试后，冷却引起的扩张诱导的入口流动阻抗消失；升高的回压通过有效地顶开连接井眼的节理，使本体和出口的综合阻抗达到非常低的 1. 0psi/(gal/min)。在类似的条件下，运行第 4 段的第 3 阶段的残余流动阻抗（几乎完全就是本体阻抗）为 7. 3psi/(gal/min)，较运行第三阶段高出 7 倍多。

对运行第 4 段期间 GT-2B 井眼流动和温度数据的分析（Murphy et al. , 1980a）表明，流过扩大的第一期储层的流体是通过在运行第 2 段和 3 段期间将较老较小的储层与 GT-2B 连通的同一组节理输送到生产井中的。这一观察对一些干热岩员工来说是一个真正的理解上的突破，他们终于认识到，扩大的第一期储层的流动几何形态是一个复杂得多节理区域，而不是一个简单的垂直裂缝。根据线性热扩散理论（Wunder and Murphy, 1978），估计在运行第 4 段开始时，经过第 2 段和 3 段的热恢复，与 GT-2B 相连的一组节理的表面温度达到 150~155℃（非常接近测得的储层出口温度 153℃，见图 4-22）。

图 4-23 和图 4-24 分别显示的是 1979 年 11 月 6 日 GT-2B 和 EE-1 在运行第 4 段短暂关闭期间的压力响应。两者都表明，在离储层入口和出口不远的地方，存在着一

个很大的高压流体区域。随着通过这个区域（即储层的高阻部分）流动的停止，GT-2B 的压力迅速上升；在不到 5min 的时间里，压力达到近 1200psi。在相同的时间间隔内，EE-1 的压力从 1400psi 下降到 1200psi。换句话说，这两个井筒的 1200psi 压力代表了储层内部多重节理内部区域（或储层本体）内的近似流体压力。

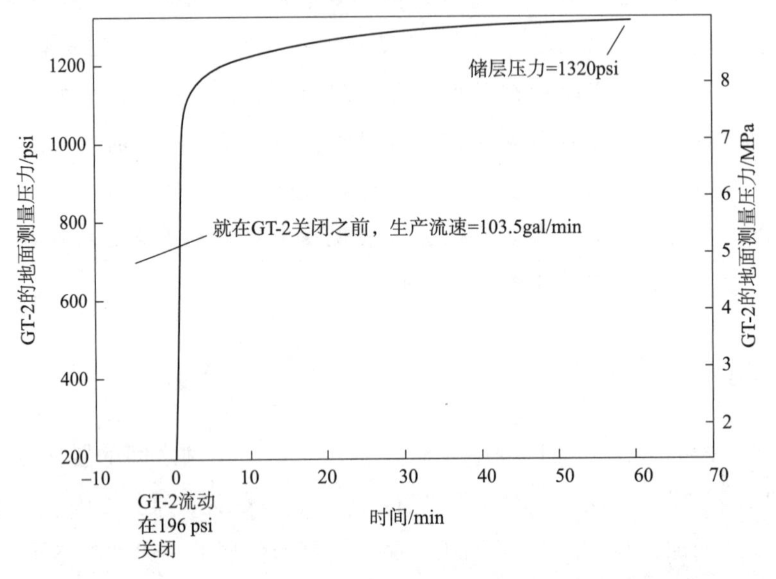

图 4-23　GT-2B 两口井短暂关井期间（约为运行第 4 段第 4 部分的 1/3 时长）的压力变化。

资料来源：Murphy et al.，1980a

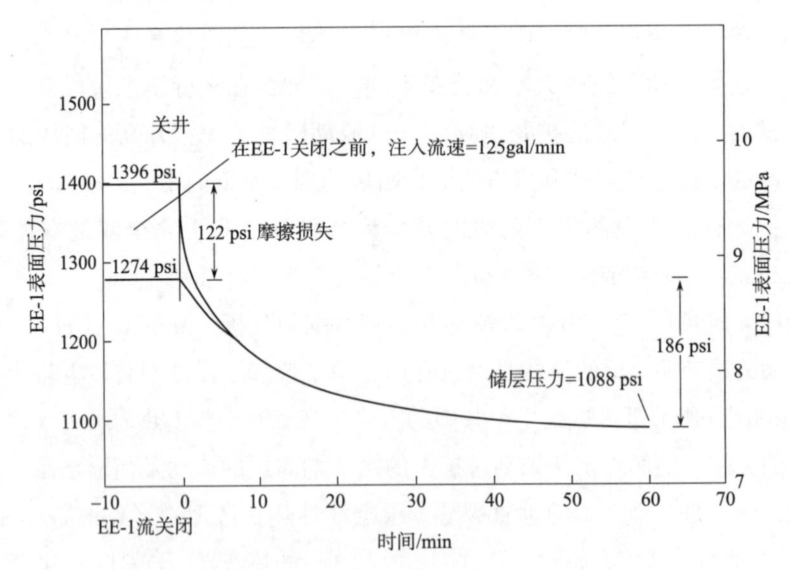

图 4-24　在两口井短暂关井期间（约为运行第 4 段第 4 阶段的 1/3 时长），EE-1 的压力变化。

资料来源：Murphy et al.，1980a

储层流动阻抗

在运行第 4 段中获得的流量和压力数据构成了扩大的第一期储层性能的关键数据集。由此展现出该储层复合流动阻抗的新图像。

注释

从运行第 4 段开始，我们给出直接测量的流动阻抗值：

阻抗=（进口压力-出口压力）/生产流速，但未校正注入井和生产井之间的平均流体密度。

采用此式有两个原因，特别是对于整体流动阻抗：（1）从进口压力中减去出口压力，得到的是必须由循环泵提供的实际压差；（2）从 1979 年 10 月以来大多数流动测试的条件下，注入井和生产井的平均温度几乎保持不变（特别是更加密度敏感的生产温度变化很小。例如，在运行第 5 阶段，以及在 20 世纪 90 年代的长期流动测试期间，温度变化仅有 7℃）。

作为扩大的第一期储层流动阻抗讨论的一部分，必须明确指出储层的增加并没有使 GT-2B 节理连通发生变化。因此，在运行第 3 段获得的高回压阻抗值也适用于扩大的第一期储层扩大前的那部分（与 GT-2B 相通）。经过 7 天的循环，运行第 3 段的整体流动阻抗为 1. 0psi/(gal/min)。自此时起，冷却引起的热膨胀已将入口流量阻抗降至 0. 1psi/(gal/min) 以下，因此 1. 0psi/(gal/min) 阻抗代表着本体和近井筒出口阻抗的总和（但主要是后者，因为主节理承受的压力高于闭合应力因此而膨胀)。

表 4-2 列出的是运行第 4 段的第 2、第 3（最后 8 小时）和第 4 阶段的平均运行条件。这些数据揭示了一个令人惊讶的现象：两天半的高回压操作，会对低回压下的整体储层流量阻抗产生显著影响。可以看出，在第 4 阶段时，整体阻抗从 19. 7psi(gal/min) 降至 13. 1psi/(gal/min)，约为第 2 阶段的 2/3。这种行为的唯一合理的解释是在新储层内打开的多个节理之间的移动或相对移动（为本体阻抗部分)，是由 GT-2B 短暂施加的高回压和 EE-1 的高注入压力（2450psi）所产生的。在运行第 5 段结束时，压力解锁试验期间，对两口井施加高压（约 2200psi）时，阻抗也再次会出现类似的下降（见下文)。

表 4-2　运行第 4 段最后 3 个阶段的平均运行条件

		第 2 阶段 1979 年 10 月 27 日 (08:00-16:00)*	第 3 阶段 1979 年 10 月 30 日 (00:00-08:00)*	第 4 阶段 1979 年 11 月 3 日至 15 日*
回压		低	高	低
GT-2B	生产流量/(gal/min)	116	129	95
	温度/℃	154	153	153
	回压/psi	160	1480	160

续表

		第 2 阶段 1979 年 10 月 27 日 (08:00-16:00)*	第 3 阶段 1979 年 10 月 30 日 (00:00-08:00)*	第 4 阶段 1979 年 11 月 3 日至 15 日*
EE-1	注入流量/(gal/min)	246	380	120
	压力/psi	2450	2420	1400
	整体流动阻抗/[psi/(gal/min)]	19.7	7.3	13.1
	视在失水量/(gal/min)	130	251	25
	热能/MW	3.8	4.2	3.1

* 对数据进行平均的时间间隔

表 4-2 显示出的阻抗降低最显著的方面，以及对后续的干热岩储层开发尝试最重要的意义，就是方便地获得这种阻抗的降低。它只需要两天半的时间和一辆中等规模的商业泵车（以今天的美元计算，每天的租金成本约为 1 万美元）。此外，将流动阻抗从 19.7psi(gal/min) 减少到 13.1psi/(gal/min)，就可以使储层潜在产量增加约 50%。尽管运行第 4 段没有提供能分离储层流动阻抗不同分量的理想测试条件（其中两个分量正在发生变化），但仍然可以得出一些重要结论：

1. 在高回压运行期间（第 3 阶段），几乎所有的 7.3psi/(gal/min) 的流动阻抗都来自储层本体和一组与 GT-2B 相连的节理之间的连通❶。经过几周的低温流体注入，近井筒入口阻抗将会非常小 [0.1psi/(gal/min) 或更小]，这归功于连接到 EE-1 的入口节理的冷却诱导造成的热扩张。构成储层本体的那些互通节理的阻抗也应该非常小：其打开压力在 1400~1600psi 范围内，在注入压力超过 2400psi 时，所有这些节理都应该是张得很开的（压力支撑的）。

换句话说，在高回压和高注入压力的条件下，整体阻抗似乎包括近井出口阻抗，即与 GT-2B 相连节理的阻抗 [约 1psi/(gal/min)，在高回压运行第 3 段测得]，以及流过这些节理与储层本体中的节理呈锐角交汇点形成的“内部”阻抗 [约 6psi/(gal/min)]。推断这内部阻抗应该对储层加压大小基本不敏感，因为节理交汇处的流动具有湍流性和限制性。

2. 当将运行第 2 段和第 3 段的流动阻抗之差值与第 4 段的第 3 阶段和第 4 阶段的阻抗之差值进行比较时，可发现存在一个显著的差异，遗憾的是，此差异无法得到解决。在运行第 2 阶段和第 3 阶段的早期，注入压力非常相似；只是回压发生了变化，从运行第 2 段的 250psi 提高到运行第 3 段的 1400psi。当运行第 3 段的高回压几乎完全消除了近井筒出口阻抗时，可见整体阻抗的急剧下降，由此可以得出结论：运行第 2

❶ 在这个扩大的第一期新储层中，除了近井筒入口阻抗、本体阻抗和近井筒出口阻抗外，还增加了第 4 个阻抗成分：由储层本体中的节理与流入 GT-2B 的节理成锐角交汇处所引起的“内部”流动阻抗。

段的整体流动阻抗（第 14 天为 psi/(gal/min)）几乎全部（约 80%）都是由于近井筒出口阻抗造成的。相比之下，在运行第 4 段的第 4 阶段，不仅回压比运行第 3 段大幅降低，而且注入压力也明显降低。最终得到的整体流动阻抗约为 13psi/(gal/min)，比第 3 阶段高。但增加的部分有多少是由于回压的下降产生，而又有多少是由于注入压力的下降产生？回答此问题的唯一方法应是在第 3 阶段和第 4 阶段之间再插入一个测试阶段，即重复第 2 阶段的条件（低回压和提高注入压力），这将能揭示低回压本身的影响。

3. 尽管人们很容易将整个储层流动阻抗的增加（从第 3 阶段的 7.3psi/(gal/min) 到第 4 阶段的 13.1psi/(gal/min)）归因于近井出口阻抗的增加，但这与运行第 3 段阻抗的较大下降（从运行第 2 段的 13psi(gal/min) 下降到 1psi/(gal/min)）并没有很好的关联，因为回压的变化是相等的。

注：这里要特别强调储层的阻抗问题，因为在运行第 4 段结束时所观察到的储层条件也将会是即将进行的加长型流动试验（运行第 5 段）中的条件。

地震活动性：这说明了储层的什么？

与第 203 次和 195 次试验［即以前的高流量压裂试验（图 4-25）］，所记录的地震活动相比，运行第 4 段第 3 阶段记录的地震活动显示出异常。为什么 16 万 gal 的注入（第 203 次）和 20 万 gal 的注入（第 195 次试验）产生的微地震活动要比运行第 4 段试验前 3 个阶段 200 万 gal 注入的微地震活动要高得多？（如图 4-25 所示，在第 3 阶段的末期仅发生了少量的地震活动）。注入压力从第 1 阶段的 2900psi 变化到第 2 阶段和第 3 阶段的 2420~2450psi，并不比第 203 次和第 195 次试验期间的 2900psi 低多少。

正如文献：Murphy 等（1980a）所表明的，在高回压第 3 阶段结束时（经过 4 天半的高速注入）的综合失水量约为 140 万 gal。此量相当于第 203 次和第 195 次试验期间注入总量的 4 倍，一定是流向了某个地方。据估计，这 140 万 gal 的失水量中，大部分实际上是流入先前压裂区域边界处进一步扩大的储层中。

然而，令人困惑的是，如此广泛的增长应该会伴随着显著的地震活动，但是如图所示，第 3 阶段最后 4 小时的地震活动性很低，而且稳定，即使在第 4 阶段的前 2 小时关闭了流动系统，地震活动性仍然如此。考虑到这些试验已经过了近 30 年，现在很难确定实际发生了什么。很可能是在第 3 阶段，检波器组与 GT-2B 井筒耦合不佳，无法进行良好的地震监测。当然我们也只能猜测而以。

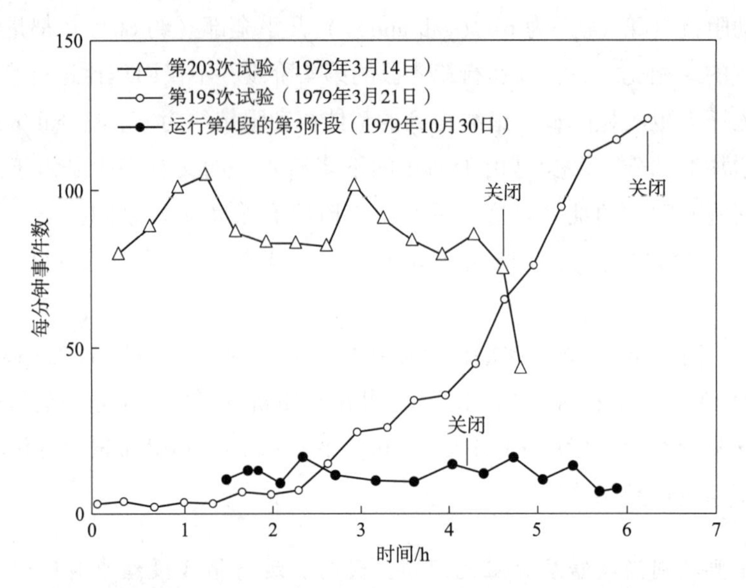

图 4-25　与 1979 年 3 月 EE-1 高速注入期间（第 203 次和第 195 次试验）的微地震活动相比，运行第 4 段第 3 阶段的微地震活动记录。

资料来源：Murphy et al.，1980a

图 4-26 描述的是地震活动的分布，投影到一个水平面上，记录[1]于运行第 4 段第 3 阶段最后的 4.5h 内。可以看到，地震活动倾向于集中在东北象限，距离约 600m。

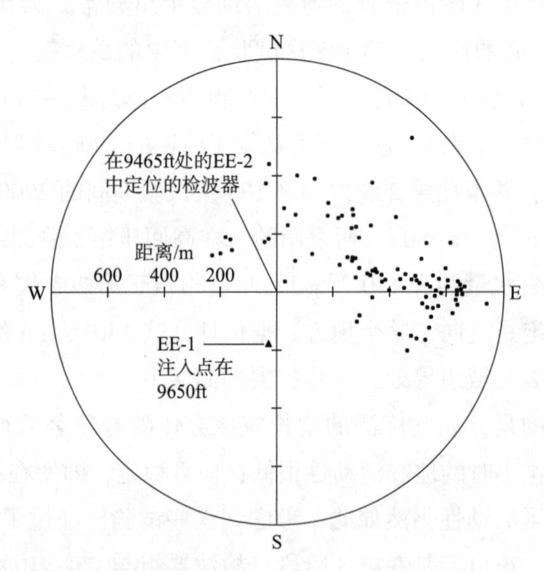

图 4-26　运行第 4 段第 3 阶段结束前记录的微震活动平面图（1979 年 10 月 30 日）。

注：改编自 Murphy et al.，1981a

[1] 新 EE-2 井中放置在 9465ft 深处的一个三轴检波器组件。由于此井(用于第二期运行)的钻进此时已经取得了很大进展，在第一期测试的最后阶段，EE-2 偶尔也用作观察井。

此时，项目负责人仍然沉迷于硬币状裂缝的理论，他们的结论是，在运行第 4 段的前 3 个阶段，注入 EE-1 的 200 万 gal 的水（除去 GT-2B 产生的少量水）大部分只是渗透到第 203 次试验和第 195 次试验中产生的垂直“断裂”周围的岩体中。根据该理论，此条裂缝主要从 EE-1 井 9650ft 处的流体入口向上延伸。然而，图 4-26 所示的地震活动描绘的却是一个横向分布的非常大的压裂区。如上所述，大部分注入的水很可能只是储存在第 203 次试验和第 195 次试验所产生的巨大的压力膨胀的节理系统中，然后，在运行第 4 段的前 3 个阶段（基本上是第 203 次试验和 195 次试验的延续），在地面压力超过 2400psi 的情况下，以这 200 万 gal 水的压力将节理系统大大地扩展了。

相对较低的地震活动伴随着这个非常大的压裂区域的形成，向外扩展超过 600m 的这一扩散模式仍然无法解释，令人困惑［注：虽然文献（Murphy et al.，1981a）中也显示了这种地震活动模式，但在此文和当时其他的报告中都没有讨论。这与一年前的报告有着很大的不同（Murphy et al.，1980a），一定是对这次大规模注入期间记录的微地震事件位置做了全面重新分析的结果］。考虑到平均注入压力为 2440psi，人们会认为这将会有相当高的地震活动性。然而，如果在运行第 4 段中膨胀的节理的方位几乎垂直于最小主地应力（约 1240psi），那么它们的打开，即使是一个大的阵列，大部分都应该是无地震活动的（特别是对于 S 波，因为这样的节理不会表现出显著的剪切位移）。虽然这可能在很大程度上能够解释地震活动的低水平，但这种模式如此广泛和扩散的事实表明，至少有一些地震活动是由具有其他方位的相互连通的节理所产生。

与后续分析最相关的是扩大的第一期储层中心部分的过度冷却，因为注入的冷流体继续向外流动到正在扩展的压裂区域的边界处。

在运行第 4 段结束时，只有两个主要问题依然没有解决。

1. 扩大的第一期储层的内部结构是怎样的？

2. 有效传热表面是多少？

回答第二个问题是运行第 5 段流动测试（共持续了 9 个多月）的主要目标。但是，即使是对第一个问题的部分回答，也必须等到对第一期储层的所有测试进行审查的那一天。但这将会是一个要晚得多的日子。

运行第 5 段：1980 年 3 月至 12 月

与第一期储层的其他测试一样，在运行第 5 段（也称为第 217 次试验）之前，于 2 月 27 日也开始了一些启动作业：EE-1 和 GT-2B 的背景温度测井、地面管道和相关设备的测试，以及数据采集系统的同步测试。3 月 10 日做了一些初步的流动测试[1]，在储层两个方向上都进行了循环，注入率从 9～110gal/min 不等，周期从 3.4～91.7 小时不等。

最终，于 3 月 10 日正式开始了 281 天的持续采热。唯一的中断是从第 68 天开始的 7 天关井、第 105 天开始的 2 天淡水冲洗，以及 12 月初的 2 天应力释放试验（其目的是在一定程度上缓解第 5 段 1500 万 kW · h 时的热量提取所引起的热应力。下面将会讨论这个试验）。GT-2B 的回压维持在 200psi 左右，EE-1 最初的 1400psi 注入压力缓慢下降到 1200psi 左右（因为缺乏泵送能力），储层失水率下降到 7gal/min；热能产量平均为 3MW。

在运行第 5 段进行到一半的时候，补给水的流速开始增加，水开始从环空流出地表，这表明又一个新的环空旁通流动正在形成。这种流动正在缓慢地侵蚀着 9050ft 处节理交汇点上方环空的固井，即原先的劣质固井水泥和 EE-1 套管底部 600ft 段重新固井时被“挤压”到该区域的新固井水泥（如图 4-18 所示，重新固井封堵了存在于整个第 2 段和第 3 段的那个主要流动通道，即从套管下方开始，再向上穿过套管外面的环空，然后进入 9050ft 处的那个节理。但并没有完全密封住在 9050ft 以上的环空）。新的旁路流动，不是来自低于套管处，而是源于储层本身，沿一个向下的路径通过 9050ft 处的节理流入 EE-1 井（即与早期储层循环的方向相反），然后向上通过重新固井的环空，流出到地面。

最后，在流动测试中，储层的整体流动阻抗保持在大约 13psi/(gal/min)，与在低回压流量条件下的运行第 4 段测得的数据相同。尽管最初的计划是 3～6 个月的试验，但运行第 5 段的运行时间逐渐延长到 1980 年的圣诞节（总共 293 天，包括 12 天的启动期），这几乎把项目员工搞得筋疲力尽。

12 月 16 日，项目经理罗伯 · 斯潘思（Rod Spence）终止了这项计划。在之前的几个月里，他每天都仔细地绘制了生产区的出口温度，得出的结论是，因为受环空泄漏的影响，继续循环第一期储层，已不会得到更多的信息。事实上，早在 5 个月前，当 EE-1 重新出现旁通流时，一些员工就已经宣布运行第 5 段“死于了水中”。但是其他人仍然希望继续流动测试，以收集更多的信息（此外，9 个月的流动测试听起来也更令人印象深刻）。

储层过流流体体积的比较：运行第 2 段至第 5 段

第一期储层的过流流体体积（由第 2 段至第 5 段的示踪剂研究确定）如表 4-3 所示，以积分平均体积和模态体积表示。早先曾指出（见 P152 脚注），作者认为前一个

[1] 对储层启动行为的最后一次测试是在 3 月 10 日上午开始的，以 110gal/min 的速度注入 EE-1，这实际上是运行第 5 段的加长型循环阶段的开始。

度量总体上更为可靠。尽管干热岩文献中从未提及，其主要原因是，在给定的操作压力下，过流流体体积永远不可能大于循环可及的岩石体积。

表 4-3　过流流体体积

			经过的时间/天	积分平均流体体积/m³ *	模态流体体积/m³ *
原始储层	运行第 2 段（75 天，低回压）	1978 年 2 月 9 日	8	34.4	11.4
		1978 年 3 月 1 日	28	37.5	17.0
		1978 年 3 月 23 日	50	54.7	22.7
		1978 年 4 月 7 日	65	56.2	26.5
	运行第 3 段（28 天，高回压）	1978 年 9 月 28 日	10	33.1	3.8
		1978 年 10 月 13 日	25	56.5	11.4
		1978 年 10 月 16 日	28	49.6	20.8
扩大的储层	运行第 4 段（21 天）	1979 年 10 月 26 日	—**	207	136
		1979 年 10 月 29 日	0	230	144
		1979 年 11 月 2 日	2	262	121
		1979 年 11 月 12 日	12	283	129
	运行阶第 5 段（281 天）	1980 年 4 月 16 日	38	404	155
		1980 年 5 月 9 日	61	1100	161
		1980 年 9 月 3 日	178	1311	178
		1980 年 12 月 2 日	268	581	187

* 所有的体积都是以立方米为单位，以方便数据集之间的比较。

** 这项示踪研究是在运行第 4 段开始前两天进行的。

然而，对于时间非常长的运行第 5 段，积分平均体积的计算太不稳定，因此，使用储层模态流体体积用来确定体积的变化。第 5 段的数据量比第 4 段要大一些，而且在 8 个月里（1980 年 4 月中旬至 12 月初）缓慢增长。第 4 段和第 5 段的平均值（151m³）大约是第 2 段结束时的 5 倍。同样，第 4 段的积分平均体积（245m³），大约是第 2 段结束时的 4.5 倍。

运行第 5 段开始时储层的温度状况

在第 5 段测试开始之前，构成第一期储层扩展的地震体积中心部分❶的温度处于显著冷却状况。但没预料到的是，此事实基本上没有得到承认。图 4-27 显示的是 2 月 27 日在 EE-1 做的温度测量结果，即循环开始前的 11 天，与 1975 年秋天测量的地温梯度

❶ 该岩石体积比地震体积小得多，是运行第 5 段中低压循环流动最终将会进入的区域。

有关，该井刚刚完井。温度曲线上的两个主要凹陷，分别代表着运行第 2 段和第 3 段的原始储层的冷却过程（注入 9050ft 处的节理），以及 9650ft 入口节理到储层中心部分两侧岩石的显著冷却过程（从 1975 年梯度的初始温度 197℃到平均约 155℃）。这第二个冷却是由运行第 4 段大量注入冷流体引起的，这是从温度数据中得出的最重要的推论。理解这一点就是理解运行第 5 段和第一期储层整体热性能的关键。

请注意，图 4-27 也有力地证明，在运行第 4 段，EE-1 有两个进入扩大的第一期储层的入口。在大约 9500ft 深处的温度下降表明有第二个节理的入口，水流是从套管外面进入节理入口的（通过重新固井的环空下部的固井水泥，其已经轻微收缩，形成一个微隙的环空，会慢慢地被持续的水流所侵蚀）。1975 年 10 月，在对井下入套管固井之前，根据几个地球物理和温度测井结果，已经确认出这个 9500ft 处节理与 EE-1 的交汇点。

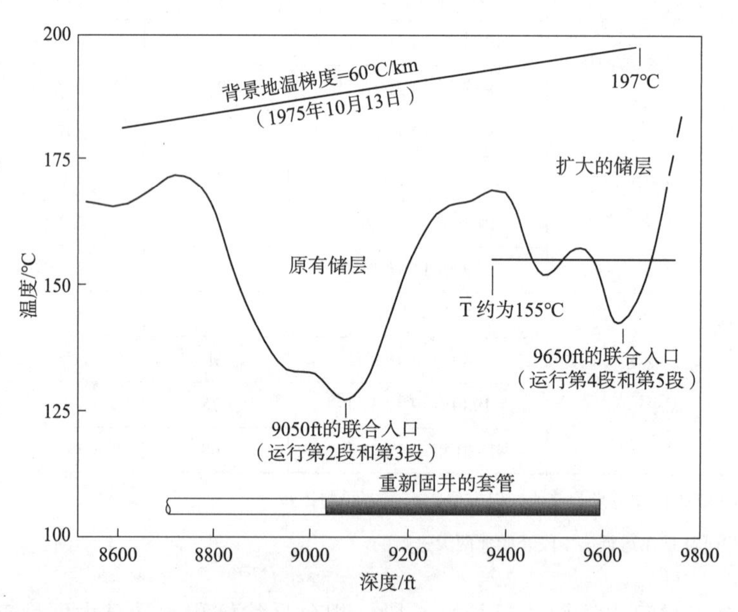

图 4-27　1980 年 2 月 27 日（运行第 5 段循环开始前 12 天），EE-1 的静态温度日志。

注：改编自 Zyvoloski et al.，1981a

这两个流通节理之间的垂直间距（如图 4-28 所示为 6ft）特别重要。它有助于消除早期干热岩的一个神话：附近的两个节理不能同时打开（其理论为，因为第一个打开的节理会挤压附近的平行节理，使它们紧紧关闭）。从图 4-27 所示的数据来看，这个理论显然是错误的。

值得注意的是，此非流动的温度日志显示的是，反复注入产生的冷却波能够传播多远。它首先是注入 9050ft 处的节理，然后是 9650ft 处的节理，从这些节理入口处横向移动到围岩。图中 4-28 中描述的是冷却区域与 EE-1 井轨迹的关系，该井筒是唯一可以进行温度测量的地方。为了阐明储层入口和出口之间的空间关系，图中还显示出 GT-2B 短生产段的轨迹。

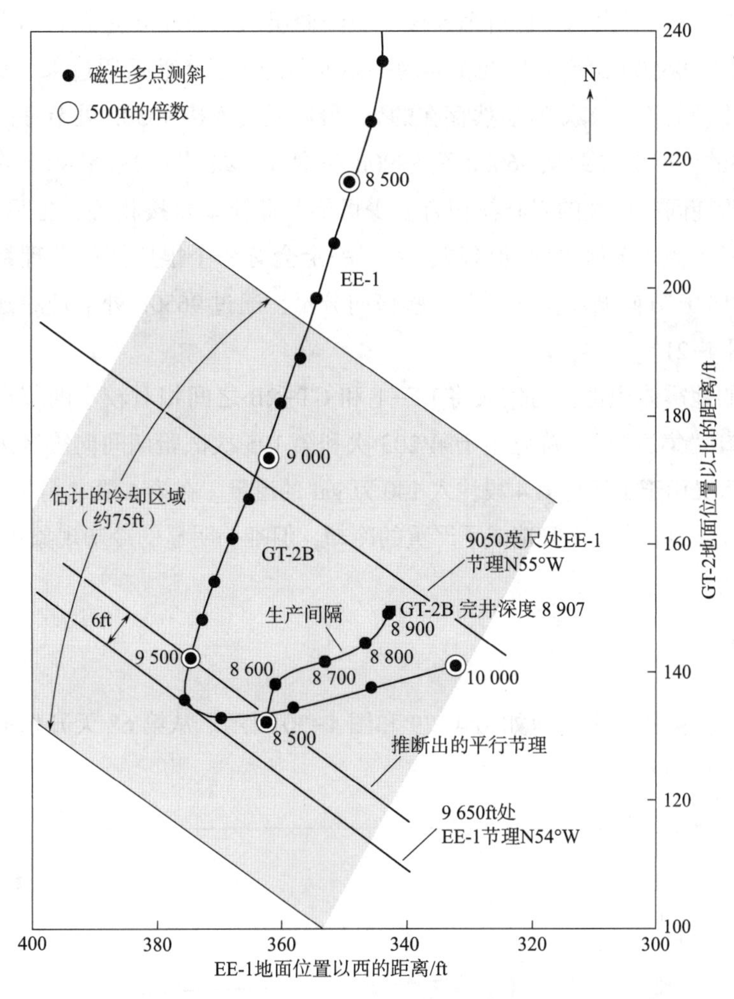

图 4-28　在运行第 2、3 和 4 段所产生的大冷却区域，与 EE-1 较深部分和两个主要压裂节理轨迹的关系，这些节理的方位是由地震测量确定的。

注：此图实质上是图 3-34 中 EE-1 部分的放大图。

注入 9050ft 处的节理（运行第 2 段和第 3 段）所产生的冷却效果在第 3 段结束后明显至少持续了 16 个月（温度测量在其间进行）。首先从图 4-27 可以得出这个冷却区的宽度，温度下降从 8750ft 开始，到 9300ft 处结束；然后从图 4-28 可见 EE-1 中这两个深度之间的水平距离约为 40ft（冷却区与 9050ft 处节理的轨迹大致正交）。然而，很难得到在 9650ft 处节理附近的冷却区宽度，因为如图 4-28 所示，EE-1 井筒并没有穿过该节理，而是在该深度急转弯向东。即便如此，通过推断冷却区的半宽度（在图 4-27 中可测得，从 9300ft 到 9650ft 深度段）到图 4-28 节理下面一个同等距离，就可获得一个近似总宽 75ft（注意，对两个节理的冷却波，如图 4-27 所示，在大约 9300ft 的深度重叠，因此在这个深度以上和以下的温度中出现了一个平台。）

从图 4-28 可以看出，在运行第 5 段，流经储层的水流主要是垂直向上，并有些向外从与 EE-1 井 9650ft 深度入口处相通的一系列节理流过，然后通过未与 9050ft 处节理相连的那些流动通道（未知但显然存在的），最后通过连接 9050ft 处节理的一组节理流入 GT-2B 井的生产层（约从 8600ft 至 8900ft 深度段，如图 4-28 所示）。在第 203 次和第 195 次试验期间，压裂的岩石体积有多少可能与此流动直接相关，也只能猜测一下；但考虑到这样大的一个地震活动区域，表明一定会有一个很广阔的节理系统，很可能在 N15°W-S15°E 方向循环流动也有一些横向分量，通过 9650ft 处节理的延伸流动（见图 4-20 和图 4-21）。

如此大的地震体积也容易使人将 EE-1 和 GT-2B 之间相对较小的节理连通区域想象成一个入口“集流管”。首先用于第 203 次和第 195 次试验期间向震区远端注入的大量流体，然后又用于了运行第 4 段注入 140 万 gal 的流量。在第 5 段之前注入的所有冷流体都对节理岩层的垂直集流管造成了严重的冷却，但唯一明显的冷却现象正如图 4-27 和图 4-28 所示。

液压及相关数据

运行第 5 段的压力和流速如图 4-29 和图 4-30 所示。从第 68 天开始的 7 天关闭带来的影响是显而易见的。

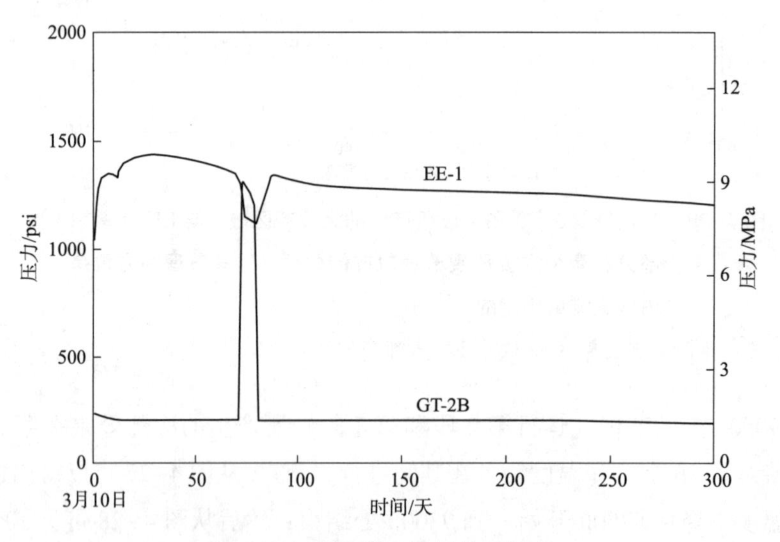

图 4-29 运行第 5 段的井口压力。

资料来源：Zyvoloski et al.，1981a

图 4-31 显示的是在运行第 5 段中，为保持 EE-1 的恒定注入速率所需的补给水流速的变化，在稳态条件下，可以假定该流速等于储层失水率。据几位分析者表示，该图中唯一适合与以前几个运行段的失水数据进行比较的数据是那些到 70 天之前的数

据。从第 68 天开始的 7 天关泵和淡水冲洗开环段（第 105 和第 106 天）都对用于失水计算的补水数据造成很大的干扰。

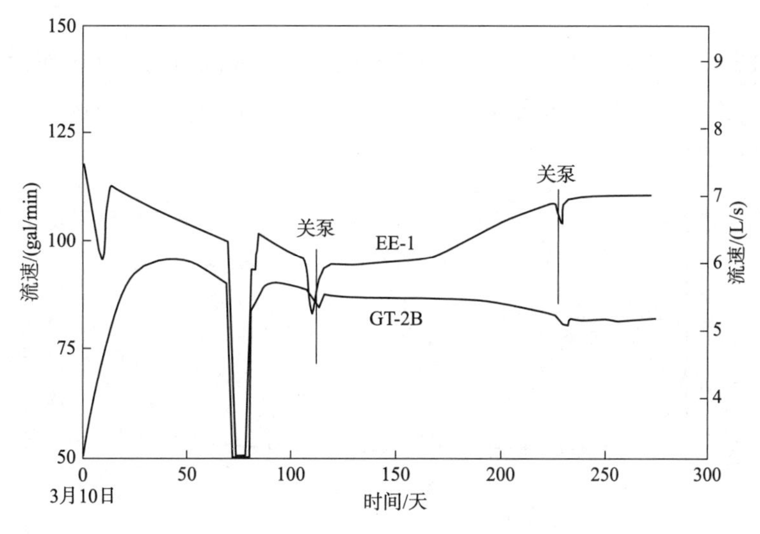

图 4-30　运行第 5 段的井筒流速。

资料来源：Zyvoloski et al.，1981a

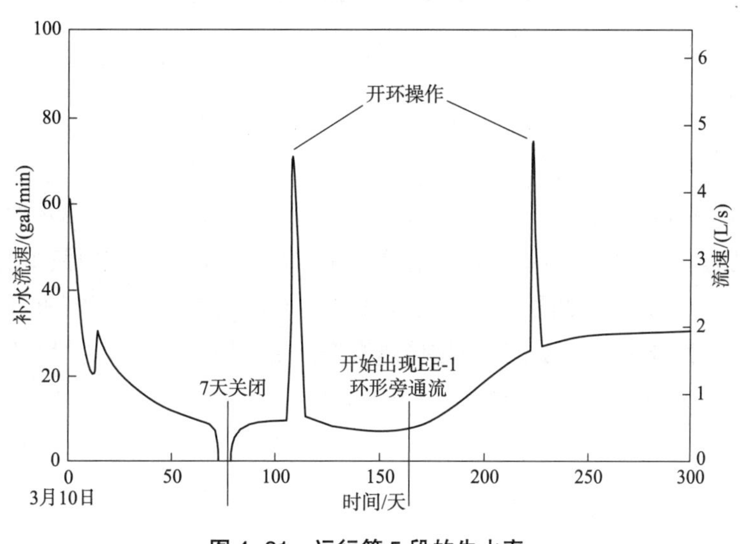

图 4-31　运行第 5 段的失水率。

资料来源：Zyvoloski et al.，1981a

图 4-31 显示的是大约在第 160 天，EE-1 中开始出现的新环空旁通流，大约从此时起，补给水的流速明显增加。这个从储层到地面的次要流动，以越来越快的速度渗透到 9050ft 深度节理交汇处以上的环空区的修复固井中（图 4-30 中也可以检测到旁通流：注入和生产流速在第 160 天左右开始出现偏离）。热水通过这条另外的路径流到地

表，显然有损于储层的精确热力建模！例如，它给注入流体的正常加热增加了好几度：在 EE-1 井 9600ft 处测得的储层入口流体温度从第 160 天的 70℃上升到第 200 天的 78℃。

最后，图 4-32 显示的是运行第 5 段期间储层的整体流动阻抗（未对浮力效应进行校正）。在长达 30 天的启动瞬态过程后，该阻抗稳定在 13psi/(gal/min)，非常接近运行第 4 段的测量值。

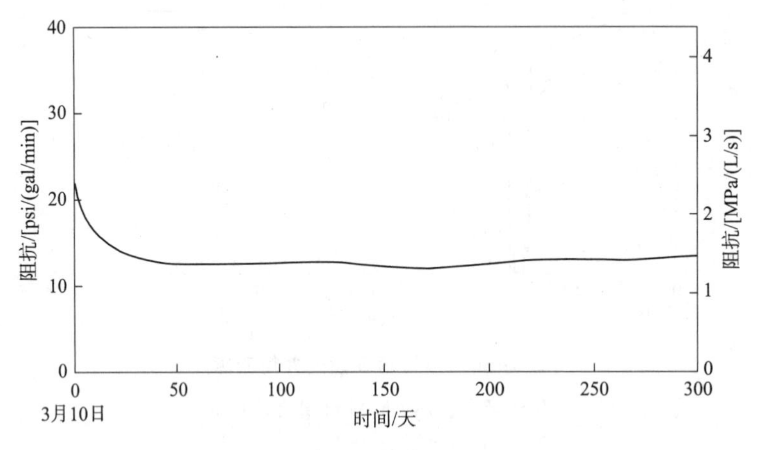

图 4-32　运行第 5 段的储层总体流动阻抗。

资料来源：Zyvoloski et al.，1981a

传热表面的建模

考虑到储层入口附近岩石的几何未知和难以确定的温度，为确定有效传热表面（运行第 5 段的主要目标）所做的建模还算成功。在这些建模工作中使用的主要参数是出口温度随时间的变化。如图 4-33 所示的解析冷却曲线是根据“独立断裂模型”所预测的 5 万 m^2 的总传热表面得出的（该传热模型最初是为了分析运行第 2 段储层而开发的，然后扩展为容纳两个串联的节理，用于分析运行第 5 段。之所以这样命名，是因为它用来独立模拟每个“裂缝”（节理）的传热表面，正是它们构成了扩大的储层，即初始第一期储层 9050ft 处的节理，以及 9650ft 处的节理，正是通过此节理使储层得以扩大）。

如图所示，在运行第 5 段的前 50 天，测得的出口温度从 156℃上升到 158℃。这对于干热岩地热储层来说，这是一个非常奇怪的现象，表明连接到 GT-2B 的之前被冷却的节理又被适度加热了（被来自储层内部更热些的流体加热）。在接下来的 50 天里，出口温度几乎保持不变，只下降了 0.7℃（至 157.2℃），这表明在此期间储层几乎是等温的，大约为 157℃。模型曲线显示，前 75 天的温度恒定在 157℃（初始温度和最高测量温度之间的一半）；然后在第 140 天后和在运行第 5 段的其余时间，出口温度快速下降，与测量的冷却曲线基本一致。这强烈表明此时从冷入口进入的流体产生的冷却“波”已经到达储层出口。

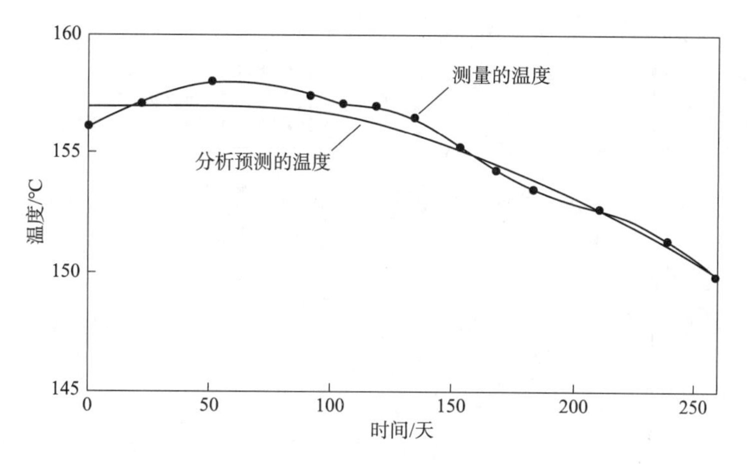

图 4-33　独立裂缝模型（根据 5 万 m^2 的传热表面）预测的运行第 5 段的冷却温度曲线，并与 8500ft 处的套管中测得的储层出口温度曲线进行了对比，其位于 GT-2B 裸眼井段的几个生产区域之上。

注：改编自 Zyvoloski et al.，1981a

通过将图 4-33 中的温度数据和图 4-30 中的生产流速数据一同引入独立断裂模型（表 4-4），就能估算出运行第 5 段的传热表面。该数值模拟结果显示，在 185 天（从第 75 天到 260 天）内，温度下降了 7℃。

表 4-4　由独立断裂模型得到的运行第 5 段的储层传热表面

初始储层	（运行第 2 段和 3 段）	一个节理，模型表面 = 15 000m^2
扩大的储层	（运行第 4 段和 5 段）	一个额外的节理，建模表面 = 35 000m^2
总面积（两个节理）		50 000m^2

然而，图 4-33 中所示的实测储层冷却时间的一个显著特点，却被分析人员忽略了：在最初的 100 天左右，生产温度几乎保持不变，这意味着在生产井开始明显的冷却之前，循环可及的岩石体积的有效平均温度约为 157℃。此外，当 EE-1 的冷却波最终到达 GT-2B 时（大约在第 75 天），储层冷却的过程就像整个 5 万 m^2 传热表面都处于此平均温度一样。换句话说，入水口区域的岩石不再是 1975 年测量的 197℃。很明显，在一个多重节理互通的储层中，各个流道可能而且确实具有不同的表面温度。这一现象可见于图 4-34，它显示出在 GT-2B 生产区间内 3 个区域测得的出口温度的时间变化（在运行第 5 段期间，通过温度和转子流量计测井都确定为独立的节理出口）。请注意，上部区域的温度最高，直觉上就是一种反常行为。然而，图 4-16 中的储层模型表明，此区域有最长的流动路径，会加强热传导（与该区域较热岩石有更多的接触），

但同时流速最低（因为流动阻力更大）。这确实是运行第 5 段的数据所显示的（Zyvoloski et al.，1981a）。

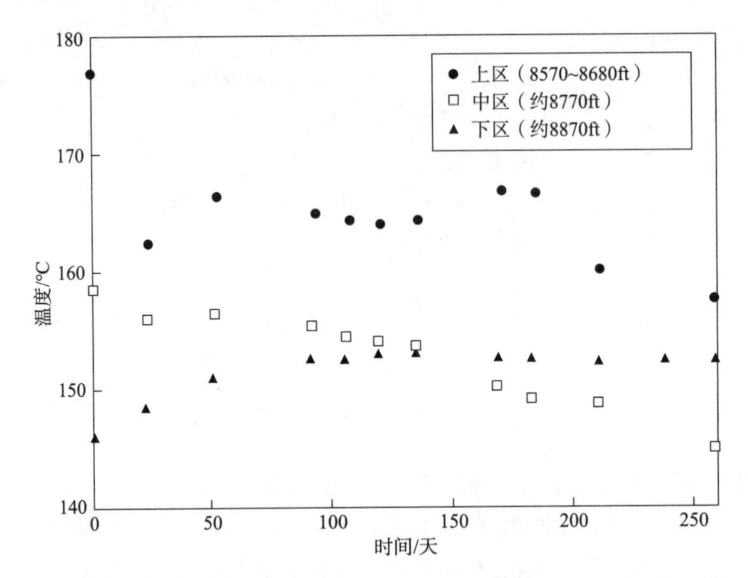

图 4-34　在 GT-2B 生产区间的 3 个单独区域测得的出口温度变化曲线（按扩大比例绘制）。

资料来源：Zyvoloski et al.，1981a

与此同时，一些项目员工利用独立断裂模型的假设对储层的传热表面进行建模，其他人也开始探索干热岩传热体积的概念，它应该是隐含在基于复杂的多节理几何形状的概念模型之中。

储层的传热体积

在第一期储层测试时，只有两种方法可以估计循环可及的岩石体积（或有效传热体积）。

第一种方法基于：（1）节理孔隙度，正如确定地震体积那样（1.4×10^{-4}，见上面图 4-21a 和图 4-21b 的讨论），（2）已知的过流流体体积。这种方法的主要限制是，通常很难确定第二个参数的适当值。对于扩大的第一期储层，在运行第 5 段的早期就确定了过流流体体积（在运行第 4 段产生的主要储层增长之后，但在进行额外冷却之前）。此体积最合适的度量是积分平均体积，如在第 5 段的开始时，表 4-3 中所示的 $404m^3$，尽管它在这段运行过程中不稳定，但此度量仍然比模态体积更适合这一目的。模态体积在第 4 段开始到第 5 段早期几乎都没有增加（即使注入超过 200 万 gal 的额外水，模态量也仅从 $136m^3$ 增加到了 $155m^3$）。由流动流体体积为 $404m^3$，孔隙度为 1.4×10^{-4}，估算出循环可及岩石体积为 290 万 m^3。

第二种方法是根据几何学和地震信息。在扩大的第一期储层的情况下，只对循环可及岩石体积的高度做了合理的限制，即从 9650ft 处 EE-1 入口到 8700ft 处 GT-2B 平均生产层的高度 950ft（290m），如图 4-28 所示。在第 5 段运行期间，较低的（1300psi）储层压力产生的可定位信号很少，只有 11 个，这些信号集中在 650ft 长北偏点东的区域。以图 4-28 所示冷却区，高 950ft、长 650ft 和宽 75ft，可估计出循环可及的岩石体积为 130 万 m^3（4600 万 ft^3），这还不到第一种（基于孔隙度）方法得出的一半。

地温计测量

EE-1 和 GT-2B 之间存在一条或多条流动通道，热流体以极低的流速在其中流动，因此，第 5 段地温测量结果受到了不利影响。在运行第 2 段和第 3 段中观察到了这些流动路径的证据。在第 4 段又得到了进一步证明，如图 4-35 所示，其中还包括基本原理和方法，用于计算进入 GT-2B 的那些入口处的温度（第 4 段中由温度探针和转子流量计获得的数据）。尤其要注意的是 11 月 9 日的计算点 225℃。这样的温度所显示的流动路径应该是这样的：最后在 8660ft 处流出进入 GT-2B 之前，已经在远远低于 EE-1 底部之处流过。这显然会使地球化学结果变得复杂，尤其是地温计测量。然而，由于与这些路径相关的流量非常低（3gal/min 或以下），图 4-35 所示的温度异常程度是有些不确定的。

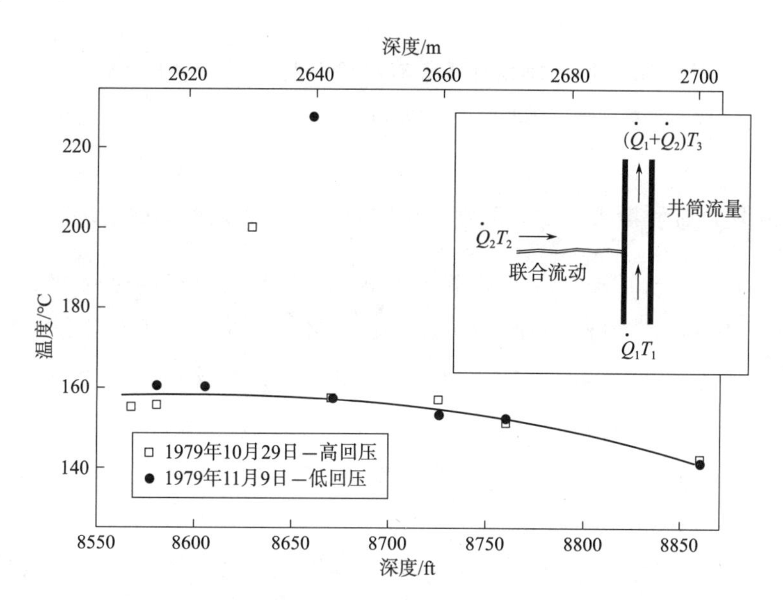

图 4-35　运行第 4 段中，沿生产层段各点进入 GT-2B 的流体温度。计算方法见插图。T_1 和 T_3 为实测温度，Q_1 和（Q_1+Q_2）为转子流量计实测流量，T_2 为推导出的交汇处流入温度。

资料来源：Murphy et al.，1980a

图 4-36 描述的是计算出的运行第 5 段中的二氧化硅和钠-钾-钙地温测量温度，以及与测得的储层出口温度的比较。这两种测量结果之间存在约 30℃ 的差异，可能是由连接 EE-1 和 GT-2B 的一个或多个低流速的高温通道造成的。

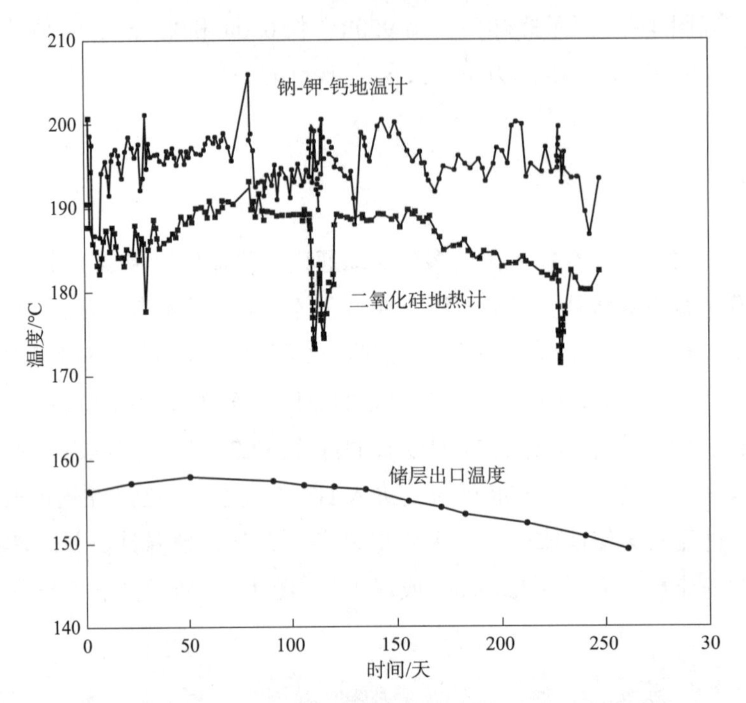

图 4-36　计算的地温计温度与混合平均储层出口温度的比较。

资料来源：Zyvoloski et al.，1981a

附近瓦利斯破火山口对溶解矿物质、气体和地温梯度的影响

正如第 2 章所详细讨论的那样，芬顿山地下深处的环境受到附近瓦利斯火山口大约 100 万年前爆发时的扩散过程的影响。没有人质疑芬顿山地热梯度的增强是直接来自火山口热量的径向扩散，这一过程在过去的 100 多万年中一直都很活跃（事实上，这种升高的地温梯度是唐·布朗选择芬顿山作为干热岩站点的主要原因之一）。也就是说，在过去的 100 万年里，火山产生的流体一直在向外扩散。

有确凿的证据表明，芬顿山前寒武纪基底封闭节理深层系统中的原生流体来源于紧邻其东侧的当时的活火山（增加的热量是一件好事，但相关的液体却让人头疼！例如，由于第二期储层产出流体中存在溶解的硫化氢，这是一种毒性很强的火山衍生气体，因此整个现场必须标记为危险区域，在第二期储层开发和测试期间也要连续监测）。

图 4-37 描述的是在运行第 5 段期间，采出液中 5 种溶解物（二氧化硅、钠、氯、钾和硼）浓度随时间的变化。值得注意的是，其大多数达到平衡的速度很快，仅在循环开始后的 20 天内就会达到。此后，在运行第 5 段的其余部分，尽管流体温度逐渐降低，但浓度变化很小（见图 4-33 和图 4-34）。这表明，升高但接近稳定状态的溶解物浓度受到一小部分生产流体的强烈影响，这些生产流体通过一条或多条高温低流速的路径穿过地震体积中非常大的半渗透节理系统；而且这些节理包含足够的夹带流体，以稳定生产流体的地球化学性质。

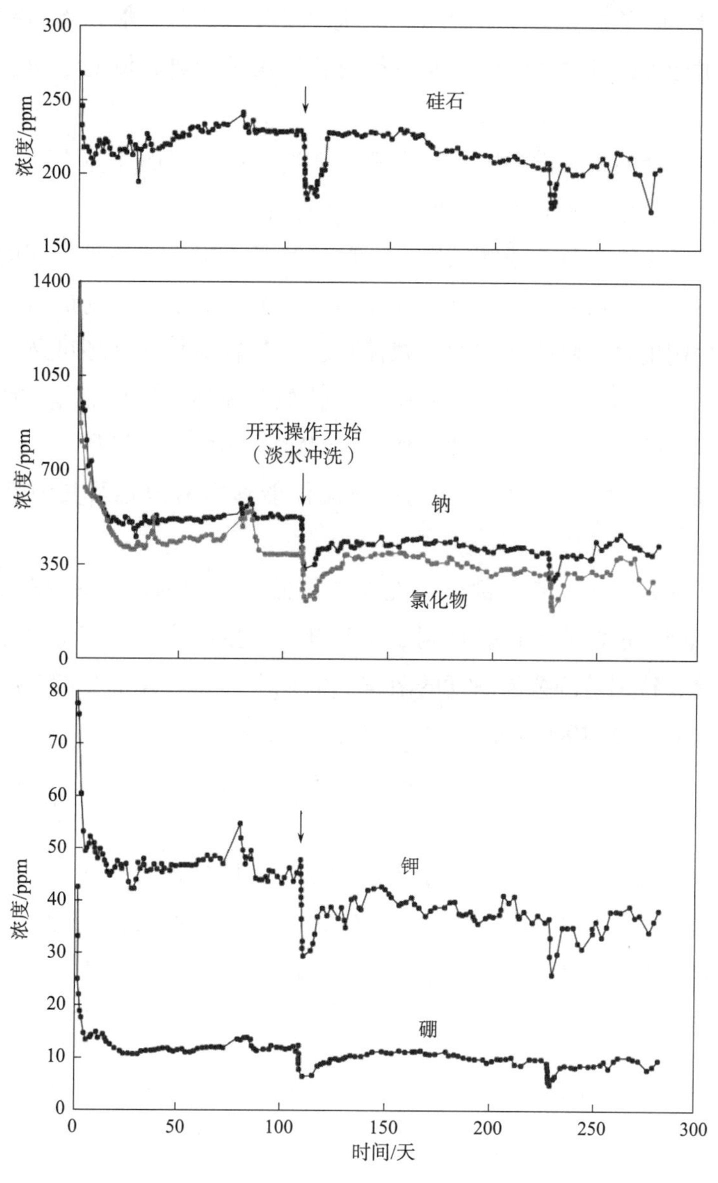

图 4-37　在运行第 5 段期间，5 种溶解物的浓度变化。

资料来源：Zyvoloski et al.，1981a

在所有这些曲线中，人们可以看出淡水冲洗的影响，这是一个从6月26日到7月7日进行的试验。将淡水注入EE-1以完全取代再循环流体，生产流体排放到GT-2水池。经过大约两天的开环运行，期间注入大约25万gal的淡水，重新建立了闭环流动。

淡水冲洗的影响在二氧化硅浓度曲线上表现得最为明显，10天后“突然”恢复到了228ppm，即其淡水冲洗前的数值。这表明淡水冲洗对那些热的辅助流道影响不大，其中的液体在195℃至198℃时与岩石达到平衡。硼、钾、钠和氯的浓度在恢复到以前的数值时要慢一些，这表明它们至少部分地受活跃循环区域以外的节理填充液中那些物种的浓度控制。除了在淡水冲刷后不能迅速“反弹”之外，氯化物和硼的极高浓度更表明是来自附近火山口的热流体，而不是与花岗闪长岩热岩体处于静止平衡状态的流体。

例如，在第一期的岩芯样品中没有含硼的矿物，但产出的流体中硼含量平均约为10ppm，这对于火山成因的节理填充液来说并不典型。

在进行运行第4段和第5段测试时，一些项目员工提出了一种不同的理论，以解释循环液中测得的溶解物浓度普遍升高的原因。这个理论（现在则认为是错误的）认为是循环流体冲刷出岩石块体区域的孔隙流体，这些岩块与在循环可及岩石体积之内和刚好之外的那些节理表面相邻（认定这种“孔隙”流体是原生流体，填充在这些岩块中紧闭但仍互通的稀疏分布的微裂缝[❶]中）。然而，由于“活跃”储层的岩块被压缩着，很难想象，通过节理网络循环的高压流体能够容易地触及其内部的少量孔隙流体。

更合理的解释是，至少有一部分填充在地震储层体积内的节理液体来自火山口，在运行第5段期间以很低的流速循环到了生产井中。生产流体中溶解气体的化学成分也支持这种解释，特别是持续高浓度的溶解二氧化碳（占气体部分的70%~80%）和硫化氢的存在（从300~1000ppm）。

应力解锁试验

此试验主要是为了确定是否可以用更高的压力对储层进行再加压来大幅降低运行第5段的储层流动阻抗［接近稳定的13psi/(gal/min)］（为此使用了辅助泵设备）。其主要结果是将储层的整体流动阻抗降低了约37%，从13.5psi/(gal/min)降至7.8psi/(gal/min)。

注：在运行第4段期间，通过这种方式实现了流动阻抗的降低：当流体注入EE-1时，从2450psi开始到大约2420psi结束，GT-2B的回压保持在160psi，然后增加到了

---

❶ 代表循环可及储层体积中岩块的微裂缝的平均孔隙率测量值为10^{-4}(Simmons and Cooper, 1977)。

1480psi（第 2 阶段和第 3 阶段）。接下来，注入压力减少到 1400psi，GT-2B 的回压恢复到 160psi（第 4 阶段）。多天的压力偏移使整体流动阻抗下降 34%（从 19.7psi/(gal/min）降至 13.1psi/(gal/min)，如表 4-2 所示）。但这一成就在当时基本上没有得到认可。

应力解锁的基本原理如下：在运行第 5 段期间，随着储层的冷却，在冷却的储层区域内的各个岩块会发生热收缩，但同时又会被围压地应力阻止其移动。如果储层压力增加到高于最小主地应力压力以上的水平，就会部分地缓解这些“锁定力”，至少会允许一些移动（任何移动都会是沿着这些岩块的节理表面进行的）。

想更好地理解应力解锁，就必须了解泵送作业的顺序（在特定时间对哪口井加压，以及压力大小）。试验从 12 月 9 日开始，以 5BPM 和 1200psi 左右的压力下，将液体注入 EE-1 井 1h。然后，注入流速分两步增加，分别增加到了 10BPM 和 18BPM，2h 后略有降低（至 15BPM），并在 EE-1 注入阶段的其余时间内保持在这一水平。在这些流速变化期间，注入压力从 1600psi 增加到 2200psi。7h 共注入 27 万 gal 的液体，关闭 EE-1，代之对 GT-2B 加压，以 10BPM 的流速持续了 25min；在这短暂的时间里，GT-2B 的注入压力从最初的 1700psi 增加到 1900psi。由于泵振动过大，应力解锁的这一阶段不得不提前终止。

如图 4-38 所示，地震活动在应力解锁期间一直到 12 月 9 日晚些时候都是较低的，直到 GT-2B 正在上升的关闭压力最终超过 1500psi（即 GT-2B 中热液柱的压力，对应于注入井中冷液柱的压力约为 1300psi），而这正是以前做储层应力测量的条件。由于第一期储层区域内的最小主地应力接近 1300psi（见上文第一期储层内的应力状态），储层冷却部分中最有利方位节理上的地震活动水平开始在这个阈值以上迅速地增加。

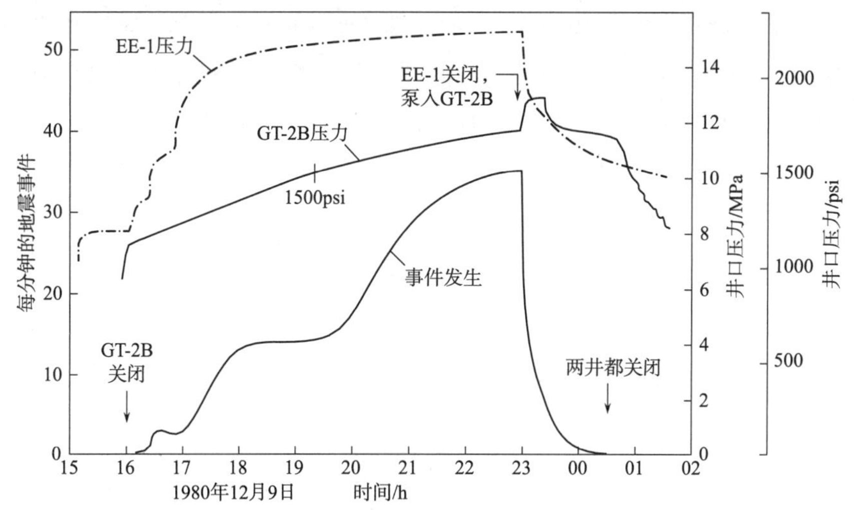

图 4-38　在应力解锁期间，地震事件率和系统压力之间的相关性。

资料来源：Murphy et al.，1981a

图 4-39 的平面图显示的是短暂的应力解锁期间产生的地震。这些事件主要发生在东南象限，仅限于储层冷却的中央部分，向外延伸不超过 200m，这与以前储层增长期间的模式不同。例如，在运行第 4 段的大规模注入期间产生的地震，从注入点向外延伸了近 800m（见图 4-26）。应力解锁期间的地震似乎确实是由活跃储层冷却部分中的一些岩块的再定位造成的，只要储层压力增加到足以允许沿边界节理产生位移就会发生。

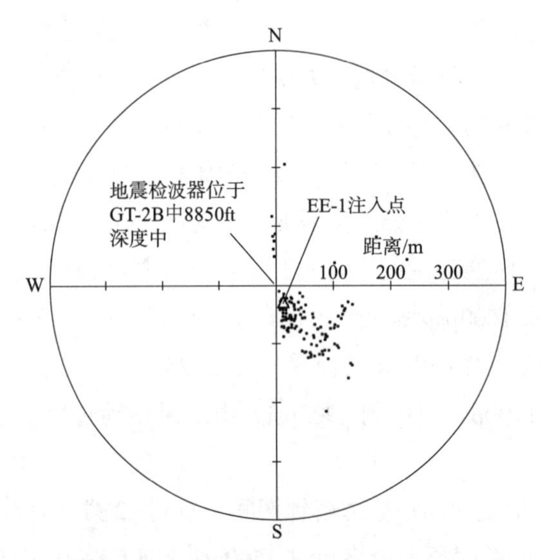

图 4-39　应力解锁期间产生的地震平面图（GT-2B 站的记录）。

资料来源：Murphy et al.，1981a

当应力解锁期间的储层压力进一步增加时（如在 GT-2B 测得的，最终至 1900psi），依然来自储层热耗损中心部分的地震率明显地加速。尽管至少相当于运行第 4 段第 3 阶段结束时（压力超过 2400psi）记录的每分钟 20 次的平均记录，但仍远远低于在第 203 次和 195 次试验期间产生的地震活动（图 4-25）。

在应力解锁之前和之后都做了放射性示踪剂试验。表 4-5 给出的是积分平均体积和模态体积测定结果。

表 4-5　应力解锁前后的储层过流流体体积

示踪剂试验	积分平均体积	模态体积
应力解锁前（1980 年 12 月 2 日）/m^3	581	187
应力解锁后（1980 年 12 月 12 日）/m^3	1118	266
增加/%	92	42

与应力有关的这些体积变化是由于储层冷却区域岩块的复位，表明节理孔径的整体增加。正如前面所讨论的，作者都认为积分平均体积代表着更真实的数值；它们是

否真的如此，无法证明，但毫无疑问，这些趋势是有效的。

也不能确定是什么原因会导致整个储层流动阻抗的减少，而这正是应力解锁的主要目标。对两口井的关闭压力行为的分析表明，近井出口阻抗降低了 43% 是影响关井压力的主要因素。然而，此阻抗应该是受储层冷却和随之而来的岩块位移影响最小的阻抗。

在应力解锁之后，又重新建立了一个星期的稳态运行条件。1980 年 12 月 16 日完成了最终关闭。

第一期储层测试了 9 个多月，平均热功率为 3MW。然而，只要通过不大的运行条件的改变（例如，采用具有更高压力的泵送设备，注入压力 2400psi、回压 1400psi 的工况下），就能很容易地将干热岩系统功率提高 50%，达到 4. 5MW 热能，而且至少能持续 6 个月。在 20 世纪 90 年代的第二期储层测试，将能证明这种高回压作业条件会是非常成功的。

在各运行段中用于确定储层几何形状的地震数据也用来评估了与干热岩地热能开采相关的潜在地震风险。这些数据显示，没有证据表明第一期储层开发或试验有任何地震危险。在运行第 4 段期间，井下设备检测到的最大事件的震级为扩展里氏震级 -1. 5 级，即大致相当于一个 10kg 的物体质量下落 3m（10ft）的能量释放。

在休 · 墨菲的带领下，一些项目员工游说实验室在第二期储层开发期间继续对第一期储层进行测试。然而，当时的干热岩项目经理罗伯 · 斯潘思决定放弃第一期储层，将精力集中在更深的第二期储层。31 年后的今天，阅读墨菲对这个话题的评论是很有启发性的（Dash et al.，1981）：

运行第 2 段至第 5 段采热试验的总结……表明（储层）大小很一般。但是，其他的一些指标，如地球化学、微地震、失水和排空体积测量结果等都显示出储层可能要大得多。特别是，微地震数据表明，我们已经使水到达了离注入井很远的地方……而且，微地震数据也表明这个更大的潜在储层不是平面的，而是节理发育和多重压裂的，因此，如果充分开发，这个潜在的储层将代表一个体积热源而不是一个面积热源。

尽管第一期储层的开发和测试遇到了许多问题和延误，但必须记住，这是有史以来第一次在深层高温结晶岩中测试的第一个干热岩储层。最重要的是，此项工作的整体成功代表着在 21 世纪树立了可再生能源资源的第一个真正的里程碑，不仅为美国，也为全世界，开创了一个全新的（和巨大量）的可再生能源资源。

3

第三部分

HDR 系统工程：芬顿山储层第二阶段开发和试验

第 5 章

第 2 期钻井计划和钻探

芬顿山第 I 期储层埋深在 8000 ~ 10 000ft 之间，证明了干热岩概念的技术可行性，但其储层温度为 157℃，热功率为 3MW，低于商业发电的要求。第 2 期储层计划要开发埋深在 10 000 ~ 14 000ft 之间的储层，来验证温度和地热产出率更适合于商业发电厂的干热岩概念，且储层规模要足够大，能够满足高水平热功率的持续运行（最少 10 年）。

要了解芬顿山第 2 期干热岩系统的发展状况，我们必须认识到有关此系统的计划从约 1979 年中期到 1982 年中期一直是一个“进行中的项目”，其演化过程就是芬顿山实施中的工作不断变化的需求、政府提供资助的变化，以及美国能源部及其相关管理人员、实验室员工和干热岩项目管理人员之间的政治和技术博弈的结果。

直到 1979 年春天，正值运行第 5 段期间，即有史以来第一次干热岩系统的长期流动试验，正在进行中，以测试扩大的第 I 期储层，这第 II 期系统的计划（仍在变化中）要求只钻一口新井，即 EE-2 井。此井将作为第 2 期的注入井，而第 I 期已有的一口井，可能是 GT-2 井，将会被加深来作为更深更热系统的生产井。

“这口新井，EE-2 井，其完钻深度要保证井底温度至少为 275℃。我们打算创建新的（干热岩）系统……具有大约 20MW 的产热能力。而且，我们将利用这个系统来展示储层的生命周期的延长，证明在 10 年的运行中，热衰减不会超过 20%”（HDR，1979）。

EE-2 钻探项目的主要目标是要在 12 000 ~ 14 000ft 的深度范围内探获大体积热岩，用于后续的储层开发。根据 GT-2 和 EE-1 井深部地温梯度数据，其井底温度在 180℃左右，要达到所需要的 275℃储层温度，新井垂深（TVD）就要达到 14 000ft（4300m）左右（下文将看到，由于 EE-2 要向破火山口方向实施定向钻井，这一岩石温度实际上在 12 700ft（3870m）的垂深上就能达到；由于温度梯度在 6500ft（2000m）以深随着深度的增加而增大，在 14 405ft 的完钻深度，其井底温度大约为 317℃，比原来的目标温度要高得多!)。

直到 1979 年下半年，这时 EE-2 钻井已经在进行，我们才知道下一年给干热岩计划更多资金的确切信息。有了此信息，就放弃了原来加深 GT-2 或 EE-1 井的计划，取而代之的是计划钻探第二口新井 EE-3，并在 EE-2 完井后，将 EE-2 井的钻机向西北方向移动 150ft 就可立即实施。这一决策很合理，除了因为 GT-2 井的套管直径较小（$7\frac{5}{8}$in）外，还由于 EE-1 井需要到 1979 年 12 月才能结束 9 个月的流动测试（运行第 5 段）。到 1979 年后期，EE-1 井产生了明显的旁通流：流体从压裂的第一期储层内流出，通过 EE-1 固井段上部套管环空流向地面，流动方向与 GT-2B 井的生产流明显平行。

第 2 阶段开发计划

图 5-1 和图 5-2 展示的是第 2 期储层开发计划，规定注入井和生产井的下部都将会采用定向钻井。这将会是既昂贵又困难的作业。

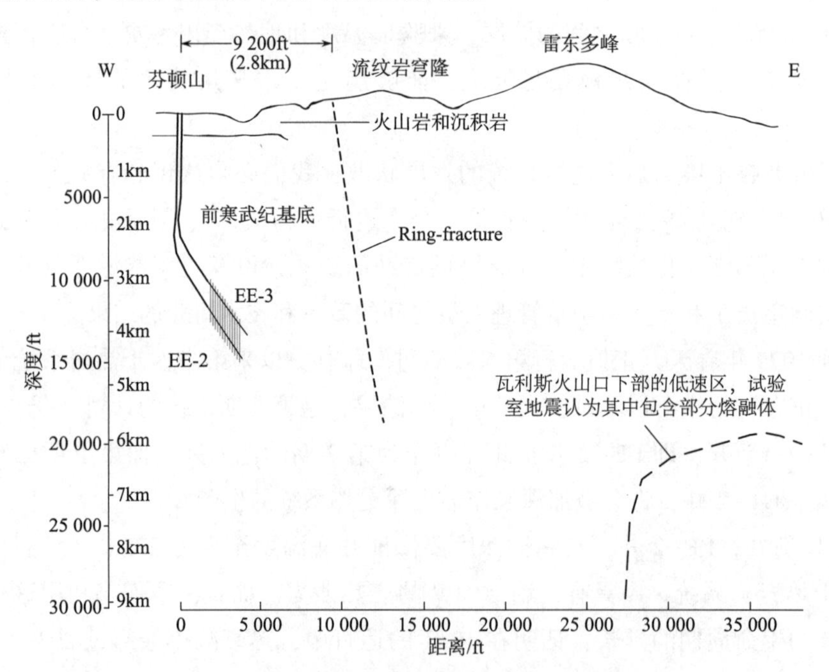

图 5-1　第 2 期干热岩系统的地质背景及其与邻近的瓦利斯破火山口的关系。

注：低速区的大小和深度改编自文献 Robertset 等（1991）和 Steck 等（1998）。

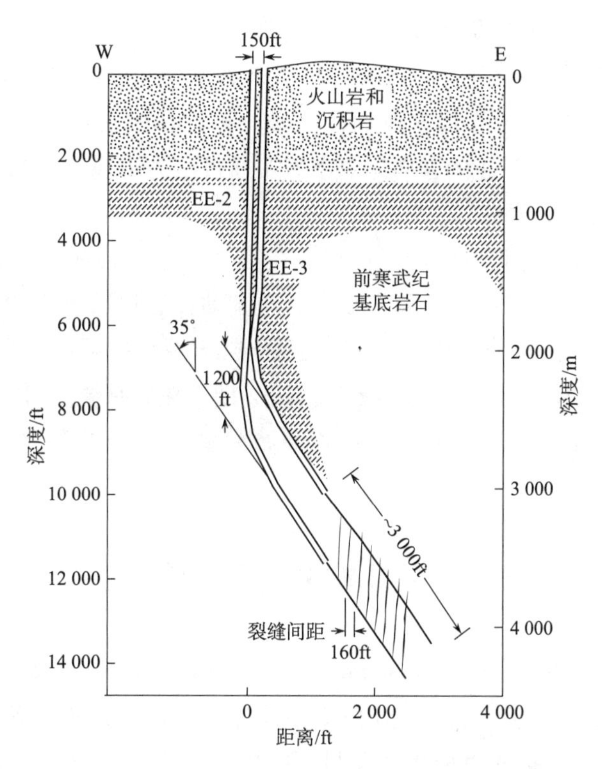

图 5-2　计划的干热岩系统第 2 期横截面。

注：改编自 HDR（1980）

此计划的原理是基于一个关键的但却是错误的假设（下文中称为第 2 期假设）：在第 1 期储层区域观察到的倾角近垂直、走向西北、连续延伸在 8000～10 000ft（2440～3050m）深度之间的主节理，参见第 4 章的图 4-28，也会在结构复杂的前寒武纪基底内向深部延伸大约 4000ft 左右，并会控制着第 2 期储层的开发。计划要求将 EE-2 和 EE-3 的直井段钻至 6500ft（2000m）深度，然后两井的下部定向向东钻进（即大致横穿第 1 期储层中被压开的两个主要垂直节理的走向）。EE-3 的下部要位于 EE-2 下部的正上方，两者垂直距离约为 1200ft（370m）。计划要求两井的最后倾角为 35°，这样从 EE-2 的底部开始，沿着井眼向上，用膨胀封隔器依次分隔成 12 段，每段为 160ft；分别对各段实施压裂，每段都制造一个垂直裂缝，然后使其向上延伸与 EE-3 井相交。

然而，结果却是在第一期储层区内作为主要节理打开的北西走向的那些近垂直节理，它们虽然也在第二期储层区中，但不再是连续的，而是被一系列明显倾斜的节理所截断。这些倾斜节理是连续的，但其开启压力要高得多，接近 6400psi（44MPa），而垂直节理的开启压力则仅约为 2200psi（15MPa）。因此，用于打开第 2 期储层倾斜节理的压力将会使这些垂直节理大大扩张，使其在流体储存和储层连通方面非常重要；但垂直缝隙不是主要的流通路径（这些结论是通过对第 2 期储层开发和试验期间获得的流量、压力、示踪剂和微地震数据的大量分析得到的）。那些倾斜节理才是主要的流通路径，并将会最终决定第 2 期储层的几何形状[1]。

可惜的是，第 2 期储层的方向将会与两井倾斜段的方向大致相同（即东倾约 60°）。压裂区的几何形状将会是一个向东倾斜的薄椭圆形，其较长尺寸为南北向倾斜，最小尺寸则是在从 EE-2 到 EE-3 的方向。对于想要通过水力压裂连通 EE-2 和 EE-3 来说，这样的几何形状是最糟糕的。

此外，由于对第 2 期假设的错误信任，在第 2 期钻井的两年时间里，大量时间将会花在研发各种方法来控制各个垂直裂缝中的流动，这样就不会出现单个裂缝过冷、热扩张和获得大部分流量的情况（即平行通道干热岩系统中可怕的热短路概念）。

1979 年开始了创建更大、更深和更热的第 2 期干热岩系统。EE-2 和 EE-3 的钻井将从地表相距约 150ft（50m）的两个位置开始，垂深分别约为 14 000ft（4300m）和 13 000ft（4000m）。

EE-2 井钻井计划和钻探

1978 年 10 月，得克萨斯州 Amarillo 的 Grace, Shursen, Moore & Associates（简写为 GSMA）公司向实验室提交了详细的 EE-2 钻井计划，它是芬顿山第 2 期干热岩系统的预定注入井。该计划包括井口梗概和项目所需的所有设备和材料的详细技术指标，还包括钻头、水力系统、管材、钻井液、钻具组合和压力控制设备等。

对于任何要在深度小于 9800ft（3000m）、温度低于 200℃的地方定向钻井，都会使用井下螺杆钻具。这种马达的钻头转速适中，直接由钻井液的流速控制；此外，钻头反作用扭矩是可重复的，也是定向钻井工程师所熟悉的。这意味着在大多数情况下，钻井的方向可以通过马达运行回次之间的单点测斜来控制，而不需要由井下导向工具提供更昂贵的连续读取测量。

螺杆钻具具有对温度敏感的弹性定子和径向轴承，不能承受 200℃以上温度，因此没有指定它们用于 9800ft（3000m）以深的定向钻探。为了更深的钻探，购买了两台专门设计的高温涡轮钻具。这些 $7\frac{3}{4}$in（197mm）的涡轮钻具是由实验室和得克萨斯州休斯敦的 Maurer 工程公司联合开发的，其设计具有特定的操作特性，以匹配（在涡轮钻具可行范围内）芬顿山选用的钻具，即用传统岩石钻头钻进花岗岩所需的转速、扭矩、钻压和额定功率。然而，涡轮钻具的旋转速度非常高（250~400r/min），预计将其与通常以 40~60r/min 的碳化钨嵌入（TCI）岩石钻头一起使用时，会使钻头磨损加快并缩短其寿命。

在 11 000ft（3350m）以深的钻井过程中，大约每隔 600ft 就会取一个岩芯，以获得储层区的进一步信息。

---

[1] 尽管这两个储层只相隔约 600ft（第 1 期储层的底部在约 10 400ft，而第 2 期储层的上限在约 11 000ft 的深度），但其节理结构有很大的不同。

1979 年年初，由于预计落基山脉地区的钻探活动会大幅增加，将会难以获得钻机，实验室向 30 多个承包商招标。收到了其中 3 家的标书，选中的承包商是 Brinkerhoff-Signal（简称 B-S）钻探公司（Petrolane 公司的一个分部）。在钻机动迁到 EE-2 之前，在井场钻了一个直径为 76in、深为 83ft 的钻孔[1]，在其中安装了一根 28 $\frac{1}{2}$in 的导管，除了顶部的 2ft 作为圆井外，导管用混凝土浇筑固定。

由于孔深、地热，以及更严重的孔斜所带来的复杂性问题，GSMA 公司获得了一份提供持续现场监督的合同。实验室的钻探工程师曾经监督过第 1 期的钻探工作，现在合同钻探工程师（在实验室工程师的协助下）将指导钻机的操作和员工的工作。正如将会看到的那样，这会证明这是一个糟糕的决定。此外，合同监督员将负责协调实验室的具体作业，如电缆温度测井。管理职责通常由两名钻井工程师轮流执行，第三名工程师偶尔会有替补任务。

有关 EE-2 井的信息主要来自文献：Helmick 等（1982）。

在火山岩中钻探

EE-2 钻井工作于 1979 年 4 月 3 日开始（图 5-3 显示的是 B-S 公司 56 号钻机正在施工）。采用 26in（660mm）的钻头钻穿了 460ft（140m）的 Bandelier 凝灰岩，没有出现任何问题，两天就完成了。

图 5-3　1979 年春天 EE-2 井位，向东看。在 EE-2 井的后面和右边可以看到热交换器、GT-2 上方的塔楼，以及与第 1 期储层前两次流体测试有关的众多拖车、储罐和管道。

资料来源：干热岩项目照片档案

[1] 请注意，在图 5-4 中，这个深度显示为 110ft（依据完井后方钻杆补芯测量）。

在古生代岩石中钻探

4 月 6 日，在 460ft[1] 深度钻遇 Abo 地层（二叠纪红层）。尽管在低钻头负荷和 150r/min 的高转速下，仍开始发生井斜，到 938ft（286m）时，井斜达到了 5°。采用了一个“井眼矫直”组件又钻进了 400ft 余。4 月 14 日，在 1250ft（381m）的深度钻穿了 Magdalena 群宾夕法尼亚纪的页岩和石灰岩地层（Madera 和 Sandia 组）；在 1342ft（409m）的深度，井斜减小到 1.5°。之后换 26in 钻头继续钻进，在 1784ft（544m）的深度钻穿了 Madera 地层。在钻探过程中钻遇了石灰岩和红色沙质黏土或页岩的互层地层，厚度从 5ft 至 25ft 不等（在这个地区，Abo 地层和 Madera 地层之间的接触界限定义为岩性变化深度，即变成石灰岩为主、红色黏土岩和页岩为辅的深度）。

4 月 20 日，下入直径 20in 的表层套管管柱至 1783ft（543m）处，并固井到地面。表层套管之所以下入如此之深，目的是尽可能多地封堵住不稳定的 Madera 地层（根据第 1 期钻井经验，预计在 1900ft 处将会遇到第一个主要漏失区。）

从 4 月 22 日开始，换用 $17\frac{1}{2}$in（445mm）钻头钻出水泥后，继续以 10~12ft/h 的速度钻进。在 1883~1889ft 深度之间，大约有 630gal（2400L）的钻井液漏失，而且是漏失在之前 GT-2 和 EE-1 钻井时遇到的同一漏失区（当时严重的漏失导致了漏失区上方井眼膨胀和崩落的严重问题）。在钻井液中添加了堵漏材料，随着钻井继续，该区域的井漏被封堵住了。继续以 8~10ft/h 的速度稳定钻进，直到 4 月 26 日钻井到 2354ft（717m）处花岗岩基底之上的溶洞石灰岩中，钻井液循环再次失去了。

注：应该记住，芬顿山深层沉积岩中的静态水位低于地表约 1700ft，这导致了严重的钻井液漏失问题。

基于以往的钻井经验，将那些合适的作业方式列入了现钻井计划，并加以实施：如及时用卡车将补充水运到现场，以便在钻井液循环漏失的情况下仍然能继续钻井。“无上返钻进”这种操作在芬顿山是一种昂贵的操作。虽然在 1976 年就在现场钻了一口水井，但这口井的产水量约为 40gal/min，只能提供所需水量的一小部分。一些水可以从 5mile 外的拉奎瓦（La Cueva）运来，但大部分水必须从 27mile（45km）外洛斯阿拉莫斯经山路运来。除了费用之外，由于水的使用速度比运来的速度快得多，运水的需求也拖慢了钻探进程。同样重要的是，在没有钻井液循环的情况下进行钻探是非常危险的，因为钻井岩屑可能会堆积，并在包括钻头在内的钻进组件上部堆积并压实，可能造成卡钻。尽管稳定器确实被黏土堵塞了，但是在 2402ft（732m）深处的花岗岩

[1] EE-2 井深是从方钻杆补芯的顶部开始测量的。它高于平均海平面 8720ft(2660m)。

基岩上部缝洞型石灰岩层段还是很快钻穿，而且没有出现大的问题。

在前寒武系结晶岩（板岩和变质岩）复合体中钻井

直井钻井

使用高硬度的 $17\frac{1}{2}$in 钻头钻探前寒武系基岩的最上部；钻进速度达到 7～12ft/h，与在上部古生界石灰岩的速度相近。4 月 28 日，在深度为 2593ft（790m）时，钻杆拖拽阻力过大致使钻探暂停。这表明有缩径点（在深 2050ft 以上的 Madera 地层中，页岩层段挤压使钻杆阻力加大）。在接下来的 11 天里，EE-2 井将会在这个深度停钻。

钻探计划要求下入直径为 $13\frac{3}{8}$in 的技术套管至花岗岩基底，以稳定和封闭前寒武系顶面以上的古生代沉积岩。在套管下入之前，试图封住 Sandia 地层底部，即前寒武系顶部上的溶洞石灰岩段。首先，泵入高黏度泥浆，以填充花岗岩基底的井眼部分（2593～2402ft 深度段）；然后通过光头钻杆在泥浆顶面泵入 200 袋水泥混合物，希望形成一个塞子，以填充和封堵溶洞石灰岩段中约 100ft 长的最严重部分。4 月 29 日，当下入钻杆，准备钻出水泥塞（事实是水泥被过度驱替了）时，在 Sandia 地层上部约 2063ft 处遇到一系列障碍物中的第一个，即一个未经处理的黏土区，在这里无法防止水化。由于井中的亚静压流体（主要是水）的压力太低，无法防止水化和膨胀的黏土被挤压到井眼中，加剧了其不稳定性（不能使用钻井泥浆稳定法，因为钻井泥浆不能保留在井眼中。）尽管划眼、钻井和洗井到了 2127ft（648m）深度，但仍无法很好地清除掉障碍物。

最后，采用了高黏度泥浆来稳定在 1700ft 静止液面以下的孔段，允许继续划眼到 2593ft（790m）的全部已钻深度。当在花岗岩顶部没有发现水泥时，在大约相同的深度，对 GT-2 也实施过几次类似的固井，人们应该很清楚，水泥已经全部被驱替进入了花岗岩顶面之上的漏失区。尽管如此，还是开始准备制作一个新的水泥塞，以便能够使 $13\frac{3}{8}$in 的技术套管下入到位。这一次，在漏失层段下方深度约 2450ft（750m）处放置了一些麻袋进行封隔，以防止水泥驱替密度较低的泥浆，填充到该深度以下的花岗岩井段中。通过底部光头钻杆将 300 袋水泥浆注入了封隔麻袋上。

当 4 月 30 日钻具再次下入 EE-2 时，在 2230ft（680m）深度以下又遇到了其他障碍物，但和以前一样，很少或没有发现水泥。现在很明显的是，将密度近 2 倍于水的水泥从地表泵入一个明显的半静态水漏失区，基本上可以确定水泥基本被过度驱替到了漏失带。因此，放弃了固井工作。但由于井眼条件的恶化，预计下入套管时会出现问题，因此在套管管柱底部安装了一个得克萨斯鞋[1]来替代引鞋。在用高黏度泥浆对井眼进行处理后，在套管顶部驱动的帮助下，开始下入 $13\frac{3}{8}$in 套管。然而，在大约 2260ft（690m）以深遇到了严重的障碍物，套管无法旋转通过，没有其他选择，只能将套管逐节取出放回套管架。这是一项困难并耗时的操作。之后，将一个钻头和扩孔器安装到钻杆上，将井眼再次快速扩孔到了 $17\frac{1}{2}$in。由于黏土井段在不断地水化、膨胀和缩径，套管安装时间非常紧迫。

5 月 3 日，$13\frac{3}{8}$in 的套管终于开始下入。在下套管过程中，对每节套管进行了测量，并将其长度进行了加总（每根套管的标定长度为 40ft，有最高达 2ft 的正负误差）。但最为可惜的是，把长度累加到图纸上时，司钻采用油田的普遍做法而不是用计算器，结果出了多加 100ft 的错误。（这本应该能发现的；像这样关键的操作应该由合同钻井主管反复检查，而他当时却不在现场！）此错误将会对接下来 11 个月 EE-2 在结晶岩基底的钻井产生严重影响。直接的后果是，虽然套管以相当好的速度下入，但却突然停止了。实际上，尽管套管鞋已经到达了 2593ft 处孔底的坚硬岩石上，但合同钻井工程师则认为在 2493ft 处遇到了障碍物。于是几次试图通过不断加大力度，将套管穿过这个“障碍物”，最终导致套管扭曲并部分压损。最终，别无选择，只能在套管硬着陆处固井封堵（当时的报告错误地指出，套管是在 2493ft 处固井，离井底 100ft）。

$13\frac{3}{8}$in 的套管管柱固井计划是根据以往 GT-2 和 EE-1 的经验制订的。只有深入到花岗岩中的套管，即 2380ft 处的溶洞石灰岩漏失区以下的那段套管，要做尾部固井，因为我们知道，水泥在环空中的高度不会高于这个深度（由于水泥和环空中的水的密度不同，任何多余的水泥都会流到漏失区）。然后，为了稳定 20in 表层套管柱内的这根套管，就要通过外部封隔器或分级箍，从约 1785ft 处直到地表将两者之间的环空固井。如果在下入 $13\frac{3}{8}$in 套管柱的过程中插入这个分级箍，那当套管底部在 2593ft 处时，它就会在 1785ft（544m）的深度坐封。这样，分级箍就会非常接近 1783ft 处的 20in 套管底部，事实上也正是如此。

可惜的是，尾部固井作业失败了：安放在水泥柱顶部用于分隔水泥与驱替水的刮塞在到达套管柱底部的浮箍时，密封失败，使水泥被过度驱替到了寒武纪基底之上溶洞石灰岩中的微咸水层（很可能是封隔器上的橡胶密封圈在穿过浮箍上方粗糙的压损套管段时损坏了）。5 月 5 日，在钻杆的底部安装了一个可回收的水泥承转器，坐封在

[1] “得克萨斯鞋”是一种切割或钻进鞋。当旋转时，它能对 20in 表层套管（下入在 1783ft 处）深度之下发生膨胀的 Madera 黏土段进行切割和扩孔，从而保证套管顺利下到井底。

套管内 2411ft（735m）。然后，将水泥通过钻杆注入，通过水泥承转器填充其之下的套管和套管外的环空，直到漏失区，成功地完成了尾部固井作业。

接下来进行了第 2 阶段固井作业：将水泥经 $13\frac{3}{8}$in 套管泵入，通过 1785ft 处的开放分级箍，并经套管外环空返回到了地面。

5 月 7 日，采用 TCI 钻头的 $12\frac{1}{4}$in（311mm）钻具组合钻进；钻头在 1740ft（530m）深度探到了水泥，是在分级箍上方约 45ft 处，这正是套管底部在 2593ft、分级箍在 1785ft 深度时应该遇到水泥的地方，但比合同钻井工程师预期的要深 100ft！将第 2 阶段固井水泥和其他遗留固井器件钻穿后，继而下探遇到了尾部固井阶段遗留在套管中的桥塞和其他器件，也将它们都钻穿了。最后在 5 月 8 日，用一个新钻头重新开始在花岗岩中的钻进，将井眼增加了 26ft，测量深度为 2619ft。

从 1979 年 5 月到 1980 年 3 月的 11 个月里，一系列的钻探和套管问题接踵而至，几乎所有的问题都与 $13\frac{3}{8}$in 套管被反复顶入孔底的花岗岩中造成的压损和扭曲直接相关。

5 月 8 日，当钻进至 2619ft 深度时，钻头扭矩过大不得不起钻。经检查发现三个牙轮的内部部分都不见了，就把一个定制的直径为 $11\frac{1}{4}$in 的磁铁打捞器下入井中，去打捞这些部件。但是磁铁在 2390ft（728m）深度遇到了明显障碍物无法通过。众所周知，位于该深度的 Sandia 地层存在一个主要的岩溶区。可以推断，在此深度，井眼直径要比 $17\frac{1}{2}$in 钻进直径大得多。

在取回磁铁后，采用了一个用过的 $12\frac{1}{4}$in 钻头试图清理掉障碍物。实际上，所谓的“障碍物”只是一段套管发生了弯扭和变形。合同工程师们不掌握真实情况，花了几个小时，试图用旧钻头扩孔通过此障碍物。最后，泥浆漏失。划眼成功地切开了套管，正如随后的温度测量所显示的那样，钻井液通过套管上位于约 2400ft 深度的一个洞，流到了漏失区。

接下来，下入了一块直径较小的磁铁（10in）；但磁铁上方直径为 9in、相对坚硬的钻铤组件无法穿过严重扭曲的套管。下入了一个直径为 $12\frac{1}{8}$in 带震击器的直管器，试图打通套管的限制处，直管器在 2380ft（725m）和 2420ft（737m）处发现了狭窄处。然后，一个接近全直径的胀管器（但没有坚硬的钻铤）下入到了 2465ft（751m）处，所遇阻力非常小。较长较硬的直径 9in 的钻铤组合不能通过，而韧性的近乎全直径的胀管器却能通过，这就给出一个关键提示，说明问题在于套管压损（无论认为套管的底部落在了哪里)。

斯伦贝谢公司在5月11日至12日完成的一系列测井结果表明，在2370~2390ft和2434~2468ft深度这两段的套管有断裂。在接下来的3天里做了进一步调查：温度和转子流量计测井（实验室设备）、McCullough套管检测测井，以及Birdwell水泥胶结和套管接箍定位器测井。结果表明，2380~2400ft之间的套管受损，2480ft处的套管弯曲，2400ft处有缺口或裂缝。水从2380ft（725m）处的套管上的一个孔中流出，并在套管外向上流动，流入2354~2360ft之间的溶洞灰岩段。(注：至此我们只能假设，虽然官方文件没有提到，但合同钻井主管们已经意识到了管道长度相加时的错误，这导致了套管的严重损坏。特别是套管接箍定位器的记录，按惯例应该是从头到尾的，会显示套管鞋在大约2590ft处，这正是它应该在的位置。)

5月16日，通过在2380ft处的套管孔灌注水泥试图来封堵套管外的循环漏失区。三节光头钻杆通过防喷器下入；之后向套管内泵入400袋堵漏速凝水泥、1000袋含有40%沙子的水泥；然后用1850gal（7100L）的水驱替这些材料，对泥浆进行静水挤压(好像可以挤掉一个漏失段一样)。

当EE-2重新下入钻具，在1788ft（545m）处遇到了水泥，用钢齿钻头实现了全循环钻进（显然，固井水泥已经封住了套管孔隙和裂缝上方的套管内部)。之后，在2380ft处钻遇到了刚被水泥封住的同一区域的受损套管。为了清除它，进行了更多的划眼，但这只会进一步损坏套管：上返钻井液中出现了金属碎片。在用磁铁和打捞篮进行了几次打捞后，从井中打捞出了大约30lb（14kg）的金属碎片。

在2405ft（733m）的深度，开始用$12\frac{1}{4}$in的钻头钻入井底部剩余碎片和填充物。然而，几乎同时大约30%的钻井液通过套管孔隙和裂缝流失（显然，5月16日的大型固井作业对封闭花岗岩基底之上溶洞石灰岩漏失段的努力失败了，正如之前在古生代沉积岩中GT-2和EE-1钻井时尝试的多次固井作业一样)。注入了大约15 000gal(57 000L)的堵漏液（一种含有木屑和棉籽壳的膨润土浓液体)，将钻井液损失减少到10%，并在第二天最终恢复了完全循环。起钻发现，钻头的三个牙轮已经磨平，并且在打捞篮中又发现了12lb（5.4kg）的金属切削物。然后对2380~2410ft（725~735m）深度之间的套管缩径段进行了磨铣，但当将钻头下入对2420ft以下井段进行冲洗和清洁时，循环又丧失两次。这可能是再次证明了堵漏材料不足以封住Sandia石灰岩段中的低压严重漏失区。通过添加更多的堵漏材料，循环又再次得到了恢复。

此后不久，在同一区域（约2380ft处）再次失去了循环。又将300袋水泥泵入，通过套管孔隙和（或）套管中的裂缝进入了花岗岩顶部岩溶石灰岩层中，然后是590gal（2300L）的驱替水。第二天，将水泥钻出到了2417ft（737m）深度，钻井液循环正常。

钻出堵漏物和套管碎片持续到了2602ft（793m)，但在这一深度再次完全漏失。井中的液面位于1700ft（500m），用光头钻杆泵入（运行到1525ft的深度）4200gal（16 000L）的高黏度堵漏材料药丸，随后是600袋水泥。5月28日，恢复了钻探，并成功地将EE-2加深了约22ft，至2641ft（805m）深度；但随后再次完全漏失。现在决定实施另一次大规模的固井作业。首先，将堵漏速凝水泥（200袋）泵入井中；接着是1000袋水泥，然后是另外是1000袋水泥并混入400袋硅粉（现在的固井工作需要越来越多的材料，因为在一些地方对套管的磨铣和切割又形成了新的与漏失区连通通道）。用钢齿钻头钻出了位于1358~2391ft（414~729m）井段内的水泥，最终恢复了全循环。在接下来的16天里，在基底岩层的新钻进将井加深了近1700ft（518m），到4340ft（1323m）的深度。平均每天钻进刚刚超过100ft。

6月19日，在4340ft处进行了8h非常艰难的钻探，基本上没有进尺，起钻对钻头进行检查。发现孔底组件的一个翼型稳定器上缺少两个12in的翼。在用磁铁进行了两次打捞后，打捞上其中的一个翼，第三次打捞时发现了几磅重的金属切削物。当再进行两次打捞尝试时，没有任何结果，于是用硬地层钻头将留在孔中的残翼残骸压碎。在打捞篮中发现了残翼严重磨损的两端，再一次用磁铁将中央部分打捞出。

注：当初在本实验室人员的指导下进行GT-2和EE-1钻井时，使用了更昂贵的辊式稳定器，而不是翼型稳定器。它们都非常有效，没出现要打捞作业的问题。

6月22日，钻进至4362ft（1330m）深度时，循环再次完全丧失。根据实验室的温度测量结果，漏失段位于1800~2400ft（550~730m）深度之间。因此，用钻杆将一个可回收的套管挤压式封隔器下入到1508ft（460m）处，之后在封隔器之上的环空中注入水直到地面，以保持对封隔器的回压。然后，在封隔器下方，通过$13\frac{3}{8}$in套管的裂缝和孔洞，泵入200袋堵漏速凝水泥，接着是500袋水泥。水泥凝固后，收回了封隔器，并将残留的水泥钻出。

6月25日开始了为期3天的稳定钻探，没有漏失。随着井深达到4855ft（1480m），首次使用了Maurer涡轮钻具，在约为115℃的孔温，试钻了一回。使用SecurityH-100钻头（TCI球齿钻头，专为钻探极硬岩石而设计），涡轮钻在3.75h内钻进了57ft，至4912ft处，平均每小时钻进15.2ft。相比之下，之前传统旋转钻进回次，使用类似的$12\frac{1}{4}$in的球齿钻头，在53h内钻进了493ft，平均为9.2ft/h。

随着在结晶基底的钻进，井眼逐渐向西倾斜，到4870ft（1484m）时，井斜达到6°（注：EE-2定期进行了测斜，监测钻井轨迹，直至深度15 273ft，接近完钻深度。所有测斜都是用E-W磁力单点测斜仪进行的）。在接下来的7天里，到7月7日，钻探工作很稳定，只出现了一些小问题，将井深加深至6492ft（1979m）。

设计的钻井方向最后一刻的改变

如上所述，第 2 期储层开发计划要求在 EE-2 和 EE-3 钻探时，要横穿（正交于）第 1 期储层开发期间压裂 EE-1 时打开的两个主要节理的走向。其走向大致为 N55°W（图 4-28），这意味着 EE-2 定向钻探部分的方位角应该是 N35°E。但是，在最后一刻对钻井计划进行修改时，3000ft 长定向钻井的方位角莫名其妙地改成 N70°E。

这个新的钻井方位大致与在第 203 次和第 195 次试验（1979 年 3 月中旬）期间压裂形成的节理组正交。计划的改变可能是根据那些地震试验结果（见第 4 章图 4-20）。由 GSMA 公司 1978 年制订的 EE-2 钻井计划（复制为 1979 年年度报告的附录 E）曾规定了钻井方向为 N45°E。1980 年年度报告又重申了这一方向（即“……北东方向，大约垂直于水力压裂的北西走向”）。在当时的报告中，没有任何信息可以解释如何或为何改变为 N70°E 方向。

由于井眼有向北偏转的趋势，将方位角改为 N70°E 的主要后果是，不得不反复使用 Maurer 涡轮钻具将井眼转回东向。涡轮钻具的高转速意味着较快的钻进速度，这也就伴随着严重的钻头尺寸磨损；因此每个钻井回次的进尺都很短，平均为 60ft。此外，每一个涡轮钻进的井段都还必须用常规钻具来扩孔，这大大增加了定向钻井的成本和复杂性。但是，在 EE-2 大部分定向钻进过程中，保持甚至超过了 N70°E 方位角（在 14 000ft 深度以下几乎达到 N80°E）。之后，此 N70°E 方位角也将会在 EE-3 定向钻探中得以保持。

事实证明，在超过 6000ft 长的 EE-2 定向钻进中保持这个非常困难的方位角，与第二期储层的最终开发完全没有任何关系。

定向钻井

在 6492ft 这一新的完钻深度处，EE-2 钻孔轨迹为 S77°W、5. 5°。由于该方位角与新规定的方位角（N70°E）相差约 180°，1979 年 7 月 8 日，定向钻井开始了旋转改变井眼方向，首先朝北，然后朝东转向。

EE-2 定向钻井策略是交替使用由导向工具引导的井下马达（主要是改变井眼方位角）和旋转钻具组合［主要是加深井眼的同时保持或增加井斜，其次是疏通狭窄井段，以及（或）对因使用涡轮钻具造成的小于要求井径的井段进行扩孔］。一旦井斜达到约 35°，就使用硬直的保角组件进行旋转钻进，以加深井眼且不改变其方位角。

在第一次井下马达运行中，使用 E-W 电缆定向工具来控制方向。但是，定向工具受到了间歇性信号丢失的困扰，不得不每隔 60~90ft 就要用单点测斜来检查井眼方向。

D-D 和 Baker 公司的螺杆钻具组合在这个深度和温度（130℃）用于定向钻探证明是非常成功的。在井下马达回次之间，用刚性旋转钻具扩孔和加深，以保持井斜和方位角。到 7 月 15 日，井已钻进到了 6818ft（2078m）深度；其轨迹为 N37°W、4.75°，说明方向改变了 66°。

到 7 月 18 日，再一回次定向钻进将井加深到 7184ft（2190m），将井眼再次旋转了一个 76°，到 N39°E，井斜为 3.25°。在之后的 5 天，用造斜及旋转钻具组合将井加深 1020ft，到 8204ft（2501m）深度。井斜角以略高于 1°/100ft 的速度增加，但井方位又向北漂移了（从 N40°E 到 N13°E）。

为了纠正这种漂移，再次采用了 D-D 公司螺杆马达钻进，但在钻进了 22ft 后，马达出现故障。此深度的温度约为 140℃。

整个 8 月一直使用涡轮钻具和 E-W 定向工具定向钻进，期间多次中断钻进，进行划眼作业和修复钻杆工具接头处的冲蚀。到 8 月 14 日，井深达到 9082ft（2768m），井斜增加到 15°，井斜方向修正为 N34°E。此时，用 S-S 公司的“Hades”电缆定向工具取代了性能不佳的 E-W 工具。但该公司的工具在极高井温下也不能很好地工作，有 3 套工具相继失效。剩余的定向钻井将用 Scientific Drilling Controls 的“电子偏航”定向工具完成；它通过监测井下马达的方向设置和进度，能够更好地控制钻井轨迹（注：大部分的定向钻井仍未完成，而且井下温度在不断升高）。

又一段定向钻探（684ft）于 9 月 2 日结束，5 回次的 Maurer 涡轮钻具与旋转划眼和钻进穿插进行，以试图控制钻井轨迹。但是，即便使用电子偏航定向工具，综合结果是井斜减少了 3°（至 12°），而方位角则跳来跳去，但最终在井眼深度 9766ft 处还是有些增加（8°），至 N42°E。

到 9 月 9 日，井深达到 9917ft（3023m），用 Baker 螺杆钻具（也由电子偏航工具引导）进行的两次钻进将井斜从 12°增加到 16.25°，并将方位角大幅度转向东，即 N59°E。此时井底温度已经上升到 180℃左右，但 Maurer 公司的涡轮钻具运行情况不佳，只钻进了 20ft，钻井监督又重新采用 Baker 公司的螺杆钻具。尽管温度很高，但 Baker 公司的螺杆钻具还是钻进了 63ft，至少部分消除了认为螺杆钻具在所有高温条件下都不如 Maurer 涡轮钻机的传说。

到 9 月 12 日，又采用 Maurer 公司涡轮钻具进行了 3 回次钻进，将井深增加到 10 035ft（井斜略微回落到 15.5°）。当在临近井底段旋转扩孔时（在每个 Maurer 涡轮钻具回次后总是必须做的），漏失发生了。立即起钻后，温度测量发现漏失位于 1800~2000ft 深度之间的受损套管段内。井径测井显示，$13\frac{3}{8}$in 的套管在约 1800ft 处附近有一个新的破损。通过底部光头钻杆的 5 根立杆将 200 袋水泥与天然沥青（12.5%）和 Celloflake（0.25%）的混合物泵入空套管中。0.5h 后，又注入 400 袋水泥，但这一次，水泥之后没注驱替水。在 1380ft（421m）处碰到了水泥塞的顶部；当钻穿水泥塞后，测得其下端位于 1865ft（568m）处，估算保留在套管内的水泥量约为 250 袋（其余 350 袋应流入了漏失区）。

9月15日，再次旋转钻进成功地加深了井眼，但也只加深了32ft，达到10 067ft（3068m）的深度，但钻头有被卡住的迹象。钻进停止，在试图清除堵塞物的过程中，钻杆在4549ft（1387m）处断开了。请了得克萨斯州奥德萨市的Dia-Log公司来进行卡点测定和卸扣服务。经过几次倒扣尝试，在深度6510ft（1980m）处，将钻柱的上半部分拧开并从井眼中取了出来。然后，又再次倒扣，成功地拧开并取出了另外3100ft长的钻柱，将井眼清理到9612ft（2930m）深度。

接下来的18天里，一直在打捞作业，以清除孔内的钻杆和卡住的底部钻具组合。在此期间，8000ft的线缆也掉落到井里。当试图用“意大利管”捞起这些线缆时，管子也在井中断裂了。然后，这些打捞工具也需被捞出来，除此之外，钻杆又在孔中断裂了几次。最后，在10月6日，使用了9万lb的Dailey震击器来移除被卡住的底部钻具组合。

终于在10月7日恢复了旋转钻进。采用403ft（123m）长的造斜旋钻钻具钻进，钻出一个366ft（112m）的新孔段，至10 433ft深度。在钻进过程中，孔斜从15.5°增加到了17°，方位为N77°E。然后用Maurer涡轮钻具及电子偏航导向工具将井再加深了119ft（至10 552ft深），并将井斜增加到了21°，同时将方位角减少7°（至N70°E）。

扩孔之后，10月14日，使用一个更柔性的底部钻具组合与小直径钻铤（$6\frac{5}{8}$in代替8in）配合重新开始了旋转钻进。事实证明，这种配置对造斜更加有效。在接下来的24天里，井加深了1024ft，至11 576ft（3528m）处，井斜从21°增加到34.5°，非常接近35°的目标。此时，钻井方位已经向北偏移了23°，变成了N54°E。

井径缩径钻井、取芯、尝试修复$13\frac{3}{8}$in套管

1979年11月7日，钻进将井眼直径由$12\frac{1}{4}$in减少到计划最终尺寸$8\frac{3}{4}$in（22cm），分两个阶段完成：第一阶段采用11in（280mm）钻头钻至11 596ft（3577m），之后再用$9\frac{5}{8}$in（244mm）钻头钻至11 616ft深。最后，用$8\frac{3}{4}$in钻头钻进118ft（至11 734ft）深度。然后用$7\frac{7}{8}$in的STC Stratapax取芯钻头（见第4章，图4-3）实施了计划中7次取芯的第1次。

在11 734～11 743ft（3577～3579m）井段取回长约4ft（1.2m）、直径为3in（7.6cm）的岩芯。在接下来的9天里，继续使用$8\frac{3}{4}$in钻头钻进（钻进经常因要做井底磨铣、磁铁打捞丢失的钻头牙轮及掉入孔中的$13\frac{3}{8}$in套管碎片而中断）。在井深12 266ft（3739m）处的测斜结果显示，钻井轨迹为N59°E、35°。

11月20日在12 266~12 276ft（3739~3742m）井段进行了第2次取芯。这次取芯也是第一次尝试对岩芯进行定向；所选用的设备是有隔热罩保护的E-W岩芯定向工具。为了保护取芯工具内的胶片，在取芯钻进10ft后就提钻；即使如此，此“温度强化（耐高温）”的定向工具还是受到了严重的热损伤，以至于胶片变黑，不能提供任何定向信息。此外，也没有采集到岩芯（岩屑显示，该取芯段节理高度发育）。11月26日，经过4回次旋转钻进将井加深572ft后，进行了第3次取芯作业，并在12 848~12 856ft井段取回8ft长的岩芯。

用$8\frac{3}{4}$in钻头继续钻进了11天，但是需要大量的划眼和钻具工作，以保持其拉力低于可接受的极限（40万lb）。12月2日，将所有标准钻铤（除了非磁性的Monel钻铤），其总重约为3万lb，全部从底部钻具组合中移除了，以减少井下的扭矩和阻力。然后，底部钻具组合由一个钻头、一个打捞篮、一个6点辊子扩孔器、一个3点辊子扩孔器、一个短钻铤、第二个3点旋转扩孔器、Monel钻铤、第三个3点旋转扩孔器共同组成；在底部钻具组合上面有9节加重钻杆、一个震击器和另外两节加重钻杆。为了减少井眼阻力，在之后的钻进过程中，在泥浆中加入Baroid Torq-Trim II减阻剂，是一种甘油酯与酒精混合物（加入量为125gal/天，也即475L/天）。

12月8日，在13 454~13 464ft（4101~4104m）井段进行了第4次取芯。在之后的钻进过程中，多次磁力单点测斜要么没有图像，要么是工具卡在管道中而告失败。12月12日，在井深13 657ft（4162m）处暂停钻进，以便进行大范围的划眼作业，以减小井眼拖拽阻力。使用一个由钻头和钻杆扩孔器组成的扩孔组件，以消除位于3050ft（930m）、6600ft（2010m）和6900ft（2100m）处的过度弯曲，即所谓的“狗腿”。在此期间，对钻柱进行了检查（由Tuboscope检测服务公司完成），并对钻杆工具接头做了加强。12月20日，重新开始了$8\frac{3}{4}$in孔径的旋转钻进，在22h内钻进了298ft，至13 955ft（4253m）深度，平均钻速达到13. 5ft/h（时至今日，对于在花岗岩中钻进的TCI钻头来说，这也是一个出色的表现）！在此深度，钻井轨迹为N74°E，井斜35°。

注：8个月后，温度测量会显示，在孔深仅在12 700ft处，实际地层温度就已经超过了275℃的目标温度。遗憾的是，即使总深度已经接近14 000ft，在1979年下半年并没有做过诊断性的温度测量。如果进行了温度测量，就会发现第2期储层开发计划中EE-2部分的所有目标基本上都已经实现了。此时（1979年12月20日）就可以使用$9\frac{5}{8}$in套管管柱，将11 500ft（3500m）以下的预计储层段与上面的所有区段隔离开来，工作就完成了！4个多月的时间和远远超过200万美元的直接项目成本（钻机占用时间、合同钻井监督、特制工具、商业测井、打捞作业等）都将能够节省下来，还有本实验室井下仪器组所提供的4个半月支持费用（用于温度和电视测井以及许多其他的现场支持活动）。

在22h钻进到新深度后，很快就开始了第5次取芯作业。当取芯组件送到井底时，出现了90%的漏失，然后逐渐下降到30%以下。因此决定继续取芯作业，随后进行了温度测量，以确定液体流失的深度（可能又是在$13\frac{3}{8}$in套管损坏段的某处）。在13 955~13 963ft（4253~4256m）井段共取了7.5ft长的岩芯。

12月21日的温度测量显示，在大约2375ft（724m）深度出现了流体漏失。第二天，当下入钻杆时（准备进行固井作业），在$13\frac{3}{8}$in的套管管柱的1762ft（537m）处遇到了障碍。用钻杆下入印模证实，该深度以下已压损套管发生了进一步的损坏。

接下来的3个月成为司钻的噩梦。有多处撕裂和孔洞的$13\frac{3}{8}$in压损套管，正在迅速恶化，并且，大量的流体反复通过套损段消失在了前寒武纪基底之上那似乎无边无际的漏失区。试图修复套管，以及控制钻井液流失到漏失带的一次又一次的努力，结果是失望多于成功。用来应对井漏的主要武器是前所未有的大规模连续固井作业，以试图封闭漏失区。用到了各种不同的水泥配方和方法，但均无效（相对只需那么几天阻漏而言）。最终，22次补救性固井作业共耗费了6600袋、相当于超过1万ft^3的水泥。

为了疏通压损套管，实施了各种作业：多回次胀管器或管柱扩孔器作业，还有多次磨铣工具（凹面、平面和锥形）或整形器作业，并穿插多次用磁铁收集积累的金属碎片和研磨物。使用了线缆摄像机调查套管关键点受损情况，当大型工具不能通过套管的受限区域时，将铅模工具通过钻杆下入来评估堵塞的性质。

两次摄像机调查清楚地表明了套管在继续恶化。12月29日第一次调查发现了1792ft处的障碍物实际上是一个大裂缝，套管像易拉罐的盖子一样向内弯折。在此套管开裂区之上，即1762~1783ft段，摄像机还观察到了许多较小的裂缝（宽度从0.25in到3in不等），通过这些裂缝可以看到套管外面的碎石。在摄像机下入到1792ft一周后，即1980年1月6日，摄像机无法下入超过1771ft深度，但在此深度看到了套管破损的新证据，即参差不齐的金属碎片。

2月1日，一个$12\frac{1}{4}$in磨铣和整形组合成功地穿过了损坏的套管。然后，又用此组合来清理裸眼段，一直到9100ft（2790m）处，清除了在多次套管修复作业中掉下来的碎片（磨铣和整形组合可能只是把大多数累积的碎片向前推了）。2月7日，在清理11 000ft以下井段的碎屑作业中，钻井液循环在通过约2350ft处受损的$13\frac{3}{8}$in套管时再次漏失。随后又是一个半月的固井作业，其间穿插着磨铣、划眼和整形作业。最后，在3月22日，经历了3个月的痛苦、挫折和花费后，合同钻井监督决定放弃进

一步封堵 $13\frac{3}{8}$in 套管的切口和裂缝的努力，而是尽快使用 $9\frac{5}{8}$in 套管管柱来挽救这口井！

下入 $9\frac{5}{8}$in 套管并固井

在下入套管之前，井眼需要进行大范围的冷却，这需要用大量的水（由于液体持续漏失到花岗岩基底上的溶洞型石灰岩中）。用卡车拉水到现场，是当时获取如此大量水的唯一途径。在 5in 钻杆上安装了一个 $12\frac{1}{4}$in 的钻头，然后开始以大约 800gal/min（50L/s）的速度注入冷却水，持续了 3 天后起钻。3 月 28 日，将 $9\frac{5}{8}$in 生产套管下入到 11 578ft 的设定深度（垂深 11 351ft）[❶]。然后，冷却水以 500～800gal/min（31～50L/s）的速度从套管外环空泵入，持续了 4 天。

原钻井计划要求将 $9\frac{5}{8}$in 套管分 4 级固井到地面，以限制对其施加的外部压力（套管外整整 11 578ft 长的水泥柱，密度约为 $2g/cm^3$，将会施加约 5000psi（34. 5MPa）的压力。这可能足以使井底附近的套管压损和（或）岩体的破裂（水力压裂）。因此，在套管柱中放置了 3 个分级箍，分别位于约 8000ft（2440m）、5000ft（1520m）和 2000ft（610m）处。然而，在最后一刻，该计划被大大地修改了：不仅 EE-2 钻井现远远超出预算，而且越来越明显的是，多级固井作业将比原来预计得更加复杂和困难。特别是，$13\frac{3}{8}$in 套管上有许多孔洞，这使得该井段能直接通向外面的巨大漏失区，因此计划在 2000ft 处分级箍以上井段的固井作业根本就无法进行。考虑到这些因素，决定只对套管底部 1000ft（300m）长的井段进行尾部固井，其余的环空（在水泥顶部和 1700ft 处的静态水位之间）则用水充满。

尾部固井工作从泵入 13 700gal 重晶石泥浆（密度约为 $2g/cm^3$）开始，以稳定住套管鞋下面的裸眼段，并防止水泥顺着斜井段的井眼向下流动。重晶石泥浆注入后，接着注入 200gal 的水。然后下入底部橡胶刮塞，之后在其上部泵入 3100gal 含硅粉的水泥浆（此量共填充了大约 960ft 的环空）。之后，释放了顶部橡胶刮塞，并用水驱替到套管底部。顶部橡胶刮塞最终着陆于浮箍塞捕获器并承压。在尾部固井后，尽快将光头钻杆下入到浮箍之上的 11 496ft 处，进行固井后的冷却。4 天里，水以 200gal/min（13L/s）的速度沿钻杆注入并从钻杆与套管之间的环空返回。

---

❶　选此深度是为了与直径 $12\frac{1}{4}$in 井眼缩小到直径 11in 时形成的台阶相吻合（1979 年 11 月 7 日，见上文）。

4 月 3 日，Dia-Log 井径测井仪下到 11 493ft（3504m）深处，以获得生产套管直径的基本参数。在钻杆工具接头处安装了橡胶保护器，以便在随后的井下作业中保护套管，然后钻出了浮箍和桥塞，并开始钻磨套管设置深度 11 578ft 以下井中大量的岩屑。

最后钻进

磨铣和清理井眼直到总井深的作业一直持续到 1980 年 4 月 24 日，自 1979 年 12 月 21 日以来的 126 天后第一次又取得了新进尺。到 5 月 1 日，钻进只遇到了一些小困难，EE-2 总井深已经从之前的 13 963ft（4256m）加深到 14 501ft（4420m）。第二天，完成了第 6 次取芯作业：用一个 $7\frac{7}{8}$in 取芯钻头从 14 501ft 至 14 504ft 井段取回了大约 3ft 的岩芯。在这次作业中，还使用了一个带有线缆插入和回收装置的 E-W 磁力多点测斜仪，第二次尝试获得定向岩芯。但是，在线缆插入过程中，其打捞筒卡爪脱扣，使得早期回收无法实现。当磁力多点测斜仪与钻头一同起出时，发现温度过高使胶片和磁力多点测斜仪都受到了损坏。在准备第 7 次（也是最后一次）取芯作业时，42h 内钻进了 458ft，平均进尺为 10.9ft/h，钻到了 14 962ft 深度。

5 月 6 日，钻井班组从 14 962ft 至 14 966ft 井段取回了 2ft（0.6m）长的岩芯。之后，只需要再进行一次钻进就可以达到 EE-2 的目标井深，所以使用了新开发的 STC8 $\frac{3}{4}$in 7GA 岩石钻头从 14 966ft 至 15 273ft 深度做最后一次旋转钻进，只用了 22.5h 就完成了，平均进尺为 13.6ft/h，非常出色。

注：事实证明，EE-2 的 7 次取芯作业（其中一次没有取回岩芯）都没有对进一步发展干热岩概念所需的基础知识做出重大贡献。这些资金和努力用在其他方面应当会更好。

5 月 12 日，实施了两次非常短暂的涡轮钻进（试运行 $5\frac{3}{8}$in 或 137mm 的小直径 Maurer 涡轮钻具），又钻进了 16ft。其完钻深度为 15 289ft（4660m），对应的实测垂深为 14 405ft（4391m）。在 14 962ft 处进行的 E-W 磁力单点测斜显示，最终钻井轨迹为 N79°E、35°，这比预定的 N70°E 方位角更偏东。1980 年 8 月，S-S 公司进行了一次陀螺仪测量，以检查钻探期间累计获得的钻井轨迹数据（E-W 磁力单点测斜）。测斜结果证实了先前测斜数据的正确性：两组数据几乎完全吻合。

完井后的钻井轨迹示意图见图 5-4。实测的井底温度为 317℃。

对 EE-2 井钻完井作业的思考

表 5-1 列出的是 EE-2 钻井期间进行的每项主要活动所花费的时间（占总时 410

天的比例)。可以看出，处理问题占 34. 5% 的时间，即 141 天。当然，并非所有这些问题都与定向钻井有关；但正如前面所分析的，这部分钻井作业是基于第 2 期假设（即第 1 期改造的垂直节理也将能构成第 2 期储层范围内的主要流动通道)。然而，后来证明这一假设是错误的。换句话说，仅是花在钻井所遇问题上的那些时间和金钱，就能完成整个 EE-2 垂深 14 500ft 的钻井作业，而这本就是我们所需要的结果（最终分析认为，EE-2 下部的定向钻探对第二期储层的开发没有任何帮助，实际上还会成为一个障碍。)

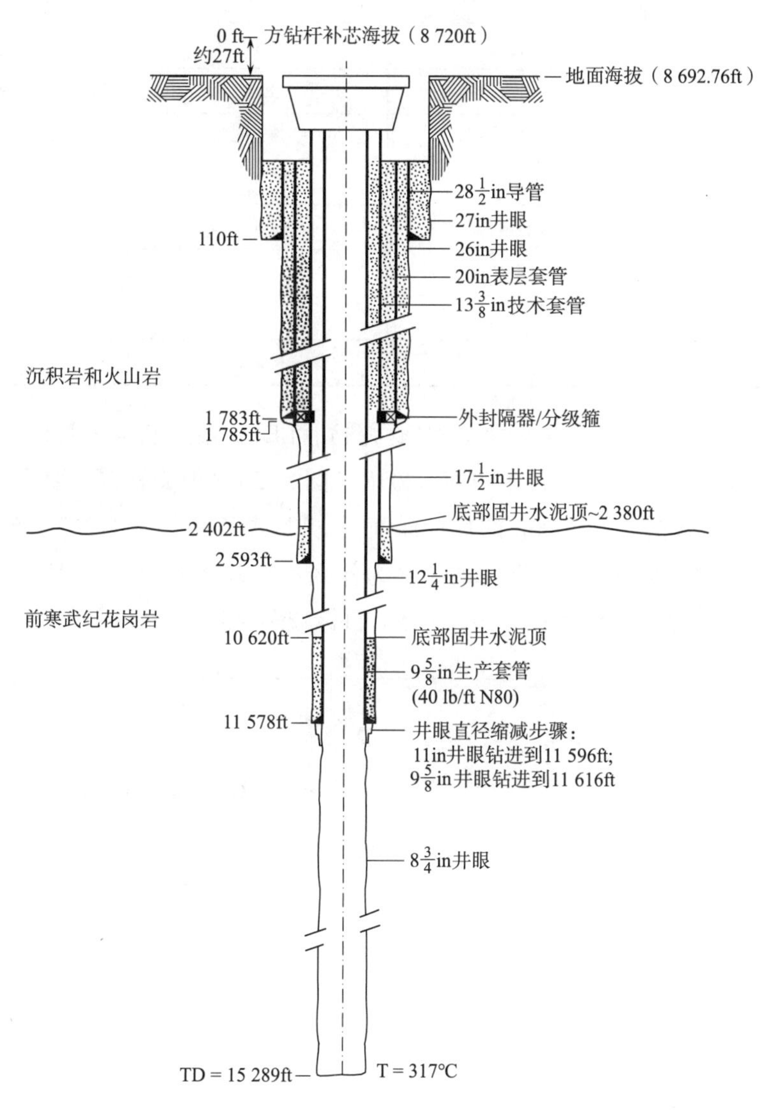

图 5-4　EE-2 完井钻井轨迹示意图。

表 5-1　EE-2 钻井过程中的主要活动占用时间统计（共 410 天）

活动		持续时间/%	累计时间/%
钻井相关	钻井	15	45.5
	起下钻	24	
	扩孔	5	
	取芯	0.5	
	定向钻井	1	
相关维修作业	套损	23	34.5
	打捞	8	
	漏失	2.5	
	定向钻具失效	1	
固井相关	下套管	3	7
	水循环降温	3	
	固井	1	
测井			3
其他活动			10

如图 5-5 和图 5-6 所示（平面图和剖面图），EE-2 钻井基本上是按计划进行的，尽管在 14 000ft 以深的最终方位角约为 N80°E（图 5-5）；但完钻深度要大些（完钻垂深达到 14 405ft，超过了 14 000ft 的目标深度），井底温度更高（317℃，而不是 275℃的目标温度）。如前所述，令人费解的是，为什么不在几个月前（12 月下旬）井深刚刚接近 14 000ft 以及岩石温度已经超过 275℃目标较多时就停止钻探！

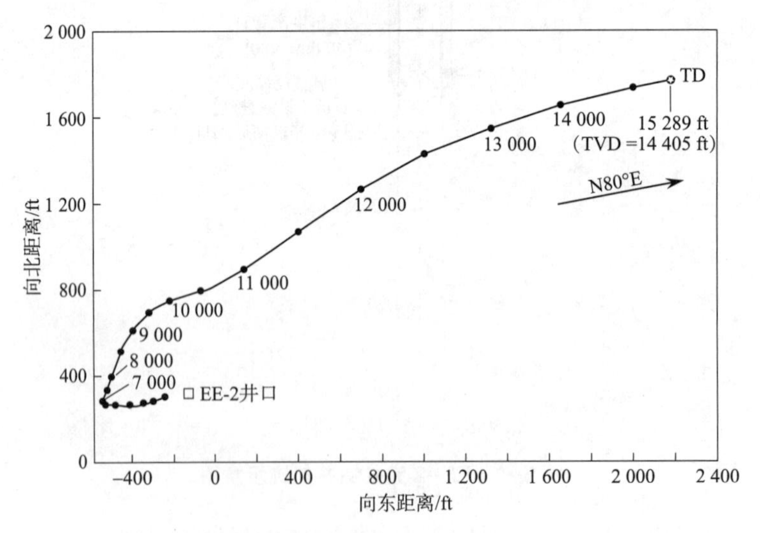

图 5-5　EE-2 钻井轨迹俯视图，采用完井井斜测量数据绘制。

注：根据文献 Helmick 等（1982）修改

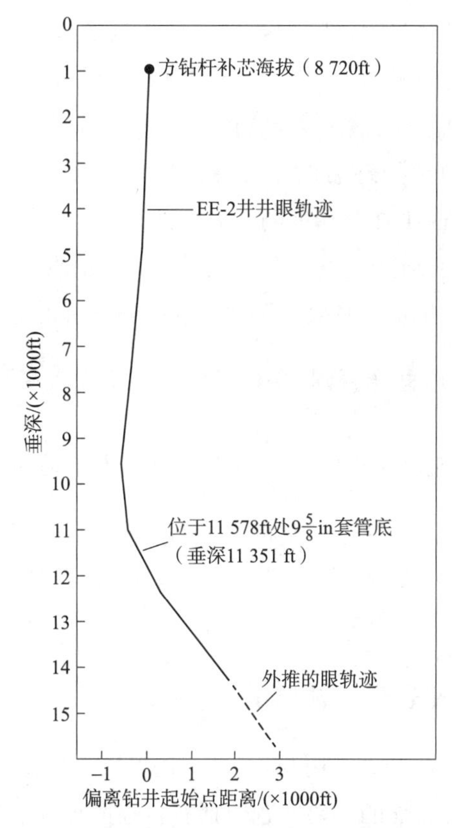

图 5–6　EE–2 钻井轨迹剖面图，剖面方位 N71°E – S71°W（采用磁力单点测斜数据绘制）。

注：根据文献 Helmick 等（1982）修改

设备和材料：在 EE–2 井井眼中的表现

钻井液

EE–2 所用的钻井液与之前在芬顿山钻另外两口井所用的基本相同：在火山岩和古生代岩石中钻进时，使用了含有堵漏成分的膨润土泥浆；在结晶性基底非常坚硬的岩石中钻进时，则使用了包含多种抗腐蚀剂和减阻剂的水基泥浆。

火山岩和古生代沉积岩

在钻直径为 26in 和 17. 5in 钻孔时，使用了聚合物絮凝剂来保持孔的清洁，并控制钻井液中来自 Abo 和 Madera 地层的红色页岩中天然泥浆的形成。

在之前的 GT–2 和 EE–1 钻井中，在钻遇这些页岩的过程中使用了降失水剂，以保护水不被井壁吸附（以及随之而来的水化和膨胀）；但在 EE-2 井中没有使用它们。此疏忽归因于没有发现天然泥浆固体物的明显增加，也没有发现井壁不稳定的问题（也就是说，直到后来遇到大规模漏失区，下至 1700ft 处钻井液全漏失了，导致现已暴露的 Abo 和 Madera 的黏土部分突然失去控制，见下文）。当钻穿已知的 1900ft 处的漏失区时，用了 20% 堵漏材料预处理后的钻井液，将钻井液漏失控制在 1500gal（5700L）左右，比以前 GT-2 和 EE-1 在此深度的漏失事件有了很大的改进。

1979 年 4 月下旬，当钻进至主要漏失区，即 Sandia 地层最下部的花岗岩基底之上的溶洞石灰岩层段时，钻井监督采取了无钻井液循环钻进的方式，钻到 2593ft（790m）深度。在接下来的 11 个月里（直到 1980 年 3 月下旬下入 $9\frac{5}{8}$in 的生产套管并固井为止），大量的钻井液和水通过压损的 $13\frac{3}{8}$in 套管壁上大量的切口和裂缝流失到了溶洞石灰岩中。在此期间，当然需要通过卡车将大量的补充水运到井场。但在大多数时间里，并没有准确地记录下大量的流体漏失，这无疑是因为严重的钻井困难一直占据着钻井团队的注意力。

前寒武系结晶岩（火成岩和变质岩）

钻探前寒武系结晶杂岩需要采用与钻探上述火山岩和沉积岩完全不同的钻井液方案。钻进这一主要层段所面临的主要问题包括有：强磨损性、异常高温（高达 317℃），以及在偶尔出现的一些破碎带的不稳定性。在大约 6500ft（1980m）深度以下，定向钻井将井方位角从西旋转到几乎正东，并逐渐将井斜从接近垂直增加到 35°，这造成了严重的扭矩和阻力问题（结合地层的磨损性）。

钻井液循环在花岗岩基底之上的溶洞石灰岩层段完全漏失了，导致钻井液的成本达到迄今为止的最高水平。每一次漏失，剩余钻井液都必须全部更换。

当钻井液漏失不再是一个问题，并且钻进过程中钻井液能够全部上返时，其他因素就控制了所需的钻井液量，进而控制了成本。例如，应用 Torq-Trim II 使钻井液的成本增加了约 1/3。这种有机润滑剂几乎将钻井扭矩减少了一半（一些扭断，如钻杆连接处的脱扣或断裂，是由于疲劳、扭矩、弯曲和施加在钻具连接处的张力共同作用的结果），但只有在温度低于 190℃时才有效；而且大量的钻井液，大约 40 万 gal（150 万 L），在其使用时需要大量的循环钻井液来进行充分的冷却。高温导致 Torq-Trim 降解为所谓的黑色黏稠物，这是一种“煮熟”的润滑油与钻屑（主要是沙屑）和其他钻井残留物形成的非常浓稠的混合物，已发现这些黏稠物覆盖在套管、裸眼井壁、测井仪器和其他下入到井中的仪器表面。此外，鉴于高扭矩和阻力，尽量减少与腐蚀有关的钻杆损坏也是要关注的一方面。使用亚硫酸氢铵除氧剂和有机除垢剂与苛性钠相结合，将 pH 保持在 9~10 范围内，使腐蚀远远低于 2lb/（ft^2·年）的标准。也正是因为高温，在使用这些产品时还需要大量的循环液来降温，这也使钻井液的成本提高约 1/3。

用于钻探结晶基底岩石的钻头

EE-2 井在基岩中（2593~11 576ft 深）钻出 $12\frac{1}{4}$in 的井眼通常是采用带有密封轴承的 TCI 球齿钻头。在钻头上部一般都会有一个 6 点 TCI 辊子扩孔器，以便在钻头磨损后能保持孔径（此外，当使用定向旋转钻具时，6 点辊子扩孔器则是装在钻铤中）。即便如此，磨蚀性非常强的环境仍然会使钻头的寿命通常比正常条件下要短。可预知的是，与 Maurer 涡轮钻具一起使用的 TCI 钻头的性能较差，在涡轮钻具高转速（350~500r/min）条件下，径向磨损严重，大大降低了钻头的使用寿命。

EE-2 井也用了 TCI 球齿钻头来钻直径 $8\frac{3}{4}$in 的井（11 616~15 289ft），以及 6 点 TCI 辊子扩孔器来辅助保持孔径。EE-2 的较深段是以越来越大的井斜向东钻进，以错误的第二期假设为指导，即由该井产生的那些压裂裂缝基本上都是垂直连续的，其走向大约都是西北向。此井段的钻进共使用了 31 个 $8\frac{3}{4}$in 钻头，其中 20 个是由 STC 专门设计和制造的地热钻头，用于在高温深层花岗岩基岩中钻探。这些型号为 7GA 的 TCI 钻头，是开型轴承（即非密封，故可通过钻井液进行冷却和润滑）。这种钻头比当时其他 TCI 钻头更耐用和高效，其特性是：

- 牙轮齿排上用更硬的硬质合金球齿；
- 固定刀轮的组件做了表面硬化，耐磨性更好；
- 柄上有内置的耐磨垫和硬质合金镶齿；
- 开放轴承间距更宽，允许更多的钻井液循环。

这些特性增加了 STC 7GA 钻头的寿命，其结果之一是减少了井下钻具组合起钻及更换旧钻头的次数。仅仅这一优势就足以抵消这些钻头高出 10% 的成本。这类钻头成为芬顿山所有较深较热钻井作业的首选钻头。

EE-2 选择的取芯钻头是 STC 的多晶金刚石刀头的复合辊子牙轮 Stratapax 钻头。（在 GT-2 和 EE-1 中用于取芯的改进型 JOIDES 钻头在中等深度和较低的温度下的岩芯回收率和钻头寿命两方面都取得了相当好的效果；金刚石取芯钻头，虽然取芯良好，但钻头寿命极短，通常只有大约 5h，只能取出不到 5ft 长的岩芯，仅钻头的成本就超过 1 万美元，成本太高，无法广泛使用。）Stratapax 钻头的外径为 $7\frac{7}{8}$in（200mm），内径为 3in（也就是说，用这种钻头所取岩芯直径为 3in）；它有 4 个带 TCI 球齿的牙轮和 4 个（而不是原型的 6 个）安装在碳化钨合金基座上的多晶金刚石刀轮。该钻头与 Hycalog 的一个 15ft（4.6m）长、外径为 6.25in 的长型取芯筒一起使用。

取芯过程中钻头转速在35~50r/min不等，钻头压力在1万~2万lb不等。当钻速减小到最初的一半时，就需更换钻头。STC在EE-2中使用了5个Stratapax取芯钻头后，对其状况进行了评估。据STC称，切削器件的整体外观非常好，没有发现过度磨损。用于第1次和第3次取芯的钻头通过更换多晶金刚石刀轮和基座均可重新使用；用于第2次取芯的钻头状况良好，可以重新用于第7次取芯；第5次取芯的钻头状况也良好，重新用于了第6次取芯（期间基座断裂）。尽管Stratapax钻头的基座断裂，并且在暴露于比预期温度更高的温度时密封圈磨损，但这些钻头的总体良好性能使它们成为未来在高耐磨性结晶岩中实施取芯作业的首选。

定向钻具

马达驱动的设备

表5-2为EE-2井定向钻进的三种井下马达的细节。

表5-2 EE-2井使用的井下马达

类型	直径/in（mm）	温度等级/℃	长度/ft（m）	供应商
螺杆钻具	$6\frac{3}{4}$（170）	约175	20（6.1）	Baker Service，Houston，TX
螺杆钻具	$7\frac{3}{4}$（200）	约155	20（6.1）	Dyna-Drill，Smith International，Irvine，CA
涡轮钻具	$7\frac{3}{4}$（200）	约320	20.7（6.3）	MaurerEngineering，Houston，TX

注：引自文献Helmick et al.，1982

由本实验室和得克萨斯州休斯敦的Maurer工程公司联合开发的高温涡轮钻具需要使用导向工具配合。在EE-2试验的3种不同类型定向工具中，只有一种科学钻井控制公司的电子偏航工具显示出在200℃以上的温度下有可靠的性能。其他定向工具的许多损坏均可归因于电缆头和线缆的热退化。

涡轮转速计（rpm指示器）可以在地表控制井下马达的转速：当涡轮机轴旋转时，叶片的扰动产生压力脉冲，然后通过钻杆中的液柱传输到地表，驱动转速计。为了提高压力脉冲信号的分辨率，在三缸钻机泵的出口处，将氮气阻尼器串联在液柱中。两个耐高温减震器能够削弱从钻头到马达的振动和冲击波的传输。

其他提高马达驱动设备效率的装置还有：一个包含锁扣导向套的弯接头（0.5°~2.5°），它安装在马达正上方的组件中（为钻头提供定向的侧向推力）；以及一个直接安装在弯接头上方的非磁性（蒙乃尔合金）钻铤（以消除工具上下方组件中的钢对导向工具的磁力干扰）。

在EE-2实施了33回次马达驱动的钻进（表5-3）。在所使用的3种井下马达中，Maurer涡轮钻具显示出在井下高温环境中的最好能力（表5-4）。所有的螺杆钻具在接近 200℃的温度下，弹性定子都受到了热损坏。

表 5-3　马达驱动定向钻井装置：在 EE-2 井的表现总结

马达类型	使用回次	每回次时长/h	每回次进尺/ft（m）	每回次钻井速率/（ft/h）（m/h）
Maurer 涡轮钻具	21*	2.8	59.8（18.2）	21.6（6.6）
Dyna-Drill 螺杆钻具	6	4.5	54.7（16.7）	12.3（3.7）
Baker 螺杆钻具	4	7.8	48.8（14.8）	6.2（1.9）

资料来源：Helmick et al.，1982

* 不包括在井底用较小的（$5\frac{3}{8}$in 或 137mm）Maurer 涡轮钻具进行的两次短暂试钻。

表 5-4　Maurer 高温涡轮钻具在 EE-2 井的典型表现（直径 $7\frac{3}{4}$in）

日期	1979 年 10 月 12—13 日	日期	1979 年 10 月 12—13 日
井段	10 433～10 552 ft（3180～3216m）深度	流速	348gal/min（22L/s）
进尺	119ft（36m）	估计转速	300～400r/min
地层温度	230℃	孔斜变化	大约 4°（从 17°～21°）
减震器	无	总转进时间	4.5h
钻头	$12\frac{1}{4}$in STCQ9JL	钻速	26ft/h（8m/h）
钻头压力	≤ 20 000lb	轴承状况	表面无断裂，但寿命只剩不到 0.5h
弯接头	1.5°		

资料来源：Helmick et al.，1982

涡轮钻具不仅在控制 EE-2 钻井方位角或方向方面发挥了关键作用，而且有时在增加井斜方面也发挥了关键作用。在大约 9000ft 以深，井斜要以平均约 2°/100ft 的速率增加，才能在 11 000ft 处井段达到 35°。例如，10 月 11 日，在 10 433ft（3180m）处的单点测斜中，发现井斜为 17°；涡轮钻具仅以 119ft 的进尺就成功地将井斜提高到 21°（见表 5-4）。

旋转造斜和保角组件

Maurer 涡轮钻具是修正方位角的首选工具；但由于涡轮钻具的运行时间相对较短，而且必须紧接着要做划眼，所以一旦达到所需的方位角，通常会使用旋转钻进组件，以保持或增加井斜角，同时保持方位角基本稳定。在 EE-2 井中使用的旋转转进组件通常表现良好；作为与井壁接触的钻具，辊子扩孔器总是与旋转转进组件一起使用，其表现也是相当好。

方位测量设备

在旋转钻井作业中，每隔一定的井段就会做一次单点方位测量。在浅层和正常温度下，磁性单点测斜仪要在$\frac{3}{32}$in（2.4mm）的钢绳上运行（一种没有导线的线缆），或者在起钻前，以清管器方式顺钻柱下入。然而，在温度超过121℃时，就必须使用一种更耐热、直径更小的单点测斜工具，将其安装在杜瓦型隔热罩内。此外，当井斜接近35°时，必须得用$\frac{5}{8}$in（16mm）的辫状线缆来代替钢绳，以有效地处理仪器回收时增加的拖拽阻力。最后，在温度超过200℃时，就必须应用各种旨在应对高温的技术（如采取预防措施，以及排除杜瓦瓶内外的水蒸气等）。

钻柱

认真考虑到钻杆所处的不利环境和缺乏常规钻杆接头检查工具（其最严重的后果则是钻具接头的损坏），钻杆的表现还是非常好的。虽然观察到钻杆严重而快速的磨损，但这种不正常的磨损并没有引起井下故障，但也确实导致提前更换了约4000ft长的钻杆。通过在钻具接头处阶段性地使用碳化钨耐磨带，磨损速度得到了一定程度的延缓。

考虑到定向钻井的进尺和施加在钻柱上的轴向和旋钮载荷的大小，疲劳损坏算是出奇地少。采用Tuboscope公司的Amarog IV服务对钻杆的检查表明，确实发生的两起故障都可以归因于从尖锐深穿腐蚀坑传播出来的裂缝。这些裂缝出现在钻具接头或腐蚀坑的20in（50cm）范围内，涉及19.5lb/ft的E级钻杆，其标准外径为5in（127mm）。钻柱疲劳损坏发生率低的部分原因是尽量避免了产生狗腿，部分也归功于在3500ft以深，全都使用了低屈服强度（75 000psi）的钻杆。

钻铤在经历了无数次的冲蚀和脱口后，对孔底组件的内外扣在转台上通过Magnaflux仪器都做了检查。

测井装置

在EE-2测井系列中，使用了商业的和本实验室开发的测井仪，其主要目的是确定漏失区，识别出压损的$13\frac{3}{8}$in套管上的孔洞和断点，以及确定套管和固井的完整性（但没有进一步去获得地球物理信息）。商业公司在其能力范围内做了大量的测井工作，但那些商业测井仪的表现最多只能算得上满意。特别是温度、井径和声波测井仪等，它们在深部暴露于高温下时常会失效。此外，商业电缆接头（测井装置与电缆之间的连接）的设计很差，最多只能保持几小时的水密封性。

由于这些缺陷，实验室自己开始设计和生产了一些所需的仪器（当时工业界无法提供），并将会继续开发一整套高温测井仪和检波器以支持干热岩项目❶（见附录）。一个特别关键的需求是能够有随时进行温度测井的工具，因为沿井眼各流体进出点的流体温度变化是最敏感的指标（温度是一个比液体流速更确定的指标）。实验室设计的温度测井仪采用了一种巧妙的“盔甲”结构，当仪器移动时，轻便小巧的热敏电阻探头可完全暴露在井眼流体中，从而能够迅速地与环境温度相平衡，但又能避免与岩壁台阶或其他井眼障碍物接触。这些仪器所使用的测井电缆均由弗吉尼亚州 Culpeper 的 Rochester 公司制造，直径为 $\frac{7}{16}$in，双层铠装，7 芯电缆，用 Tefzel（烧结的 TFE 特氟隆）隔热，额定温度为 315℃。

通过这些测井仪在 EE-2 井测得的地热梯度（并以 GT-2 和 EE-1 井获得的测量结果为补充）如图 5-7 以及 EE-2 井的地质剖面图所示。地质剖面的较深部分（大约 1 万 ft 以下）是基于对 EE-2 井的岩芯和钻屑的分析（关于芬顿山特殊的地质和地热梯度条件的详细讨论见第 2 章，因为它靠近最近活跃的瓦利斯火山口）。

除了温度测井设备外，在 EE-2 井中使用的由实验室设计的仪器还包括一个温度与转子流量组合，用来同时测量水温及其沿套管向下的流速与深度的关系。这些信息对于定位压损的 $13\frac{3}{8}$in 套管中漏失段或破裂点至关重要。某一特定位置的温度突然升高，表明水正通过该点流出套管并进入漏失区；涡轮流量装置能提供此深度的套管流出水量信息，可佐证温度数据（温度和涡轮流量计联合测量是在水泵入时进行的，因此，漏失带或套管破裂处以上的水是流动的冷水，而漏失带或破裂处以下的水则是静止的热水）。此外，实验室还开发了三臂（各单独记录）井径测量仪来检查套管的断裂或厚度变化；其一个井下摄像机则用来识别 $13\frac{3}{8}$in 套管的压损段及撕裂和断裂的性质，并视频检查 $9\frac{5}{8}$in 生产套管在 670ft（204m）处的可疑磨损。

所有实验室设计的测井装置都是使用其在 20 世纪 70 年代末购买的两辆商业型测井车实现现场应用的。

---

❶ 这让能源部有些懊恼，他们并不喜欢出现与工业领域竞争的情况。

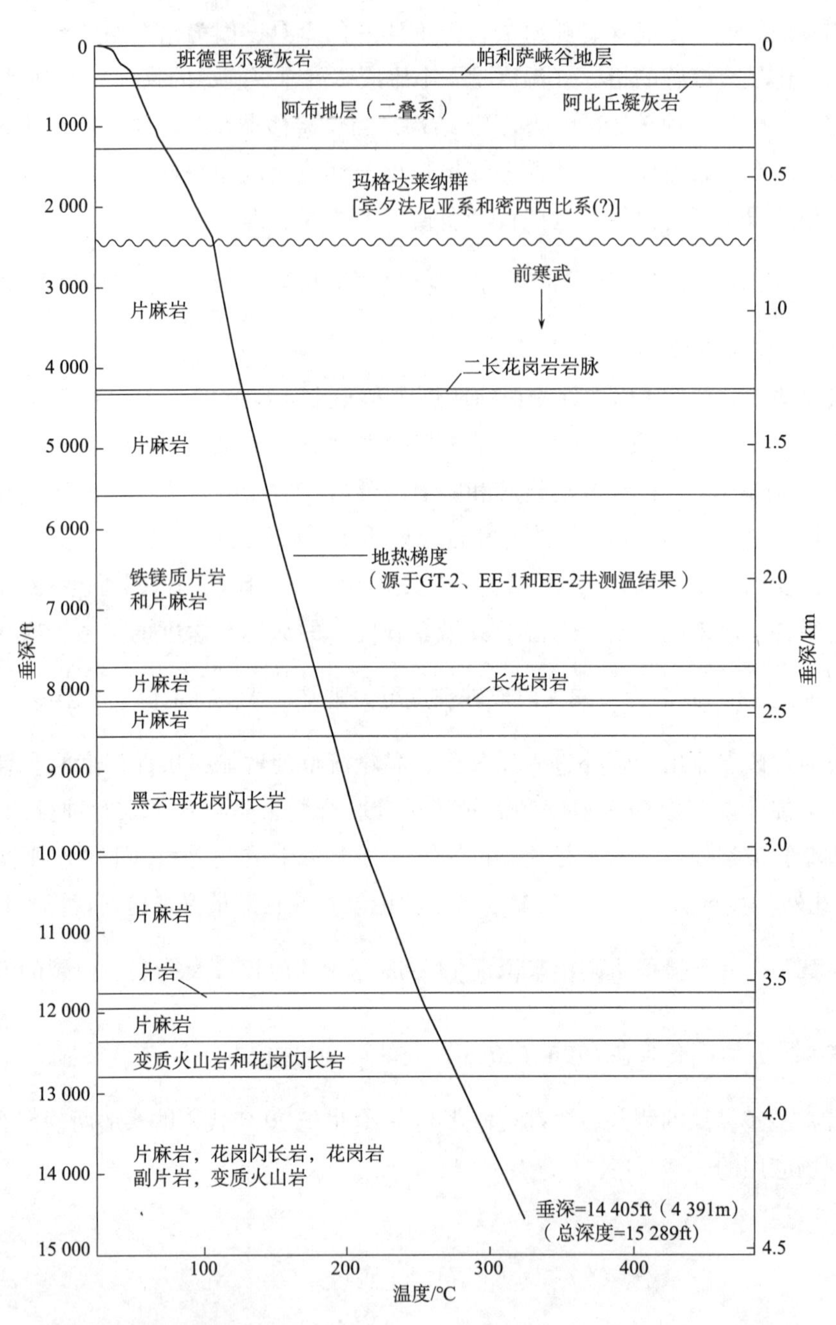

图 5-7　EE-2 井地热梯度（依据 GT-2、EE-1 和 EE-2 井实测数据绘制）及地质剖面图。

注：改编自 Rowley 和 Carden（1982）

对 EE-2 钻井的三个观察结果

封堵 Sandia 地层漏失段

在先前 GT-2 和 EE-1 的钻井过程中，实验室钻井监督得出的结论是，无论用多少水泥或堵漏材料，都无法封住花岗岩基底上 Sandia 地层中的溶洞漏失区。因此，制定的 EE-2 钻井计划为：钻穿 Sandia 地层的最下部层段（即最严重漏失层段）后，再钻进其下部基岩，而且是无钻井液上返迅速钻进到套管设置深度（进入花岗岩基底约 200ft），然后迅速下入技术套管并固井。

糟糕的是，EE-2 井的合同钻井监督，由于没有处理严重井漏的经验，也没有遵循该计划；相反，他们利用以前在类似情况中的有限经验，试图封堵漏失区。此外，水泥中添加硅粉技术也没有效果。5 天堵漏作业无任何效果，却花费了近 10 万美元，并使 Madera 地层的红层进一步劣化。最终不得不放弃堵漏工作，而采用无钻井液上返方式钻进至花岗岩岩石中，并下入套管。

试图修复技术套管

套管管柱下部的压损以及随后试图穿过和修复压损缩径的套管段（有了撕裂和孔洞，使井眼与花岗岩顶面上的特大漏失区之间直接流体窜槽），导致循环反复漏失。回过头来看，这个严重的钻井问题本来可以通过一种已经过验证的通用技术来解决：即在技术套管内安放一个较小的套管管柱（例如，在 1979 年 6 月中旬，当循环暂时全面恢复，进尺为大约 4000ft 深度时，很容易地在 $13\frac{3}{8}$in 套管内下入 $10\frac{3}{4}$in 的“修复”套管管柱并固井）。这种措施需要将井眼直径从 $12\frac{1}{4}$in 降至 $9\frac{5}{8}$in，但这只是第 2 期储层计划中的一个小挫折。然而，以更大规模固井作业来修复井漏，最多也只能暂时缓解了井漏。

测试新的取芯钻头

新的 STC 四牙轮取芯钻头的性能非常出色，这是专门为硬岩取芯开发的取芯钻头，但其在硬岩中的取芯钻进时间还非常短。在 EE-2 井对 5 个这类取芯钻头做了测试（1979 年 12 月下旬开始出现最严重的井眼问题之前），这些取芯钻头的平均钻速为 9ft/2. 5h 或 9ft/3. 5h，这大约是以前用的金刚石取芯钻头最高钻速的 3 倍。对于花岗岩和变质岩取芯，随着进一步的研发和现场测试，这种钻头有可能最终取代目前昂贵的金刚石取芯钻头。

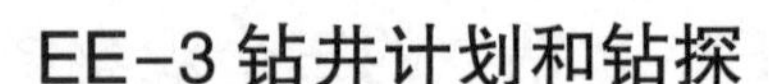

EE-3钻井计划和钻探

芬顿山干热岩项目的主要挑战之一是第2期生产井，即EE-3井下部段的钻井，要在EE-2井之上追踪一致，垂直间隔约为1200ft（370m）。在高热坚硬的结晶岩中钻探如此深的井，还要保持如此精确的轨迹，以前从未尝试过。文献（Rowley and Carden，1982）对这一开创性的定向钻井工作做了回顾，下面的大部分信息都来自该总结。

钻井计划

与EE-2一样，EE-3钻井计划也是受到第2期假设（后认为是错误的）的指导，并要求控制其钻井轨迹，要与EE-2一致。该计划中对深部定向钻井的要求是依据EE-2的数据提出的，这些数据是在大约11 600ft（图5-5）深度以下、直径为$8\frac{3}{4}$in（22cm）井段测得的。计划概括如下：

1. 钻穿2400ft（730m）的火山岩和沉积岩，之后再钻进足够深度的结晶基底，下入套管，要遵循与EE-2计划相同的指导方针，包括对强漏失区的无钻井液上返钻进，至结晶基底约150ft（50m）。下入$13\frac{3}{8}$in（340mm）套管至结晶基底岩体，并在固井后张紧，以防止在产出热水时热膨胀可能引起的挤压破裂。

2. 从大约6500ft（2000m）处开始，直径为$12\frac{1}{4}$in（31cm）的井眼要朝东北方向倾斜，并且井斜要逐渐增加，以与EE-2下部倾向东北（大约N80°E）井斜35°的3000ft长井段的轨迹保持一致。也就是说，EE-3下部定向钻进部分要跟随EE-2钻井的轨迹，但还要位于其正上方的1200ft处。

3. EE-3定向钻井有两个目标参数。

- 其完钻垂深要在EE-2的14 405ft（4391m）完钻垂深之上的（1200±50）ft处；
- 与EE-2钻井轨迹的水平投影偏差要在±100ft（±30m）的范围。

（请注意，现在回想起来，这两个目标参数的限制性过强，而且成本很高，因为第2期储层范围内节理系统的真正方向并不清楚，储层的实际发展方向也不清楚。）

4. 在$12\frac{1}{4}$in井眼与下部$8\frac{3}{4}$in井眼之间，要钻一个直径为$9\frac{7}{8}$in（25cm）的过渡段，长约20ft（6m）。

5. EE-3最后井段要用直径为$8\frac{3}{4}$in（222mm）的钻头和刚性（保角）钻井组件钻进。

6. 每隔 60ft（20m）要做一次磁力单点测斜；然后要用高温涡轮钻具回次校正钻井方位角，以保持 EE-3 钻井轨迹与 EE-2 的平行（要在规定的±100ft 水平公差内）。

7. 一旦钻井达到预期完钻深度（约 14 400ft），就要从地表至 $12\frac{1}{4}$in 井眼底部之间下入 $9\frac{5}{8}$in（244mm）生产套管。然后要固井和张紧，以防止在热水生产期间井口出现过度的热应力。

在 EE-2 定向钻进过程中，对各种装备做了测试。井下马达性能也得到了确认，温度低于 200℃，即芬顿山对应的深度小于 1 万 ft（3km）时，可用螺杆钻具来造斜和控制方位角；在温度高于 200℃（深度超过 1 万 ft）时，则需要一个耐高温的涡轮钻具来校正井眼倾角。

EE-3 定向钻井策略与 EE-2 一样，即带有导向工具的井下马达回次与旋转造角钻具回次交替进行；然后，一旦井斜达到 35°左右，就用一个刚性保斜装置旋转钻进，以加深井眼而不改变其方位。由于 EE-3 要与完钻的 EE-2 钻井轨迹相匹配，所以必须更加注意控制钻井方位和倾角。

图 5-8 显示的是 1980 年秋天芬顿山的 EE-3 钻井场，Brinkerhoff-Signal 公司的 56 号钻机正在作业。

图 5-8　EE-3 钻井场（朝东南方向看）。刚完成的 EE-2 测井塔就在 EE-3 井的正左边。背景中可以看到 EE-1 井和 GT-2 井上部的塔台，以及与第 1 期储层的长期流动测试（与第 2 期钻探同时进行）有关的各种设施。

资料来源：干热岩项目照片档案

钻穿火山岩和沉积岩，进入花岗岩基底

1980年5月20日，在井架仍然直立状态下，钻机从EE-2井场滑移到了西面165ft处的EE-3井位。此地已经钻了一个80ft深[1]、直径为76in的井眼，并已将直径30in的钢制引导管用混凝土浇筑到位（除了顶部的2ft，这部分将作为圆井使用）。

5月22日，开始在火山岩和沉积岩中钻出直径26in的井眼。与之前芬顿山的所有井眼一样，在1923ft深度以上，EE-3没有遇到严重的漏失，直到1923ft深度，井底“掉落了”（后来确定冲蚀漏失带的顶部在1894ft处）。在重新下钻钻进时，钻头在480ft处遇到一个堵点，但冲洗到井底后成功地重新建立了循环。之后，第二次钻进时，在505ft深井段遇到了更严重的障碍物。将其钻穿后，扩孔至井底附近的1894ft处，在此深度，完全丧失了钻井液循环。

两次将触变水泥泵入井中试图封住漏失区。第一次水泥塞（500袋水泥）设置在井底（1923ft），但可惜的是，在井中被过度驱替走了；然后又无流体上返洗孔和扩孔一直到孔底。第二次设置好了水泥塞（又用了500袋水泥），而且还钻穿了水泥塞上方正在膨胀和剥落的不稳定黏土井段。钻水泥塞作业到1775ft（541m）深度，但漏失区上面的Abo和Madera的红色黏土中出现了井壁持续剥落和桥堵。显然，在井眼能够更好地稳定之前，不能再继续钻进。因此，在6月9日，下入直径为20in（508mm）的表层套管。但是，位于1900ft之上无支撑的黏土段持续的膨胀和剥落，在井眼中形成了一个桥堵，套管无法通过。因套管无法下入全部井段，不得不安装在1580ft（480m）深度以上。

注：之前在芬顿山钻的3口井都在1900ft深度附近遇到了这个严重漏失区。因此，很难理解为什么不提前在5月31日，在1872ft这个更合适的深度下入20in表层套管，这样就能节省9天钻机占用时间，并且隔离开另外290ft长的Madera问题多发地层。（在EE-2钻进过程中，由于在钻遇该漏失区之前在钻井液中加入了大量的堵漏材料，可能避免了重大问题；但在这种情况下，运气可能也起了作用！）

含有2400袋水泥的水泥浆从套管注入并从环空上返，但没有返回到地表，为此又将含有650袋水泥的水泥浆从地表直接注入了环空中，以完成固井。套管中的水泥硬化后，将其钻了出来；之后使用$17\frac{1}{2}$in钻头重新开始钻进，至1860处循环再次丧失了。又用更大量的水泥（2500袋）来封堵漏失区，但没有成功。因此决定继续对花岗岩基底进行无泥浆上返钻进，这不仅危险而且昂贵（现在更是如此，La Cueva的供水已经耗尽了）。

---

[1] 在图5-12中，此深度显示为107ft，为完钻后方钻杆补芯测量的深度。

在 2404ft（733m）处钻遇到了花岗岩基底，之后继续钻进了 162ft，至 2566（782m）深度。下入 $13\frac{3}{8}$in 套管，套管鞋着陆于 2552ft（778m）处，然后分两个阶段固井。首先，注入含有 200 袋水泥的水泥浆，将套管下部 148ft（45m）段尾部固井于花岗岩中；当水泥凝固后，用套管千斤顶将套管加以 72.5 万 lb 的张力载荷（以防止预期从 EE-3 井储层中采出的高温流体对套管产生过度的压缩载荷）。套管的拉紧在井口产生了 19in（48cm）长的轴向拉伸。第二阶段固井则是通过一个固井分级箍从 1403ft（428m）深度固井到地表；固井分级箍下部安装了一个可扩大的管外封隔器（以防止水泥浆顺着环空流入下面的漏失区）。

在前寒武系结晶（火成和变质）杂岩体中钻进直井段

垂直钻进

用 $12\frac{1}{4}$in（311mm）的钢齿钻头钻出了固井材料（固井滑套、浮箍、桥塞和套管鞋），以及套管鞋之下的水泥。之后，在 6 月 30 日，用 TCI 钻头替换了钢齿钻头，重新下入钻具组合。为了避免损坏套管和固井，采用低钻速（40r/min）、低钻压钻进。这种预防措施一直持续到底部钻具组合❶的顶部扩孔器达到 2640ft 处，即 $13\frac{3}{8}$in（340mm）套管鞋之下 88ft 处。

直径 $12\frac{1}{4}$in 井眼的旋转钻进一直持续到 7 月 24 日，当钻进至 6444ft（1964m）深时，钻铤上一个钻具接头扭断了。因此停止了钻进，开展了为期两天的打捞作业，以回收底部钻具组合的其余部分。

在这次钻进过程中，使用了各种 TCI 钻头（在 17 个回次中，共使用了 12 个钻头），除了钻铤冲蚀和两次短暂的打捞操作，这是 EE-2 或 EE-3 钻井过程中麻烦最少的时期。每隔 60ft（20m）就对此井段做一次测量。瞬时的钻速从 4~20ft/h（1.2~6m/h）不等。对底部钻具组合部件、内扣，特别是钻铤的外扣，进行了例行检查。此井段的钻进和相关操作共花了 26 天。

然而，在 6444ft 的钻井新深度，井斜为 10°，其方位角倾向北西（N58°W），与之前的 GT-2、EE-1 和 EE-2 井的一样。如前所述，这种漂移似乎归因于该深度范围内岩体的自然特性。因此，为了与 EE-2 轨迹相一致，EE-3 井不得不转向北东方向。（下一步的钻井计划，要将钻井转向至大约 N80°E，同时井斜要提高到 35°，但在完钻

---

❶ 在 Rowley 和 Carden(1982)的附录 B 中,底部钻具组合通常也把加重钻杆列入其中。我们则使用更传统的钻井术语,将底部钻具组合定义为加重钻杆以下、用于钻进和(或)划眼的所有设备。

深度为 10 528ft 的井底向上划眼过程中，扭断了 5in 或 127mm 的钻杆，长时间打捞失败。因此，只好从 9444ft 深度开始了问题频出的侧钻。）

定向钻井

当 7 月 26 日从 6444ft 深度恢复了钻进，在旋转钻进和底部钻具组合钻进中，只单独使用了造角或保角的底部钻具组合。底部钻具组合和井底马达类型见表 5-5。

表 5-5　用于 EE-3 钻井的典型马达和底部钻具组合

钻头或井眼直径/in（mm）	马达类型	典型底部钻具组合	说明
$12\frac{1}{4}$(311)	Baker 螺杆钻具	马达、钻杆浮阀、弯接头、定向接头、8in Monel 钻铤、10 个 8in 钻铤、震击器	用在了在温度低于 200℃（深度小于 1 万 ft 或 3km）
	Maurer 涡轮钻具	涡轮钻具、钻杆浮阀、弯接头、定向接头、8in Monel 钻铤、13 个 8in 钻铤、震击	用在了高温（大于 200℃）
		涡轮钻具、钻杆浮阀、弯接头、定向接头、2 个 $6\frac{3}{4}$in（171mm）Monel 钻铤、3 个 $6\frac{3}{4}$in 钻	用在了 10 300ft（3200m）深度以下的弯曲井段中
$12\frac{1}{4}$(311)	Dyna-Drill 螺杆钻具	马达、弯接头、钻杆浮阀、定向接头、2 个 8in Monel 钻铤、5 个 8in 钻铤、震击器	用在了 9300 ~ 9800ft（2840 ~ 2980m）深度的侧钻
$12\frac{1}{4}$(311)	Dyna-Drill 螺杆钻具（弯管）	马达、瓦片变向器或弯接头、定向接头、2 个 $6\frac{3}{4}$in Monel 钻铤、4 个 $6\frac{3}{4}$in 钻铤、7 个 8in 钻铤、震击器	用在了在 9300 ~ 9800ft 深度的侧钻
$8\frac{3}{4}$(222)	Maurer 涡轮钻具	涡轮钻具、钻杆浮阀、弯接头和定向接头、2 个 $6\frac{3}{4}$in Monel 钻铤、5 个 $6\frac{3}{4}$in 钻铤、震击器	用在了 10 800ft（3290m）处井眼缩径点以下的 8 次方向修正

资料来源：Rowley and Carden，1982

在最初的两回次钻进中，采用了磁力单点定向仪，但没有导向工具，来引导井下马达（即 Baker 公司螺杆钻具）的方位，从而在井斜轻微增加时，井眼方位就能发生偏转（在低井斜下改变方位角，非常有利于纠偏）。在钻进过程中，每接入一个 30ft 长的钻杆，就做一次磁力单点测斜。

在第 1 回次，Baker 公司的螺杆钻具扭矩增加，并反复失速，只钻了 76ft 就不得不起钻。第 2 次，表现较好（钻进了 129ft），但井斜增加过快，达到 14.75°，而井方位角变化很小。在第 3 次，螺杆钻具用在了定向钻进的后半段，也用了连续读数的电子偏航导向工具。此回次后，井斜仍然是 14.75°，但方位角变为 N37°W，这对于 304ft（92m）的进尺和 4 天的努力来说，变化还不够快。

在之后两周，又进行了 7 回次钻进，井加深到 7482ft（2281m），并将井方位角改为 N47°E，但孔斜降为 7°。通过旋转划眼装置，将井径恢复到 $12\frac{1}{4}$in。由于经费用尽，8 月 12 日，在井深为 7542ft（2299m）时暂停，钻机待命了 5 天。期间对钻杆做了例行检查，更换钻机绞车主驱动轴（发现了一个严重的疲劳裂纹），并对提升设备的其他部件也做了检查。

1980 年 8 月 20 日再次开始旋转钻进，以增加井斜，同时监视方位角漂移。当井深达到 7845ft（2391m）时，井斜大幅增加，至 13.25°。但方位角向北偏转，从 N83°E 到 N46°E，大约在 300ft（90m）长的井段内变化了 37°。此方位角变化严重影响到 EE-3 与 EE-2 的轨迹匹配，因此恢复了定向钻进。用一个耐高温的新 Dyna-Drill（一个直径为 7in 或 178mm 的 DynaTurbine 马达）试钻，但导向工具出了问题，进尺仅有 11ft（至井深 7856ft）。

在接下来的 11 天里，连续实施了 9 回次井下马达钻进，在 9 月 4 日，井深至 8407ft（2562m）时，钻井轨迹调整到 N88°E，17.25°。这 9 次钻进之后，又做了两次 Dyna-Drill 井下马达测试，但都因设备问题而失败。

之后又实施了 8 回次旋转钻进。其中，用了保角钻具，或温和的增斜钻具。在井深达到 9728ft（2965m）时，其轨迹为 N72°E，26.75°。由于井斜增加过快，减小了钻头载荷，在井深至 9924ft（3025m）[1] 时，井斜回落了 1.75°，至 25°。

由于此时没有井下马达，又继续了两回次的旋转钻进。到 1980 年 10 月 2 日，井深为 10 017ft（3053m），其轨迹为 N72°E，24°。这时钻井液循环几乎完全丧失，可能是由于高压钻井液流到了第一期储层下部可及区的一个或多个张开节理中。1980 年下半年时，运行第 5 段测试（第 4 章中讨论的为期 9 个月的流动测试）还在进行中。由于 EE-1 注入压力为 1250psi，而 GT-2 的生产回压只有 170psi，因此储层张开节理的压力不会高于 1000psi，然而钻井液压力则在 1500~2000psi。

为了评估水泥与 $13\frac{3}{8}$in（340mm）套管之间的粘合情况，进行了固井质量测井。结果显示，井深 2552ft 到 2320ft 的 230ft（70m）尾管固井套管与井壁粘合良好，在 Sandia 地层 2380ft 附近强漏失段之上的套管与井壁粘合良好。（注：这部分的固井质量测井解释无疑是错误的，因为漏失带极有可能没有封住）。固井质量测井还显示，1410~1837ft（430~560m）的井段没有固井，没有粘合；在 1403ft 分级箍上返环到地表的水泥只是部分粘合。

[1] 有些情况下，这只是一个例子，Rowley 和 Carden 报告的不同部分给出了不同的深度、钻井轨迹等数据。当文本中的数据与表 III 和附录 B 中的数据不吻合时，我们就使用了附录 B 中的数据。

现在又有了一个 Dyna-Drill 公司的螺杆钻具，并做了两回次试钻进；但事实证明，井底温度对马达的弹性部件来说太高了，导致马达被锁定。随后，用了两台 Maurer 公司直径 $7\frac{3}{4}$in（197mm）的涡轮钻具重新定向钻进。第一台 5 小时内就将井加深到 10 116ft，同时井斜增加到了 27°。井斜增加过快，形成了一个严重的狗腿（3°/100ft）。在一个回次的旋转划眼后，继续定向钻进，但 Maurer 涡轮具只钻进了 7ft 就锁死了，不得不起钻。接下来的两回次涡轮钻具运行也饱受问题困扰：井只加深了 34ft，而井斜保持在 27°不变（但井方位角稍微向北漂移，到了 N67°E）。两回次的旋转划眼与 Maurer 造斜涡轮钻具造斜钻进交替进行，使井深达到 10 334ft（3150m），但井斜只是净增了 0.25°（但是，井方位角已经向北旋转了 16°，至 N51°E）。随后 Maurer 涡轮钻具钻进中（10 月 13 日），在线缆操作员未发现情况下，电子偏航导向工具卡在了井下组件座中，与正确的方向相差了 170°。因此，涡轮钻具在下一回次造斜钻进中严重失准，不但没有造斜，反而使井斜下降到 24.75°。在只有 44ft 的井段，井斜减少了 2.5°，井眼弯度超过 5.5°/100ft，形成了严重的狗腿。图 5-9 很清楚地反映出 EE-3 定向钻进中所发生的问题。

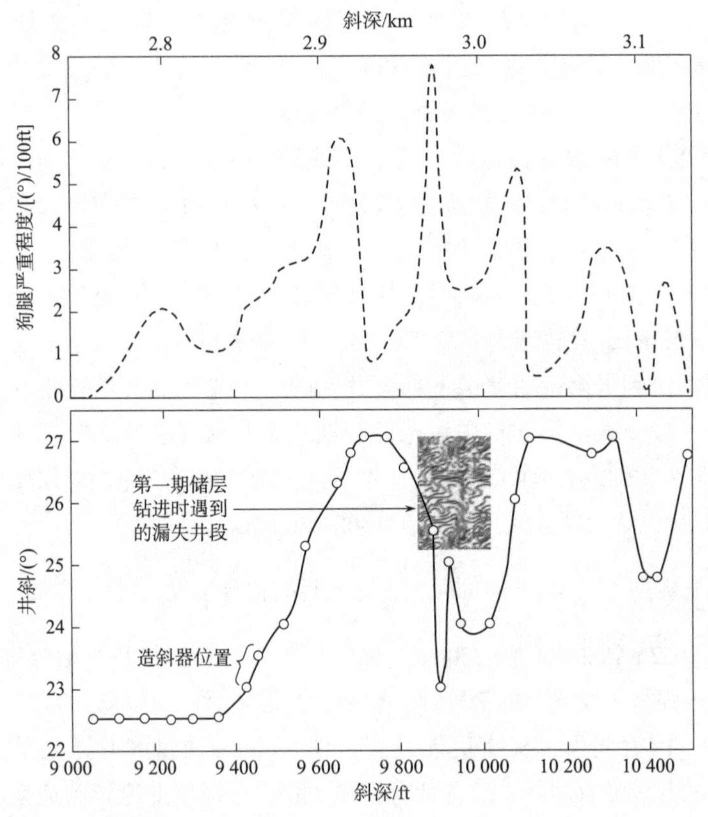

图 5-9　EE-3 井 9000~10 500ft（2700~3200m）深度段，狗腿严重程度和井斜变化。图中还显示出在钻第一期储层时遇到的漏失区，第一期储层至少延伸到了 10 017ft 深度。

注：改编自 Rowley and Carden，1982

取出底部钻具组合到钻台上检查时，发现部件的磨损导致锁定在导向工具上的定向滑套与定向接头中的外扣键销偏离 170°后卡住了（井底钻具组合（BHA）的几何形状决定了，如果对部件的磨损进行常规检查，这类定向错误是极不可能发生的——常规检查应该由线缆操作员完成，并作为检查测量工具上复合接驳和再接驳的锁定装置的一部分来进行。)

注：现在回看，很明显，此时就应该停止定向钻进，Maurer 涡轮钻具应在刚性、保角旋转钻井装置扩孔后再应用。

另一回次涡轮钻进，目的是恢复井斜，以及扩孔修复因造斜时井斜严重摆动产生的弯曲段（图 5-9），但遇到了严重的缩径情况。井加深到 10 417ft（3175m），但其轨迹没有变化。第一个划眼组件，6 点近钻头扩孔器，无法穿过非常弯曲的井段，不得不用一个柔性更大的 3 点近钻头扩孔器组件来代替。然而，当划眼进行到 10 372ft（3161m）的深度时，5in（127mm）的钻杆发生了扭断。75 根立杆和两节 19. 6lb/ft（29. 2kg/m）的 E 级钻杆，均成功起钻了。显然，断裂点在钻杆杆体部分，在一个钻杆接箍下面约 2ft（0. 66m）处，底部钻具组合中位于最下部的钢钻铤螺纹已滑丝。在打捞操作之后，用一个划眼与钻井组件将井眼重新扩孔到 10 417ft。然后又实施了 3 回次 Maurer 涡轮钻具定向钻进，并穿插旨在打开缩径段的旋转划眼钻进。这些操作成功地将井斜恢复到 26. 25°，井深至 10 528ft。

10 月 28 日，在 7070ft（2155m）处，钻杆发生了第二次、也是灾难性的扭断。这很可能是上述井斜快速变化所造成的严重井眼拖拽阻力带来的直接后果。因为在扭断之时，正在用钻头从井底向上扩孔，所以推断底部钻具组合已经落到了井底（当时为 10 528ft 深）。在这种情况下，钻头不仅可能被严重地卡在井眼中，而且上面可能有相当数量的弯曲变形钻杆。当最终将断点之上的钻杆打捞了上来时发现，断口在紧邻一个接箍的下部，十分不规则。根据以上情况判断，落鱼包括大约 2300ft 的 5in 钻杆、6 节加重钻杆、钻井震击器、另外 9 节加重钻杆、2 节 $6\frac{3}{4}$in 钻铤、一个配合接头、一个 3 点（串状）辊子扩孔器、另一个配合接头、另一个 $6\frac{3}{4}$in 钻铤、第三个配合接头、一个 3 点（近钻头）辊子扩孔器和一个 $12\frac{1}{4}$inTCI 钻头。

接下来的 48 天里，将进行打捞作业，试图捞起这一巨大的落鱼。这种努力不仅会造成钻井工作的严重中断，而且最终也不会成功（此外，在这个过程中，用于打捞的其他钻杆和设备也会掉落在井中）。

卡点测量显示，井中卡住底部钻具组合的区域与上部（串状）扩孔器的位置相吻合，在钻头上方约45ft处，钻头以巨大的力量落在井底。钻杆本身并没有被卡住，打捞作业也成功将其全部打捞了上来，其中还包括位于钻井震击器之上的6节加重钻杆，但落鱼从震击器中部分开了，9节加重钻杆和底部钻具组合仍然还在井中。

11月1日，将钻杆牢牢地固定在加重钻杆的顶部接头上，通过一次爆炸解卡倒扣，所有剩余9节加重钻杆都从底部钻具组合的顶部拧下，并起了出来。然后试图松开底部钻具组合，但结果是灾难性的。当钻杆牢固地连接在落鱼顶部钻铤上，在同时用力拉动和震击时，钻杆再次在深度约为2360ft处断开。钻杆断开时产生的回弹力瞬间施加在方钻杆上，导致方钻杆楔入旋转台并损毁，同时损坏了水龙头、电缆和提升设备等。现在，这段2360ft长的钻杆在没有约束的情况下，连同上面的方钻杆一起掉回到了井中，与仍然连接在底部钻具组合上的那段钻杆并排停在一起（在$13\frac{3}{8}$in的套管内）。这种并排停放的落鱼（通过探查和卡点测量验证）现在变得非常困难和棘手。最终，在经过9天明智的倒扣和震击后，整个2360ft的钻杆被一节一节地松开并起出，剩余钻杆的顶部在大约2360ft深度处。

打捞作业形成的井眼落物，堵住了钻杆顶部内扣连接螺纹使得打捞仍在孔中的底部钻具组合、抓具、打捞震击器和钻杆等的任务变得很复杂。在大约2405ft处用了一个特殊的外部切割工具，即在下一节钻杆中部切割了钻杆（钻杆顶部以下1.5个钻杆处）；然后起出了此1.5节钻杆，使得其余的大部分钻杆（大约6775ft长）在9180ft（2800m）的深度实现了倒扣。

在这一阶段，决定更换用于打捞作业的全部5in钻杆。首先是因为钻杆已经失效（扭断）：断口非常不规则，在钻杆的内表面可以看到许多极深的腐蚀坑；其次，因为该套钻杆在EE-2井已经经历了超过3000h的艰苦钻探。将此5in钻杆交给钻机承包商（Brinkerhoff-Signal Drilling Co.），并用一套直径为4.5in（114m）的钻杆替换之。

注：考虑到此时正在进行的非常困难且昂贵的打捞作业，决定使用直径较小、因而强度更小的钻杆，但这会将成为一个糟糕的决定。

在11月23日，$4\frac{1}{2}$in的钻杆在钻机上就位并下入到井眼后，打捞作业重新开始了。在9180ft深度，一个拧入式接头安装在了剩余的5in钻杆顶部（该钻杆仍与打捞震击器和抓具相连，而抓具又与被卡住的底部钻具组合紧密相连），但震击没有效果。在一次尝试将拧入式接头拧紧时，一个外扣的螺纹损坏导致新钻杆在大约3550ft（1080m）的连接处扭断了。最后，在10 150ft（3094m）深处进行了一次深度倒扣，成功地取出了拧入式接头上部所有的$4\frac{1}{2}$in钻杆，以及其下部一直到10 150ft深处的一部分旧的5in钻杆。现在留在井眼里的落鱼只有7节5in钻杆、老的打捞震击器和抓具，以及底部钻具组合。

进一步的震击成功地将落鱼往上移了大约 5ft，但随后在井底附近的高温环境中浸泡了 35 天的打捞震击器损坏了。接下来的行动则是考虑不周的：对钻柱施加扭矩，试图将顶部钻铤从底部钻具组合的其他部分分开（拧开）。但由于打捞震击器的设计不能传递很大的扭矩，被扭断了。起出了打捞震击器上部连同 7 节 5in 钻杆，在井眼中留下了 140ft（43m）长的落鱼，其顶部位于 10 383ft 处[1]。现在落鱼则是原来的底部钻具组合、与其连接的钻铤及其最上部外扣上的抓具和扭断的打捞震击器下部（一个由硬化铬钢制成的直径为 $3\frac{3}{4}$in 或 95mm 的芯轴）。在多次尝试抓取芯轴的顶部后，下入了一个铅模；铅模证实了心轴靠在了井壁上。

在这一时刻，经研判认为进一步抓取或磨铣尝试的成功概率很低。由于打捞作业共损失了 48 天时间，钻井监督员决定在被卡住的底部钻具组合附近进行侧钻。事后看来，这个决定可能是个错误，因为考虑到最后的解卡尝试终于成功地将底部钻具组合向上移动了 5ft，如果震击器没有损坏，打捞作业则很可能会成功。作为已经拧开的震击器底部非常短而坚固的芯轴已经被拧进了抓具，而芯轴又牢牢地抓住了底部钻具组合中最上面 $6\frac{3}{4}$in 的钻铤；芯轴不可能只是“软软地”躺在 $12\frac{1}{4}$in 的井底，用一个高质量的打捞筒或抓具就应该能相当容易地完成洗套打捞。

真正的问题似乎是钻井监督不到位。在 48 天的打捞作业中，实际上只有 12 天是在试图取出底部钻具组合（其他 36 天则用于无关的钻杆拧断和其他钻杆损坏，以及相关的打捞作业）。

看来只要再坚持一下，就能将底部钻具组合打捞上来，从而可为项目节省 200 多万美元的后续费用，并且大多是徒劳的侧钻作业（同时，干热岩项目办公室要求继续工作的压力可能是决定放弃打捞工作的一个因素）。

EE-3 的侧钻

花了 3 个多月的时间，才完成了 EE-3 在原井底部落鱼附近的侧钻（落鱼顶部在 10 383ft 处）。然而，此期间的大部分活动都没什么成果，至少部分原因是项目办公室的指导有问题。因为其负责人不愿意放弃之前几个月定向钻进在井斜方面来之不易的成果，他们坚持要从 EE-3 陡斜（26°～27°）的 9760～9900ft 段原井眼的高边实施

---

[1] 源文件（Rowley and Carden，1982）在不同地方报告了落鱼顶部的不同深度（第 15 页的 10 375ft；附录 A 的 10 338ft；图 3 的 10 388ft）。经过对现有资料的仔细分析，我们得出结论，鉴于井眼深度为 10 528ft，落鱼长度（140ft），以及落鱼在 12 月 6 日被上移了 5ft 的事实，落鱼顶部应在 10 383ft 处，因此图 3 中的数据（显示落鱼被上移 5ft 之前的深度）是正确的；我们假设附录 A 中的数据只是打字时将 10 383 错打成了 10 338。

侧钻。

其侧钻计划是在 GT-2 类似深度的两次成功侧钻（GT-2A 和 GT-2B）技术的一个演变，名为“管下划眼”，即扩大孔径（仅用于了 GT-2A），然后在关键部位放置水泥塞，以帮助改变钻井路径。然而，GT-2 的两次侧钻都是从井眼的低边开始的（这样，重力有助于侧钻）。而 EE-3 井眼的情况则完全不同：其更大的井斜意味着从井眼高边进行侧钻将与重力作用相悖！因此，在 EE-3 井的实践中，这种侧钻方式导致一系列的失败、再修正、再失败，以及反复放置水泥塞、管下划眼和多次定向钻进作业。

最后，在 2 月 22 日，放弃了在 EE-3 井中使用水泥塞造斜方式，改用内部充填水泥的钢质造斜器。为 $12\frac{1}{4}$in 的井眼订购的一个 $10\frac{3}{4}$in 的造斜器，现在已在手了。在将其安放到位前，钻水泥到了 9500ft（2896m）的深度。在对井眼进行温度测量和降温处理后，造斜器下入到尾管锚下部 30ft 处。造斜器配备了一个 10ft 的弧形滑道，以适应一个 $12\frac{1}{4}$in（311mm）的钻头，以楔形角度在此井眼高边向大约 N40°E 方位钻进。造斜器成功下入并用水泥固定，其顶部位于 9444ft（2879m）处，而水泥锚塞的顶部则在 9200ft 处。经过 4 天凝固，探得锚塞顶部位于 9123ft 处，用直径 $12\frac{1}{4}$in 钢齿钻头钻到 9270ft 处，显示水泥已经固化。

在钻出水泥的过程中，钻头遇到一些落物。用锥形和平头磨铣工具进行了 2 回次钻进，然后用磁铁打捞 4 次，从井眼中清除了这些金属。

使用了 15 节加重钻杆和一个由 $12\frac{1}{4}$inTCI 钻头、一个 $6\frac{3}{4}$in（171mm）钻铤和震击器组成的底部钻具组合，开始钻离造斜器。在钻头压力为 5000~15 000lb 时，15. 5h 钻进了 15ft。当钻进产生越来越多的花岗岩岩屑时，下入了一个直径为 $12\frac{1}{4}$ft 的造角组件。在接下来的 3 天里，又钻进 97ft（29. 6m）。钻速（8~9ft/h）和钻压（45 000lb）证实了正在花岗岩中钻进。1981 年 3 月 22 日，经过 101 天的努力，终于完成 EE-3 侧钻作业。

注：最初侧钻失败，以及要用造斜器，完全是由于规定要向高边钻所造成。这样的规定只有在非常特殊罕见的情况下才会采纳，事实上 EE-3 并不需要这样。如果从井眼的低边开钻，可能会在几天内就能完成侧钻作业，正如在 GT-2A 和 GT-2B 中所成功的那样。任何井斜的损失都能在几天的定向钻探中轻松恢复（在未来的钻井作业中，在进入干热岩储层时保持井斜基本不是问题）。在大多数情况下，不用造斜器，小角度造斜是首选方法。它不仅速度快、成本低，而且不会使原井眼作废，被水泥和落物堵塞等。然而，要在花岗岩中成功地进行小角度侧钻，确实需要有经验的定向钻井员工。

在造斜器之下侧钻井眼中第1次有效罗盘测量是在9516ft（2900m）深度，显示其轨迹是N73°E、24°。在9518ft处的第2次罗盘测量也得出了相同的读数。然而，先前的几次（有疑问的）罗盘读数，受到了造斜器和30ft长尾管锚中钢质成分的影响，让人认为侧钻井眼可能位于原井眼的左边而不是右边的担忧，因此，决定继续钻进一个钻杆长度（深度为9558ft），然后起钻，将Jenson公司MINIRANGE磁力测距仪安放在侧钻井眼的9491ft（2893m）处。用它可以确定：（1）旧井眼中的钢质尾管到测距仪所在位置的方向；（2）钢质尾管到仪器位置的直线距离。获取的读数表明，在9491ft的深度，从尾管到测距仪的方向确实是所希望的N90°±5°E，尾管和测距仪之间的距离是（30±6）ft。在新井眼中还做了一次多点陀螺仪测量，其结果证实了新井眼相对于造斜器和原井眼的方向。

在1981年3月27日至4月3日期间，通过交替使用井下马达和旋转组件进行了4回次钻进。第1次，使用配备电子偏航导向工具的螺杆钻具定向钻进73ft（22m），至9631ft深。在此次钻进中，导向工具显示井斜增加约1°，向东转了7.5°。接下来，使用一个带有6点近钻头扩孔器的造斜组件，钻进到9729ft深。再次的螺杆钻具定向钻进至9771ft深。最后回次的旋转钻进又加深113ft，至9884ft（3013m）深。在第4回次钻进过程中，在两个深度做了单点测斜。在9753ft（2973m）深，钻井轨迹读数为N78°E、24.5°，在9805ft（2988m）深，则为N77°E、24.75°。

钻井轨迹数据显示，EE-3侧钻井眼有可能与原井眼相交（在9728ft处读数为N72°E、26.75°），特别是观察到井眼有向北漂移的趋势，接下来几百英尺的钻进可能是至关重要的。因此，使用一个多点陀螺仪和一个串联多点磁力仪跨过造斜器进入侧钻段做了多次测量。但测量结果受到仪器和操作问题的困扰，只有一个串联多点磁力仪的结果认为是有效的。但是，由于此结果总体上证实了MINIRANGE测距仪的测量结果（表明新井眼不会与原井眼相交），4月4日决定用造斜组件继续钻进。

EE-3侧钻井眼相对EE-2的位置定位

在接下来的30天时间里，主要是对EE-3侧钻井眼相对于下方的EE-2井眼进行定位，建立起一个35°的井斜和一个在10 600~10 800ft的深度区间与EE-2井平行的方向。从9884ft深度开始，进行了4回次的旋转造角钻进，将井加深到10 226ft（3117m），同时将井斜增加6.75°（至31.5°），并将井斜再稍微向北回转（至N74°E）。

随后又进行了6回次的Maurer涡轮钻进，并在期间穿插做了相应回次的旋转划眼和钻进，到5月4日完成$12\frac{1}{4}$in的井眼部分，深度为10 791ft（3289m），对应的垂深为10 504ft（3202m）。在Maurer涡轮钻进回次，井斜从31.5°增加到34°，但其方向则向北漂移近20°。最后的轨迹是N55°E，34°（从这些结果来看，涡轮钻具在造斜或保持方位角方面，似乎不如传统的旋转定向钻井装置有效）。

下一个任务是将井径从 $12\frac{1}{2}$in 缩小到 $8\frac{3}{4}$in（22.2cm）。用一个 $9\frac{7}{8}$in（251mm）的钻头钻了一个 20ft（6m）的过渡井段。在此 20ft 井段底部的附近测得的轨迹读数为 N54°E、34.75°，非常接近之前在 10 791ft 处的读数。这两者都与下面的 EE-2 井在 11 576ft 深处的井眼轨迹（N54°E、34.5°）吻合得很好。

EE-3 井 $8\frac{3}{4}$in 井段钻井

计划要求使用刚性的、保持井斜的底部钻具组合在预期的第二期储层区域施工直径为 $8\frac{3}{4}$in 的直井眼旋转钻进，并每隔 60ft 做一次单点测斜。只有方位角和（或）倾角与下面 EE-2 相应井段的差异超过规定的公差时，才会中断钻进。由于发生了几个问题（包括又一次额外的打捞作业和减少钻井液储备池中硫化氢的补救措施），这次钻进最终耗时 93 天。

第一回次使用保持井斜的底部钻具组合和一个 $8\frac{3}{4}$in 钻头从 10 811ft（3295m）的深度开始钻进。在稳定钻进大约 310ft 后，用于单点测斜的钢绳在上提时断裂，掉到井底。为了打捞钢绳，必须起钻，但在起钻过程中，钻杆在 6300ft（1920m）处直径为 $12\frac{1}{4}$in 的井眼中卡住了。打捞钢绳及移走底部钻具组合共耗时四天。

诊断结果是在该井段形成了一个“键槽”；钻杆上直径为 $6\frac{3}{4}$in（171mm）的接箍在上方井壁磨出了一个纵向沟槽，其深度足以夹住底部钻具组合钻铤或扩孔器。之后对底部钻具组合的检查发现，在最上面的 3 点扩孔器的顶部有很深的刮痕，支持了键槽的诊断。通过钻进和扩孔消除了键槽，并在底部钻具组合上增加了一个串联扩孔器，以便在钻进过程中持续扩孔。然后采用一个中等强度的旋转造斜组件钻进到 11 454ft（3491m）深，在此处，单点测斜显示钻井轨迹为 N50°E、33.25°。

在这个深度，使用了第二组钻杆，以便对一直在使用的那组钻杆进行检查（由于有第二组钻杆，无须为检查而中断钻进，因此节省了大量时间和金钱）。检查发现原来的钻杆在 E 级钻杆有 1 个破裂的外扣，在 S 级钻杆有 8 个破裂的外扣。

第二组钻杆包括大约 100 节或大约 3000ft 长的在钻柱下部的 E 级钻杆（更耐疲劳，更抗深部的高温），以及上部的 250 节高强度 S 级钻杆（这里的拉力更大，超过钻杆质量 10 万 lb 的拖拽阻力并不罕见）。这时的钻柱质量约为 25 万 lb。

5 月 15 日，再次使用造斜装置继续钻进，将井加深到 11 595ft，并试图纠正前一回次钻进中井斜的降低；在新钻进的 141ft（43m）段内的测量显示，前 67ft（20m）的井斜增加 1.5°，到 137ft（42m）处增加到 2.5°。轨迹是 N50°E、35.75°。然后用一个造角装置钻进 30h，将井加深到 11 926ft（3635m），钻速为 11ft/h，但倾角和方位角没有变化。在这一深度，很明显，需要进行井下马达修正，以使井方向更偏向东部。

第一次修正作业是用直径较小的（$5\frac{3}{8}$in，也即 137mm）Maurer 涡轮钻具开始的。在 5000lb 的低钻压下钻进了 25ft 后，钻头显然锁死了，不得不终止了钻进。当检查钻头时，牙轮显示出严重的研磨表面，表明涡轮钻具带动钻头在井底快速旋转。保角划眼和钻进组件被卡住了两次，可能是因为减硫化学物质（添加到泥浆池中以减少溶解的硫化氢）降低了钻井液的润滑性。接着做的划眼和钻进都很困难，遇到了非常大的扭矩和个拖拽阻力，但还是将井加深到 12 079ft（3682m）。为了评估钻井液的状况，做了一个测试，发现钻柱拖拽阻力高于钻柱自重 12 万 lb。5 月 25 日，在钻井液专家的建议下，清理了井眼和钻机储罐，冲洗了环空，清空了西边的泥浆池并重新注入泥浆，清空了东边的泥浆池（在清空东边的泥浆池时，西边的泥浆池将单独使用）。

第二天继续钻进，在 12 100ft（3690m）深度，钻井轨迹读数为 N53°E、36°。又经过两次涡轮钻具定向钻进，在 6 月 3 日钻进到 12 576ft（3833m）深，轨迹也改向东为 N72°E、37°。

经过 4 天停钻，再次对泥浆池做了清理、修复和重新配置，6 月 8 日恢复了钻井作业。刚性保角组件遇到了一些高扭矩和缩径情况，但总的来说进展顺利；随着润滑剂浓度的增加及井眼的冷却，问题也减少了。在 12 895ft（3930m）深度，发现钻井轨迹为 N66°E、37. 25°。需要进一步修正方位角，但遇到了线缆、电缆头和涡轮钻具等问题。从加利福尼亚订购了一个专门为高温设计的电子偏航导向工具，与此同时，使用一个旋转保角组件，钻进又继续了 3 天。6 月 17 日，钻进到 13 365ft（4074m）深，离 13 933ft（4247m）的完钻深度只差 568ft。EE-3 井在此深度的测斜表明，轨迹为 N76°E、36°，已经接近下面的 EE-2 井 14 962ft 处的最终读数（N79°E、35°）。

注：EE-3 井的工作完全可以在此时停止；多钻 568ft 将会再消耗 7 周的钻机时间，但事实上对第 2 期储层的最终开发没有任何影响。

到现在为止，钻柱已经积累旋转了 100h，起钻检查，将备用钻柱投入了使用。用 64 臂井径测量仪对 $13\frac{3}{8}$in 套管做了检查，没有发现进一步磨损。为了使井斜再向东转一点，再次涡轮钻进；但由于井眼有缩径情况，钻具无法到达井底。因此，从 13 280ft（4048m）处开始，又做了一次划眼作业。仅仅钻进一小段，钻头到达 13 330ft（4063m）处，离孔底 35ft（11m）时，钻杆在 6500ft 处就断了。这次钻杆扭断令人吃惊，因为钻柱刚刚检查完，并且没有遇到额外的扭力和拖拽阻力。当起出钻杆时，检查发现，扭断的原因是在该深度处钻杆外扣接口螺纹失效。

用了 45 天打捞其余钻杆、加重钻杆和底部钻具组合。这个过程从卡点调查开始，结果表明，钻杆在底部钻具组合以上大体上未被卡住。计划是拧开上部的钻杆，将其取出，然后用S级钻杆替换。但是，高温使得在底部钻具组合上方对卡点的操作和解卡倒扣炸药工具的应用变得很困难，6月26日，在加重钻杆的12 216ft和12 915ft处开孔，使水通过钻杆向下注入并从环空向上循环，对井眼降温。

第二天，成功拧开两节加重钻杆，其上面的E级钻杆也全部取出。钻杆只是轻微弯曲，底部钻具组合没有卡在井底的希望增加。然后，一个带有重型震击器的打捞组件下入井中。然而，震击并不成功，可能是因为底部钻具组合上方剩余的25节加重钻杆缓冲了震击器的冲击。除了尽可能多地取出加重钻杆之外，没有其他选择。

在几次失败的倒扣尝试之后，聘请了一个管道切割服务机构（得克萨斯州休斯敦的喷气研究中心）来切断加重钻杆。在13 088ft（3989m）处的一次起爆过早，显然是高温引发了引爆装置，没能切断加重钻杆。然后，在6月30日，第2个喷气式切割工具设置在12 953ft（3948m）处第5节加重钻杆之中，这次正常起爆了。

用打捞筒抓取加重钻杆失败后，采用一个磨铣工具来磨掉加重钻杆的顶部工具接头；但是抓具仍然无法固定。然后，在另一回次磨铣过程中，钻杆在大约5200ft（1585m）的深度再次扭断。打捞筒确实成功地抓取并取出了磨铣组件。第二天，对6500~6700ft段的键槽做了扩孔（将磨铣组件上提经过该井段时，注意到一些缩径现象），并更换了钻杆做了检查。

与此同时，现场工程师和化学家们正试图处理和控制两个泥浆池中重新配置泥浆中的高硫化氢含量（在其中一个泥浆池中检测到了非常大的增长，高达40ppm；而10ppm则是其临界水平）。钻井平台的储罐里装满了清洁的水，在清理泥浆池的3天中用作循环流体。用软管和喷嘴在泥浆池底喷洒强效杀菌剂，使硫化氢的产生降到了可接受的水平（低于5ppm）。

做了最后两回次磨铣，以清理加重钻杆接箍，并暴露出外径为$4\frac{1}{2}$in（114mm）的管体，这样就解决了安放打捞抓具的问题，终于将剩余的加重钻杆和底部钻具组合捞出了井❶。然后进行了10个回次的磁铁和打捞篮作业，期间还穿插有磨铣和钻头回次（钢齿钻头和TCI钻头都用来“搅拌”剩余的碎屑），以清理井底。经过9天的作业，最后一次钢齿钻头运行验证了井底已经清洁。

1981年8月1日，采用了刚性、保角组件继续钻直径$8\frac{3}{4}$in井段，在13 494ft深时，钻杆在9683ft（2951m）处扭断。和以前一样，发现一个外扣螺纹的损坏是罪魁祸首。幸运的是，当扭断发生时，底部钻具组合位于井底；抓具一次就锁定了钻杆的顶

❶ 值得注意的是，这一次，在260℃的静态井眼温下暴露了35天后，重型水力钻井震击器仍然能正常工作。

部，打捞震击器几乎不费吹灰之力就松开了整个组件，将其取出。这个过程只花了一天时间。在再次开始钻探之前，在钻井平台上对钻杆进行了逐个检查，发现了两个外扣的螺纹有损坏。这些有损坏的钻杆都做了替换。

继续钻进还有一个问题，钻井震击器出现冲蚀并渗漏，需要更换。然后又稳定地钻进了 4 天，直到钻头在 13 933ft（4247m）处扭矩上升。钻头在 34.5h 内钻进 439ft（134m）。考虑到岩石的硬度、井斜和井眼的高温环境，其钻进速度达到 12.7ft/h（4.8m/h），非常出色的表现。EE-3 井的完钻深度为 13 933ft（相当于计算出的垂深为 13 048ft），已经超出计划（垂深 13 000ft），而且其轨迹（N73°E、34.5°）也接近计划轨迹（N80°E、35°），所以决定在这一深度停止钻井。

EE-3 井相对于 EE-2 井的最终位置

在 461 天内完成了 EE-3 井的钻井计划，参数与计划目标非常接近。最大的偏差主要有：（1）在预定储层区域的最上部区域，两井的垂直间距稍大——约 1300ft（400m）（储层其他区域的间距在目标范围（1200±50）ft）；（2）根据磁性单点测量数据估计，EE-3 井在垂深 13 048ft 处相对于 EE-2 井的横向位移约为 180ft（60m）。根据完井后测量结果，两个井眼的最终相对位置，以及 EE-3 井与目标参数的偏差大小，如图 5-10 和图 5-11（以垂深计算）所示。

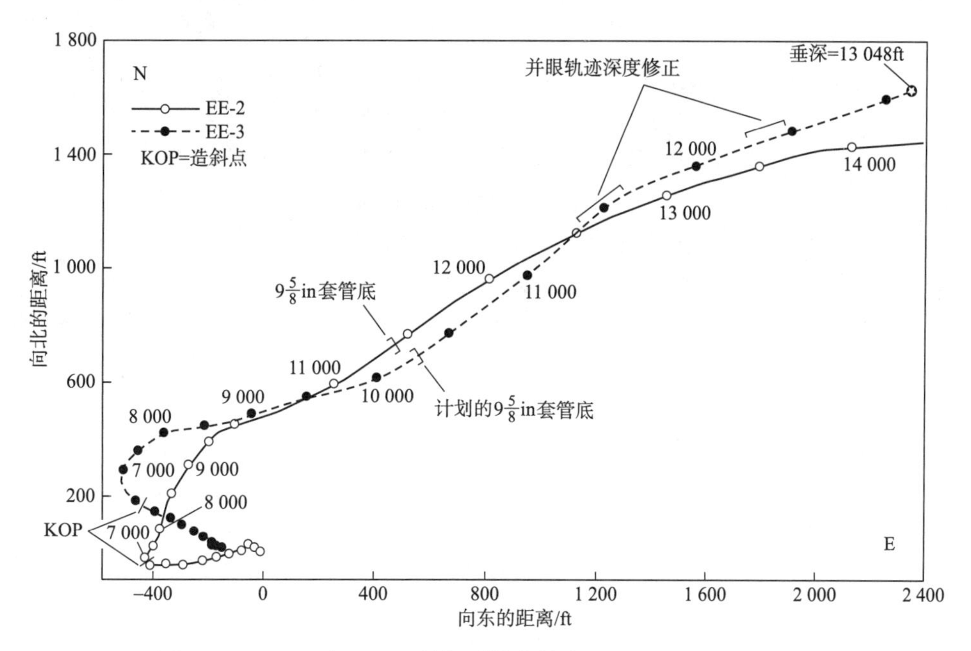

图 5-10　EE-2 与 EE-3 的相对钻井轨迹平面图（深度为垂深）。

注：改编自 Rowley and Carden，1982

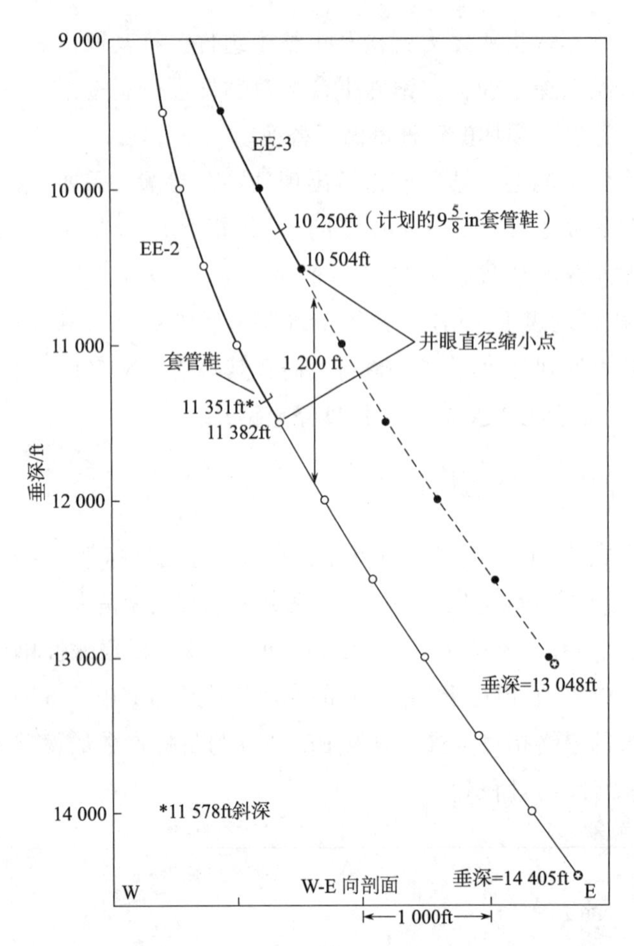

图 5-11　EE-2 与 EE-3 的钻井轨迹投射到东西向的垂直平面上，显示出两井之间的垂直间隔。

注：改编自 Rowley and Carden，1982

* 11 351ft 套管鞋位置对应的斜深为 11 587ft。

EE-3 井完井

1981 年 8 月 7 日，钻进达到 EE-3 的完钻深度 13 933ft（4247m），完钻垂深 13 048ft（3977m）。最后 18 天的完井作业，是以 EE-3 井作为第 2 期干热岩系统计划的两口井中的生产井来实施的。其核心是从地面下入 $9\frac{5}{8}$ in（244m）生产套管至 10 374ft（垂深 10 250ft）的深度❶，并进行分级固井。

---

❶ 文献中没有任何地方说明是如何选择这个套管深度的。

下套管前的作业

为下套管和固井做准备，对井眼做了清洁和处理。大量的黑色黏稠物，即热降解的Torq-Trim减阻剂与钻屑和其他残留物形成的混合物，覆盖在井壁上，使得井眼中的台肩、缝隙，以及沿着井眼的底边沾满了钻屑。最初的清洁作业包括两次各用3200gal的聚合物-膨润土泥浆清扫（尽可能多地将残留的钻屑从井眼中清洗掉），之后是用洗涤剂溶液清扫。然后，将一个现场制作的$8\frac{3}{4}$in的刮管组件下入井眼中，在井眼（$8\frac{3}{4}$in）的下半部分往复作业。当刮刀组件在井底时，向井眼中泵入27 000gal的洗涤剂溶液。

接下来，开始准备安装一个水泥塞，以确保之后套管固井到位时，水泥不会因为驱替了密度较低的水而流入到套管鞋下面的倾斜井眼（然而，这正是这第一个水泥塞将会发生的情况）。水泥塞的底部设置在大约10 900ft深处，距离10 811ft处$8\frac{3}{4}$in井眼起始处很近。实验室仪器组温度测井结果显示，在11 000ft处的静态井眼温度为198℃，温度恢复率为0.6℃/h。此信息也传送给Dowell公司的固井工程师，用于测试水泥样品和计算需要添加的缓凝剂量。

将光头钻杆下入到约10 900ft深度，再将2440gal（9200L）16.5lb/gal的水泥注入井眼中。然后用水将水泥浆从钻杆中驱替出来，将钻杆从井眼中取出，让水泥塞硬化18h。将一个$12\frac{1}{4}$in钢齿钻头下入井眼内研磨泥塞时，钻头到达10 783ft（比$12\frac{1}{4}$in井眼底部要高出8ft）处，没有探到任何水泥。这意味着水泥塞已经驱替了井眼中的水，滑落到$8\frac{3}{4}$in井眼内。将钻头保持在10 783ft，通过6h的循环，对井眼做降温，准备实施新的测井。循环到地表的泥浆中含有细沙但没有水泥。

起出钻杆和底部钻具组合后，仪器组又做了一次重复的温度测井。随后是斯伦贝谢公司的一套温度感应测井，从10 800ft一直测到3000ft深度，包括自然伽马、补偿地层密度、补偿中子和单臂井径测井（除井径仪外，所有的测井都是为了获得基准数据，在之后的套管固井中使用，以检测是否有可能被水泥绕过的重要水囊）。起出测井仪器时发现，测井仪及与其相邻的100ft长的测井电缆都被涂上了黑色黏稠物。斯伦贝谢随后做了井眼几何形状测井（两个独立的臂式测径仪和倾角仪），从约9500ft（2900m）处开始，一直做到5900ft（1800m）处，在此深度，仪器发生了故障。取回设备时也发现涂有黑色黏稠物，在测井电缆下半部的1510ft（460m）处也有黑色黏稠物痕迹。

然后从井口至10 800ft（3290m）深度之间重新使用仪器组的温度测量仪。在此深度，仪器表现不良，表明探头已经被堵塞了，从而与井眼环境隔绝。将仪器在孔中上下移动，以冲掉粘连在探头上的各种物质，但没有效果。当探头从井眼中取出时，发现同样的黑色黏稠物覆盖在探头上，堵塞了流通至热敏电阻的通道。经清洗后，仪器再次下入井中。这次测得 7300ft（2225m）处的温度恢复率为 4℃/h，在 10 700ft（3260m）的温度为 185℃，温度恢复率为 0.5℃/h。然后探头进一步下行去探水泥塞。探头在大约 10 810ft（3295m）处遇到井底。当将探头再次从井眼中取出时，又被大量的黑色黏稠物所覆盖。

8 月 12 日，通过光头钻杆在 10 777ft 深处再次设置了一个水泥塞。此复合水泥塞是在之前 Schlumberger 测径仪记录结果的基础上设计的，包括 1500gal 的 16.5lb/gal 的水泥，然后是 2800gal 的 11.3lb/gal 的低密度水泥浆，其中含有 252ft^3 膨胀珍珠岩（旨在防止“密度翻转”），最后是 130gal 的 16.5lb/gal 的水泥。水泥塞是成功的。经过 9h 的凝固，在 10 215ft 处探到水泥塞，将其研磨到 10 400ft 深度。之后通过聚合物-膨润土泥浆清理了井眼中残留的水泥碎屑。

然后开始准备下入套管，包括以钻机下面的圆井底作为底部基座和支撑物来安装套管千斤顶，以及底层基座和支撑物；这些将用于在第一阶段固井后的套管拉伸。

下入 $9\frac{5}{8}$in 生产套管

鉴于 EE-2 井测得的井底温度较高（317℃，而不是预期的 275℃），这样储层平均生产温度也可能较高，因此对其生产套管的设计做了更严格的审查和修改。原来的生产套管设计要求是 40lb/ft、S-95 钢级、N-80 钢级梯形螺纹接口，现升级为 47lb/ft、P-110 钢级、以降低套管在拉伸过程中接头失效的专利 VAM 接口套管。选择管壁更厚的 P-110 套管的另一个原因是为了在储层生产过程中提供更大的余度，来防止套管压损或弯曲，以及有更强的抗磨损和抗腐蚀性能（然而，钻井主管显然没有考虑到另一个因素：对储层流体中溶解气体的地球化学分析结果发现了其中含有大量的硫化氢。S-95 级钢虽然没有 P-110 级钢强度大，但更耐腐蚀，更不易吸附氢元素。用 P-110 级钢代替 S-95 级钢意味着新的套管在钢显微结构的晶界处会更容易发生氢脆）。对套管是否有缺损进行了检查，包括材料、螺纹和接箍。每节套管都接受了 Amlog IV（AMF 无损探伤仪）特定的管端和全管移动式检查，经检查后，弃用了 15 根生产套管（占 5.3%）。对浮鞋、浮箍和分级箍做了近紫外光、端面和全尺寸的检查。

套管准备和扭矩转换设备在钻井平台上的组装和安装完毕后，将生产套管提起并下入到井眼中。将套管鞋（以及其上部的浮箍）落座在 10 374ft（3162m）的深度，分级箍安装在套管管柱上，使其最终位于 7281ft（2218m）处。当将两个 53.3lb/ft 的 L-80 联顶节中的第一个下入时，套管管柱失去了重量，它显然是靠在了井眼中的一个障碍物上。由于在生产套管顶部安装了一个固井头附件，钻机泵很容易地将障碍物冲开使生产套管通过。另一个联顶节也顺利地下入了。

下一步就是对套管管柱进行拉伸测试。通过钻机绞车施加的拉力从初始的 38 万 lb（套管串的质量减去井眼产生的摩擦力）逐渐增加到 43.4 万 lb 时，套管只在孔中上升 10.5in（27cm）。拉力为 50 万 lb 时向上移动 24in（61cm）。当拉力恢复到 38 万 lb 时，套管又回退到 28in（71cm），结果比原来位置还低 4in（10cm）。这可能是因为在这次生产套管往复运动中，井眼的摩擦力发生了变化。

分级固井

对 $9\frac{5}{8}$in 套管固井将会分两级进行：首先，对底部 3093ft 套管段，即对 10 374ft 处和分级箍顶部（7281ft 处）之间的井段固井；之后，再对分级箍之上约 4280ft 长井段固井。在第一级固井时，主要使用的配方是一种特制的 H 级高温水泥混合物，具有高强度和低渗透性。第二级时，将会在分级箍上方的环空中注入轻质水泥，向上延伸至约 3000ft（914m）深度。对约 450ft 长的井段（在 $9\frac{5}{8}$in 的套管外和 $13\frac{3}{8}$in 套管之下的那部分）不固井，以缓解生产过程中加热造成的环空压力的增加❶。此两级固井策略意味着：

1. $9\frac{5}{8}$in 套管上部的 3000ft 段将会是未固井的，因此是没有支撑的，其中约 2550ft 长是在 $13\frac{3}{8}$in 套管内，另外的 450ft 则是位于套管下方的 $12\frac{1}{4}$in 的井眼内（因为两组套管之间环空内的水位只上升到约 1700ft 处，由此处到地面的其余环空中充满了空气）；

2. 在大部分垂直井段中的套管（从 3000ft 到 7281ft 深）将会用轻质水泥进行横向支撑；

3. 套管最下段，在 7281ft 深度之下的斜井段部分之上，将会用高密度水泥进行横向支撑（这种特别加固可以防止生产过程中的热膨胀所导致的套管变形）。

水泥固化后，将对 $9\frac{5}{8}$in 套管上部的 3000ft 生产套管段施加约 90 万 lb（40×10^5N）的张力负荷，以抵消大约一半的预期热诱导压应力（用大约 45 万 lb 的压制力，焊接的密封井口的设计是为了能够容纳在储层生产期间这段无约束套管形成的热伸展，它是从拉伸变为压缩时产生的）。

第一级固井作业首先注入了 100 034gal 的预冲洗水（通过添加苛性苏打将 pH 提高到 12）和 800gal 混合有 1.2% D-28 缓凝剂的分隔淡水。然后向套管中泵入由 288 袋火山灰水泥与 2400gal（8900L）淡水和 1.2% D-28 缓凝剂混合形成的 3500gal（13 400L）的 10.5lb/gal 的火山灰吸收剂水泥浆。接下来，泵入由 950 袋 H 级水泥、6050gal（22 900L）淡水、40% 的硅粉、40% 的 100 目硅砂、2% 的膨润土、0.75% 的 D-65 湍流增强剂、0.6% 的 L-10 和 1.2% 的 D-28 缓凝剂组成的 2100gal（7900L）16.6lb/gal 的水泥浆。经计算，其体积比填满浮鞋与分级箍之间的环空所需的数量多出 25%。

---

❶ 当然，考虑到 $13\frac{3}{8}$in 套管底部附近有许多孔和裂缝，在环空与 Sandia 地层的漏失区之间提供了充分的窜槽，压力增大不应成为一个问题。

接下来，从水泥头处释放了刮塞，将驱替水泵入套管。经计算，将水泥从套管中驱替出，并沿环空上行至分级箍所需的水量为31 500gal（11.9万L）；但由于系统压力已经上升到3300psi（22.8MPa），能泵入的最大水量为29 500gal。当套管压力释放时，大约有400gal的水从套管中回流出来，这表明浮箍和浮鞋中的止回阀保持着关闭。据估计，大约有1700gal（6400L）的水泥留在了650ft（200m）长的套管底部。

投入了分级箍开启弹，在1200psi（8.3MPa）的压力下泵入80gal的水，40min后打开了分级箍。为了将分级箍上方的所有残留水泥冲上来，并从环空中排出，钻机泵将水沿着套管循环，并通过分级箍，直到在地面检测到水泥，然后直到回水变得清澈后才停止循环。随后进行了温度测量：将仪器下入套管到（线缆长度）7282ft（2220m）处，在此深度遇到了分级箍开启弹（它阻塞了套管），确认了其位置。将测温仪提起到7275ft（2217m）处，在此深度停留了2h，测得温度为138℃，恢复率为0.1℃/h。水泥凝固时间为72h。

注：几个月后，完井后的水泥胶结测井将会发现，EE-3井的分级固井的水泥头在5300ft处，比计划的3000ft处深得多。相关文献没有对这一误差做出解释。

现在，Dowell压裂车向千斤顶管路系统泵入高压液体，激活了液压套管拉伸千斤顶。首先在15 000psi（103MPa）下，对管道系统做了静水压试验，然后调整了井口卡瓦，对液压系统和套管千斤顶进行了测试。之后，将套管千斤顶连接到了套管的上部联顶节，上下循环了5次来拉伸套管，并将中性点（即管道既无拉伸也无压缩处）下移至约6440ft（1960m），保留了约3ft（0.9m）的拉伸量。最后，将井口卡瓦安放在了套管头部。

第二级的固井水泥是用一种珍珠岩轻质水泥浆，由Dowell公司员工测试和配制；根据测径仪的记录，仔细计算了所需水泥的体积，使其刚好充满至3000ft（914m）深度的环空，大约比第一级的顶部高出4280ft（1305m）。用840gal（3180L）的高碱液（pH为12）冲洗井眼后，泵入840gal含有2% D-28缓凝剂的淡水作为分隔，随之泵入16 100gal（61 000L）的水泥浆。然后投入了橡胶顶刮塞，用21 700gal（82 200L）、pH为11~12的水进行驱替。当泵压增加到3100psi（21MPa）时，表明压塞已经到达分级箍；地表压力卸载后，只有210gal的水回流，不久后回流停止，很明显分级箍已经关闭了。

现在，对3000ft长的套管上部（在第二级固井段之上）进一步施加预张力。实施了3个加载周期，最后一个加载周期达到88.5万lb（3.94×10^6N），足以将套管又拉伸5ft（1.5m）；加上第一级固井时的3ft拉伸，现套管的总拉伸量约为8ft（2.5m）。井口卡瓦安放在套管的两端带凸缘联顶短管上，并将最上部那节套管在井口上方切掉5ft（1.5m）。当卸下千斤顶时，测得的套管拉伸量只缩减了1in多一点。

让水泥凝固了72h，然后用钢齿钻头钻出刮塞和分级箍上方套管中的水泥。用高黏度凝胶清除了水泥碎屑后，钻开了套管鞋下面10 397~11 241ft（3169~3426m）段的水泥塞。遇到了软水泥和相当数量的黑色黏稠物，对井眼做了第2次凝胶清扫。水泥胶结测井显示，在 10 082~10 296ft（3073~3138m）深度之间可能存在薄弱的胶结，而其他井段则胶结良好。但是，由于测井工具定位不当，这些结果并不可靠，在开始压裂作业之前，还需要重新测井。

最后的洗井工作包括用 $8\frac{1}{2}$in（216mm）的钻头清洗和划眼至完钻深度 13 933ft，用 pH 为 12.5 的溶液洗井了两次，然后用清水洗井。EE-3 于 1981 年 8 月 25 日完井（图 5-12）。

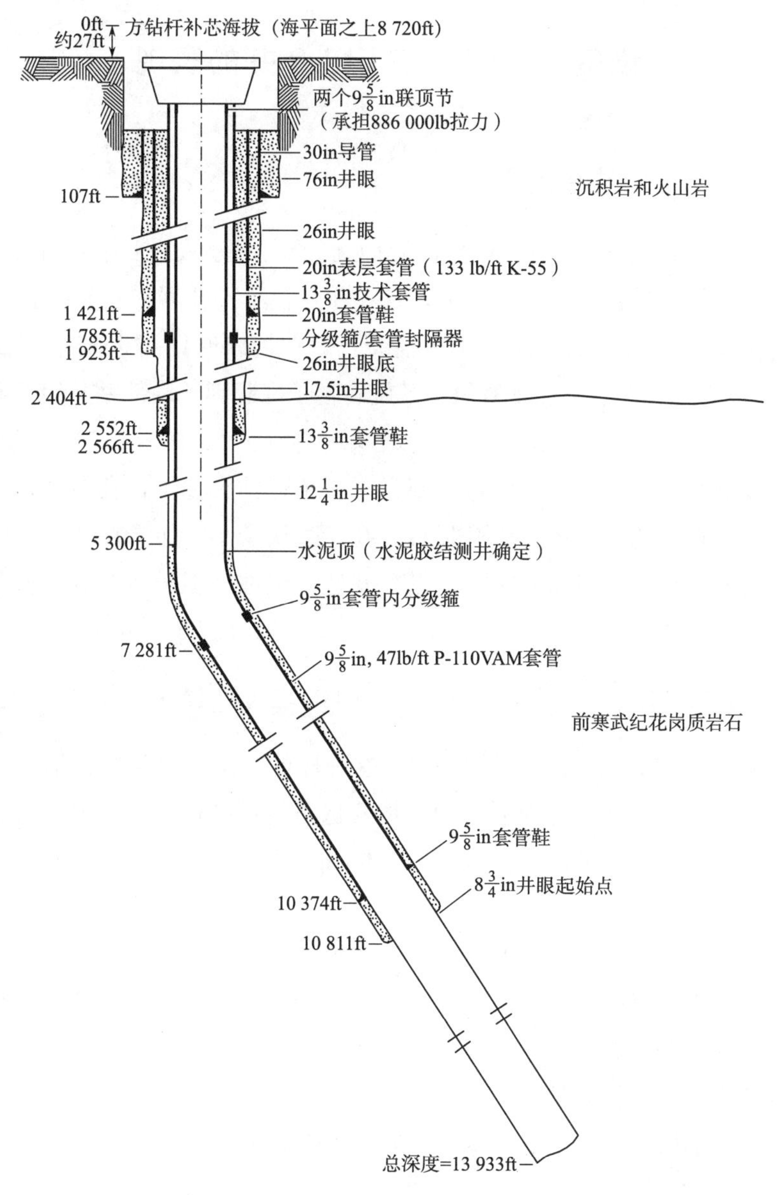

图 5-12　下入 $9\frac{5}{8}$in 套管和固井后的 EE-3 井示意图。

注：改编自 Rowley and Carden，1982

遗憾的是，正如下文所详细讨论的那样（见 EE-3 不完整完井，第 247 页），没对 EE-3 在 10 374ft 处套管的安装情况做任何确认。尽管下套管和固井程序安排得都非常好，但没有考虑到在选定的套管设置深度以下可能存在着与第一期储层有关的低压节理，也没有任何应急计划来应对这种可能性。

最后，完井计划没有要求在固井后对套管鞋做压力测试，但这是完井标准程序之一。

设备和材料：在 EE-3 井的表现

用于结晶基底的旋转钻井装置

与 EE-2 井的情况一样，EE-3 井在结晶基底的大部分钻井工作是用与 TCI 球型齿钻头结合的旋转钻井设备完成的。用了 6 点和 3 点辊子扩孔器稳孔和扩孔的（当需要稳定井壁接触时，可以安装光面的 TCI 辊子，而在划眼时则可以安装多凸点 TCI 辊子）。这些扩孔器在花岗岩中非常有效，其旋转辊子也起到了底部钻具组合和井壁之间的轴承作用。

此外，所有的旋转式底部钻具组合都包括一个近钻头辊子扩孔器，以防止钻头在非常坚硬且磨蚀性强的钻井环境中磨损后，孔径过快变小。如果在持续定向钻进过程中需要增加井斜，可以使用标准的“支点”式造斜组件（但通常会导致井眼轨迹以不可预测的速度向北漂移）。

在深度 2552ft（$13\frac{3}{8}$in 套管的底部）与 6444ft 之间的 $12\frac{1}{4}$in 井段是用保角装置钻进的。钻井计划要求此段是直的。钻进中，这一段的上半部是直的；但是下半部由于结晶岩的各向异性而有些偏向西北方向。尽管保角组件刚性很大，但也得必须减少钻头负荷，以防止井斜增加过快。在 6444ft（1964m）处，即定向钻进的造斜点，井斜已经达到 10°。

在造斜点，用井下马达将钻井方位角从北西方向改为北东方向。由于这些马达上的 TCI 钻头磨损及缩径非常快，所以几乎总是要用旋转划眼组件来使井眼恢复正常直径。这些划眼组件都是高刚性且有保角作用的（如果需要的话，可以在下一次旋转钻进时直接使用类似的刚性组件）。

在 EE-3 井的侧钻中，造斜与井下马达钻进回次交替进行，通过一个 6 点扩孔器来控制井斜（假定 $12\frac{1}{4}$in 井段不再需要保角组件）。然而，在 10 200ft（3109m）深度以下，必须更快地增加井斜，6 点扩孔器替换成为 3 点扩孔器（在钻头和底部扩孔器之间安装了一个延长短节）。出乎意料的是，这种装配并没有使倾角增加超过 1.5°/100ft，与 EE-2 井在类似深度下的速率相当，这再次说明了前寒武纪基底结构的变化对定向钻井进展的影响。即使如此，交替进行的涡轮钻进和造斜作业，在钻井深度达到 13 933ft 时，最终实现了井斜角 34.5°以及 N73°E 的方位角。

在大多数情况下，EE-3 井中使用的旋转钻井组件实现了设计要求，但造斜速率既不可预测，也不容易控制。

井下马达

在 EE-3 井中使用的定向钻井组件的性能见表 5-6。定向钻进屡屡停顿的主要原因按出现频率排列如下：导向工具损坏、钻头磨损、浮阀泄漏（导致马达堵塞）、马达故障。偶尔也会出现马达启动困难的问题，即使是在马达方向正确的情况下也是如此。在 EE-3 井，产生这个问题的原因通常是过度缩径（因为井斜的急剧变化或划眼不足）。在许多情况下，解决办法是用马达扩孔到井底，或者在小幅度改变方位角的同时，使用井下马达进行一系列短距离钻进（每次一个钻头长度），直到马达方向正确。

表 5-6　定向钻具*在 EE-3 井眼中的表现

马达类型	马达直径 /in（mm）	试图完成的总回次	实际钻进的回次	每回次进尺 /ft（m）	每回次钻进速度 /（ft/h）（m/h）	每回次钻进时间/h
Maurer T7	$7\frac{3}{4}$ (197)	17	14	43.3 (13.2)	12.7 (3.9)	3.4
Maurer T5	$5\frac{3}{8}$ (137)	8	5	59.3 (18.1)	28.2 (8.6)	2.1
Navidrill PDM	8 (203)	10	9	62.2 (19.0)	14.8 (4.5)	4.0
Dyna-Drill PDM	$7\frac{3}{4}$ (197)	8	8	59.6 (18.2)	10.8 (3.3)	5.5
Baker PDM	$6\frac{3}{4}$ (171)	5	4	98.5 (30.0)	7.0 (2.1)	14.0

资料来源：Rowley and Carden，1982

* 不包括侧钻操作。

如表 5-6 所示，3 种螺杆钻具的表现大致相当。Baker 马达运行时间最长，平均钻进距离相当于 3 节钻杆，比 Maurer 涡轮钻具的进尺长很多。Baker 马达在这 3 种螺杆钻具中具有最低的转速和最高的扭矩特性，能延长钻头的使用寿命；另外，其较低的转速也导致较低的钻进速度。

Maurer 高温涡轮钻具总体上运行得非常令人满意。在 $12\frac{1}{4}$in 井眼中使用了较大的 $7\frac{3}{4}$in 直径马达，在 17 个回次钻进中成功了 14 次；三次失败中，两次是浮阀导致了轴承堵塞，一次则是由于马达在缩径条件下失速了。

较小的、直径为 $5\frac{3}{8}$in 的 Maurer 涡轮钻具，在直径为 $8\frac{3}{4}$in 的井段进行了 8 回次定向钻进，表现非常好（这些工具已经在 EE-2 井以及实验室中做了测试，以便在 EE-3 井中使用）。8 回次运行中的最后 3 次不得不中止，但这是由于电子偏航导向工具的故障造成的。如果这些回次成功了，井眼的最深部分就可能会保持在规定的水平公差范围内。当发现了高钻头载荷（20 000～25 000lb）能够控制钻头过度磨损、钻头空转和涡轮转速失控之后，涡轮钻具的操作就变得稳定和可靠了。当增加钻头载荷后，就不会再出现因涡轮钻头离底空转导致的钻头牙轮的快速磨平，就像钻头碰到了高速砂轮一样。此外，尽管在保持钻头载荷稳定和控制涡轮钻具的速度方面预计会出现问题，但这些问题并没有出现。在 350～450r/min 的转速下，保持了稳定钻进速度。

钻井液系统

EE-3 井所使用的钻井液系统，包括流体的冷却方法、添加剂的使用、岩屑的沉淀方法等，都是根据早期的井眼（GT-2、EE-1 和 EE-2）经验。采用了一个面积约为 0. 5acre❶ 的大型泥浆池来冷却流出井口的钻井液，并使岩屑沉淀。表面积大能够更有效地冷却泥浆，但同时也增加了氧气的交换；为此，在泥浆再次泵入井筒之前，加入了大量的除氧剂（亚硫酸氢氨），以减少氧含量，从而降低腐蚀性。为了进一步减少其腐蚀性，钻井液维持了碱性 pH（9. 5～10. 5），用一种磷酸盐化合物去除会形成沉淀物的阳离子来控制结垢。通过对样品腐蚀性（暴露在钻井液中的材料样品）的监测表明，这些方法确实将腐蚀控制在了最低限度。

在结晶基底钻井过程中遇到的与钻井液有关的问题，主要是由于所钻岩石对钻具的严重磨损性及其高温（高达 280℃）。此外，当 EE-3 的钻井轨迹穿过第一期储层深部的几个张开节理时，出现了少量的钻井液流失，这些节理以前曾受过压裂。井斜（最大到 35°）与使用淡水作为主要钻井液，以及基底岩石的磨蚀性，共同造成了过大扭矩。在此情况下，减少钻杆和底部钻具组合上的摩擦是非常重要的。

对几种减阻方法做评估和试验发现，最佳候选者似乎是一种可生物降解的水溶性化学品。在实验室里测试了几种类型，其中只有两种适合于井下测试（另一个限制是

---

❶ 1(acre)英亩 = 4046. 86m^2。

该物质将要置于高温下）。Torq－Trim II 减阻剂是一种改性甘油三酯和酒精的混合物，性能最好，但它也容易发生热降解；在较高的温度下（大于 190℃），它只是暂时有效，必须不断补充。使用这种化学品，能够减少钻杆和地面设备的磨损，并且能在钻头的切削面施加更高的载荷。当热降解时，此减阻剂形成的较厚残留物能与岩屑和其他残留物结合在一起，形成厚重的黑色“黏稠物”，覆盖在底部钻具组合、测井工具和井壁上。为了减少黑色黏稠物的堆积，使用一种表面活性剂（去垢剂）将其乳化，然后用水冲洗井眼。

钻杆和钻铤

在 EE－3 井的钻井过程中，钻杆损坏和扭断（一节钻杆因扭矩或张力而分开、分离或断裂）的数量比 EE－2 井要高出 4 倍。

发生了 15 起不符合传统意义上扭断定义的钻杆损坏。这些都是冲蚀造成，除了一个之外，其余都是在底部钻具组合中钻铤的螺纹连接区域（冲蚀是加压钻井液对螺纹连接处的金属的缓慢侵蚀：液体进入螺纹的裂缝，逐渐侵蚀外扣或内扣金属，直到在张力或扭矩下，连接处最终断裂）。有 4 次这样的冲蚀事故需要打捞作业。有 1 次非钻铤的冲蚀是在钻杆的连接处。

在钻井作业中发生了 5 次真正的钻杆扭断，而在 EE－2 钻井作业中没有发生过钻杆扭断。正是 5in（127m）钻杆杆体的两次扭断导致 EE－3 钻井作业中最长的一次打捞作业（当打捞不成功时，又实施了侧钻）。在第二次钻杆扭断之后，在 EE－2 和 EE－3 钻井一直使用的 5in 钻杆已经疲劳，从井眼中取了出来。对钻杆上的两个断口的检查发现了严重的腐蚀点，详细的断裂分析表明，疲劳是造成钻杆断裂的原因。另外 3 次钻杆扭断发生在用于替代 5in 钻杆的 $4\frac{1}{2}$in（114mm）钻杆上；所有这 3 次扭断都是由钻杆外扣螺纹破损引起的。

最后，有 2 次损坏是由钻杆上的张力引起的，使钻杆被拉断。第一次是拉断了一节 5in 钻杆，其载荷远远低于美国石油学会规定的最低抗拉强度，这是典型的因腐蚀而导致的强度降低。其打捞作业损失了 31 天工作时间。第二次则是 $4\frac{1}{2}$in 钻杆上的一个工具接头，它在连接时发生了损坏：显然，钻杆上部的外扣破损，连接处被拉断，这同样是在远低于美国石油学会规定的最低载荷的条件下拉断的。

为了防止 EE－3 作业时钻杆再次发生损坏，采取了两项补救措施：首先，每隔 30 天或 500 个旋转小时就对钻杆做检查，以先到者为准；其次，采购了一套完整的 $4\frac{1}{2}$in 备用钻杆，存放在现场，以便在检查另一套钻杆时可以使用这套继续钻进。此做法节省了 4 天半的时间，而通常需要 5～6 天的停机时间来检查钻杆。此外，由于有了更多的时间，可以更仔细地检查钻杆，增加了发现问题的可能性。在最后回次的钻进过程中，进一步的措施是接入新钻杆时，检查了每个钻杆接头的外扣和内扣。这样又发现了 3 个损坏的外扣。

EE-3 井的钻柱损坏频率较高，部分原因可能是由于 5in 钻杆的累积疲劳（来自前期的操作），部分原因是井眼中更多和更严重的狗腿（图 5-13）。井眼小半径的“S”形弯曲，如在 EE-3 原井眼 6500～7200ft（1980～2195m）和 9700～10 500ft（2960～3200m）深度段所产生的弯曲，就特别糟糕（一旦结晶岩中的井眼变得弯曲，缩径点就能得到改善，但通过划眼使井眼变直则几乎不可能）。

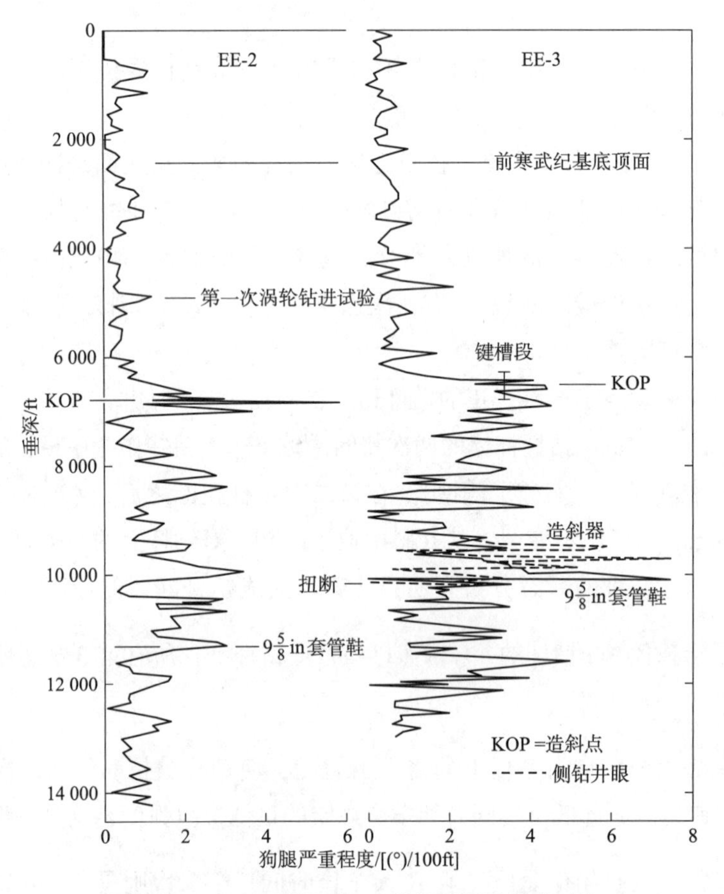

图 5-13　EE-3 井与 EE-2 井狗腿严重程度对比。

资料来源：Rowley and Carden，1982

弹性密封件

使用过的弹性密封件都不能很好地适应高温井。底部钻具组合的许多密封部件在温度超过 165℃的情况下迅速失效或性能减退，导致许多设备损坏。这类密封故障中，最经常遇到的是近浮阀（止回）密封失效。这些阀门通常是在浮动短节内，以防止钻井液和钻屑倒流入钻杆内部，因为接入一节新钻杆时就都有可能会发生钻井液和钻屑倒流入情况。如果浮阀因高温失效，钻屑会回带进入底部钻具组合，经常堵塞井下马达或钻铤。而钻机泵通常不能清除这些堵塞物，不得不起出底部钻具组合，返回遥远的维修厂。拆解、清理及再组装马达，重新装上导向工具，这些都是一个昂贵且费时的过程。

在 EE-3 钻井过程中，用耐高温材料制成的测试密封件替换了浮阀中的弹性密封件。对几家供应商提供的若干种密封件原型做了测试后，一种 EPDM（乙烯-丙烯-二烯单体）密封件在本实验室的高压容器中进行了 30~40h 的模拟旋转钻进，以及 3~5h 的模拟涡轮钻进，测试温度都至少为 280℃，均取得了良好的效果。此外，还开发了一种串联安装浮阀的方法，即一个装在上涡轮钻具短节中，而另一个则在涡轮钻具上方的浮阀里，以便在密封失效的情况下能提供一定的余度。

腐蚀控制添加剂

控制腐蚀的努力因几个因素而变得复杂：高温、高扭矩和高拖拽阻力，以及冷却所需的大量循环液（63 万 gal 或 238 万 L）。通过使用除氧剂（亚硫酸氢铵），以及保持循环液的碱性 pH（10~11），很好地缓解了腐蚀。

在 EE-3 钻井作业的后期，为控制腐蚀而添加到钻井液中的硫化物产生了另一个问题：当硫与泥浆池底淤泥中的厌氧细菌结合时，就会产生硫化氢。泥浆池的低氧含量、温暖、有机残留物（来自减阻剂和凝胶清洁剂）条件成了这些细菌生长的理想场所。为了解决这个问题，排干了泥浆池后，用杀菌剂和海绵铁做了处理，并在之后的使用中进行了严格监测（包括硫化氢水平和液体的 pH）。

EE-3 钻井观察结果

在基岩中侧钻

在 EE-3 井中，在深部落鱼（约在 10 400ft 深处）周围的井眼处侧钻转向充分表明，如果强制要求从井眼的高边开始侧钻（如在 EE-3 井，以保持井眼的高角轨迹），在花岗岩中实现的难度很大。从这方面看，证明了石油行业的钻探经验是没有多大用途的，甚至可能是有害的：合同钻探人员花了 3 个多月的时间才认识到，从坚硬的花岗岩中高边造斜点钻出水泥塞是错误的方法。其结果是不仅浪费了时间，还损失了几百万美元。

大多数石油钻井都是在软质到中等硬度的沉积岩层中进行的，从井眼高边侧钻可能效果很好；但在结晶基底岩石中，特别是如果侧钻的角度相对原井眼的要求很高时，则不建议这样做。在 EE-3 的实例中，从井眼高边侧钻的要求是不合理的，也是没有依据的：可以很容易地从此井眼底边实现侧钻，而不需要使用造斜器，就像 GT-2 井在大约相同的深度成功地实施了两次侧钻的那样。此外，对于 GT-2 井中所使用的技术，失去井斜的可能性很小（如果有的话）。本可以采用定向钻进的方式，来将要转向的井眼与废弃井眼的轨迹重新对齐。

钻穿严重漏失区

在 EE-3 钻井过程中，采用了当时最好的处理循环严重漏失的方法，即快速无循环钻进及尽快下入套管。然而，在执行过程中，这并不是一个完美的过程。合同钻井监督员对 Madera 石灰岩在 1900ft 深处的第一个大型漏失区已有足够的了解（从早期的 GT-2、EE-1 和 EE-2 的钻井中了解到）。因此，计划是要在循环漏失之前，通过下入套管来控制该井段上方的黏土和页岩的崩落和膨胀。要在 1900ft 深度以上的井段下入 20in 的表层套管，以保护这段不稳定的沉积地层，同时仍能获得充分的泥浆上返。事实上，在 1894ft 深度的漏失井段打开出现大量无法控制的漏失之前，的确在循环无漏失情况下成功地将 26in 的井眼钻进到 1923ft 深度；但由于钻井计划执行中的一系列错误，表层套管串最终只下到 1580ft 的深度，比预期的要短了很多。结果，近 300ft 的软质页岩和粉砂岩在井眼中暴露，在无泥浆回返钻进穿过 Sandia 地层，并进入花岗岩基底约 200ft 的过程中，产生了空穴和黏土膨胀。

注：可膨胀金属衬管，如 Weatherford 公司现在提供的那些，本可以为封堵 Madera 和 Sandia 地层中循环严重丧失区提供更好的解决方案。花岗岩基底之上的两个主要漏失区可以用可膨胀短衬管依次全直径封住，从而避免采用更危险的无回返钻井方法。例如，20in 套管可以下入到约 1880ft 处，然后用 $17\frac{1}{2}$in 钻头钻穿上部的漏失区，直到循环全部丧失。随后，在 20in 套管之下放置一段短的（40~50ft）可膨胀衬管，就可以覆盖和密封漏失区，完全恢复钻井液循环。下部的漏失区大约在 2380ft 处，可以用同样的方法封住，这样就能继续钻进至结晶基底，并且钻井液能全部上返。此外，使用可膨胀的金属衬管能使固井做得更好，因为固井水泥可以从 $13\frac{5}{8}$in 的套管底部一直上返到 20in 的套管内。

钻井相关作业与补救作业时间对比

如表 5-7 所示，EE-3 钻井期间遇到了两个主要问题，即打捞（因钻杆或底部钻具组合的故障而引起）和侧钻（当多次打捞作业无法捞起 140ft 长的底部钻具组合时，不得不进行侧钻）。这些作业耗费了 235 天，占 461 天 EE-3 钻井作业的一半以上。

表 5-7　EE-3 钻井期间各项主要活动所花时间

<table>
<tr><th colspan="2">活动</th><th>持续增量/%</th><th>累计时间/%</th></tr>
<tr><td rowspan="7">钻井相关</td><td>钻井</td><td>12.1</td><td rowspan="7">38.4</td></tr>
<tr><td>起下钻</td><td>15.1</td></tr>
<tr><td>扩孔</td><td>2.6</td></tr>
<tr><td>定向钻进</td><td>2.9</td></tr>
<tr><td>钻杆检查</td><td>1.5</td></tr>
<tr><td>循环和测量</td><td>4.2</td></tr>
<tr><td>侧钻</td><td>21.2</td></tr>
<tr><td rowspan="4">相关补救作业</td><td>打捞</td><td>22.2</td><td rowspan="4">50.2</td></tr>
<tr><td>漏失</td><td>1.2</td></tr>
<tr><td>定向钻具损坏</td><td>3.8</td></tr>
<tr><td>流体系统问题</td><td>1.8</td></tr>
<tr><td rowspan="3">固井相关</td><td>下套管</td><td>1.6</td><td rowspan="3">5.5</td></tr>
<tr><td>流体循环降温</td><td>1.5</td></tr>
<tr><td>固井</td><td>2.4</td></tr>
<tr><td colspan="2">测井</td><td></td><td>1.2</td></tr>
<tr><td colspan="2">其他活动</td><td></td><td>4.6</td></tr>
</table>

第二阶段钻井：总结和结论

定向钻井计划

第二期储层深部的钻进，是当时在结晶基底热岩中实施的最重要的定向钻探工程。同时，有关这些钻井活动文献的回顾表明，其本身已成为目的。诸如“首次在深部热花岗岩中实施定向钻探已获成功”的说法经常出现，似乎这种成就是干热岩项目的主要目标，但显然不是。当看到 EE-3 钻井有非常严格的公差要求，就会想当然地认为其设计者已经完全了解深部的节理结晶基底储层，但事实并非如此。应该指出的是，为了钻出这两个非常困难的井眼，已经花费了将近两年半的时间和大约 1900 万美元。正如下一章所讨论的那样，如果 EE-2 井基本上是垂直钻进的话，那就可以用一半的时间和更低的成本达到其目标温度（275℃），而不会影响第二期储层的最终开发。

钻探监督

开发第二期储层的钻井作业最突出的问题是钻井监督能力不足。咨询公司为项目指派的合同经理（低估了作业的复杂性）不具备必要的技术背景，对如此复杂的钻井作业也没有足够的经验。随之而来的一些错误计算和错误决定造成了严重的后果。

• 由于对 EE-2 井的 $13\frac{5}{8}$in 技术套管管柱长度做累加时出了错，当套管硬着陆在孔底时，钻井管理人员认为它离孔底还差 100ft（因此错误地将硬着陆理解为遇到了障碍物）。更糟糕的是，一个简单的加法错误甚至都没有检查出来；相反，套管被反复地撞入孔底上，迫使它通过所谓的障碍物，直到套管压损。时至今日，人们也不知道此加法错误是何时最终确认的。

• 一旦意识到套管压损而无法继续，那就应该要采取补救措施：再下入一串套管并固井到位。但却没有这样做，主要是因为干热岩项目办公室缺乏对这种常见的严重井筒问题的成熟处理技术的了解（由于缺乏钻探经验）。因此，几乎所有在 EE-2 井结晶基底井段的后续钻井作业都变得更加困难。

• 实验室之前已经开发出在深层坚硬的结晶岩中实施侧钻的方法，而且已经在 GT-2 井中成功地应用了两次。由于没有理解和正确使用这些方法，而是采用了只适合于较软沉积层的石油行业技术（反复尝试从水泥塞侧钻），造成浪费两个多月的努力和近 200 万美元的损失。

• 一系列的工具接口损坏和（或）扭断，其中一些导致了非常漫长的打捞作业。这些失误可归因于钻杆检查程序不完备（检查应该更频繁，更全面）。

钻井液方案

第 2 期使用的钻井液方案直接沿用了为 GT-2 和 EE-1 钻井制定的方案，即根据淡水钻井液比泥浆类钻井液的成本要低的假设。回过头来看，这个决定并不完全合适，应该要根据当时的钻井液技术（20 世纪 80 年代初）和第 1 期井眼的实际结果来进行重新审查（这个决定也反映了合同监督员缺乏在高温硬岩中钻探的经验）。

鉴于以下的观察结果，似乎更好的选择是黏土（膨润土和其他耐高温黏土）与泥浆冷却剂混合使用，钻井液要在地表冷却后再重新使用。

1. 钻屑的细度表明，在钻屑最终循环到地面之前，在孔底经历了大量的再研磨。

2. 近钻头扩孔器的过度磨损也表明岩屑也经历了大量的再研磨。

3. 经过岩石学检查，发现这些非常细小的钻屑似乎经历了热液变质，这对实验室的地质学家来说，表明一些热液变质断裂带已经钻穿，特别是在 EE-2 井的深部。相反，后来（1985 年）重钻了 EE-3 井的深部（称为 EE-3A 井），其钻屑的岩石学分析显示并没有这种热液变质；此外，这些钻屑比 EE-2 井的那些要大得多。此证据明确表明，EE-2 井钻屑是在钻探过程中发生热液变质的，而不是来自基岩的热液变质带。

以泥浆为基础的钻井液有固有优势，特别是在井眼清理方面，这在石油工业中早已得到认可，本应该会大大帮助第二期井眼的定向钻井任务。这样岩屑就能更好地悬浮在高黏度的钻井泥浆中，基本能以环空中液体同样的速度带至地面上，从而能防止因大部分岩屑在井底堆积而需要再次研磨作业（以及随之而来的对钻头附近的稳定器和底部钻具组合的其他部件的严重磨损）。另外，这些岩屑也不会因在井底原地长时间停留而产生热改变，而这种热改变使地质学家感到困惑，从而导致了错误的结论。

除了降低设备成本（钻进前需要的扩孔回次更少，以及扩孔组件更换次数更少），以泥浆为基础的钻井液，以其固有的润滑性，也将会减少钻柱的磨损，正如在 EE-2 和 EE-3 钻井过程中所显现的那样（不需要 Torq-Trim 减助剂，也就不会出现黑色黏稠物的问题）。

EE-3 的 不完整完井

EE-3 的完井方式表明其只能用作低压生产井，这将会极大地改变第 2 期储层的开发进程。

1981 年 8 月，在 EE-3 开钻之后，项目管理层对第 2 期储层如何开发都一致持以乐观态度。也就是从 EE-2 井驱使一系列的垂直裂缝延伸至与 EE-3 井相交。换句话说，主流观点仍然是第 1 期储层开发时并没有奏效的策略，但这也是当时唯一可用的干热岩数据点。尽管在第 1 期通过水力压裂法将 EE-1 井与 GT-2 井（或 GT-2B 井）连通起来的多次努力都失败了，但人们仍然认为第 2 期储层也会按照这一预设理论来开发。因此，EE-3 井是作为一个高温生产井完井的，实施了多级固井和套管的连续拉伸，这就排除了任何其他的用途。一个不那么稳固的临时完井工程才会允许有其他选择。例如，可以将 EE-3 井作为注入井，或对设想的与 EE-2 井连通的节理实施反复压裂（以减少近井筒出口阻抗），那么这将使今后几年的工作会更加容易些。

最重要的是，在决定将套管底部设置在 10 374ft 处时，并没有考虑到第 1 期储层张开节理可能会延伸到该深度以下，尽管仅比此深度高约 350ft 之处的部分漏失应已提醒了钻井主管这种可能性。在继续完井之前，对计划中的套管下入深度以下的井段做压力测试是相对容易的：当时手头有一个中等温度和压力条件的莱恩斯膨胀封隔器，如果采用，就会很快发现在 10 374ft 深度以下存在一个低压节理与井眼连接。这样，EE-3 井套管就会要下入得更深了！

另外，EE-3 井可以简单地用隔离衬管和压裂管柱完井，之后可以更换或修改，以便对 EE-3 井实施压裂。

经过近两年半的工作，随着第二期钻井计划的完成，终于为 EE-2 井的系列水力压裂试验奠定了基础，预计这将在两井之间形成多个水力连通。

第6章 创建一个更深储层的努力，重钻EE-3井，并完成第II期储层

随着EE-2和EE-3深部定向钻井这一非常困难任务的完成，接着在1982年年初，开始了第II期储层开发的一个关键步骤。记得在此时，在节理基岩中创建硬币型垂直水力裂缝的理论仍然支配着干热岩项目的管理层（尽管当时许多员工已经放弃了此理论）。当然，正是如此，才会在EE-2和EE-3的深部实施了昂贵和耗时的定向钻井，钻出了35°的斜井，而EE-3则在EE-2正上方约1200ft处完钻。莫特·史密斯在其1982年年度报告摘要（HDR 1983b）中陈述到："在1982财年，干热岩项目的重点是发展出按要求制造水力裂缝的方法，将这些裂缝与芬顿山第II期系统中的那些深层斜井连接起来。"

从干热岩项目中最应吸取的深刻教训之一，就是用水力压裂在两个完钻的井眼之间建立起流动连通是非常困难的。最好是在一个井眼的底部附近制造出一个大型压裂区，然后在根据地震方法圈出的压裂区内钻第二口井来建立干热岩储层的流体连通（Brown，1990a）。

摘要：第II期储层开发

本章详述了众多事项，即通过依次水力压裂第II期的几口井，制造出张开节理储层区域，并与这些井形成水利连通；最终重钻EE-3，使其与EE-2压裂区相交；以及对已完成的第II期储层做简短的流动测试。这些就是干热岩项目中意义最为重大的几项事件。这些试验和流动测试揭示了深部干热岩储层的主要特性，是迄今为止干热岩储层工程的学习曲线中最为陡峭的部分。

根据第I期储层开发过程中掌握的节理结构，假定位于第I期储层正下方的第II期储层的主要节理与第I期储层节理的产状相同，即基本上是直立的，

走向西北（第 II 期假设）。但这是一个错误的假设。深部区域中主要的，也即更多的那些连续节理，实际上有着明显的倾角，因此具有更高的开启压力。

项目经理们相信根据硬币裂缝理论，如果有足够的泵入量，就能在 EE-2 井深部打开那些水力裂缝，然后垂直向上发展，与 EE-3 井相交（第 2012 次、2011 次和 2016 次试验）。尽管在第 2016 次试验期间注入近 130 万 gal 的水，也没有能够建立起与 EE-3 井的水力连通。但地震数据表明，在 EE-2 井底周围和上方已经形成了一个很大的压裂区。从剖面上看，为数不多的微地震事件位置都集中于一个相对较薄的板状区域，以大约 45° 向西倾斜，并经过 EE-3 的井底。

1982 年 6 月，项目管理部门犯了一个重大错误：在仅对 EE-2 井底做了 3 周的认真测试后，他们就决定对 EE-2 井下段的 3300ft 长部分填砂并将其放弃。要知道钻成此井段耗费了大量的人力、物力和财力。由于急于不惜一切手段来实现连通，他们决定通过放弃经过精心构思所制定的储层开发计划，即对 EE-2 井实施自下而上逐级分隔和压裂作业。取而代之的是，在 EE-2 井的套管鞋下部 11 578ft 深度附近实施 3 次规模越来越大的压裂试验（这是裸井段中可不使用膨胀封隔器或另一个经固井的衬管就能轻易隔离的唯一的一段）。此段的顶部已被套管外的固井水泥和安放在套管鞋正上方的耐高温套管封隔器所隔离，而底部则被位于 12 060ft 处的沙塞顶部所隔离（后来提高到 11 648ft 处，只留下 70ft 长的裸眼段）。

1983 年 12 月，这些试验中的最后一次，即大规模水力压裂试验，产生了一个非常大的椭圆体型诱发地震区（称为地震云）。可惜的是，这个地震云的主轴之一与 EE-2 井的轨迹基本上共线，而地震云向 EE-3 井方向的延伸，即地震云的短轴方向，非常小。因此，在大规模水力压裂测试期间，与 EE-3 井眼上部相交的那些节理中，无任何一个压裂扩张了。事实上，由于这些节理几乎顺着两口井的井眼延伸，因而 EE-2 井和 EE-3 井的钻进方向，是想用水力压裂在两井之间建立水力连通的最差方向（当然，如果当时知道加压打开的那些节理是倾斜而不是直立的，那么就可以钻直井，这不仅能增加连通的机会，而且更易于实现且更便宜）。

1984 年 5 月对 EE-3 井实施了一次大的压裂（第 2042 次试验），但也未能将两井连通起来。最后，从 1985 年 4 月到 6 月，根据大规模水力压裂试验得到的地震云对 EE-3 井重新做了定向钻井，终于穿过了压裂形成的第 II 期储层并实现了良好的流动连通。

EE-2 近井底的水力压裂试验

此部分的信息改编自文献：《干热岩地热能开发计划》（1983b）和 Matsunaga 等（1983）。

初步作业

1981 年 11 月，为了准备 EE-2 的压裂作业，调动了一台洗井钻机（Brinkerhoff-Signal 的第 78 号钻机），以清除积聚在 5000ft 以下井眼壁上厚厚的黑色黏稠物[1]。用商业去污剂做了两次处理，然后用淡水喷射清洗，清除这层覆盖物，使井眼变得干净。

在 1982 年 1 月和 2 月期间，实施了加压试验，以测量 EE-2 和 EE-3 中的长裸眼段的渗透性，并确定是否存在着张开节理。1982 年 1 月 6 日实施的第 2003 次试验，以 9gal/min 的名义速度进行了注入加压试验，结果显示 EE-2 的裸眼段非常紧密：井口压力高达 2070psi（14.3MPa），保持了 2.5h，仅产生了约 30gal 的渗透损失。相比之下，EE-3 井（第 2006 次试验）的注入压力最大值仅为 1480psi（9.9MPa），就在 10 394ft 处打开了（或重新打开）一个节理，其紧邻着 10 374ft 处的套管鞋，使水迅速流失到第 I 期储层区。温度测井显示，此节理沿着井眼向下延伸约 240ft，这表明其近垂直的基本特性。

注：刚好在 EE-3 井套管鞋下方的这个流体漏失区将会在未来几个月内造成一系列的问题。正如第 5 章所指出的，不应该在离第 I 期储层区这么近的地方安置 EE-3 井的生产套管管柱。因为在 EE-2 钻井过程中（1980 年 10 月 2 日），在 10 017ft 处钻井液循环几乎完全丧失，而且不能保证第 I 期储层内的节理在压裂时是否能向下再延伸 400ft 左右，所以在生产套管下入之前，应该要对 EE-3 井套管拟着陆深度（约在 10 400ft 处）的周围，进行加压试验。

用莱恩斯膨胀封隔器实施压裂

根据第 I 期储层开发期间得到的大量加压测试结果，假定 EE-2 井底附近（约 14 900~15 100ft 处）会有与之类似的压裂环境，即中等压力（约 2500psi）就足以初始打开该区域内最有利方位的那些节理。

因此，计划采用莱恩斯膨胀封隔器来调查 EE-2 井底部周围岩体的水力压裂行为，然后与上方的 EE-3 井眼建立水力连通。

---

[1] 这种物质主要是添加到钻井液中的有机润滑剂的热降解产物，再加上钻杆保护器中夹带的橡胶碎片、钻屑和金属颗粒等。

首先，使用商业喷射工具（通常用于切断套管），在 EE-2 井底（15 272ft 处）割开 17ft 长的缝。此圆周形割缝的目的是将其作为水力压裂的起始点，但没有证据表明它对压裂行为有任何实质上的影响。

1982 年 5 月 2 日，在通过钻杆循环水冷却 EE-2 井眼后，实施了第一次莱恩斯封隔器试验。在封隔器的中心位置 14 981ft 处，用 9gal/min 的科比泵注入液体，压力逐级增加到 1700psi，然后用 19gal/min 的大科比泵继续泵入。在总重为 22.5 万 lb 的管柱质量压住封隔器的情况下，压力进一步增加，达到 2700～2800psi。这时，封隔器组件底部的剪销大管堵塞似乎爆裂了；关井压力下降到 2250psi。没有迹象表明，在封隔器下方由其隔开的 308ft 长的裸眼段内，在大于 2700psi 的压力下，有任何节理被压裂打开。随后恢复了泵送，直到地表的环空[1]旁通流数据表明封隔器失效了。将封隔器从井中收回，经检查发现封隔器的下部发生了严重的爆裂损坏。

5 月 6 日实施了第二次莱恩斯封隔器试验，在此之前，井眼做了进一步的循环冷却。在这次试验中，封隔器下入的中心位置是在 14 989ft 处（比第 1 次试验深了 8ft）。13 万 lb 的钻柱质量压住了封隔器，其上部的环空加压到约 2000psi。当注入压力达到 4550psi 时，经过 22min 的泵入，出现了大的环空流和注入压力的急剧下降，这表现封隔器失效了。尽管压力至少达到 4500psi，但无论是地震数据还是压力表现，都没有证据表明裸眼段内有节理被打开。

尽管已经采取了措施将井眼温度从 327℃的初始温度冷却了下来，但 EE-2 井底的壁温仍然很高，足以损坏封隔器的橡胶材料。此外，现在看来，需要用比封隔器设计压力还要高的压力来实现井眼的水力压裂。因此，不再使用膨胀封隔器。随后的 EE-2 井深部水力压裂都将会采用更好的机械密封组件：经固井的隔离衬管。

用固井隔离衬管实施压裂

5 月 11 日，在 EE-2 井底填入了沙和膨润土的混合物后，下入一个直径为 $4\frac{1}{2}$in、长 292ft 的衬管并在 14 842ft 处着陆，距离井底 447ft。然后完成了衬管固井，将残留在衬管内的水泥钻出，并将衬管底部到井底的沙和膨润土混合物也冲洗出来。衬管顶部有一个抛光孔座，一个芯轴可以插入孔座中，此芯轴带有密封组件，装在钻杆或压裂管的底部。

[1] 在本章中，术语“环空”是指用于加压的管路（压裂管或钻杆）与井壁或深部 $9\frac{3}{8}$in 生产套管之间的空间，以适用为准。如果提到了不同的环空，则应如实说明。在芬顿山的干热岩项目中，多次遇到环空旁通流，或环空泄漏，流入环形空间，这些都会反复提及。

有了这种高压且可拆卸的[1]接箍，抛光孔座组件就能将衬管下方的裸眼段隔离开，并可从地表加压，而不会影响衬管上部环空压力。

为了对衬管固井，在实验室压力容器内对两种水泥配方做了模拟井下高温高压条件的测试。结果表明，水泥凝结和固化的动力学不仅对就位时的温度敏感，而且对就位后的温度恢复率也敏感。一种含有40%硅粉的H级水泥配方表现出较好的性能，随后做了现场试验：将一小批水泥泵送到EE-2井的适当深度，保留在一段钻杆中，直到其凝结和固化。在泵入过程中，水泥的性能令人满意，后来把水泥从井眼中取出检查时，发现其性能也符合要求。用这种配方的水泥成功地对衬管实施了固井（图6-1）。

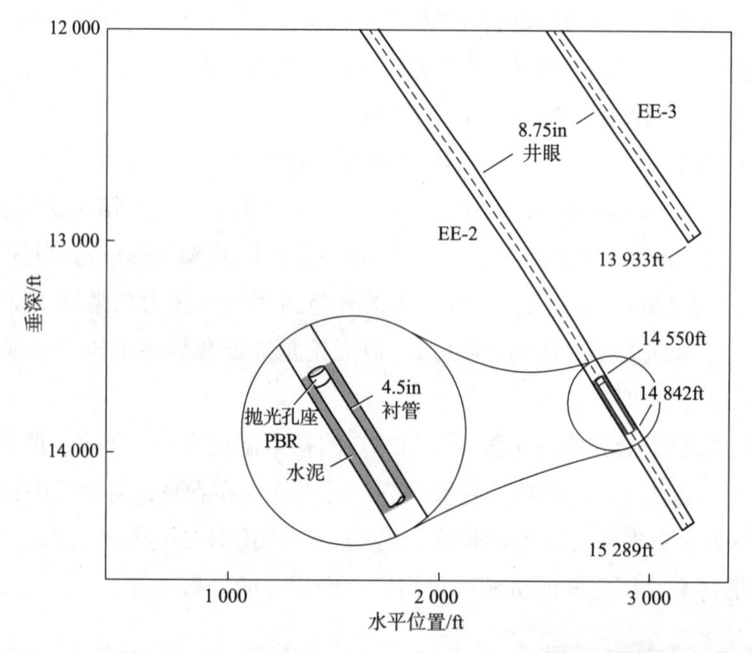

图6-1 第2011次、2012次和2016次试验中用来隔离EE-2井底部长447ft段的水泥固井隔离衬管组件（垂直截面投影到了N55°E截面）。

1982年5月30日，水力压裂从第2011次试验开始。采用了一台Dowell泵车，以大约0.4BPM的速度对衬管以下的裸眼段逐渐加压。同时，为了减少抛光孔座密封组件两侧压差，用大科比泵将衬管上方环空加压至2000psi左右。在最初的加压过程中，处于最有利方位的节理首先在大约4500psi的压力下有流体进入，然后在5500psi的压力下达到注入压力的平衡（在低注入速度下使加压节理扩展所需的压力）。由于泵送设备的问题，经过多次关井，注入速度最终稳定在5BPM（200gal/min）左右，此后持续了大约11h，直到泵送设备的进一步问题迫使试验结束。在此期间，在压力高达

[1] 密封组件可以在长的抛光孔座里上下移动，以补偿压裂管和钻杆在注入或加压时产生的膨胀或收缩。

7200psi、注入速度升至 6.3BPM 的条件下，注入量为 3300 桶（14 万 gal）。第 2011 次试验期间产生的地震活动见图 6-2。

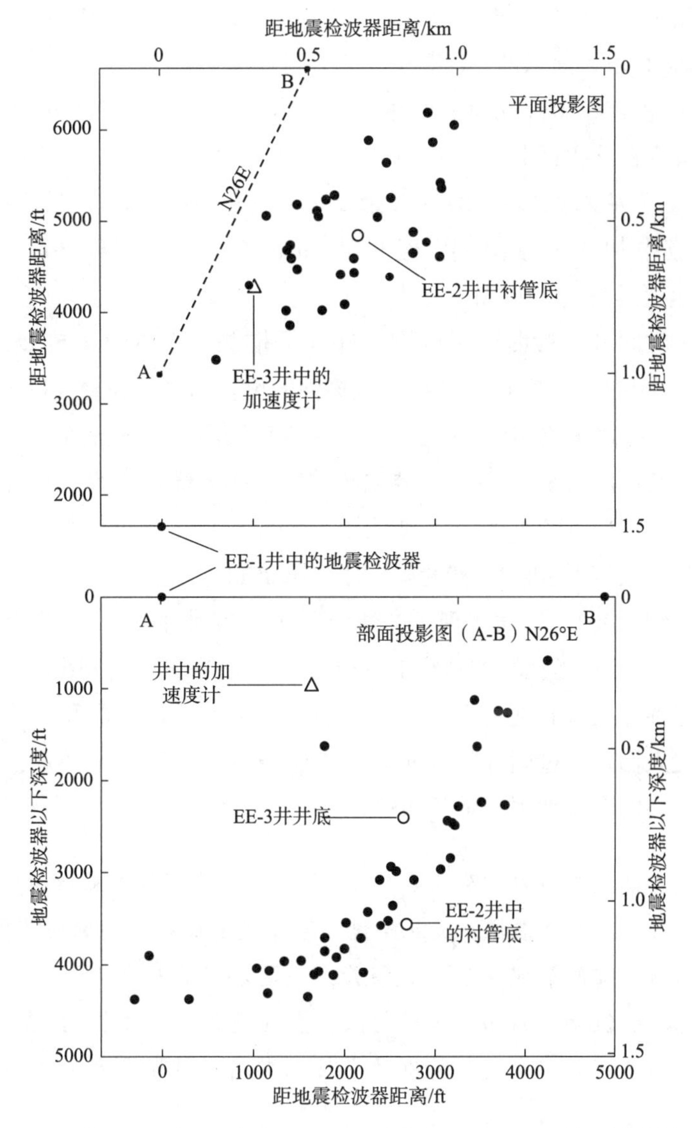

图 6-2　第 2011 次试验期间，EE-1 井中约 9600ft 深处的三轴地震检波器记录的微地震事件位置。

资料来源：干热岩项目数据档案

在平面投影图中，这种地震事件是围绕 EE-2 井注入井段的一个西北趋向的“云团”。在相应的剖面图中，将地震事件投影到一个 N26°E 的垂直剖面上（与平面图中的 A-B 虚线相对应），地震点表现出分布在一个弧形区域中，其中心大约在 EE-1 井的地

震检波器位置❶。

下一个试验，即第 2012 次试验，于 6 月 4 日 10：00 开始，一直持续到第二天 2：00 关井。期间注入的流体量（19 700 桶或 83 万 gal）比第 2011 次试验大得多，同时由于从混砂车上泵入了化学减阻剂，在不超过泵压极限情况下使注入速度达到 10BPM 及以上。鉴于第 2011 次试验时抛光孔座密封件承受了超过 5000psi 的压差而没有渗漏，因此决定在这次试验中不对环空加压，而是保持其开放并进行监测。在注入压力为 6000psi 时，注入速度从 5BPM 开始，逐步提高到 8BPM，之后又提高到 11BPM。这时，在注入液中加入了减阻剂，经过 4.5h 的泵入，在 14：30，注入压力约为 6200psi，注入速度提高到 20BPM。

大约在同一时间开始检测到了微震事件（据推测，之前的 4.5h 无地震注入是第 2012 次试验对压裂区的再加压）。这些微震事件的位置的平面和剖面图见图 6-3，后者是一个 N72°E 走向剖面的投影。奇怪的是，在这种较高的注入速度下，所定位的微震事件比注入速度较低的第 2011 次试验要稀疏得多，一些微震事件发生在 EE-2 井的注入段以下，表明节理向下的扩展（见剖面图）。可定位的微震事件数量偏少，可能是在这次试验中，EE-1 井的检波器组❷的耦合性比第 2011 次差。

也是此刻（14：30），地表出现了旁通流，从 292ft 长的固井衬管上部的环空中流出。在随后 2h 里，流速迅速增加到约 18gal/min，然后在试验的剩余时间里都一直保持在这一水平。这种旁通流非常令人疑虑，引起了干热岩项目人员和钻井工程师的大量讨论。它不仅使人们对通过固井衬管实施水力压裂的方法产生了怀疑，而且对隔离衬管下方裸眼段压裂的可行性也产生了怀疑。

注：对于那些熟悉岩石力学及在第Ⅰ期试验中观察到节理岩石行为的员工来说，流体很可能源自衬管之下的压裂区；也就是说，流体是通过衬管周围的节理网络流动的。钻井工程师对这种性质的节理流动没有经验，而是想将其归结为通过固井水泥或衬管与水泥之间的微环空流动。然而，这样的微环空（通常是水泥长期收缩的结果）在这么短的时间内是极不可能形成的，特别是在注入期间，衬管受到加压而相对水泥有膨胀。此外，通过劣质水泥固井段或通过这种微环空的旁通流应该已经冷却，而温度测井结果则显示这种流体是温热的。

---

❶ 这种特殊的分布模式后来被当时英国坎伯恩矿业学院的罗佰·琼斯(Rob Jones)称为“错误香蕉”,它很可能就是这样。当鲍勃·波特在后来的试验中重新分析这些地震数据时(见第 2018 次试验的讨论和图 6-7),他断言第一个微地震事件一定是发生在套管下方靠近井壁的地方,因为这是应力最低的区域,即人们期望节理在这里开始打开。在此基础上,他对 EE-1 井中的垂直地震检波器的标定做了修正,使微地震事件位置产生了更紧密的“聚集”。如果用该方法重新分析第 2011 次试验的微震数据,在剖面图中,微震事件位置很可能就会“坍缩”到 EE-2 井底部周围和上方的一个更狭窄区域。

❷ 由于其单一的锁定臂,EE-1 井中的检波器组在井眼中的不同部署可以转向到不同方向,使得与井壁的耦合会更好或更差。

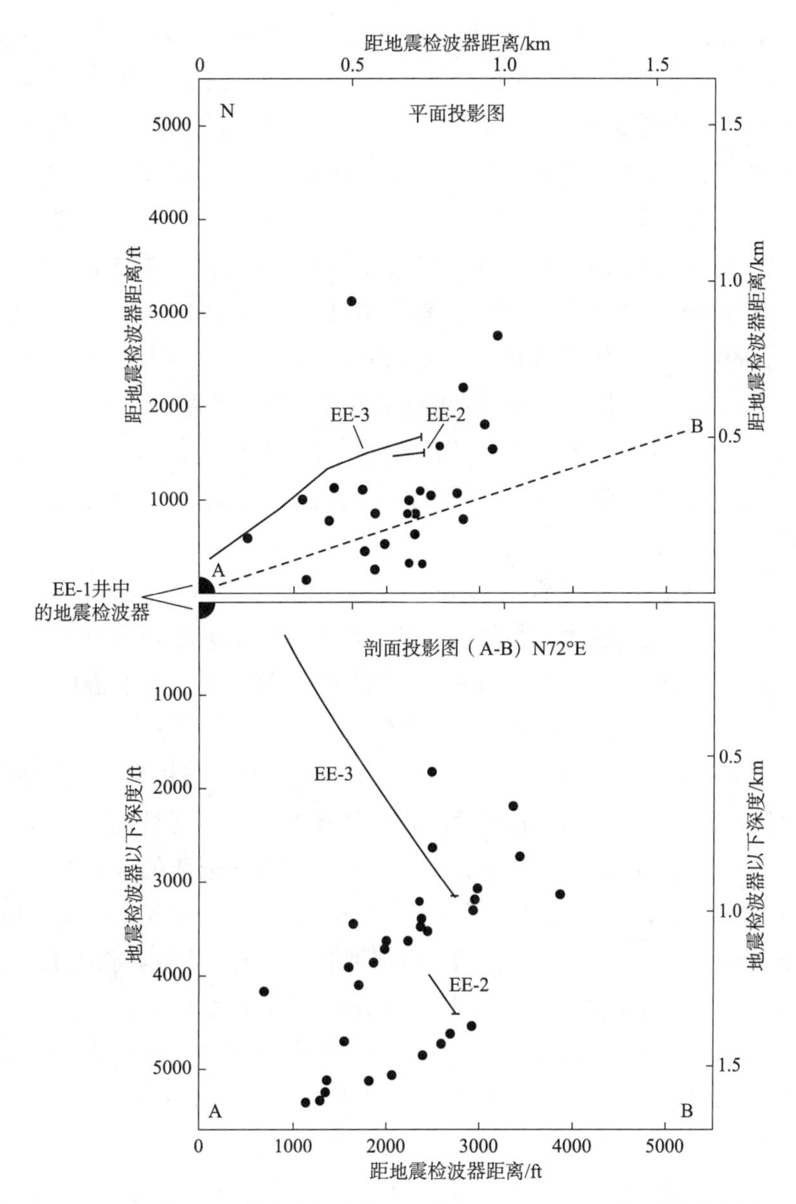

图 6-3　第 2012 试验期间在 EE-1 井 9600ft 深处用三轴地震检波器记录的微震事件位置。

注：改编自 HDR，1983b

第 2012 次试验的累计时间超过了 15h，其中因一台压裂车的问题而中断了 8min。最后 6h 的注入速度约为 30BPM，平均注入压力为 6600psi（由于减阻剂的注入量不同而有一定的波动）。在测试结束时，井口在 5200psi 的压力下关了井，但允许环空旁通流以大约 18gal/min 的速度继续流出（如果环空也关闭，压力累积可能会导致套管出现问题）。到了第二天早上（6 月 6 日，星期日），压力下降到 4600psi，这主要是通过旁通流道对压裂区流体的排出。

Dowell 公司的一些泵送设备仍在现场，因此计划再做一次泵入试验（第 2015 次），以调查衬管的压力完好性。6 月 6 日上午，在环空开启但由节流阀控制流速的情况下，开始以大约 5BPM 的速度注入。25min 后，注入压力突然出现下降，从 6400psi 降至 5400psi，同时，环空流压力急剧上升（紧邻节流阀上游），几乎翻了一番，从 1500psi 升至 2800psi。泵送立即停止，这使环空压力突然下降到 1800psi，而关井压力则缓慢下降到 4700psi（接近注入前 4600psi 的水平）。根据泵送车操作员的估计，此时环空的旁通流流速约为 1BPM（40~50gal/min），是第 2012 次试验时的两倍。

对旁通流的出现有三种可能解释。为了探讨这些解释，以及衬管的完好性，于 6 月 7 日举行了一次会议。休·墨菲未公开的会议记录总结了重点：

1. 一些员工认为抛光孔座组件可能出现了一个密封失效，但没有任何证据证明这一点。例如，在产生旁通流之前和之后所做的温度测井显示出温度急剧上升，但这并不表明密封圈有泄漏。

2. 其他人仍然想知道衬管的固井水泥是否已经失效。但是，乔治·考克斯（George Cocks）及其他几位曾参与精心设计和注入衬管固井水泥的参会人，对水泥在如此短时间内、以这样的方式失效表示了非常怀疑。特别是，井下温度数据并不支持这种可能性，因为流经该路径的流体会很快降温。

3. 最符合逻辑的解释如下：在第 2012 次试验时，通过与压裂区互通的节理网络，在衬管周围打开了一条向上的热流通道。温度数据与这种可能性完全一致。大家一致认为，衬管仍然是有效的，但在一定程度上受到了这种旁通流的影响（注：用隔离衬管固井或尾部固井的方法时，如果压裂最终打开了通往固井水泥上方压力更低环空的通道，任何在深层节理结晶岩中实施的压裂都可能会发生以上这种情况）。此后，在干热岩词典中加入了"周缘裂缝"这一术语，以描述这种旁通流。

与会人员一致认为旁通流有些影响，但衬管仍然是有效。因此决定再次尝试连通 EE-2 井与 EE-3 井，方法就是对 EE-2 井衬管下方区域实施压裂。这次注入的液体量更大，尽管存在着持续的旁通流，泵送速度仍高达 30BPM。

6 月 20 日开始第 2016 次试验，对衬管下方区域持续了 24h 的最后压裂。在以 5BPM 注入 4h 的冷却期后，速度提高到了 30BPM，并且在减阻剂的帮助下，注入压力保持在约 7000psi，并持续了 3h。但随后的 11h 里，注入泵反复出现故障。最后，30BPM 和 7000psi 的稳定注入条件得以重新建立，并在最后 5h 得到了保持。从隔离衬管下方区域共注入了 129 万 gal 的流量，但仍然没有证据表明与 EE-3 井有流体连通。试验于 6 月 21 日结束，压裂区以 5400psi 的初始压力关井。

在衬管下方的最后一次试验中，旁通流速开始时非常低，在 8h 内达到 20gal/min，然后在两个多小时内增加到了约 50gal/min 的水平。对压裂区重新加压时，旁通流速又恢复到了以前的水平，但没有流量失控，明确表明了这是节理流动，而绝对不是密封失败。

这增强了对以下结论的信心：即旁通流是通过衬管周围压裂区的一组互通节理的流动。此外，它还表明在此区域至少这些节理的一部分是平行于 EE-2 井眼轨迹分布的。

第 2016 次试验记录的微震信号的平面投影和剖面投影位置见图 6-4。虽然注入水量并没有增加太多，但微震密度比 2012 次要高得多（这可能是由于此次试验中，EE-1 井中的地震检波器的耦合性更好，对到达的 P 波和 S 波都有更好的响应并转化成了微地震事件）。图 6-3 和图 6-4 清楚地说明项目所面临的困境。注入 EE-2 井的大量液体

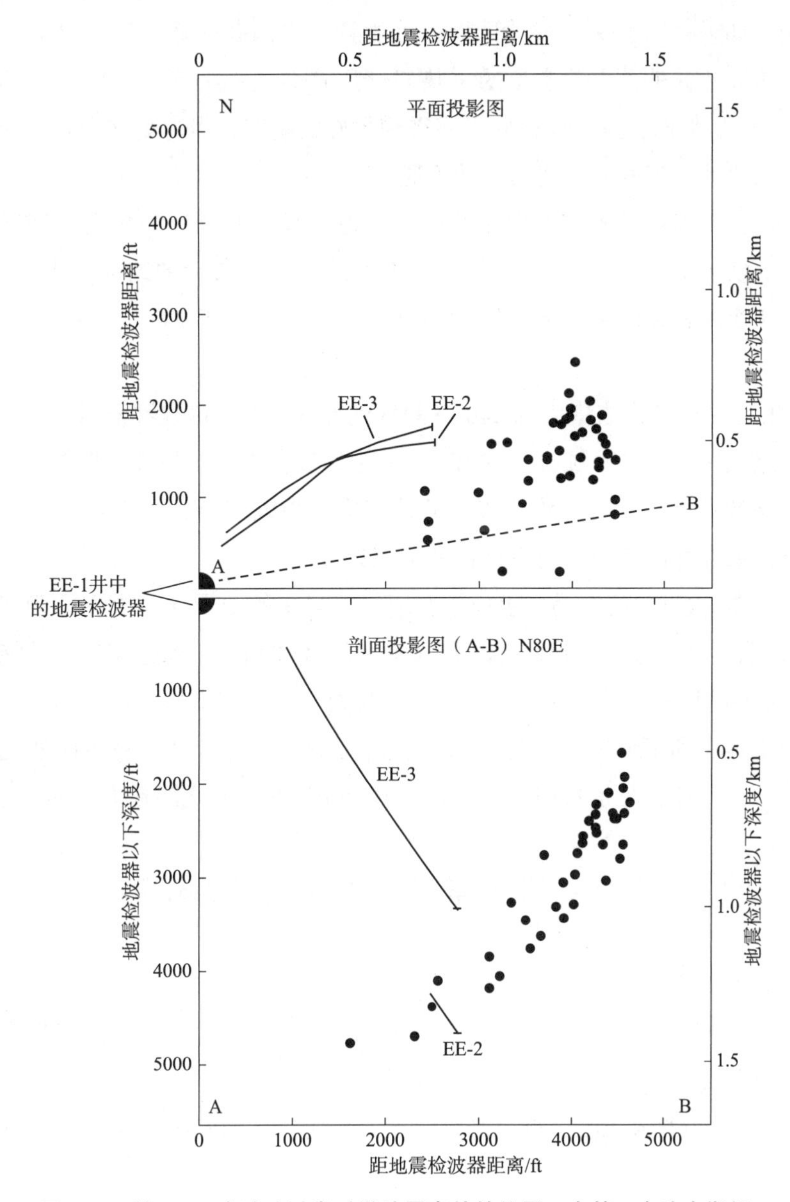

图 6-4　第 2016 次试验过半时微地震事件的位置，在第一个稳态期间记录了 1h（1982 年 6 月 20 日 12：30—13：30）。有线三轴地震检波器位于 EE-1 井的垂深 9635ft 处。

资料来源：干热岩项目数据档案

产生了分布广泛的事件地震云，代表着围绕 EE-2 井注入段形成了一个向东延伸的大压裂区。如图 6-4 所示，该压裂区向西倾，倾角约为 45°，并通过了 EE-3 井的下方。换句话说，即使在非常高的压力和注入率下，反复和扩大的水力压裂，也未能实现相邻两口井的连通。

此时，几位项目员工提出了一个替代行动计划：EE-3 井继续钻进，不采用定向钻井保角（即让井眼在重力作用下逐渐“下垂”），并与 EE-2 井底部周围有地震事件的压裂区相交。如果采用了这一行动计划，可能就会将两井连通，为项目节省 3 年多时间和数百万美元。此外，由此产生的干热岩储层将会是一个更深的储层，其平均温度会要超过 300℃。然而，这个建议并没有得到很好的响应，因为受到了来自能源部的压力，要求项目迅速实现两井之间的流动连通。

要是此时就暂停项目的实地操作，作为“退一步再看看”的机会，好好检讨地震监测呈现的真实情况，然后共同努力，来了解深部基岩压裂后的结构，即：

• 开发一个由杜瓦瓶保护或耐温的地震检波器组，置于 EE-3 井中（地震云的中部）。

• 在 GT-1 井的花岗岩中大约 2400ft 的深度部署一个地震检波器组。

• 通过增加一个对准系统，改进 EE-1 井中地震检波器组的耦合性能，以防止锁定臂靠近地震检波器组的底边（该系统能够持续准直检波器组，使锁定臂一直牢牢地将地震检波器组靠在井的底边，而不是将其抬离）。

重复第 2016 次试验很容易，也应该会取得好得多的结果（至少在准确定位微地震事件方面）。有了 3 个独立的检波器站接收特有的 P 波和 S 波到达信号，就能用旅行时间算法❶，而不是用一个站的矢端图法，来定位每个微地震事件。这才是真正的科学努力，将会极大地有利于干热岩项目的未来。但可惜的是，当时唯一的计划也只是实施更多的水力压裂作业，总是希望下一次就能够成功地在两井之间建立流动连通。

EE-2 井套管鞋下方的水力压裂试验

由于来自能源部总部的压力，未能从 EE-2 井深部实现与 EE-3 井的流动连通，这给项目管理部门带来了非常困难的问题。在 EE-2 裸眼段的上段实施压裂不是一个选择，因为意外的高注入压力而不能使用膨胀封隔器。此外，考虑到两井之轨迹（图 5-11），似乎如果能刚好在 EE-2 近套管鞋的下方形成一个西倾的压裂区，那就“不会错

---

❶ 这种算法是基于 3 个独立接收站的 P 波和 S 波的到达数据(总共 6 个信号)。由于只需要 4 个到达时间来确定空间坐标(x、y、z)和时间坐标(t,或事件发生时间),用该算法能在空间和时间上定位任何给定的事件,并有高达两级的余度。后来也用于定位大规模水力压裂试验诱发的地震事件,当时认为矢端图法是不可靠的,而最终放弃了。

过”与EE-3很长的裸眼段相交。项目管理者因此推断，对EE-2井中11 578ft处的套管鞋做一个好的上封隔，并对井底部填砂就会形成一个有利的注入段和几何形状，以迅速将EE-2与EE-3连通。因此，他们采取极端步骤放弃了（至少是暂时的）EE-2井的大部分裸眼段。除顶部400ft段外，对所有其他裸眼段都做了填砂处理，希望能够实现流动连通。

本节中的信息来源于文献：《干热岩地热能源开发计划》（1985）、Matsunaga等（1983）和Hoffers（1983）。

初步试验：第2018次试验

计划是用沙填满EE-2井长3300ft的底部段，在沙塞顶与11 578ft处的最后的套管柱底之间留下大约400ft长的裸眼段。因此，经一系列的填砂作业，将EE-2井回填到11 935ft深度。经过一周左右，填砂稳定了下来，沙塞顶下降到12 060ft处。现在待试验的裸眼段长482ft，由钻杆下入一个套管封隔器坐封在套管鞋上方的一定安全距离内，来实现该段的压力隔离（保护大部分$9\frac{5}{8}$in套管在随后的高压改造中不会过度受压）。

7月17日，两个独立的Baker套管封隔器坐封过早，将其打捞了出来。之后，将一个Otis液压坐封的可回收蒸汽封隔器（在其内环中插入一个49ft长外径$5\frac{1}{8}$in的封填承压接头），由钻杆下入并在套管的11 335ft（在套管鞋上方243ft）处坐封。随后，将压裂头安装在钻杆上，在接下来的2h里，Otis公司技术人员试图激活封隔器坐封机构，但遇到了问题。在作业中，在钻机班组不知的情况下，无意中释放了保持封填承压接头与封隔器连接的J型槽锁。当拉起钻杆几十英尺时，没有任何拖拽阻力，这通常表明封隔器没有座封好。

假设封隔器仍然固定在钻杆上，班组人员将所有的钻杆从井中拉了出来，以便检查封隔器。他们发现封填承压接头与J型槽锁连接在一起，但没有了封隔器！也许实际上它已经正常座封了？经过仔细检查，确认了封填承压接头和J型槽锁的完好性，在封填承压接头的底部安装了一个“斜口管鞋”，并将组件再次下入井中。在斜口管鞋的帮助下，将封填承压接头插入到封隔器的内环中，并由J型槽锁卡住。最后，将环空加压至2200psi，这既确认了封隔器内部密封的完好性，又表明封隔器已成功坐封。然后，松开了J型槽锁；现在，封填承压接头能够在封隔器内自由上下移动，可以补偿在冷水注入期间的钻杆热收缩。最后，将Dowell泵设备组装起来准备泵送，并在EE-1井中安装了检波器组。

1982年7月19日下午，第2018次试验的注入阶段终于开始了，初始注入速度为2BPM，持续了约9.5h（图6-5）。注入压力迅速增加到4750psi，然后由快到慢上升到接近5500psi。根据过去的经验判断，这种表现显示EE-2这个以前未实施过压裂的井段中有一个或多个最低张开压力节理被压开了。在最初接受流体时没有任何压力突升，这表明节理充填物的抗拉强度可以忽略不计。此外，随后的压力上升到5500psi，这表明节理或节理组在4750psi时开始张开并接受流体，此后压力继续上升（粗糙面在逐渐张开），直到节理完全张开并在5500psi的恒定压力下扩展。调整$3\frac{1}{2}$in钻杆的摩擦压力损失后，节理完全张开的压力为5300psi，这意味着这些节理是倾斜的。

尽管第2011次、2012次和2016次的注入试验中，在EE-2深部观察到高于预期的注入压力，但直到第2018次试验时注入阻抗的重要性才真正显现出来。这是与打开一组最有利方位节理所需的压力水平有关的阻抗。对于第I期储层而言，首次打开的节理基本上是垂直的，开启压力为1500~2000psi。然而，对于第II期储层而言，开启压力则要高得多。这表明首先打开的那些节理与垂直方向有很大的夹角；正是这种倾角导致了较高的注入阻抗。

大约50min后，出现了环空泄漏；但试验仍在继续，先是将注入速度提高到7BPM，后又加入了减阻剂，在7200psi压力下提高到12BPM。在试验进行3h后，测得环空流量为0.75BPM，在接下来的4h内，环空流量增加到1.75BPM。

因用作压裂管柱的$3\frac{1}{2}$in钻杆发生了损坏，第2018次试验于7月20日戛然而止。当流体开始从钻杆的裂缝流出，进入到钻杆和深部套管之间的环空时，回压突然增加。泵送作业立即停止，排空了环空和钻杆中的流体。温度测井显示，钻杆在2590ft处出现了损坏，有一条2ft长的裂缝，宽约0.05in。一致认为这是由注入的（再循环的）液体中溶解的硫化氢引起的应力腐蚀裂缝。该试验注入的液体总量为24万gal。

从图6-5中能看出压裂管柱的损坏，也可见减阻剂的影响。减阻剂是在7月19日17：40开始加入注入液中的。在这之前，注入压力一直在上升，加入减阻剂后，随着注入流速的进一步增加，注入压力开始急剧下降。在17：40之后，注入压力和流量图中的大部分起伏都是由于减阻剂添加不稳定造成的。

在试验中，由于没有流动关闭数据，确定主要节理扩展压力就需根据在使用了减阻剂的情况下，两个不同的、接近稳态的泵送间隔的注入率和压力来求解。这样计算出来的节理扩展压力约为5800psi，但有相当大的误差范围，因为计算时假定减阻剂的影响是恒定的（事实上，其影响是高度可变的）。

这次试验的另一个重要特点是，在最后6h内，以510gal/min（12BPM）的注入速度和7100psi的注入压力，形成了几乎恒定的压力平台，这表明压裂区的扩展过程是非常有序的。扩展压力是由最高张开压力节理控制的，这些节理将流体分流至围岩中正在扩张的那些节理中。

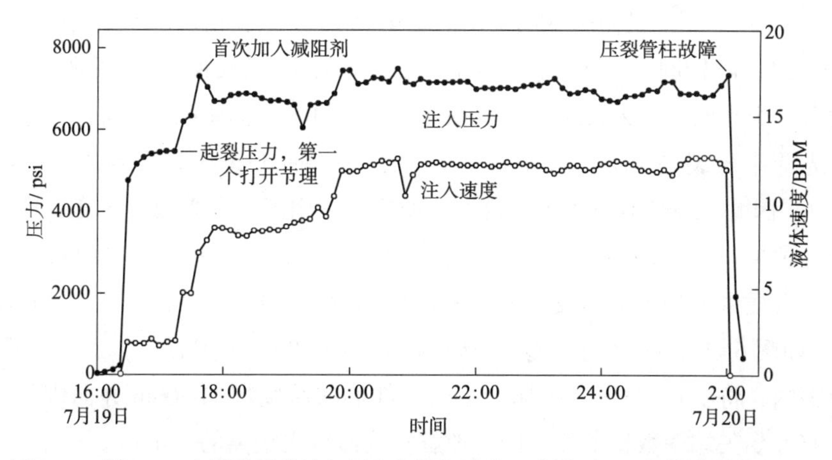

图 6-5　第 2018 次试验时的注入压力和注入速度，这是 EE-2 裸眼井段上部 482ft 段的首次压裂，此段被封隔在了 11 578ft 处的一个套管封隔器与位于12060ft处的沙塞顶之间，封隔器坐封于套管鞋上方的 $9\frac{5}{8}$in 套管中）。

资料来源：Matsunaga et al.，1983

第 2018 次试验之后的温度测井确定了 3 个明显的流体接收区（图 6-6）。它们都在裸眼井段上部的那 240ft 段内，可能是几个不连续的节理，而在此段下方没有打开任何节理。现在回想起来，令人惊讶的是，没有任何有利走向的节理与裸眼段的下部相交！

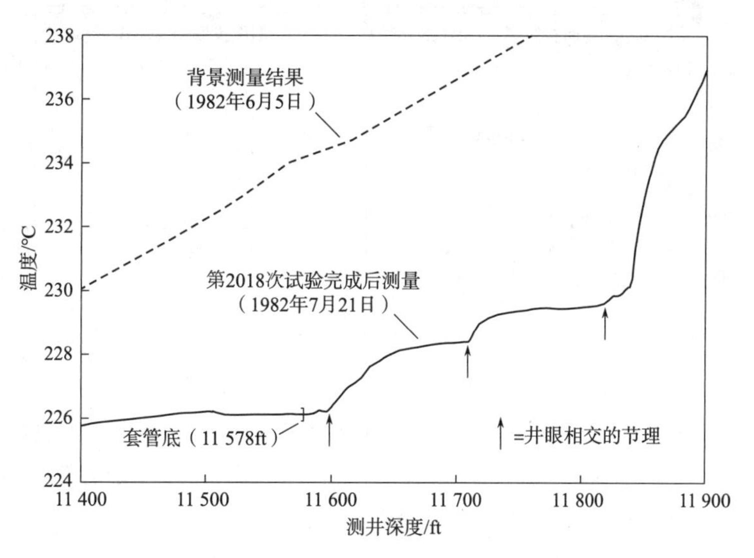

图 6-6　紧接着第 2018 次试验之后对 EE-2 井的温度测量结果，显示出在裸眼段的上部有 3 个明显的流体接收区：分别位于 11 600ft、11 710ft 和 11 820ft 处。这些深度均由测井拖车记录。

资料来源：Hoffers，1983

图6-7（a）显示的是由矢端图确定的在第2018次试验初期前5个地震事件的位置（17：10至17：40期间，注入速度从80gal/min增加到300gal/min，见图6-5）。这些事件中的第一个是向EE-2只注入了80gal时记录到的。鲍勃·波特断言，它一定是在非常接近先前未压裂的EE-2井眼的地方发生的［而不是在数百米之外，如图6-7（a）所示］。因此，波特对垂直地震检波器的输出应用了一个乘数，改变其值，直到第一个事件的位置非常接近EE-2井眼。得到的乘数是3.4（Hoffers，1983），表明垂直检波器的耦合质量不到水平检波器的1/3（考虑到相当弱的单一锁定臂，这也不是没有道理的）。如图6-7（b）所示，这一修正将第一个事件（实心点）移到了距井眼约30m的范围内，将图6-7（a）中那个小的事件群的深度增加300m并向南移动200m，这几乎只有原始矢端图数据所显示的与地震检波器组之距离的一半！

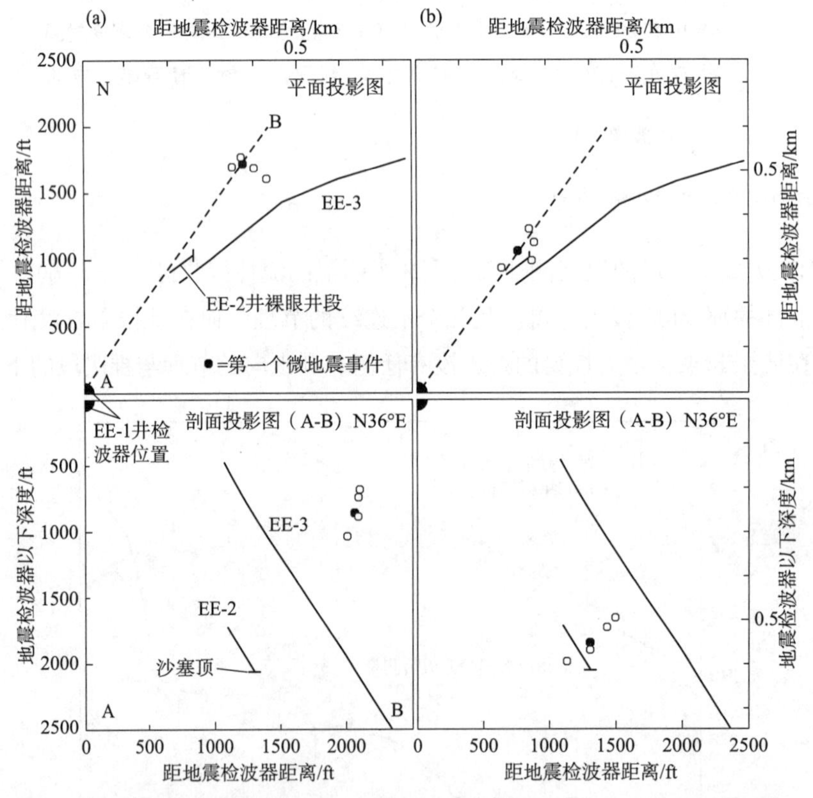

图6-7　在第2018次试验的早期，矢端图得出的事件位置，三轴地震检波器组位于EE-1井9670ft电缆深度：（a）平面和剖面图显示的原始位置；（b）校正后的位置。

资料来源：Hoffers，1983

尽管波特的假设看起来是合理的，但第2018次试验非常重要的微地震数据的重新定位还是让项目人员非常担心。如果将这样的修正系数也应用于固井衬管下方更深处的注入试验（第2011次、2012次和2016次），修正由矢端图法获取的微地震数据，结果会怎样呢？认为错过了 EE-3 井底的那个 45°倾角微地震云团（图 6-4），又有多大的可靠性，使得项目管理层放弃了 EE-2 裸眼段的大部分，而只去压裂紧邻套管鞋下方的裸眼段？在图 6-8 中，显示的是第 2018 次试验经校正的微震分布模式，及其与第 2012 次和 2016 次试验期间产生的散布微震模式之关系。不难得出结论，如果能够正确定位更深部的微地震，那么它们可能就会更多地聚集在 EE-2 的注入井段周围。

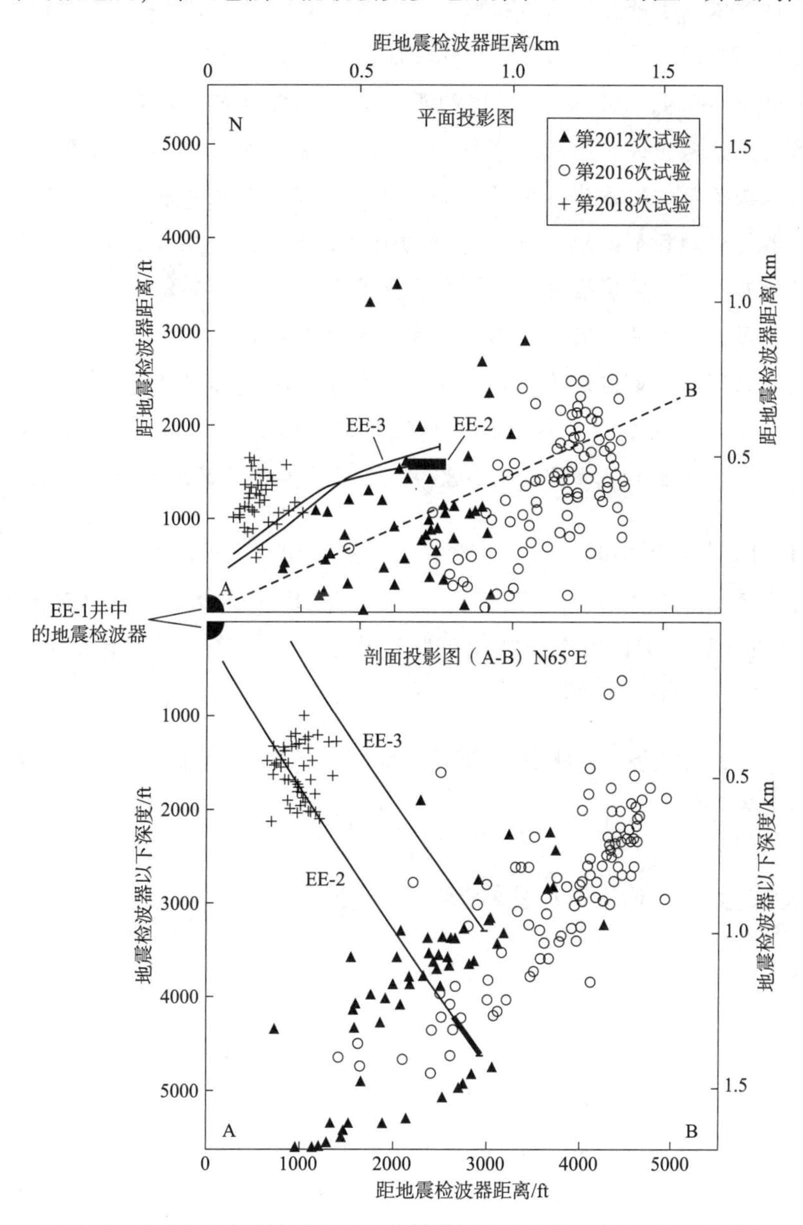

图 6-8　第 2018 次试验期间记录的微地震事件位置（校正后），及其与第 2012 次和 2016 次试验期间记录的微地震事件位置（未校正）的对比。第 2012 次和 2016 次试验（未校正）记录的微地震事件位置，分别以平面图和剖面图显示。

注：改编自 HDR，1983b

注释

芬顿山是首次应用矢端图法，定位那些发生离检波器站不太远、也高出或低于检波器站不太大的区域内的压力诱发微地震（见第3章）。与此相反，在第2012次和2016次试验期间产生的微地震则出现在远低于检波器站所在的深度，由此带来了新的复杂情况：过度依赖于垂直检波器接收到的信号，这使得对图6-7中显示的更深的事件位置有些值得怀疑。因此，需要对矢端图法作进一步的解释。

正如文献（Fehler，1984）所描述的那样，矢端图（质点运动）法利用S波和P波的旅行时间差异来获得从微地震事件到地震检波器站的距离，并利用质点在三维空间中的运动来确定事件的方位。然而，画出质点运动大致的第一个循环在很大程度上取决于检波器组中的各个微地震轴与井壁的有效耦合程度。典型地说，垂直地震检波器耦合效果比两个水平地震检波器耦合效果要差得多（见图6-8的讨论）。这个耦合问题是干热岩仪器组开发井下爆炸工具以校准检波器的主要动机之一。

微地震分析审查专家组认为，旅时法定位微震事件（需要多个检波器站）要优于矢端图法，因为旅时法受岩石各向异性和仪器耦合问题的影响较小（Fehler，1984）。因此，旅时法将会用于大规模试验（1983年12月）和随后的所有压裂试验。

在7月20日从井眼中取回的Otis套管封隔器，现在又再次安装好了，以便第2次对EE-2的裸眼段泵送（第2019次试验）。试验以2BPM开始泵入并持续了55min，仅注入了11 300gal后，钻杆再次损坏使试验停止了。再一次，回压急剧上升（达到了3700psi）表明钻杆出现了损坏。

由于$3\frac{1}{2}$in钻杆损坏，7月29日午夜，钻机进入待命状态，直到获得能力更强的压裂管柱。

第2020次试验：在EE-2井套管鞋下方实施更大规模注入

1982年9月19日，用手头现有的$4\frac{1}{2}$in钻杆和$4\frac{1}{2}$in高压套管（将会用作压裂管柱）[1] 作为替代，重新启动了钻机。经重新测量，沙塞的新顶位于11 994in处，现在EE-2井套管鞋下方还有416ft长的裸眼段。

在两个套管封隔器（Baker和Otis）几次错误启动后，9月29日，一个修改过的Otis蒸汽封隔器成功地由钻杆下入，并坐封在11 262ft处的套管内。然后，起出了钻杆

[1] 所获得的套管由于其高压力等级能够成为更好的压裂管柱（此外，套管一般也不会受到那种钻杆因操作工具而造成的表面损伤）。尽管有这些优点，合同钻井监督仍然倾向于使用钻杆作为压裂管柱，因为钻杆更容易操作。钻杆已经以90ft“立杆”方式存放在钻杆盒里，而套管则必须由套管班组使用专门的处理设备从管架上逐节拿起，然后在使用后逐节拧开，再放回管架上，这是一个很耗时的操作。

并甩钻具。接下来，下入 $4\frac{1}{2}$in 套管压裂管柱，其底部有封填承压接头与斜口管鞋组件；在斜口管鞋的引导下，封填承压接头插进 Otis 封隔器并做了封隔器试压，完成了试验的准备工作。

此次试验设计是要对 EE-2 裸眼段实施极大流量和高压的再次压裂（第 2018 次试验已经实施了首次压裂）。注入量将达到 100 万 gal，是第 2018 次的 4 倍多。经 2.5h、5BPM 流速的冷却后，流速将逐步增加，先是达到 10BPM，然后再到 20BPM。试验的主要部分将会在 7000psi 的最大注入压力下进行。加入减阻剂后，预计的注入流速为 32BPM（Brown，1982a；Brown et al.，1982）。此流速比第 2018 次试验在类似条件下所达到的 12BPM 的注入流速要高得多，因为 $4\frac{1}{2}$in 的压裂管柱能提供更大的流动截面。

在试验马上开始之前，在 EE-1 井[1]的 9400ft 处安放了一个三轴地震检波器组，实验室新开发的细长耐高温爆炸工具下入到 EE-3 井的深部，并成功起爆了两次来校准该检波器组。这种直接校准有两个目的：（1）站点修正（测得的 P 波和 S 波穿过合理代表实际储层岩石的速度），（2）地震检波器组三个轴的灵敏度。糟糕的是，每次部署的灵敏度都会不同，这取决于与井壁耦合的质量。

第 2020 次试验于 10 月 6 日晚开始，持续了近 12h，期间注入 84.4 万 gal 的水。由于压裂管柱上的一个接箍受损，试验突然结束，这又是应力腐蚀裂缝所造成的。为了控制环空压力，开始排放环空，最初的速度约为 0.5BPM；但在停泵并关闭了压裂管柱后，环空的排出速度仍然在继续增加。花了近 24h 重装防喷器、管头和“开采树”，并在 EE-2 井安装了一条排放管。最后，在 10 月 8 日上午，开始通过 $4\frac{1}{2}$in 压裂管柱对储层进行排放；但又过了两天，排放压力才低到足以开始长期排放，从而允许对 EE-2 井开展进一步工作（排放作业将会持续到下一年 1 月）。

注释

EE-2 井的水力压裂作业产生了一个意想不到的结果：产出了大量的气体，它们可能是溶解在结晶基底节理网络所含的液体中（此网络比周围基岩的渗透率大一些）。这些气体主要由二氧化碳组成，但也有硫化氢（约 60ppm）和微量的其他成分。气体的存在不仅带来了安全问题（气体可能在钻机和测井作业过程中喷出，称为井涌，而且排放的硫化氢浓度高时则可能有毒），还会带来腐蚀问题。钻杆和套管箍的一系列故障造成了不能进行长期注入作业，均是源于溶解的硫化氢在碳酸（溶解的二氧化碳）的辅助下产生的应力腐蚀裂缝。到目前为止，调查的所有这些故障都与具有回火马氏体微观结构的高强钢相关，并且似乎都起源于施工作业（用升降机、钳子、卡瓦等）时

[1] 在随后的所有储层试验中，EE-1 井中的这个位置将会一直用于地震检波器记录。

产生的刻痕。据报道，只要有1ppm的硫化氢就能导致高强钢的硫化物应力腐蚀开裂。

第2020次试验期间的注入压力和注入速度曲线见图6-9。在最初的2.5h内，在5BPM的注入速度和约5400psi的压力下，对第2018次的压裂区进行了再加压。这种注入行为基本上重复了2018次的早期部分（图6-5），即与压裂区连通的节理仍然表现出较高的注入阻抗。

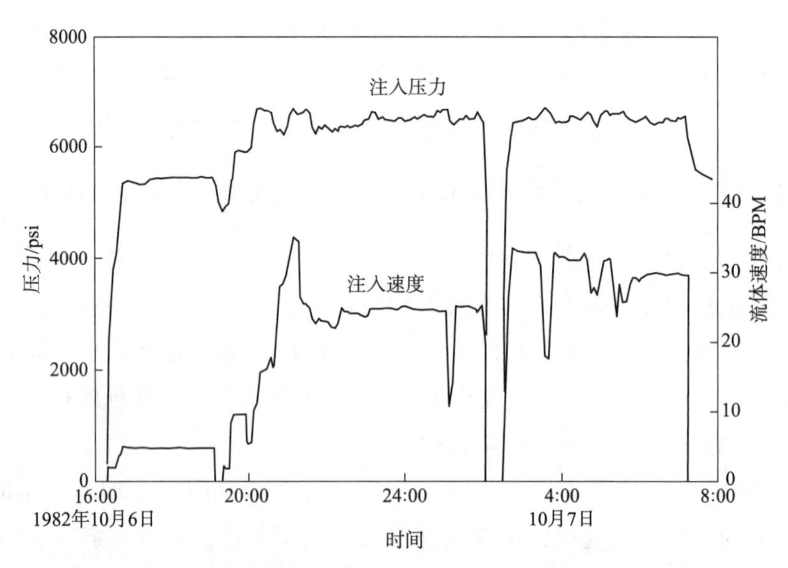

图6-9　第2020次试验期间EE-2井的注入压力和注入速度。

资料来源：HDR，1985

在试验的后半部分，在6700psi的注入压力下注入速度达到34BPM左右，比预测的要高一些（根据减阻剂的有效系数为0.65预测）。注入流速曲线的波动反映出泵送设备多次出现了问题，特别是在试验的最后6h。

按计划，在10月7日2时，在9.5h内注入48.6万gal（1840m^3）水后，关井了约0.5h。这种关井是第2020次试验最重要的特点之一，就是要根据关井后最初1min左右的压力曲线来直接测量节理的扩展压力（图6-10）。关井压力从之前的6360psi稳态注入压力水平迅速稳定在5500psi。（在使用减阻剂情况下，$4\frac{1}{2}$in压裂管柱在流量为34BPM时测得的压力损失为860psi。）遗憾的是，这种直接测量控制第Ⅱ期储层节理扩展压力的方法，在该储层区域的其他注入试验中并没有得到广泛的应用。

图6-11显示的是第2020次试验后半段的地震记录。其地震模式与2018次试验期间记录很相似，都是集中在EE-2注入井段周围及沿线，但其范围更大一些，特别是在南北方向（见平面图）。当时，所报告的地震云为椭球型，其主轴之一为南北方向，其最短轴垂直于EE-3的井眼轨迹（大致为东西方向）。虽然地震似乎已经接近了EE-3井筒，但并没有流体连通迹象。

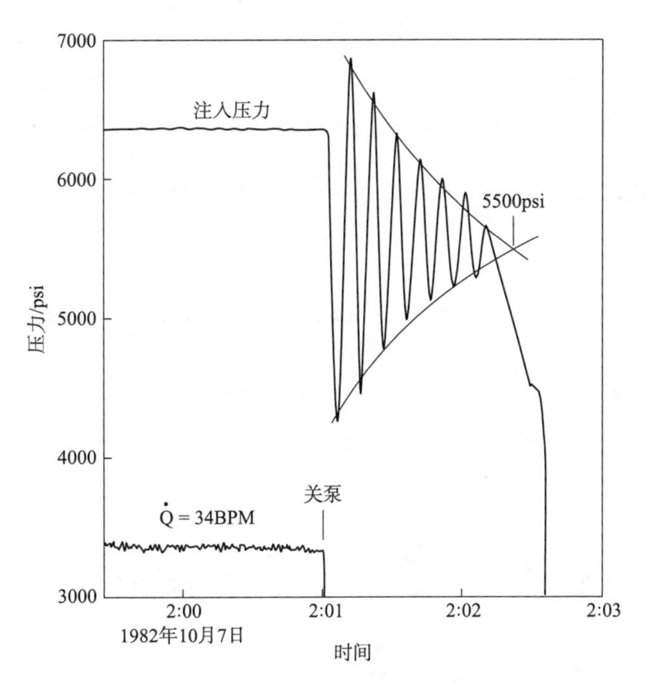

图 6-10　第 2020 次试验关井后第一分钟内的压力曲线（1982 年 10 月 7 日 2：01）。

资料来源：干热岩项目数据档案

地震云的体积特性表明，以前存在的天然节理组被重新打开，形成了一个三维的储层（而不是平面的，因为会产生几个雁列式裂缝）。这种地震模式表明，需要更大的流体注入量来扩展垂直于 EE-2 井的地震区（沿短轴方向），使之与 EE-3 井相交。

10 月 9 日晚，套管班组的设备和排放机器再次安装准备完毕后，将 $4\frac{1}{2}$in 压裂管柱的上部从 EE-2 井中起了出来。发现一个接箍已经纵向裂开，在井中留下了 49 根钻杆。重新将 $4\frac{1}{2}$in 钻杆就位，将打捞工具组合（底部有抓斗和打捞筒）下入到井中；在 9370ft 深处探查到落鱼的顶部，即压裂管柱的下部，然后将落鱼取出；其底端连接着之前已插入 Otis 封隔器的封填承压接头。又花了 2 天时间打捞出 Otis 封隔器，然后又花了 3 天时间打捞出 Baker 封隔器（由于此封隔器的失效，不得不在其上部附近安放了 Otis 封隔器）。10 月 17 日中午，在 EE-2 井眼清理到沙塞的顶部后，钻机又置于了待命状态。

连通难题

第 2020 次试验未能实现 EE-2 与 EE-3 之间的流动连通（可能是由于没有形成足够大的压裂区），这让项目人员陷入了真正的困境。一些人认为 EE-3 井低压区周围的应力集中可能是实现流体连通的障碍，建议在 EE-2 井重复第 2020 次试验的同时，对 EE-3 井实施加压。其他人，特别是包括项目管理层，则认为问题在于注入 EE-2 井的水量“只有”84.4万gal，量太小无法实现流体连通（那个推论，即需要高于34BPM的流速和大于7000psi的注入压力，已给予了普遍驳斥）。但是，第二个阵营则认为必须用大注入量的想法，只有使用对井下化学环境更有抵抗力的压裂管柱才能尝试（由于实验室管理层一直犹豫不决，直到1983年5月，即7个月后，才订购了这样一套$5\frac{1}{2}$in的C-90管道）。

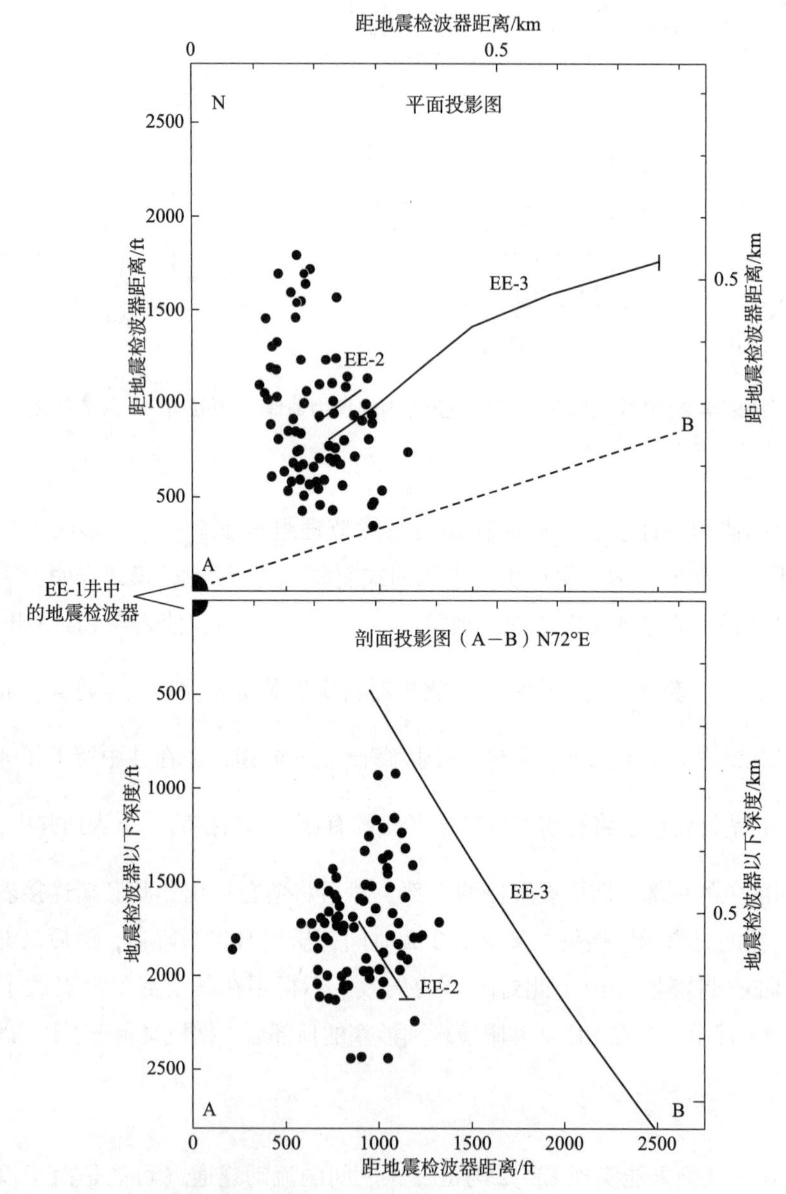

图6-11 第2020次试验后半段（10月7日1：00—7：00），在EE-1井的9400ft深处，三轴检波器所记录的微地震事件位置。

资料来源：干热岩项目数据档案

由于无法在 EE-2 井中进行大规模的注入，现在几乎所有人都吵着要在 EE-3 井中做一些事情，但是做什么呢？

对于 EE-3 井的任何大规模注入，一个重要的因素是 1981 年 8 月 EE-3 完井时下入的 $9\frac{5}{8}$in 生产套管。其上部的 3000ft 没有固井，可能是因为外部的 $13\frac{3}{8}$in 套管（下入到 2552ft 处）的完好程度有些令人怀疑。因为并没有将此井设定为两口循环井的生产井，套管上部的 3000ft 段已经被拉伸到了其屈服强度的 80%，以适应随后的热流体生产过程中的热膨胀。因此，现在考虑在 EE-3 井中实施注入操作，这将会冷却套管并产生可能导致其拉断的张热应力，至少令人感到不安。然而，一个可能克服这一潜在问题的策略，在不用释放套管上的拉伸载荷这一昂贵操作的情况下，就是在注入前将水加热。计算表明，将水预热到 70℃或更高，对套管的风险就会很小。

在此温度下注入大量的水（高达 100 万 gal），需要一个相当大而复杂的预热系统。然而，“热注油器”（可从油田服务公司获得一种卡车或撬装的加热装置）仅能注入最高达 20 万 gal 的水量。如此有限的注入量可能不会打开一个足以能够到达 EE-2 井的节理网络，但可以创建一个合适的目标，以便以后对 EE-2 井实施压裂来获得流体连通（而且无论如何，此目标肯定会比 EE-3 的井眼大）。

但是，即使这种策略能够克服套管问题，事实仍然是，EE-3 井的任何有效压裂计划都需要高压注入。然而，此方案已经被排除掉了，因为在大约 10 394ft 处存在已知的低压节理，就在套管鞋的下方（1982 年 2 月在第 2006 次试验期间由加压试验确定的）。

注：回过头来看，考虑到 EE-3 井的问题，不确定此井是否能成为期望的干热岩双井循环系统中的有效生产井。（事实上，它永远不会！）在这个关键时刻，最佳行动方案本应该是对 EE-3 井实施再完井工程，以提高其机动性。即将钻机滑行到 EE-3 井，在地表释放 $9\frac{5}{8}$in 套管，然后下入一根 $7\frac{5}{8}$in 的套管，穿过 $9\frac{5}{8}$in 的套管鞋下面的张开节理并固井。这个策略将能消除 EE-3 井的主要缺陷，同时保持良好的测井条件，并且不会比实际已经采用的策略更昂贵或更费时。更进一步地，它还可以为随后对潜在储层区域的高压试验提供一个更好的 EE-3 井平台。

11 月 8 日，进行了一项试验（第 2023 次），以评估向 EE-3 井注入大量加热水的困难程度。在 EE-3 井上没有钻机的情况下，使用租赁的泵送和水加热设备，将加热到 65℃、约 930 桶的水直接注入 $9\frac{5}{8}$in 套管内，并进入到紧邻套管鞋下方的低压节理，主要注入速度为 6. 5BPM、注入压力为 1820psi。尽管室外温度很低，但注入实施得并不困难（正如预期的那样，低压节理接受水的方式与第 I 期储层多次注入时的方式相似，

表明该节理与第 I 期储层压裂形成的低压区域是连通的)。热水的成功注入表明，EE-3 的更深井段可以压裂，而不会产生严重的套管问题。因此，在 11 月下旬，将 Brinkerhoff-Signal 公司的 78 号钻机滑移到 EE-3 井之上。

EE-3 井的水力压裂

在钻机安装完毕后，下入 $4\frac{1}{2}$in 钻杆。然后，向井眼中泵入一系列沙塞，以大大地减少可用的裸眼段。11 月 30 日，在 8 个沙塞就位后，探得砂顶深度在 11 768ft 处。糟糕的是，接下来的操作是基于这样的误解，即刚好在套管鞋之下的节理能用堵漏材料来封堵住，尽管以前的经验表明，没有任何技术，包括此技术，能够有效地封堵住基岩中的压力张开节理。将 150 桶膨润土、重晶石和堵漏材料的混合物泵入井中，并在大约 2500psi 压力下挤入了节理。但这一努力完全失败了，并在井眼中留下了数个堵漏材料的“桥”，不得不将其冲洗掉。

为使 EE-3 井与第 2020 次试验形成的地震云连通，制订了一系列计划。所有这些计划都涉及在 EE-3 井的深部实施水力压裂，绕过 10 394ft 处套管鞋❶下方的张开节理(此时，几乎项目的所有人都认为，如果有足够强大的注入，至少有机会实现 EE-3 井与第 2020 次试验压裂区的连通)。

在第一次注入时（第 2024 次试验)，一个重新设计的莱恩斯膨胀封隔器通过钻杆下入井中，坐封在 11 415ft 深度，下面留出 353ft 长的裸眼段。然而，当注入压力达到 2030psi 时（仅泵送 21min 后)，封隔器就失效了，这从环空溢流就可证明。

在下一个试验中，将会在 EE-3 井中下入一个 $4\frac{1}{2}$in 的隔离衬管，就像在 EE-2 井底成功所做的那样。但此衬管将更长，为 1283ft。为了确保衬管能够固井良好，在 EE-3 井中又设置了两个沙塞，到达 11 389ft 深。12 月 8 日，该衬管（顶部包括衬管悬挂器和抛光孔座）由钻杆下入到沙塞顶部。悬挂器进入 $9\frac{5}{8}$in 套管，置于 10 374ft 深度套管鞋之上的 228ft 处，并且衬管固井到 10 850ft 深度。可惜的是，完井工程做得很差：衬管固井没有一路向上到达 $9\frac{5}{8}$in 的套管内。如果到达 $9\frac{5}{8}$in 的套管内，10 394ft 处的低压节理就会被完全封堵住，从而能避免后来的许多问题（包括第 2025 次试验后 EE-3 井含气液排放过程中，环空压力过高而造成衬管在水泥固井段上方的压损)。

在等待水泥硬化 24h 后，用 $2\frac{1}{8}$in 的延长钻杆钻出衬管中的水泥，然后将沙塞冲洗

---

❶ EE-3 井的这个低压节理入口似乎与第 I 期储层的最深部分相连。

出了井口，直至 11 770ft 深度。3 天后，探得沙塞顶部深度为 11 770ft。图 6-12 中显示的是 EE-3 井准备实施第 2025 次试验时的井筒结构。

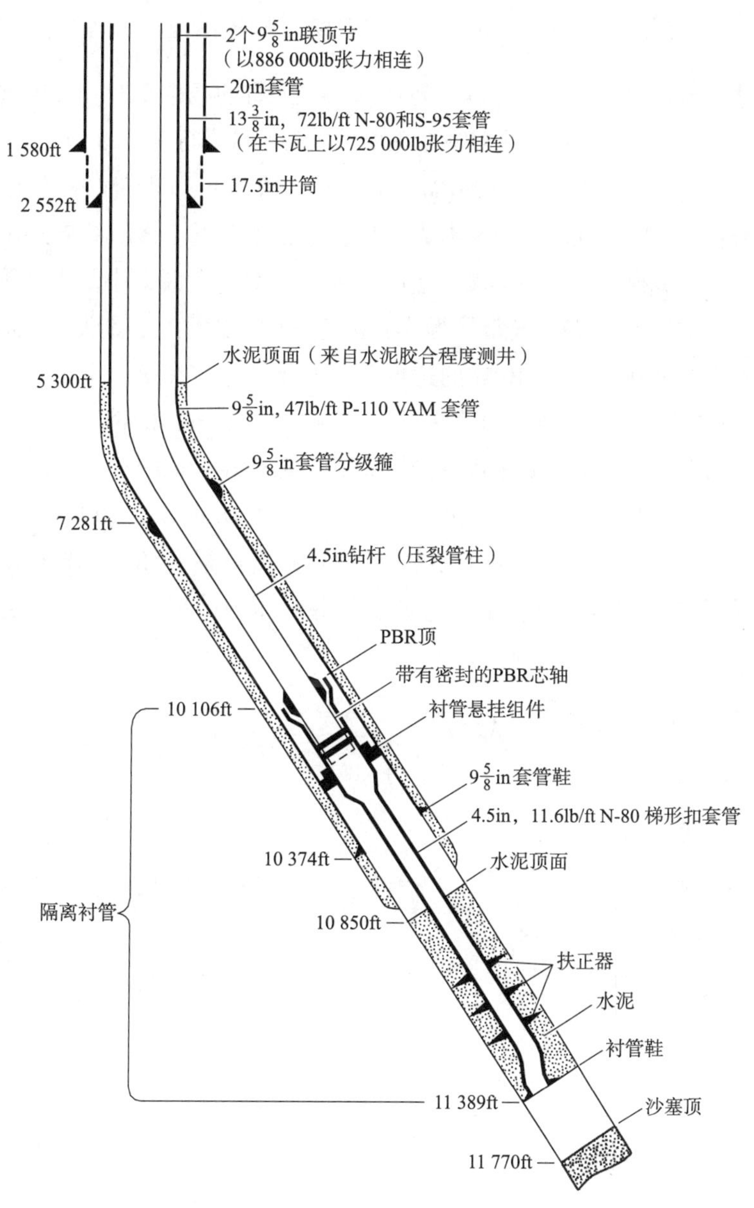

图 6-12　在第 2025 次试验之前，装有已固井隔离衬管的 EE-3 井筒结构。

注：改编自 HDR，1985

第 2025 次试验：EE-3 井的高压注入

试验于 12 月 13 日开始，对衬管底与沙塞之间 381ft 长的裸眼段实施了加压。加压持续了大约两天，遇到了许多问题，以 $4\frac{1}{2}$in 钻杆的损坏而结束，该钻杆不适当地用作了压裂管柱（注：当时耐压更高的 $4\frac{1}{2}$in 套管就在现场，本应用作这次非常重要的高压注入的压裂管柱。钻杆损坏后六个月的等待时间远远大于节省的几个小时管柱处理时间。有好用的压裂管柱，这些时间本可用来对一个重要的压裂区域进行宝贵的试验。）

第一天的初期，在注入流速为 2BPM（5L/s）的情况下，随着注入压力接近 2600psi，回压开始上升；当试图降低回压的努力失败后，停止了泵送。诊断结果是抛光孔座组件中的密封圈有问题或损坏了，使得流体泄漏进入了环空（泄漏太小，不可能是压裂管柱损坏造成的）。第二天，在反复检验了抛光孔座组件的密封性后，泄漏控制在 13gal/min，环空压力保持在约 900psi。以 2BPM 的速度重新开始注入，在第一个小时内逐步增加到 7BPM，然后迅速增加到 20BPM，并在平均注入压力为 6600psi 的情况下保持了该速度约 2.5h（在注入过程中，环空泄漏率进一步下降了，低于 4gal/min）。

第 2025 次试验期间的注入阻抗仍然很高，与第 2018 次和 2020 次的反映类似。

如图 6-13 所示，在大约 3.5h 后，注入了大约 3600 桶（58 万 L）热水，注入压力突然下降。当检查环空压力时，发现它突然与井眼压力持平，这表明压裂管柱已经损坏了。停止了泵入工作，开始排放。

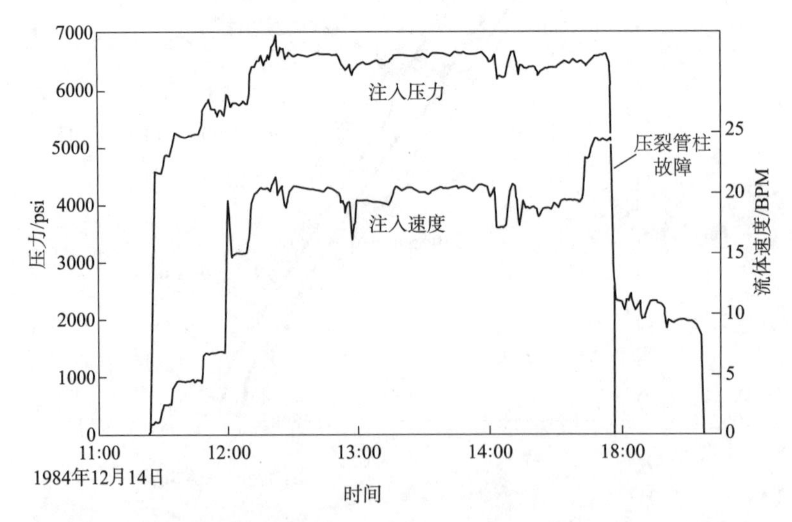

图 6-13　第 2025 次试验第二天（1982 年 12 月 14 日），EE-3 井的注入压力和注入速度曲线。

注：改编自 HDR，1985

图 6-13 中，压力平台大约在 4600psi（初始注入速度约为 1BPM），表明在此压力下，打开了这个之前未试验过的井段内的第一个节理（比第 2018 次试验 EE-2 井中节理的 5500psi 初始打开压力略低）。在接下来的 1h 里，注入压力的增加与注入速度的逐

步增加密切相关，这表明有可能打开了其他节理❶。

第 2025 次试验后的温度测井显示，在 381ft 裸眼段的头 100ft 部分，在 11 155ft、11 188ft 和 11 254ft（垂深）处均存在有节理入口。有可能不仅是第一个，所有这 3 个节理都可能是在 4600psi 的初始压力下打开的；或者其他 2 个节理是在注入压力进一步增加时打开的。这种在压裂井段打开了多个节理的温度证据是第 2025 次试验最重要的特征之一。这也与 2018 次的类似，当时 EE-2 井裸眼段的上部也有 3 个节理被打开了(图 6-6)。

在此试验中，总共注入大约 15 万 gal 的水量到隔离衬管下方的裸眼段内，这产生了一系列的地震信号（当时仍在使用矢端图法来确定微地震事件的位置)。1983 年年度报告（HDR，1985）用了一段话和一幅图来介绍第 2025 次试验，但没有评述诱发地震。幸运的是，一份没有编号的实验室内部备忘录（Pearson et al. ,1982）提供了这些信号的摘要图，如图 6-14 所示。很明显，地震事件聚集在 EE-3 井眼周围，从注入井段的底部附近开始，似乎几乎延伸到了距 EE-2 井的一半距离。

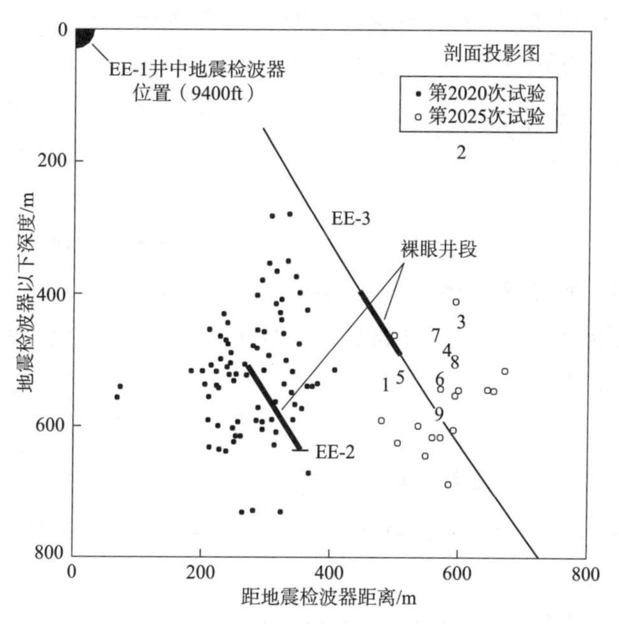

图 6-14　从第2025次试验期间记录的微地震事件中，选定的一组微地震事件绘制的剖面投影图（投影到N60°E平面）。通过重新校准矢量图中的信号，使最初几个微地震事件接近注入井段，修正了这些事件的位置。前9个微地震事件用数字，而不是用圆圈，表示其发生的顺序（注意，2号的异常位置可能是计算错误导致的）。为便于比较，还显示出第 2025 次试验期间产生的地震活动。

注：改编自 Pearson et al.，1982 年

❶　在以前的几次注入试验中，在井眼迅速加压的第一阶段观察到了节理张开压力平台，但随着注入速度的增加，没有观察到明显的附加平台。

对图 6-14 中的两组地震图的分析揭示出一个有趣的现象。第 2025 次试验的地震云似乎被“下压”到 EE-3 井注入井段的最底部，就好像第 2025 次试验在 EE-2 井注入的 84.4 万 gal 水量所产生的岩体扩张对 EE-3 裸眼段附近区域施加了压力，阻止了该区域节理在第 2025 次试验中打开（只有同时观察到这两个地震云时这种关系才会显现）。

最近对数据的重新分析表明，在第 2025 次试验压开的这些节理永远不可能与第 2020 次试验压裂区内的张开节理相连通，因为该区域被封闭在了一个“应力笼”❶ 内，即一个由内部压力与体积扩张形成的过压岩石环带。这个区域延伸到如图 6-11 所示的地震云图之外的一段距离，并对潜在的那些连通节理施加了附加的闭合应力。

注：第 2025 次试验还发展出了一个附加地震（监测）网络。受启发于安置在勘探井 GT-1 井底花岗岩的微地震检波器记录到了清晰的地震信号（GT-1 井位于芬顿山工地以北约 1.5mi 处），以 GT-1 井为焦点，新的“前寒武系岩层地震网络”将包括几个在前寒武系岩层顶面附近，但从芬顿山工地以径向外移安置的检波器。这个网络将能大大增加即将实施的大规模水力压裂试验产生的微地震事件的定位精度。

钻杆再一次损坏

12 月 15 日，在 EE-3 井有些困难地排放完成后，试图进行温度测井；但当测温仪无法通过抛光孔座的底部时，将其提起，卸下了测井设备。接下来，将压裂头从钻杆顶部拆除（让钻杆向大气开放），并将出水管线也卸下。但是，随着流体压力的下降，在没有任何预警的情况下，溶解气体突然释放，导致通过敞开钻杆发生了“井喷”。尝试将钻杆从抛光孔座中拉出来，但流体开始从井眼和环空中同时喷出，并释放出大量的气体。将方钻杆提起并连接到钻杆上，关闭了 Hydril 闸板，流体从钻杆注入以实现“压井”。在接下来的 3 天里，人们试图取回钻杆，在此期间，溶解的二氧化碳导致了 EE-3 井反复“喷出”。

在方钻杆补芯下方约 1770ft 处的一根钻杆发生了损坏，是由于钻杆本体在内扣端下方约 7ft 处产生了 28in 长的轴向裂缝。这是 5 个月的注入试验中高强度管材的第 6 次灾难性损坏。表 6-1 总结出这 6 次损坏；由于这些“现成的”高强度钢管在这种恶劣的化学环境中表现得很无能，此时没有任何语言能够表达项目员工所经历的难受和挫败感。

表 6-1 高强度钻杆和套管的应力腐蚀损坏

日期	管材类型和位置	材质	大致损坏的深度/ft
1982 年 7 月 20 日	3.5in 钻杆，接近内扣尾部	S-135	2590

❶ 这种应力笼类似于在受压钻孔周围的岩石中形成的圆周应力。

续表

日期	管材类型和位置	材质	大致损坏的深度/ft
1982 年 7 月 24 日	3.5in 钻杆，接近内扣尾部	S-135	2540
1982 年 7 月 27 日	3.5in 钻杆，接头下部卡瓦区	S-135	5550
1982 年 10 月 7 日	4.5in 套管接箍	P-110	9250
1982 年 10 月 10 日	4.5in 套管接箍	P-110	9370
1982 年 12 月 17 日	4.5in 钻杆，内扣尾部下方 7ft	S-135	1770

通过目测和扫描电子显微镜对这些损坏管材中的几个裂缝做了检查。在这种奥氏体钢的晶界处观察到的损伤类型通常称为氢脆。所有的损坏似乎都起源于使用起重设备、大钳或卡瓦在管材上造成的刻痕。因为只需 1ppm 的硫化氢就能引起硫化物应力腐蚀开裂，所以认为这就是损坏的机理。

在将损坏的钻杆从钻杆柱上卸下后，在井眼中重新下入钻杆并插入到抛光孔座中。接下来的 3 天主要花在了使气体的状态得到控制，并稳定井眼：通过反复将钻杆插入又拉出抛光孔座，然后水循环下到钻杆再上至环空，将气体饱和的流体循环了出来。最后，起出钻杆并甩钻具，然后提起 $4\frac{1}{2}$in 套管，下入井眼，将其插入抛光孔座中。在 12 月 20 日，井口安装完毕后，EE-3 井关井，钻机置于待命状态（该钻机最终停工了 5 个多月，同时还采购了一种新的 $4\frac{1}{2}$in 抗腐蚀低合金钢压裂管柱用于 EE-3 井项目。）

试图将 EE-3 井与第 2020 次试验地震带相连通的努力在 12 月失败了，导致在 1983 年年初替换了芬顿山干热岩项目的管理团队。约翰·怀顿（John Whetton），干热岩项目经理和地球和空间科学部门的副主管，对团队无法实现两井之间的流体联通感到不满是可以理解的，他正在寻找新的领导，以及新的技术推动力。

EE-2 井和 EE-3 井的压裂区显示出类似的节理特性

EE-2 第 2018 次和 2020 次试验，以及 EE-3 第 2025 次试验的加压数据（图 6-5、图 6-9 和图 6-13）显示出一个当时没有得到很好认识的重要特性。在所有这些试验中，都有一个接近 5500psi 的相同扩展压力，它似乎代表着一组本质上连续的“主要”节理的撑开压力，这些节理在两个压裂区内都有最高的张开压力。这两个区域内的互通方式是内部分流，即那些主要节理内的高压流体分流到内部某一区域具有较低张开压力的节理，这些节理是不连续且被截断的。很显然，如果任何一组低压张开节理是连续的，它们就会在较低的压力下继续扩展；要是这样的话，那就是它们而不是高压节理在控制着压裂区的增长。

正如这几个图所显示的那样，任何试图通过高速率注入在压裂区产生比5500psi更高的压力，只会使该区域在恒定的压力下增长得更快。低压张开节理是不可能扩展出其截断端之外的。但是，在5500psi这样高的扩展压力下，由于主要节理组的过度扩张，仍然会储存大量的液体。

糟糕的是，主要节理的倾向与EE-2和EE-3的轨迹基本一致（即向东倾斜），因此几乎没有机会从EE-2向EE-3的正交方向增长，反之亦然。从图6-8的剖面图中最能看出这种排布方式（参见第2018次试验的地震数据左上方的事件群）。因此，越来越明显的是，额外的水力压裂实现EE-2井和EE-3井连通的机会十分渺茫。

1983财年——项目令人沮丧的一年

尽管进行了重组，但鉴于“其手中之牌”，干热岩项目领导层仍将无法取得很大进展。计划是要继续EE-3井的高压试验。然而，新的$4\frac{1}{2}$in压裂管柱按计划要到5月才能交付，这使本财年只剩下5个月（注：即使新的压裂管柱最终到手，EE-3井的计划也无法落实：就在隔离衬管固井段上方的未固井的管段被压损了，用了五个星期的时间打捞都未成功，最终导致钻机在本财年的其余时间都一直处于待命状态）。

同时，在第2020次试验之后，人们一直对EE-2井实施更大规模的注入更感兴趣，但直到1983年5月才为此订购了新的5.5in压裂管柱。

正如第Ⅱ期钻井中所详述的：第5章结尾的总结和结论中，EE-3的完井工作没有做到位，这也是随后出现了许多问题的原因。如果在下入生产套管之前，对选定的裸眼段做压力试验（这将会揭示出有低压节理的存在，就会要求将套管下入得更深），那么几乎一年的无果努力就可以避免了。

在此期间完成的少数有价值的事情之一是在第2020次试验之后，由丹·迈尔斯（Dan Miles）在1983年夏季和初秋期间完成的日常关井压力测量（图6-15）。

暂停各项作业

在压裂试验过程中，管材经常出各种问题（在化学腐蚀的井下流体环境中，储层压裂压力出乎意料地高，造成了这些问题），最终被迫决定自1982年年底暂停作业。尽管对试验中断感到失望，但微地震成图工作仍在继续，并取得了令人印象深刻的进展，获得了水力压裂期间产生的大量微地震事件的统计样本并绘制了图件。遗憾的是，这些分析并不能有力地验证压裂区的体积特性，但却有助于指导即将在EE-2井实施的大规模水力压裂试验。尽管如此，这些分析显示，没有明显证据表明压裂区（第2018次、2020次和2025次试验）的垂直节理发生过扩展。这一事实应该对有缺陷的观点给予了最后一击：即能够产生一个硬币状裂缝，然后在有弱封闭节理网络的非均质结晶岩中垂直扩展（然而，莫特·史密斯和其他一些人从未放弃过这一理论）。

1983年5月3日，一直在EE-3井待命的钻机又启动了。计划是用新的$4\frac{1}{2}$in L-80压裂管柱继续在EE-3井实施压裂试验。首先，起出了在1982年年底留在EE-3井中旧的$4\frac{1}{2}$in N-80套管（压裂管柱）并甩钻具。但是，当用钻杆带着小型磨洗工具清理经固井的隔离衬管时，在衬管固井水泥顶部以上17ft处，即10 833ft深度处遇到了障碍物[1]。看来，在第2025次试验结束时，通过钻杆进行的第一次井眼卸载过程中，衬管压损了，这可能是由于充满液体的环空和几乎是空的钻杆内孔之间的巨大压差造成的。

注：在第2025次试验之后观察到的累积排放行为表明，EE-3井仍然有一个良好的高压流动连通，从10 833ft处的障碍物向下进入压裂区。但项目经理们认为这种连通并不适合继续注入试验，因为它不允许做全井径测井。这是一个很糟糕的判断；这个区域的注入试验本来可以用小直径温度测井仪进行，而且会有非常有用的结果。再者，有了新的压裂管柱，EE-3井就可以作为即将实施的大规模水力压裂试验的一个良好到优秀的生产井，从而能够避免费时困难而昂贵、最终只获得基本成功的修井努力。

随后，在EE-3井进行了非常困难的打捞作业，从5月5日持续到6月18日。在此期间，打捞出了抛光孔座（在$9\frac{5}{8}$in套管内，深度10 106ft）和衬管悬挂器；然后卸除了直径$4\frac{1}{2}$in斜方螺纹N-80套管构成的衬管，一直到压损段。这是一个缓慢而小心的操作，结合使用了内部和外部切割器，每次打捞约120ft长的衬管。经过反复的切割、磨洗和打捞步骤，剩余的衬管顶部（位于10 890ft深度的螺纹接箍）仅比压损处高出57ft。

5月18日，将端部装有抛光孔座的20节$4\frac{1}{2}$in L-80新套管成功地拧入这个接箍。然后对这个接口做了压力测试。首先用钻机泵，然后由Dowell公司进行了测试，结果显示是压力密封的。但是，当OWP[2]接箍定位器进入衬管时，却无法通过10 895ft（钢绳深度）处的障碍物。下入一个装在小直径钻杆上的$3\frac{1}{2}$in磨洗工具来清除障碍物，此后，检查钻孔一直到了11 450ft处（小直径钻杆所能达到的深度）。然后起出了

[1] 图6-12显示的是EE-3井衬管的水泥顶部和其他细节。

[2] 怀俄明州卡斯珀油井射孔公司。

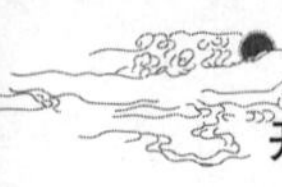

$4\frac{1}{2}$in 钻杆并甩钻具，接着是小直径的钻杆。最后，在 5 月 20 日，将其余大部分 $4\frac{1}{2}$in L-80 套管下入井眼，将其作为压裂管柱，其底部有一个修好的密封组件。第二天早上，将密封组件插入抛光孔座（但此时压裂管柱还没有做压力测试）。

EE-3 井的第一个附加试验：第 2028 次试验

试验于 6 月 22 日实施。氮气屏蔽试验旨在测试用氮气取代环空区上部（压裂管柱外）的水，从套管到压裂管柱的传热率是否可以减少到足以保证冷水的安全注入，从而避免预热要求。

在准备试验时，将密封组件再次从抛光孔座中拉了出来。然后以较高的压力将氮气注入环空，并驱替其中的水使其通过 $4\frac{1}{2}$in 压裂管柱回流到地表。当密封组件再次插入抛光孔座中时，关闭环空，OWP 公司测井确定了环空液面（位于压裂管柱内的）。在反复向受压环空注入水和氮气后，水位最终稳定在 5900ft 深度。

在试验的下一部分，将一个 OWP 公司测温仪设置在 4000ft 深度进行连续记录。用一台 Dowell 泵车以 1BPM 的恒定速度向压裂管柱供水 1.5h。最初（9：00）的注入压力为 5500psi，在 10min 内上升到 6050psi，在随后 10min 内又慢慢回落到 5500psi，最终在 5300psi（9：30）稳定下来，并保持了大约 1h。在这段注入期间，拧入衬管残端顶部接箍的连接似乎至少在 6000psi 时是压力密封的。随后进行了全深度小直径测井仪温度测井，以及环空液面测井，显示液面仍在 5900ft；然后将 OWP 测温仪再次置于 4000ft 处。

12 点 13 分，Dowell 压裂车重新开始了泵送。在 5500~5600psi 的注入压力下，泵入速率从启动时的 1BPM 慢慢增加到 8BPM。2h 后，在 14 时 13 分，环空压力突然上升到 3450psi，表明某处出现了严重泄漏。关泵，取出测温仪，第 2028 次试验提前结束。

试验期间的测温结果表明，注入氮气确实明显减少了热传导，但仅使注入水的温度下降了约 15℃。换言之，注入水预热仍然是必要的。

由于第 2025 次试验的压裂区因注入了大约 4 万 gal 的水而再次加压，因此在进行任何其他操作之前，必须将压裂管柱排空。同时，环空中的氮气也得通过钻机的节流管汇排出。然后，环空必须还得重新注水。为了确定泄漏的位置，OWP 进行了温度和接箍定位的联合测井，发现泄漏点是在拧入式连接处，位于 10 890ft 深度左右（后来发现，衬管残端顶部的接箍已经与衬管的其他部分拉开，显然是冷却诱发了注入管柱的热收缩）。

6 月 23 日上午开始工作，将压裂管柱从井眼中起出，并甩钻具到了管架。这项工作完成后，将下端装了一个坐封工具的钻杆下入井中。探查到抛光孔座后，将坐封工具插入其中，并触发了抛光孔座内部的 J 型槽锁，然后将整个衬管回接组件从井眼中拉了出来，其底部连接着拧入式接头和已经分离的 $4\frac{1}{2}$in 套管箍。

在 EE-3 井中更多的打捞作业

在接下来的两周里，在 EE-3 井已固井衬管顶部相当好地重建了压力密闭连接。在整个操作过程中，衬管下方井段（在第 2025 次试验期间已经实施了压裂）产出大量的气体，主要是二氧化碳，因为要不间断地处理这些气体，严重阻碍了进展❶。

1983 年 7 月 4 日，在一系列套洗和外部切割作业（以及用一台有缘平面磨洗工具进行最后的清理作业，移除了又一根 9in 钻杆）后，剩余的衬管顶部位于 10 897ft 深度。然后用 20 节 $4\frac{1}{2}$in L-80 新套管将隔离衬管向上延伸进入 $9\frac{5}{8}$in 套管。在底部安装了一个临时的套管补丁打捞桶和抓具，这一延伸部分滑过了衬管残端顶部达 3.3ft（一种特殊的高温套管补丁，设计用于承受高压裂压力，已订购，但一般要几个月后才会交付）。

在 $4\frac{1}{2}$in 钻杆从井眼中起出并甩钻具后，将 $4\frac{1}{2}$in L-80、底部配备一个修复的密封组件的压裂管柱下入到井眼中，并插进隔离衬管上部的抛光孔座中。作为最后一步，在环空填充了海泡石泥浆和抗腐蚀剂，以保护 $9\frac{5}{8}$in 套管。这种完井，虽然不是很理想，但如果计划的 EE-2 井的大规模水力压裂试验最终能成功地将两口井连通起来，EE-3 井就能作为生产井使用。

7 月 8 日，该钻机再次停工，直到 10 月中旬。

EE-3 井的第二个附加试验：第 2033 次试验

此试验的目的是要向 EE-3 井环空（压裂管柱外）注入加热水，并通过套管鞋下方曾引起过许多问题的那些低压张节理，来压裂第 I 期储层区的下部。激活此低压区节理的主要目的是产生足够多的地震信号，以测试 GT-1 井和 PC-1 井中的垂直地震检波器站如何与 EE-1 井位于 9400ft 深度处的三轴检波器协同工作❷。两个多月后，这些检波器站将会安装到 EE-3 井和 GT-2 井深部的三轴检波器中，以组成 EE-2 井大规模水力压裂试验的地震监测网络。

---

❶　一直在产出的大量气体明确说明，到目前为止，这些气体的最大来源是在第 2025 次试验期间重新开启的矿化节理内所含的固有流体，而不是那些节理周围非常紧密（渗透率在纳达西范围内）的岩石中的孔隙流体。

❷　1983 年夏天，先钻的 PC-1 井深约为 2200ft，位于 EE-2 井的东南方向 4260ft 处，作为两个深层地震观测井的第一个，其井底是花岗岩顶面的古生代硬石灰岩。后钻的 PC-2 井，位于在 EE-2 井的正西，由此完成了前寒武系岩层地震监测网络的建设（GT-1、PC-1 和 PC-2 井）。

GT-1 井和 PC-1 井中的检波器位于前寒武系顶面附近，是新的“前寒武系网络”的一部分，这是一个追加的地震监测网络，旨在加强对大规模水力压裂试验期间记录的微地震事件横向位置的控制，主要记录由位于 EE-1 井和 EE-3 井深部两个检波器完成。PC-1 井的检波器位于 2148ft 深度，较芬顿山前寒武系顶面高出约 250ft（介于之间的岩石是多孔的 Madera 石灰岩），但足够深，基本上不会受部署在地表的检波器所遇问题的影响。GT-1 井的检波器位于 2460ft 深度处，深入大麦峡谷前寒武系岩层基底近 400ft，完全不会受那些问题的影响［1978 年为第 I 期试验安装的 9 个 1Hz、垂直分量的地面站，位于距 EE-1 井口约 2mi（3.2km）的半径范围内，不仅容易受到地面噪声的影响，而且信号还必须穿过前寒武系顶面之上厚厚的火山岩和沉积岩层，因而会严重衰减］。

其他目标是：（1）通过绘制第 I 期更深储层区的地震事件，并与第 2025 次试验压裂节理网络时产生的地震事件进行比较，更清楚地划定第 I 期低压压裂区和第 2025 次试验高压压裂区之间的界限；（2）观察第 I 期更深储层区的排放行为。

第 2033 次试验于 1983 年 9 月 27 日开始，钻机仍在 EE-3 井待命。注入的 19.7 万 gal 热水不仅产生了足够的微地震信号来测试地震监测网络，同时还能够演示用于定位单个微地震事件的增强型旅行时间算法（因为在 PC-1 井接收到的地震信号质量不是很好，该算法是基于从 GT-1 井检波器以及 EE-1 井和 EE-3 井深部检波器站收到的 P 波和 S 波信号的三角测量）。

这项试验在两个辅助性目标上还得到了以下发现：

1. 第 I 期储层区域的下部向下延伸至第 2025 次试验在 EE-3 井附近所形成的高压地震云的上边界约 260ft 以内。

2. 第 I 期的低压区域（正在 EE-3 井套管鞋之下）的排出量（井眼大气压力下）约为 50gal/min（3L/s）。大量的液体从这个有限区域排了出来（但没有测量实际数量）。

EE-2 井的测量：第 2020 次试验储层的关井行为

如前所述，因管柱损坏而结束的第 2020 次试验（1982 年 10 月 7 日），储层连续排放了近四个月（到 1983 年 1 月）。接下来的 6 个月里，进行了一系列的小型低压注入试验，以及为测井而进行的排空，以及多次关井。然后，从 1983 年 7 月中旬开始，EE-2 井则长期关井。在这次长期关井的头几分钟内，压力上升到 648psi。在接下来的 73 天里，储层发生了“自我泵入”，压力最终达到 1270psi。

这一压力积累证实了在第 2025 次试验期间（第 2020 次之后仅 9 周），仍然存在着一个残余的压力扩张区域，即一个被应力笼包围的区域，正如前面所讨论的那样（显示在图 6-14 中）。换句话说，该区域完全被限制在了一个不渗透的结晶热岩体中。

压力积聚曲线显示在图 6-15 中。如果这条曲线用 Muskat 技术做时间无限外推，则有：

$$P\infty - P(t) = e^{-at}$$

其中，$P(t)$ 是累积曲线，a 是一个任意常数，储层关井平衡压力约为 1450psi（10MPa）。显然对于垂直节理组而言，其张开压力垂直于最小主地应力（N111°E）。

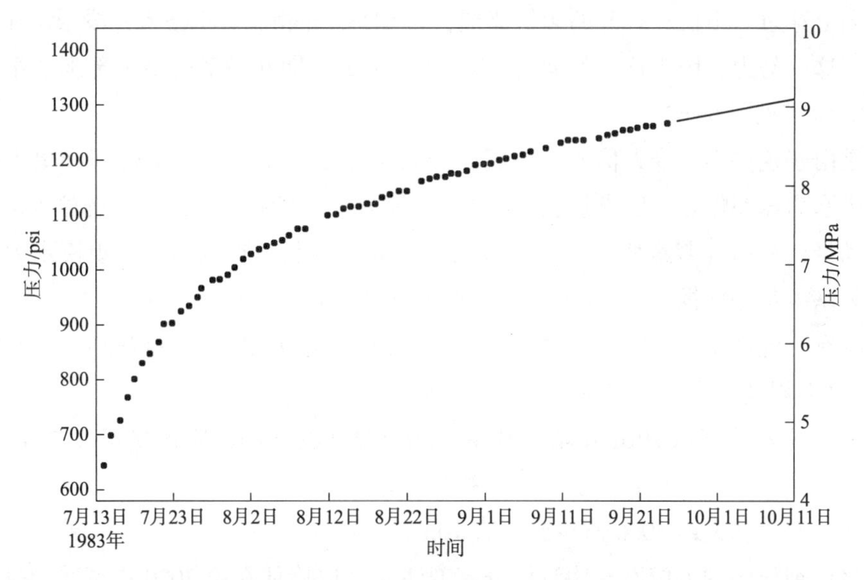

图 6-15　因在封闭的储层区域发生自我注入，造成 EE-2 井中的压力累积，在第 2020 次试验 10 个月之后开始并持续了 73 天。

资料来源：Brown，1989b

这种压力累积的现象意味着：第一，即使在第 2020 次试验一年以后，仍有广泛分布的大量承压液体源“锁定”在储层中；第二，这些液体可能来自许多仍然张开的节理，其内部平衡压力约为 1450psi；第三，由于压力累积非常缓慢，可以推断出，在这样低的储层压力下，从主要节理（即分流节理）到那些众多储存液体的小节理的流动路径受到了很大的阻碍（即被紧紧关闭）。进一步地，在关闭的 EE-2 井中观察到的自我注入现象似乎也可能发生在储层边界，这意味着第 2020 次试验压裂区的边界处是紧紧封闭的。一个开放的边界是不会允许储层内部自我加压的。

大规模水力压裂试验：第 2032 次试验

对于 EE-2 井和 EE-3 井的几次水力加压试验，都绘制了微地震活动分布图，揭示出一种椭圆形的地震云分布，其中心靠近两个井眼的注入井段，以与井眼轨迹大致相同的角度向东倾。从 EE-2 井上部注入井段扩展出来的微地震云（第 2018 次和 2020 次试验），近平行于并接近后来第 2025 次试验期间产生的地震云（在 EE-3 井隔离衬管下方井段实施的压裂），至少从当时使用的矢端图这种地震定位方法获得的数据来看是如此。曾经假定，如果这两个活动区显示出明显的重叠（遗憾的是并没有），那么进一步的压裂形成水力连通的可能性就会很大。

与之相伴的一个假设，只有少数的硬币状断裂理论相信者在力推，即对 EE-2 井的一个更短的井段（仅约 70ft 长）实施高压和大体积注入，就能促使一个或多个垂直水力裂缝向上穿过一组已经打开的倾斜节理，与 EE-3 井相交。将注入井段限制在 70ft 长将有助于这一努力，因为这样就能隔离第 2018 次试验期间激活的最上部那 3 个与井眼连通的节理（见图 6-6）。

正是由于这些不太令人信服的原因，开始了计划一个以更高的速率和更大的体积的大规模水力压裂作业，以求扩大 EE-2 井中刚好在套管鞋之下那更短的注入段周围的地震活动带，从而（曾经期望过）扩大两井之间的压裂节理网络。大规模水力压裂试验的计划基本都是根据第 2020 次试验中所获得的经验。

根据有工业经验的专家组的建议，在 9 月中旬，组成修井作业审查委员会（HDR，1985），将大规模水力压裂试验的计划修改如下：

• 最大注入速度从 20BPM 增加到 40～50BPM（将使用减阻剂来实现这样的增幅，最终由最大注入压力 7000psi 或 47MPa 来决定增幅）。

• 注入井段从大约 400ft 减少到只有 70ft 长。

• 将精细研磨的方解石作为流体分流剂注入（以堵住在第 2020 次试验中打开的一些次级流体通道）。

注入 400 万～600 万 gal（1500 万～2300 万 L）的水，这比以前任何一次高压改造的水量都要多 6 倍，将会在 2～3 天内注入 EE-2 井中。一些人主张采用更高的泵送速率（80BPM）和注入压力（8000psi），但由于资金和技术原因被否决掉。现在回看，只要有 20BPM 的注入速度（按照最初的计划），就能足以有效地创建第 II 期干热岩储层，而且会更简单、更便宜。

本节中的信息从以下文献加以补充：Dreesen 和 Nicholson（1985）、House 等（1985），以及《干热岩地热能源开发计划》（1985，1986c）。

准备工作

除了前寒武系岩层地震网（图 6-16）之外，大规模水力压裂试验的准备工作还包括建造一些其他设施和支持系统，开发工具，以及在 EE-2 井场和井筒的工作。

500 万 gal 水池和配套设备

芬顿山以往的压裂试验使用的都是地上（租赁）储水设备。与以往不同的是，大规模水力压裂试验需要大量的水，因此要专门建一个大型地面水池，于 1981 年 8 月开始建造，1982 年 7 月完工。该水池的设计容量为 500 万 gal，面积为 200ft×250ft，斜深至 23ft。内部用强化橡胶（聚酯纤维和尼龙）铺在沙层之上，并覆盖有类似的材料。其泵房配备两台泵，通过埋在地下耐 150psi 的球墨铸铁管将水输送到地面循环系统

（这条管线也与地上容量 500 桶的长方形储水箱相连，如图 4-6 所示）。在 1983 财年，水池全填满了，其中超过 300 万 gal 的水是花钱拉来的，其余的来自井场的水井。

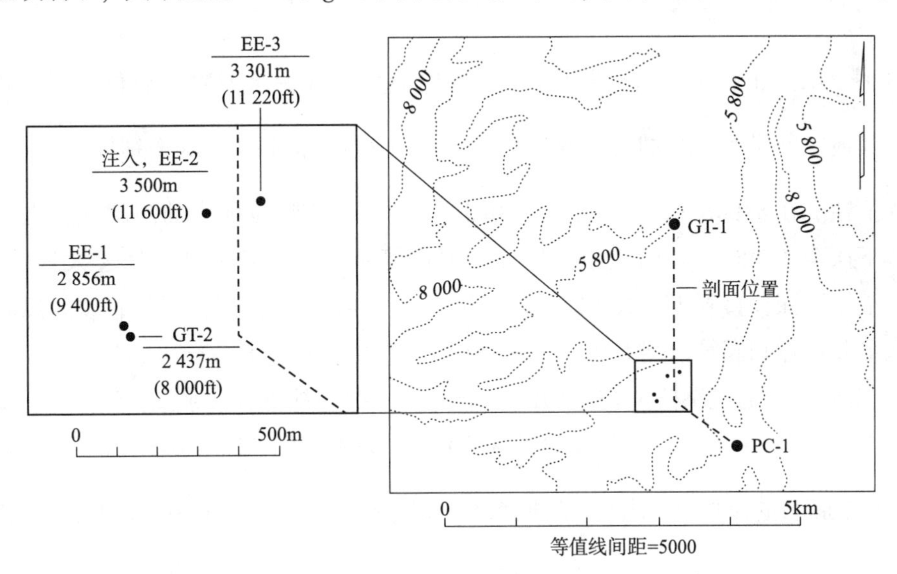

图 6-16　大规模水力压裂试验地震网络的地图视图，显示出前寒武系地震网络检波器站（GT-1 井和 PC-1 井）和深部地震站的位置。所有以米（m）为单位的检波器深度都是真垂深；以英尺（ft）为单位的深度是等效的斜深（沿钻孔测量）。

注：改编自 HDR，1986c

小直径井下仪器

在大规模水力压裂试验之前的几个月里，齐心协力开发了两个小直径高温仪器，用于 EE-3 井的 $4\frac{1}{2}$in 压裂管柱内。其中一个是高精度三轴检波器组，到今天为止，在商业测井领域还没有同类产品。设计此仪器不是为了在 EE-3 井 11 200ft 深度的恶劣（高压和高温）环境中工作几个小时，而是几天，其温度几乎达到 240℃。为了替代对时间敏感的杜瓦瓶或散热器等通常用于保护电子元器件和仪器的配件，这一小直径检波器组采用了具有超长工作寿命的高温组件。

第二个小直径高温仪器是一个多次爆炸探头，将会安放在 EE-3 井深部的一个已知的固定位置，并提供声波信号，以校准部署在相邻井眼中的地震检波器组。此仪器包括一个用于校正电缆深度测量结果的接箍定位器，以及一个用于获得起爆时间零点信号的高温检波器。该爆炸工具在温度超过 270℃ 的井眼环境中已经测试成功。

注：几乎从一开始，干热岩项目在设备、仪器和试验技术方面就达到或超过了现有井下技术的极限（见附录中关于实验室为干热岩项目开发的大量井下工具和传感器的完整讨论），特别是对井下地震仪器、主要的储层诊断技术来说，更是如此。

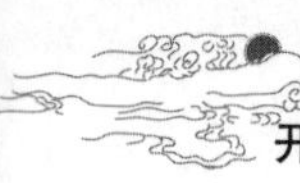

EE-2 井场和井筒准备

11 月 2 日，下达了将钻机滑回 EE-2 井的命令，11 月 8 日钻机就位。在安装好防喷器及其他钻井设备（以排除预期的溶解气体问题），提起 $4\frac{1}{2}$in 的钻杆，装好 $8\frac{3}{4}$in 钻头并下钻。在 5400ft 深度，进行了 70min 循环，以清除流体中的溶解气。之后钻杆进一步下探至 7770ft 处，因发生了气体井涌而停止了进一步操作。经过大量的循环，钻头又继续下探，直到 11 996ft 处，即套管鞋下方 418ft 处，探到了沙塞顶。然后进行了数次测井作业和套管清刮器作业（在钻杆上）。

11 月 17 日，通过钻杆对 EE-2 井进一步回填：将膨润土和沙浆混合流体分 4 次分别泵入，之间间隔了几个小时（以使沙子沉淀）。沙塞的新顶位于 11 648ft 深度，在套管鞋下方留出 70ft 长的裸眼段，用于大规模水力压裂试验。然后，将 $4\frac{1}{2}$in 钻杆起了出来。

安装 Otis 套管封隔器

为保护 EE-2 井生产套管在大规模水力压裂时不会受满负荷泵压影响，选择了 Otis 公司的蒸汽封隔器，它有一个 40ft 长、外径为 $5\frac{1}{8}$in、内径为 4in 的可回收封填承压接头。在第 2020 次试验中已经应用了此类封隔器，其地面测量压力达到 7000psi、为其额定压力的 80% 情况下，注入时间持续约 15h，注入速度达到 32BPM，表现良好（直到压裂管住损坏，如图 6-13 所示）。当时，在与 Otis 公司合作设计该封隔器的本实验室员工中存在一种迷信，即随着泵送进行，注入压力会慢慢上升。事实上，这种想法毫无根据，没有任何数据支持。前面讨论的节理行为（见补充说明：EE-2 井和 EE-3 井压裂区节理显示出相似特性）直接反驳了这样的想法，图 6-9 和图 6-13 显示的 EE-2 井和 EE-3 井储层[1]数据也是如此（两者都是以近乎恒定的压力向同一岩体注入约 100 万 gal 的流体，在大规模水力压裂试验中，将会对该岩体实施进一步的压裂）。

作为与 Otis 合作的一部分，还开发了一个可回收的控制封隔器，装在蒸汽封隔器下方的套管里。它的主要组成部分是一个集成止回阀，称为脚阀，旨在防止储层的压力反流。在蒸汽封隔器发生高压泄漏的情形下（大规模水力压裂试验担心的一个主要问题），此安全功就能关闭来自储层压力回流，来替换蒸汽封隔器。此外，在不需要对储层进行排放的情况下，它还能让所有压裂管柱或地面主阀下游的其他部件得到维修。

---

[1] 此时（就在大规模水力压裂试验之前）并没有真正意义上的储层，因为井眼之间没有建立水力连通（这将会发生在约两年后的第 2059 次试验中，大规模水力压裂区域最终与 EE-3A 井相连了）。因此，这里使用的术语“储层”应理解为压裂区，后来才成为真正的储层。

最重要的是，在地面发生井喷的情况下，脚阀会立即启动，远远早于人工关闭主阀。

11 月 20 日，Otis 控制封隔器进行了试运行。当封隔器坐封在 2000ft 后，对脚阀的压力检查显示没有泄漏。但第二天，当控制封隔器再次下入到预定的 11358ft 深度时，它过早地打开了，并发现其坐封位置较预定的高了 460ft。为了防止这个问题做了重新设计（遗憾的是，由于需要几个月的时间来落实这一设计改变，最终控制封隔器没有在大规模水力压裂试验中应用，这是一个大错误）。但是控制封隔器的过早打开给蒸汽封隔器敲响了警钟：它也会过早地打开吗？为了避免这种情况的发生，将封隔器运到新墨西哥州法明顿的一家机械厂，做了现场改进（注：不知道为什么控制封隔器没有同样地进行改造）。

在两天多的时间里，通过钻机泵循环，使井眼冷却，并做了几次测井。11 月 27 日，翻新的 Otis 蒸汽封隔器通过钻杆下入，并坐封在 11 297ft 深度（套管鞋上方 281ft 处）。为了测试封隔器是否坐封成功，用钻杆以 65 000lb 的载荷拉起封隔器，然后以 6 万 lb 的载荷下压封隔器。在这两种情况下，封隔器都没有出现任何可察觉的移动，这表明封隔器已经正确座封了。钻杆与封隔器分离，起出，取下卡榫，再装上一个特殊的组件（一个短的封填承压接头，其下部有一个排放接头），以便对封隔器做压力测试。钻杆再次下入井中，在特殊组件插入封隔器后，Dowell 公司以 4000psi 的压力（基本上是利用第 2020 次试验储层作为高压塞子：4000psi 的压力低于打开节理网络所需的压力）向 EE-2 井 70ft 长的注入段泵入流体，完成了对封隔器的压力测试。最后，将钻杆和测试组件从孔中起出，并甩了钻具。

图 6-17 显示的是 EE-2 井进行大规模水力压裂试验时的井筒结构、Otis 蒸汽封隔器、封填承压接头，以及与套管和裸眼注入段相关的硬件。

安装压裂管柱

大约在一个月前就已经接收了用于 EE-2 井大规模水力压裂试验的 $5\frac{1}{2}$in 新低合金钢（20lb/ft，C-90）压裂管柱。这种特别制作的管材，集成有 Hydril 公司 TAC-1 工具接头，是芬顿山压裂作业中应用的第一套完全符合需求的压裂管柱。11 月 28 日，将这管柱连同底部装有 40ft 长封填承压接头的 Otis 封隔器及其底部的斜口管鞋下入井内。封填承压接头插入封隔器 31ft 深，留出 9ft，以便出现回流时应对热膨胀。在压裂管柱与封填承压接头之间有一个特殊的不可移动（定位）接头，以限制封隔器失效时的向上移动。在地面上，压裂管柱的压裂头下部装了两个十字接头组成的串联主阀，该十字接头由两个额定压力为 10 000psi、用于注入作业的多入口管汇组成。

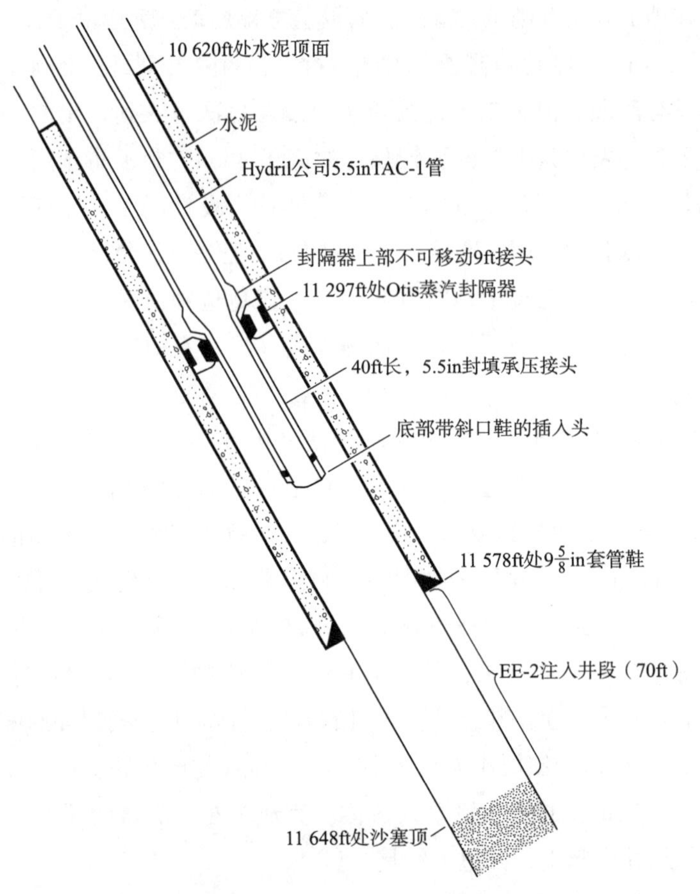

图 6-17 大规模水力压裂试验注入时的 EE-2 井筒结构。

注：改编自 Dreesen and Nicholson，1985

预泵入试验

11 月 30 日，对封隔器和压裂管柱做了压力测试。使用一台 Dowell 泵车将 95 000gal 的水以 1~8BPM 不等的速率注入第 2020 次试验储层，压力最高为 6000psi（图 6-18）。在最初的 1. 5h 内，注入速度为 1BPM，注入压力在 3250psi 左右趋于平稳，明显低于第 2020 次试验开始时的 5400psi 的节理重新张开的压力平台（图 6-9）。这种行为表明，第 2020 次试验储层经长时间排放后，连通节理网络内的剩余流体体积已经非常小了，大约只有 3800gal。

然后，注入速度逐步提高到 2BPM，持续了 1h。这一阶段接近结束时，注入压力上升到近 5000psi，再现了第 2018 次和 2020 次试验早期阶段观察到的压力水平。虽然当时没有认识到这一点，但这一持续的注入高阻抗的证据表明，即使在第 2020 次试验期间大量注入了 84. 4 万 gal 水后，与储层连通的近井眼节理网络也没有出现明显的自我支撑（通过剪切滑移）现象。

这项试验，在大规模水力压裂试验最大冷却条件的 80% 时，封隔器承受的设计压力为最大井底注入压力的 90%，表明压裂管柱和封隔器的功能正常。在整个试验过程中，环空压力在冷却阶段注入和热恢复后排出时，始终控制在 1500～2000psi。注入和回流的水量与封闭无漏的环空所预期的水量一致。

图 6-18 还揭示了一些非常重要的内容：迄今为止最清楚地测量了第 2020 次试验储层中主要（即控制流量的）节理的真实打开压力值——5500psi[1]。这个值是在本次测试接近尾声时（大约 19：00，在大约注入 7h 后，压裂管柱完全冷却，从与井眼相交的单一节理入口以及连通第 2020 次试验储层的几个相互连通节理都已热扩张）从 4BPM 注入速度平台对应的压力渐近值得到的。

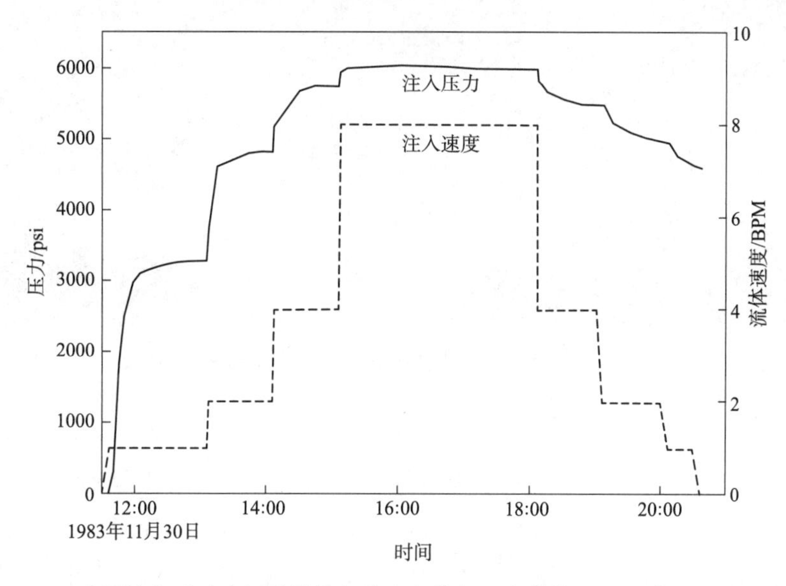

图 6-18　在预注入试验中记录的注入速度和注入压力曲线（1983 年 11 月 30 日）。

资料来源：Murphy，1984

泵送设备

为 MHF 试验动员了 14 个泵送单元和 21 个辅助支持单元，使 EE-2 井以西的场地相当拥挤（图 6-19），一台混砂车和一台工业输送泵与 12in 输送管道连接，输送管道来自 5 000 000gal 储水池，储水池可向两个 1600 桶的储水罐注入。

混砂车是用来将干减阻剂注入试验注入流体中（与以前的试验中使用的预水合的液体化学品不同，这种减阻剂会在注入过程中发生水合作用）。在温度为 0℃、注入速

[1] 在本章对注入试验的讨论中，“节理打开压力”和“节理延伸压力”这两个术语或多或少地交替使用，因为除了最小的节理，延伸重新封闭节理的未膨胀端所需的压力与首次打开这些节理所需的压力非常接近（Murphy，1984）。

度为40BPM时，就认为能为水合作用的发生提供足够的时间，并使浓度的波动得到平衡。此外，还部署了第二台混砂车，将精细磨细的碳酸钙作为分流剂添加到注入流体中（以堵塞张开较小的节理），从而希望增强一个或多个主要节理向上延伸并与EE-3井相交的机会。在大规模水力压裂试验期间，一共将22万lb、300目（0.05mm）的碳酸钙注入了EE-2井的压裂区内。

图6-19　为实施大规模水力压裂试验在EE-2井周围部署的Dowell公司设备。

资料来源：干热岩项目照片档案

为了使泵送设备的负荷适中，也为泵的日常维护和修理留出足够的时间，至少需要13 000HHP（水马力）的泵送设备。在吸入侧部署了两套高压管汇，每套高压管汇都有一台混砂车和一台装有堵漏剂的供砂车；在注入侧部署了14个高压泵组。泵送系统能够使用的面积很小，令人担忧，但这些设备加上一个氮气泵（氮气用于在冬季极端温度下对管道进行压力测试）、两个油罐、一个照明设备和一个泵控车在这一受限范围内组合成功了。然而，在大规模水力压裂试验期间，如果需要的话，人只能接近其一半的设备，进行维修或更换，而且压裂头和大部分高压管线在泵控车上是看不到的。

脉动诱发的高压管线疲劳

高压管线、压裂头和管柱在长时间的泵送过程中产生的脉动会导致注入系统的疲劳和失效。但由于成本和难以及时获得疲劳信息，在泵的注入侧并没有安装脉冲缓冲器，而是开发了替代措施，以尽量减少脉动：（1）适当地充填和调节吸入侧缓冲器；（2）控制吸入系统在最佳压力下运行；（3）尽量缩短泵和管汇之间的吸入软管长度；（4）限制高压管道的流速。

4条高压注入管线（每2条接一个泵车上的管汇）延伸到了钻井平台上，通过实验室提供的配套法兰与压裂头的 2 个 $4\frac{1}{16}$in（103mm）、10 000psi（67MPa）的十字接头相连接。每条管线都用氮气泵做了 8000psi（54MPa）的压力测试。

最后的准备工作

12 月 6 日一早，一些最后的准备工作开始了，其中大部分是由 Dowell 公司员工完成的。所有的泵和驱动引擎都做了最后一次检查，对泵与 2 个高压管汇的连接以及连接这些管汇与压裂头的 4 条高压管线也做了最后的检查，然后用氮气做了 8000psi 的压力测试。在压裂管柱和套管之间的环空中连接了一个装有驱替罐的水泥泵车，以测量注入和回流流体体积，并确保在整个大规模水力压裂试验期间能将环空压力保持在 2000psi；将 Dowell 公司的 14 台泵车连接到了两个 1600 桶的储水罐上，每个都由 500 万 gal 水池供水。实验室人员在 EE-1、GT-2 和 EE-3 井部署并校准了深层地震检波器组（图 6-20）（井下地震仪在 GT-1 和 PC-1 井已经安装到位），对数据采集拖车的监测系统也做了最后的检查。最后一项活动则是举行全面的安全会议，所有积极参与大规模水力压裂试验的实验室员工，以及 Dowell 的主管人员全都参加了（会议室里座无虚席）。

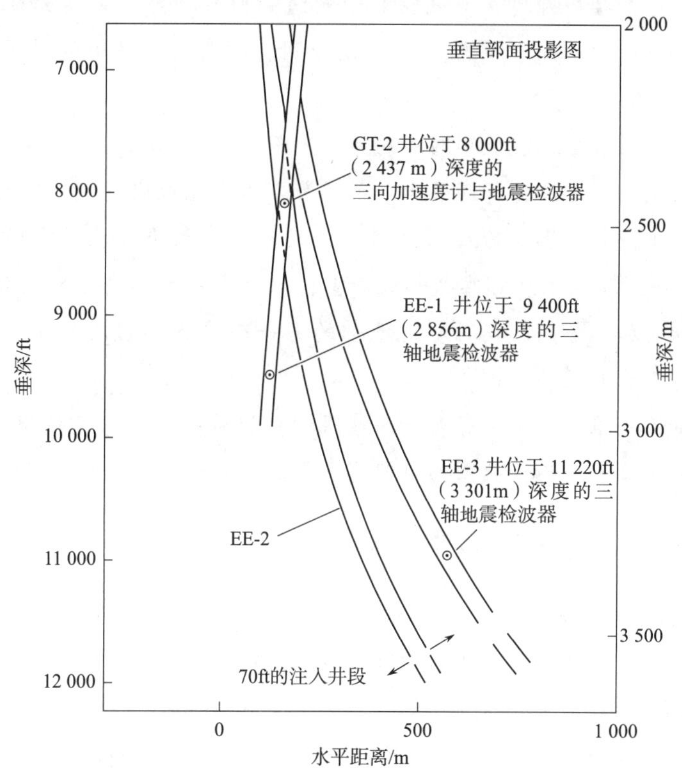

图 6-20　用于 MHF 试验的深层地震阵列的剖面图，投影在 N45°E 剖面上。所有以米为单位的检波器深度都是垂直真深度；以英尺为单位的是斜深（沿钻孔测量）。

资料来源：HDR 项目数据档案

注：在 MHF 试验期间，用于确定事件位置的主要地震台是 GT-1 井的检波器以及 EE-1 井和 EE-3 井的深层检波器。GT-2 井的深层检波器作为备份。PC-1 井记录的地震记录不经常使用，因为信号衰减的问题以及需要相当大的台站校正，这是在 MHF 试验开始前在 EE-3 井进行的校准激发所确定的（小直径高温爆炸工具虽然不能用于9月的第 2033 次试验，但正好赶上了 MHF 试验）。

回顾：大规模水力压裂试验为时过早

经过四分之一世纪的反思，很明显，大规模水力压裂不应该在 1983 年 12 月初就实施。来自能源部的压力，要求最终实现两井之间的流动连通，再加上极其紧张的资金状况，促使人们决定继续试验，但要面对一些不应该被忽视的限制和障碍：

- 冬天 12 月的第一个星期，天气很糟糕，下了大雪。
- 由于时间和成本的限制，还没有获得 14 个注入泵的注入管线脉动缓冲器。
- 控制封隔器和脚阀（安装在 Otis 蒸汽封隔器下方，以防封隔器失效或地面井喷的一种“保安”封隔器）无法应用，因为没有足够的时间在工厂重新加工井眼锁定机构。
- 前寒武系岩层地震监测网络的第二个深井尚未钻探。
- 时间太短，无法将背侧泵车重新部署在远离钻机附近拥挤区的地方。

即便如此，大规模水力压裂试验还是实施了，结果发生了井喷，严重损坏了 EE-2 井。事实上，损害是如此严重，以至于最终不得不重新钻探 EE-2 井，并大量增加了费用。此外，能源部的另一个咨询小组决定了钻探方法和新井眼相对于原井眼的轨迹。

如果将试验推迟到下年春天，这些限制和障碍的大部分都能够得到克服，还可以避免井喷，可为干热岩项目节省大量时间和金钱。

大规模水力压裂试验：有史以来最大的一次注入量

如前面所讨论的，EE-2 井大规模水力压裂注入段是一个缩短了的裸眼段，即从位于 11 578ft 处套管鞋底部至 11 648ft 深度沙塞新顶部之间 70ft 长的那段（图 6-17）。1983 年 12 月 6 日 16：00 开始泵入，除了几次短暂的中断外，持续了 61h。总共有 560 万 gal（21 000m^3）的水，以及少量减阻剂和磨细的碳酸钙改向剂，通过封隔器注入了该短裸眼段内。在早期，泵送速度不规律，在 7000psi（48MPa）的压力下，在 26~43BPM 之间波动，这是由于减阻剂的添加量不稳定造成的。

在试验早期，EE-2 井旁边的那个 100 万 gal 水池，其中的水与泥浆池的水混合到了一起。清空了这个水池，以便在井下发生故障时腾出空间用于存放回水。之后根据 7000psi 的注入压力限制，实现了以大约 40BPM 的速率注入，在之后的泵送过程中都一直保持着此速率。

图 6-21 显示的是大规模水力压裂试验期间注入速度和压力的变化。除了在最初的 18h 内有一些不规律的表现外，随后就处在一个在 7000psi 压力下的最大注入率为 43BPM 的平台。

注意：在试验的 2 天半时间里，注入压力并没有在 43BPM 的最大注入速度下逐渐上升（如一些报告中错误的说法那样），而是保持在约 7000psi。

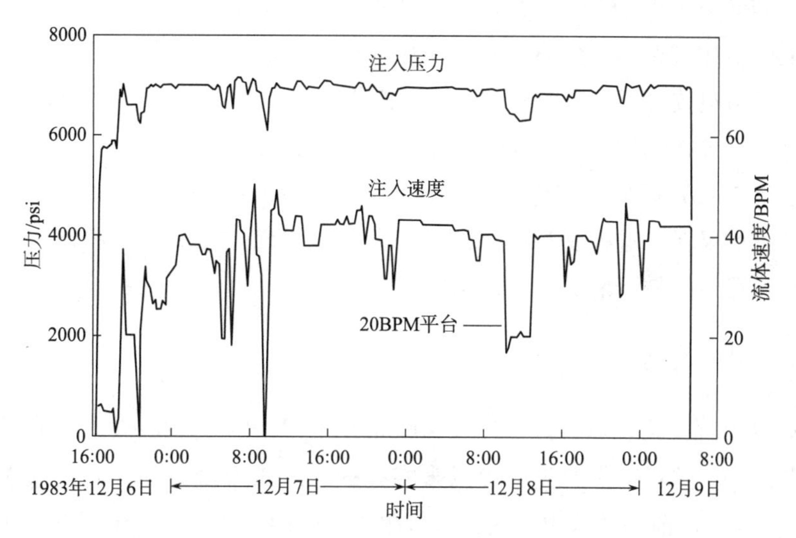

图 6-21　在 EE-2 井大规模水力压裂的 2 天半过程中，地面注入速度和注入压力曲线。

资料来源：Dreesen and Nicholson，1985

在 12 月 8 日出现的短暂的（2.5h）注入速度为 20BPM 的平台，反映出如果大规模水力压裂以这个最初计划的注入速度实施，整个注入过程中将会出现的情况（如果能源部指定的外聘顾问没有占上风的话）。从 12 月 8 日 10：30 到 13：00，在没有使用任何减阻剂情况下，注入压力平均约为 6300psi，比预泵入试验测得 5500psi 的节理开启压力约高了 800psi。在大规模水力压裂期间，对节理扩展压力的唯一测量是在试验开始 2h 后做的；在那一刻，以 5BPM 的注入速度结束时（图 6-21），测量值为 5770psi，接近 5500psi 的值（由于 2h 的低速注入不会实现充分降温，因此压力值稍有些高）。

在 61h 的泵入过程中，高压泵出现了 9 次故障，其中 2 次是由于压裂头冲蚀，1 次是马达失效，1 次是拉杆断裂，1 次则是泵的柱塞喷出造成的。这些故障按单个泵组的停工时间估计为 190h。例行维护、服务和小修占了另外 56h 的单泵停泵时间。

许多泵故障是因为泵的注入速度超过了长期连续运行时应采用的注入速度或将注

入脉动控制在最低水平的建议。在最初的 18h 里，脉动很小；在接下来的 16h 里，脉动断断续续地增加，之后偶尔会变得严重。在最后的 26h 里，通过改变泵送速率或更换泵送装置，脉动在很大程度上保持在了适当水平。但是，注入脉动是最终导致压裂头法兰盘损坏和随后井喷的原因。

压裂头井喷

12 月 9 日早上 5 点 10 分，大规模水力压裂试验戛然而止，振动引起的金属疲劳导致压裂头下方的下十字接口上两个配套螺纹法兰[1]中的一个发生了故障，使得巨大的储层发生了灾难性井喷。高温液体通过 $5\frac{1}{2}$in 的压裂管柱喷出，估计排放速度达到 5000gal/min，其中夹杂着的岩石和水泥碎片也从法兰盘中喷出并向背压泵车方向飞去。该区域的员工被迫放弃了他们的岗位。尽管如此危险，在鲍勃·尼克尔森（Bob Nicholson）的带领下，钻机主管们还是进入钻机机台，关闭了压裂头之下的总阀门，这时井喷才开始了仅 3min。因此，将储层有效地关闭，EE-2 井暂时也稳定了下来（在接下来的几个月里如果保持这种受控的关闭状态，就能对储层做多方面的研究，这将是非常有价值的；可惜的是，情况并非如此）。

仍未与 EE-3 井连通

在井喷发生时，共有 560 万 gal（21 000m^3）的水注入与 EE-2 井 70ft 长裸眼段相交的一个节理中，这可能是北美有史以来实施的注入压力最高和注入量最大的一次泵送作业[2]。芬顿山以前的试验由于受到机械故障的限制，注入量从未超过 130 万 gal。

尽管实施了大规模的高压注入，但仍然没有证据表明与 EE-3 井有流动连通。与第 2025 次试验的情况一样，后来才清楚，围绕大规模水力压裂扩张区周围的超压岩体中，出现了类似于包围第 2020 次试验储层的应力笼，但这次的更大，更具有弥漫性。此应力笼在试验期间继续增长和扩展，将储层与邻近的 EE-3 井周围的低压节理发育区隔离开来（当时注意到的是，在大规模水力压裂进行到 2/3 的时候，大量的气体，特别是二氧化碳，开始从 EE-3 井溢出。据推测，压裂区的持续加压扩张，造成了体积扩张，并逐渐压缩与 EE-3 井相邻的区域，挤出一些在第 2025 次试验期间进入与 EE-3 井连通并张开的节理内饱含气体的液体）。随着大规模水力压裂的排空，应力笼减少，但仍然存在，由剩余的液体压力和由压力剥落的岩石碎片撑开的一些节理造成的额外扩张来维持着。

---

[1] 这些配套的法兰盘是由实验室提供的。

[2] 即使没有发生井喷，大规模水力压裂也会在几个小时内结束，因为现场的水供应已经因巨大的注入量而几乎耗尽了。

快速排放造成的节理表面的压力剥落

在 3min 的井喷之后，钻井井台被 4~6in 厚的细粒方解石（分流剂残余[1]）与大块的固井水泥和岩石碎片混合物所覆盖，表面也有大块的固井水泥和岩石碎片。

喷出的岩石碎片通常为薄片状，而且大多数似乎来自注入井段附近张开节理的表面（在 61h 的冷水注入过程中，这些节理发生高度热扩张，不会迅速闭合，从而有时间将一些碎片喷入压裂管柱并向上移动）。其他碎片则会留在闭合的节理内，因为快速返排大大降低了井眼内的压力，造成有效的剥落支撑，并使近井眼的关键节理保持张开，表现为对储层流体阻抗（以及生产能力）出人意料的影响。

乔治 · 考克斯的研究 [Murphy （1984）的报告] 发现，岩石碎片的表面是新破碎的，棱角鲜明。进一步地，考克斯报告说，他所检查的 50 块岩石碎片中，似乎只有 6 块是来自井筒表面。据推测，在 61h 的高压注入中，被压力长时间“浸泡”的节理表面，使流体从节理表面向具有极低渗透率的基岩中渗入了数毫米，从而在相互连通的微裂缝结构中形成了一个高压区域。当井喷导致节理内的流体压力突然释放时，被困在紧邻节理附近岩石中处于高压状态的流体（特别是与节理面平行的微裂缝中）就会引起岩石压力剥落，类似于热剥落。

注释

61h 的大规模水力压裂只是提高储层生产力的众多常规潜在处理方法之一。在对节理表面进行长时间的“压力浸泡”后，将通过围绕注入段井眼周围已冷却的区域，快速排出储层中高压流体，从而诱发压力剥落。这样就产生了岩石碎片，它们支撑节理保持其张开，就会减少新的（或芬顿山重新活动的）干热岩系统生产井的近井筒流出阻抗，从而提高储层生产能力。由于储层生产力仍然是干热岩商业示范中要解决的主要问题，而压力剥落支撑能提供一项迄今尚未认识到的技术。其有效性将会在 1985 年 4 月得到验证，在初始闭环流动试验实施之前：在第 2052 次试验期间（EE-2 井储层加压及注入试验），低压注入阻抗将会显示出比大规模水力压裂前显示的等效阻抗有明显的下降（图 6-18）。

---

[1] 经验之谈建议，方解石分流剂并不能专门地堵住小节理，反而是在总体上“堵塞了工作”。这是从石油工业中引入的众多技术之一，但证明是完全失败的（尽管如此，后来还会使用分流剂）。

套管压损

在 3min 的井喷过程中，内环空（压裂管柱与 $9\frac{5}{8}$in 套管之间）[1] 的压力从 2200psi 增加到 2650psi。在主阀关闭后，填满压裂管柱的热流体继续加热这个关闭的环空，导致其压力持续上升，但控制车上疲劳的工作人员并没有注意到这点。负责监测环空压力的数据采集拖车上的员工也疏忽大意了：他没有察觉到迅速上升的压力，没有指示被迫放弃背压泵的员工在主阀关闭后返回岗位，去将环空压力降到 2000psi（背压管线上安装了一个安全阀，但它要么没有打开，要么就是没有充分打开以容纳流量）。主阀关闭 3min 后，环空压力已经是 3200psi，冲破了井口环空排放管线上的安全爆破片。环空压力的突然释放使得环空内的热流体迅速沸腾并间歇自喷，反过来又导致了压力急剧下降（最终绝对压力数值低于 200psi）。

据估计，在 EE-2 井周围的高压扩张区域与现在充满蒸汽的极低压环空之间的压力差高达 9000psi。这足以使蒸汽封隔器位移，将其向上推移约 9ft，直到与不可移动接头的钎柄相接（图 6-17）。同时，$9\frac{5}{8}$in 套管与外环空之间的压力差（套管的外表面由几个与井眼斜交的张开节理有效地加压到超过了 5000psi）导致套管至少有两处压损，并压到了压裂管柱上。后来，在对井眼的损害做评估时发现（主要是第 2036 次试验），压裂管柱压损的套管被压出了严重的锯齿状伤痕，并在 10 740ft 和 10 900ft 处被夹在了套管内。

储层的多路径排放

按理说，在爆破片破裂并释放了内环空压力后，这个密闭空间的沸腾和间歇喷涌应该会逐渐减小，而不会有其他后果。然而，环空溢流仍然在持续增加。这种显然是来自加压储层的溢流正通过破损套管的裂缝进入环空。

工作人员首先通过钻机节流管汇将环空流改道，使储层继续通过第二条通道排放。然后，为了使已关闭的压裂管柱能够作为主要流道向节流管汇排放，他们用压裂头上十字接口的一个完好的配套法兰替换了破碎的配套法兰，关闭了上、下十字接口之间的隔离阀，重新打开压裂头下面的主阀，并开始通过压裂管柱控制储层的排放。

就在重新打开主阀，经压裂管柱流出的储层排放流体开始通过节流管汇时，热膨胀导致压裂管柱开始通过防喷器组上升。随着压裂管柱的不断上升，连接在井架腿上

[1] 这个在加压管柱外的环空，通常称为“背侧”。为了清楚起见，之后在 EE-2 井，称为“内环空”，因为在井喷之后，$9\frac{5}{8}$in 生产套管外的环空（外环空）也成为一个因素，因为它也开始在地表外溢。

用于稳定压裂头的一条链条断裂，剩余的链条将非常坚固的 5in 联顶节弯曲到了一边（压裂管柱最终在钻机机台上上升了整整 5ft，证实了蒸汽封隔器已经向上移动，占据了整个 9ft 的热膨胀余度空间，并且已经与不可移动接头的钎柄相接）。由于担心联顶节可能爆裂，钻井班组增加了通过压裂管柱的流量，试图迅速降低现约 5000psi 的地面排放压力。随后大规模水力压裂区的高速排放持续了 36h。通过更换管道引导压裂管柱和内环空的流体都通过节流管汇排出，使井喷得到了控制，但在此期间，排放到地面的水温上升到 227℃。

更换管道的工作刚一完成就出现了另一个新的复杂情况：已尾部固井的 $9\frac{5}{8}$in 套管 11 578～10 620ft 段的上半部分，现在也在排放。超压造成保护外环空的防爆片破裂（后来确定，从一个或多个连接到高压储层的节理流出的流体使得尾部固井水泥产生了周缘裂缝，是造成超压的原因）。不仅储层通过第三条路径排放蒸汽态的流体，而且储层回流流体也从外环空通过 $13\frac{3}{8}$in 套管的裂缝流向了第 I 期储层，并重新填充加压到这一低压区域。虽然上面没有特别提到，但这种周缘裂缝实际上反映出 EE-2 完井时所采用的尾部固井的失败。据估计，在这一切结束之前，大规模水力压裂注入的水有一半以上返排了出来。

地震数据分析

从大规模水力压裂试验获得了一个极好的地震数据集，在接下来的几年将会对其进行分析、再分析。首先，会用这些数据来确定改造区的方位和范围（也许该试验提供的最重要的信息是，微地震活动云分布的边界将节理基岩中形成的一个非常大的压裂区清楚地划分了出来），随后，再来确定该区域内一些压裂节理的方位。微地震数据的多种应用表明其对描述干热岩储层非常重要，注定会成为运营者开发未来干热岩储层的眼睛和耳朵，同时也表明进一步开发这一关键诊断工具的必要性。

注释

在不远的将来，来自初始适中压裂区的微震数据（由近地表检波器和注入井底部的三轴检波器记录）就能用来初步确定储层的方位。在方位确定的基础上，再确定两个生产井的地表位置，并将两口井钻到适当的位置，在初始储层长轴两端的上方每边一个。然后，在每个生产井的底部放置一个地震检波器组，实施强大得多的储层压裂。记录的地震数据将能指导对钻井轨迹的中途修正，以便最好地进入最终储层的两端。

大规模水力压裂时的地震监测在注入开始后不久就启动了，并持续了约 84h。由于最初压裂区与第 2020 次试验的相同，在最初的 10h 内基本上没有地震，反映了再加压状况。然后，随着第 2020 次试验压裂区包络面开始扩大，微地震开始迅速地增加。

尽管采用了矢端图法，通过安装在 EE-1 井的地震检波器接收到的三维信号实时跟踪压裂区的增长，但这种方法在大规模水力压裂试验后就放弃了，再也没有使用过。取而代之的是另一种方法，即反演两个前寒武系岩层网络站点和 3 个深层检波器站的地震波到达时间，即 P 波和（或）或 S 波（图 6-16 和图 6-20），来准确定位大规模水力压裂产生的独立微地震事件。此外，由 9 个 1Hz、垂直分量的检波器组成的地表监测网络只收到了非常稀少的强地震信号（强到足以传到地表，至少有一个站有足够的分辨率）。其中信号能量最强的 10% 用在了获得断层面解，来确定这些较大地震事件的位移方向。井下检波器收集到的数据代表了大约 1800 个地震事件。所有的数据都记录在了模拟磁带上（15-ips Ampex 磁带记录器）。通往 EE-1、EE-3、GT-1 和 GT-2 的井下检波器的地震波传播路径全部都在基岩内，因而认定是直线传播。相比之下，通往那些地表站的地震波传播路径，以及通往位于更远的 PC-1 的井下地震仪器的地震波传播路径，则都会受到覆盖在前寒武系之上的地震波传播速度低的沉积岩和火山岩的影响而畸变，只是 PC-1 的受到的影响会小一些。到达时间是从数字地震曲线中提取的，精度为 1ms，这意味着最佳空间分辨率为 6~10m。

所用的地震速度，经爆炸试验校准，P 波为 5.92km/s，S 波 3.50km/s。相对于设定的常量速度的轻微变化通过台站校正来补偿，而台站校正则从爆炸校准试验和压裂区内的一系列完好记录的事件中获得。各个台站的修正量仅为到达其旅行时间的百分之几，因而支持常量速度的假设。唯一的例外是外围 PC-1 的井下站，位于花岗岩上方 200m 左右的沉积地层中，相对于常量速度而言，P 波和 S 波的到达时间都有相当大的延迟，这就需要做高达 10% 的修正。

在大规模水力压裂期间记录的 1800 个震事件中，定位和数字化了 844 个，其计算的空间误差小于 50m（相对位置的精度估计为 10~20m，绝对位置的精度为 50~100m）。其试验记录的地震事件子集见图 6-22。这些事件的震级在扩展里氏震级上从 -3 级到 0 级不等。

该图最明显的特征是 EE-2 井周围有一个很大的微地震活跃区。与短的注入段形成鲜明对比的是，微地震事件沿井眼向上至少延伸了 500m，超过尾部固井的水泥顶，垂直延伸深度约为 3100m（相对于井斜深 10 200ft）。另外一个特点是，在 EE-3 目标井眼周围几乎完全没有地震活动。最后就是，地震区向下沙塞顶下面延伸了 300m，证明了用沙塞来控制由多个互通节理组成的储层区的扩展是徒劳的。

图中所示已知的套管压损点位于井斜深 10 740ft 和 10 900ft 处（也可能还有其他的压损点）。因为这两处都在微震云内，所以这些压损很可能是由于在这些深度与井眼相交的高压开放节理对套管施加压力所造成的。

观察评论：如果这些张开节理是通过内环空表面产生，那么第 II 期储层只要通过 EE-2 井就能完成回流配置。这种单井干热岩生产类型的概念，通过采用绝热注入套管，已经由唐·布朗写进了干热岩原创专利中（Potter et al.，1974）；然而，大规模水力压裂试结果对这一观点却是灾难性的，出人意料。

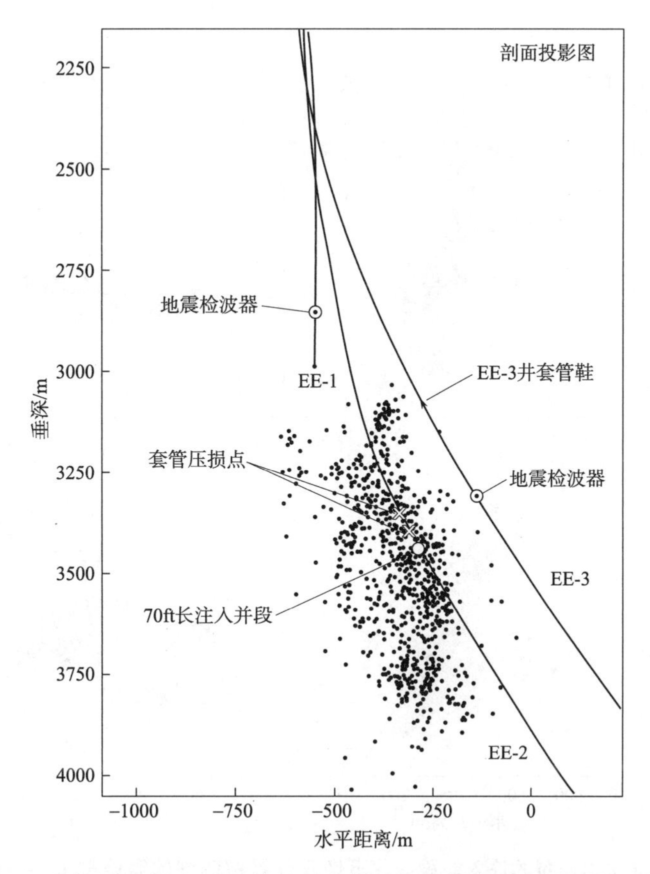

图 6-22　空间误差小于 50m 的 844 个微地震事件的垂直投影图，绘制在 N70°E 剖面上。很明显，数据云与安放在 EE-1 和 EE-3 深部的震检波器距离很近。图中还显示出 EE-2 井中 70ft 长的注入井段（顶部以套管鞋为界，底部以沙塞为界）。

资料来源：干热岩项目数据档案

图 6-23 分为 3 个正交视图，显示的是大规模水力压裂注入阶段记录的微地震活动。由于有这么多定位良好的微地震事件，以 $10m^3$ 块为单位，十分清楚地用微地震密度图描述出其微地震云的形状。特别是在（c）（朝西）视图中，云团中似乎包含了一些地震活动的小块区。

该图中大规模水力压裂区的 3 个正交视图证实，试验扩大了第 2020 次试验地震体积的包络区。如图 6-23（a）所示，试验期间记录的微地震事件绝对不是简单的平面分布。它们形成了一个大致东倾 70°的椭圆体积，在 N16°W 方向延伸了约 900m，斜高约为 800m，平均厚度约为 200m。以微地震事件 10~20m 的空间精度，微地震事件形成的椭球厚度显然不是人为误差。东西向垂直剖面图［图 6-23（b）］和南北向垂直剖面图［图 6-23（c）］显示出微地震活动范围。其垂直方向约 800m，水平方向约 900m，推测是压力打开的节理，几乎对称地从注入井段向外扩展。

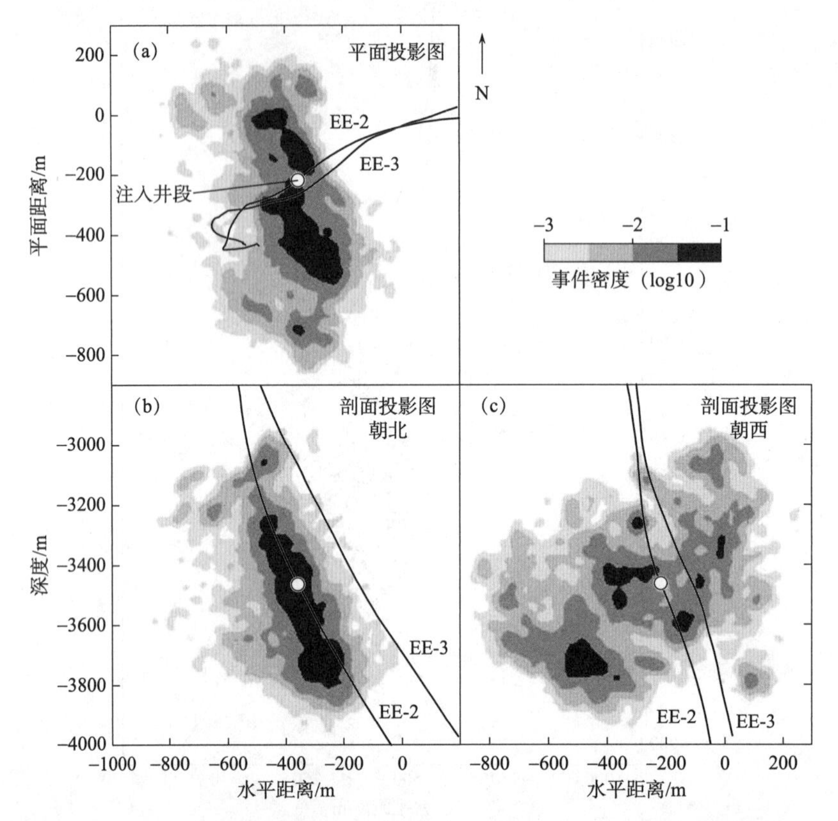

图 6-23　在大规模水力压裂的注入阶段，井下地震仪器探测到的微地震事件密度图：（a）平面图；（b）东西向剖面投影图，朝北看；以及（c）南北向剖面投影图，朝西看。深度轴是相对于地表，水平轴则是相对于现场勘察参考点。开放的圆圈代表 EE-2 井那个缩短后的注入井段。

资料来源：洛斯阿拉莫斯国家实验室 EES 部门的 Scott Phillips，2008

干热岩储层的体积特性

与大规模试验有关的地震云不只是单调地扩展的。作为量化其增长的一种手段，在试验过程中，鲍勃·波特 4 次计算了地震体积，如图 6-24 所示。该图清楚地表明，试验期间形成的储层是体积性的，而不是由（如一些人预想的）少许平行的线性特征组成。它还表明，储层地震体积与注入水量成正比。通过这个观察结果，可以得出一个非常重要的推论：要创造更大的干热岩储层，只需要在高压下泵送更长的时间。

断层面解

在大规模水力压裂期间，9 个地面台站中的一个或多个台站记录了超过 700 个微地震事件，同时在井中的两个前寒武系岩层网络台站上也做了记录。用了这些事件中的一个小子集，即那些能量足以使所有 9 个地面台站都能记录到的事件，来研究震源机制（并未使用前寒武系岩层网络的信号）。

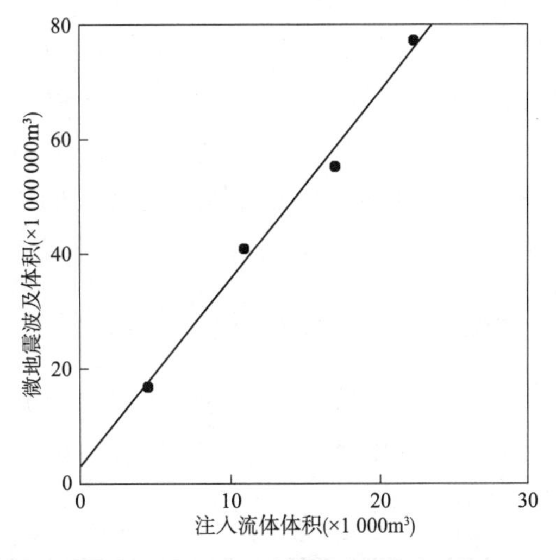

图 6-24　储层的地震体积与注入液体体积之间的线性关系，这是根据大规模水力压裂试验期间的微地震事件位置数据确定的。

资料来源：Brown，1995b

所有 69 个事件的初动都显示了压缩和扩张两方面，尽管其模式表现出很大的多样性，但都与剪切滑移断层面解一致。在 69 个事件中，只有 26 个事件（那些里氏震级接近零的事件）提供了足够的初动数据，从而能计算出约束良好的断层面解［通过迪林杰（Dillinger，1972）的最大似然法］。这些断层面解中有 19 个对应于图 6-25 中所示的两个典型解之一。两者之间的差异可以完全追溯到单个站点初动的符号变化（在图 6-25 中，位于每个断层面解的东南象限）。

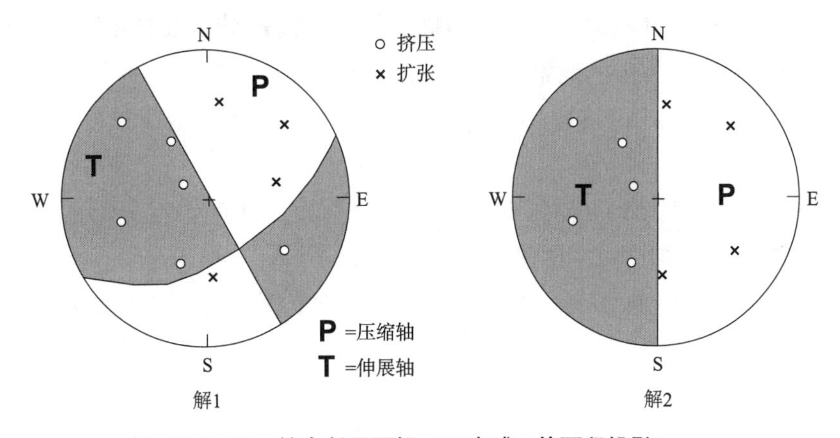

图 6-25　综合断层面解（下半球，等面积投影）。

资料来源：House et al.，1985

这两个解的共同点是有一个近乎垂直的节面，几乎呈南北走向。回顾一下，注入期间产生的微地震云的走向是 N16°W 图[6-23(a)]，倾角约为东倾 70°[6-23(b)]。这个节面与地震云的方向近乎平行，这表明它可能是微地震的优势断面，而且很可能是雁列式的。此外，在图 6-25 这两个解中，T 轴大致呈东西走向，与文献（Aldrich and Laughlin，1984）观测的区域应力结果十分接近。Cash 等（1983）根据空间上相隔约 1000m 的两个试验，得到了几乎与之相同的断层面解，提出两个解之间滑移方向的巨大差异可能是由于与附近瓦利斯火山口复合体相关的应力的空间差异。然而，这不能解释大规模水力压裂断层面的差异，因为后者所依据的事件在空间上并没有分开。

直觉与地球物理学：对大规模水力压裂试验地震分析的严格重新评估

麦克·费劳（Mike Fehler）用他的三点法[1]和对其结果的统计分析，识别出在大规模水力压裂注入阶段的那些主要的压裂节理组（Fehler，1989）（表 6-2）。

表 6-2　由三点法识别出的主要节理面

平均深度/m	走向	倾角	事件数量	平均深度/m	走向	倾角	事件数量
3383	N31°W	74°E	130	3548	N7°E	67°E	81
3738	N90°E	27°N	35	3594	N29°E	60°W	28
3165	N29°W	67°W	50				

通过对微地震数据集的分析来识别节理，意味着每组三个事件都需准确定位（也就是说，不仅要有非常明显的 S 波到达，而且还需有可识别的 P 波到达）。然而，问题是，那些方向对剪切位移最有利的节理位置是否有助于我们了解整个压裂区的流体连通情况？遗憾的是，在第 II 期储层的情况下，答案是否定的。控制整个压裂区流体连通的节理是连续而有分流作用的，正如储层的流动行为所显示的那样。这组主要节理截断了所有具有较低张开压力的节理。地震数据与以前的试验数据相结合，可以给出一些关于这些主要节理方位的线索：

1. 地震云在平面图中的痕迹[6-23(a)]显示，这些节理一定都有一个约为 N16°W 的走向。

2. 准确测得的储层节理开启压力为 5500psi（例如，根据大规模水力压裂前的预泵入试验），表明这些节理应向东倾[2]，倾角约为 45°。

用三点法并没有找到北走向、东倾 45°的结构面，这使人们对该方法提出了疑问，

---

[1] 这种方法是基于其主张，即任何三个微地震事件都能定义空间中的一个平面（Fehler，1984）。

[2] 如果根据 12 000ft 深度的垂直应力 8300psi（高于静水压力）和大约 1400psi 的相应水平应力来计算，就能获得东倾 45°的结果。与此相反的解，即排除西倾 45°，因为它将保证与 EE-3 井的流体连通，这可以从图 6-22 所示的井眼位置的垂直轨迹中看出。

其是否适合于确定像第 II 期储层这样的压裂区内的重要节理结构。然而，有人（Roff et al.，1996）使用聚类技术和波形振幅比对大规模水力压裂试验数据集做了重新分析，确实发现了几个倾角接近 45°的东倾节理。可以肯定的是，干热岩的地震科学仍在不断发展（美国能源部对洛斯阿拉莫斯项目的大部分资助在 20 世纪 80 年代末就已经停止了）。

地震矩不足

Fehler 和 Phillips（1991）指出，地面地震网络记录的所有事件的总地震矩只有预期的 0.1%［根据 McGarr（1976）地震矩与注入的液体体积之关系的工作］。费劳的结论是，即使计算误差将地震力矩低估了 10 倍，大规模水力压裂时的地震水平仍然很低。因此，至少 99% 的注入量必须由非地震拉伸压裂来容纳。从地震角度看，无地震拉伸压裂意味着在大规模水力压裂区内，有一组节理被压开了，这些节理的方向与最小主应力的方向大致垂直。因此，它们应是压裂区内的最低压力节理，在储层拉伸压力约 5500psi 时过度加压，会储存很大一部分水量。

大规模水力压裂试验的事后分析

试验中注入大量的液体以及地震事件的数量和分布都表明，已经创建了一个非常大的系统；回流液体量和回流速度则表明，该系统在边界处是严密封闭的，并且内部连通良好；在快速排放过程中的高热能生产率表明，能够从节理储层岩石中高效采热。可惜的是，由于在执行过程中犯了一些具体的错误，试验不仅没有开发出扩大的储层区之真正潜力，而且还使整个项目大大地倒退了。经过反思，总结出以下任何一个行动都应该能为大规模水力压裂试验带来成功，还可保护非常有价值的 EE-2 井筒。

- 尽管管理层要求尽快开展试验的压力，但还是应该花时间重新加工控制封隔器，并将其安装在 Otis 蒸汽封隔器的下面。
- 监测内环空压力的科学家应该要足够警觉，注意到内环空压力的突然上升。要迅速采取行动来降低压力，这至少能避免套管的压损。
- 在井喷发生后，一旦主阀关闭，压裂管柱关闭，背压泵卡车班组就应该立刻返回其岗位（如果内环空压力经排放降到了 2000psi，套管就不会压损）。
- 注入速度应该限制在 20BPM，这将会明显减少压裂头的泵驱振动，还有可能防止井喷。这也能延长试验时间，使员工能够更有效地轮换，提高他们对意外事件的应对能力。
- 在注入 400 万 gal 水后，试验就应该叫停（这时应该很明显了，无论注入多少水都无法实现连通）。

EE-2 井的状况：初步调查

紧随大规模水力压裂试验之后，可以确定的是，压裂区有 3 条不同的流动通道排放：内环空、压裂管柱和外环空（$9\frac{5}{8}$in 套管和 $13\frac{3}{8}$in 套管之间，或者在后者下方的井壁）。很明显蒸汽和水的混合物已经通过这些路径中的前两个排出，而干蒸汽则通过第三个路径排了出来。应该指出的是，储层通过第三条路径向地表排放引起了一些困惑：尽管以前也有过这样的旁通流（在 EE-2 井深部围绕固井衬管的 292ft 长的那段，这是在 1982 年 6 月的第 2012 次试验中形成的），但近 1000ft 长固井水泥的周缘裂缝却出奇的长。从 11 578ft 深度的套管鞋下方注入段开始，流体一定是通过储层内的压力扩张节理网络，最终进入了水泥顶以上的外环空（10 620ft 处）[1]。

此外，大约在此时，观察到第 I 期储层的排放行为发生了变化：在大规模水力压裂之前，第 I 期井筒一直没有活动，准静水位在 900~1800ft 深度之间；随着 GT-2 井开始以 1~2gal/min 的速度产水，EE-1 井则开始生产大量的含水气体。这种变化表明，这个位于上部的储层在井喷和随后的排放过程中受到了通过外环空排放的高压流体的补给，高压流体最可能来自 EE-2 井筒的一个节理入口。

12 月 15 日，随着储层排放工作基本结束，用绞车和钻机泵做了一系列的测试，以评估 EE-2 井筒状况。调查结果可归纳如下：

1. 压裂管柱卡在了井眼里，上提超载高达 7 万 lb。根据管道拉伸与载荷（未经校正温度）的粗略计算，被卡的深度在 10 300ft 附近。

2. 在以 6BPM 的速度泵送 10h 后（总共约 15 万 gal），钻机泵仅能将内环空的压力提高到 2000~2200psi。没有观察到压裂管柱内有与泵入相关的回流（由荧光示踪剂试验证实），这表明该环空和压裂管柱之间没有流体连通。然而，内环空及压裂管柱则都与大规模水力压裂区有良好的连通。

3. 在以 3. 5BPM 的速度泵送 3h 后（共 26 000gal），压裂管柱只加压到 1500psi 左右，环空没有返流。

4. 使用外径为 $1\frac{7}{8}$in 的 Homco 撞杆与接箍定位工具做的一次测试表明，压裂管柱至少在 11 300ft 以深的深度是开放的，也就是说，几乎到了管柱的底部，并且远远低于已知的压损点。没有用 Homco 工具在压裂管柱之下测井（因为将工具从套管中带回到

---

[1] 如第 5 章所述，项目管理层为了快速完成 EE-2 井项目并节省资金，在最后一刻放弃了精心设计的 $9\frac{5}{8}$in 生产套管的固井计划，而只对底部 1000ft 长实施了尾部固井。如图 5-4 所示，尾部固井实际的套管长度只有大约 960ft。在那些认为第 II 期储层将以一组基本垂直的水力断裂来开发的人们看来，这已经足够长了。

上面直径较小的压裂管柱会有危险)；但很明显，而且后来注入泵送也证实，井眼一直开放到了储层，因此，储层可以通过压裂管柱重新加压。

加压行为表明：(a) 压裂管柱和内环空都是压力密闭的；(b) 两者都与高压储层有直接的流体连通，压裂管柱是通过套管鞋下面 70ft 长的注入井段，而内环空则是通过破损的 $9\frac{5}{8}$in 套管的裂缝（也就是说，来自高压储层流体先通过位于 10 740ft 和 10 900ft 处与外环空[1]相交的节理，继而通过套管的裂缝直接进入内环空)。

这种储层再加压的行为与大规模水力压裂预注入试验期间观察到的行为明显不同(图 6-18)，当时需要近 5000psi 的压力才能以 2BPM 的速度泵入到第 2020 次试验储层。在大规模水力压裂期间，长时间的压力“浸泡”（61h)，然后是非常快速的排放，极大地改变了注入流体特性，但改变的路径还不清楚。

EE-2 井状况：进一步调查（第 2036 次试验)

接下来的几周，我们试图了解大规模水力压裂试验结束阶段发生了什么，并进一评估对井筒的损害。1984 年 1 月 17 日至 21 日实施了第 2036 次试验，包括用钻机泵通过内部环空及压裂管柱做的几次低压注入试验（Brown et al.，1984)。1 月 19 日的注入试验（通过环空）对第 2020 次试验的压裂区重新加压；图 6-26 显示的是该试验最后两阶段泵入量与时间的自然对数关系。与一个月前观察到的情况一样，这种再加压行为与预注入试验的行为明显不同（图 6-18)。

显然，重新加压的区域（在大规模水力压裂试验后又完全排空后，流体通道网络仍在）现在是一个高渗透性的区域；从低压下注入的液体量来看，其残留的液体量至少为 15 万 gal（占大规模水力压裂试验 560 万 gal 注入量的 2.7%)。

在环空注入期间，用小直径温度仪通过压裂管柱做了测井。在通过 11 297ft 处 Otis 蒸汽封隔器的位置时，显示压裂管柱直径较温度仪直径至少增加 2in。温度测井证实，有两个从环空进入储层的流体入口：一个小入口位于 10 740ft 处，一个主要入口则位于 10 900ft 处（图 6-27)。此外，当以 2800psi 的压力注入环空时（见图 6-26)，Otis 封隔器周围没有显示有旁通流。

1 月 20 日，Dresser 公司（用其卡点工具）在压裂管柱内做了测井，以确定压裂管柱在压损套管内的具体位置。该记录显示，压裂管柱直到 9350ft 的深度都没有受到限制，在 9400ft 处还有 40% 的可动性，而在 1 万 ft 处则没有可动性。初步的结论是，1 万 ft 处是套管压损并压到压裂管柱上的另一个点（先前计算为 10 300ft 左右)。但还无法确认，事实上，配套的温度测井并没有显示在这个深度有套管破裂。可能压裂管柱只

---

[1] 由于这一井段的外环空有固井水泥，阻止了流体沿着外环空向上流动到达地表；在这个封闭的空间里的压力累积是导致套管压损的原因。

是在套管内有扭曲，并在此处被牢牢固定。

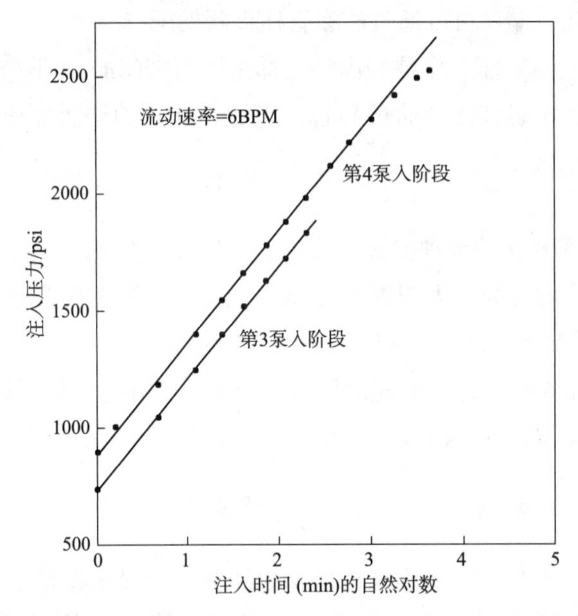

图 6-26　第 2036 次试验：大规模水力压裂区通过内环空注入的再加压（1984 年 1 月 19 日）。

资料来源：干热岩项目数据档案

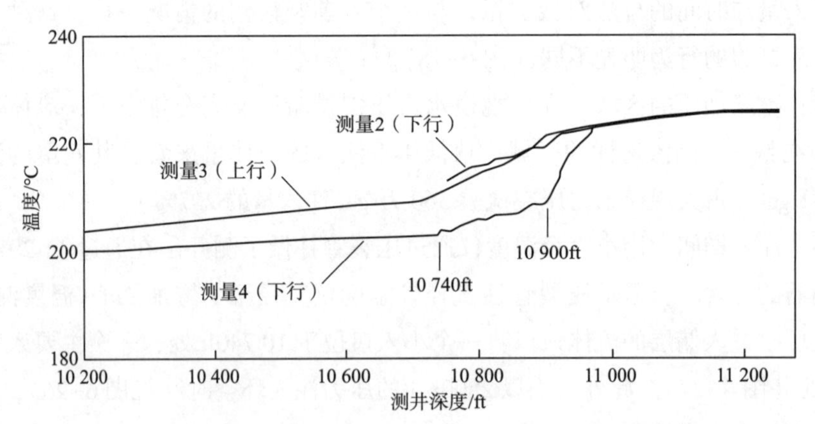

图 6-27　EE-2 井温度测井结果（1984 年 1 月 19 日）。深度为测井车上的记录。

资料来源：干热岩项目数据档案

在第 2036 次试验中，内环空注入的放射性示踪剂显示，在 1600~2500ft 段之间，$9\frac{5}{8}$in 套管没有流体流出，打消了在这个深度区间内环空以某种方式与结晶基底之上的低压漏失区相连的想法。此外，示踪剂测试结果显示，在 10 500ft 深度之上的套管完好无损，证实了先前的发现：内环空没有与压裂管柱直接连通，而只是通过套管在 10 740ft 和 10 900ft 处接头附近的裂缝与高压储层连通（其中较浅的位置仍然在外部环空的水泥顶 10 620ft 深度以下 120ft 处）。此外，示踪剂试验还表明，外环空没有与内环空相通，证实了水泥在两者之间形成了有效的封隔。

最有趣的是，第 2036 次试验揭示出与储层连通节理的注入阻抗发生了明显变化。考虑到之前 EE-2 井的相关试验（第 2011 次，2012 次，2016 次，2018 次和 2020 次）中看到的相当高的数值，这个阻抗值比预期的要低得多。这种变化，即在相同的注入速度下压力要低得多，预示着我们正在观察到一种新的现象。如之前描述的，大规模水力压裂试验结束时发生的井喷导致了节理表面的压力崩落。由此产生的一些岩石碎片被困在了连接井眼与储层的那些节理中，使节理保持着张开状态❶。

项目评估及返回 EE-3 井

鉴于大规模水力压裂试验结束时的井喷对 EE-2 井造成的广泛损害，通过 EE-2 井再做进一步的储层试验是不合适的。特别是，压裂管柱的孔径因周围套管多处破损挤压造成内凹而变窄，只能在储层的上部（最低至约 11 300ft 深度）进行小直径温度测井。

在此关键时刻，芬顿山的作业重点转向了 EE-3 井，将其作为实现两井之间储层流动连通的最后希望。然而，一些复杂的问题仍然困扰着 EE-3 井的进一步注入作业计划。

- 在 EE-3 井中，已固井的隔离衬管状态不确定。
- 由于 EE-3 井勉强接近“完井”，通过隔离衬管固井水泥之上以及位于 10 394ft 处、紧邻 $9\frac{5}{8}$in 的套管鞋下方（10 374ft 处）与井眼相交的那个低压节理，使压裂管柱与第 I 期储层区域形成了低压连接

（1983 年 7 月，在第 2025 次试验之后、钻机滑移到 EE-2 井进行大规模水力压裂试验之前，在 EE-3 井中下入了暂时未封口的套管补丁，补丁大约在 10 900ft 深度处穿过了已固井的 $4\frac{1}{2}$in 隔离衬管残端，并通过 $4\frac{1}{2}$in 压裂管柱连接到了地面。其实，这个补丁是不必要的，因为与 EE-3 井的任何连接都可以直接通过套管实现。）

- $9\frac{5}{8}$in 生产套管的状况

（根据将 EE-3 作为干热岩生产井的计划，这组最后的套管最初预拉到了 88.5 万 lb 的拉力，以作为生产套管使用。考虑到 200 万 gal 的注入量，第 2025 次试验所用的水加热技术并不可行；这次是需要释放套管上的预拉力）。

---

❶ 在井喷过程中，喷出了储层岩石碎片，这一事实让人相信这一结论。尽管过去一些地质科学家曾断言自我支撑（由干热岩储层中沿压裂节理的剪切滑移造成）会导致显著的阻抗降低，但在芬顿山从未观察到过这种现象。数据显示，在 EE-2 注入井段附近，剪切滑移诱发的节理自我支撑是很小的。如果有明显的自我支撑，那么在第 2020 次试验注入了 84.4 万 gal 水量的情况下，就应该能观察到阻抗降低。

乐观方面，大规模水力压裂区在某种程度上比第 2020 次试验的（图 6-11）更接近 EE-3 井眼（图 6-23）（可惜的是，当时并没有认识到围绕大规模水力压裂区中存在着广阔且弥漫分布的应力笼，它会阻止任何节理的相互连通）。

1 月 24 日，对 EE-2 井口做了保护处理，开始准备将钻机滑回 EE-3 井。

EE-3 井的进一步维修

正如第 5 章末尾所总结的那样，EE-3 的完井设计做得很差。不仅 $9\frac{5}{8}$in 套管安放得过浅，而且是仅作为生产井完井，这就排除了对潜在的深层储层区域做进一步的注入或压裂。当项目计划发生变化时，此限制造成了一系列问题。

1984 年 1 月 31 日，EE-3 井开始了新的作业。起出了 $4\frac{1}{2}$in 的压裂管柱并用钻具，钻杆提起，从井中起出了抛光孔座、回接管柱和临时套管补丁。接下来，使用套管千斤顶，来释放 $9\frac{5}{8}$in 生产套管上的高水平张力。但由于千斤顶故障，作业不得不中止，钻机被迫停工了 5 周。3 月 14 日，随着修复好的套管千斤顶和一辆用于加压的 Dowell 泵车的到来，钻机重新开始了工作。

在各种内部打捞矛的帮助下，3 次抓取后抓起了套管。经过大量的努力和损坏了一些工具后，Tri-State 公司的打捞矛终于发挥了作用，释放了 88.5 万 lb 的套管张力（即使张力完全释放，预计套管在完全注入冷却时也会超过其额定的最小屈服应力。但好在套管有固井水泥支撑，灾难性损坏风险应该极小：屈服应力将会被分散，钢管不会超过其额定延伸率）。然后，起爆了一个解卡倒扣炸药包，将顶部 100ft 左右的套管从井中取出。新套管接入了剩余套管的顶部，并以 13 000ft · lb 的扭力将其拧紧。

订购的 Otis 高温套管外部补丁现在已经到位，3 月 19 日，将补丁与其顶部的抛光孔座连接到了一段 $5\frac{1}{2}$in 的回接管柱上，由钻杆下入。但在做压力测试时，其于 $4\frac{1}{2}$in 隔离衬管顶部残端的连接处发生了泄漏（注：尽管一个适当的补丁就能节省接下来四周的努力，但并没有去修复或更换 Otis 套管补丁）。EE-3 井的高压注入要求与隔离衬管间必须有一个充分的连接，最终将一个高度复杂的复合连接拼凑了起来。它包括一个安放在隔离衬管内的 $4\frac{1}{2}$in 的 Otis 套管封隔器，并通过一段 $2\frac{7}{8}$in 的管子连接到了回接管柱上；一个浮动的内外密封芯轴；以及密封芯轴上方的 $4\frac{1}{4}$in 抛光孔座❶。

❶ 在事隔 25 年之后，作者试图从日常钻井报告中重建这次修井作业的曲折性，显然是徒劳的（后来为准备第 2042 次试验时的临时完井也同样如此，即使粗略地看一下文献（Dash et al.，1984）的图 1 就能验证这一点）。

Brinkerhoff-Signal 的 78 号钻机于 4 月 19 日停工，到 5 月 4 日已经拆装完毕并运离了芬顿山。

第 2042 次试验

EE-3 井的这次注入试验，将会比第 2025 次试验的规模要大得多（但注入流率只有其 1/3），其目的有两个：与大规模水力压裂区建立连通，并进一步研究在第 2025 次试验期间最初在固井衬管下方形成并且扩展的节理系统的微地震特征。试验计划于 1984 年 5 月 15 日开始，持续约 4 天。注入井段与第 2025 次试验的相同：即位于 11 389ft 处衬管鞋及 11 770ft 处沙塞顶之间的裸眼段。

尝试一个连接

此注入试验的流速将会限制在 10BPM（而不是第 2025 次试验的 20BPM），主要是因为 EE-3 井中与隔离衬管的最终连接很复杂，限制了流动通道。而且，此时人们终于认识到了注入速度只会影响压裂区的增长速度，与节理扩张关系不大，因此，也与实现流体连通的可能性关系不大。根据以往经验，在注入速度为 10BPM 时，估计的注入压力为 6000psi，比 5500psi 的节理张开压力高出约 500psi。

将 $4\frac{1}{2}$in 的压裂管柱再次下入井眼，插入到重新组装的隔离衬管组件上部的抛光孔座中，做了压力测试。然后，在压裂管柱的顶部安装了一个工作压力为 10 000psi 的井头，并将 2 根 15 000psi 的 3in 管线从井头的十字接口引向位于地面的 1 条 3in 注入管线。该管线上连接了 4 个高压（3000HHP）三缸泵，每个泵都由一根 4in 的吸入软管来供应流体。安装了 3 条实验室的排放管线：1 条到十字接口的一侧，1 条到内环空，1 条则到 $9\frac{5}{8}$in 套管外的环空。这些管线通过一个节流管汇连接到了一个 10in 的气体排放系统。

吸入系统包括两个容量为 100 桶的储罐，供应一个向 4 根吸入软管排放的混合器，然后通过涡轮流量计连接到了一个 7in 的公共管汇。吸入罐保持满载，并安装了科比背压泵，以保持内环空的压力为 1000psi。

5 月 15 日开始注入，如图 6-28 所示，在大约 6000psi（40MPa）压力下，注入速度很快达到 8BPM。很快就能看出，从衬管下方到上部环空有明显的周缘裂缝流动，但相对于注入速度而言，其速度很低。这种旁通流从封闭的环空进入与套管鞋下方井眼联通的那个低压节理，然后进入第 I 期储层区域，使得环空压力在第 2042 次试验期间保持在 1400~1700psi。通过减少通过衬管复杂连接处的压差，周缘裂缝流就消除了要用背压泵对环空加压的需要。但从未测量过该衬管旁通流的速率（这需要在地面上对环空进行排放）。

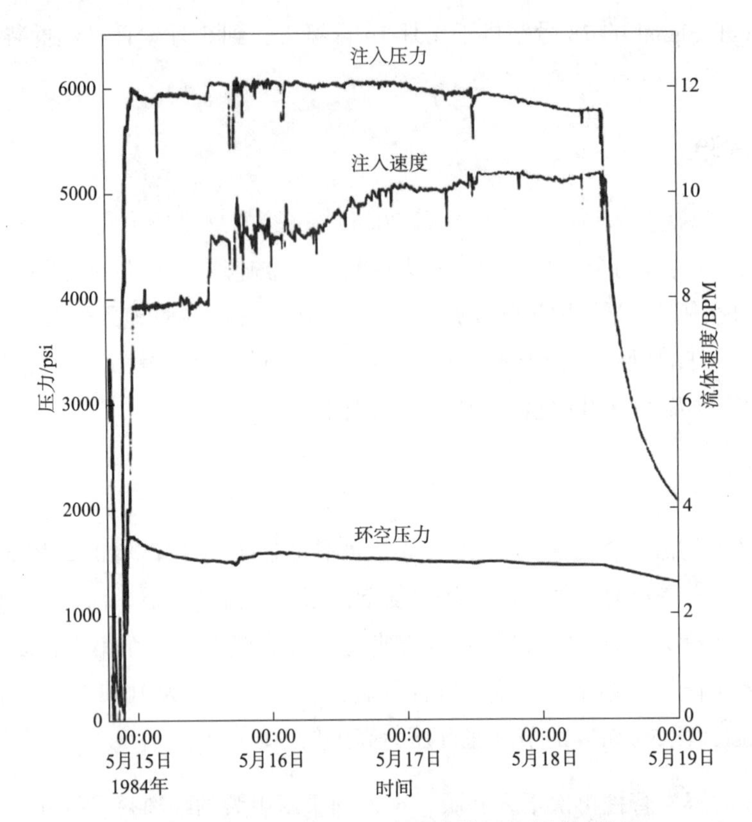

图 6-28　EE-3 井第 2042 次试验的压力和流速曲线。

资料来源：Dash et al.，1985b

在随后几天里，6000psi 的注入压力保持了相对稳定，同时注入速度则在逐渐增加。在试验接近尾声时，注入速度最终达到了计划的 10BPM（420gal/min 或 26.5L/s）。从这种特性得不出任何结论，因为对持续旁通流的流速（可能是变化的）一无所知。

然而第 2042 次试验值得关注的是，有些重要的参数没有得到测量。

- 压裂区内节理稳态扩展压力是多少？
- 进入储层的注入流体的比例是多少，有多少通过衬管旁通流（周缘裂缝流）进入第 I 期储层的低压区？

如果测量了第一个参数，就可以提供试验结束时在 10BPM 注入速率下压裂管柱的真实摩擦压力损失（这样就能用简单的流动模型来计算整个试验期间周缘压裂流的速度）。然后就能确定第二个参数的时间变化，即流体分流（在试验结束时不做环空排放，其原因可能是为了避免提高隔离衬管复合连接处的几个密封圈的压力差）。

第 2042 次试验接近完成时，注入压力为 5740psi，注入速度为 10BPM。注入液体为清水，除了 5 月 16 至 17 日的 7h 内，注入了 4lb/1000gal 的海泡石泥浆（一种分流剂，类似于大规模水力压裂中使用的细粒碳酸钙），来降低周缘裂缝流动的流速，但没有成功。

试验相对来说很顺利。可惜的是，这也意味着，由于没有完全关泵阶段，也就没有机会测量节理扩展压力（但即使有机会，测量也会受到衬管旁通流的影响）。

尽管对 EE-3 井的注入量很大，但在已关闭的 EE-2 井眼中完全没有压力反应，即没有任何水力连通。

在随后的 4 个月中定期进行的泵入试验所记录的压力显示，没有证据表明补丁组件出现了泄漏。此外，$9\frac{5}{8}$in 的套管在这次测试中也没有发现因大规模冷却和由此产生的拉伸载荷而造成的损坏。

调查第 2042 次试验节理系统的地震特性

一个井下地震台网络提供了试验期间产生的微地震位置信息。这些台站中最深的位于 EE-1 井中 9400ft 和 EE-2 井中 11 300ft 处。其他台站的深度如下：GT-1 井为 2460ft，PC-1 井为 2148ft，GT-2 井为 8000ft。此外，由 9 个地面地震台组成的阵列记录了较强的微地震的信号。监测网络在整个注入期间（近 72h）都在运行，记录了大约 1300 个事件。其位置都是根据 5 个井下台站的数据，反演微地震信号的到达时间计算得到的。其中只有 830 个事件计算出了最可靠的位置，用于了绘图，如图 6-29 所示。

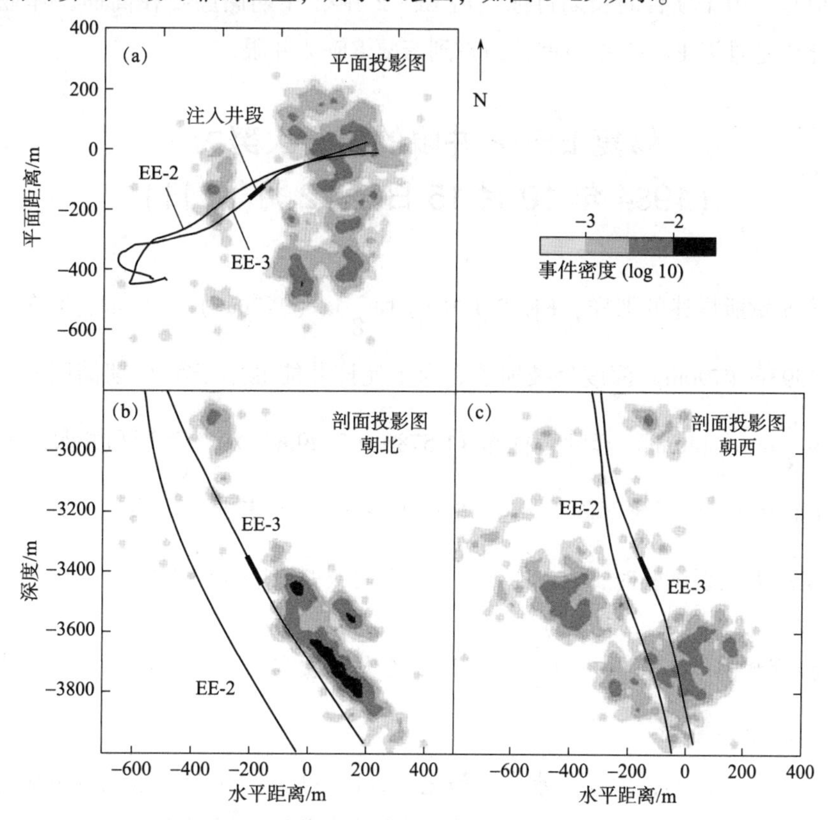

图 6-29　第 2042 次试验期间记录的微地震位置：(a) 平面投影图；(b) 向北看的东西向垂直剖面图；(c) 向西看的南北向垂直剖面图。

资料来源：洛斯阿拉莫斯国家实验室 EES 部门的 Scott Phillips（2008 年 9 月）

重点看图 6-29(b)，微地震事件投影到了朝北看的东西向垂直剖面上，可见第 2042 次试验记录到的绝大多数微地震事件都发生在 EE-3 井轨迹上方。试验中微地震事件位置点形成的云图比大规模水力压裂时的云图倾角[图 6-23(b)]要小（东倾约 55°）。即使在大规模水力压裂试验和随后的储层减压 5 个月后，一个残余的异常压缩区，或称应力笼，显然仍然围绕着大规模水力压裂区。此应力笼使第 2042 次试验的微地震偏离了这个区域，类似于第 2025 次试验发生的情况，但规模更大。大规模水力压裂区仍然保持着显著扩张状态，部分原因是大量的液体仍然储存在最低张开压力节理内（见上文与图 6-15 有关的讨论），另外部分原因则是一些节理被压力剥落的岩石碎片支撑不可逆转地保持着开启状态。

第 2042 次试验的结果，再加上 2025 次试验的结果，表明除了重新钻探 EE-3 井至大规模水力压裂区，没有任何其他方法能建立起 EE-3 井与大规模水力压裂区之间的流动连通。但是，由于项目的长期目标包括 EE-2 井第 II 期储层要在高回压作业条件下生产，因此决定推迟 EE-3 井的重钻，直到修复 EE-2 井眼。

修复 EE-2 井眼的第一次努力（1984 年 10 月 15 日至 12 月 18 日）

正如第 5 章所详述的那样，EE-2 井中的 $13\frac{3}{8}$in（340mm）的技术套管在安装期间和之后在 2593ft（790m）深度处破损了。为了使该井能够用于第 II 期储层开发，向井眼中下入 $9\frac{5}{8}$in（244mm）套管管柱至 11 578ft（3529m）深，套管和井眼之间的环空底部的 960ft 段已经做了尾部固井（至 10 620ft 深度），但其余部分没有固井。之后，在准备大规模水力压裂试验时，在 EE-2 井中安装了一个特殊合金的 $5\frac{1}{2}$in 压裂管柱和一个耐高温套管封隔器，以保护 $9\frac{5}{8}$in 套管不受大规模水力压裂时极高注入压力的影响（预计在 6000psi 范围内）。

正如上面所讨论的，大规模水力压裂之后，EE-2 井的状况是根据以下条件进行评估的：（1）储层的排放行为；（2）12 月 15 日用钻机泵对压裂管柱和内环空进行注入试验的结果；（3）观察到的第 I 期储层排放行为的变化；（4）第 2036 次试验的结果。

从这一评估中得到了如下结论：

• $9\frac{5}{8}$in 套管至少在 10 740ft 和 10 900ft 两个深度处压落在了压裂管柱上。

• 压裂管柱和内环空都与高压储层直接连通了。压裂管柱是通过套管鞋下方 70ft 长的注入井段，而内环空则是通过套管位于 10 740ft 和 10 900ft 两处的裂口。

• 外环空也与大规模水力压裂区连通了，可能是通过高压储层内的其他节理，这些节理与位于 10 620ft 处的固井水泥顶上面未固井段的环空相交［正如上面提到的，通过节理储层及 EE-2 井尾部固井套管周缘的流体通道赋予了周缘裂缝（frac-around）一词以新的含义，围绕着近 1000ft 的固井套管］。

• 大规模水力压裂区向外环空的高压排放，打开了进入第 I 期老储层的一个低压入口（1985 年 5 月，注入试验和温度测井定位出这一入口位于 9800ft 深度）。

EE-2 井的维修工作从 1984 年 10 月中旬开始，一直持续到 12 月 18 日。修井设备与钻机是由丹佛市 Brinkerhoff-Signal 钻井公司提供的。对于外环空出现问题，一个主要规定就是要封堵这一来自储层的环空流路径。计划是首先要将压裂管柱移至套管的上部压损深度（10 740ft）处；接下来，在套管上打孔；然后将水泥注入位于 10 620ft 深度的固井水泥顶之上的外环空；最后，重新完井，以能够高压注入或生产。

移动压裂管柱至 10 718ft 深度的操作相当顺利，还抽出时间更换了 $9\frac{5}{8}$in 套管上部的 902ft 段来修复近地表泄漏。在套管的 10 600ft 处完成了打孔，但是当在该深度无法建立足够的循环时，在 10 550ft 处再次打了孔。

接着，在剩余压裂管柱的残端内安装了一个桥塞（剩余压裂管柱被 10 740ft 处的压损套管牢牢地卡住了），并在套管内回填了 23ft 的沙子，至 10 695ft 深度。然后，在 10 292ft 处座封了一个固井封隔器，所带尾管向下延伸至 10 424ft 处，位于套管射孔之上 126ft。最后，在 11 月 15 日，通过封隔器和尾管泵入 1000gal 的水泥，其中大部分经 10 550ft 处的套管射孔向上流入外环空。这一数量估计能填满约 200ft 的外环空，使固井水泥顶抬升到后来测得的 10 378ft 深度。但用更多的水泥将外环空与高压储层隔离开的做法应该要更慎重些，考虑到长时间的高压作业可能会造成更长时间的周缘裂缝流动循环（由于其顶部仅比位于 11 578ft 处的套管鞋高出 1200ft，现有的尾部固井水泥提供了一个羸弱屏障来对抗节理打开压力，此压力是由以套管鞋为中心已经有大约 2500ft 高的压裂区施加的）。

注：11 年后，即 1995 年，位于 EE-3A 井深处尾部固井的生产套管形成了周缘裂缝，使得长期流动试验中止，在几个月内，美国能源部就终止了实验室的干热岩项目。

将固井封隔器从井中取出后，对套管成功地做了 2400psi 的压力测试，证实了水泥已经封堵了外环空和套管射孔。在实现了 EE-2 井修复作业的这一主要目标后，本来可以通过钻出水泥，清理 10 718ft 处残留压裂管柱顶部的沙子，移除桥塞，在 10 600ft 较深处套管射孔位置下方设置一个 Otis 蒸汽封隔器，并再次下入 $5\frac{1}{2}$in 压裂管柱，来重新完井。但相反的是，第二次更大量的水泥作业已经在实施中了，以封堵外环空至 6500ft 深度。计划认为来自高压储层的流体仍然能够通过外环空流向更高处，即 1900～2400ft 处的漏失区（但事实并非如此：这些漏失区已经通过下入套管实现了与内环空的隔离，并通过 10 550ft 处的套管射孔注入水泥实现了与储层的隔离）。这一大规模水泥作业是针对一个不存在的问题，其结果也会是非常糟糕的。

注：这本来是由商业测井公司做放射性示踪剂测绘的绝佳时机，测出任何源自 10 718ft 处被堵塞的压裂管柱顶部的流动路径（示踪剂在 EE-2 井深处释放的同时，可以通过钻机泵对仍然完好的 $9\frac{5}{8}$in 套管加压）。

11 月 16 日，在 5 次尝试失败后，套管终于在平均深度 9100ft 处的 3ft 井段射出了 10 个孔。在错误频发后的第 6 天，在 8892ft 处设置了一个水泥承转器[1]，由此泵入 7350gal 水泥，迫使水泥通过射孔进入了外环空。糟糕的是，打开固井头的一个阀门时（用了 2 小时等待水泥凝固），发现钻杆处于清空状态，预示着这第二次水泥作业存在着重大问题。

在 10 695ft 处的短沙塞本应能阻止水泥从该深度以下流出；但发现水泥出现在了其不应该出现的地方，即 9100ft 深度处的套管射孔下方充满了水泥。将水泥钻出到 9356ft 深度，然后对套管做了 3000psi 的压力测试。25min 后，压力下降 450psi，这意味着那些套管射孔还没有完全封闭。

当钻出 9356ft 深度以下的水泥时，发现水泥一直延伸到了 10 650ft 处。显然注入的 7350gal 水泥几乎全都流到了下部的井眼中，而不是从射孔处进入到外环空。考虑到 9100～10 650ft 段的套管计算容积约为 5000gal，那问题是，其余的水泥（超过 2000gal），以及之前填充在水泥承转器下方套管中的水，都去了哪里？毫无疑问，答案是两者都通过 $9\frac{5}{8}$in 套管的裂缝挤入了在 10 740ft 和 10 900ft 处与井眼相交的那些节理中。就在被水驱替之前，水泥充满了钻杆以及大约 650ft 长的套管；这种密度为 16.6lb/gal 的水泥柱底部 23ft 长的沙塞两侧产生的净压力差至少为 4000psi，这足以将所有的沙子和水泥冲下，并通过位于 10 740ft 及 10 900ft 处的套管裂缝流出，然后进入位于这两深度处的节理内。

---

[1] 水泥承转器是一种配备有一个止回阀的特殊封隔器，可由钻杆底部的插入头打开，使水泥通过它泵入。当提起插入头并脱离封隔器时，止回阀关闭，防止水泥被环空中的水泥质量产生的压差推回套管中。

那么，这些节理肯定仍然是张开的，并直接与高压储层连通着。它们能够接受水泥，因为由剥落的岩石碎屑（形成于大规模水力压裂时的井喷）所支撑着，这可以从以下事实中推断出来：12月15日，以6BPM的注入速度，只需要2000~2200psi的注入压力就能注入，相比之下，第2020次试验期间，注入压力则要超过5000psi（看来，储层通过内环空的快速排放，就像通过压裂管柱的排放一样，导致了接近出口的压力骤降）。

11月30日，随着水泥清除至10 650ft深度，对井做了循环清理，然后用钻机泵做了压力测试。甚至在全速泵送的情况下，压力也没有建立起来，似乎很明显，第二次水泥作业不仅没有堵住外环空，也没有堵住9100ft处的那些套管射孔，从而严重降低了套管压力的完好性。

将井内的水泥和碎屑清理到了10 718ft处的剩余$5\frac{1}{2}$in压裂管柱顶部。但由于时间和预算的限制，EE-2井的修复作业（包括进一步移除剩余的压裂管柱和套管封隔器）就这样结束了。在超过6周的时间里，几乎有一半的时间都用在了两次固井作业，以封隔高压储层与外环空之间的连通。第一次是快速而成功的，而第二次则是拖拉的、没有必要且不成功的。此外，糟糕的是，当套管在9100ft处为第二次水泥作业开射孔时，从$9\frac{5}{8}$in的套管内部打开了一条旁通流道；它让流体通过这些射孔，沿着外环空向上，通过$13\frac{3}{8}$in套管的裂缝，最后进入了前寒武系顶面之上的浅层含水层。

钻井监督员们现在不得不把注意力集中在主要任务上，即使EE-2井能成为未来储层流动试验的生产井。首先，为了恢复与高压储层的流动连通，必须移除10 718ft处、剩余的621ft长$5\frac{1}{2}$in压裂管柱顶部内的桥塞。为了形成从压裂管柱顶部到$9\frac{5}{8}$in套管间的过渡，将7节7in套管（291ft长）连接后以衬管悬挂方式由钻杆送入井眼内（上端装有与衬管坐封工具一起使用的衬管套）。底端装有一个3ft长的锥形斜口管鞋导向器（外径7in，内径$5\frac{3}{4}$in），意图是滑过压裂管柱的顶部；然而，它没有配备任何类型的密封装置。然后对过渡套管做了清洗，在压裂管柱的顶部旋转推进了约2ft，然后释放。

接下来，在标准钻杆的底部安装了12节小直径钻杆（$2\frac{7}{8}$in，钻具接头直径为$3\frac{1}{4}$in），钻杆末端安装了一个塞拔组件，将其下入井中。将桥塞上的卡瓦磨铣掉，然后把组件从井眼中起了出来，但不见桥塞。在接下来的8天里，在越来越深的地方试了各种技术，以打捞桥塞（它显然是在剩余压裂管柱内部滑落的）。最终，桥塞停留在约11 285ft处，已经完全磨碎了。现在，小直径钻杆已经能够在压裂管柱内自由上下移动

（经过了两个套管压损点），直至位于 11 297ft 处的 Otis 蒸汽封隔器。12 月 12 日，通过新的底部钻具组合和更多的小直径钻杆，循环清理井眼到了 11 642ft 处，距 11 648ft 处的沙与重晶石的塞顶仅为 6ft。现在可以用实验室的 $3\frac{1}{4}$in 直径温度仪对 EE-2 测井，直到大规模水力压裂段的底部。

12 月 14 日，用钻杆下入一个新的 Otis 蒸汽封隔器（连同一个包括连接到 10 419ft 处的 7in 过渡套管顶部的回接补芯、一个配合接头和一个封隔器坐封工具在内的组件）。在过渡套管顶部的回接容器就位后，封隔器着陆，其头部位于 10 401ft 处（在 10 550ft 和 10 600ft 处的那些射孔上方）。然后对封隔器与套管的密封性做了 30min、2500psi 的压力测试，结果显示没有泄压。

接下来，将钻杆从井筒中取出并甩钻具，然后将已修复好的 $5\frac{1}{2}$in 压裂管柱及其底部的封填承压接头组件下入井中，并将封填承压接头插入并穿过 Otis 封隔器上的密封组件。最后，对封隔器上方的内环空再次做了压力测试，压力为 2500psi，测试成功。12 月 18 日，由 Dowell 公司在更多的控制条件下做了进一步的压力测试：环空至少经过了 10 次 2500psi 的循环压力测试，循环之间的压力降到约 2100psi。在这个持续了两个多小时的操作中，注入大约 450gal 的水才能使环空保持 2500psi 的压力（所有这些水都流失了，可能是通过 9100ft 处的射孔；虽然暂时是关闭了，但显然这个区域从未真正封堵住）。

1984 年年底 EE-2 井眼状态：总结

人们对 EE-2 井状况不佳的认识，会大大影响初始闭环流体试验的准备工作，最终也会导致重钻该井（EE-2A 的一个分支）。实际上，EE-2 井提供了全面进入大规模水力压裂储层上部的高压通道，路径是两条与新压裂管柱段相连的通道。第一条通道是通过 7in 的过渡套管，621ft 长的原始压裂管柱（在两处套管压损区被 $9\frac{5}{8}$in 套管紧紧夹住了），$9\frac{5}{8}$in 套管从 11 297ft 处的下 Otis 封隔器延伸到 11 578ft 处的套管鞋，最后是 64ft 长的裸眼段（至 11 642ft 深度）。第二条通道则是通过 7in 过渡套管，在 10 718ft 处与旧压裂串顶部残端套联但未密封的连接，进入内环空，然后通过与 10 740ft 和 10 900ft 处的套管裂口连通的节理进入储层。

此外，位于 Otis 蒸汽封隔器上方的内环空没有压力密闭的事实，对 EE-2 井的高压生产来说并不重要，因为封隔器已经将其与生产流体隔离。

最后，能用直径 $3\frac{1}{4}$in 的测井仪来测井，一直测到 11 642ft 处的沙塞顶，这更是意味着也能对储层上部的 1200ft 段做温度测井。

鉴于所有这些因素，EE-2 井依然还是一个工作井筒，适合作为一口生产井，能够用来做重钻 EE-3 井所需要的任何流动试验。即便如此，那些参与 EE-2 井维修作业的人们还是错误地认为这是一个有潜在泄漏的井眼。

EE-3 井的重钻和压裂

如前所述，项目员工已得出了结论，实现 EE-2 与 EE-3 之间的水力连通的仅有选择就是侧钻 EE-3 井，定向钻至大规模水力压裂所产生的地震云深部的中央部分。唐·布朗确定了该计划的钻井轨迹，如图 6-30 所示。

本节中的信息改编自文献：《干热岩地热能源开发计划》（1987）、Schillo 等（1987）以及钻井日志。

侧钻 EE-3 井（EE-3A）

1985 年年初，Brinkerhoff-Signal 公司位于 EE-2 井口处的修井设备和钻机都滑移到了 EE-3 井，实施第一阶段重钻。新确定的钻井轨迹是：（1）穿透大规模水力压裂地震云的最密集区域；（2）如果第一次 600ft 的钻探未能与 EE-2 井实现充分的水力连通，还能很容易地定向钻进至附近其他的微地震事件密集区；（3）尽量减少定向钻探进尺和井眼曲率。

新分支井眼将从约 9300ft 的深度开始，此处 EE-3 井眼轨迹是 N77°E、22.5°。将从 EE-3 井眼向右侧钻，随着钻进，井斜逐步降到 11°，方位角旋转 67°（向右），至 S36°E。

为准备侧钻，在 $9\frac{5}{8}$in 套管上开了一个 68ft 长的窗口（9285～9353ft 深），然后将 9293～9330ft 处已露出的 $12\frac{1}{4}$in 段扩孔至 16in，为侧钻提供一个适当的 2in 台阶。

使用 $8\frac{1}{2}$inTCI 钻头从台阶处做了 3 次半心半意的侧钻尝试，但均未成功，钻井监督只好采用了水泥固定造斜器方法❶。将套管开窗又加长 20ft，延至 9373ft 深度，以适应封隔造斜器（底部有封隔器的造斜器组件）。在接下来的 3 周里（花费了大约 35 万

❶ 8 年前，一位胜任的定向钻工使用较小直径（$7\frac{7}{8}$in）的钻头，在非常坚硬的花岗岩中，在未使用造斜器的情况下，从 $9\frac{5}{8}$in 井眼向下侧钻，成功实现了 GT-2 井的两次侧钻（GT-2A 和 GT-2B）。这些侧钻作业的成功显然要有高超的技艺，包括选择适当的钻头类型和尺寸。

美元），准备井眼；将封隔造斜器安装在套管下部残端上，其顶部位于 9349ft 处；开始钻离造斜器；对井眼进行了扩孔；底部钻具组合被卡住并扭断了；打捞回收了底部钻具组合；最后，进尺约为 100ft，至 9470ft 深度。

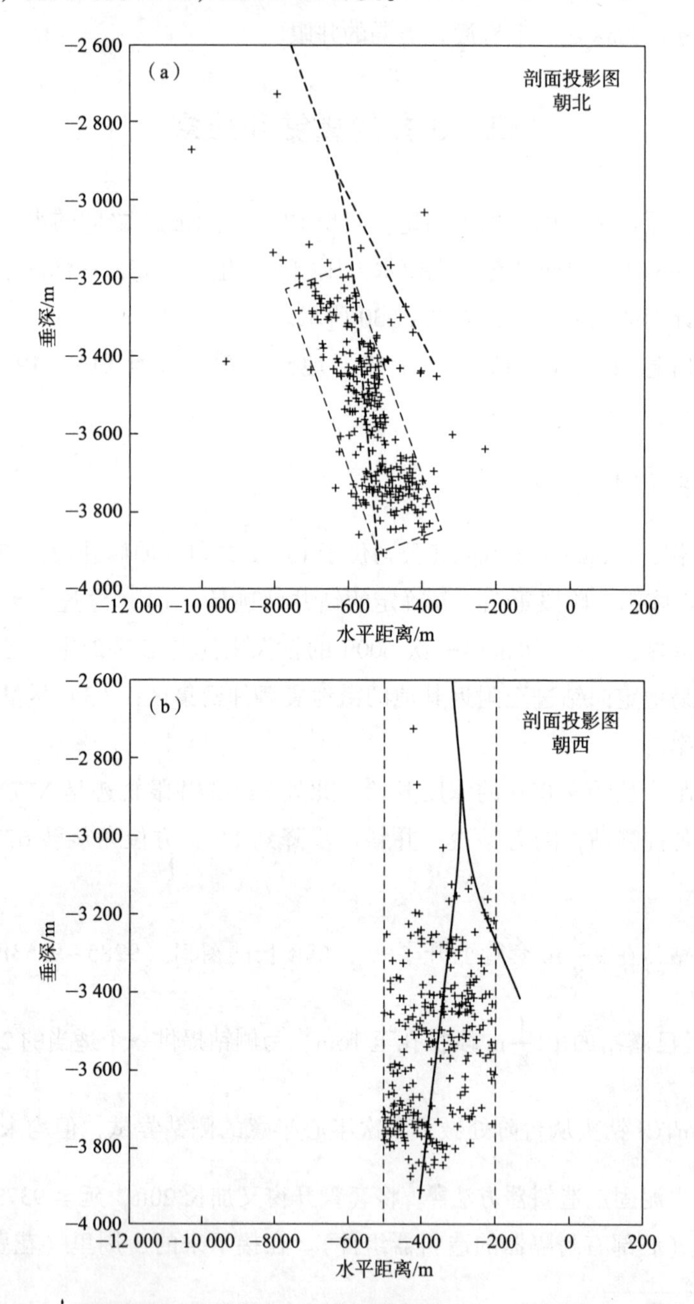

图 6-30　计划要穿过大规模水力压裂地震云的 EE-3A 钻井轨迹：垂直剖面图（a）朝北看、（b）朝西看。

1985 年 3 月，Brinkerhoff-Signal 修井设备和钻机退场，起动了一个更大的钻机

（Big Chief Drilling 公司的 47 号钻机）来钻 EE-3A 井。4 月 3 日，下入 TCI 钻头清理新井眼并钻进。第二天，一个 Dyna-Drill 导向回次开始引导井眼右转。在芬顿山，首次使用了高温黏土基钻井液（泥浆）在高温花岗岩中钻进。这种泥浆是一种含有褐煤和苛性钠的海泡石和膨润土系统，旨在减少拖拽阻力、腐蚀、扭矩和磨蚀，改善井眼清洁度，并减少岩屑再循环。在以前使用清水作为钻井液时，岩屑会对底部钻具组合造成过度磨损❶。4 月 10 日，EE-3A 井的轨迹为 N88°E、14°，深度为 10 026ft，4 月 17 日，其轨迹转为 S71°E、15°，深度为 10 841ft。

第 2052 次试验：通过 EE-2 井对储层再加压

在 EE-3A 井钻进至 10 841ft 以下、穿过大规模水力压裂地震云的下部之前，通过 EE-2 井对储层进行再充注（使用实验室新得到的大排量螺杆泵，能够以 100gal/min 的速度和高达 5000psi 的压力注入）。此试验又称为第 2052 次试验，再充注于 1985 年 4 月 16 日开始，持续了近两周。大约 140 万 gal 的流体注入大规模水力压裂区，当时是仅次于大规模水力压裂试验的注入量。注入的液体加入了化学示踪剂（硼），以便在 EE-3A 井上返的钻井液中能够检测到，但由于储层充注的体积巨大，在 EE-3A 钻井过程中示踪剂低于检测阈值。

这个试验有两个主要的发现：

- 注入阻抗（体现出以一定的注入速度下所需的压力）与第 2036 次试验的一样，比 EE-2 井早期观察到的阻抗低得多（即第 2011 次、2012 次、2016 次、2018 次和 2020 次试验，以及大规模水力压裂预泵入试验）。
- 几乎所有注入的流体都是通过位于 10 740ft 和 10 900ft 两处的那些节理流入第 II 期储层，而不是从套管鞋下面的井底流到了储层。

第 2052 次试验以 115gal/min 的注入速度开始。令许多人惊讶的是，注入压力开始时非常低，而且增加得非常缓慢（反映出第 2036 次试验的行为）：在泵入的前 15h，压力只上升到 1860psi，表明比大规模水力压裂试验前要低得多的注入阻抗。特别是在预泵入试验期间（图 6-18），在注入速度只有 2BPM（84gal/min）时，压力上升到近 5000psi，表明这些早期注入并没有使连通 EE-2 井与储层本体的那些压裂节理形成明显的自我支撑（由于剪切位移），就算是规模很大的第 2020 次试验也是如此。

温度测井显示，几乎所有注入的流体都离开了 EE-2 井，没有通过井底，如预期的那样，但通过大规模水力压裂结束时在 10 740ft 和 10 900ft 处造成套管压损的节理进入了储层（显然，$9\frac{5}{8}$in 套管鞋以下、大规模水力压裂时的短注入段现在已经完全被填充

❶　这种钻井液的变化所产生的岩屑是地质学家梦寐以求的。最长方向的尺寸通常超过$\frac{1}{4}$in，这使得岩相学分析更加容易。

物堵塞了）。明显较低的注入阻抗，加上缺乏剪切滑动支撑的证据，有力地支持了这样的结论：在大规模水力压裂结束时，储层的强烈排放过程中，压力剥落岩屑支撑着这些节理。

在第 2052 次试验早期，压力曲线上的一个尖锐的转折出现在 1460psi 处，为储层节理组存在最低开启压力提供了另一个明确的指示。试验的这一额外发现证实了先前的证据，即这些张力打开的节理几乎完全与最小主地应力正交❶，解释了为什么它们在大规模水力压裂时没有明显的地震信号。

4 月 20 日中午，在注入 41.7 万 gal 水之后，注入的压力只上升到 1900psi，确凿地表明储层中临近 EE-2 井筒的部分现在很容易接纳通过 $9\frac{5}{8}$in 套管的裂缝注入的流体，即位于大规模水力压裂注入段（11 578~11 648ft 深度）之上 800ft 处。

第 2049 次试验：首次在 EE-3A 井中进行莱恩斯封隔器试验

当第 2052 次试验仍在 EE-2 井中进行时，就已经在 EE-3A 井开始准备第 2049 次试验。用水驱替了井眼中的泥浆，然后将钻杆取出，测量每根立杆的长度。结果发现，在 4 月 4 日实施的 Dyna-Drill 回次中多接了一节钻杆，这意味着井深为 10 875ft，而不是 10 841ft。

第 2049 次计划是完全重新设计的莱恩斯高温高压膨胀封隔器的首次试验。将其作为一个只有少量流体注入的小型压裂试验，裸眼段将会限制在几十英尺以内。4 月 19 日，在 10 830ft 处座封了一个莱恩斯封隔器，在 10 875ft 的井底上方留出了 45ft 长的注入段。

第一次注入（240gal）只持续了 6min，注入速度为 1BPM，在 3640psi 的压力下打开了靠近注入段底部的一个节理。此节理的扩展压力在一分钟内最高达到 4440psi（超出了 800psi），然后在接下来的 2min 内一直到关泵，下降到 4240psi。然后，节理的闭合压力慢慢下降，18min 后在 3640psi 时达到平衡，与节理开启压力相同。

第二次注入速度为 2BPM，持续了 11min，使压力上升到 4500psi。由于在封隔器上方安装了一个节流器，因此无法确定正在以两倍于先前的注入速度下扩展的节理是哪个，是已经在注入段底部打开的那个，还是另一个节理，或者两个都是。再次关泵，然后以 4BPM 的注入速度恢复泵送，持续了 8min。这一次，节理扩展压力上升到 4600psi。最后，当该井段再次以 6BPM 的注入速度加压时，节理扩展压力再次上升到 4800psi❷。

在这次试验过程中，对环空实施了加压，以减少封隔器两侧的压力差。但是，用

❶ EE-2 井中温热液柱的 1460psi 压力比 GT-2 井在 1976 年 2 月测量最小主地应力时（见第 3 章表 3-12 中的第 114 次试验）注入形成的冷液柱压力高约 200psi。

❷ 最初的节理扩展压力（4240psi）和最终的压力（4800psi）之间有 560psi 的压差，这可能完全是由于随着注入速度从 1BPM 提高到 6BPM 时，节流器两侧压力降和钻杆摩擦压力损失增加所致。

钻机泵快速给环空加压这一原本以为是简单的任务，却被证明是一次非常重要的注入（5000gal），意外打开了封隔器上方的一个接受大量流体的低压节理。之后确定其位于 10 260ft 处，它似乎与第 I 期储层的下部连通（与位于 EE-3 井套管鞋下方 10 394ft 处引起很多麻烦的那个节理不同）。因此，不仅达到的最大环空压力远远低于预期的 2000psi（只有 570psi），而且此节理也会因为阻碍封隔器上方的环空加压而使后续的压裂试验变得更复杂。

第 2049 次试验是对重新设计的莱恩斯封隔器的一次成功测试，在 3h 内共注入 5600gal 的水。

持续钻探带来了与 EE-2 井水力连通的迹象

4 月 21 日，用 Dowdco 公司的 PDC 取芯钻头（外径 8. 5in，内径 4in）从 10 875～10 880ft 段取到了一段定向岩芯。这段 33in 长的岩芯取出时就明显被一个节理分为了两节，该节理呈 NNW-SSE 走向，向 WWS 倾斜 43°（Levy，2010）。

在接下来的 3 天钻进，井深至 11 127ft；在 11 086ft 处测得钻井轨迹为 S53°E、14°。4 月 25 日完成最后一次 Dyna-Drill 钻进，在近 17h 内进尺为 188ft（注：对于任何对后续干热岩钻井项目感兴趣者，这个泥浆马达在 233℃的井下静态岩石温度下仍然有效）。在 11 315ft 的新井深，钻井轨迹为 S30°E，9. 5°。4 月 27 日，井眼扩孔至井底，这在 Dyna-Drill 钻进回次后是必要的。然后在接下来的两天里，用 TCI 钻头旋转钻到了 11 593ft 深度。

4 月 30 日，为清理井眼并钻起或打捞留在底部丢失的轴承及合金球齿，又再次钻进至 11 600ft 深度，之后，用 Smith 混合型 $7\frac{7}{8}$in 直径、有 4 个牙轮的取芯钻头（切割直径为 3in 的岩芯）从 11 600～11 615ft 段进行了第二次取芯。采了大约 11ft 长的岩芯。在 11 615ft 处的钻孔测量显示 EE-3A 轨迹为 S32°E、9°。

第二天，EE-3A 井的温度测井显示，在 11 440ft 处出现了非常明显的异常，即一个 20℃的温度峰值。这是两井之间水力连通的第一个证据：EE-2 井的热流体在这个深度进入了 EE-3A 井，速度约为 15gal/min；也确认了在约 10 260ft 处的低压节理入口，它曾造成了第 2049 次试验期间环空流体漏失。

第 2057 次试验

5 月 2 日上午，井深为 11 615ft 时，在 10 841ft 处座封了第二个莱恩斯膨胀封隔器，留下了 774ft 长的注入段，横跨 EE-3A 井 11 440ft 处的第一个生产区。这一试验稀少的数据（来自钻井日志）列于表 6-3 中。试验到 22 时 51 分，当封隔器失效时就结束了，大量的旁通流进入了环空就是证明。在这次试验中只探测到了储层很少的微地震活动。5 月 3 日，当封隔器打捞上来时，除了 J 型槽锁有一些损坏、外侧的橡胶密封元件丢失在井眼中，封隔器的形状仍然保持良好。该封隔器在温度接近 200℃，压差接近 4500psi 的情况下（没有对环空加压），持续工作了近 5h，是当时膨胀式封隔器的世界纪录。

表 6-3 第 2057 次试验：在 11 440ft 深度首次注入 EE-3A 井生产区（1985 年 5 月 2 日）

时间间隔	压力/psi	速率/BPM	时间间隔	压力/psi	速率/BPM
18：13—19：00	4550	6.1	21：00—22：00	4500	6.2
19：00—20：00	4540	6.1	22：00—22：51	4470	6.2
20：00—21：00	4530	6.1			

由此很容易倾向于得出这样的一个结论：注入的流体全部都进入与 EE-3A 井相交的位于 11 440ft 处的那个单一节理。此外，表 6-3 中显示的节理再张开压力与第 2049 次试验的相似，那次试验在封隔器上方安装了一个内嵌式节流器，显示在 6BPM 的注入速度下的注入压力为 4800psi。

在第 2057 次试验的最后阶段，5 月 3 日的温度测井显示，在 10 880ft 和 11 000ft 处有两个次要的流体接受区（除了 11 440ft 处的主要区外）。

与 EE-2 井流动连通的更多迹象

随着第 2057 次试验的实施，EE-3A 井进一步加深，观察到了更强的流动，约 25gal/min。这都是来自与井眼相交的 3 个节理：分别位于 12 000ft、12 100ft 和 12 150ft 深度。5 月 9 日，在 12 203ft 深处暂停了钻进。到第二天，EE-3A 井的地面溢流增加到 30~40gal/min，到 5 月 12 日增加到了 60gal/min。在 12 163ft 处，井斜为 N44°E、9°。

5 月 14 日，在因钻机维修中断 5 天后，第三个莱恩斯封隔器下入井中，座封在大约 11 500ft 处，位于 5 月 3 日的温度测井所确定的两个次要流体接受区的下方，也正在 11 440ft 处节理的下方。可惜的是，封隔器没有正常膨胀，被卡在井中。随后进行了近两周的打捞作业（封隔器于 5 月 26 日最终取回）。期间在 5 月 20 日，用钻机泵向 EE-3A 井注水。几乎是立刻，已关闭的 EE-2 的压力就上升了。鉴于这些成功的预兆，计划对 EE-3A 井实施更高压力的压裂试验（第 2059 次）。

第一次成功的连接：第 2059 次试验（1985 年 5 月）

在这次试验中，EE-2 将首次作为生产井使用。然而，正如第 2059 次试验的温度测井所显示的那样，EE-2 井套管下方的短裸眼段已经被泥浆和沉积物堵塞了。为了清除它们，动用了一台 1in 的连续管钻机，但是钻井经理并没有采用反循环的方式钻井和冲洗所收集的沉积物，而是调来了一辆氮气卡车（希望通过从几个较深位置依次卸载井眼来加快清理工作）。

但这次清理作业是在对 EE-2 和 EE-3A 井实施过几次储层加压试验后实施的，既没有精心设计，也没有很好地执行。EE-2 周围的压裂区（直到大约 10 200ft 深度）应处于高于静水压力的某种适度压力范围。因此，当连续管设备以 750 标准 ft^3/min 的速度注入加压氮气时，氮气迅速驱替了压裂管柱和 Otis 蒸汽封隔器下方区域的液体，导致了封隔器下方 $9\frac{5}{8}$in 套管内的压力大大低于静水压力。正如 18 个月前发生的那样，来自储层的巨大内压差造成了 $9\frac{5}{8}$in 套管在大约 10 512ft 深处压损，而这次压损出现在了封隔器下方的 7in 过渡套管中。在这一过程中，连续管被卡住了（直到很久以后才发现这第二次套管破损事件，见第 7 章。尽管在 EE-2 井中尝试用 $2\frac{1}{8}$in 小直径仪器测井，但发现在此深度的 7in 过渡套管中有一个无法解释的障碍物）。注入氮气确实清除了 EE-2 井中大量的泥浆，但第一阶段高流量生产过程无疑也能完成同样的事情。

用脂肪酸盐和冷水溶液对井筒进行冷却，并最终取出卡住的连续管。但是损害已经造成了：原本还行的 EE-2 生产井状况，小直径测井仪还能进入第 II 期储层（见上文“修复 EE-2 井的第一次作业”），生产能力至少达到 2500psi，现在却要打折扣了。更进一步的是，EE-2 井的高回压生产对于计划中的长期流动测试来说可能也是没有必要的，因为连接储层与 EE-2 生产井段的节理由大规模水力压裂结束时的快速泄压而剥落的岩屑支撑住了（Du Teau and Brown，1993）。换句话说，如果不是因为清理井筒造成的破坏，EE-2 井在初始闭环流动测试和长期流动测试中都将会处于可用状态。

这个巨大错误的唯一积极结果是，后来至少确定了一个在大规模水力压裂井喷时，高压储层通过外环空排放的主导节理。此节理在套管压损深度与井眼相交（约 10 512ft 处），比之前识别出的与井眼相交的节理最高位置（10 740ft 处）还要高出 200ft。

第 2059 次试验于 5 月 27 日至 28 日实施，目的是对重钻 EE-3A 井时在 11 537ft 以下观察到的流体连通进行压裂，特别是那些在 12 000～12 150ft 段的连通。5 月 28 日，EE-3A 井仍在 12 203ft 深度，用 $4\frac{1}{2}$in 钻杆下入第 4 个莱恩斯封隔器，并在 11 537ft 深度成功坐封，从井径测井数据看，这一井段较为光滑。注入井段长度 666ft，从 11 537ft 到 12 203ft 深度。20h 内注入 42. 3 万 gal 的水，主要注入速度为 6. 2BPM 和 9. 6～10BPM [16L/s 和(至)26L/s]，注入压力为 4740psi（6. 2BPM）到 5900psi（10BPM），如图 6-31 所示。

EE-2 井压力迅速上升，在泵送 2h 后，打开了井口阀门，流体流出。一开始的流量很小，但随着井的反复波动（短时间内关闭，然后迅速排放），流量在稳步增加。当流速达到约 160gal/min（10L/s）时，试验停止，庆祝活动开始了（图 6-32）！测得的流动阻抗为 27psi/(gal/min)[3MPa/(L/s)]，这已经是经过几个月作业和多次高压压裂后的第 I 期储层实测值的两倍，这个瞬时值肯定还会随着工作继续而大幅下降。

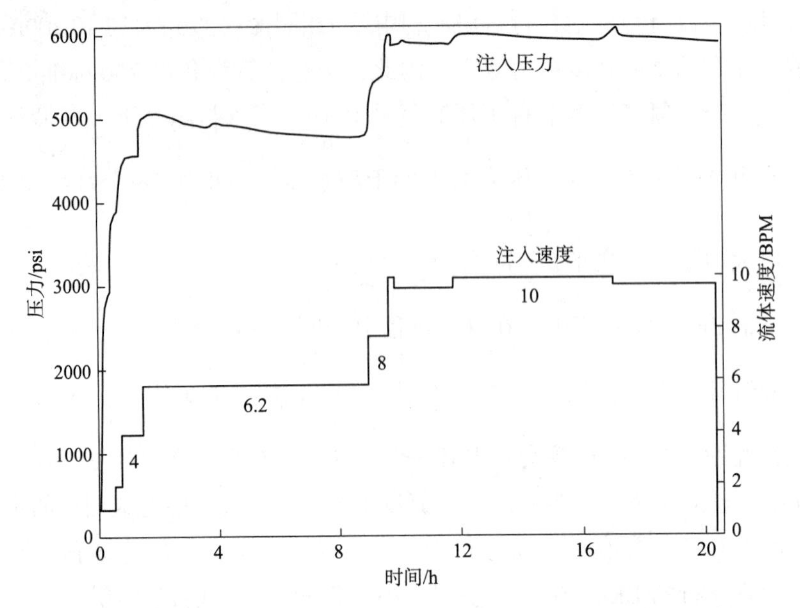

图 6-31　EE-3A 井第 2059 次试验的压力和流速与时间关系。

资料来源：Kelkar，1985

经过 20h 的注入，第 2059 次试验非常有秩序地结束了，没有出现管损或封隔器故障。泵入在 20：19 时停止，然后关闭了 EE-3A 井口。注入的 42.3 万 gal 的液体几乎不足以重新充满第 II 期储层，该储层是由大规模水力压裂试验注入的 560 万 gal 流体形成的。

5 月 30 日在 EE-3A 井中的温度测量显示，在第 2059 次试验期间，压裂开了几个新的节理，它们正在向储层输送流体。图 6-33 将此次测量的温度曲线与 5 月 10 日的背景温度曲线做了比较。主要的两个流体入口清晰可见，在 11 730ft 和 11 930ft 处，及其下部的几个小型流体入口。

从地震角度看，第 2059 次试验没什么用处，这应该是预料之中的，因为注入的流量几乎不足以充满储层，更不用说来扩展储层了。在 EE-3A 井注入的 20h 里，新采用的 Biomation 数字地震信号仪只捕捉到了 20 个微地震事件。其中最后只定位了 3 个事件，它们都在 EE-3A 井 100m（330ft）的范围内，垂直深度为 3300~3800m（10 800~12 500ft）。

EE-3A 最后钻井阶段

EE-3A 最后钻井阶段开始之前，必须得把第三个莱恩斯封隔器的残余部分打捞出来，此部分在第 2059 次试验之前就被推到了井底。6 月 8 日，打捞完成，钻井继续，在 1985 年 6 月 19 日钻到 13 182ft 的完钻深度（垂深为 12 926ft）。在花岗岩中的钻井阶段，平均进尺为 12ft/h（总钻进速度超过 100ft/天），平均成本为 240 美元/ft。其中包括用 $7\frac{7}{8}$in Smith 复合取芯钻头在 12 412~12 438ft 段，以及 12 439~12 459ft 段完成的两次额外的取芯作业。

图 6-32　1985 年 5 月 31 日举行的连通庆祝会的邀请函。(TGIC = Thank God It's Connected!)

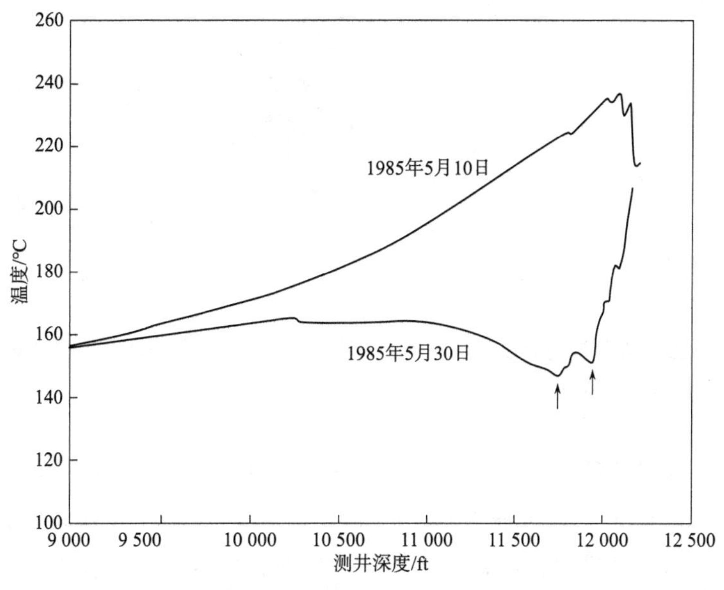

图 6-33　第 2059 次试验实施前后的温度曲线比较。其深度为测井拖车所记录的深度。

资料来源：干热岩项目数据档案

总而言之，在深层高温花岗岩中重钻 EE-3 井，几乎没有遇到什么问题，这在当时的确是一项重大成就。

对 EE-3A 井所有 4 个定向岩芯的检查显示，第 II 期储层中的节理方位与第 I 期储层节理的有很大的不同：后者倾角近垂直、明显有多个走向，而前者倾角则多为 30°~60°。

第 2061 次试验

此试验是对 EE-3A 井实施的最深压裂，于 6 月 29 日至 7 月 2 日在 12 555~13 182ft 深度的井底段之间实施。期间地震非常活跃，因为打开了一组新节理。但是，并未能将 EE-3A 井这一最深压裂区与 EE-2 井连通。其实这并不应令人困惑：如图 6-34 所示，几乎所有压裂区都在大规模水力压裂地震云分布之下，但显然受到了大规模水力压裂区周围压缩应力笼的影响，它会使潜在连通节理紧紧闭合，使新形成的地震向下偏转（就像在第 2042 次试验中出现的那样），并阻止任何流动连通。

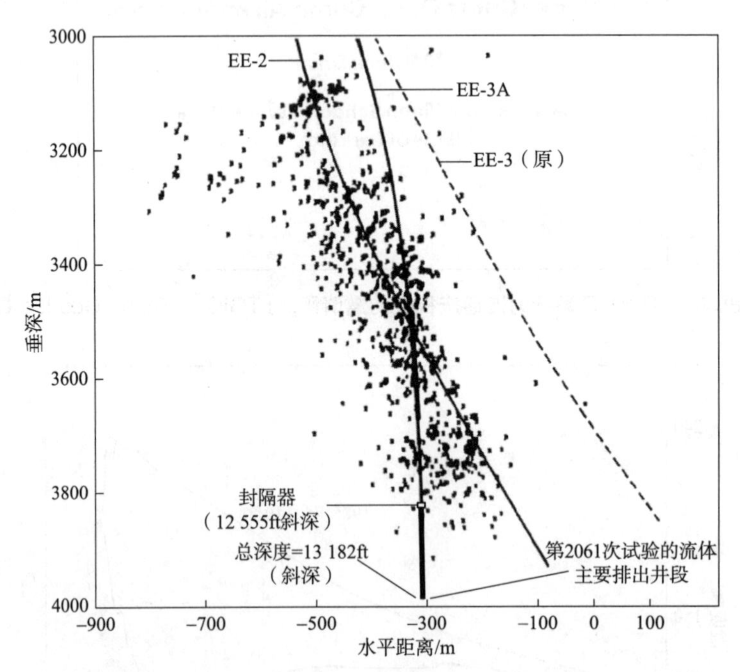

图 6-34　EE-3A 轨迹与大规模水力压裂试验期间产生的地震事件叠合图（向北看）。

注：改编自 HDR，1987

在第 2061 次试验实施 62h 内的注入压力和流速曲线如图 6-35 所示。共将 138 万 gal 流体以平均 8.8BPM 的速度注入 EE-3A 井中。对 6 月 30 日最初 8h 以大于 5BPM 注入速度形成的注入平台检查显示，在该平台结束时，注入压力仍在上升，在注入速度再次增加之前达到 5850psi 的最终值。校正该注入速度下钻杆和节流器所造成的 410psi 压力损失之后，得到的节理扩张和扩展压力为 5440psi，非常接近之前在第 II 期储层测得的 5500psi。

将第 2061 次试验的注入压力表现和地震特点与第 2020 次试验的做个比较，就会对干热岩储层开发和流动通道有所顿悟。除了压力上的细微变化，这两个试验看起来是几乎一样的（图 6-9 与图 6-35）。换句话说，在这两个案例中，都创造出了一个新的储层区（第 2061 次试验的储层区直接与大规模水力压裂区相邻，但两者互不相通）。

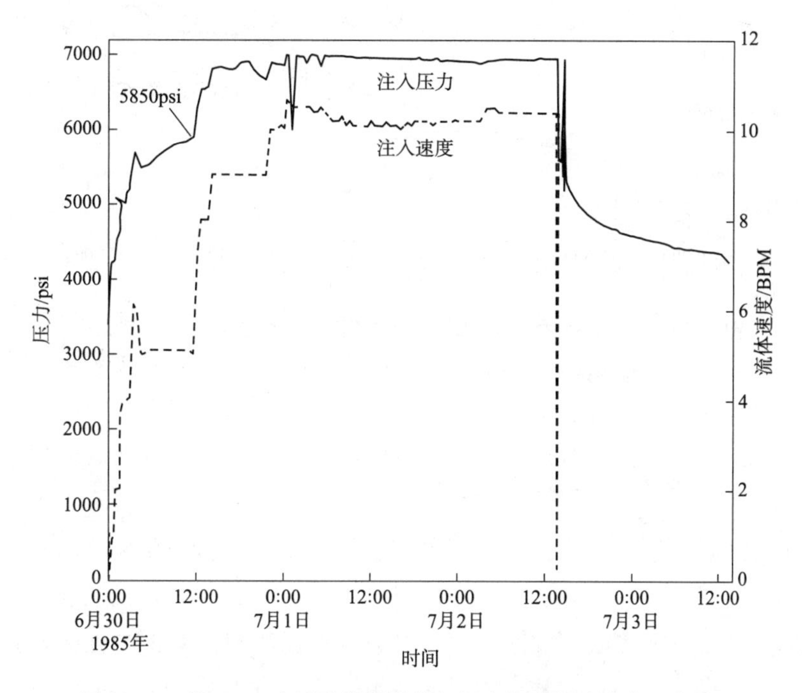

图 6-35　第 2061 次试验期间的注入压力与注入速度关系曲线。

资料来源：Dash et al.，1985a

正如此次试验的温度曲线所显示的那样（图 6-36），几乎所有的流体都是从 EE-3A 井底（13 182ft 处）流出，但也有少量流体从 12 600~13 100ft 深度之间的其他 6 个出口（节理交汇点）流出。所有这些数据表明，第 2061 次试验在大规模水力压裂区形成的应力笼之外又制造出了一个新的压裂区。

在第 2061 次试验期间，地震活动非常明显，许多地震事件大到都能在地表监测到。在试验后期，这些地震事件的位置向深部迁移（图 6-37），其模式与第 2042 次试验的表现相似。然而，从朝北的侧视图中可以看出，在第 2061 次试验地震云上部有一个密集的事件群，似乎与大规模水力压裂时产生的一个更深的事件群几乎重合（见图 6-22）。这非常令人困惑，因为完全没有迹象表明与 EE-2 井有任何流动连通。

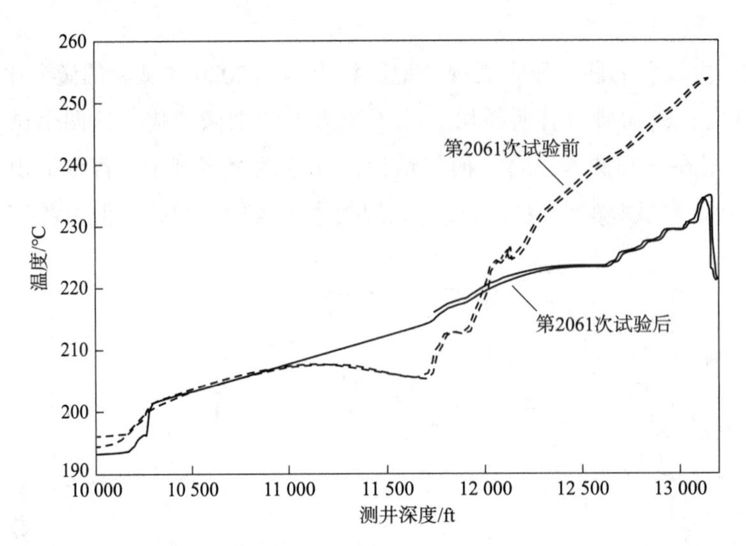

图 6-36　第 2061 次试验实施前后的 EE-3A 井温度曲线。其深度为测井车记录深度。

资料来源：Dash et al.，1985a

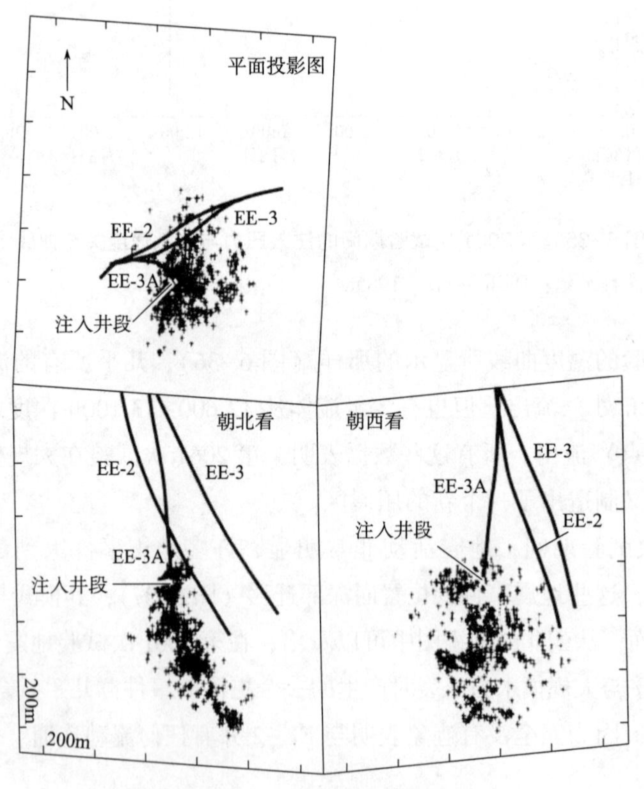

图 6-37　第 2061 次试验实施期间产生的地震。

资料来源：HDR，1987

第 2062 次试验

第 2062 次试验于 1985 年 7 月 18—20 日实施，是成功地通过 MHF 试验形成的改造区实现两个井眼连通的第二个试验。在准备这次试验时，EE-3A 井井筒从 13 182ft 终孔深度用砂回填至 12 561ft，以关闭通往在第 2061 次试验中受到改造的位于第 2 阶段储层下方更深区域的流体通道。7 月 18 日，通过钻杆下入莱恩斯充气封隔器并坐封在 11 976ft 深度。形成一个与第 2059 次试验注入井段（11 537～12 203ft）部分重叠的 585ft 长的注入井段。

第 2062 次试验持续了 84h；以 7.2BPM 的平均速度向 EE-3A 井注入 1 520 000gal 的流体。这个试验通过激活其他几个以前已经压开的节理，改善了整个第 2 阶段储层与 EE-2 井的流体连通。也证明了 EE-2 井与储层的主要连通是通过内环空（已经不是原来 EE-2 井在套管下方的注入井段，注入井段这时已经完全被沉积物堵塞）。

由于在第 2062 次试验实施期间，以前打开的连通节理重新膨胀，地震活动要温和得多[一个事件/(10～15min)]，在地表探测到的事件数量比前一次试验（第 2061 次试验）少得多。

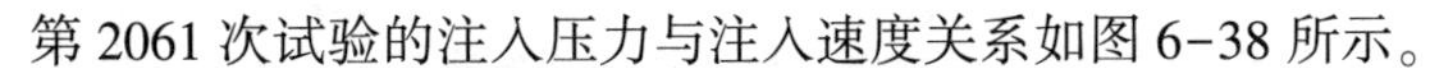
第 2061 次试验的注入压力与注入速度关系如图 6-38 所示。

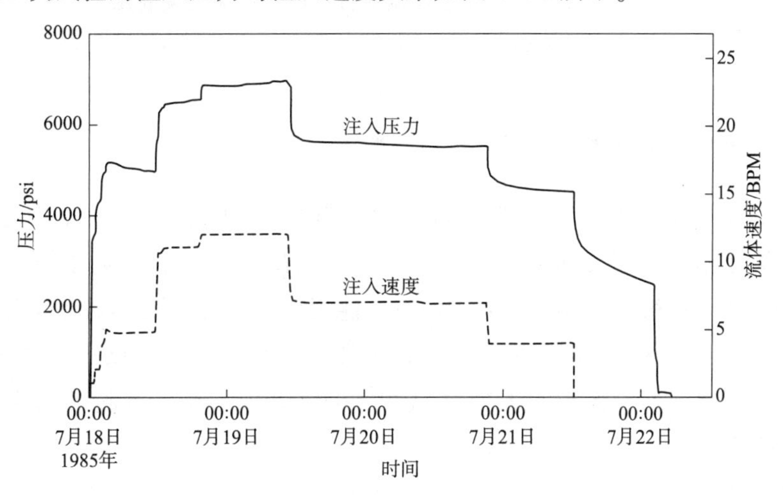

图 6-38　第 2062 次试验的注入压力与注入速度关系图。

资料来源：Robinson et al.，1985

如果将其注入压力与注入速度曲线与第 2020 次和 2061 次试验的（图 6-9 和图 6-35）做个比较，就很容易看出，第 2062 次试验只是通过对以前的压裂节理再次加压，使得第 II 期储层重新扩张。如图 6-38 所示，在试验接近尾声注入速度为 4BPM 时，注入压力在约 4400psi 趋于平稳，远远低于 5500psi 的节理扩展压力。因此，超过 150 万 gal 水的注入只是完成了第 II 期储层的再扩张，而没有进一步的扩展。

然而，这一试验确实提供了在 4400psi 压力下真实储层节理孔隙度的最佳测量结果。使用 $1.3\times10^8 m^3$ 的 2σ 地震储层体积和位于张开节理网络中 150 万 gal 的流体体积，得到的孔隙度为 0.44×10^{-4}。

图 6-39 显示的是 EE-3A 井在第 2062 次试验前后的温度曲线。主要节理入口在大约 12 000ft 处，次要入口则在 12 050ft 和 12 300ft 处。

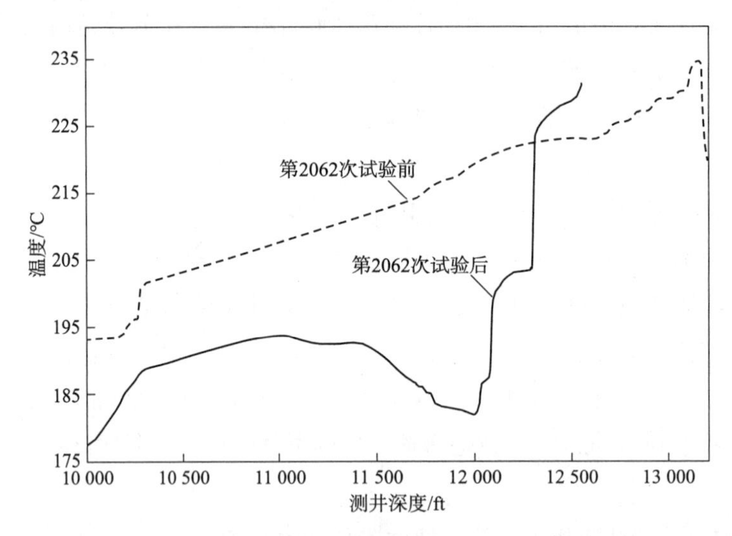

图 6-39　第 2062 次试验实施前后的 EE-3A 井温度曲线。

资料来源：Robinson et al.，1985

第 2066 次试验：一个地震异常

鉴于第 2062 次试验成功地改善了 EE-3A 井与 EE-2 井之间的储层流体连通，项目人员重新审查了第 2061 次试验的结果，该试验的确没有实现流体连通。图 6-36 所示的 6 个小型流体入口很吸引人，因为它们有可能提供几个更深更热的储层流体与 EE-3A 井连通的机会。1986 年 1 月 30 日至 2 月 1 日进行的第 2066 次试验就是试图打开其中一个或多个潜在连通。将沙子从 EE-3A 井底冲了出来，然后井眼再填沙至 12 850ft 处（钻杆测量深度）。

将一个莱恩斯膨胀封隔器，这是在芬顿山使用的最后一个，坐封在了 12 350ft 处，这是 EE-3A 井仅存的几个良好井段之一（显然，在几个加压过程后，压力剥落对井壁造成了伤害）。隔离出的裸眼压裂段长度为 500ft（注：在第 2066 次试验之后，无法将莱恩斯封隔器从井中取回，只好弃置在原地，一些相关的管道延伸到 12 272ft 深度。为了确保第 2066 次试验井段与 EE-3A 井上部的封隔，在封隔器组件的顶部设置了一个重晶石塞，之上又设置了一个沙塞，其顶部位于 12 235ft 深度）。

第 2066 次试验以 7.5BPM 的平均速度注入 99.6 万 gal 的水。其注入压力和流速曲线如图 6-40 所示。

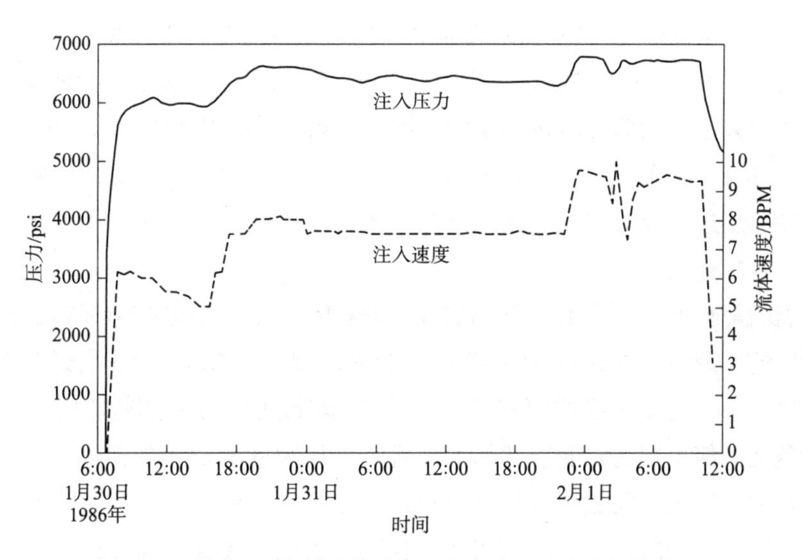

图 6-40　第 2066 次试验的注入压力与注入速度之间的关系。

资料来源：干热岩项目文件

该压力曲线与第 2016 次试验的很相似（图 6-35），表明以前未压裂的岩体现在已经被压裂了。但是，该新区域非常接近第 II 期储层，而不是像第 2061 次试验那样在其下方。事实上，如图 6-41 所示，第 2066 次试验的很大一部分地震活动基本上位于大规模水力压裂地震活动的下部之顶处。

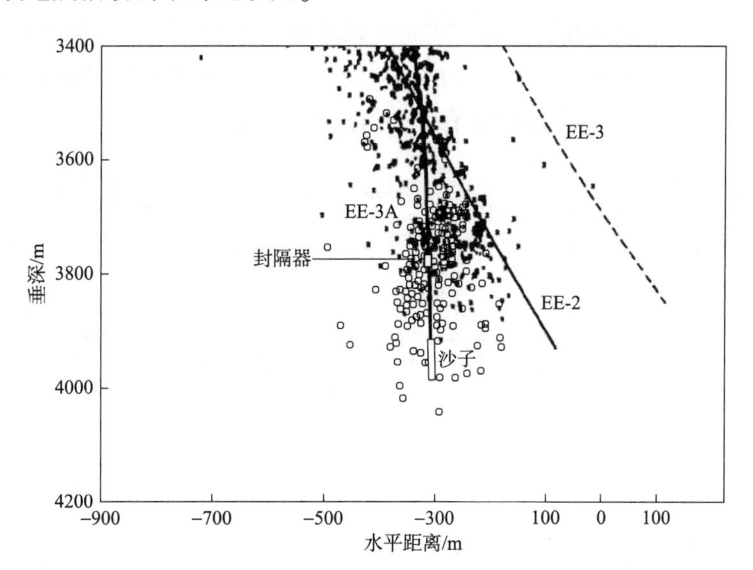

图 6-41　第 2066 次试验产生的地震活动（空心圆圈）与大规模水力压裂产生的地震事件的下半部分相比（向北看）。图中底部附近可以看到第 2066 次试验注入井段的痕迹，位于封隔器与沙塞之间。

注：改编自 HDR，1987

此图能说明第2066次试验的地震异常：两个大的地震事件区如何基本上都落在了彼此的上面而没有形成流动连通？鉴于第2066次试验的范围有限，根据现有的相关信息，这个问题只能得到部分回答。显然，对于大规模水力压裂区，储层内连通良好的那些节理并没有一直延伸到微地震云的边缘。尽管位于地震云边缘的地震事件无疑是在正在扩展储层边界处的高压水作用下产生的，但该区域的那些节理似乎并没有与储层本体有很好的连通。

最可能的解释如下：当第II期储层在大规模水力压裂中最初形成时，正在延展的储层边界处的节理在大约5500psi的压力下也正在延伸。到第2066次试验时，该储层区域已经泄压了，这些边界处的节理在几千psi的封闭应力下紧紧地闭合着。第2066次试验压裂区如何扩展到先前压开的大规模水力压裂区的边界处，这是一个只有复杂的耦合分析才能解决的问题（这种分析将探索变化中的流体压力与围绕着一组延伸到先前压裂区域内节理的应力场之间的相互作用，其应力场先前压裂时已经改变。这可是能作为岩石力学博士论文一个非常好的主题）！

几年后，在储层静态加压试验中（1990年的第2077次试验，见第7章）才清楚，在较低的储层运行压力下，也即比节理开启压力低了3000psi以上，储层边界处的很大一部分还是紧紧地关闭着，严重地抑制了流体进入这些边界区域。

图6-41显示的是以累积位置描述的地震异常，图6-42则从另一个视角来表示该地震异常：即第2066次试验期间诱发地震的焦点深度随着时间的变化。这一分布表明，尽管几乎所有的事件都发生在3600m（12 000ft）深度以下，但它们仅在试验的前半段显示出一些向下的增长，在后半段则稳定了下来（其他的地震数据图，在此未显示，则表明第2066次试验的地震云有一些向南的增长）。

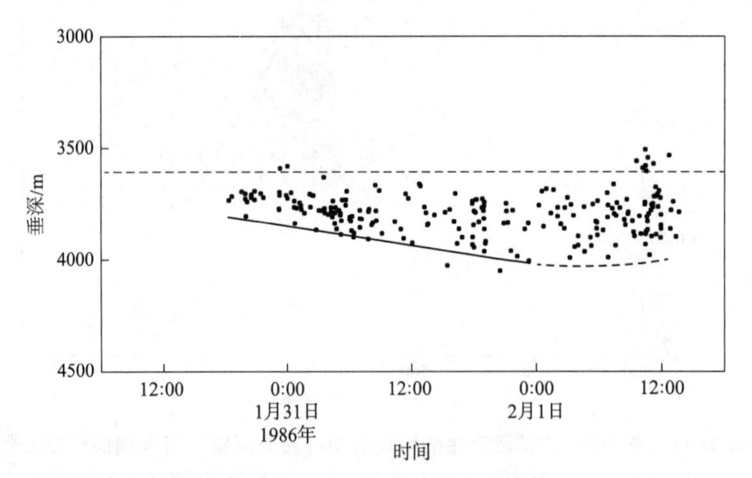

图6-42　第2066次试验期间所发生的微地震事件的焦点深度随时间变化。

资料来源：干热岩项目文件

芬顿山“复活”：一种近期的可能性?

如前所述，在芬顿山观察到，地震云的外边界位于干热岩储层流动可及部分之外的区域，所以后者体积小于前者。因此，将生产井钻入地震定义的储层区时，很有可能错过流体连通储层，不能实现流动连通。因此，在试图将井眼与干热岩储层连通时，面临的困难是应该在哪里钻井才能最好地进入流动连通的储层体积。虽然看起来很简单，但所有的干热岩储层工程都命悬在这个问题上。如果储层不能连通回地表，就根本不会有干热岩系统！因为围绕着压裂储层的残余应力笼是建立生产流通的巨大的障碍，它远不是一个小问题。从第 2059 次、2061 次和 2062 次试验学到的怎样实现储层的那些教训是非常有价值的，必须牢牢记住。

很明显，EE-3A 井的第 2059 次和 2062 次试验都穿透了第 II 期储层的流动可及体积。这两次试验期间少有地震发生，但对储层的压力在逐步上升，图 6-31 和 6-38 就是证明。如果芬顿山第 II 期储层能够在近期内回到正轨，就有必要在地震划定的储层区域两端附近钻两口新的生产井，以完善干热岩循环系统。理想的情况是，能有一种方法可以确定流动可及储层的边界，从而消除不得不重钻这些新生产井的风险。遗憾的是，据我们所知，目前还没有这样的方法；目前最好的策略就是在地震云内钻井。

如何判断一口生产井是钻进了还是未钻进流动可及储层? 如果泵入非常吃力，如第 2061 次和 2066 次试验（图 6-35 和图 6-40），那就表明生产井已钻到了流动可及干热岩储层之外的区域（同样的更早期注入表现见第 2018 次、2020 次和 2025 次试验，图 6-5、图 6-9 和图 6-13，其中显示注入压力迅速上升到了 5500psi 的节理扩展压力水平。）如果泵入是容易的，如第 2059 次和 2062 次试验期间表现出的扩张行为（图 6-31 和图 6-38），生产井就应该是已经钻入流动可及干热岩储层内了，注入的流体只是对储层创造过程中形成的压裂区进行再充填。

EE-3A 完井（1986 年 5 月）

EE-3A 的完井构想拙劣，过分复杂，最终也失败了。在对 EE-3A 井加深到 11 615ft 后，温度测井显示第 II 期储层的顶部至少在 11 440ft 深度的高处（在 EE-3A 钻井和试验过程中发现的与已压裂第 II 期储层的流体连通的最高点）。此外，在大约 10 260ft 处有一个低压节理的入口（应该要将其用水泥封堵，但从未堵住）。考虑到这一点，EE-3A 完井应该是这样的：11 440ft 以下的井眼仍然保持裸眼以供注入，11 440ft 深度以上部分则用高质量水泥封堵，一直上至 $9\frac{5}{8}$in 套管，并还要跨过 10 260ft 处的漏失区。

但是，EE-3A 完井（由合同钻井工程师设计，并由几位项目员工提供了意见）却如图 6-43 所示：安装了一个经固井的 $5\frac{1}{2}$in 衬管和一个由 L-80 管材特制的 $4\frac{1}{2}$in 回接管柱，在衬管顶部安装一个抛光孔座组件，在回接管柱的底部有一个配套的心轴（带密封）。这种做法可能是出于对注入冷流体期间管道热收缩的担心；但热收缩可以通过对 7in 套管做全面固井就能得到更好的处理（就像后来在 1987 年年底 EE-2A 完井时的那样）。

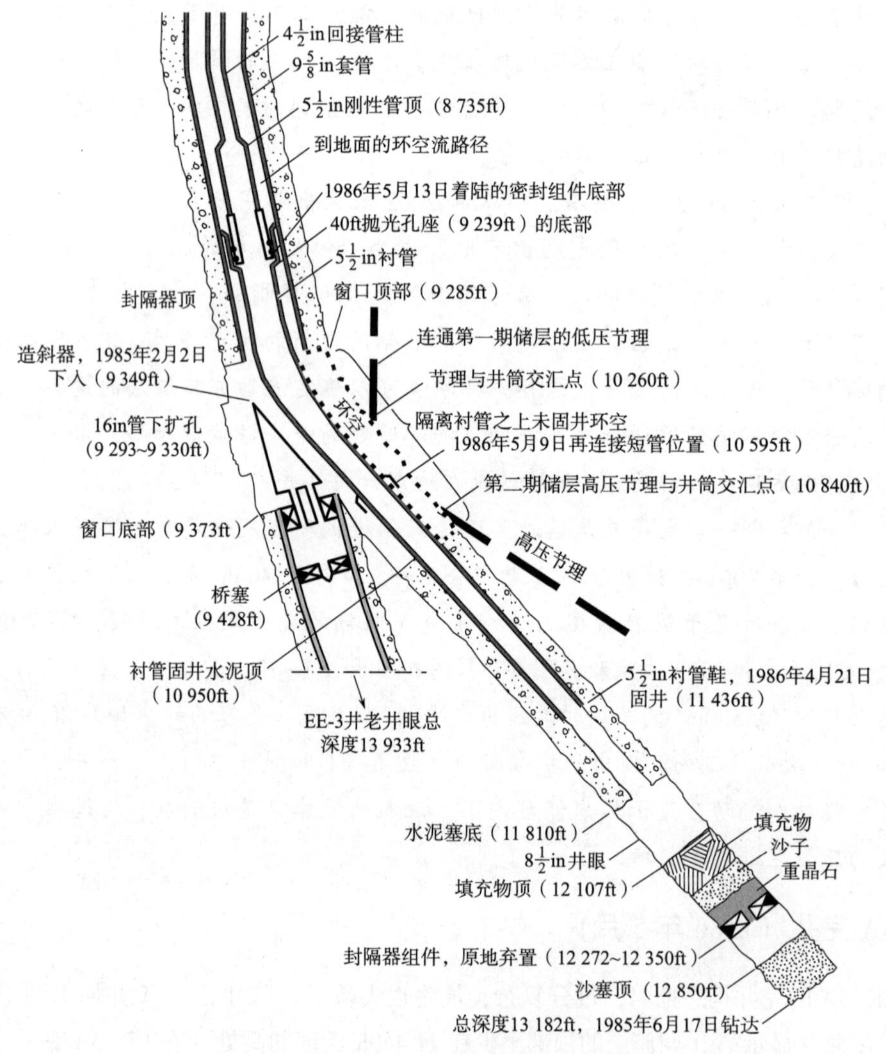

图 6-43　EE-3A 完井下半部分井筒结构。

资料来源：干热岩项目文件

此外，这一完井设计规定，衬管只对其底部 860ft（11 810~10 950ft）段做尾部固井。在第 II 期储层开发过程中，有几个衬管是以传统的方式从地面实施尾部固井的

（水泥通过钻杆泵入，穿过衬管，然后再回到环空）。忽略了这些过去的成功，反而决定采用一种未经试验验证的（至少在芬顿山）尾部固井技术。首先，将井眼填沙至 11 810ft 处；接下来，当水泥通过钻杆泵入并从衬管（底部装有一个包含止回阀的水泥鞋）出来时，将衬管从沙塞上抬起，在井底形成一个长长的水泥塞。将衬管从水泥塞中拉出，然后又向下放回。但糟糕的是，在衬管放回至 11 810ft 之前，水泥就闪电般地凝固了。衬管的底部就停在了 11 436ft 处，水泥顶位于 10 950ft 处，上面 1665ft 长的裸眼段则一直到 9285ft 深度（$9\frac{5}{8}$in 套管底部，在准备侧钻时已经切断）都没有固井。

注：如图 6-43 所示，在 EE-3A 完井后，温度测井确定了一个高压节理交汇点，位于 10 840ft 处，发源于第 II 期高压储层。虽然直到初始闭环流动测试时才清楚地证明，当时在回接管柱与 $9\frac{5}{8}$in 套管之间出现了少量（3～4gal/min）的环空旁通流（见第 7 章），但这个节理的存在，表明第 II 期储层向上至少延伸到 10 840ft 深度。

在钻出 $5\frac{1}{2}$in 衬管内水泥并将沙塞下移至 12 235ft 深度后，水泥胶结测井显示，从 11 436ft 处的衬管底部至大约 10 950ft 深度之间的密封性良好；经研判认为衬管可满足将要实施的初始闭环流动试验。同时，重要的是要注意，10 950ft 深度的水泥顶与 9285ft 深度的 $9\frac{5}{8}$in 套管之间的开放环空（图 6-43 中标有“未固井环空”的部分）起着管汇的作用，将 EE-3A 井衬管水泥固井部分的高压周缘裂缝与 10 260ft 处的低压节理连接起来，从而将这个环空与第 I 期储层连接起来。

完成第 II 期储层：总结

图 6-44 是 EE-3A 井在第 2059 次、2061 次和 2062 次试验之后完成的 3 次温度测井记录的对比图，描述第 II 期储层与 EE-3A 井连通的发展过程。

第 2059 次试验期间建立的连通位于 11 730ft 和 11 930ft 处，而第 2062 次试验期间建立的主要连通则位于大约 12 000ft 深处，刚好位于封隔器坐封深度（11 976ft）之下。最深的连通也是在第 2062 次试验期间形成的，位于 12 300ft 深度。请注意，第 2062 次试验的温度测井结果显示，12 555ft 以下完全没有储层连通，但清楚地显示了与第 I 期储层连通的低压节理（位于 10 260ft 处），当封隔器上方的环空再次用钻机泵加压时，打开了该节理。

最后，从图 6-43 中可以看出，EE-3A 的完井使得注入井段受限。只有 11 436～12 107ft 的填充物顶部的这一小段，总共约 670ft 长，能够用来与第 II 期高压储层本体做流体连通。由于水平连通模型与多组节理相互连通的第 II 期储层无关，本应该要提供一个大得的深度范围。几年后，在长期流动测试期间，温度测井和示踪剂测试都将会表明，围绕 EE-3A 井周围的注入冷却区域不仅会延伸到井眼的物理底部，而且在其下方：大部分注入的流体会在裸眼段底部附近流出 EE-3A 井。

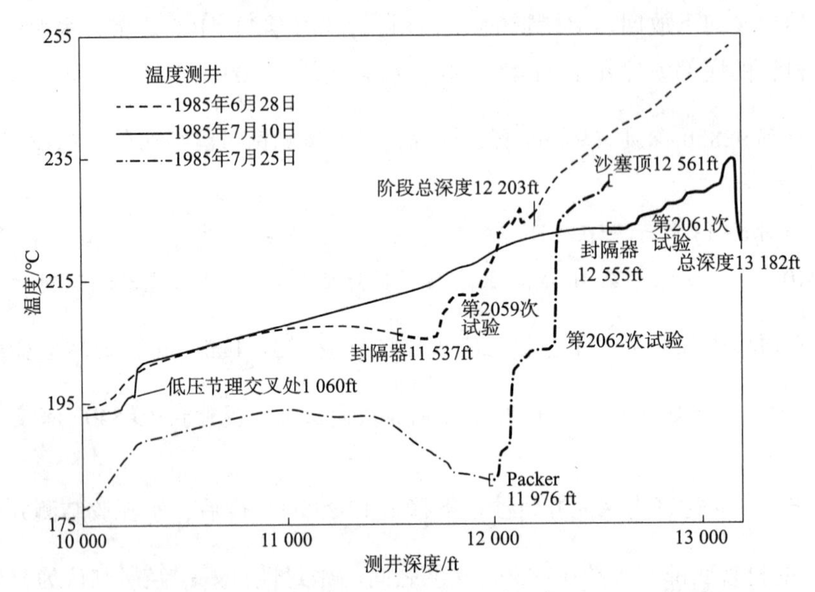

图 6-44　EE-3A 井在第 2059 次、2061 次和 2062 次试验之后的温度测井记录（每条曲线中较粗的部分表示试验井段）。

资料来源：干热岩项目数据档案

第 7 章 第 II 期储层的初始流动测试，EE-2 的重新钻探，以及储层静态压力测试

重钻的 EE-3A 井与 EE-2 储层区之间的流动连通表现（第 2059 次和 2062 次试验）清楚地表明，一个可行的干热岩系统终于建立起来了，尽管芬顿山干热岩项目在这一阶段花了大约 5 年时间（1980—1985 年），比最初预计的时间要长得多。在这期间，德国和日本为这项工作提供了资金和人力。德国在 1985 年年底退出了该项目，但日本在下一年则仍然一直参与。1986 年年初，他们强烈要求对干热岩系统的热和流体特性做评估。

但 EE-2 井筒下部曾两次遭受过套管损坏。第一次发生在 1983 年 12 月大规模水力压裂测试之后。1984 年秋季的修复作业（见第 6 章）确实成功地将 EE-2 井恢复到可用状态，高压连通先是到了沙塞顶部，然后又到了 11 642ft 深度；但 EE-2 井也通过高压节理与套管中的那些裂口相连，在 10 740ft 和 10 900ft 处向第 II 期储层开放。1985 年 5 月，发生的第二次套管压损使得无法对井筒下部做电缆测井，但当时测井问题的原因一直不明了（直到 1986 年 11 月，即 18 个月后才发现套管的进一步损坏）。

那么，在此刻，测试第 II 期储层的最合理选择应该是将 EE-2 作为生产井，EE-3A 则作为注入井。

总结：初始闭环流动测试，第二次尝试修复 EE-2，重新钻探 EE-2，以及第 II 期储层的扩展静态测试

初始闭环流动测试大大地增强了我们对第 II 期储层的了解，为后来的长期流动测试（见第 9 章）确定运行参数提供了关键的信息。此外，初始闭环流动测试首次证明了干热岩储层的巨大产能潜力：实现的 10MW 的持续产热，预示着未来的三井战略将能够实现 20MW 或更高的能量输出，且失水量可保持在最低。

在初始闭环流动测试之后，第二次尝试了修复 EE-2 井 10 740ft 和 10 900ft 处的套管挤毁段。正是在这些作业中，最终发现了 1985 年 5 月发生在 10 512ft 处的第二次套管挤毁事件。鉴于当时的情况，套管有 3 段受损，不同深度的管段被卡住，9100ft 处的套管有未封住的射孔，人们认为该井筒几乎无法修复了。最好的解决办法是重新钻井已成为共识，即从最高的损坏部分上方侧钻 EE-2，并沿着接近原钻孔的轨迹钻进。这项工作随后被证明是一项重大的工作，消耗了 1987—1988 年期间干热岩的大部分预算（这时预算还在持续缩减中），但它对于在长期流动测试期间提供一个合格的生产井来做持续的流动测试至关重要。

重新钻井作业非常成功，在 1988 年 6 月经过初步的流动测试，新的 EE-2A 井筒完井了。在完成加长的储层静压测试后，先期长期流动测试就结束了。通过它收获了对封闭干热岩储层在持续加压条件下有关失水行为的宝贵见解。之后，芬顿山的工作重点就转向了永久性地面工厂的建设（见第 8 章中的描述）。

初始闭环流动测试

主要是在日本人的压力下，这时他们仍在参与项目，急切地想看到第 II 期储层闭环流动测试结果。因此，在 1986 年春末（5 月 19 日至 6 月 18 日）进行了为期 30 天的初始闭环流动测试。但其设计和此时就实施意味着要推迟对地面设施和 EE-2 井许多必要的维修和改进，该井不健全状况使其只能作为生产井使用。尽管储层在大规模水力压裂中已经建成，然后根据微地震云数据重钻 EE-3A 开发成了干热岩循环系统，但初始闭环流动测试是第一个专门为第 II 期储层热能生产设计的试验。本节中的信息主要来自初始闭环流动测试的综合报告：Dash et al.，1989。

作为长期（约 1 年）流动测试的前奏，初始闭环流动测试有两个主要目标：

• 证实第 II 期储层能够持续大量产能；

• 量化储层的特性，作为建立长期流动测试运行参数的基础。

初始闭环流动测试的辅助目标旨在收集设计一个富有成效的长期流动测试所需的信息，具体如下：

• 在两个准稳态注入压力水平上，即中度和高度水平，测量重要的系统参数（如流速、阻抗、失水量和微地震活动）。

• 通过示踪剂试验，确定流体的分散性，并估算出在这两个注入压力下储层的过流流体体积（在选定时间内流经互通节理网络的流体体积）。

到了实施初始闭环流动测试的时候，注入井和生产井都经历了相当程度的修整。在 EE-3A 井中，裸眼段从 11 436ft 处隔离衬管底部延伸到 12 107ft 处填充物顶部，其中还包括一些节理，至少 4 个，也可能多达 8 个。它们都是在第 2059 次和 2062 次试验期间加压打开的。此裸眼段最后一次加压是在 1985 年 7 月第 2062 次试验期间（第 2061 次和 2066 次试验，即 1986 年年初 EE-3A 的注入试验，在第 II 期储层下面的一个区域打开了一些节理；但这两个试验都没有与 EE-2 井实现任何明显的连通）。因此，在初始闭环流动测试开始之前，EE-3A 井基本上已经静止了大约 10 个月。

初始闭环流动测试时 EE-2 井筒结构如图 7-1 所示. 大规模水力压裂试验时裸眼段的压裂部分延长 70ft，从 11 578ft 的套管鞋一直到了 11 648ft 处的沙塞（该段的 6ft 碎屑已在第 2059 次试验时被冲了出来）。

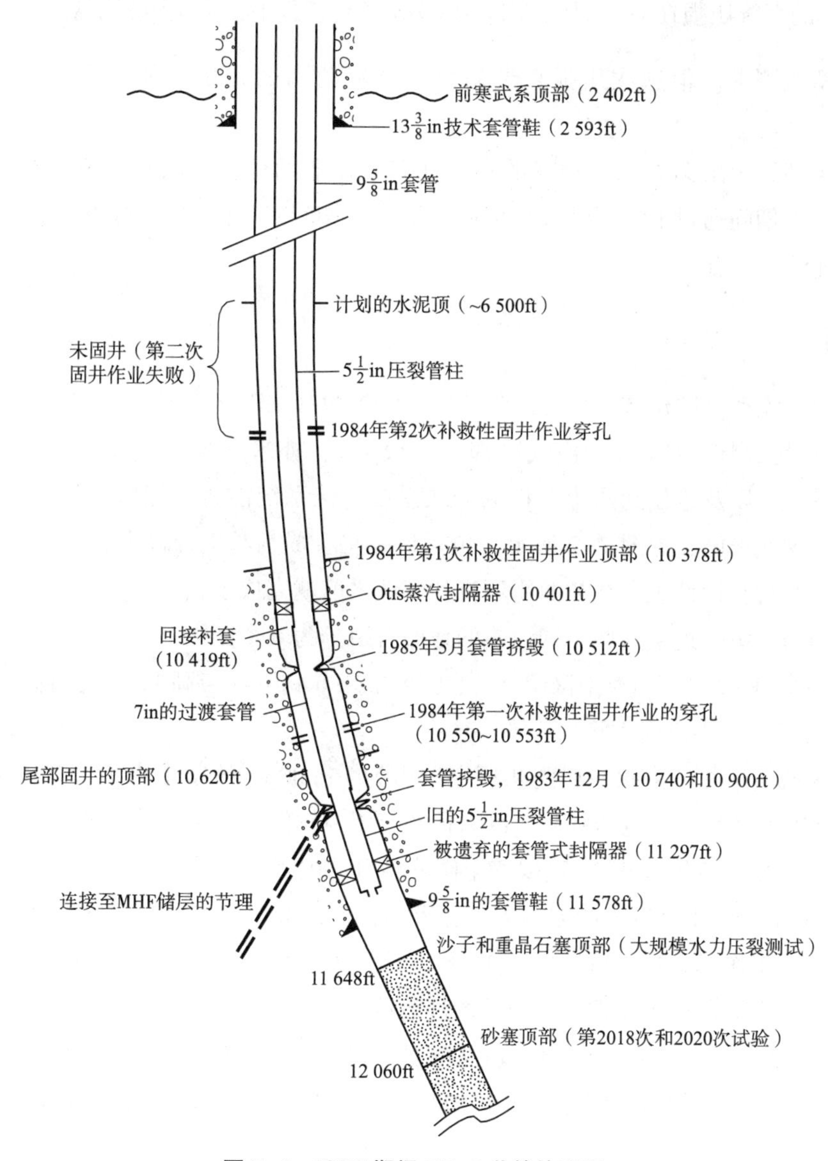

图 7-1　ICFT 期间 EE-2 井筒的配置。

注：改编自 Dreesen et al.（1989 年）

该图还显示出套管挤毁的区域。第一个事件（1983 年 12 月大规模水力压裂测试快结束时，在 10 740ft 和 10 900ft 处的套管挤毁并裂开）通过这两深度处的两个压裂节理打开了通往高压储层的内部环空；但它也损坏了 $5\frac{1}{2}$in 的压裂管柱，同时阻碍了对大规模水力压裂测试段的测井。在 1984 年 12 月的维修作业中恢复了测井通道，之后在 10 401ft 处座封了一个 Otis 蒸汽封隔器，随后的注水测试揭示了封隔器下方通过套管的裂缝与高压储层之间有持续的流动连通。第二次套管压损发生在 1985 年 5 月，当时 $9\frac{5}{8}$in 的套管压损在 Otis 封隔器下面的 7in 过渡套管上，再次阻碍了对大规模水力压裂测试段的测井。但这次压损直到初始闭环流动测试完几个月后的 1986 年才被发现。

图 7-1 还显示出第 6 章中描述的补救性固井作业的位置，以及在第 2052 次试验（钻探 EE-3A 期间通过 EE-2 对第 II 期储层加压）期间确认的在 10 740ft 和 10 900ft 处的高压节理的交汇点。

地面设施

初始闭环流动测试建造的临时试验性地面设施包括 EE-2 和 EE-3A 井口、诊断和储层生产流量控制部分（直到空气冷却热交换器）、补水系统、主（租赁）循环泵、化学采样系统，以及连接到两个井口的排放系统，该系统能将溶液中的气体从流体中分离出来。这些设施，如图 7-2 所示，包括最终将会成为长期流动测试地面工厂的大部分设备，其初步设计也是在初始闭环流动测试之前就完成了。

根据压力等级，连接这些不同设施的地面管道分为 6 个区[1]。

1 区包括 EE-2 井口（美国石油学会等级为 10 000psi）与高低位安全阀（等级为 5000psi）之间的一小段高压管。

这个区域包括井口主阀、翼阀和额定压力为 15 000psi 的锤击由壬管和管道配件。如果 EE-2 的生产压力超过 700psi（以保护额定压力较低的下游部件）或下降到 250psi 以下（以防止生产液体闪蒸），高低安全阀就会自动关闭井。

2 区由高低阀与控制阀 1（CV-1）之间的管道组成。后者的额定压力为 1500psi，在 400°F 时的工作压力为 3000psi；其功能是在必要时将 2 区的压力降至对 3 区安全的运行水平，如在高回压试验期间，或是清洗滤网时。

3 区由控制阀 CV-1 和控制阀 6（CV-6，额定压力为 600psi）之间的部件组成。采热系统的管道是该区的另一部分，建于 1982 年。压力送风的风冷式热交换器配备了翅

[1] 为避免混淆，图 7-2 所示的管道布局已经大大简化了。芬顿山的地面设施是多年来逐步发展起来的，包括众多的管道网络和相互连接，不可能全部都体现出来。

片管，在 500°F 时的额定工作压力为 2500psi，但多次静水测试时达到过 2800psi。3 区的管道也由一个 1. 5in×2. 5in 的孔克尔减压阀保护，该阀有一个 $\frac{1}{2}$in^2 的喷嘴。只要水被热交换器冷却，阀就能处理来自 EE-2 井的所有指定流速的流体（热流体会将喷嘴转换为两相操作，在大约流速在 1~2BPM 时就扼住流量）。除了不使用 CV-1 的高回压试验外，所有的试验都会将孔克尔减压阀设置为 600psi。

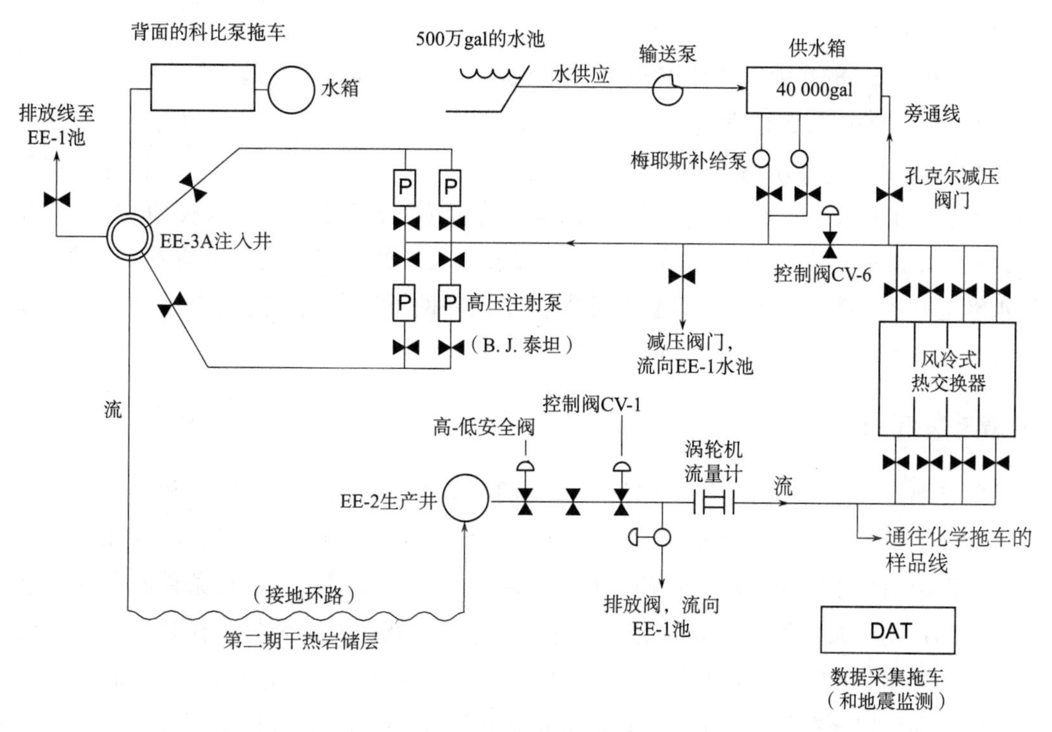

图 7-2　初始闭环流动测试地面设施示意图。

资料来源：HDR，1989a

4 区包括 CV-6 下游的所有系统，包括梅耶斯补给泵，并以 B. J. 泰坦泵的吸气歧管为终点。这个低压区有一个降压阀保护，设定为 250psi。管道包括 4in 管壁厚 40mm 和 160mm 管，3in 管壁厚 80mm 和 160mm 管，以及 6in 管壁厚 40mm 和 80mm 管。该区的其余部分配备了管壁厚 80mm 和 160mm 管。

5 区包括 500 万 gal 水池和 4 万 gal 的开放式水箱之间的管道（水箱为梅耶斯补给水泵提供吸力）。

6 区可能是最关键的，包括高压收缩管道，水通过它从 EE-3A 井注入储层。该管道由 B. J. 泰坦公司提供，额定工作压力为 15 000psi，由 3in 的管道和锤击由壬、阀门等组成，向 EE-3A 井口（API 额定压力为 10 000psi）供水。该系统是围绕着 1 个吸排口拖车和 4 个卡车安装的压裂泵组装的，由一辆控制车进行远程控制。另一辆货车上的仪器监测温度、压力和流动（单位：BPM）。6 区的其他组成部分是双 4in 吸管和

3in 排管，与井口的遥控翼形阀一起使用；还有一条通往 EE-1 池的 2in 排放管。

地面管道的关键部件都用预制混凝土安全块固定，共约 40 个。

循环部件

闭环循环系统的表面部分包括几个为早期流动测试而安装的重要部件：

- 1977 年采购并安装、用于第 I 期储层流动测试的 12MW 的风冷高压热交换器（和相关管道）。
- 500 万 gal 的水池，其在 1983 年大规模水力压裂测试之前建造。
- 两台梅耶斯高压补给泵。
- 4 万 gal 的供水水箱。

为了稳定和安全，低压生产管道牢固地安装在混凝土块上，将热水从 EE-2 井口输送到空气冷却的热交换器，然后再回到注入泵的入口处。控制阀、过滤器、取样口、补水管道以及一些流速监测或计量装置都位于回路的不同点上。这些辅助设备的大部分将会成为为长期流动测试建造的永久性地面工厂的一部分（见第 8 章）。

数据采集和控制

除了那些直接与喷射泵或流体化学有关的功能外，环路的所有监测和控制功能都集中在数据采集拖车中。拖车接收来自环路各点的温度、压力和流动监测器的信号，所有数据都由位于该处的设备处理和存储。从拖车可以发出改变运行条件的命令，包括手动和自动。如果条件超出规定的运行参数范围，就会发出警报，在某些情况下系统会自动关闭。在热交换器和注入泵之间有一条小的取样管，用于从循环中输送冷却流体的样品，以便在化学拖车中做即时分析，在那里监测水化学和示踪剂的情况。

地震仪器

通过 3 个独立的地震探测网络，在初始闭环流动测试期间进行了大量的地震监测。第一个网络是 1978 年为第 1 阶段测试安装的 9 个地面台站阵列，位于距 EE-1 井口约 2mi（3.2km）的半径范围内。第二个网络是三站“前寒武系岩层网络”：在位于大麦峡谷的 GT-1 井底部附近安装了一个检波器组件（深度为 2460ft，进入前寒武系花岗岩近 400ft）；在 PC-1 和 PC-2 井中（底部是前寒武系基岩上的致密石灰岩）安装了两个检波器组件，每个深度约为 2100ft。前寒武系网络站点的位置约相互等距，沿着半径为 1mi（1.6km）的圆周，以 EE-1 井口为中心（因此也以第 II 期储层为中心）。第三个网络，即 EE-1 井口 9400ft 处的有线三轴检波器包，比其他任何地震探测器都更接近第 II 期储层。在初始闭环流动测试期间，从数据采集拖车持续监测地表和前寒武系地震网络。但由于温度限制，EE-1 的深层三轴检波器组件只在 4 个高压注入期（12~51h 时段）做了部署，当时预计会有重大地震活动发生。

井温测量设备

两口井的背景（测试前）和测试后的温度测量是用实验室测井设备进行的，正如在第 II 期储层开发试验中所做的那样。由于初始闭环流动测试期间的井口压力很高，温度测井由商业石油服务公司负责。对于 EE-3A 在高压注入期间的测井，则使用了一个润滑脂喷射器控制头、润滑器，以及一根小直径的电缆；生产井则使用一个小直径的平直管线和一个高温库斯特探测仪。

运行计划

如前所述，由于 EE-2 井筒储层区域的状况，改变了原来将其作为注入井的计划，成为生产井。因此，在初始闭环流动测试和第 II 期储层的所有后续循环测试中采用的流体流动方向将与最初的设想相反：将冷水注入 EE-3A，热水则通过 EE-2（以及后来的 EE-2A，即重钻的 EE-2）返回地面。

考虑到采购可靠的高质量注入泵需要很长的交付期，为方便，初始闭环流动测试租用了 4 台服务公司的压裂泵（尽管其控制很简陋，长期性能也很差；设计只用于短期，一般少于 1 天）。

初始闭环流动测试计划了许多不同的运行模式，主要是基于不同的注入流速和压力，以及生产井的回压。包括：

- 持续数天的启动（储层再加压）模式：在此期间，随着生产井的关闭，注入速度率将分数次增加。
- 持续 2 天的开环、气体净化模式：在此期间，将溶解在储层液体中气体循环出去。
- 两个闭环的干热岩产能模式（在中等和高的注入压力和流速下）：在此期间，将根据需要添加补给水。
- 排放模式：在储层生产过程中会实施几次。例如，用淡水冲洗系统或进一步清除其中的气体[1]。
- 最后储层关闭模式：在此期间，监测储层压力降低。

启动模式：储层再加压

初始闭环流动测试（也称为第 2067 次试验）于 1986 年 5 月 19 日开始，最初 EE-2 是关闭的。来自 500 万 gal 水池的水填满了 4 万 gal 的补给罐，并启动了补水泵。在

[1] 闭环流动测试期间携带的气体特别令人烦恼，经常需要排空来去除它们；有趣的是，在几年后的长期流动测试期间，却没有再遇到这样的问题（可能在初始闭环流动测试期间，这些气体的大部分已经排掉了）。

管线充满水后，高压注水泵上线工作，开始以一系列的压力阶梯对储层加压。阶梯式测试的主要结果见表 7-1。

表 7-1　EE-3A 的阶梯式注入测试（1986 年 5 月 19 日）

开始时间	流速/BPM（L/s）	末端注入压力/psi	开始时间	流速/BPM（L/s）	末端注入压力/psi
16：12	1.7（4.5）	4060	18：49	4.1（10.9）	4520
17：36	3.3（8.7）	4380	20：00	7.4（19.6）	4990

20：18，在关闭的 EE-2 号出现了小的压力反应。

恒速注入，速度为 4.5BPM（11.9L/s），于 21：15 开始。

开环循环

当对储层充分加压时，即压力的增加从进口侧一直延伸到出口侧，EE-2 中持续的压力上升就是证明。系统就进入了开环循环模式，持续了 2 天半。在这段时间里，由于设备问题，在对储层清除启动气体（氮气）时，不得不多次停止注入[1]。

闭环循环

最后，在 5 月 22 日晚些时候，关闭了流向水池的通风口，将水流持续引导到热交换器，开始了初始闭环流动测试的两个主要加压循环的第一个，即闭环的部分。从 EE-2 井生产的热水通过管道输送到热交换器进行冷却，然后与补水（根据需要由补水泵从供水箱中抽取）结合，输送给高压注入泵，通过 EE-3A 井重新注入储层中。在第一个产能段（5 月 22 日至 6 月 3 日），注入流速和压力都比较适中，分别为 4.0~4.3BPM（10.6~11.4L/s）和约 3900psi（27MPa）。在该段的半程左右，有两个短暂的高注入流速和高压（约 6.8BPM 和 4500psi）。

第二段从 6 月 3 日开始，一直持续到 6 月 18 日。注入流速和压力都很高：流速为 6.8BPM（18L/s），有一次短暂地达到 10BPM（26.5L/s），注入压力约为 4500psi。在第二段结束时，停泵并关闭了储层。

初始闭环流动测试结果

在测试的 30 天里，系统每天 24h 运行。总共注入 976 万 gal（37 000m^3）的水，其中 615 万 gal（23 300m^3）产出为热水，经过冷却后又重新注入。

糟糕的是，在 30 天的测试中，租赁的泵要么需要维修，要么完全失效，造成注入井多次短暂关闭。因此，希望的分阶段流动测试，包括两个稳态部分，基本上变成了

[1] 氮气与水一起注入 EE-3A 井口，以清理连接到 EE-2 深层生产段的节理流道。理论上讲，当生产流体接近地表，氮气脱离溶解状态时，在 EE-2 中上浮的上升力将会增加，从而产生涌动效应。

两个额定注入速率的测试，每个测试都包括一系列因流动关闭造成的注入压力瞬时变化。实际上只实现了几个短暂的可认为是接近稳态的储层运行；也只勉强达到了两个流段所期望的近乎恒定的注入压力水平。此外，由于租赁泵的问题，不得不将注入流速而不是注入压力作为主要控制参数（当然，注入流速与储层加压程度以及在较小程度上与储层注入阻抗一起，决定着任何时间点的注入压力）。

对于生产井来说，回压保持在 200~500psi（1.4~3.4MPa）的相当恒定的水平，以保证从井中流出并通过热交换器的单相流。生产流体的流速和温度部分是由储层膨胀程度决定，部分由回压来决定，部分则由流体通过储层岩石时发生的水力和热力相互作用决定。

图 7-3 显示的是初始闭环流动测试过程中注入压力和注入流速的曲线（它们是根据 15min 的时间平均数据点绘制的，因此没有显示系统中大部分短暂的 18 次关闭情况）。

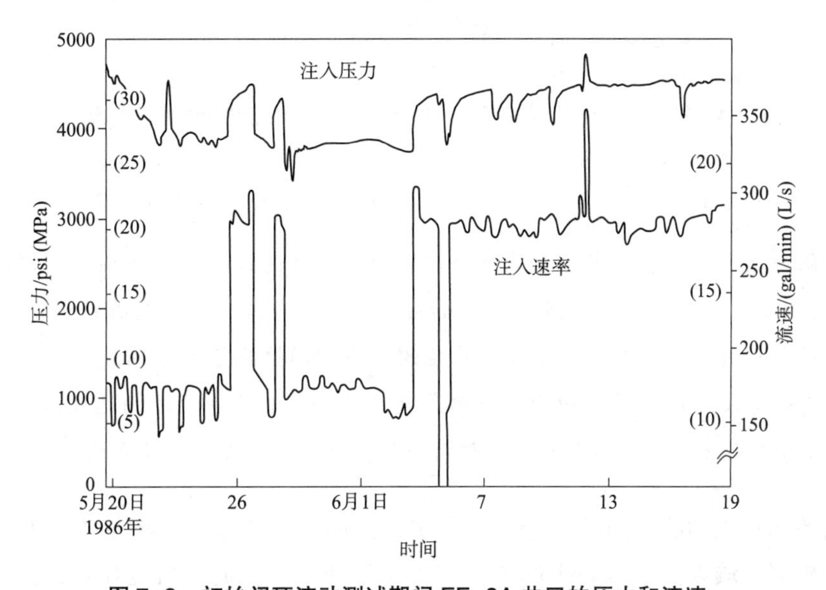

图 7-3　初始闭环流动测试期间 EE-3A 井口的压力和流速。

资料来源：Dash et al.，1989

循环性能

图 7-4 描绘的是在初始闭环流动测试期间三个重要循环参数的一般过程。可以看出，在其第一段（中等流速与中等压力）期间，生产流速逐渐增加，而生产温度迅速上升到约 190℃。在这一阶段失水量迅速下降，最终值约为 30%。在第二段开始时，在较高的注入压力和流速下，失水量急剧增加，然后再次下降，在 200℃ 下非常重要的生产流速 220gal/min 时达到约 30% 的最终值。

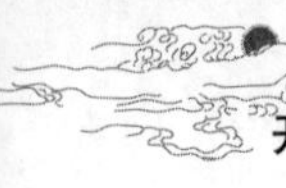

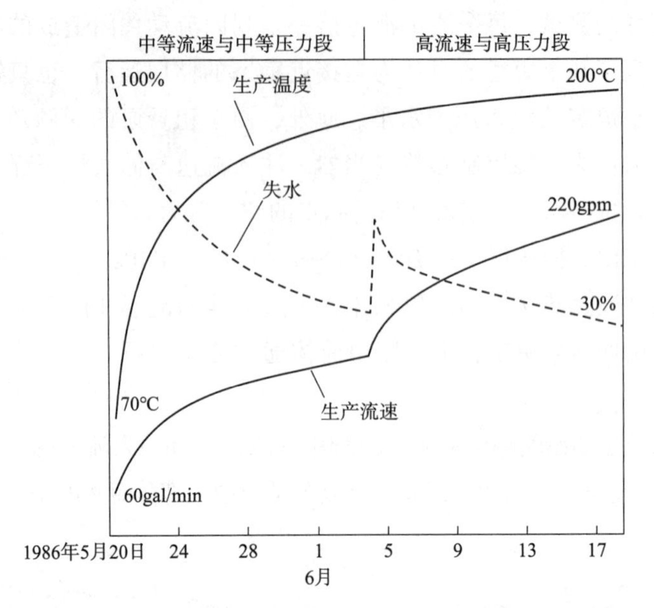

图 7-4　初始闭环流动测试期间的生产温度、生产流速和失水量百分比。

资料来源：HDR，1993

注：图中显示的失水量实际上是一个综合损失，只是通过从注入流量中减去生产流量得出的。因此，此损失值包括至少两类储存于储层的流体，它们能够从储层区域回收，不是实际损失。(1) 使现有（先前压裂产生的）节理网络膨胀所需的液体；(2) 储存在新打开（即储层扩展期间）节理中的流体。只有从加压储层区域流向远处区域的流体是实际的失水量；但鉴于难以量化这两类储存流体，因此该损失无法独立确定。

在初始闭环流动测试的第一个闭环段中，大部分生产流速的增加无疑是由于在大规模水力压裂区域内扩张节理中的流体储存率下降所致。地震监测显示，在这一测试段中边界处没有储层增长。在第二个闭环段开始时，生产流速和失水量同时增加，当然是由于较高的注入流速提高了储层内的压力水平。尽管这些增加的流量大部分进入进一步压力膨胀的现有节理，以及如强烈的地震活动所证明的那样，进入了新打开的节理，但很大一部分显示为生产井口的流动增加。一旦现有的和新打开的节理在较高的储层压力下完全膨胀，并且进一步打开节理的速度趋于平缓，失水率就重新开始逐步下降。遗憾的是，初始闭环流动测试第二段的条件，随着压裂区的持续扩大，使得无法评估如果储层不扩大失水会降到多低。

图 7-4 还显示在初始闭环流动测试的过程中的生产温度上升，这在很大程度上是由于在测试初期对生产井的加热。在闭环测试第二段中较高的流速意味流过生产井筒的冷却时间较短。

如果只考虑生产效率的问题，图 7-4 的数据表明较高的注入压力确实会导致更高的储层产能。但代价是随着储层的增长，失水会更大。事实上，在这种瞬时操作模式中，储层外围的压力高到足以扩展现有节理或诱发打开新的节理（正如重新开始的地震活动所表明的），不仅最初的失水过大，而且储层性能的几乎所有方面都变得更加难以评估。

产能

在闭环流动测试的中流速与中压段和高流速与高压段，能量生产率，作为生产温度和流速的函数，随着时间而增加，最终达到约热能 10MW（图 7-5）。在该图中，已经删除了大量的关停期，以使曲线更加平滑，整体趋势更加明显。

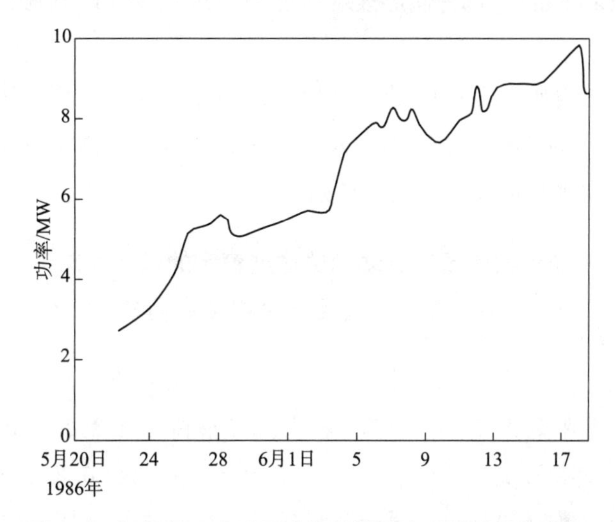

图 7-5　初始闭环流动测试期间能量生产随时间的增加。

表 7-2 总结的是选定的准稳态运行期间的运行条件下每个试验段临近结束时的运行条件及产能（注：实验室的注入流速测量是由在线涡轮流量计获得的，单位是 BPM、gal/min）。

表 7-2　初始闭环流动测试两段的两个准稳态期间的运行条件

操作条件		中等流速与中等压力期（1986 年 6 月 1 日至 2 日）	高流速与高压力期（1986 年 6 月 18 日）
注入	流速/(gal/min)(L/s)	179（11.3）	290（18.3）
	压力/psi（MPa）	3890（26.8）	4570（31.5）
	温度/℃	18.5	16
生产	流速/(gal/min)(L/s)	135（8.5）	214（13.5）
	压力/psi（MPa）	351（2.4）	500（3.4）
	温度/℃	173	190

续表

操作条件	中等流速与中等压力期 （1986年6月1日至2日）	高流速与高压力期 （1986年6月18日）
失水速度/psi（MPa）	44（2.8）	76（4.8）
热量/MW	5.6	9.8
流动阻抗/[psi/(gal/min)][MPa/(L/s)]	26（2.9）	19（2.1）

表7-2中显示的储层性能的一个特点很引人注目：随着压力增加，流速的增加不是线性的。在中压段和高压段之间，注入压力增加17.5%使得流速增加了62%（从179gal/min至290gal/min）。这种储层表现可能与节理在受压时膨胀的非线性方式密切相关。

当然，所有干热岩研发工作的最终目标都是发电。在这方面，表中初始闭环流动测试高压（地震）段的产能数据特别喜人，考虑到在那段时间由于生产井不能进入到储层的增长区域而失水量很大，那就更是如此。

如果初始闭环流动测试达到稳定的运行状态，
那么最终能量生产就会要高得多

遗憾的是，该测试从未达到过稳定的运行状态，正如图7-4中所清楚地显示的那样。如果试验继续，真正的稳态流速条件可能会在1个月左右达到。特别是在第二段期间，生产流速仍在迅速增加，可能会在几个星期后就能达到260gal/min左右。同样地，同一时期即使是在南边储层持续增长的情况下，失水百分比似乎也在向20%下降，而且这种下降无疑会继续下去。最后，生产温度可能会在210℃左右达到顶峰。综合来看，这些趋势意味着最终的热能产量约为14MW。这是一个重大的成功！

第二阶段干热岩储层的形状已由大规模水力压裂地震云清晰地揭示出来（见图6-23，平面图），但只有在初始闭环流动测试之后才明白这种细长的形状对储层的产能潜力会产生多么深远的影响；因此，使这个储层运作的最有效方法应该是在储层南端附近再钻一口生产井，以获取这个先前“回水”区域的流体（远离了EE-2生产井）。此外，这两口生产井周围的低压区域将会大大减少储层进一步增长的趋势，即使注入压力超过4600psi。

根据目前所了解的情况，可以合理地假设如果打出第二个生产井，那么在初始闭环流动测试后半部分这段时期内的产能将会是实际观察到的大约两倍（约20MW热能）。

这已足以生产几兆瓦的电力，即使是在不太大的热电转换率的地热温度下也能实现。这种规模的发电设施对于一个小型社区或不大的工业设施来说是很理想的（同时，第二口生产井将捕获大部分会流失的水，还能作为一个“减压阀”，几乎可以消除作为高流速与高压段特征的地震活动)。

也许初始闭环流动测试最重要的成果，尽管当时还没有充分理解到，是展示了一个干热岩系统的实践产能量。

地震观测

如图 7-6 所示，在初始闭环流动测试高压段记录了绝大多数的地震活动。事实上，在中压段检测不到的为数不多的地震活动都是发生在两次短暂的偏向高压时或之后不久。这些数据提供了强有力的证据，表明在初始闭环流动测试中流速与中压力段储层的地震数量是稳定的，但在整个高流速与高压力段的地震数量则在大幅增长。

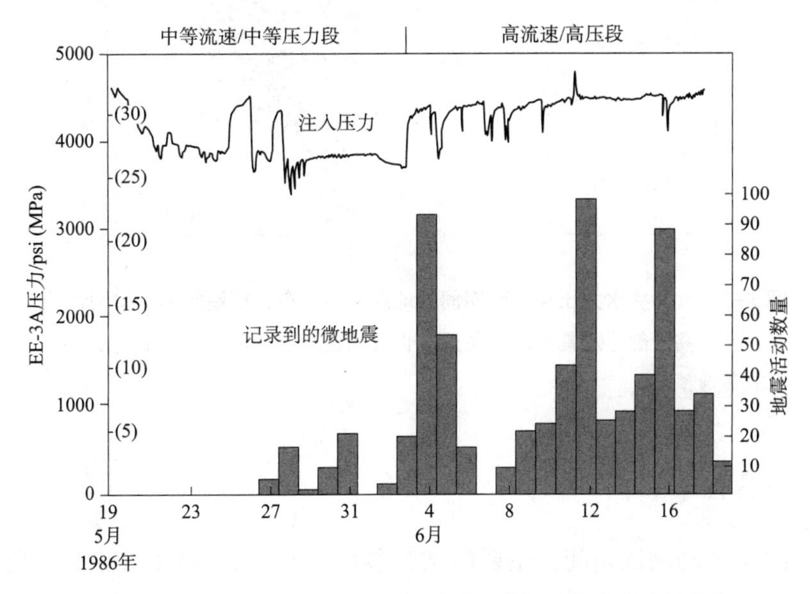

图 7-6　注入压力与初始闭环流动测试过程中微地震发生的对应关系。

资料来源：Dash et al.，1989

在初始闭环流动测试的后半段观察到的地震空间模式（图 7-7 中的平面图）表明储层的增长发生在注入井以外的滞止区，即离生产井周围的低压区域最远的一侧。图 7-7 还显示出大规模水力压裂试验期间记录的地震活动事件，该试验最初创造了这个储层。大规模水力压裂试验的事件或多或少是围绕注入井（当时还是 EE-2）对称的，而初始闭环流动测试的事件则是高度不对称的；在注入井口（EE-3A）附近可见的少数地震活动事件都是在试验结束后的关闭期间记录到的。

初始闭环流动测试的一个目标（见第 9 章）是在尽可能高的压力下使流体在储层中循环而不引起储层的增长。通过演示无震和地震条件下的循环，初始闭环流动测试为选择长期流动测试的最佳注入条件提供了宝贵的指导。

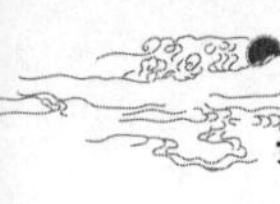

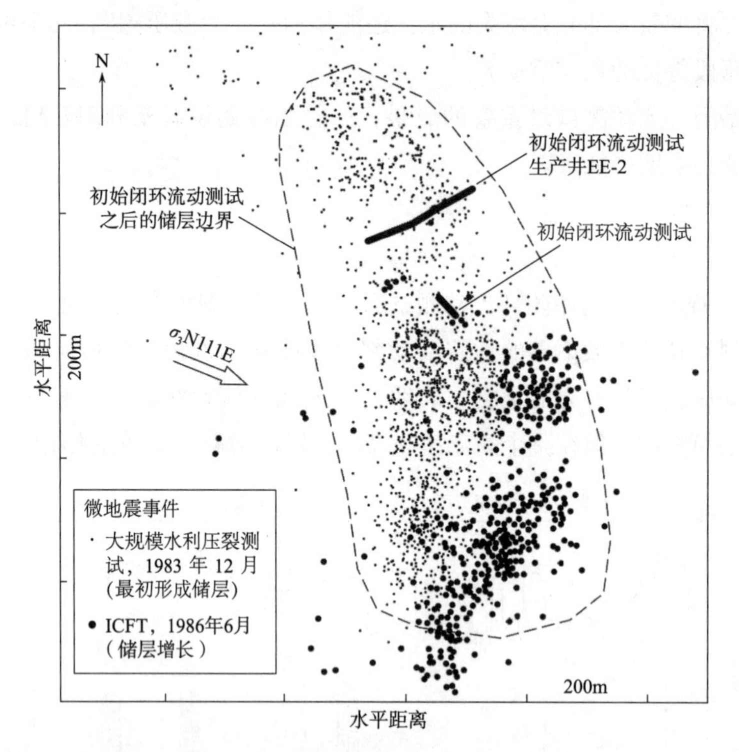

图 7-7　大规模水力压裂试验期间的地震事件分布，初始闭环流动测试的高压部分及其之后的关闭。也显示出最小主地应力（σ_3）方向。

资料来源：Brown，1995b

储层的水力特性

在初始闭环流动测试期间，主要的试验参数是 EE-3A 的注入流速和压力，以及 EE-2 的生产流速和回压，对它们都做了连续测量。这些参数之间关系的变化为研究弄清一些储层的水力特性提供了基础。

在 EE-3A 井开始注入时，经过初始闭环流动测试之前的长时间静止期，储层直到压力达到约 2500psi 才开始接收流体。如果修正到稳态注入条件（注入井中是冷液柱而不是最初的热液柱），那么初始的节理打开压力应该要接近 2200psi（15.2MPa）。根据后来在长期流动测试期间的压力曲线分析，此节理打开压力是第 II 期储层测试中观察到的第二低的压力[1]。最低的是 1450psi（10MPa），见图 6-15 和相关讨论。

在初始闭环流动测试结束时，关闭了第 II 期储层，以研究储层的压力衰减。一旦

---

[1] 2200psi（15.2MPa）的节理打开压力是通过分析在多次恒定流速加压和关闭过程中获得的压力曲线拐点数据而确定的；它是第 II 期储层内第一组可识别的节理开始被顶开的压力（那些相对于最小主地应力而言具有最有利方向的节理）。对于这组节理，2200psi（15.2MPa）看起来是平衡节理关闭应力所需的内部压力。

泵送停止，消除了EE-3A压裂柱的摩擦压力损失，压力就下降300psi～4200psi（29MPa）。这个关闭压力在接下来的7min时间里是恒定的。它代表了正在扩张的储层中具有最高开启压力的一组节理的打开压力，即那些在初始闭环流动测试结束时积极向南延伸的节理。相反，在大规模压裂试验和其他在EE-2的套管鞋深度附近的试验（第2018次、2020次、2025次和2042次）中，发现了分流节理的扩展压力约为5500psi（见第6章）。此1300psi的差异显著地指出了扩大的第II期储层区域的异质性，以及确定哪些节理是正在储层区域的哪个部分扩展的难度。

注意：在初始闭环流动测试第二段期间，注入压力无法超过4600psi（流速6.9BPM）也可以解释为什么储层没有积极向北延伸；因为该区以前的节理延伸压力需要5500psi。

在初始闭环流动测试后第一天关闭结束时，压力已经下降到3320psi（22.9MPa），主要是因为在受压区域边界处继续有流体损失（如表7-2所示，在不产生储层增长的3890psi的无震注入压力下，初始闭环流动测试第一段结束时向较远区域流动的失水率约为44gal/min，按注入和生产流速之差计算）。

在初始闭环流动测试开始时，生产井的压力在泵送开始后约4.5h开始受到注入压力的影响。然后以大约1.4psi/min的速度稳步上升几个小时，直到达到施加的回压范围（回压通常保持在200～500psi的范围内，以保持系统的单相流动；但这一策略也有许多例外，如在排放、气涌和关闭期间）。图7-8所示是初始闭环流动测试期间两口井的注入和生产流速的对比，可见即使注入速率长时间保持不变时生产流速也还在增加。

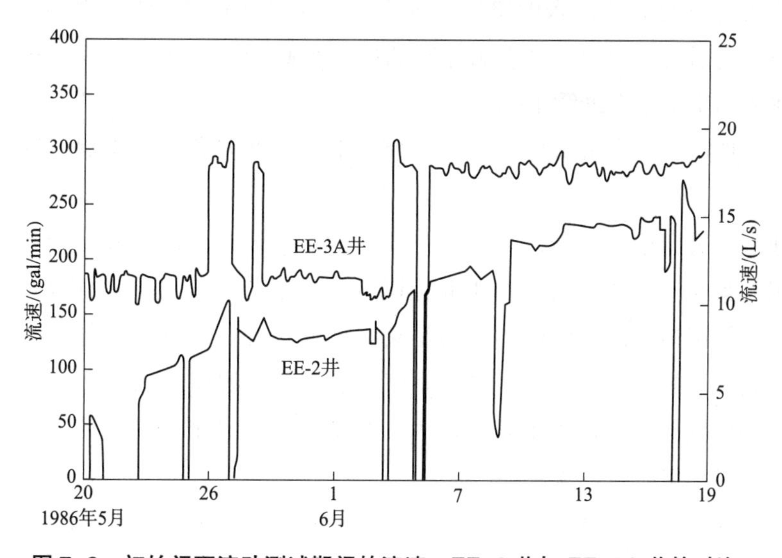

图7-8　初始闭环流动测试期间的流速：EE-2井与EE-3A井的对比。

在初始闭环流动测试的头几天，储层近井口的进口阻抗急剧下降。在中等流速与中等压力段结束时，它已经从最初的 6.6psi/(gal/min) 下降到基本为零[0.02psi/(gal/min)]，如图 7-9 所示，由此产生的整体系统流动阻抗为 26psi/(gal/min)（见表 7-2）。请注意这一总体阻抗大于重钻 GT-2 之前，在最初开发第 I 期储层时达到的 24psi/(gal/min) 流动阻抗。近井筒入口阻抗下降在第一周内最为迅速，其原因无疑是冷水不断注入储层使其岩石热收缩，从而有效地促使了节理打开。

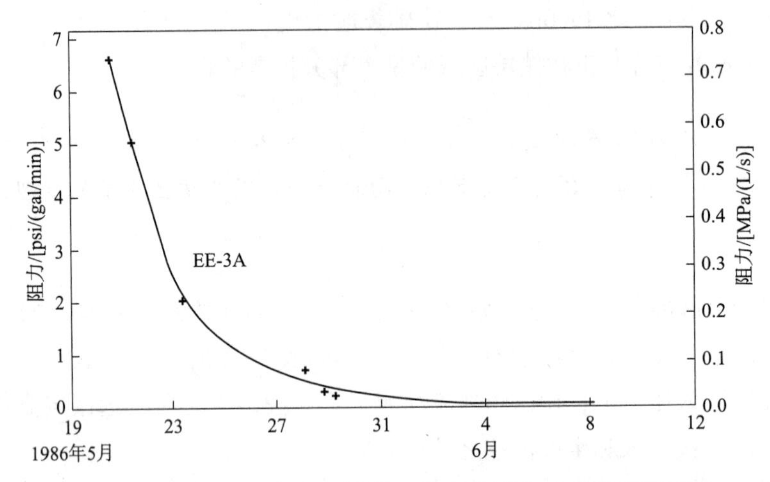

图 7-9　初始闭环流动测试早期阶段近井筒的入口阻抗迅速下降。

资料来源：Dash et al.，1989

在初始闭环流动测试的高流速与高压段结束时，整个储层的流动阻抗已降至约 19psi/(gal/min)（表 7-2）。这种进一步的减少可能是由于在这期间储层内的平均压力较高以及随之而来的节理扩张的增加。事实上，在注入流速和压力都不变的情况下，生产流速随时间而逐渐增加，这表明随着储层在较高的注入压力下变得更加充分地加压，其本体流动阻抗也在继续下降。

储层持续加压和压力重新分布的另一个后果是生产井和其周围储层区域之间的压差增加。

在物理上，决定近井筒出口阻抗的主要因素是封闭应力的变化，即垂直于节理表面的应力减去紧邻生产井（可能在 15ft 范围内）储层岩石节理内的流体压力。这种闭合应力随着从储层向生产井的流动径向汇聚而迅速增加，取决于岩体中的局部应力状态，其会受到以下的影响而变化：(1) 井壁和紧邻井壁的周向压应力，(2) 流体从高压储层流向低压生产井时迅速下降的压力。其结果是流动节理逐渐闭合，其闭合的程度决定着近井筒出口阻抗的大小。

图 7-4 所示及以上所述，在初始闭环流动测试前半段（非延伸段），总失水率，包括储层内储存的水和从储层边界处向外扩散的水，持续下降。可以根据图 7-4 推断出如果在初始闭环流动测试后半段保持注入压力不变（不超过 3900psi），失水率应该还会继续下降。但注入压力从 3900psi 增加到 4500psi，造成相当大的新储层增长，主要

是向下和向南（从 EE-2 生产井储层的反方向）。其结果是总体失率水明显增加，其中大部分是由新打开的节理的额外储水造成的。图 7-4 中给出的初始闭环流动测试期间失水百分比表明失水率增加了 4 倍（从 44gal/min 到 175gal/min），总失水量达 13 700m^3（340 万 gal）。其中几乎一半的失水量 6480m^3（170 万 gal）是由储层加压节理内储水造成的。详见下面的储层通流流体体积（基于示踪数据），以及前面图 7-4 的注释。

热研究

从 EE-3A 井 9000～30 012ft 深度段获得了 3 条温度曲线：第一条是在 5 月 15 日，即初始闭环流动测试开始前不久，在关闭条件下测得；第二条是在 6 月 23 日，初始闭环流动测试后 5 天获取；第三条则是在几个月后的 8 月 28 日（图 7-10）获取的。

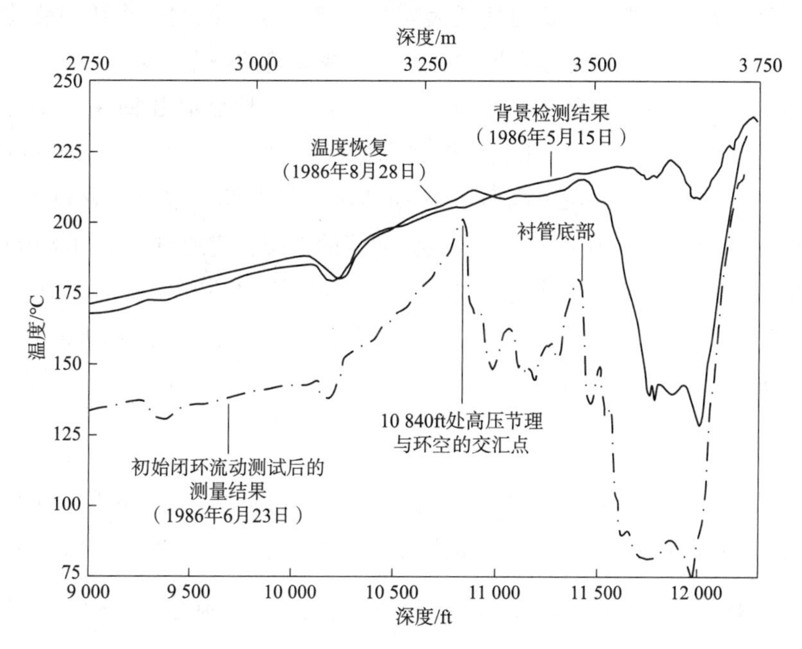

图 7-10　注入井 EE-3A 的 3 次温度测井结果的比较（一次在初始闭环流动测试前的背景值测量和两次在初始闭环流动测试完成之后的测量）。第 II 期储层的极值显示在 10 840ft 处。

资料来源：Dash et al.，1989

为了正确解读这些曲线，应该回顾一下 1983 年年底完成的大规模水力压裂测试结果（第 6 章）和图 6-43（EE-3A 下半部分完井）。在大规模水力压裂结果中，与注入井（当时为 EE-2）周围区域有关的结果特别重要：节理打开的微震证据、压力和温度数据、套管挤毁区以及其他信息，表明高压注入段位置比在套管底部和沙塞顶部之间的短（70ft 长）裸眼段实际上要高出很多。看起来是一个或多个与井眼紧密对齐的东倾节理起到了注入“管汇”的作用，为加压流体从套管外面向上流到储层的其他地方提供了路径。由于EE-2发生了严重的套管挤毁事件，大规模水力压裂后没有做温度测量；但如果做了温度调查，可能就会得出与6月23日EE-3A的初始闭环流动测试后那样的温度曲线图（也就是说，它将会显示出一些加压节理与EE-2衬管外面的井筒相交）。

如图6-43所示，衬管在EE-3A井11 436ft处着陆并固井到了10 950ft处，在其下端和填充物顶部12 107ft处之间留下了一个约670ft长的无套管裸眼注入段。图7-10中最重要的特征是6月23日测量中非常明显的温度下降，这反映出注入流体对衬管底部（11 436ft处和最深也是最突出的约12 000ft处的连接点之间）以下部分的冷却。

6月23日的调查进一步显示，从衬管底部到10 840ft深度区域也受到注入衬管下方裸井段的加压冷流体的影响。这些流体的一小部分绕着衬管向上流动，通过一个或多个连接到高压储层的节理，排入衬管固井水泥上方的环空区（图6-43）。沿着该段的每个温度凹陷（在衬管外面）都可能代表着第II期储层上缘的一个压力膨胀的储层节理，都与这种向上流动有关（是发展中的衬管周缘裂缝的证据）。

6月23日温度测量结果的另一个特点很重要：清楚地显示出EE-3A井附近的第II期储层顶部是在10 840ft处，即压裂节理网络扩展的顶端。因此，在10 950ft处的衬管固井水泥上方的裸眼段暴露在了高压第II期储层的最上部。这个裸管段可能是未来9年内持续存在的少量（3~4gal/min）环空旁通流的来源，它通过位于10 840ft处的那个高压节理形成流道。然而由于井壁的周向压应力和低的环空地表压力（不超过几百psi），10 950ft以上没有明显从高压储层向低压环空区的连通（直到1995年7月发生灾难性的流动突破，见第9章）。

注释

至此，回顾一下EE-3A的环空流动情况会是有帮助的。高压储层表现出多个（从图7-10所推断）与衬管水泥上方的环空（在图6-43中标识为“环空”）的节理连通。但除此之外，回接管柱外部和$9\frac{5}{8}$in套管（图6-43）内部的环空流道直接与地面相连。地表上安装了一个节流阀，可以在地表将这个流道完全关闭；但这样的关闭不会影响到环空，它通过在10 260ft处与EE-3A相交的那个低压节理仍然能与旧的第I期储层直接连通。换句话说，在关闭了通往地表的环空流道后，第II期储层仍然能够通过开放的环空直接排放到第I期的老储层中。

如果EE-3A完井作业得当，将水泥一直循环到$9\frac{5}{8}$in的套管中并完全填满环空，那么这种情况就不会存在了。

为了研究EE-2（生产井）的热性能，对10 450ft的深度做了3次温度测井（遗憾的是由于井筒的损坏，无法从生产段本身收集到温度信息)❶。第一次测井是在初始闭环流动测试开始后的 9 天，第二次是在其结束后不久，第三次是在几个月后（图 7-4)。如图 7-4 所示，在初始闭环流动测试期间，随着生产井的升温和传输热能损失的减少，地面生产温度持续上升。比较这三份测井结果，可见一旦停止循环，地层就开始迅速恢复到以前的温度曲线，大约 5 个月后循环的所有循环热效应基本上就会消散完。

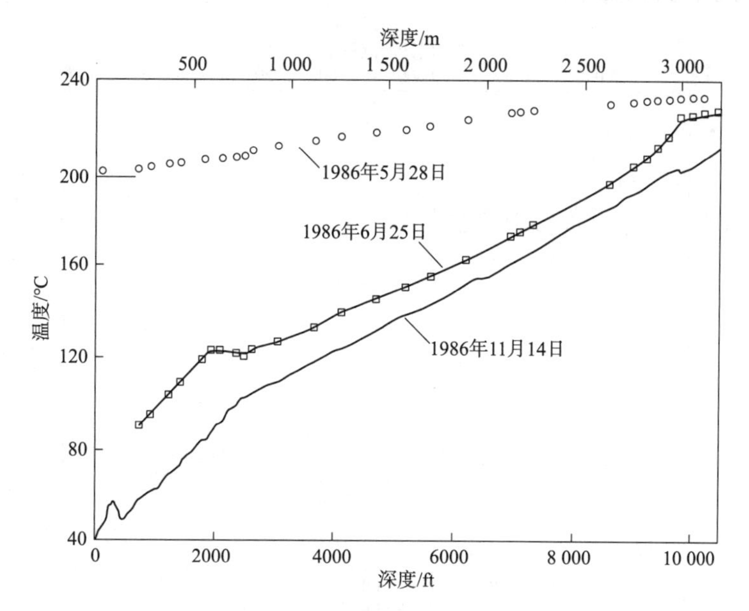

图 7-11　初始闭环流动测试期间和紧随其后的 EE-2 温度测井（使用库斯特记录仪)，与初始闭环流动测试 5 个月后的温度测井结果（用实验室设备）之比较。

资料来源：Dash et al. , 1989

储层通流流体体积（根据示踪数据)

在初始闭环流动测试期间做了两次示踪剂测试，第一次是在 5 月 30 日（在中等流速与中等压力段)，第二次是在 6 月 13 日开始（已充分处于高流速与高压力段)。两次都使用了溴化铵形式的放射性溴，其半衰期只有几天。试验结果如图 7-12 所示。

请注意，与第一次示踪剂测试相比，第二次显示出初始返回时间更长、返回峰值更晚，以及示踪剂返回总量更小。这些差异与第二次测试时储层通流流体体积明显增大相一致。事实上，计算表明在两次示踪剂测试之间，储层的积分平均（流体）体积，即对其流体储存的一种度量，从 2200m^3 增加到 8500m^3（从 7. 8 万 ft^3 增加到约 30 万 ft^3)。换句话说，在此期间认为是失水的大部分实际上是储存在了压力膨胀的储层中。

❶　虽然当时还没有发现 10 512ft 处的套管挤毁，但人们认为导致不能测井的未知障碍是在大约 10 550ft 处。因此，没有去做 10 450ft 以下的测井，留下了 100ft 的安全余量。

此结论得到初始闭环流动测试结束时储层排放特性的进一步支持：之前定为损失的13 700m^3（340 万 gal）的水量几乎有一半以排放流体的形式返回到地表（约 6480m^3）。这些液体中至少有一部分可能储存在了储层外围（通过压力扩散到了远处，特别是在初始闭环流动测试的高压段）稍有渗透性的岩体的封闭节理中，然后在储层排放期间边界压力梯度逆转时又返了回来。

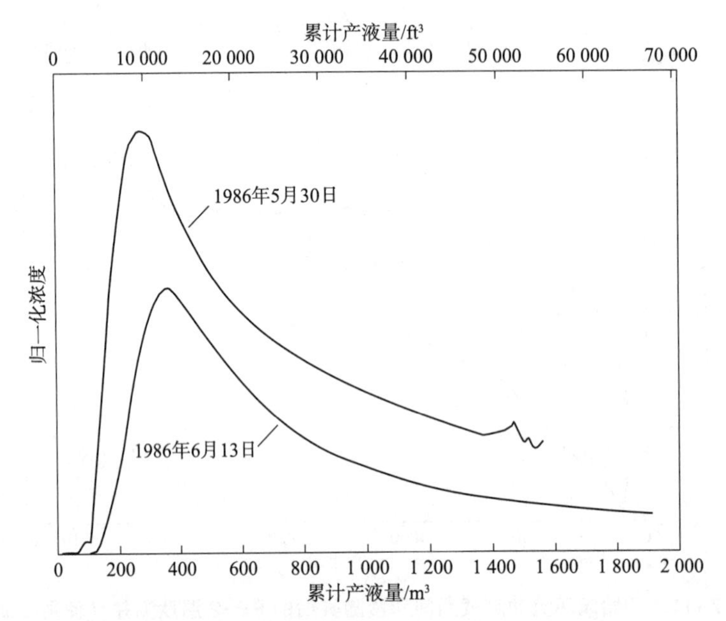

图 7-12　初始闭环流动测试期间两次放射性示踪剂试验的驻留时间分布曲线。

资料来源：Dash et al.，1989

循环流体的地球化学

图 7-13 体现了 ICFT 的地球化学结果的本质。

在生产流体中检测到的主要溶解物中，除了二氧化硅之外，所有物质的浓度都随着初始闭环流动测试的进行而迅速下降，并很快达到平衡水平。这是惰性的非吸收性物质的行为，它们要么已经存在于注入的水中，要么是来自节理填充物中的孔隙流体。生产液体中这些物质的浓度最初很高，但随着注入的液体逐渐清除掉了张开节理中的孔隙液体，大约一周后，它们通常都会下降到接近注入液体的水平。

相比之下，二氧化硅的浓度在整个初始闭环流动测试过程中几乎保持不变。这是一种活性物质的表现。与其他主要物质不同的是，二氧化硅来自花岗岩本身（而不是孔隙流体），由沿张开节理暴露的热表面上石英溶解而来。二氧化硅地热温标测温结果支持这一推断，测试期间该温度几乎恒定在 250℃的水平。

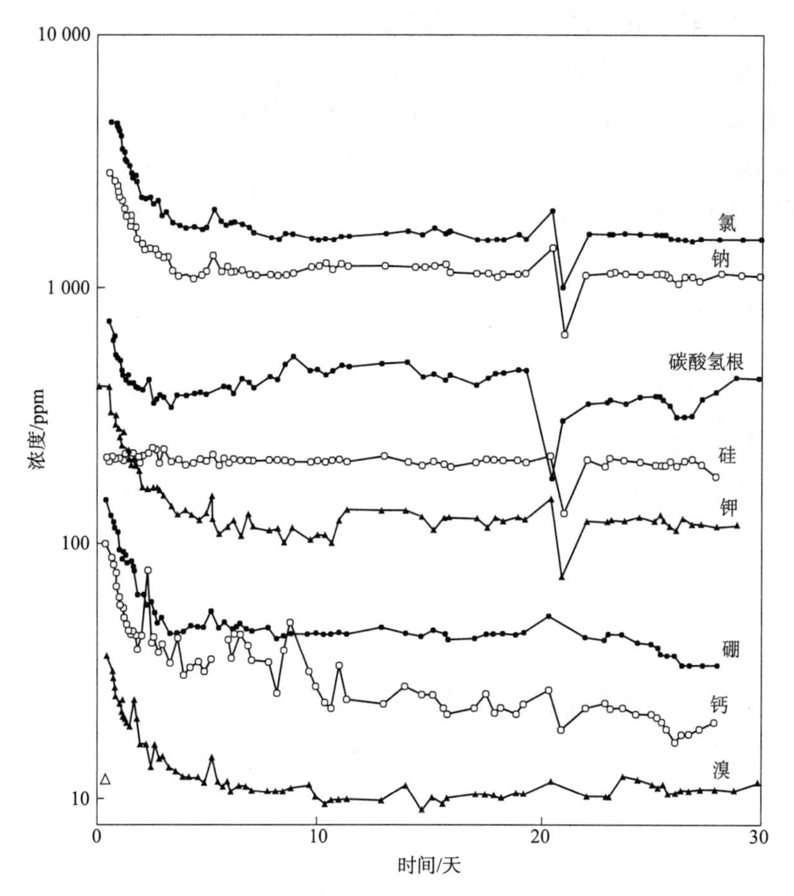

图 7-13　初始闭环流劝测试期间生产流体的主要溶解物的浓度变化。

注：改编自 Dash et al.，1989

在进入初始闭环流动测试几天后，当溶解固体总量水平达到近似平衡状态时，生产流体中各种物质的典型浓度见表 7-3。测试期间流体中的溶解固体浓度非常低，大约是海水的 1/10。事实上，它与几年后长期流动测试期间发现的浓度没有明显的区别。在这样持续的低浓度下，溶解的固体应该不会对干热岩系统的运行造成问题。

表 7-3　典型的离子浓度（初始闭环流动测试第 6 天收集的样品）

离子	浓度	离子	浓度	离子	浓度
砷/ppm	0.6	氟/ppm	10.4	钠/ppm	1180
硼/ppm	48	铁/ppm	2.1	二氧化硅/ppm	452
溴/ppm	11.5	重碳酸盐/ppm	408	硫酸盐/ppm	183
钙/ppm	42	钾/ppm	114	pH	5.79
氯/ppm	1814	锂/ppm	23.4	溶解性固体总量/ppm	4300

唯一发现有相当数量的气体是二氧化碳。正如其在初始闭环流动测试期间的浓度

曲线所示（图 7-14），在测试开始时，它的浓度大约为 0.9% 的水平，这认为是其在孔隙流体中的浓度。请注意在试验后半段随着压力的增加，其浓度出现了短暂的跳跃。也许是由于在较高的压力下打开了新的节理，孔隙流体在生产水中的比例暂时上升所致。在测试结束时，二氧化碳浓度已经下降到 0.1% ~0.2%（有趣的是，在长期流动测试期间循环液体中的二氧化碳水平平均为 0.2% ~0.3%，接近闭环流动测试数据所预测的水平）。

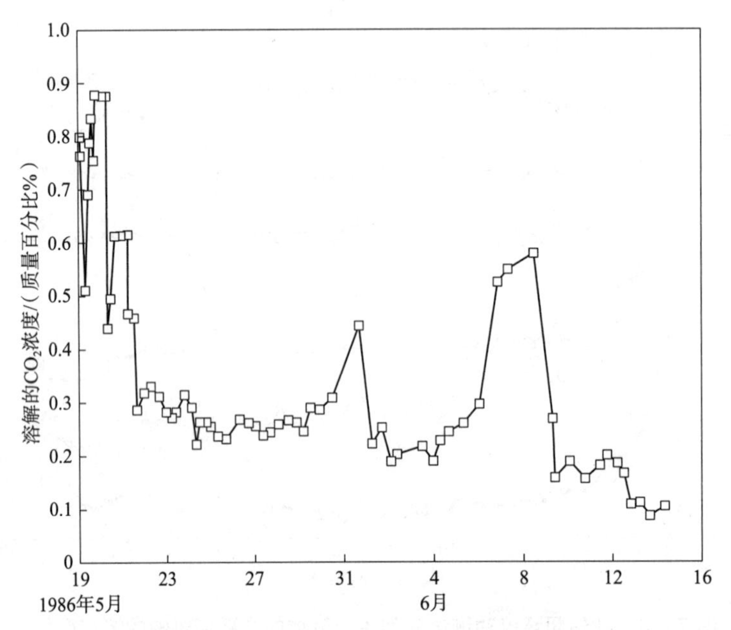

图 7-14　初始闭环流动测试期间生产液体中溶解的二氧化碳的浓度。

资料来源：Dash et al.，1989

初始闭环流动测试小结

此测试是第 II 期干热岩系统的第一次加长型循环测试，通过一个地面系统进行，主要用了临时和租用的设备。测试本身有很多运行上的问题（大部分与租用的注入泵有关），这些问题造成了十几次不定期停工，庆幸的是，大多数停工都非常短暂。尽管存在这些困难，测试还是产生了大量的新信息，对其设计和运行非常宝贵。特别是其地震数据阐明了压力阈值，低于此阈值就不会诱发储层的地震增长，使得测试从一开始就在尽可能高的无震注入压力下运行。这些数据还证明了生产井在干热岩储层中作为压力降所发挥的重要作用，使人们认识到了如果干热岩能源生产系统要以最大生产力运行，多口生产井是必不可少的。此外，初始闭环流动测试还获得了关于第 II 期储层的水力、热力、失水和地球化学行为的数据，大大促进了我们对干热岩系统的理解，不仅是芬顿山的，还包括未来在其他地方的系统。

最后，闭环流动测试最重要的成果是实现了热能生产：很不错的 10MW。当时，一些批评者认为这一水平的产出意义不大，因为注入压力过高（超过 4500psi）导致离生产井最远的“停滞”区出现了储层的不良增长。实际上，仅在 EE-3A 和 EE-2 井的区域实现这一水平的热能生产就具有深远的意义：如果在储层较远的另一边有第二口生产井，那就不仅可以防止储层增长，而且还能够使产量增加一倍！估计如果有两口生产井，第 II 期储层就能在相当长的时间内（储层建模表明至少会有 20 年）产出 20MW 的热能。因此，很明显，1986 年的初始闭环流动测试明确地证明了干热岩概念的技术可行性。

EE-2 井：第二次修复，重新钻探和测试（1986 年 11 月至 1988 年 6 月）

当初始闭环流动测试结束时，干热岩团队的大多数人都认为 EE-2 生产井是不健全的。事实上，当时他们甚至不知道第 2059 次试验搞砸的连续油管清理作业所造成的损害程度。他们很快就会发现，那次作业时在 10 512ft 处发生了第二次套管挤毁。

关于 EE-2 井的第二次修复作业、重新钻探和流动测试的信息，主要是根据文献：*The HDR Geothermal EnergyDevelopment Program*（1988b），Birdsell（1988，1989），Brown（1988b），Dreesen 等（1989）和 *Fenton Hill Operations Daily Log Book*（No. 3）。

第二次修复 EE-2 井

1986 年 6 月初始闭环流动测试完成后，为观察储层压力的缓慢衰减情况，两口井在地表一直关闭到 9 月下旬。然后通过 EE-2 井将剩余的液体排空。在观察期间，一些项目员工错误地认为从储层中排出的部分液体正流向第 I 期储层，尽管从未确认有这样的流动路径。

大酋长钻探公司 47 号钻机的合同，最初是在 1985 年为重钻 EE-3 而签订的，后又延期，以使钻机移至 EE-2。在其就位后，将 $5\frac{1}{2}$in 压裂柱和 Otis 蒸汽封隔器（10 401ft 处）从孔中移除。然而连接封隔器和位于 10 718ft 处的 $5\frac{1}{2}$in 旧压裂柱顶部的 7in 过渡套管没能与封隔器一起取出而留在了孔内。开始了打捞作业将其取出，在第三次尝试时，连接过渡套管和封隔器底部的回接套管与过渡套管的两个接头一起从孔中起了出来。检查发现回收的过渡套管的底部接头也已部分挤毁了。根据这些观察可以推断出 $9\frac{5}{8}$in 的套管已经挤毁了，其挤毁段一直延伸到 10 512ft 处（7in 过渡套管最严重的挤毁点），而 7in 套管的剩余部分被夹了在此处中。11 月 26 日，两次套管直径测卡结果证实了这一

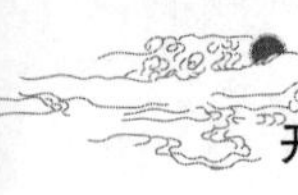

推断：$9\frac{5}{8}$in 的套管已经挤毁到了 7in 的过渡套管上，使其反过来向内挤毁。一年多以前在套管封隔器下面测井时，在 10 512ft 遇到的“障碍物”的性质，终于得到了解释。

两次对 7in 套管挤毁区域铣削作业都没有成功：显然扭曲的管道将磨盘逼到了一边，因此第二次时磨盘将 7in 套管和周围的 $9\frac{5}{8}$in 套管都磨出了洞，最后还穿透了井壁。现在看来即便在最理想的情况下，通过 EE-2 重新获得进入第 II 期储层的测井通道还是存在问题。

尽管一次简短的流动测试表明铣削作业并没有严重影响到储层或 EE-2 井的流体循环，但其井况显然是危险的。事实上，大家一致认为它将无法在预期的长期流动测试中使用。维修工作暂停，1987 年 1 月美国能源部召集了一个专家小组，与实验室员工一起探讨使 EE-2 井恢复使用的方案。他们听取了关于 EE-2 井目前状况的详细介绍：3 个区域的挤毁套管；621ft 长旧的 $5\frac{1}{2}$in 压裂柱仍在井中（从 10 740ft 的挤毁处向下延伸到更深的 11 297ft 深的废弃套管封隔器）；7in 过渡套管的 5 个接头卡在了井筒中旧的 $5\frac{1}{2}$in 压裂柱之上；套管上的铣孔（在大约 10 510ft 处，在卡住的 7in 过渡套管顶部附近）。建议的方案是从井的挤毁套管最高区域以上的地方侧钻，重新钻入第 II 期储层。

注：重钻计划的一部分是完成新井（EE-2A），以进行热流体生产和适量的冷水注入（如果需要的话，进一步打开连接 EE-2A 和储层本体的那些节理）。

EE-2 井的侧钻和重钻

从大规模水力压裂测试获得的地震数据表明，EE-2 的最佳侧钻路径应该是能够大幅增加注入井和生产井之间的间隔。这样重钻就会进入更多的压裂储层区域，从而能大大改善人们对提高储层流动和能量生产方法的理解。然而，能源部小组（可能其中没人真正知道基岩中的干热岩储层是个什么样子）担心在一定距离内重钻的井段可能会错过与最初大规模水力压裂时打开的节理相交，坚持认为新的分支井与现有井的距离不能超过 100ft（而在裸眼段，即 11 578~11 648ft 深度，则应在 50ft 半径内）。

就这样，能源部小组没有利用对 EE-2 附近储层几何结构的最佳描述，即地震数据来决定重钻路径，而是将 100ft 的限制强加给了干热岩项目。

已经在现场进行第二次维修的大酋长钻井公司钻机保留了下来，用于重钻和完井作业。其绞车、井架和底座的额定拉力为 150 万 lb，在 EE-2A 作业时高估了这台钻机；但在重钻 EE-3 井时则又多次证明了其巨大能力的价值。

钻井计划按照的是已成功完成的 EE-3A 钻探计划，其特点是：（1）采用大直径（5in）中等强度的钻杆，以消除扭曲现象；（2）精心设计的底部钻具组合和钻头，以提高定向钻探精度和钻头运行回次长度；（3）用一种高温海泡石和膨润土钻井液来保持钻孔清洁，以提高渗透率。

选定的侧钻开始深度为 9725ft，高于套管挤毁的最高点约 800ft。于 1987 年 9 月初开始现场工作，做了 3 次固井作业，以回填和堵住约 9800ft 以下的井段，包括 $9\frac{5}{8}$in 的套管的内外部。将现已弃用的井筒下部很好地封住后，在 9546～9550ft 段内对套管穿孔，并在 9166ft 处座封了一个贝克可回收水泥封隔器。然后在套管外面注入 1000gal 的水泥，以稳定和支撑套管，使其刚好高于造斜点。9 月 17 日将水泥钻出往下直到 9889ft 深度（大约六周后，水泥胶结测井显示水泥已经填满了从 9500～9225ft 段的环空）。

接下来的 8 天中，在 9688～9747ft 段的套管上铣出了一个窗口。然后，为了在窗口上放置水泥塞，用钻头清除了 9755～9885ft 套管段的铣削碎屑；再用沙子回填 9742ft 深度以下的部分。9 月 28 日，通过光头钻杆设置了一个 730gal 的水泥塞，填充了窗口、窗口外的环空以及窗口上方的套管，一直到约 9520ft 深度。

现在准备封住套管上部环空的剩余部分。在 6470～6476ft 套管段穿孔，并在 6326ft 处设置了一个水泥承转器，通过那些射孔注入 2 万 gal 的轻质水泥，将环空填充到了 2400ft 处前寒武系岩层地层顶部的漏失区。最终完成了第一次 EE-2 维修时花费大量时间和精力未能完成的工作，完全封住了棘手的套管外部环空泄漏。只剩 9500ft 处与 6470～6476ft 射孔段之间的环空部分还未固井。

这项大的固井工作完成后，将水泥承转器和其上部的少量水泥钻了出来，钻头继续向下钻到 9520ft 深度，在此处钻遇了固化水泥。再用一个非常坚硬的钻具组合上的 8.5in 岩石钻头钻穿了横跨套管窗口的水泥塞中心，直到 9748ft 深度；然后将沙子冲洗到 9875ft 处。但将“原型”造斜器定位器组件下入井内运行时，由于碎屑的存在，无法通过窗口间隔。在用钻头和滚子扩孔器对这一段和套管残根里面（9747ft 处）修理后，又运行了第二次，但定位器未能在下部套管的残根部正常设置。最后，用一台分段铣刀在套管根部铣了 1ft。再次下入运行时，定位器组件成功地置于残根上。

10 月 7 日和 8 日，用钻杆将造斜器及封隔器组件下入孔内。在 $9\frac{5}{8}$in 套管残根内 6ft 处滑入封隔器，造斜器定好了位，并将封隔器锁定到位。用装有 $8\frac{1}{2}$in 镶齿钻头的底部钻具组合从 9725ft 的造斜深度开始钻第一段 40ft（10 月 9—10 日）。首先小心翼翼地钻过留在窗口的水泥，其距离为 17ft；然后用第二个钻头钻出 23ft 进入花岗岩岩石，完成了造斜。

图 7-15 是 EE-2 刚开始侧钻时的配置，显示出套管中的窗口、造斜器的位置、新

的 EE-2A 分支井的前 40ft，以及 EE-2 的堵塞和废弃的下部部分。

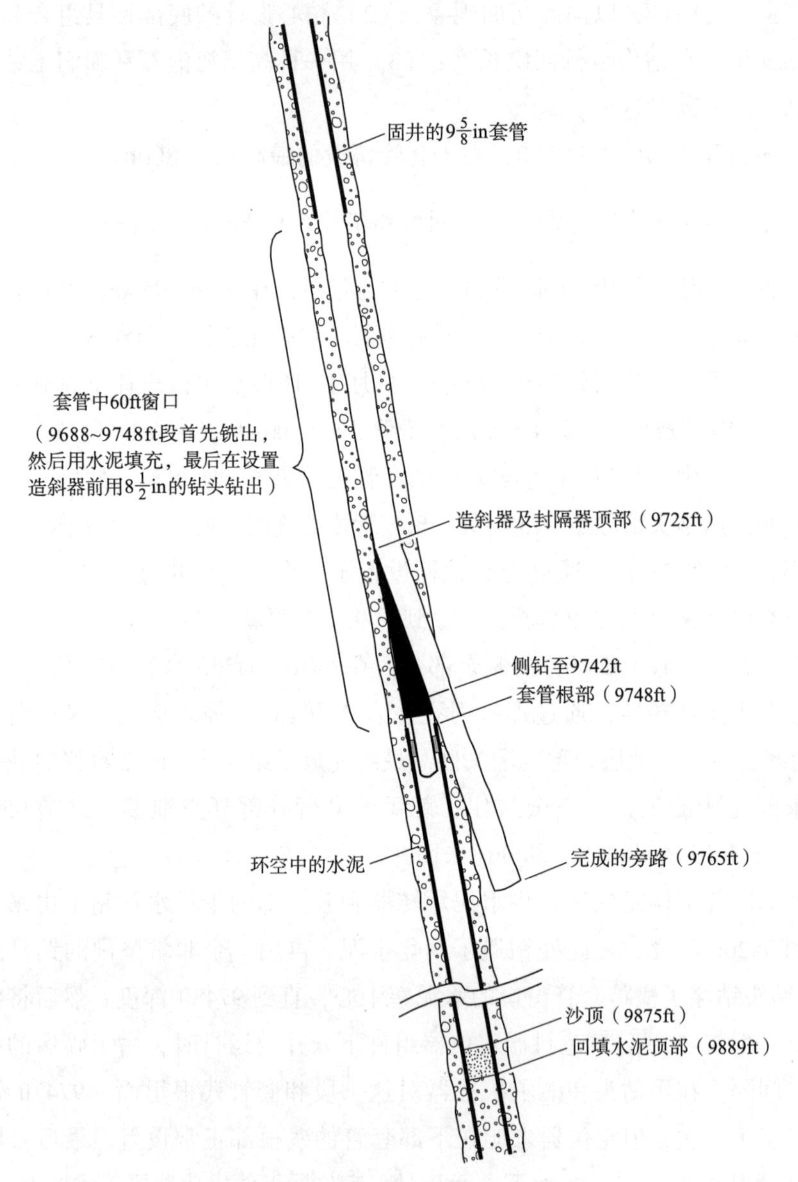

图 7-15　刚开始侧钻时 EE-2 井的配置。

注：改编自 Dreesen et al.，1989

在 9742ft 处，测得的倾角为 13.5°。到 10 月 15 日，新的 EE-2A 分支已经到达 9960ft 处且倾角增加到了 14.75°。为了保持轨迹的准确性，用一个螺杆钻具将井转向了南方。到 10 月 17 日，钻井深度为 10 149ft。在造斜点附近对每一个钻杆连接处以及此后的每一个第二或第三连接处等都做了磁罗盘单点测斜。当用多点陀螺测斜以验证单点测斜方位角读数的准确性时，得到的位置与单点读数的差别在 11.5ft 以内。

从 10 月 18 日到 11 月 2 日，通过 EE－3A 井对储层加压到了高于静水压力的 2200psi（15.2MPa）。随着 EE-2A 进入第 II 期储层，储层顶部有节理导通的迹象（由泥浆和地球化学测井测得的流体、二氧化碳及其他溶解化学物质浓度的变化）。经计算其深度为 10 840ft，与 EE-3A 井附近的储层顶部结果相同（通过 6 月 23 日的温度测井获得，见图 7-10）。

10 月 26 日，EE-2A 达到 11 009ft 的深度，这时的测量显示其轨迹为 N70°E，角度为 24.75°，非常接近计划路径。然后用水驱替了钻井液，移除了钻杆。随后又做了两天的温度测井、井底流体取样和流动测试，之后恢复了钻进。随着更多节理与 EE-3A 井相交，多次降低了注入压力，以保护储层而不用过度稀释钻井液。

11 月 11 日，EE-2A 钻到 12 360ft 的完钻深度，比第 II 期储层的显现的底部低了约 300ft（以允许有一个鼠洞来收集碎屑，不然会堵塞最低的生产节理）。测井显示在 1200ft（10 840~12 030ft）长的井段内有 14 个储层流动连接，其中一组主要的深层流动节理位于 12 000ft 深度附近。

侧钻非常顺利，其所有目标均实现了，包括能源部小组的建议，即井应该要在 EE-2 非常短（70ft）的裸眼段的 50ft 半径内。（在 EE-2A 中的观察结果显示，重钻与其目标路径，以及在第 II 期储层 10 840~12 030ft 总间距的范围内，偏离从未曾超过 25ft，实际测得的间距在 100ft 以内。磁力多点测斜定位的井底在磁力单点测斜定出的 18ft 以内。没有扭曲，也不需要捕捞作业。尽管其他作业如井内测井、起放钻杆以更换钻头等大大增加了施工作业总时间，但项目仍在原本估计的时间和成本范围内完成了。

侧钻在不到 30 天的时间里就钻出了 2595ft（791m）深的孔。成功的钻井液计划为高平均进尺率做出了贡献：当钻头旋转时，进尺率达到惊人的 10.5ft/h！即使在平均 90ft/天的速度下，也比 EE-2 井最初的钻井速度快了 2.5 倍。

初步流动测试（第 2074 次试验）

这是一个为期 7 天的 EE-3A 注入储层流动测试，是在 EE-2A 成功重钻后的 1987 年 12 月 2—9 日进行的（Birdsell，1988）。其主要目的是要通过示踪剂测试和温度测井，来评估储层与 EE-2A 的流动连通。此外，还包括伽马射线测井、三臂卡尺测井和地震监测等。由于第 II 期储层在流动试验开始时基本上是排空的，EE-3A 的注入压力和流速反映了储层在 7 天内的短暂再加压，没有产生多少储层流动信息。EE-2A 中只回收了 28% 的注入示踪剂，这表明存在着许多长驻留时间的流动路径。几乎没有记录到地震活动事件（注入压力未达到 5500psi 的节理扩展压力）。

此试验最重要的发现之一是有证据表明储层中的水流绕过了 EE-3A 的固井衬管。

这种周缘裂缝的流动是通过当时高度受阻的节理网络，将高温流体向上分流到衬管周围❶。图 7-16 中显示的是 1988 年 1 月 21 日的温度测井结果（Brown，1988b），证实了这种周缘裂缝流动以及 12 000ft 处的主要储层流动入口的位置。该图还显示出温度降低，反映的是低压流通过 10 260ft 处的节理开口进入第 I 期储层区域。见第 6 章中，“EE-3A 的第一次莱恩斯封隔器测试”（第 2049 次试验）一节对该泄漏路径的讨论。

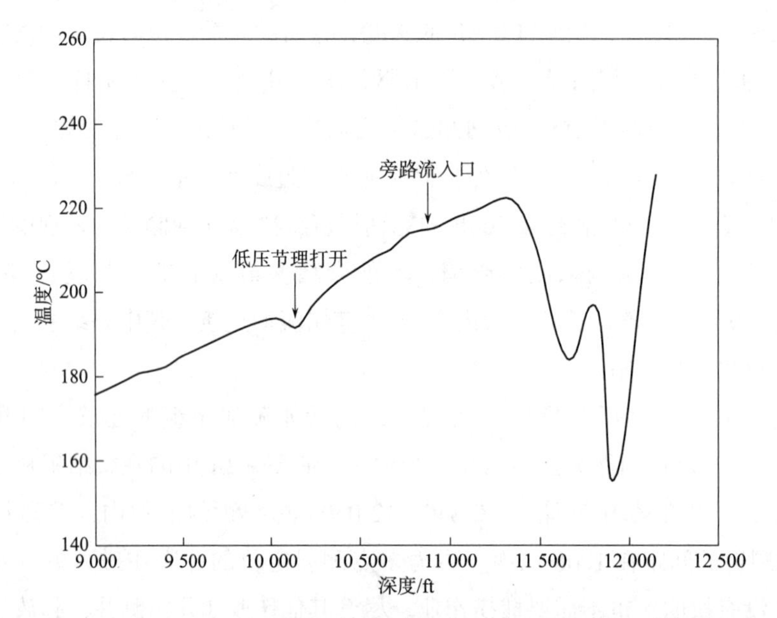

图 7-16　1988 年 1 月 21 日 EE-3A 的温度测井结果，显示出衬管旁路流入口。

资料来源：Brown，1988b

注：衬管的周缘裂缝证明了约两年前 EE-3A 的完井不佳，这可能是芬顿山项目中付出成本最高的错误。后来在 1995 年中期，完井不佳使井彻底失效，导致美国能源部终止了芬顿山干热岩项目。如果在 EE-2A 完井之后，将钻机运回到 EE-3A 之上重新完井作业（将套管一直固井到地表，就像 1988 年 5 月对 EE-2A 所做的那样，见下文），那么就没有什么理由中途终止一个非常成功的干热岩项目了。

EE-2A 完井

EE-2A 的完井与芬顿山的其他任何井均不同：井筒从第 II 期储层的上方装套管到

---

❶ 这个节理网络靠近第 II 期储层的上边界，与边界处的其他节理一样，是流体可及的，但与储层本体并没有良好的流动连通。后来，随着 1995 年中期的长期流动测试的进行（见第 9 章），这条流道会突然打开。可能是由于储层的压力场慢慢延伸到了这个边界区域，间隔地而不是连续地打开了各个节理（在大规模水力压裂测试期间，第 2020 次试验区域也是以同样的方式进一步扩展，微震数据明确地体现出了这一点）。

了地面，并对套管整个长度固井。

计划是首先用沙子回填储层段（以防止水泥侵入任何压裂节理）；然后从沙子顶部向装有 $9\frac{5}{8}$in 的套管的孔内下入一根衬管并固井；最后，从衬管顶部下入回接套管柱并固井。衬管已经在现场了：一个 7in、35lb/ft 的 C-90VAM 套管柱，1984 年原为 EE-2 井购买，但从未使用过。回接管柱是一个 7in、32lb/ft、带有优质 MSCC 连接的 C-95 套管，将由新日铁特别制造（由于从订购到交付此套管需要 6 个月的时间，此期间停了钻机）。

钻机于 1988 年 5 月 16 日重新启动。在对窗口以下的整个裸眼段做了多次测井和井下电视测量后，为确保其仍处于良好状态，用沙子填井至 10 775ft 深度覆盖了储层生产区段。然后用钻杆将衬管下入孔中，并用衬管悬挂器将该 $9\frac{5}{8}$in 套管悬挂了起来，使其顶端高于窗口约 190ft、其底部位于 10 770ft 处（沙塞上方 5ft）。抛光孔座旨在作为与回接柱的接口，也安装好了，其顶部位于 9499ft 处，比 9590ft 处的衬管悬挂器高出 91ft。

完井作业的下一步是下入回接管柱；但由于所有的固井设备都在现场，所以决定先将 $13\frac{3}{8}$in 套管和 $9\frac{5}{8}$in 套管之间最上方 850ft 长的环空固井，以保护后者在即将实施的流动测试中免受过大的热应力影响（因 1984 年更换 $9\frac{5}{8}$in 套管的 902ft 长最上部段时，该环空未固井，见第 6 章）。

首先，在 $9\frac{5}{8}$in 套管外的环空区建了一个塞子：将一定数量的压裂球、砾石和沙子投入环空区，此环空区是在 1984 年安装在 920ft 处的 $11\frac{3}{4}$in 对扣接头的顶部。接下来，在 855ft 深处对套管射孔，用 $8\frac{1}{2}$in 的钻头钻出残留在衬管悬挂器上方的水泥（从 9269ft 到 9499ft）。然后用钻杆将固体橡胶刮塞推到套管内并置于那些射孔的正下方。最后通过射孔将水泥泵入。该作业仅取得部分成功：固井质量测井表明，水泥仅上升到 214ft 处。因此，在将 $9\frac{5}{8}$in 套管内的残留水泥和刮塞钻出后，5 月 25 日，再次对 $9\frac{5}{8}$in 套管打孔。这次是在 210~212ft 处，以便在将 7in 回接柱固井到地面后，立即也对环空固井。

3 天后，用 $5\frac{3}{4}$in 的钻头钻出 7in 衬管顶部段长 1100ft 的水泥，然后用磨具磨掉衬管管柱组合顶部的抛光孔座。6 月 1 日，7in 的回接套管，底部有一个回接杆（抛光孔座心轴)，下入孔中；但回接杆无法与抛光孔座接合。经过几次尝试，用高和低密度水泥组合（上面6650ft段用低密度水泥，其余则是高密度水泥）做回接套管固井，杆只是简单地置于抛光孔座上面。在地表，水泥首先从7in套管和$9\frac{5}{8}$in套管之间的环空循环出去，然后（通过210~212ft处的射孔）再从$9\frac{5}{8}$in套管和$13\frac{3}{8}$in套管之间的环空循环出去。

水泥胶结测井显示，在大部分固井段和所有关键区域，如回接套管底部的抛光孔座周围和靠近地面的区域，水泥密度良好。衬管已拉紧于井口夹具中，并切割至合适长度；安装了二级井口密封和防喷器；用$5\frac{3}{4}$in的钻头钻出水泥，并将孔底的沙子冲洗了出来。

到6月中旬，EE-2A完井了，如图7-17所示。钻井和完井工作均是在预算和时间范围内。

EE-2A完井后的注入测试（第2076次试验）

初步压力测试证明了7in衬管在2500psi压力下的完好性。1988年6月，进一步评估了该衬管和回接管柱的完好性：在持续6h的第2076次试验中，以1~15BPM的速度和1500~4300psi（10~30MPa）的相应井口注入压力注入近5万gal的水（Birdsell，1989）。这个简短的测试得出了关于EE-2A的3个重要结论：

- 衬管和回接管柱似乎至少在4300psi的压力下是压力密闭的。
- 在早些时候对重钻部分测试时发现的那些节理（第2074次试验）仍然还在，并有流动。
- 在相当的压力下，通过重钻的EE-2A井注入储层的液体几乎是通过EE-3A井的两倍。这表明残余的节理支撑（由于1983年年底大规模水力压裂时的压力剥落）不仅仍然存在，而且从旧的EE-2井筒向外延伸到EE-2A所穿越的区域。这意味着对于未来的干热岩储层开发，依次从每口生产井可控地（但非常快速和有力地）排出储层中的高压流体，类似于大规模水力压裂试验结束时无控制方式发生的情况，可能是减少非常关键的近井筒出口阻抗（从节理表面的压力剥落物提供剥落支撑）的一种有效手段。

EE-2井修正：小结

EE-2A的侧钻、重钻和完井都取得了圆满成功。这些作业代表了芬顿山干热岩钻井经验的高光时刻，至今仍是卓越的设计、工程和运行监督的范例。由此建造了一口结构良好的生产井，为多个载液储层节理提供了良好通道。这口井在第II期干热岩系统的所有后续测试中都表现得完美无缺。

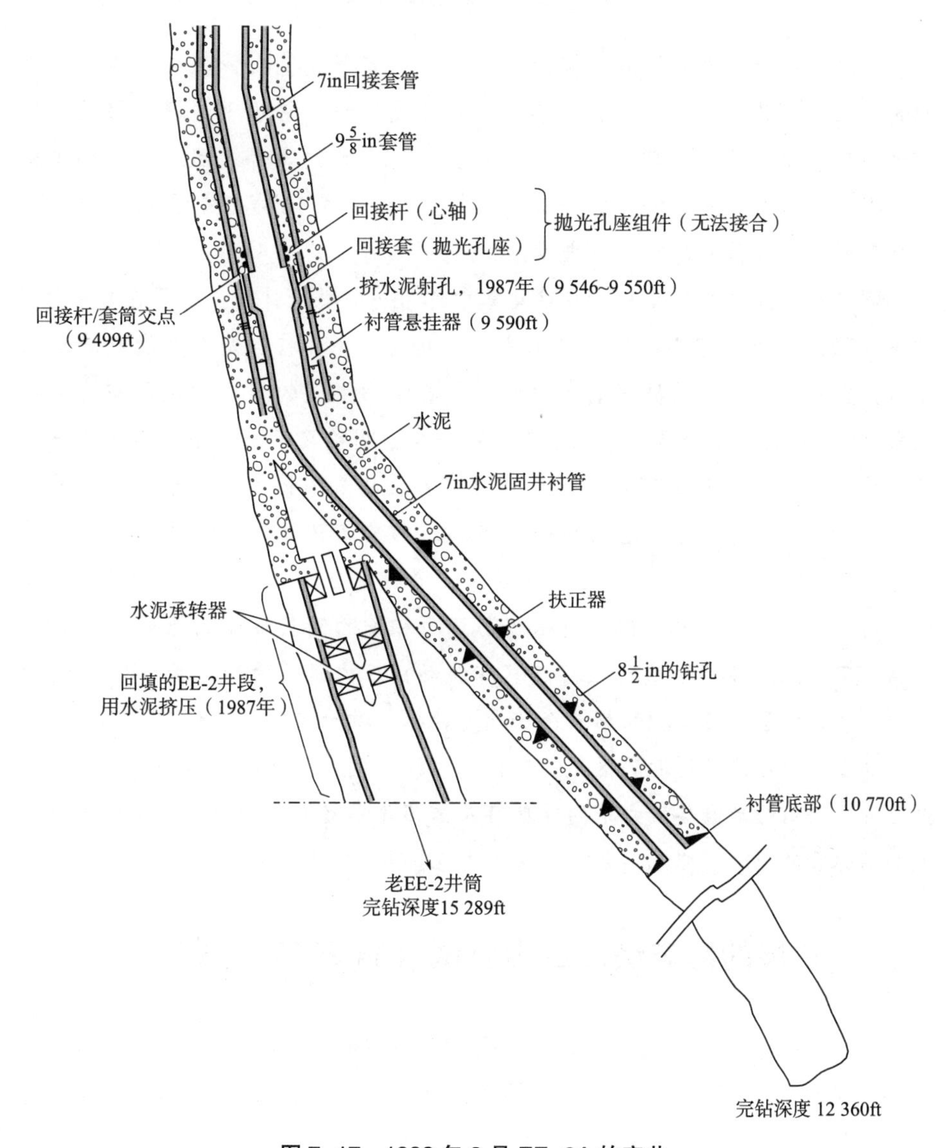

图 7-17　1988 年 6 月 EE-2A 的完井。

注：改编自 Dressen et al.，1989

这一成功，以及之前重钻 EE-3A 井的成就，表明不应再将干热岩钻探视为高风险和过于困难。只要有良好的计划，有足够的准备时间来订购适当的设备，最重要的是，有出色的钻井监督，特别是有能力适应不断变化的条件，即使在芬顿山这样困难的高温钻井环境中，也能够在只是中等风险的情况下实施钻井项目。值得注意的是，在深层高温花岗岩中重钻 EE-2A（共钻进了 1940ft），其平均钻进速率为 10. 5ft/h，以 1988 年的美元计算，188 美元/ft 的成本是非常合理的。

储层岩石体积的新概念

多年来对干热岩地热能源概念的研究，逐渐形成了几种表征储层岩石体积的方法。如第4章所述，其中第一个是地震体积，它基于这样的假设：只有水力压裂才能诱发节理滑移，从而产生微地震剪切事件。因此，地震体积就是微地震事件云包络内的岩石体积，基于事件位置1σ或2σ的标准差统计。它代表的是注入作业时的压裂岩体体积。

第二个是储层岩石体积，在第4章中作为一个概念引进，在第6章和第7章中则强调为循环可及体积。它比地震体积要小，其特点是在产能或流动测试时，循环液体可及的储层岩石体积。第6章中描述的储层测试和即将进行的第2077次试验（储层静态压力测试）一样，明确显示出这个岩石体积与压力密切相关。现在还没有方法来测量循环可及的岩石体积，对于给定的储层压力，尽管可以用化学示踪技术来测量通过该岩石体积循环的流体体积（通流流体体积），但现在还没有任何方法来测量循环可及岩石体积。对于岩石体积本身，可以做个估算，但只能根据与压力相关的储层节理孔隙度的假设❶。在第2077次试验期间，通过在静态（非流动）压力下设计和测试的表征方法，将会发展出储层岩石体积的第三个概念。此体积称为流体可及体积，包括循环可及体积和储层边界附近的区域，流体已经渗透到了该区域的节理延伸处。因此，它比任何给定储层压力下的循环可及岩石体积略大，似乎是一个对循环可及岩石体积的合理模拟，而且它可以通过静态储层压力测试来测量。

扩展的静态储层压力测试（第2077次试验）

随着EE-2A生产井的完井，第II期干热岩系统的地下部分已经为长期流动测试做好了准备，注意力随即转向了地面工厂的建设（在第8章中描述）。由于在建造地面工厂时不可能做需要在储层中进行循环的试验，因此计划实施一系列扩展的长期流动测试前的储层压力测试：（1）在非流动条件下和两个压力水平下评估长时间的储层边界处失水；（2）确定在中等压力（15MPa）下的流体可及储层体积。这些试验均设计成能使用手头已有的小排量泵和相关设备。试验的相关信息摘自于文献：Brown，1991；1995b。

第2077次试验是一个延长型的静态储层加压试验，从1989年3月下旬一直持续到

---

❶ 储层节理孔隙度定义为压力扩张节理内的流体体积与岩体体积的比率。这种孔隙度应与始终存在的微裂缝孔隙率（互通微裂缝网络内的流体体积与基岩体积之比）相区别。微裂缝孔隙度比节理孔隙度要小得多。

1990 年 12 月❶。在 EE-2A 关闭的情况下，注水至 EE-3A 井筒使储层加压至目标水平；然后降低注入率，以维持压力（EE-2A 井口压力测量值±25psi），并通过交替泵送期和关闭期做调整，以刚好抵消该压力下的储层边界处的失水。这个过程以不同的目标压力进行了多次。在试验中，压力指定为 MPa（兆帕）而不是 psi（每平方英尺磅），以方便许多外国观察员。此试验还提供了一个机会来解决首先由美国原子能委员会，然后是能源研究和发展管理局，还有美国能源部，最后是日本和欧洲人提出的担忧，即储层失水可能是对干热岩技术商业化的一个严重限制（对于一个封闭的干热岩储层，试验证明这些担忧是没有根据的）。

在图 7-18 中，可以看到 7.5MPa、15MPa 和 19MPa 的压力稳定期。采用这 4 个 15MPa（2176psi）稳定期是为了观察在这个压力水平上失水率随时间的下降。1990 年 7 月和 8 月初压力衰减曲线的凹陷代表着压力达到最低点的时间段，随后迅速恢复再加压。此过程提供了关于储层中的节理网络和基岩中的微裂缝之间的流体储存分配的重要信息。

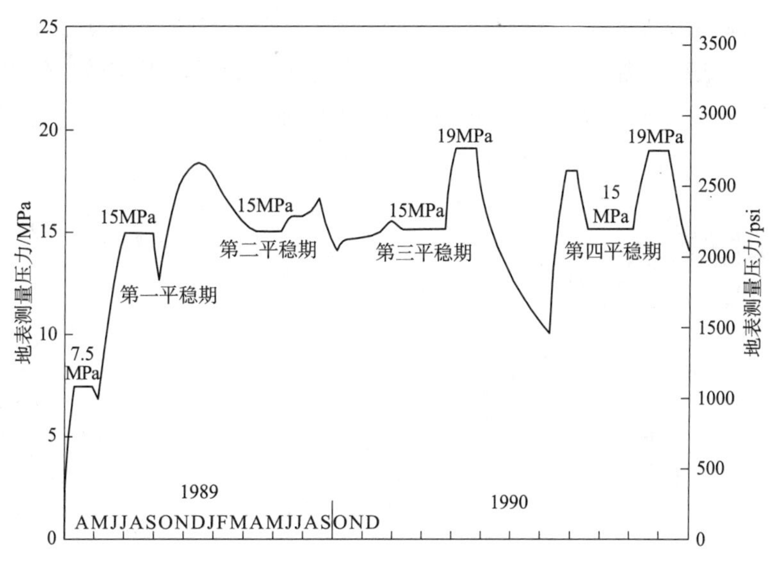

图 7-18　第 2077 次试验中第 II 期储层在 21 个月内的压力分布图。

资料来源：Brown，1991

失水趋势

第 2077 次试验结果清楚地表明，通过压力打开在热结晶基岩深层区域内先前闭合

---

❶　第 2077 次试验后，第 II 期储层将会保持 12 个月的关闭状态（直到 1991 年 12 月地面工厂基本完工）。在此期间，EE-3A 的小型（约 2.6gal/min）“背侧”储层排放口将会使关闭的储层压力从第 2078A 次试验开始时（1991 年 12 月 2 日）的约 2500psi 缓慢下降至 2270psi。

的节理结构，其造成封闭的干热岩储层区域的失水可以是非常小的。图 7-19 描述的是 1989 年 6 月至 1990 年 10 月的 17 个月静态储层测试中，15MPa 预设压力条件下观察到的失水（注：尽管试验的同时，地面工厂也在建设，给压力控制造成了一些困难，但这 17 个月期间的平均压力与 4 个 15MPa 的压力平稳期压力基本相同）。

注释

直到这次试验之前，全世界的许多“专家”都相信对一个如此大区域的深层结晶基底不可能一直维持着高于测得的最小主地应力 8.6MPa 的压力水平 10MPa，而不会发生自发的水力压裂和随后的快速压力损失！（关于这个问题的进一步信息，见文献：Brown，1999。）

在大约 14 天的初始膨胀阶段，水以 15MPa 的压力注入并储存在了储层内部的压力张开节理中（由图 7-19 中的阴影区域表示），失水率随时间呈现自然对数线性下降。这一观察结果意味着储层边界处的二维扩散（在垂直方向上没有明显的失水），这与地震数据显示的储层扁平椭圆形状相一致。在试验后半段，失水率似乎接近约为 2.1gal/min 的恒定值，表明随加压继续，失水从一个点源过渡到了球形扩散。值得注意的是，在 15MPa 的第四次加压结束时，第 2 阶段储层压力（压力改造的岩石体积接近 0.13km^3）维持着仅以比一般花园水管更小的流量。

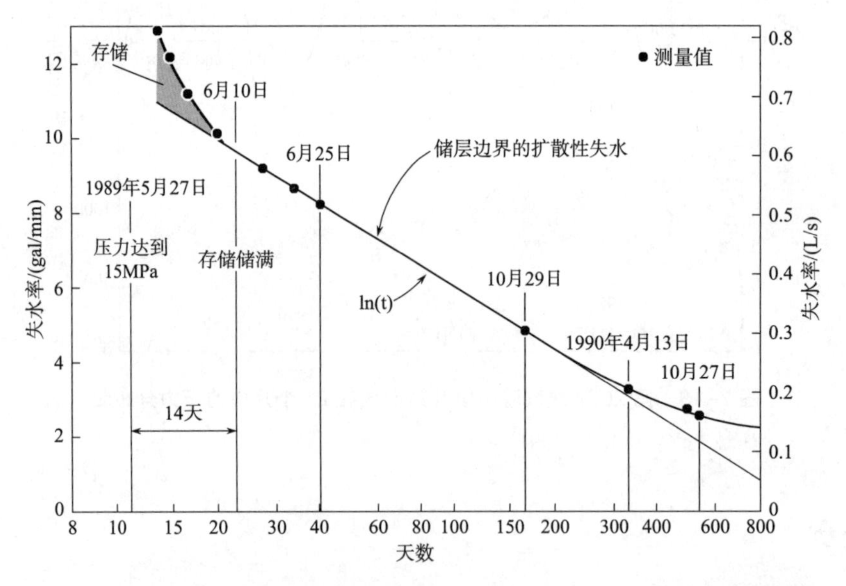

图 7-19　第 2077 次试验（加压水向远处扩散）中 15MPa 压力平稳期间的失水率与对数（时间）的关系。

资料来源：Brown，1995b

流体可及储层体积

如上所述，储层的通流流体体积是基于化学示踪剂来测量流经储层的稳态流体体积。但是计算相应的岩石体积，即循环可及储层区域，需要假定整个储层的节理孔隙度。比较困难的是，正如压力测试所显示的那样，储层的孔隙度与压力有关，更重要的是几乎不可能从整体上测量。然后，第 2077 次试验则完全是一个稳态操作，提供了一个独特的机会。储层一关闭，就能采用一种严格的机械方法来测量真正的流体可及储层体积（这种方法非常有效，因为能够测量用于热传导的热岩体积，可以在任何实际储层能量生产之前将其测量出来；如果发现该体积对于预期之目的来说太小，那就可以通过额外的水力压裂来增加）。

首先，假设一个结晶岩区域在所有尺度上都是压裂的，从相互连通的微裂缝到大型的压裂节理（芬顿山的深层结晶基底似乎就是这种情况）。如果这个区域是这样加压的：使得裂缝和节理中包含的液体，无论其大小如何，在压力上升开始和结束时均处于压力平衡状态，那么唯一会被压缩的物质（忽略所含水的可压缩性，因为岩石的整体孔隙率非常小，0.01% 或更小）将只会是裂缝之间岩石基质的矿物成分，如石英、长石和黑云母晶体。岩石基质在初始和最终压力水平（ΔP）之间的相应体积减小（ΔV）将等于使密闭储层的压力提高到 ΔP 需要注入的液体量。

换句话说，所谓机械方法就是通过测量储层区域内岩体在两个不同的稳态压力水平之间的体积减小来得出流体可及储层体积，由于其时间很短，以致可以忽略储层边界少量的扩散损失。这种方法的基础是：（1）线性弹性可压缩性方程，以及初始和最终压力水平，见表 7-4；（2）注入的液体量（与岩体体积的减少相等，但符号相反）；（3）原位体积模量。最后一项是根据地震测得的储层岩石的压缩 P 波和剪切 S 波速度确定的，与实验室对高约束应力下的干花岗岩样品测量结果符合得很好（为便于比较，表中还列出了基于两个高斯分布的微地震事件的地震储层体积）。

表 7-4　确定流体可及储层体积

项目	数值
压力增量（ΔP）	7.5～15MPa
岩石体积的减少（ΔV）（等于将压力提高 ΔP 所需的注入液体量）	$2715m^3$
岩石的体积模量（K）	55GPa
流体可及储层体积。$V=K\dfrac{\Delta V}{\Delta P}$	$20\times10^6m^3$
地震体积（1σ——67% 的事件）	$16\times10^6m^3$
地震体积（2σ——95% 的事件）	$130\times10^6m^3$

流体可及储层体积可能是与储层有效体积最相关的度量，因为只有紧邻加压流体的热岩才能对热能生产做贡献。

一个重要的说明

虽然没有明确说明，但表 7-4 中显示的储层张开与压力关系的机械模型中，实际上有一个附加条件：假定包围着储层区域的是一个恒定应变的边界条件。但这显然是错误的。应该清楚的是，对节理储层内部加压时，密封的边界区域也会受到影响。这一前提构成了围绕压裂储层应力笼概念的基础(见第 6 章)。如果对花岗岩中的一个深井加压，人们期望其对施加压力的反应将会是井筒的扩大，在围岩中产生一个补偿性的周向压应力。如果将井用沙子填满，它也会被压缩，井壁仍然会以同样的方式反应（就像沙子不存在一样)。显然，第 II 期储层内相互连通的节理网络不能简单地表示为沙粒阵列；但如何才能最好地考虑到在密封围岩中，对有开放节理的椭圆形储层区域加压的影响?

这个问题的答案可能最好留给堪萨斯州立大学的丹·斯文松（Dan Swenson）教授和他的学生。斯文松教授开发了最复杂的二维离散元机械模型，即地质裂缝（GEOCRACK）模型，来研究张开节理的结晶基底的加压变形。芬顿山数据验证了该模型的有效性（美国能源部一些地热基金投资这样一个项目是非常值得的)。上述问题的定量表示可以用地质裂缝建模来获得一个好的答案。作者大胆猜测如果考虑到边界区域的同时压缩，流体可及岩石体积可能会增加两倍，但这仅一种猜测而已。

节理和微裂缝之间的流体分配

当流体在干热岩储层中以高于最小节理打开压力的条件下通过相互连通的节理网络进行循环时，这些节理为流体从注入井到一个或多个生产井的快速流动提供了多个通道。相比之下，基质岩石中的微裂缝和（或）孔隙主要是储存孔隙液体，经过相当长的滞后时间后与相邻节理中的加压流体达到压力平衡。因此，孔隙液体不太会与在储层中通过的注入水相混合（如果混合，就会直接产生商业热液储层，而根本不需要水力压裂)。

从储层产能的角度来看，了解在各种储层工作压力下加压流体在节理和微裂缝之间的分配是至关重要的。这种分配决定着储层岩石将如何受到微裂缝网络内孔隙液体蒸发的地球化学影响，因而可能有助于确定储层发电的最佳方法。第 2077 次试验通过两次储层缓慢减压然后迅速再加压：一次是在 10. 5MPa 的压力水平下（低于芬顿山二期储层 15MPa 的节理打开压力)，另一次是在高于 15MPa 的压力下，提供了关于流体

分配的宝贵信息

低压试验是在第 2077 次试验刚过一年时开始的。在第一个 19MPa 的压力高点之后（图 7-18），储层关闭了 11 周；在关闭的最后 5 周，地表测量压力从 1750psi 降到 1420psi（12~9.8MPa），以平均约 8.9psi/天的速度下降（图 7-20）。这种下降几乎完全是由于非常小的储层旁通流从 EE-3A 流向地表，主要是通过回接管柱（EE-3A 注水管柱这段时间内是关闭的）和 $9\frac{5}{8}$in 套管之间的环空流向地面。这一旁路流动的失水率大约为 2.6gal/min，其一直处在仔细监测中。

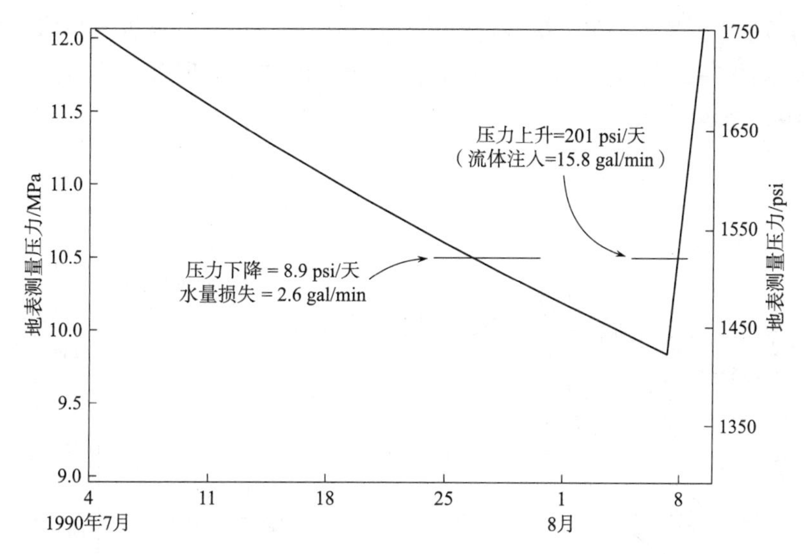

图 7-20　注入井（EE-3A）低压（10.5MPa）缓慢降压-快速再加压试验。

资料来源：Brown，1991

8 月初通过 EE-3A 开始使用大科比泵对储层再加压，速度为 19gal/min，起始压力为 1420psi（9.8MPa）。净注入率为 15.8gal/min❶，比关闭期间的失水率高了 6 倍。但最初，储层压力以异常高的速度上升：201psi/天，比关闭期间最后几周的下降速度快了 20 倍以上。因为此试验之目的是阐明当 15MPa 压力压裂的节理组基本上又重新关闭时的岩体储存行为，所以在 10.5MPa 的压力下（高于 8.6MPa❷ 的最小主地应力）分析了储层的降压和再加压特性。在此压力下，打开压力超过 15MPa 的节理组仍然紧紧地关闭着。

对于泵送开始时压力的异常高速增长，明显的解释是储层节理，即使是封闭的，仍然比岩块内相互连通的微裂缝网络的渗透性至少要高出两个数量级。在非常缓慢的储层降压时，储存的液体几乎是以压力平衡的方式从微裂缝和节理处流了出来。然而，

❶ 即 18.4gal/min 的泵送速度减去 EE-3A 环空的 2.6gal/min 的失水速度。

❷ 这个数值是基于第 I 期的测量值 8.6MPa(见第 4 章的“第 I 期储层内应力状态”)。

在随后的快速再加压时，几乎所有注入的液体都进入了正在部分压力扩展的可渗透节理的封闭网络中。可以预见在开始再加压后不到一天的时间里，即使是在压力增加的情况下，也只有极少量的注入液体能够渗透到构成储层本体的大岩块的表面上。从图 7-20 中的数据来看，明确地显示在压力低于最低节理打开压力时，73% 的流出量是由储存在岩块微裂缝结构中的流体产生的，只有 27% 是由节理网络中的流体产生的。这个结果对于一个有节理的干热岩储层来说是反直觉的，正确地指出这些重新闭合节理压力张开的流动阻抗是相当高的。这一点已经在经验上得到了证实：试图在低于 15MPa 的压力下使储层循环的尝试是不成功的。

1990 年 11 月，又做了第二次缓慢降压和快速再加压试验，以进一步研究储层流体的储存分配（图 7-21）。这一次，用了高于 15MPa 的初始节理打开压力的平均储层压力：16. 4MPa（2380psi）。

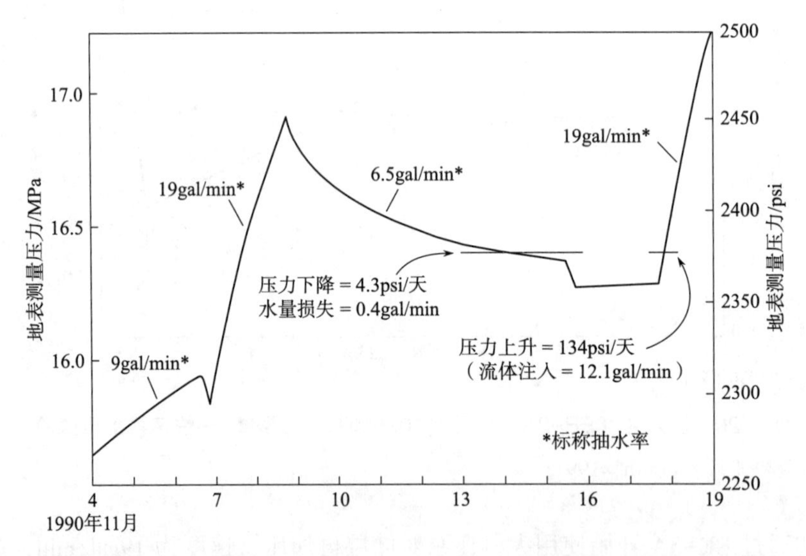

图 7-21　注入井（EE-3A）高压（16. 4MPa）缓慢降压-快速再加压试验。

资料来源：Brown，1991

这一高压试验是在不太理想的条件下进行的。麻烦的是，由于 EE-3A 正在准备长期流动测试，只能偶尔用大科比泵作业。由图 7-21 可以推断，如果以 6. 5gal/min 的速度再有一周左右的注入时间，储层压力就会达到约 16. 3MPa 的平稳态。在这个压力水平上，渗透失水率将会是 3. 9gal/min，正好与 6. 5gal/min 的注入率减去 EE-3A 的 2. 6gal/min 的环空漏失率相平衡。从这一渗透失水率和第四个 15MPa 压力平稳期结束时的渗透失水率（2. 57gal/min，图 7-19 中显示的最后一个数据点）来推断，可以得到 16. 4MPa 时的渗透失水率为 4. 3gal/min。

仔细观察一下图 7-21，揭示出到 11 月 14 日，在注入速度降低到 6. 5gal/min 后，储层压力下降非常缓慢（4. 3psi/天），表明有非常轻微的净负注入量，-0. 4gal/min

(失水率)。结果是单位流体储存变化的压力变化为每天 10. 2psi/(gal/min)。同样，在 11 月 17 日的快速再加压过程中，压力以 134psi/(gal/min)的速度增加，净注入量为 12. 1gal/min，结果是单位流体储存变化的压力变化为每天 11. 1psi/(gal/min)。

在上述分析的准确性范围内，在缓慢降压过程中，单位流体储存变化的压力变化幅度(每天-10. 2psi/(gal/min))与快速再加压过程中的压力变化幅度(每天+11. 1psi/(gal/min))基本相同。换句话说，这些试验结果表明在 16. 4MPa 的平均储层压力下，缓慢降压和快速再加压之间的储层行为不再有任何明显的差异，如同在 10. 5MPa 的平均压力下一样（图 7-19)。因此在压力超过 15MPa 时，几乎所有与压力有关的储存变化都发生在压裂储层区域内的张开节理中（即孔隙液体储存不受影响，基本上与节理储层区域内的压力变化脱钩)。

尽管做第 2077 次试验主要是为了填补无法进行更复杂试验的时间空白，但它提供了关于储层特性的信息，能很好地指导长期流动测试的实施；此外，它增加了我们对张开节理干热岩储层中加压和流体储存现象的全面了解。这些见解再加上通过初始闭环流动测试证明储层适合常规能源生产，以及重钻 EE-2A 井，为即将进行的最终测试，即长期流动测试，奠定了基础。

第 8 章 长期流动测试的地面工厂

在初始闭环流动测试之后，开始了为长期流动测试设计和建造一个永久性的地面工厂的工作，计划在近似商业干热岩发电设施的条件下真实地示范干热岩技术的可行性。主要的区别是并不生产电力（在循环过程中带到地面的热能将会直接释放到大气中）。不生产电力的决定是基于以下考虑：

1. 增加发电设备将大大增加工厂的成本。

2. 同时运作发电装置将会影响提取热能这一主要目标，占用宝贵的资源、时间和专业人才。

3. 在商业领域将地热能转化为电能的能力已经具备。

设施的设计

长期流动测试地面工厂包括干热岩循环回路的地面部分、对循环回路运行很重要的外部设备、化学和地震监测装置，以及其他设施。其中有许多是为初始闭环流动测试（1986 年 5 月进行，见第 7 章）建造的；然后 1987 年至 1991 年期间，设计和建造了新的组件。设计时不仅考虑了现有设施的使用，还考虑了政府的富余部件和商业可用设备。对这些设施和部件做了评估、测试，必要时进行了维修，或者以其他方式达到了地面工厂的建设标准。由于工厂必须围绕现有的两口第 II 期井和已在现场的大型热交换器来建造，所以配置并不是最紧凑的。同时，其设计需在不牺牲不同模式下运行所需的灵活性和控制的前提下实现高可靠性。工厂的建造符合当时商业电力设施的所有规范和标准要求。特别是，压力容器和管道的设计分别符合美国机械工程师协会（ASME）锅炉和压力容器规范，以及美国国家标准学会（ANSI）电力管道规范。

在地面工厂的设计中两个参数特别重要：在长期运行条件下的预期储层失水率，

以及允许的最大地面注入压力（在不诱发储层增长的情况下可以应用的最大压力）。

在早期，长期失水是一个问题，因为高失水率会成为开发和实施干热岩概念的主要障碍。然而，现已清楚从一个压裂的封闭干热岩储层中的失水只包括从储层边界渗透到低压围岩中的水。在 1980 年年底第 I 期储层测试接近尾声时，测得的失水率仅为 7gal/min，远远低于世界上热湿岩或边缘热液储层的任何记录。

注：第 II 期储层的紧密性在第 2077 次试验中已经确定（1989 年 3 月至 1990 年 12 月，见第 7 章）。在 17 个月的 15MPa（2200psi）压力测试结束时，第 II 期封闭储层的失水率接近 2. 1gal/min。

为了确保对失水（及流体体积、阻抗、采热和能量生产）做一致性测量，必须保持储层的规模不变；也就是说要通过保持注入压力低于地震阈值（地震活动是储层重新增长的指标）来维持构成活跃储层区域的压裂岩石体积不变。根据初始闭环流动测试的研究结果，选择的无震循环的最大允许压力为 3960psi（27. 3MPa）：因为在其第一段，最终注入压力为 3890psi 时基本是无震的，而第二段在压力为 4570psi 时，是高度有震的（见第 7 章表 7-2 和图 7-6）。后来长期流动测试的基本无震运行将会证实此地震阈值选择的有效性。

同时，为了应对突发事件以及研究更广泛的运行条件，地面工厂设计成在稳态运行期间，失水和注入压力稍高出预期值时也能正常运行。

通过压力张开干热岩储层的流动是整个储层压差的函数，与整个储层流动阻抗相一致，由注入压力和生产压力来控制。相反，对于一个给定的注入率，依赖于压力的储层流动阻抗决定着注入压力。生产回压是由手动和气动控制阀组合来调节的。根据需求，那些补给水泵单独或平行运行，以保持注入泵的吸入流量与所选注入流量相等。

图 8-1 是一张 1992 年芬顿山干热岩试验场的航拍照片。在其左上方可见树林中的大水池是由干热岩项目所有；照片中央上方的拖车属于美国林业局。为这些设施服务的铺面公路在照片不可见，位于图片左下角靠近现场入口处的位置。

组成地面工厂的设施有几个主要功能，它们将：（1）提供水在储层中循环所需的压力；（2）从地热流体中转移热能；（3）测量生产流体的温度、压力和流速，并控制生产井的回压；（4）去除流体中的任何气体和固体；（5）添加补水至注入泵上游的工艺流。

图 8-2 是 1991 年完成的地面流动环路的航拍图，其中标明了主要设施。回压调节站（位于一个金属框架下）是地面流动控制系统的心脏。在加压的闭环运行期间，它对 EE-2A 的回压进行反馈控制；在测试和开环运行期间，则对来自井口的流体压力进行调节。此外，该站也做流速和压力测量（为了确保准确性，流体生产温度是流体从生产井[1]中流出时，在一个绝缘的附件中测量的）。图 8-2 中右上方的高大结构是位于 EE-1 井上的测井塔（主要的井下地震站位于 EE-1 的 9400ft 处）。

---

[1] 有 5000psi 的井口设备，就不用再想用温井了！

图 8-1　1992 年芬顿山 HDR 试验场（向西）。

资料来源：干热岩项目照片档案

图 8-2　1991 年芬顿山干热岩试验场的地表流动环路（向东）。

资料来源：Duchane，1994c

地面流体环路设计成能自动运行，并通过高速数据采集和控制系统（设在数据采集拖车中，如图 8-2 所示那个最靠近公路的建筑物）同时收集运行信息。控制系统采用带有商业软件的电脑，使环路可以长时间无人运行，并会在偏离正常运行条件时自动关闭。

图 8-3 是主要闭环测试各组成部分的流程图。运行顺序如下：一台或另一台注入泵（安装在隔音建筑物内）通过注入井（EE-3A）泵水入储层；水在高压下循环通过储层并在高温下通过生产井（EE-2A）离开储层。生产的流体将通过流量监测和回压调节站，然后通过气体与颗粒分离器，以去除任何自由气体和悬浮固体；接下来流体将流经空气冷却的热交换器；最后与从泵房补充水一同重新注入。

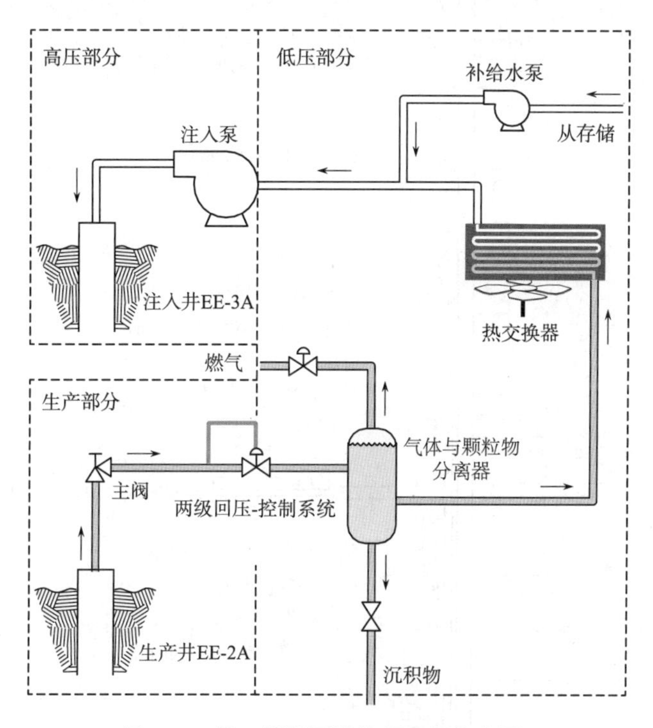

图 8-3　第 II 期地面设施闭环部分布局。

注：改编自 Ponden，1991

从机械设计的角度可将工厂设想为包括 3 个部分，如图 8-3 所示。

- 高压部分；
- 生产部分；
- 低压部分。

高压部分

这一部分包括注入井口、注入泵和专用于干热岩技术新功能的管道：以高到足以打开正常情况下闭合节理的压力将水注入封闭地热储层；水通过相互连通的张开节理组合穿过干热岩储层向上进入生产井循环。

注入井口（EE-3A）

图 8-4 是高压注入井口组件的示意图。中央的 $4\frac{1}{2}$in 注入管（在图 6-43 中显示为

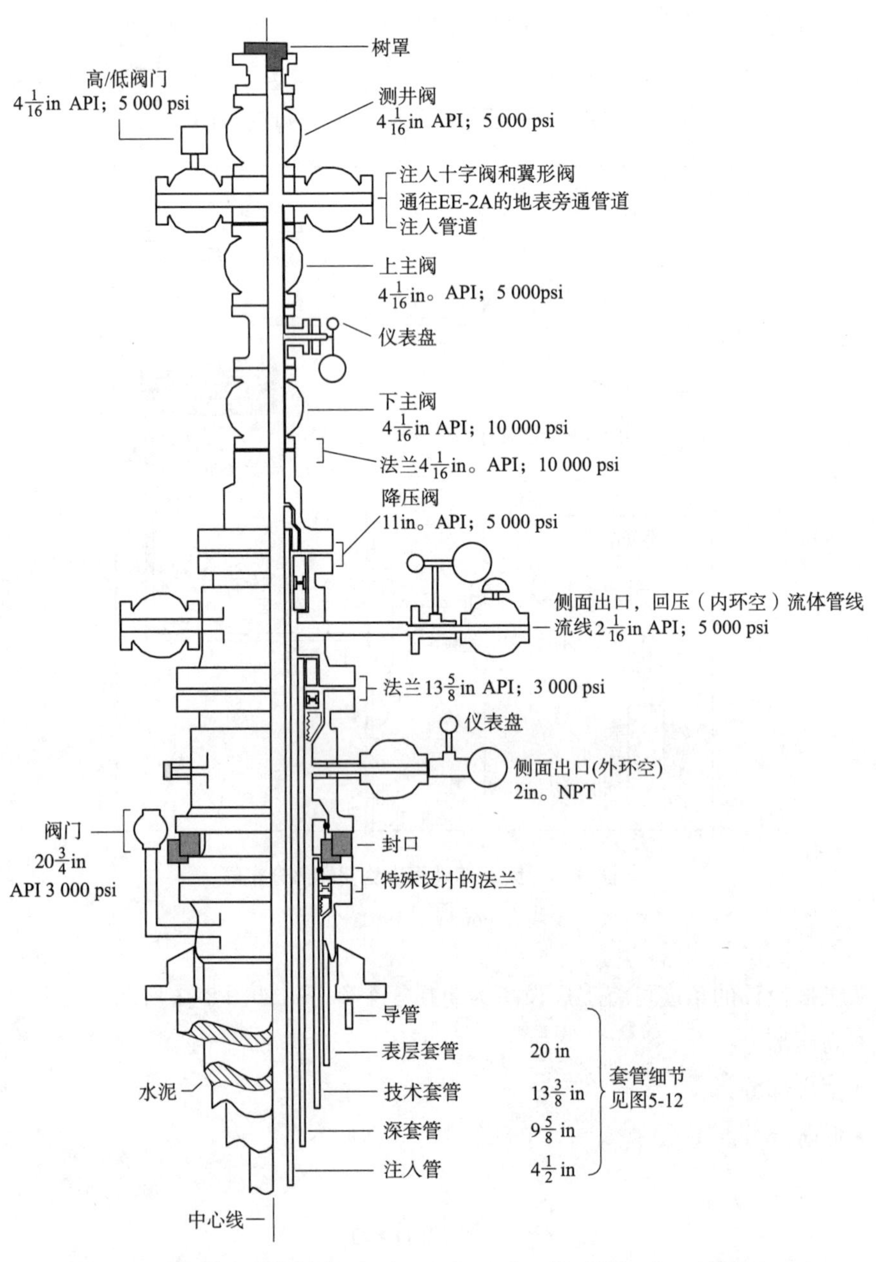

图 8-4　高压注入井口组件（EE-3A 井）。左：外观图；右：剖面图。

注：根据 D. S. Dreesen 绘制的干热岩项目图纸，1992

回接管)，以及一起的 $5\frac{1}{2}$in 衬管，一直延伸到 11 436ft（3486m）处的裸眼段起点。作为向储层中泵送高压流体的主要控制点，EE-3A 井口配备的许多阀门、端口和仪器起着流体控制、测量、安全和测井有关的各种作用。这个井口可以使循环流体能够直接注入储层中，或者在测试地面系统时，通过旁路管道将流体送到生产井口。井口顶部的一个特殊阀门允许在系统处于压力状态下做测井（作为长期流动测试准备工作的一部分，在 1990 年替换了井口控制流体循环的所有阀门)。

为了安全起见，在井口安装了两个主阀，上面的额定压力为 5000psi，下面的额定压力则为 10 000psi，以控制可能无意中施加到注入管柱上的任何超压（计划的长期流动测试注入压力仅为 3960psi)。如图 8-4 所示，在套管管柱之间的各个环空还安装有额外的减压阀和侧出口。正如前面多次提到的，由于 EE-3A 固井不佳形成了衬管周缘裂缝，储层流体继续经过注入管柱外的环空流动，通过回压管线流出井筒。

注入泵

注入泵是干热岩循环系统的驱动器。它为流体在高压下入井筒提供动力，迫使流体流过压力撑开的张开节理，并在相当大的自然和施加的压降后，使流体返回进水井。在制定泵的规格时，加压能力和流体输送能力都是重要的考虑因素；决定性的因素是要能够承受非常高的流体压力，即在其入口处可达到 1100psi（7.5MPa)，这样整个干热岩循环系统就可以作为一个加压的闭环运行。遗憾的是，当时没有任何离心泵制造商能够保证机械密封性足以满足这些吸入压力的规格。

1989 年做了一次综合评估，考虑到试验、操作和经济问题，并审查了几个制造商的产品，最终选择柱塞泵而非离心泵用于上述高压条件。一对 5 缸的往复式泵（图 8-5）是从英格索兰（IR）公司购买的。配备两台泵即可使它们交替运行提供备用动力，并可在不停止长期流动测试运行的状况下对泵进行维修。

这种往复泵与 IR 公司生产的用于石油储层压裂和注水用途的泵基本相似，但为干热岩项目的特殊要求做了特别设计：预期更高压力和更长的持续运行时间，并满足地热流体的独有特性。每个气缸都在自己的缸体中移动，缸体由 Nitronics50 这种高强奥氏体不锈钢铸造而成，缸体的内径加工至紧密度容限。这些缸体由 IR 的分包商生产，通常在铸造后要在水中快速淬火；但在实验室的要求下，IR 指示这些特定泵的缸体改为空气冷却，以缓解铸造金属中的热应力。所有与地质流体接触的部件都由抗腐蚀材料制成：压力边界部件采用 Nitronics50 不锈钢，阀门则采用 Inconel 铬镍铁合金（另一种特殊类型的不锈钢)。

每台泵都由一台 520hp 的 Caterpillar 柴油机通过自动变速器提供动力，从而具有相当大的运行条件范围。泵-变速器-驱动器组件安装在滑轨上，并安装了消音罩来减噪。每台设备及其外壳共重约 7 万 lb（3.2 万 kg)，牢固地固定在一个 10ft×28ft（3.0m×

8.5m）的混凝土基座上，并嵌入凝灰岩基岩中。此外，泵上还安装了脉动减弱装置，以减少环路邻近部分的振动。这些泵可以产生 84～336gal/min（5.3～21.2L/s）的流速。交替操作的情况下，每台泵可运行 250h（这是推荐的柴油发动机每次换油后的运行时间）。一个 1 万 gal（3.8 万 L）的柴油罐位于泵附近的塑料护堤内。

图 8-5　英格索兰公司的 5 缸往复式泵。

资料来源：HDR，1993

在仅仅运行了几个月之后，两台注入泵在两天内都发生了故障（见第 9 章），这是芬顿山干热岩流动测试作业的一个重大挫折。在尝试用其他泵（首先是早期试验中用过的较小泵，然后租用的柱塞泵）都不尽人意之后，从 REDA 公司租用了高压离心泵，如图 8-6 所示。该设备是专门为芬顿山干热岩项目建造的，是一个由 350hp 的电动机驱动的 200 级泵，并采用新的密封技术；其设计要求在满量程储层循环所需的高吸入压力和流速下能够连续运行。尽管最初在电气连接方面存在些问题，但该泵后续在保持所需的注入流速水平方面表现得都很优秀，直到因为资金短缺而暂停运行。在运行中断两年后，从 REDA 公司购买了一个新的离心泵，它像其前身一样在长期流动测试的剩余时间内几乎是无故障运行。

图 8-6　REDA 离心泵。

资料来源：REDA 泵业公司手册，1992

高压管道

几百英尺长的高压管道将注入泵和注入井连接了起来。环路的这一段是由标称 4in（100mm）的 304L 型不锈钢管制成的，其内径刚好超过 3in（75mm）（没有使用碳钢管是因为，为了满足 5000psi（34MPa）的最大工作压力标准，内径必须非常小，小到无法满足在预期速度下注入时的流速要求）。

高压管道通过一个管汇系统连接到两个注入泵上，使流体能够从任何一个泵进入或同时从两个泵进入。由于其长度，管道安装在离地数英尺的滚轴支架上，以允许热膨胀。它在离地面约 12ft（3.7m）的地方通过一个位于井口几英尺远的弯头（旨在进一步缓解热膨胀和收缩产生的压力）与注入井口相连。这一设计在芬顿山的长期流动测试运行中证明是没有问题的。

生产部分

该部分的压力等级与高压部分相同（5000psi），包括生产井口和相邻的回压调节站。

如图 8-7 所示，生产井口的配置与注入井口的配置类似：配备了在生产过程中的测井设备，或通过绕过储层（用于测试地面系统）的地面管道直接从注入井口接收流体。它配备了一系列的阀门、出口和仪表，与注水井口配备的大体相似，但为高压流体生产过程做了些特别的变更。与注入井不同的是，生产井在其整个深度上都装有套管和做了固井（图 7-17）。除了下部的主阀外，作为长期流动测试准备工作的一部分，该井口控制流体循环的所有阀门都在1990年做了更换。

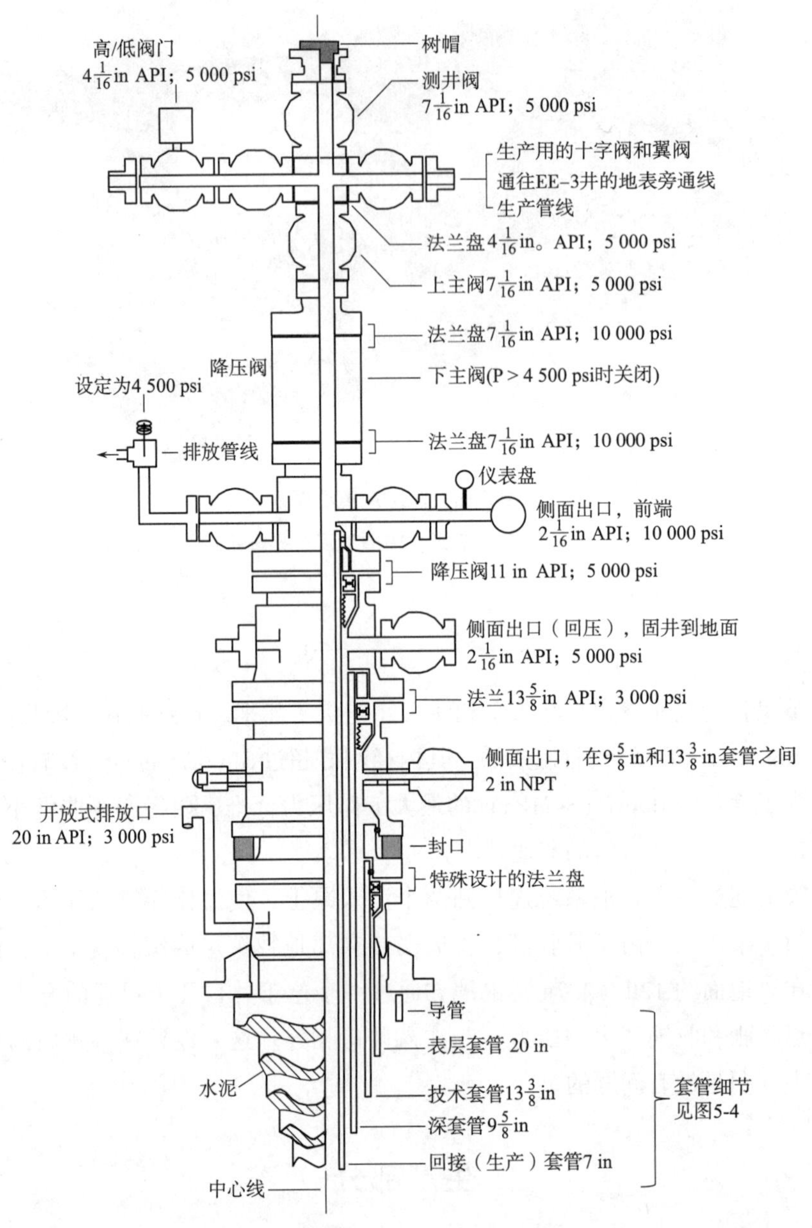

图 8-7　生产部分：生产井口组件（EE-2A 井）。左：外观图；右：剖面图。

注：改编自 Dreesen et al.，1989

从生产井出发，地质流体可流经一个冗余节流管汇的任何一个臂，此节流管汇是用来保持生产井所需回压的。这个两级回压控制系统是储层流体循环的一个主要控制点。它由一个手动调节的节流阀（用于第一阶段压力控制）、一个设计用来去除小于50μm的微粒的过滤器组件、一个可进一步增加回压的反馈控制自动节流阀三者组成。

该部分的管道设计为可在高达 5000psi（34MPa）的压力下运行。

预计在生产井筒的出口处会有热应力，因为：（1）当系统从休眠（地热梯度）到全循环（热）时，11 770ft（3283m）的生产套管的温度变化会超过 100℃；（2）井中的水泥通常会将热膨胀降到最低，但其已经有些老化。考虑到这一点，生产井筒的出口管道设计成最多能有 2.5in（6cm）的膨胀。但很快就会证明此膨胀量是不够的，在长期流动测试的早期会重做设计，管道将置入一个能够容纳 6in（15cm）膨胀量的弯头。

低压部分

该部分由气体与颗粒分离器、热交换器、泵房和相互连接的管道组成。来自生产部分的流体依次流经这些部件，然后（连同泵房加入的补水）输送到注入泵的入口。其压力由生产流速和所含设备（主要是热交换器）及连接管道的综合流动阻抗决定，这些设备主要由碳钢材料制成，其最大设计压力为 1100psi（7.5MPa）。

气体与颗粒物分离器

该装置位于回压调节站的下游（图 8-2），因此在循环过程中要接收非常热的流体。其建造和安装均符合美国机械工程师协会的锅炉和压力容器规范。设计成能通过旋流过程将任何游离气体（最高 350lb/min，即 160kg/min）和悬浮固体（最高 3lb/min，即 1.4kg/min）从循环流体中分离出来。由于其压力与本循环段其他设施的相同，分离器则只能清除在该压力下浓度超过其在地质流体中溶解度极限的那些气体（然而分离器永远不会负荷至接近其功率极值）。

热交换器

该热交换器自 1976 年以来一直在芬顿山定期使用，当时购自 Yuba 热转换公司用来测试第 I 期储层。这台风冷设备设计成用来提取地热能，基本上与商业地热发电厂开发天然（水热）热水资源的功能相同。模块化的设计，包含 4 束独立的翅片式 ASTM A-214 碳钢冷却管，每束的冷却能力在 5MW❶ 左右。事实上在循环测试中，热交换器比所需的功率要大得多；在长期流动测试期间通常都只需使用 4 个冷却管中的 1 个。

由于机组的老化和冷却管的易腐蚀性，在地面工厂的建设过程中对几根冷却管做了检查和拆除。检查发现了铁碳酸盐的沉积物，这可能是溶解的二氧化碳与热交换器管的低碳钢相互作用的结果。当这些水垢从测试样本上去除之后，证明管壁是完好的：管壁材料的性能下降可以忽略不计。因此在这次评估的基础上决定不清洗或更换管道。

---

❶　一些参考资料可能引用了每束 20MW 功率或 80MW 的总功率。最初的订单要求购买这一规模的机组，但由于 1975 年的预算削减，实际购买的机组功率要小得多。

在为长期流动测试做准备的过程中对热交换器的其他几个部件也做了改进：对风扇的电机控制单元做了现代化改造，以使运行更可靠，并符合大型电气设备运行的最新规范；百叶窗的运行实现了自动化；更换了控制管束进口流量的4个阀门。

补给水泵

热交换器的下游是泵房（图8-2），其中安装了两种类型的补给水泵：高压、低容量的旋喷泵，低压、高容量的梅耶斯泵。有两台离心式旋喷泵，每台由50hp的电机驱动，能够在1000psi（6.8MPa）的压头下提供37gal/min（140L/s）流速。这些泵将会用在干热岩系统处于压力之下时的闭环循环。预计一旦建立了稳态储层循环，失水率预计只有10~20gal/min时，一个旋喷泵就足够了。

旋喷泵由一个电子双工逻辑电路控制，旨在当需求超过单台泵的能力时自动启动第二台泵。这个逻辑电路后来证明是有些麻烦的，造成了几次关停。最终修改了电子控制，以使系统在停电中断后能自动重新启动，如旋喷泵电路所造成的停电。尽管总体性能令人满意，但事实证明旋喷泵的维护费用很高（特别是由于部件腐蚀造成了问题不断）。

第二种类型的泵则仅用于向储层注入或开环操作，是一个传统的高容量梅耶斯泵。在泵房中安装了4台这样的泵并接入了循环系统。每台泵能够以超过100gal/min的流速供水。

低压管道

环路的低压部分包括扼流圈组件和注入泵入口之间的几百英尺长的管道。这段管道设计成能在高达1100psi（7.5MPa）的压力下运行。它将生产的流体从流量监测和回压调节站的出口引出，通过气体与颗粒分离器，在一条支路之下进入热交换器的入口歧管。然后从热交换器出口的管道将冷却的液体输送到泵房，并在那里根据需要添加补给水。从泵房排出的液体这时处于注入泵的吸入压力下，即封闭循环回路中的最低压力（所谓的低侧压力），并具有适当的流速。

如上所述，低压管道的路线相当迂回，因为需要通过热交换器连接深层系统的那几个井，而且不能移动大件设备。管道是由碳钢制成的，其中大部分是从早期作业中回收而来。在用于长期流动测试之前，已经过了机械和X射线检查，结果显示整体状况良好（有几个焊接点不符合规格而必须重新做）。在气体与颗粒分离器的下游不远处的管道上安装了一个弯头，以防止热膨胀。

应该强调的是干热岩电站的地面回路是独特的：它与所有其他类型的地热电站不同，是一个与压裂储层相关的加压流体回路。地表设备的附带压力损失越低越好，因为损失越大，所需的泵送功率就要越高。以长期流动测试为例，低压段的额定压力最好大于1400psi，将生产流体在不低于1400psi的受控回压压力下输送到注入泵。然而，热交换器（在第一阶段测试前和设想的高回压运行前已经安装）则不能在这些较高的压力下运行。这一限制不幸地排除了长期流动测试更高的流体压力的理想操作条件。

自动控制和监测系统

数据采集拖车中的一台戴尔 486 电脑能自动控制地面工厂的运行。使用的 DMACS 软件（分布式制造和控制软件）是由美国马萨诸塞州诺伍德的英特娄迅（Intellution）公司的商业产品。这台计算机通过光纤网络与其他 3 台现场计算机连接：数据采集拖车中的一台备份计算机、操作楼中的一台大型显示终端以及化学拖车中的一台设备。这样员工就能在 3 座楼中的其中之一实时监控运行参数，改变控制参数或调用历史数据（这些功能也可以与调制解调器连接并通过电话进行远程操作）。该系统有密码保护，以防止无意或未经授权的改变。

图 8-8 显示的是地表回路中的那些数据采集和控制点。由于在闭环运行过程中可能出现反馈效应，所以整体系统平衡极为重要。例如，来自环路低压侧或注入泵入口处上的压力是会与泵产生的压力相加的；也就是说所产生的累积压力要比注入泵单独产生的压力要大。

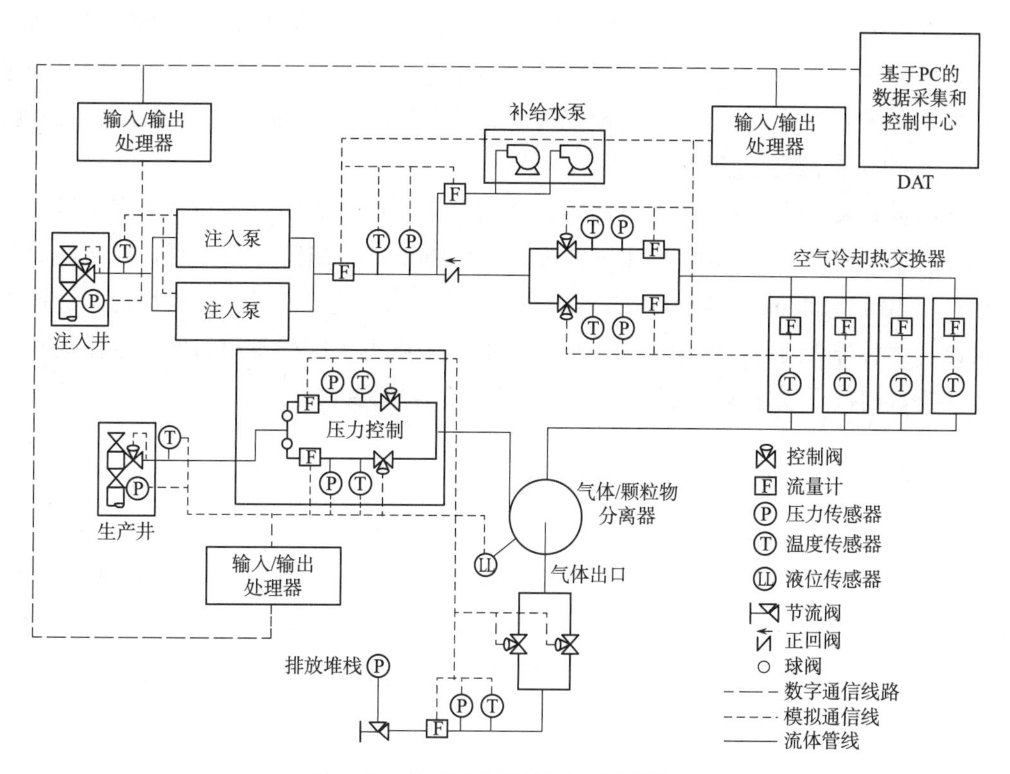

图 8-8　数据采集和控制系统示意图。

注：改编自 Ponden，1992

这种更大的压力如果不加以控制，可能会导致注入压力和注入流速的增加，从而提高生产流速并反过来提高低压侧系统的压力等。注入泵输送的压力通常通过调整流速来控制，但也会受到整个储层流动阻抗（其是储层压力和生产井回压的函数）的影响。为了便于控制，在长期流动测试过程中，对循环中的一些点会定期检查压力和流速，对生产温度也是如此，它与生产流速一起决定着干热岩系统的生产率。

当不专门用于为生产井提供较高的回压时，生产井出口处的节流阀将作为出口流动控制阀使用。通过将环路低压侧的压力保持在防止热生产流体的闪蒸的水平上，这些阀门将防止结垢、气蚀及其他与两相流体流动有关的问题。另一个监控参数是供应补给水泵的储水罐水位。最后，还有一些控制点可在启动或关闭时使用，用于安全检查或在特殊情况下，如超出范围（自动触发警报）时使用。

流体可以从环路的几个点排出。此外，从注入井口注入的流体可以直接泵送到生产井口，而不用通过储层，这在测试地面环路的时候特别有用。从生产井口，可将流体排放到环路附近的储存池，可以是：（1）直接从井口（热流体）；（2）从泵房通过热交换器后（冷却的流体，这是更理想的选择）；甚至（3）在进入注入井口之前。热交换器的温度是通过调整向管道上送空气的散热片的位置来控制的。热交换器的冷却风扇自动操作主要是为了确保避免快速的开关循环。

尽管系统是完全自动化的，但编程的那些控制点都能人工覆盖。一个高-低和低-低报警机制设置成：第一个超出范围信号会简单地触发报警，但如果进一步偏离程序设定的条件就会关闭工厂（在人工操作时，最初的报警会提醒值班人员采取纠正措施，从而避免关闭操作的发生）。

在温暖的天气里，自动系统关闭可以通过关闭阀门、关闭风扇和泵来完全停止系统工作。然而，在冬季当预计会出现冰冻时，可将出口控制阀部分打开，以便从储层中生产出 10~15gal/min（40~60L/s）的加热水流，通过生产和注入管道以防止关键部件冻结，然后排放到蓄水池中。由于储层中的残余压力，这种备用的低流量排放状态可以维持数周甚至数月（尽管这种长期运行证明是没必要的）。

辅助设施

维持地面工厂的运行，还需要一些支持设施，来收集重要的数据并管理整个运行。电力是由当地的杰梅兹山电力公司提供的。在夏季的雷暴或冬季的暴风雪中，确实发生过停电。将会证明这正是长期流动测试过程中系统意外关闭的一个主要原因。这些支持设施和设备如下。

现场水井

1976 年钻出的 450ft（140m）深的水井将继续为整个长期流动测试的所有生活和循

环操作提供用水，其额定产量为 100gal/min。

蓄水池

现场的两个蓄水池将在长期流动测试期间提供存储和排放能力。较大的水池（500 万 gal 容量）位于地面环路以南约 300ft（100m）处（见图 8-1 中左上角区域）。这个有内衬和盖的水池中的水通过地面下的管道泵送到泵房后面的水池（见图 8-2 中泵房左边）。

较小的蓄水池（图 8-1 中靠近中心位置）容量约为 100 万 gal，主要是储存从循环回路排出的水。由于其可能含有百万分之几的砷（以及其他一些矿物质）、溶解的气体（如二氧化碳）和少量的硫化氢，该水池在 1990 年长期流动测试开始之前做了升级。进一步将其挖掘和平整，再在中间挖了一条窄沟。然后用 30mm 的聚氯乙烯塑料做了内衬，包括沟渠在内。贯穿水池长度的穿孔管安装在了衬垫顶部的沟渠中。最后，增加了第二个 XR-5（一种具有卓越抗紫外线辐射能力的材料）的内衬。这种升级，双内衬加上一根管子来收集任何可能通过内衬漏出的液体，将其抽出并做适当处理，是按照新墨西哥州石油保护部门批准的标准进行的。

建筑物

对环路的运行至关重要的 4 座建筑是运行楼、数据采集拖车、泵房和化学拖车（除了泵房和第二辆较小的化学拖车外，所有这些建筑物在第 I 期的运行中都使用过）。

运行楼

位于环路外的小蓄水池边（图 8-1）的运行楼是现场的行政中心。如前所述，所有的环路功能都可以从这栋楼以及数据采集拖车进行监控。对于长期流动测试，大楼的会议室配备了一台大屏幕电视，能显示环路的简图以及注入和生产井口的当前流速、温度和压力（显示在其图标旁边的方框内并会每隔几秒钟更新一次）。它还可以用图形显示历史数据。

数据采集拖车

它是环路的控制中心，其中有监控环路运行的主计算机，接收和处理地震数据的计算机硬件和软件，以及存储所有运行和监测数据的介质（早先安装在这个拖车上用于监测第 II 期压裂试验的大部分设备，现在已经升级、禁用或移除了）。

泵房

这座位于热交换器和注入泵之间的小型隔热建筑内有 6 台补给水泵（2 台高压旋转喷射泵和 4 台高容量梅耶斯泵）和一些控制阀门。建筑物后面的 2 个 2000gal（7600L）

的储水罐通常称为压裂罐，因为它们最初是用来储存压裂试验用水。

化学拖车

第Ⅰ期运行中使用的化学拖车，在第Ⅱ期中得到了扩充（图 8-2 中 EE-1 上方的高大测井塔外部分被遮挡的长拖车），并仍保留在其原位置，即在主场地道路旁边毗邻水井处。在长期流动测试运行中，第二辆较小的化学拖车也驻扎在环路内，位于两井之间（图 8-2 中小拖车可见于生产流速监测和回压调节站的金属框架右侧）。这个小型可移动建筑包含自动监测循环液体的 pH、氧化还原电位和电导率的仪器（大约 0.5gal/s，即 0.03L/s 的小型地质流体侧流被引向了这些仪器，从侧流中收集气体成分，并定期测量都是自动完成）。硫化物离子和氧气水平则由特定种类的电极做离线监测。拖车还包括一个小型的台式实验室区和用于收集液体样品的过滤设备，这些样品将会送到主要的化学拖车上，用电感耦合等离子体（ICP）光谱做元素分析。

地震监测网络

在长期流动测试期间将只会使用为第Ⅱ期水力压裂建立的部分地震监测网络；计划为 3 个井下（前寒武系岩层网络）地震站配备仪器，能向数据采集拖车的中央计算机做无线电遥测报告。这 3 个台站是安装在了深度 2570ft 的 GT-1（大麦峡谷）单轴地震仪、深度 2450ft 的 PC-1（福克湖峡谷）单轴地震仪，以及深度 1900ft 的 PC-2（福克湖台地）单轴地震仪。

此外，有时会在 EE-1 井的 9400ft 深处部署一个三轴地震检波器，该井离储层非常近，以采集非常微小的地震活动，甚至是流体在储层的张开节理中运动时所产生的系统噪声。（遗憾的是，由于预算限制，项目甚至无法为长期流动测试配备一名兼职的地震专家。）

杂项设备和建筑物

场地上有一些稳压罐、杂项设备和储存建筑物（图 8-1）。其他建筑物则围绕着第Ⅰ期的几口井（图 8-1 中心附近可见的大方塔将 EE-1 井口围起，EE-1 井口南边较矮的塔则将 GT-2 井口围起）。现场还有卡车、一台用于平整和除雪的小型推土机，以及一台于 1991 年购买的大型起重机。

环境和安全控制

各种环境和安全措施已经到位，以管理现场的工作。这些措施包括定期开会的安全计划、操作准备审查（在长期流动测试开始之前由一个独立委员会完成）、全场环境监督计划，以及如何应对意外或紧急情况的导则。特别是对致命的硫化氢气体释放的可能性给予了关注：在适当地点设置了警告标志，并在气体泄漏可能造成重大危险的那些地点安装了报警探测器。此外，还采购了一些便携式探测器。毫无疑问，在长期流动测试期间没有出现重大的环境或安全问题，至少部分归功于认真遵守了这些预防措施。

第 9 章 第 II 期储层长期流动测试

在最初的第 II 期储层测试和初始闭环流动测试之后，关于干热岩技术的商业潜力这一基本问题仍然有待回答。干热岩储层的产能有多大的可靠性？这种储层的寿命可能有多长？为了回答这些问题并证明能够持续提取地热能源，需要进行更广泛的测试。芬顿山第 II 期储层的长期流动测试旨在尽可能地模拟商业干热岩发电厂的运行条件。

从一开始，干热岩计划的首要目标就是证明由实验室开发的热能开采概念能够应用于从巨大的非热液性干热岩资源中提取有用的能量。正如第 4 章所述，在 1978 年和 1980 年之间，对小型的第 I 期干热岩研究储层已经做了广泛的流动测试。以这些成就作为基础，所有关于更大的第 II 期储层的工作都是以干热岩技术的工程规模示范来进行的。由于实验室干热岩计划在 20 世纪 80 年代被缩减，因此剩下的努力几乎完全针对长期流动测试。其设计的基本信息均来自初始闭环流动测试和第 2074 次及 2077 次试验的结果（见第 7 章）。

本章的信息主要来自文献：《干热岩地热能源开发计划》（*Hot Dry Rock Geothermal Energy Development Program*，1993，1995；Brown（1994b，1995a and 1996a）；Brown 和 DuTeau（1993）；Duchane（1995b and 1996c）。

运行计划的制订

1986 年 9 月 9 日在完成初始闭环流动测试的几个月后，洛斯阿拉莫斯干热岩项目办公室发布了一份备忘录，为长期流动测试提出了两个主要目标：

1. 改善储层性能，特别是要减少流动阻抗和失水；
2. 在不同的稳态条件下运行储层，直到未定义的最大流速。

备忘录只描述了长期流动测试的一般操作计划。其对测试计划的细节有些自相矛盾，如在一处称“在储层改进试验序列中连续的循环运行是不必要也是不可取的”，而在另一处却给出一张在未限定运行条件下连续测试 9 个月的图表。

在接下来的一年里，上述两个目标又发展成了以下 6 个目标，从该计划 1987 年的年度报告（HDR，1989b）中转述如下：

1. 确定储层的热特性，包括热能与时间关系、可提取热和热应力效应；
2. 确定储层水力特征与时间关系；
3. 研究系统的运行特性；
4. 确认各种储层诊断技术的有效性；
5. 验证和完善储层分析模型；
6. 为创建附加干热岩储层提供有用的数据库。

以这些目标为基础制订了一个更详细的运行计划，其中包括旨在满足多学科和工程目标的试验。例如建议最大限度地提高储层生产效率，并对干热岩储层做高压试验。该计划要求进行 3 个准稳态流动阶段，连续提高注入率直到达到最大运行率。前两个阶段将各持续 30 天，而第三个阶段则要在可能的最高无震压力下持续循环 9 个月。在第三阶段的头一个月，还要做一些额外的试验：

- 回压研究以评估在生产井出口处保持不同的压力对生产流速的影响。
- 4 次应力解锁试验中的第一次，期间将会关闭生产井，将注入压力短暂地增加到非常高的水平（高达 5000psi，也即 34. 5MPa）。这 4 次试验每次间隔约两个月，旨在诱发打开更多的节理从而提高储层生产率。预计这些试验会产生一些地震，但在稳态运行条件得以恢复时，非地震流动也会逐步增强。

该计划还要求在 3 个流动阶段的关键点做示踪剂试验并定期监测地震，特别是在应力解锁试验期间。

长期流动测试将会以一个 2 周的循环试验来结束，以展示系统在“注入-生产”模式下的运行。在每个 24h 的周期中，首先注入水并以越来越高的压力在储层中储存 12h，然后在接下来的 12h 中以越来越低的压力提取和生产。

正如通常设计一个复杂的试验时的情况那样，想要在通过各种条件下的储层测试获得尽可能多的信息，和获得基本的直接数据为干热岩的进一步发展提供坚实基础的需求之间取得平衡是很困难的。

干热岩项目的外部咨询委员会又称为项目发展委员会（PDC），由相关工业、学术和政府组织的代表组成。特别是工业界成员不断强调长期流动测试对干热岩的未来是至关重要的。在 1988 年 6 月和 1990 年 3 月的会议上，项目发展委员会大力推动“要继续长期流动测试”。同时他们认为 1987 年的运行计划（HDR，1986b）过于复杂，并主张制订一个简单的测试计划为关键性问题提供明确答案。预算的减少也迫使其需要重新考量该计划。到 1991 年 7 月项目发展委员会开会时，地面工厂已经建成，长期流动测试的其他准备工作也接近完成，干热岩项目办公室提出的计划也已经修订为以下内容：

1. 一个月的初步循环期，以评估干热岩系统的状态并确定后续测试的参数。期间还将会对在生产井出口处保持高回压效果做简要评估。

2. 在可能的最高无震注入压力下稳态循环一个月，以确定现有储层在良性运行条件下可预期的最佳性能，并获得在储层非增长模式下循环期间的水耗数据。

3. 在储层适度增长的地震条件下长时间稳态循环 8~10 个月，以确定系统的最大可持续的能量生产能力。在此阶段，通过对储层的热容量加载重负荷，来提供数据以估算出储层的有效热寿命。

此外，还包括对计划的一些改进，如果长期流动测试能持续一年以上，就会实施以下这些：

- 继续保持 8~10 个月的稳态运行，最多还可延长 9 个月。
- 在最大注入压力为 4500psi（31MPa）的条件下做一次单一应力解锁试验，然后再进行为期 2 周的稳态循环以评估其在提高储层生产力方面的有效性。
- 在可能的最高注入率下再稳态运行 1 个月，以（a）确定储层可获得的最大生产率；（b）尽可能地模拟带有多口生产井的干热岩系统的运行情况。（多口生产井应该能为循环流体提供额外的压力降，从而能在更高的压力下无震注入。）
- 一次为期 1 个月的循环试验，包含一个类似于 1987 年长期流动测试计划中提出的 12h 注入加 12h 生产的日程。

与以前提出的计划一样，新计划要求在整个试验期间进行广泛的示踪剂测试和地震监测。在实验室员工看来，该计划通过纳入更长的真正稳态运行时间（尽管是在地震条件下最大限度地提高储层生产力）回应了项目发展委员会所表达的担忧。其设计是要在严格的条件下测试第 II 期干热岩储层，希望这将会产生出储层可测量的热衰减，同时最大限度地增加收集重要科学数据的机会。

由工业界成员领导的项目发展委员会仍然认为这种长期流动测试方法过于复杂。他们敦促采用一种直接的测试方法，对干热岩实际生产可用地热能源量的可行性问题提供虽然较少但会更明确的答案。他们还认为在储层持续增长的条件下，可能观察到的任何热衰减或缺热的证据都很难解释。

因此对长期流动测试做了最后一次重新设计，使其更类似于一个简单的示范，即第 II 期储层能够以常规方式提供可靠的能源。测试条件要代表那些在干热岩发电厂能够复制的条件。项目发展委员会正式批准通过的长期流动测试计划可以简单地概括为：

> 对储层施加尽可能高的无震压力，并在稳态条件下进行尽可能长的储层水循环。

在接下来的几年里，尽管遵守着此运行策略之精神，但一些突发事件也导致了一系列修改。

初步流动测试

1991 年秋天，随着地面工厂的建设基本完成，于是计划了一系列简短的流动测试，以确保系统能够完全胜任长期流动测试所需的持续运行（EE-3A 仍作为注入井，其注入间隔与 1986 年年初始闭环流动测试以来使用的相同）。这些测试是在 1991 年 12 月至 1992 年 3 月期间进行的。其中 3 项是生产流动测试，其重要数据汇总于表 9-1。

表 9-1　初步流动测试

		测试 1 1991 年 12 月 4—6 日	测试 2 1992 年 2 月 5—7 日	测试 3 1992 年 3 月 2—13 日
测试期关闭时的运行参数	注入压力/psi（MPa）	3700（25.5）	3872（26.7）	3756（25.9）
	注入流速/(gal/min)（L/s）	86（5.4）	114（7.2）	111（7.0）
	生产回压/psi（MPa）	2210（15.2）	1537（10.6）	1494（10.3）
试验期结束时的生产数据	温度/℃	154	177	180
	生产流速/(gal/min)（L/s）	74（4.7）	101（6.4）	95（6.0）
	失水率*/(gal/min)（L/s）；%	9.7（0.6）；11	11.4（0.7）；10	7.3（0.5）；7
	地热产量/MW	2.7	4.2	4.0
	计算的流动阻抗/[psi/(gal/min)][MPa/(L/s)]	20.1（2.2）	22.9（2.5）	23.8（2.6）

* 考虑注水井固井衬管周围的旁通流之后的净失水率。

测试 1（第 2078A 次试验）标志着 4 年来首次在第 II 期干热岩储层中进行水循环。试验前做了两天的加压，期间储层加压由 2284psi 增至了 3111psi（15.8MPa 至 21.4MPa）。由于第一次流动试验之目的只是为了评估地表设备，并确保能够连续循环，因此其运行条件是保守的：最终注入压力为 3700psi（25.5MPa）比 5 年前初始闭环流动测试的第一部分（非储层增长）所采用的压力还低一些。达到的温度为 154℃，远低于储层的已知温度。失水率很小，只有 11%，正如这种保守条件下所预期的。总的来说，这次初步测试以一种直截了当的方式证明了地面工厂的可行性及其对长期流动测试的充分性。(但它也暴露了一些小问题，这些问题在测试开始前已得到了纠正。)

测试 2 的目的是在典型的运行条件下评估储层和地面工厂。该试验揭示出了一些做一些简单改进就能够进一步完善地面工厂运行性能的点。之后又做了两次附加短流程测试（未记录在表 9-1 中），一次是评估紧急程序以保护地面设备在冬季意外关闭的情况下不会冻坏，另一次则是评估系统控制对意外停电的反应。

最初只安排了两次初步的流动测试，之后在 1992 年 3 月初开始了长期流动测试。但是由于生产管道的膨胀（表现为井口过度的向上移动）超过了预期，仅在 11 天后就不得不停止了循环。重新设计了生产井口的管道。并在靠近井口的管道上安装了一个额外的应力消除弯管（通常称为膨胀弯管）以适应6in（15cm）的膨胀。对套管的定期检查表明，重新设计后管道通常会抬高2~3in（5~8cm），但应力消除弯管几乎消除了管道故障的危险。3月份的11天循环测试默认为是第三次初步循环测试，即测试3。

在测试3的最后3天，储层基本上达到了稳态运行，除了生产液体的温度继续以平均0.4℃/天的速度上升（图9-1）。在10天结束时，当地表注入温度为21℃时生产的热功率为4.0MW。

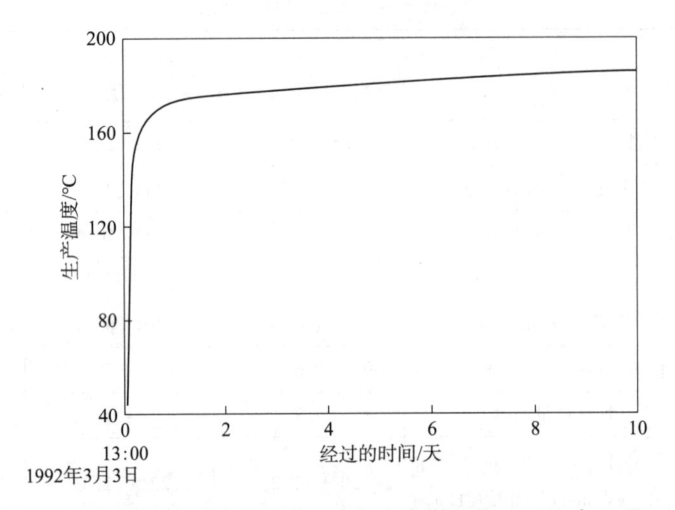

图9-1　长期流动测试前测试3的生产液体温度（1992年3月）。

资料来源：Brown，1992

地面设施在长期流动测试前的表现

总的来说，在整个长期流动测试前的流动测试中地面自动化设备运行平稳，没有出现大的问题。

在这些测试快结束时，5缸往复式泵自1990年12月到达芬顿山以来，每台泵已经运行了大约700h。遇到的唯一机械问题是其中一台泵的曲轴轴承有缺陷，在测试初期造成了一些麻烦，但制造商很快将其修复并重新投入了使用。对泵的现场检查发现了排放阀和吸入阀的密封面有严重的磨损，但这似乎并不影响水力性能。

气体与颗粒分离器能有效地从生产流体中清除未溶解的气体。与初始闭环流动测试期间相比，在长期流动测试前的测试中，这些气体产生的频率较低且间隔时间较短。沉积物非常少。例如，在一次为期3天的循环测试后，从分离器中去除的沉淀物不到1g。

通过重新设计控制逻辑和安装额外的控制设备，修复了补水系统遇到的一个小问题。

长期流动测试：运行期（1992—1995 年）

长期流动测试可视为从 1992 年 4 月开始持续循环，直到 1995 年 7 月循环永久停止。图 9-2 显示出其主要事件时间轴。

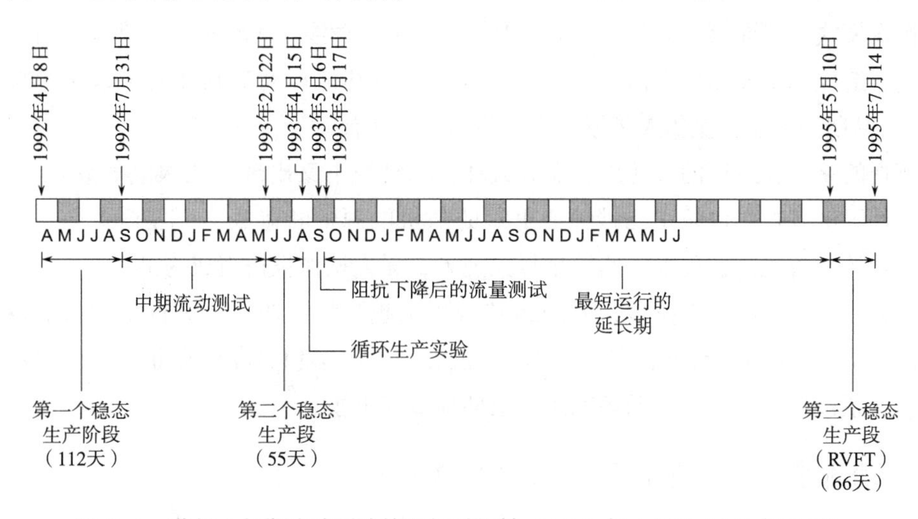

图 9-2　芬顿山长期流动测试的运行时间轴（1992 年 4 月至 1995 年 7 月）。

第一个稳态生产阶段：1992 年 4 月至 7 月

安装了一个补偿器并做了一些系统小修改以补偿在初步测试 3 中观察到的井口增长（生产管道的膨胀），然后于 1992 年 4 月 7 日注水入储层。第二天，4 月 8 日开始了循环，其目标是保持一年时间的连续循环。注入压力保持在不会造成节理扩展的最高水平（约 3960psi，也即 27. 3MPa），生产井的回压保持在 1400psi（9. 7MPa）；这些压力水平旨在压开深层节理与生产井的连通，但同时能防止过热水沸腾并保持气体溶解于溶液中。一切都顺利地运行了近 4 个月，两台高压注入泵以每 10 天交替运行，每 250h 换一次油（在测试期间没有检测到微地震，表明没有额外的节理打开或延伸，也即没有进一步的储层增长）。

然后出乎意料的是，在 7 月底两台注入泵在两天内相继发生故障而被迫停工。发现是循环液渗入了泵的油箱。检查还发现两台泵的缸体都出现了毛细裂纹而无法使用。召集了一个由几个机构的材料专家组成的委员会来审查泵的设计，并做了冶金评估和应力分析。最后得出的结论是：用于气缸体的 Nitronics50 不锈钢的微观结构并不均匀，而是在合金中含有 σ 相（可能是制造过程中使用缓慢空气冷却退火工艺的结果，在实验室的坚决要求下，采用了快速淬火回火工艺来取代，以尽量减少残余应力)。为了验证快速冷却的有效性，实验室材料技术组做了一个热处理试验，将有缺陷的部件中的一个加热到1122℃，然后通过油淬火快速冷却。当部件切成截面做显微镜检查时，发现σ相明显减少了，这表明快速淬火（如英格索兰所规定的那样）是更好的工艺。

尽管试验提前结束，但这第一个稳态试验阶段在几乎所有技术方面都非常成功。除了一些已经得到纠正的小问题，地面工厂按计划运行。也许最重要的技术成就是在开始循环后仅10天，地面设备就表现得如此之好，以至于在周末都能将工厂置于自动无人操作模式。然而第二天晚上，4月19日星期日发生了短暂的电力故障，引发了自动关闭，造成了15h的生产损失（关闭功能和所有其他自动控制和安全系统都按设计执行)。星期一清晨，操作人员返回现场重新启动了流动。

糟糕的是，在运行的头几周，在有人和自动情况下又出现了几次电气故障。最后，重新设计了电气控制以防止几秒钟或更短的随机电源中断造成工厂完全关闭。重新设计是成功的：首先是在周末，然后是每天晚上，无人操作很快就成为惯例。

在第一个稳态的生产阶段，系统运转得越来越顺畅，期间还进行了大量的诊断性测试。循环在95%以上的时间里都维持得很好，生产率和温度也都非常稳定。看起来如果注入泵没有发生故障，循环就能无限期地保持下去。

临时流动测试：1992年8月至1993年2月

当注入泵出现故障时，就会启用一个备用泵来恢复泵送。这一时段称为临时流动测试[1]，其主要目标是要保持储层的压力和维持循环，从而保持储层的完好性，这样一旦注入泵的问题得到解决就能恢复测试。此外，保持循环可以多收集一点数据。

8月13日恢复了注入，8月20日恢复了生产，但流速比第一个稳态试验段要低一些（备用泵既没有能力以长期流动测试所需的高水平注入，也没有长期运行的产品质量)。

10月初，备用泵因气缸盖破裂而寿终正寝。储层关闭了大约4个星期，直到租赁并安装了一个油田用的高压高容量的活塞泵。1992年10月28日流动测试再次开始；但租赁的泵（业内称为泥浆泵），设计是用来循环含有某种程度润滑性添加剂的钻井液，由于其橡胶活塞密封被腐蚀而反复出现了故障。重新设计的活塞和密封圈成功地将泵的寿命延长到了1993年1月初，从而收集了更多的数据。当这个泵也失效时，储层压力开始迅速下降（注入EE-3A，从生产井口通过地面回路，泵维持着约18gal/min或1.1L/s的流速以确保设备不会冻结)。接着一个小型备用泵上线，以19gal/min的速度持续注入液体以保持储层压力不至于急剧下降。从1月19日开始，它使用了大约一个星期，直到送来了一个从REDA泵公司租赁的新泵。1月25日安装好了REDA泵，

[1] 关于临时流动测试的更多信息，见文献：Brown and DuTeau，1993。

其在设计上与失败的注入泵有根本不同：是离心式而不是活塞式，用电力而不是用柴油驱动。尽管新泵的工作范围比活塞泵窄，而且电力驱动运行成本更高，但事实证明其操作和维护更简单。

1992 年 12 月完成的临时流动试验还包括两次较高回压的流动测试。旨在评估生产井回压高于标称的 1400psi（在长期流动测试第一个稳态部分使用过）时会在多大程度上降低性能。在注入压力保持在 3960psi 的情况下，规定了两个非设计回压：首先是 2200psi，然后是 1800psi。在每次流动试验接近尾声时，接近真正稳态的运行条件建立了起来，运行参数都是在最具代表性条件的时刻测量的。第一次试验（12 月 10 日）是在 2200psi 的回压平稳期约 10 天后，而第二次试验（12 月 27 日）则是在 1800psi 的平稳期约 17 天后得到这样的数据。

产生的生产流速依次为 84. 6gal/min 和 90. 5gal/min（表 9-2）。与第一个稳态生产阶段结束时的生产流速 89. 7gal/min 相比（表 9-3），这些结果表明在 2200psi 时流量仅减少了约 4%，而在 1800psi 时则基本没有变化。

表 9-2　临时流动测试期间较高回压条件下的储层流动性能

		测量性能日期	
		1992 年 12 月 10 日（标称 2200psi 回压）	1992 年 12 月 27 日（标称 1800psi 回压）
注入	流速/（gal/min）（L/s）	116. 2（7. 33）	113. 1（7. 14）
	压力/psi（MPa）	3963（27. 32）	3962（27. 32）
生产	流量/（gal/min）（L/s）	84. 6（5. 34）	90. 5（5. 71）
	压力/psi（MPa）	2201（15. 18）	1798（12. 40）
	温度/℃	177. 1	182. 8

总的来说，临时流动测试持续了近 7 个月，保持了对储层的压力并使一些流动测试得以完成，这产生了宝贵的运行和诊断信息。临时流动测试期间的运行总结如图 9-3 所示。其中没有描述打断了循环的频繁而短暂的泵关闭（即使是在降低的注入率和压力下，临时的注入泵也不足以能完成任务）。

第二个稳态生产阶段：1993 年 2 月至 4 月

第二个连续循环期始于 1993 年 2 月 22 日。由于储层在第一次稳态试验后的近 7 个月内一直保持着压力，类似的运行条件很快就重新建立了起来。在此阶段遇到的唯一问题是 REDA 泵大得多的电力需求。由于此问题反复出现，3 月下旬叫来了泵制造商，将系统关闭了 44h，安装了更强大的地下电缆和辅助部件。随后重新启动了系统，继续运行到 4 月 15 日，没有再出现任何技术问题。在这个测试阶段的早期，循环一直保持在 85% 左右；纠正了电力问题后，系统就一直以 100% 的状态在运行（值得注意的是，在整个测试期间泵本身没有问题，只是其电源有问题）。

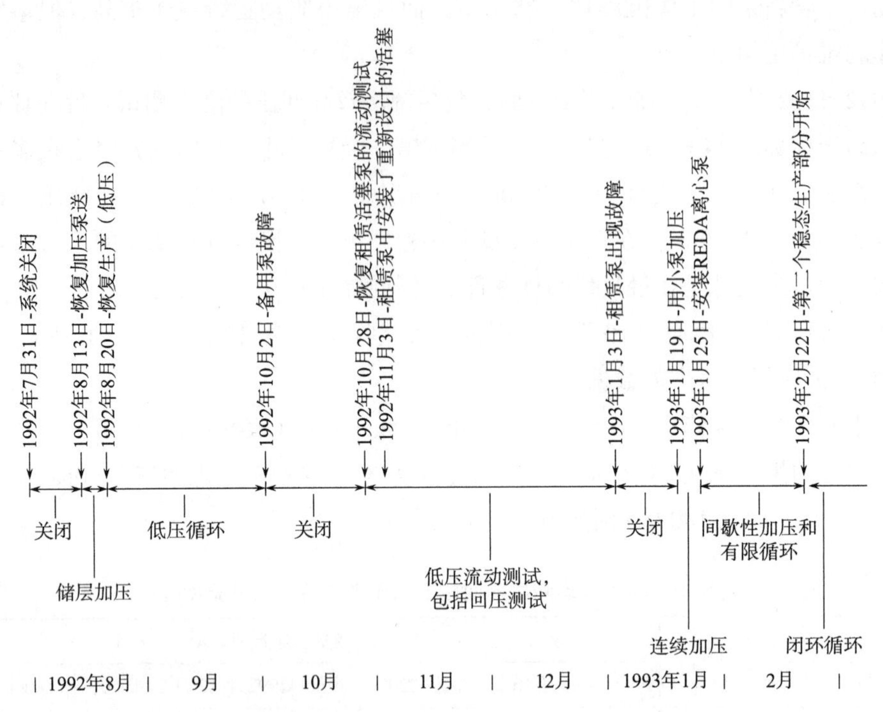

图 9-3　临时流动测试期间运行时间轴（1992 年 7 月 31 日至 1993 年 2 月 22 日）。

尽管理想条件下的连续循环只实现了 55 天，但第二个稳态生产阶段表明即使经过数月的间歇性运行，干热岩系统也能迅速恢复到稳态条件，但前提是储层一直要保持着压力。在这一阶段，通过流动测试、日志和其他测量，以及一些特殊的试验，对该系统有了更多的了解。特别重要的是运行上的困难只限于地面部分和向现场供电。储层取热环路不仅基本上没有问题，而且还展示了其一种重要的能力，即反复关闭和重新启动而不会损坏或明显改变其运行特性。现在很清楚芬顿山的干热岩储层有足够的弹性，有能力容纳商业设施运行中经常遇到的各种技术问题。

长期流动测试第一和第二稳态生产阶段的储层运行条件总结见表 9-3。最突出的特点是这些条件是如此相似。唯一显著的变化是失水率，从 12. 5gal/min 下降到了 6. 8gal/min，这反映了储层压力保持的额外时间。

表 9-3　运行条件：长期流动测试第一和第二稳态生产阶段

测量性能时期		1992 年 7 月 21—29 日 第一个稳态生产部分	1993 年 4 月 12—15 日 第二个稳态生产部分
注入	流速/（gal/min）（L/s）	107. 1（6. 76）	103. 0（6. 50）
	压力/psi（MPa）	3960（27. 29）	3965（27. 34）

续表

测量性能时期		1992 年 7 月 21—29 日 第一个稳态生产部分	1993 年 4 月 12—15 日 第二个稳态生产部分
生产	流速/（gal/min）（L/s）	89. 7（5. 66）	90. 5（5. 71）
	压力/psi（MPa）	1401（9. 66）	1400（9. 65）
	温度/℃	183	184
净水量损失*	失水率/（gal/min）（L/s）	12. 5（0. 79）	6. 8（0. 43）
	注入率/%	11. 7	6. 6

* 考虑纳入了通过 EE-3A 的环空流道返回地面的注入水。

循环运行的第一次试验：生产流体的涌流

如上所述，在前两个稳态生产阶段，特别是两个阶段之间，发生了一些非计划的系统运行短暂中断事件。而这些中断证明是有一定价值的：它们对重新启动时的预期有指导意义，促使实施了高度标准化的重新启动程序；提供了测试自动关闭系统的机会；也提供了其他有用的储层运行数据。当然，它们证明了非预期的关闭是可以迅速处理和恢复的。

人们注意到在稳态循环各部分，流体产量随时间缓慢下降；但在每次意外关停后，液体产量立即跳回到接近原来的水平，然后再次开始缓慢下降。这种行为启发了在 1993 春季开展的技术研究，在这些长期缓慢的下降之后如何恢复生产率。它称之为“涌流”是基于长期以来的理论，即循环运行中定期关闭生产井，然后迅速再次打开，这样可能有助于维持（甚至略微增加）干热岩储层的稳态流动率。

为了验证这一论点，设计了一个为期 3 天的循环涌流试验，每天短暂关闭生产井，接着都会有生产流的释放或涌流。试验是在 1993 年 4 月 15—17 日完成的，紧接着就是第二个稳态生产阶段，期间生产流速一直在缓慢下降。

当保持在 103gal/min（6. 5L/s）的稳态注入速率和 3960psi 的注入压力时，生产井每天早上关闭 25min，然后就发生了涌流。正如预期的那样，当每天临近结束（在重新建立稳态流动条件之后）测量生产流速时，显示出了大约 1% 的增长（图 9-5）。

最后一个周期的能量生产（在过去的 48h）相应增加了 2. 6%，如图 9-5 所示。尽管这一趋势无疑会随时间而趋于平缓，但该试验证明短暂的定期生产井关闭可以帮助维持干热岩系统的生产力。（两年后的 1995 年 6 月，又做了第二次涌流试验，基本上是复制了这次试验。）

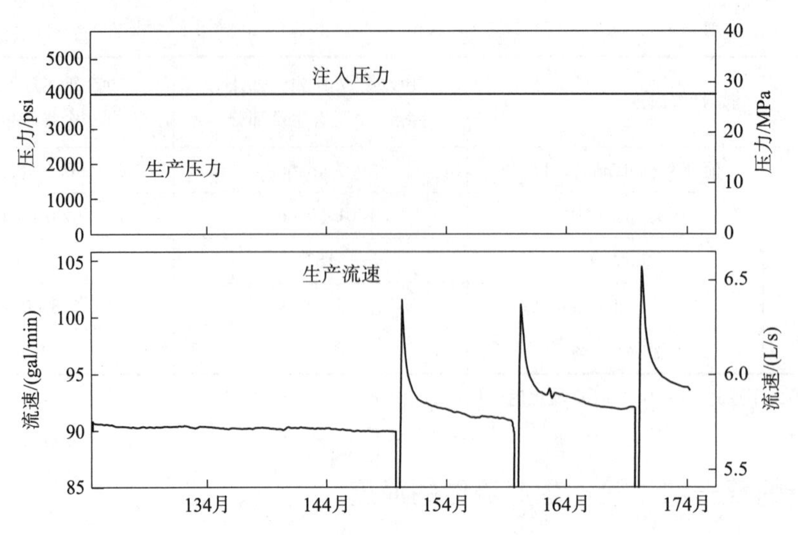

图 9-4　第一次涌流试验（1993 年 4 月 15—17 日）期间的注入压力、生产压力和生产流速。

资料来源：DuTeau，1993

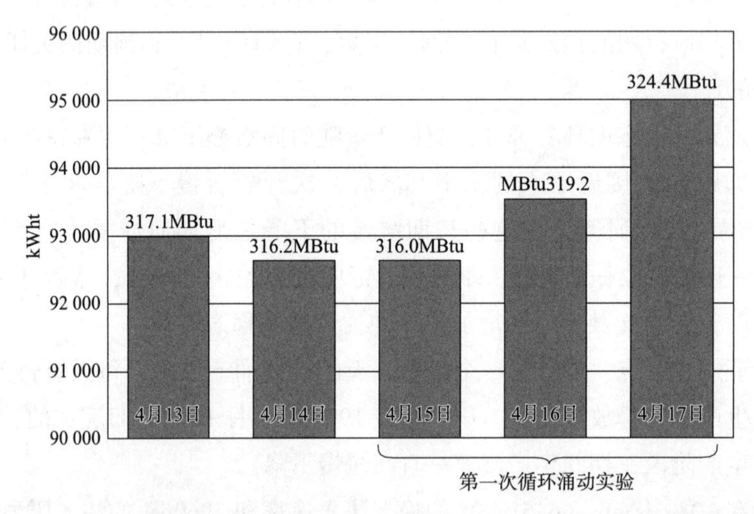

图 9-5　第一次涌流试验（1993 年 4 月 15—17 日）期间能量生产的提高。

资料来源：DuTeau，1993

注：图中单位 Mbtu：100 万英国热量单位/h。

在为期 3 天的涌流试验结束后，两口井都关闭了，由于预算有限，开始准备归还租赁的泵。幸运的是，REDA 决定为干热岩项目提供额外一个月的免费使用期而不需要立即还泵。于是泵立即恢复使用以维持储层压力，同时开始了设计一个更为重要的试验。

注释

对于干热岩储层来说，涌流是关停生产的同时继续注入而产生的。关闭导致生产井深处的压力迅速上升到附近储层的压力水平。随着从储层本体到生产井附近区域的流动停止，该区域的压力也随之上升接近储层本体的压力。这种压力的增加反过来又导致额外的液体给储存在与生产井相连的那些超压节理中。当流体随后被释放时，其以高速涌入通过这些过度张开的节理，从而清除其累积的碎屑并能适度增加稳态产量。

以前在芬顿山曾使用过涌流法。例如，在重钻 EE-3A 之后，其就用来清理和打开与生产井相连的那些节理通道（见第 6 章中关于第 2059 次试验部分）。

第一个负荷响应试验

1993 年 5 月 4 日，开始了对周期性负荷响应生产的首次研究。(遗憾的是，在第一次试验中，在稳态间歇期为生产井规定的回压太高，不必要地限制了储层的生产力)。

两年后的 1995 年 7 月，在第三个稳态生产阶段接近尾声时，将会进行第二次更为明确的负荷响应试验。

被称为“负荷响应”的储层运行策略就是：通过大幅降低此期间生产井的回压，每天用几小时将生产井附近储存的流体部分排出。然后在每天运行周期的剩余时间内，通过增加注入流速使其略高于先前的稳态流速，顶替排出的流体（即重新充填储层）。其目的是要表明能够通过暂时增加干热岩的发电量来满足高峰期需求，而且这种暂时增加是可以预设的。负荷响应是认为有潜在的生产和营销优势：增强的电力生产可以用来满足附近电力公司的部分高峰电力需求，这将会比同等的基载能源生产提供更高的电力价值。

第一次负荷响应试验持续了三个日常周期，以大约 100gal/min 的流速连续注入。生产井的回压非常高（3000～3300psi）且维持了 16h，将生产流速限制在约 25gal/min（1. 6L/s），刚好能够防止地表回路设施在非常寒冷的天气冻结。在 16h 结束后，在剩下的 8h 将回压大幅降低，导致了流速的显著增加（前两个周期平均为 140～150gal/min）。

图 9-6 显示的是储层压力和流速特征。假设流速是一个合理的发电量模拟，8h 的 145gal/min，然后 16h 的 25gal/min，结果是日平均流速为 65gal/min，远远低于稳态条件下的 90～100gal/min 的额定生产率。尽管这显然不能代表储层整体性能的改善，但为试验选定的回压水平，即生产井打开时释放的压力，证明是过高的。从一个较低的水平（和少于 8h 的时间段）有计划地减少回压，似乎是一个更好的负荷响应方法。尽管如此，8h/天生产流速的大幅增加为这种运行模式的可能性提供了经验。

如图 9-6 所示，在第二个周期后，其他事件介入了。在接近第三个周期开始时，储层流动阻抗明显下降，从生产流速增加了约 30%（从 165gal/min 到 220gal/min）就可证明。这一阻抗下降发生在不到 1min 的时间内。流速的增加开始逐渐减少，但这个事件是完全出乎意料的。同时，它与在应力解锁试验期间观察到的储层过压后的流速增加（1980 年 12 月在 9 个月的第 I 期储层流动测试结束时，见第 4 章）有点像。在这两种情况下，似乎储层内较高些的压力使得储层中某些岩块间的接触点张开了，允许在相关节理上进行局部移动，并打开或移动了一个或多个流道。

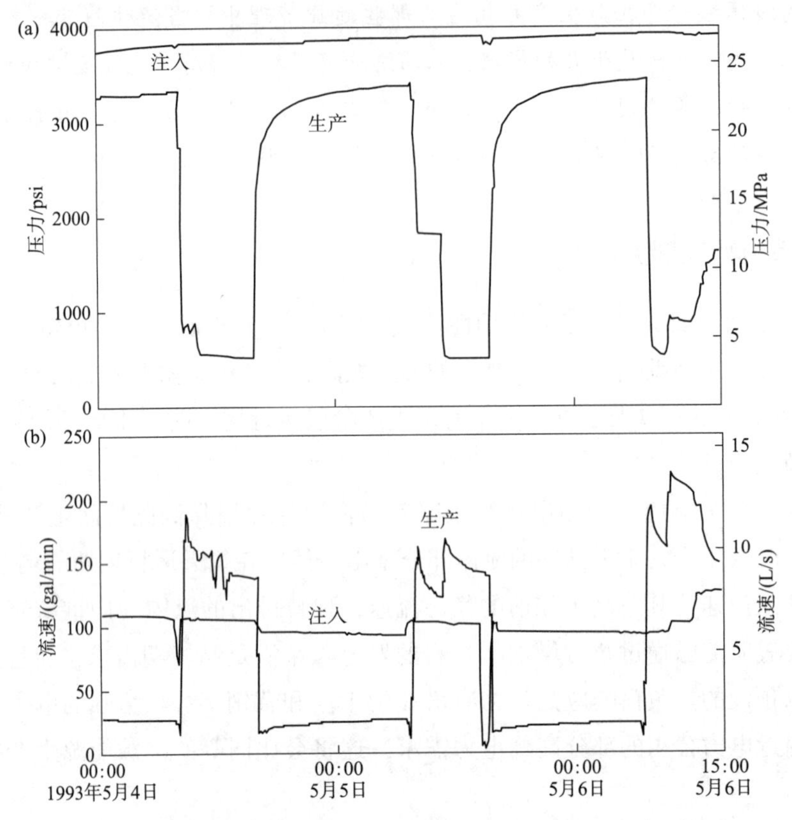

图 9-6　第一次负荷跟踪试验（1993 年 5 月 4—6 日）：(a) 注入和生产压力曲线和（b）注入和生产流速曲线。

资料来源：Brown and DuTeau，1995

流动阻抗的急剧减少意味着更多的水输送到了生产井中，但是由于对井的裸眼段没有做测井，所以没有获得关于额外流动来源的信息——它是现有的张开节理还是一个新打开的节理。(注意，流动的增加没有强力压裂干热岩储层时伴随着的典型地震活动。)

大幅增加的生产流量使得无法以足够高的速度泵送来保持标准的 3960psi (27. 3MPa) 的注入压力。即使水泵以最大速率 130gal/min（8. 2L/s）运行，注入压力也只能达到 3860psi（26. 6MPa)。如果要将注入压力保持在 3960psi（27. 3MPa)，那流速比第一个稳态生产阶段结束时的 103gal/min 就会有更大的净增长（表 9-3）(通常情况下注入压力越高，储层内部的阻抗就越低)。

在阻抗突然下降之后，系统恢复到了稳态运行。注入和生产又持续了 11 天以观察储层性能。除了较低的注入压力外，所有的控制参数都与第二个稳态生产阶段参数一致。表 9-4 中，产出流体的温度上升了约 6℃（这种上升应该全都是热流体在井中更快地向上输送的结果，因为对生产井套管底部的测井显示流体进入套管的温度并没有变化）。流速从最初的高水平逐渐减弱，但比几周前的第二个稳定生产阶段时的仍高约 30%。

表 9-4　阻抗突然下降前后的运行条件（1993 年 5 月）

		第二个稳态生产阶段（1993 年 4 月）	阻抗下降后（1993 年 5 月）
注入	流速/（gal/min）（L/s）	103（6.5）	130（8.2）
	压力/psi（MPa）	3960（27.3）	3860（26.6）*
生产	流速/（gal/min）（L/s）	90（5.7）	124（7.8）
	压力/psi（MPa）	1400（9.7）	1400（9.7）
	温度/℃	184	190

* 阻抗下降和流量增加后可达到的最大泵送压力。

5 月 17 日，井关闭且泵还给了 REDA 公司。图 9-7 显示的是从阻抗下降到停止循环期间的压力和流速曲线。

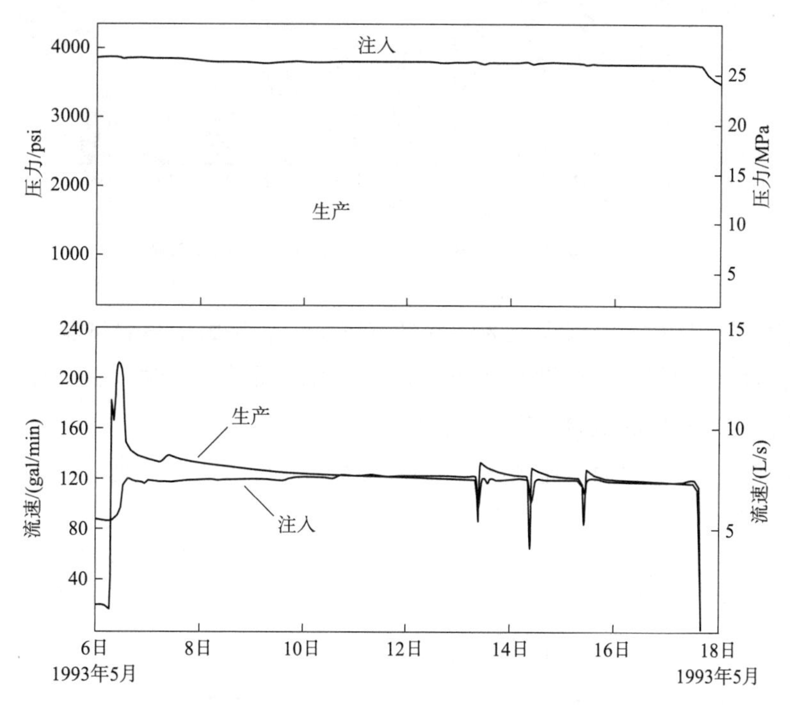

图 9-7　1993 年 5 月 6 日阻抗突然下降后的压力和流速曲线（5 月 12 日和 5 月 16 日之间的 3 个压力峰值是由于短暂的关闭造成的）。

资料来源：Brown，1993b

注：减少阻抗一直是干热岩项目的一个目标。遗憾的是，1993 年财政年度资金短

缺使得无法对第二个稳态生产阶段结束时的巨大阻抗下降进行更详细的研究。如果有可能充分探究这一独特事件，所获得的见解可能会引领商业干热岩系统的阻抗降低应用技术。但是在恢复流动测试之前已经过了两年，那时的储层条件已经部分恢复到了阻抗下降之前的状况。

延长的最小运行期：1993 年 5 月至 1995 年 5 月

从 1993 年 5 月 17 日（第一次负荷跟踪试验后）到 1995 年 5 月 10 日，整整两年没有进行任何传统意义上的储层流动测试。干热岩项目的这一长期停顿是由于持续严重缺乏资金的结果。图 9-8 中显示的是干热岩项目在过去 10 年中资金的减少。

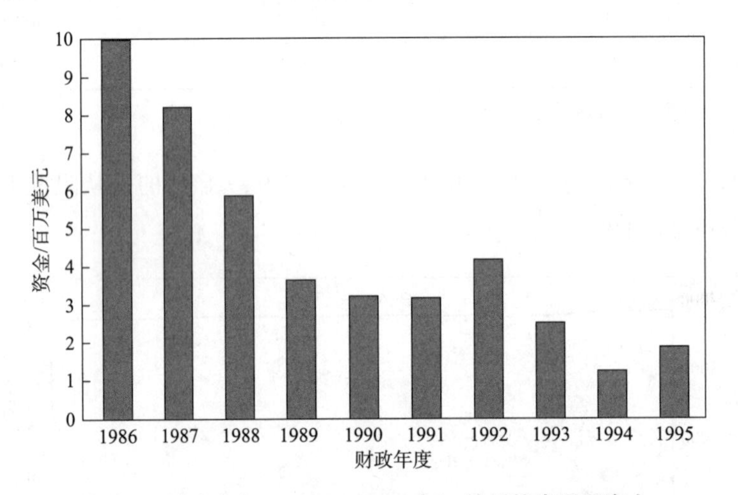

图 9-8　过去十年（1986—1995 年）的干热岩项目资金。

尽管项目员工将资金的减少视为能源部试图结束芬顿山干热岩试验，但他们坚持了下来。通过取消大部分的科学研究和在非常有限的预算下，他们在这两年期间成功地做了许多有趣和有用的试验（图 9-9）❶。

在井关闭后，启动地面节流阀以关闭 EE-3A 环通流向地面的通道（图 6-43），储层压力只是任其自然衰减。在这段时间里，通过一个（或多个）源自第 II 期储层的高压节理将储层流体排出，流过更深的开放环空流动连通（图 6-43 中的环空区）进入第 I 期储层区域。

1993—1994 年的冬季重新开放了通往地面的环空流道，以防止井口冻坏。到 1994 年 2 月底，在 EE-3A 测量的储层压力下降到了 685psi（4.72MPa）。3 月初，为了找到测井过程中发现的温度异常来源，再次关闭了通往地面的环空流道共 34 天，以便收集更精确的数据。在此期间尽管没有从地表注水，但储层压力实际上略有增加达到

❶　此外，他们甚至省下了足够的钱来购买项目急需的 REDA 注入泵！

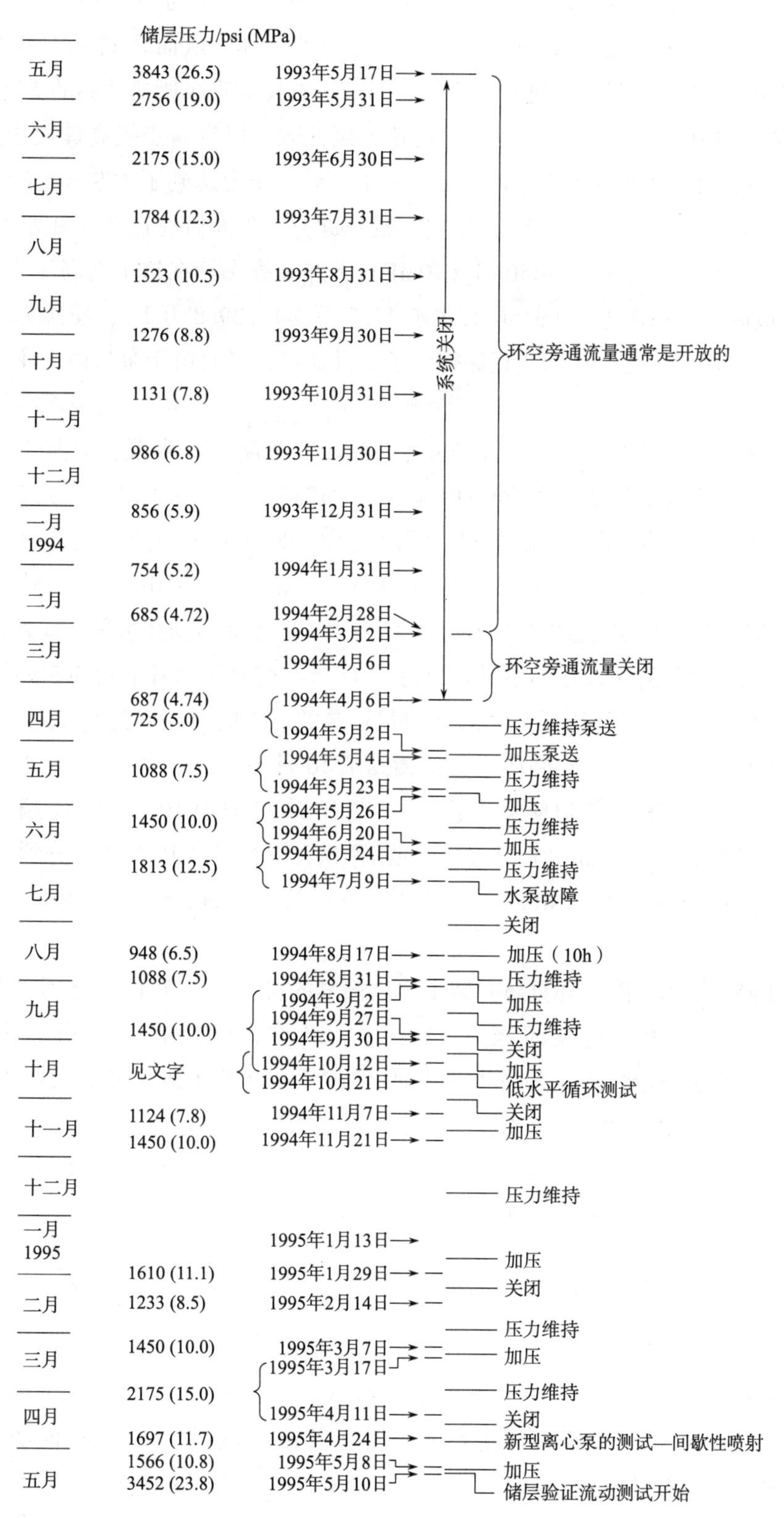

图 9-9　延长的最小运行期的各项试验活动（1993 年 5 月至 1995 年 5 月）。

了 687psi（4.74MPa），这清楚地表明水从超压的周边地区流回了储层中。

1994 年 4 月 6 日，使用旋喷补给泵注入足够的液体，从而将储层压力提高到了 725psi（5MPa）。5 月 2 日开始进行压力管理研究。在比旋喷泵所能达到的更高压力下，用大科比泵以约 19gal/min（1.2L/s）的流速连续注入，以进一步提高储层压力。5 月 4 日，在经过 50.5h 注水 5.6 万 gal（21.2 万 L）后，压力达到了 1088psi（7.5MPa）。压力保持在这一水平直到 5 月 23 日恢复了连续泵送。3 天后经过 79h 注水 83 500gal（31.6 万 L）后，压力达到了 1450psi（10MPa），并一直保持在这个新高压力上直到 6 月 20 日。最后，又一次连续 95.5h 的注水 10.5 万 gal（39.8 万 L），使压力增加到了 1813psi（12.5MPa）。这一水平一直保持到了 7 月 9 日，当时由于泵故障而不得不停止注水。

此后不久租了一个能够以 28gal/min（1.8L/s）速度的注水泵，但其工作压力有限。到 8 月 16 日储层压力下降到 948psi（6.5MPa），第二天用新泵将其提高到了 1088psi（7.5MPa）。然后，从 8 月 31 日开始，以 28gal/min 的速度连续 36.5h 注水 61 820gal（23.4 万 L），成功地将压力提高到了 1450psi（10MPa）。大科比泵要以 19gal/min 的速度经过 79h 注水 83 500gal（31.6 万 L）才能达到此水平。此外，1450psi 的储层压力仅通过每天注入几个小时就维持了 41 天（包括了 9 月下旬的 3 天关停）。

10 月 12 日，开始了低压循环测试（与租赁泵的注入能力相匹配），以评估储层在非设计条件下的性能。第一次循环一直持续到了 10 月 16 日，平均产率为 23.5gal/min（1.5L/s），当时恶劣的天气迫使停产了 29h。在 10 月 17 日至 10 月 21 日的第二次测试中，平均产率为 21.5gal/min（1.4L/s）。在这两次测试中注入压力平均分别为 2453psi 和 2474psi（16.9MPa 和 17.1MPa），而回压分别保持在 1100psi（7.6MPa）和 1200psi（8.3MPa）。

然后让储层压力下降，并重新安装了现已修复的科比泵。除了在 11 月 3 日的短暂注入（7h）外，系统一直关闭到了 11 月 7 日上午。然后在储层压力为 1124psi（7.8MPa）时重新开始泵送，并注入足够的流体将压力提高到了 1305～1450psi（9～10MPa）。在接下来的 6 个月里，定期的注入将压力维持在了这个水平或更高的水平直到 1995 年 5 月。在此期间泵送日程往往不稳定，部分原因是天气变化无常，后来还因为一个新泵上线，对管路做了一些修改。

第三个稳态生产阶段（储层验证流动测试）：1995 年 5 月至 7 月

在中断了两年之后，1995 年 5 月开始对第 II 期储层重新进行流动测试。经过几天的流体注入对储层加压，5 月 10 日开始了全循环。这第三段稳态运行，又称为储层验证流动测试，旨在（1）验证系统是否能够恢复到前一段稳态生产结束时的运行状态（特别是确定两年前的阻抗急剧下降带来的流动特性是否在这段时间内持续存在）；以及（2）收集对于当时设想的行业主导的干热岩项目很重要的循环数据。

为了储层验证流动测试，新买了一个 REDA 泵，其类似于 1993 年为第二个稳态生产阶段租用的 REDA 泵，但该泵有 218 离心力级而不是 200。为了最大限度地减少采购和运行成本，新泵不是由电力而是由一台从停用的往复式注入泵上拆下来的柴油发动机驱动。REDA 泵的设计因其简单和可靠性而著称。与租赁设备一样，这台新泵几乎没出故障，但为了更换机油和对柴油机进行其他日常维护也需要定期停机。

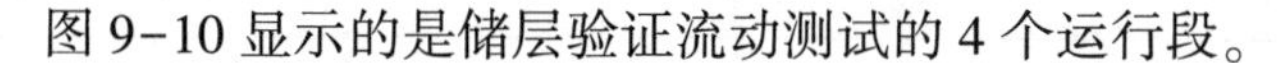
图 9-10 显示的是储层验证流动测试的 4 个运行段。

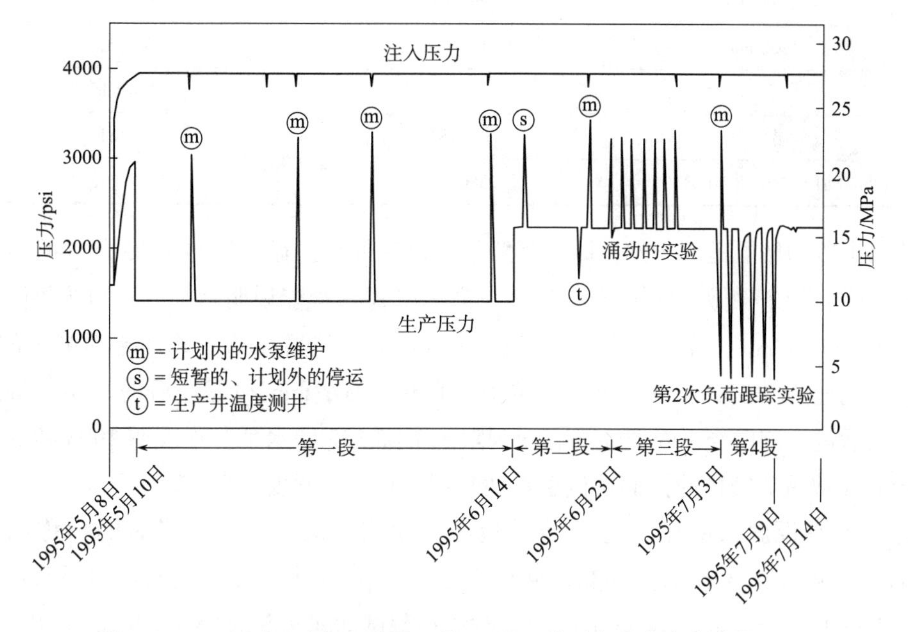

图 9-10　1995 年 5 月 10 日至 7 月 14 日，第三个稳态生产阶段（储层验证流动测试）的各运行段。

资料来源：Duchane，1995a

在第一阶段的 35 天里，逐渐地重新建立起来了与前两个稳态生产阶段基本相同的运行条件。

6 月 14 日储层验证流动测试第 2 段开始：生产井回压从 1400psi 增加到 2200psi（9.5MPa 到 15.2MPa），增加了约 50%，复制了 1992 年 12 月临时流动测试时的回压试验条件。其结果是使循环驱动压力❶，即地面测量的注入压力和生产压力之间的净压差减少了大约 1/3，从 2560psi 到 1760psi（17.7MPa 至 12.1MPa），见表 9-5。有趣的是流体产量只下降了大约 10%。从经济角度来看，在较高的回压条件下降低泵送流体通过储层所需的驱动力是否能补偿较低的流体产量，还尚待确定。但是，对这一策略在提高干热岩系统净生产率方面的潜力的进一步研究是值得肯定的。特别是考虑到双井生产系统的好处，它能够使储层在更高的平均压力水平上进行循环。

❶ 这种压差是使流体流过储层的原因。

储层在储层验证流动测试前两段的运行状况见表 9-5。

表 9-5 储层验证流动测试（RVFT）第Ⅰ和第Ⅱ期储层运行条件

		第三稳态生产阶段	
		第 1 段（1995 年 5 月）	第 2 段（1995 年 6 月）
注入	流速/（gal/min）（L/s）	127（8.0）	120（7.6）
	压力/psi（MPa）	3960（27.3）	3960（27.3）
生产	流速/（gal/min）（L/s）	105（6.6）	94（5.9）
	压力/psi（MPa）	1400（9.7）	2200（15.2）
	温度/℃	184	181
循环驱动压力/psi（MPa）		2560（17.7）	1760（12.1）

将第 1 段的储层运行条件，即关闭两年后重建的稳态循环，与 1993 年 5 月流动阻抗大幅下降后的条件做了比较（表 9-4），很有意思也很能说明问题：在阻抗下降后生产流速为 124gal/min，而一个月前则只有 90gal/min。然后在储层验证流动测试的第 1 段，生产流速为 105gal/min，介于阻抗下降前的 90gal/min 和下降后的 124gal/min 之间。换句话说，它已经下降但还没有回到阻抗下降之前的水平。这表明 1993 年 5 月打开的新的（或重新安排的）储层流道在两年后仍在一定程度上存在。

另一个有说服力的比较是在储层验证流动测试的第 2 段，当时的标称回压是 2200psi（表 9-5），与临时流动测试回压也是 2200psi（表 9-2）之间：储层验证流动测试第 2 段的生产流量为 94gal/min 比临时流动测试期间实现的 84.6gal/min 高出 11%，这再次反映出两年前阻抗下降影响的持久性。

就失水而言，两年的储层低压关闭使其付出了代价。很明显在第 1 段和第 2 段期间，对储层边界处重新加压，扩散流水平较高，导致失水率甚至大过 1992 年 7 月第一个稳态生产阶段结束时的失水率（12.5gal/min，表 9-3）。

第二次涌流试验

储层验证流动测试的第 3 段于 6 月 23 日开始：持续 6 天，每天早上将生产井关闭 25min，而其他所有运行参数保持不变，复制了两年前的第一次涌流试验的运行模式。其结果也与第一次涌流试验基本相同：生产流速有所增加，然后就逐渐减少。两次涌流试验的结果清楚地表明，每天短暂关闭生产井这一简单策略能够略微提高总产量。

第二次负荷响应试验

1995 年 7 月 3 日，开始了储层验证流动测试的第 4 段，即最后一段。这个为期 6 天的试验是在芬顿山对负荷响应概念的第二次测试，旨在诱发并暂时维持生产流速的大幅增长。由于比 1993 年的第一次负荷响应试验更全面，因而称为那一个负荷响应试验，它产生了第三个稳态生产阶段最重要的数据（Brown，1996a）。

其整个过程中注入压力都保持在了 3960psi（27.3MPa）。生产再次是以循环方式进行：每天回压先保持在 2200psi（15.2MPa）持续 20h，然后程序化地降低 4h，以保持生产流速比正常水平增加 60%。此过程开始时需要人为控制，但到了第三个周期就完全自动化了。回压设定在 4h 结束时要降至约 500psi（3.4MPa）。在 4h 的增强流量期间，保持稳定的生产水平所需的回压曲线由工厂的自动控制系统来确定和调节。

图 9-11 显示的是负荷响应试验最后两天的数据：（1）通过每天的 4h 有计划地降低生产井的回压，实现了生产流速和热能生产的大幅持续增长；（2）在随后的 20h 内，通过适度增加注入流速率就能重新填注储层。换句话说，通过交替使用基线水平和通过定期排放储存在深层生产段附近的液体而实现的增强水平，就有可能调节电力生产以满足在高峰期增加的电力需求。

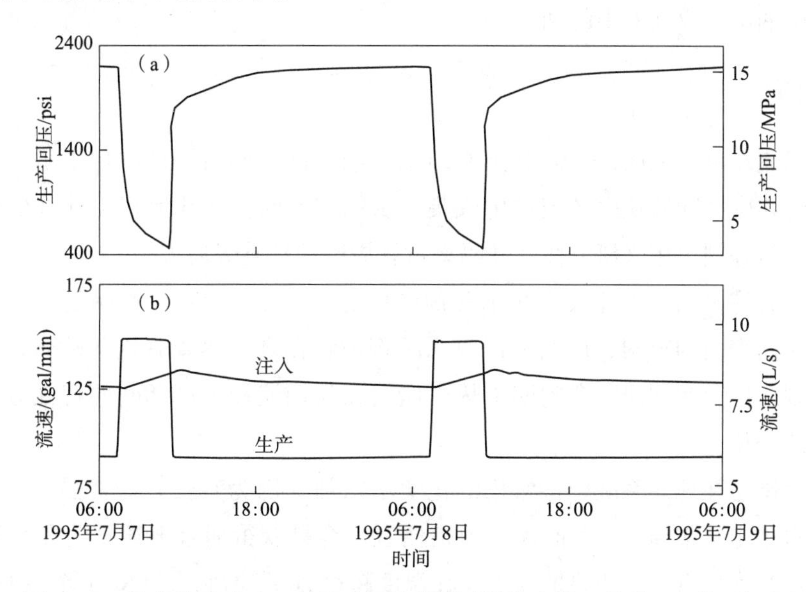

图 9-11　负荷跟踪试验（储层验证流动测试的第 4 段）最后两天的运行数据：（a）生产回压；（b）注入和生产流速。

资料来源：Brown，1996a

EE-3A 的灾难性环空穿透

7 月 6 日在负荷跟踪试验的第 6 个周期即将结束时，EE-3A 的环空旁通流量突然增加了 5 倍，从 6~7gal/min 的速度增加到了 35gal/min，大大加剧了现场的水处理和储存问题。流体更激烈地旁通流过固井衬管，通过一个（或多个）高压节理，与衬管上方的环空连通。这一周缘压裂裂缝是灾难性的。它不仅结束了长期流动测试，而且不久也将会导致整个干热岩项目的结束。

有人向美国能源部总部提出恳求，要求为补救性固井作业提供资金，包括在$5\frac{1}{2}$in 衬管固井段之上的 10 950ft 处对衬管实施射孔（见第 6 章图 6-43），然后将水泥注入环空并向上到达约位于 9250ft 处的$9\frac{5}{8}$in 套管，尽管这种作业成本不高，但上诉仍被驳回。

7 月 7 日重新建立了储层验证流动测试流动条件。EE-3A 的旁通流速当时为 30.2gal/min，在接下来的一周内仅略微下降（至 25gal/min）。储层循环于 7 月 14 日停止，结束了芬顿山的干热岩项目。

储层验证流动测试总共持续了 66 天，整个期间没有出现任何意外的停产情况。一些生产井的预定关闭是试验计划的一部分，正如每两周一次的注入泵短暂（2h）关闭，以更换其柴油动力驱动器中的油。

示踪剂研究

在长期流动测试之前、期间和刚刚结束时的不同时间段，都添加了示踪剂到注入井的循环流体中并随后从生产流体中收集。示踪剂回收曲线显示出流体在储层中循环时的特性。示踪剂也用来研究注水井隔离衬管周围的环空旁通流。

然而，有许多因素可能会干扰示踪剂的性能，如化学反应、热降解、示踪剂在储层岩石或井筒表面的吸附，以及未回收示踪剂的再循环。尽管有这些障碍，更不用说预算的限制，但示踪剂研究在阐明干热岩储层在长期流动测试期间的特性方面仍然发挥了重要的作用。

荧光素钠是在地热系统中最常用的化学示踪剂（因为其荧光非常强烈，可在十亿分之一的水平上检测到）。其他优点则是便宜、容易获得而且普遍认为是对环境无害的。但是荧光素也有一个明显的缺点：在温度超过 200℃时它会慢慢分解，使得其在非常热的地热系统中难以获得定量测量结果。为了弥补这一缺点，在芬顿山经常将热稳定性更好的示踪剂对甲苯磺酸（p-TSA）与荧光素一起使用。下文结果部分所讨论的许多结论都是从同时使用这两种示踪剂的试验中得出的。作为干热岩项目的一部分也对其他具有特殊性质的示踪剂进行了评估（Birdsell and Robinson，1989 年）。但由于资金限制，长期流动测试期间的储层测试则无法使用这些示踪剂。

示踪剂试验的结果通常是根据以下参数进行评估（注意储存在储层内死角或其他非流动的张开节理中的流体量并不在考虑之列；示踪剂只测量储层入口和出口之间活动通道的流体量）。

1. 首次到达体积或时间：从示踪剂最初进入储层到首次出现在生产井中的液体循环体积，或该体积循环过程中所经历的时间。

2. 积分平均体积。流体从注入井口带到生产井口的所有流动通道的总体积（通过计算示踪剂返回曲线的积分得出）。因为完全的示踪剂回收节点必须通过曲线长尾的外推来获得，所以这个体积只能是近似值。

3. 模态体积。从注入示踪剂到最大示踪剂回收节点的产液体积。这是一个比积分平均体积更精确的度量，但它只包括阻抗相对较低的流道，这些流道的流体流速最快而最直接。

4. 分散体积。示踪剂回流曲线在其最大高度的 75% 处所代表的体积。虽然这有些随意，但由此得到的体积可以衡量示踪剂的分散程度，推断出通过储层流动通道的复杂性和多样性。

每种示踪剂测试都会提供其通过时储层快照。根据这些半定量数据，就能估计出重要的储层特性：流体体积、与岩石表面的接触程度、流体通道的复杂性等。如果连续进行几次测试，将其结果结合起来以获得储层随时间变化的情况，那么示踪剂数据就会更有价值（当以这种方式结合时，将会标准化这些数据以补偿与测试有关的变量，如各种测试之间生产流量的差异以及注入和排出井筒的输送时间）。这些数据构成了长期流动测试期间关于储层性能的几个重要结论的基础。

长期流动试验：结果

长期流动测试持续了 39 个月，其中超过 27 个月是停机时间，而这其中大部分是两年的非循环期（1993—1995 年）。总的来说系统在循环模式下只运行了 11 个月多一点。即便如此，从这些有限运行中获得的结果也实现了项目的主要目标：证明干热岩技术在可靠和可预测的持续能源生产中的可行性。这些结果还为其次要目标提供了宝贵的信息，如最大限度地提高干热岩系统的能量输出并了解其性能。

至于应用从初始闭环流动测试学到的具体经验（见第 7 章），也许仅有的偏差是（1）流速通常保持在 87~103gal/min（5.5~6.5L/s），远低于长期流动测试之后建议的 200~250gal/min（12.6~15.8L/s）；以及（2）注入区的数量没有增加。在长期流动测试期间更高的流速下根本不可能不引起地震。而且在干热岩项目的那个阶段，进一步的高压储层压裂被认为是不合适的。

地面工厂的性能

在长期流动测试过程中，高压管道表现良好没有出现任何问题。昂贵的气体与颗粒分离器每天可以清除 13 万 ft^3 标准（3700m^3）的气体和 170lb/h（77kg/h）的固体，但从来没有用到接近其生产能力，从工程的角度来看也没有必要。循环液体中的溶解气体（主要是二氧化碳）的浓度约为 3000ppm，但生产部分的地表循环的典型运行压力为 300~600psi（2~4MPa）时，这些气体仍然溶解在溶液中。在稳态运行期间很少有固体物质给带到了生产井中（事实上在整个测试期间，在过滤器和分离器中去除的固体物质可以用盎司而不是磅来衡量)。

补水泵的电子双工逻辑电路导致了几次停机。在长期流动测试开始后不久，电子控制就改为在短暂停电关闭机组的情况下能自动重新启动水泵。尽管每个泵在液压和机械方面工作得令人满意，但在长期流动测试期间泵组件的侵蚀则是个问题。由于用于供应补给水的旋喷泵的维护费用很高，经验表明对于在压力下将补给水注入回路来说，较小的高压 REDA 注入泵可能更实用。

最后，在长期流动测试初期，两台 5 缸往复泵出了故障是一个重大挫折，再加上唯一能立即替代使用的往复泵又不适用。然而 REDA 离心泵，一台是为临时流动测试和第二个稳态阶段租用的，另一台是为第三个稳态阶段购买的，其性能则是完全令人满意的。地面工厂的所有其他部件都按预期运行良好。自动控制系统使工厂在无员工在现场的情况下能进行常规操作，所有的安全、备用和自动关闭系统都能可靠而有效地运行。

稳态生产

如上所述，对第 II 期储层的测试是在模拟商业干热岩工厂的运行条件下进行的，尽管其输出功率低于理想值。

在类似运行条件下的前两个稳态生产阶段（表 9-3）和储层验证流动测试第 1 段（表 9-5）的循环数据，显示出在大约 3 年的时间里生产流速出现了全面的增长，而生产液体温度则保持不变。前面提到流速的增加反映出第一次负荷跟踪试验（1993 年 5 月）结束时阻抗急剧下降后生产力激增的残余影响。这些结果为从长期流动测试中得出的最重要结论提供了基础：

> 即使面对长时间的关闭或长时间复杂的偏离常规运行条件，干热岩储层都能够在较长的时间内提供可靠和可预测的能源。

在超过 11 个月的循环过程中，生产力没有明显下降，在地表也没有观察到地热衰减现象。事实上按照 1995 年循环测试结束时的配置，芬顿山干热岩工厂很可能在未来数年，甚至数十年内都能继续运行。

生产井回压试验

关于回压如何影响储层生产流量的最确切描述来自临时流动测试期间进行的两次较高回压的流动测试（数据见表 9-2）。图 9-12 描绘出这些流动试验的生产流速和回压数据点，以及在第一个稳态生产阶段近结束时测量的 1400psi 回压数据点（表 9-3）。尽管只获得了 3 个数据点，但似乎在 1400~2200psi（9.7~15.2MPa）范围内施加的回压变化对生产流速的影响微乎其微；所以通过推断，1400~2200psi 是芬顿山第 II 期储层运行的最佳回压范围。

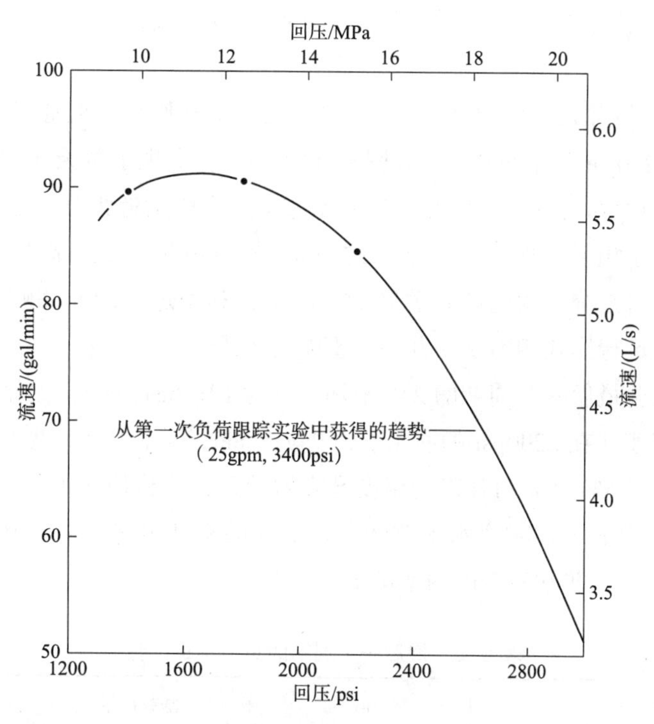

图 9-12　生产流速随回压变化的变化：临时流动测试和第一个稳态生产阶段。

改编自：Brown，1996a

通过控制生产井的回压以最大限度地提高流量，其重要性早已得到认可。在对流体流动产生节流作用（减少循环驱动压力）的同时，维持高回压也会增加载液节理内的压力，部分抵消储层中这些节理的流动与生产井汇合区域内的节理封闭应力。相反，如果储层是在低回压（刚好能够防止沸腾的回压）下生产，那么在生产井附近的载液节理就会被严重地夹断。

为了获得最佳产量，那么增加回压所带来的流量减少必须与因进一步压力扩张与井筒生产段连接的那些夹断节理连通而导致的流量增加相平衡，后者能减少近井孔出口阻抗。

回顾负荷响应

本节中的信息主要来自文献：Brown（1996a）。

除了延长的流动测试确定了第 II 期储层的稳态性能外，长期流动测试最重要的组成部分是 1993 年和 1995 年的一对周期性（即非稳态）负荷响应试验。其中第二项特别重要，无可辩驳地证明了能够调度干热岩能量来直接响应不同的需求！

在 1995 年负荷响应试验的最后一个周期中，提高的平均产量为 146.6gal/min，在 189℃下持续了 4h，然后是 183℃下 20h 的基载产量，平均为 92.4gal/min（图 9-6），这相当于流量增加了59%，生产功率增加了65%。功率输出从基载状态上升到峰值所需时间约为2min。

换句话说，尽管第二次试验的运行条件并没有得到优化，但通过有计划地降低生产井回压（从2200psi降至500psi，如图9-11所示），实现了每天4h非常显著的65%的功率增长。这种暂时性的降低导致EE-2A深层生产段附近张开节理中储存的部分高温高压流体给排了出来。然后在接下来的20h（非高峰期）里，高压下重新充注了这些节理。在干热岩系统与发电站相关联的情况下，利用过剩的非高峰期电力对储层进行再充注，这种运行模式相当于一种抽水蓄能的形式。

负荷响应试验最后一个周期的24h平均流速为101.6gal/min，比储层验证流动测试第二段的生产流速（在2200psi的回压下为94gal/min，见表9-6）增加了8%。这相当于整体功率增加了8%（未对伴随的温度升高做校正，这将使其值更大）。从另一个角度来看，表9-6中显示的功率水平意味着比20h的基载水平（4.11MW/3.72MW）增加了10%，这是一个非常显著的功率增长。

表9-6 最后一个周期的负荷跟踪试验

		提高产量（平均4h）	基载产量（平均20h）	总体产量（平均24h）
注入流速/（gal/min）		129.3	129.6	129.6
生产	流速/（gal/min）	146.6	92.4	101.6
	温度/℃	188.7	182.9	183.9
	热功率/MW	6.12	3.72	4.11

负荷响应试验结果只是一个例子，说明通过应用新的生产策略，干热岩系统可以持续实现生产的灵活性和产量的提高。

储层工程研究

水量损失

图9-13显示的是长期流动测试前两个稳态生产阶段的失水趋势（其主要数据在表9-3中给出）。因为这些阶段只是被相当短暂的临时流动测试所隔开，这种失水模式认为比第三个稳态阶段或储层验证流动测试期间的失水模式更能代表储层特性。因为储层验证流动测试是在储层关闭两年后进行的，在此期间储层压力下降到了非常低的水平（与之前循环开始前观察到的水平相似），因而储层验证流动测试期间的失水并不能代表长期的系统性能。这些数据证实了早期静态储层加压研究得出的结论，即在恒定压力的条件下失水率会随时间而下降。

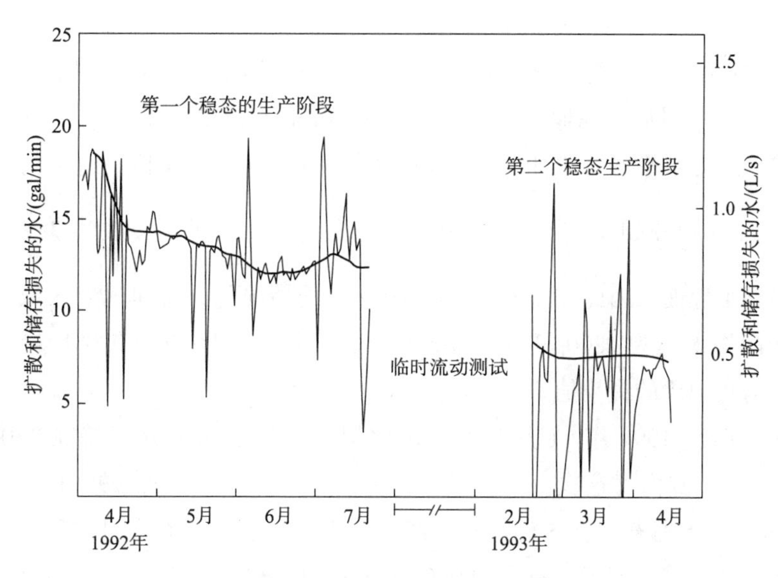

图 9-13　长期流动测试的前两次稳态期间的失水趋势。

资料来源：Brown，1999

这些数据再次证实失水是受储层压力水平和压力保持时间而不是受循环流速制约。特别要注意的是，在第二个稳态生产阶段，即储层在高压下维持了一年多之后，失水是最小的。很有可能，在恒压条件下，高压储层的水以递减的速度扩散到压裂储层区域以外的低压岩体中。芬顿山的经验不仅支持这种说法，而且表明压力扩散率基本上与循环流速无关。在此基础上可以合理地预期，在一个在高压维持数年的商业储层中，失水率将会下降到一个非常低的水平。

在延长的最小运行期（1993 年 5 月至 1995 年 5 月），即暂停注入并让储层压力下降到仅为 685psi（4.72MPa），提供了失水去处的证据。在那两年期间的压力下降主要归因于 EE-3A 中隔离衬管的周缘裂缝（通过在衬管上方与未固井井段相交的那些节理）以及随后流体在地表的排放。这一过程比流体扩散到储层外围的密封岩体中要快得多。将环空到地面的流道关闭了 34 天，实际上导致了储层压力的缓慢增加（从 685psi 到 687psi，也即从 4.72MPa 到 4.74MPa）。

这种增加无疑是由于来自围岩的增压水的流入，在缓慢排空储层时，其相对于储层来说就会变得超压。

尽管水正在通过固井衬管上方的环空流入 10 260ft 处与 EE-3A 井相交的那个低压节理，然后流失到了第 I 期储层中，但压力仍在增加。1985 年春天，当第 I 期储层的一口井在关井过程中开始“喷涌”，加上对第 I 期储层两口井的压力与流量反应的观察（见第 6 章，图 6-43 和 EE-3A-试验 2049 的第一次莱恩斯封隔器测试一节，有关于此节理连通的信息），就已经在怀疑可能是通过上述通道对第 I 期储层进行再加压；分流到第 I 期储层的水量估计为 5 万～10 万 gal（20 万～40 万 L）。在储层压力缓慢上升的

34 天中，关闭的环空压力上升到了 250psi（1.7MPa）。

在为期两年的最小运行期间完成的几个试验中，其中有两个提供了关于失水的重要数据。1994 年 8 月底，当储层压力提高到 1450psi（10MPa）时，每天注入液体几个小时就将这一压力水平保持了 38 天（包括 9 月下旬的 3 天关闭）。通常情况下每天大约注水 5800gal（22 000L），其中约 4000gal（15 000L）通过回接柱和 $9\frac{5}{8}$in 套管之间的环空返回到了地面。因此在 1450psi（10MPa）的情况下，流向远处区域（在压裂储层以外）的净失水约为 1800gal/天（7000L/天）或 1.3gal/min（0.08L/s）。这是第 II 期储层迄今为止记录的最小值。

第二次试验于 1994 年 11 月开始。再次提高了储层压力并保持在 1300～1450psi（9～10MPa）的范围内（这次由于天气和现场的施工活动使得泵送更加不稳定）。尽管如此，到 1995 年 5 月初，在这种断断续续的日程经过了大约 6 个月之后，向较远区域的失水率下降得更多，到了只有大约 0.9gal/min（0.06L/s）。

从整体上看，芬顿山的失水研究表明在干热岩系统中，用水不应该成为一个问题。在致密的干热岩储层中，随着围岩压力接近加压储层边界处的压力，失水将继续以稳定的速度减少。简而言之，在致密的干热岩封闭系统中，失水应该是非常低的，而且是能够预测的。

在其他国家，对压裂水热系统（有时也称为湿热岩储层）的失水已经有了广泛的研究，发现其比芬顿山的失水要大得多。

例如，在法国的苏茨湿热岩现场用了一个井下泵，将水从储层泵送到生产井来缓解失水问题。表 9-7 显示的是两个湿热岩（非封闭）储层的失水与芬顿山干热岩（封闭）第 II 期储层的失水之比较。[1]

表 9-7　水量损失：湿热岩（非封闭）与干热岩（封闭）储层的对比

地点	储层类型	注入压力/psi（MPa）	失水率/%
奥加奇（Ogachi）（Yamamoto et al.，1997）	非封闭（湿热岩）	970（178）	78
罗斯曼欧文斯（Rosemanowes）（Richards et al.，1994）	非封闭（湿热岩）	1710（11.8）	45
芬顿山（Brown，1994a）	封闭的（干热岩）	3960（27.3）	7

[1] 此表的来源是 Geothermics（1999 年 8 月至 10 月）。该杂志的整个特刊题为“干热岩和湿热岩的学术论评”，专门讨论这些地热系统。

整个储层的阻抗分布

尽管在长期流动测试第二个稳态阶段结束时观察到的较大阻抗下降是计划外的，其原因也不甚明了，但关于芬顿山干热岩储层内阻抗分布的重要信息仍是来自其他早期的长期流动测试运行。如图 9-14 所示，在干热岩系统关闭的几分钟内，在生产井测得的压力大幅上升，而注入井测得的压力则小幅下降。在这一初始行为之后的一段时间内，这些压力的上升和下降仍在继续但速度要慢得多，因为系统正在逐步实现压力的均匀性。这种特性意味着流动阻抗集中在生产井口附近而不是均匀地分布在储层中。正如本章储层建模部分所详细讨论的那样，这种不均匀的阻抗分布意味着有可能建造更大的干热岩储层，能使井间距更远，而不会相应地增加流动阻抗。

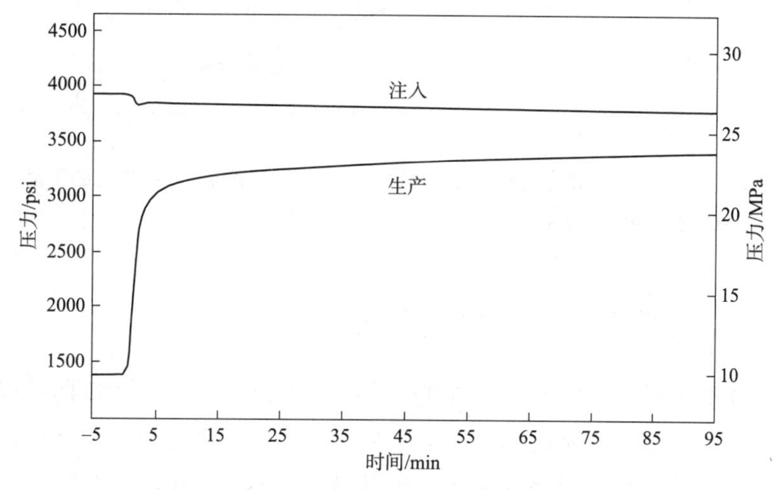

图 9-14　关闭干热岩系统后地表测量压力的变化

资料来源：Brown，1994b

储层节理打开与关闭压力

在第二个稳态生产阶段之后延长的最小期测试（1993 年 5 月至 1995 年 5 月）为观察扩张的第 II 期储层的自然压力下降提供了一个独特的机会。如图 9-15 所示，在停止循环后的 135 天内，压力从 3400psi（23.4MPa）下降到了 1250psi（8.6MPa），因为储存的水继续经由注入井中隔离衬管的周缘裂缝（在储层外围低压区域有轻微的扩散）排到了地表。

压力的下降正如预期过程，但有两个小的拐点，一个是在 2100psi（14.5MPa）处，而另一个是在 1500psi（10.3MPa）处。插图显示了这些点周围曲线的放大图。

这些拐点代表了两组节理的打开压力。每个点上压力先是平缓了几天（反映的先是近乎恒定压力下的排空，然后是节理组的关闭），之后又恢复了下降。（压力下降是由近乎恒定的储层排空率控制的，而排空率又主要由周缘裂缝所控制，即绕过 EE-3A 深处固井衬管的旁通流。）想象以缓慢但恒定的注入速率对储层加压就能更好地理解这种压力特性：这些拐点可以反转，显示出在每个节理组被打开，然后以接近恒定的压力加压时，压力趋于平稳的时期，即第一组压力约为 1500psi，第二组则约为 2100psi❶。

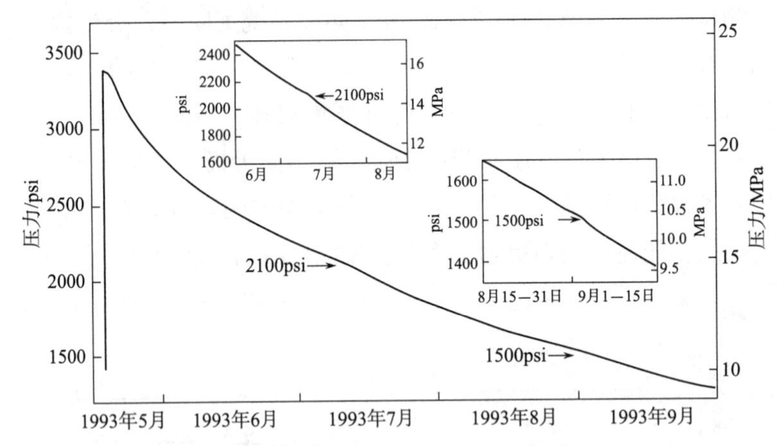

图 9-15 在第二个稳态生产阶段之后的 135 天停产期间生产井压力的下降。

注：改编自 HDR，1995

节理在控制干热岩储层性能中的主导地位

正如在第 I 期储层的压裂和流动测试中首次认识到，然后在第 II 期储层的压裂和广泛的流动测试中又得到证实的那样，是压裂区域内的节理之间的相互作用控制着干热岩储层的变形行为，这反过来又决定着流动模式。换句话说，是节理在压力下的相互作用而不是基质岩石的特性控制着基岩的变形。构成结晶基岩的弹性模量、泊松比和抗压强度都非常相似，对变形行为的影响都是微不足道的。正因如此，实验室对岩芯（或岩块）的研究用处不大。

温度数据：生产井

长期流动测试的前两阶段和储层验证流动测试的第 1 段的生产流体温度稳定性非凡，见表 9-3 和表 9-5 数据。即使是在负荷跟踪试验中测得的微小温度差异（例如表 9-6 中）可以归因于循环液体在通过生产井筒的过程中，冷却效应的变化：在较快的流速下，较短的通过时间将会导致表面的生产温度较高。因此表 9-6 中显示的较高温度（188.7℃）是在提高流速的 4h 内测得的，这时生产率达到 146.6gal/min（9.25L/s），而较低的温度（182.9℃）是与较低的流速 92.4gal/min（5.83L/s）相一致的。

---

❶ 之前在第 II 期储层测试过程中已经观察到了这种节理关闭行为，压力拐点在 22.4MPa（3250psi）和 10.3MPa（1490psi），如文献所述：Brown，1989b。

除了表面温度测量外，还定期在生产井筒内测井以确定不同深度的液体温度。在长期流动测试第一年所做的 6 次测井数据以图表形式显示在图 9-16 中。

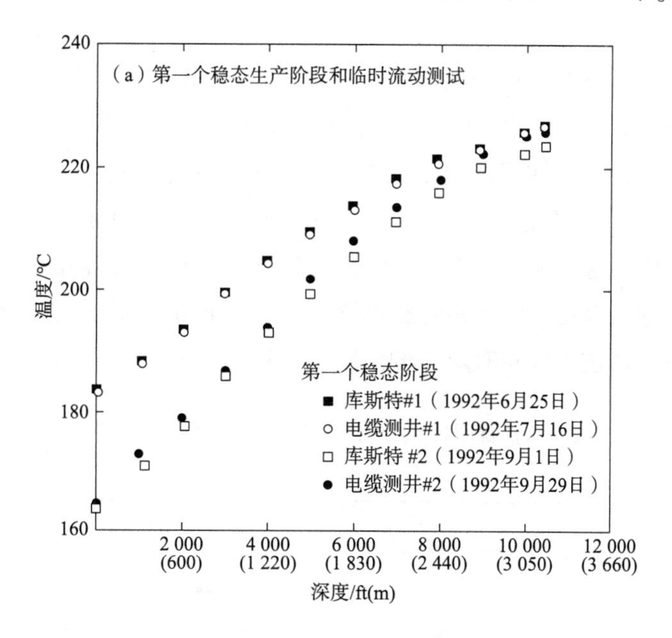

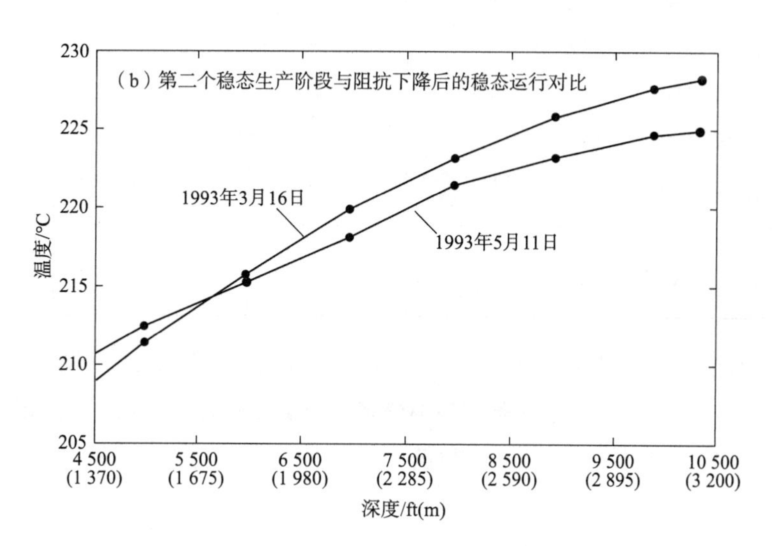

图 9-16　1992—1993 年循环期间生产井（EE-2A）的温度。

从图 9-16（a）中可以看出，在长期流动测试的第一个稳定生产阶段中库斯特（Kuster）和有线测井的温度曲线正好落在彼此的上下。临时流动测试期间的测井数据虽然显示表面温度明显较低（反映了该时期较低的流速），但在深度上更加陡峭接近于第一个稳态生产阶段的温度。事实上 1992 年 9 月 29 日在 10 400ft 处的临时流动测试线缆测井记录给出了 226℃的混合平均温度（来自所有生产节理的总流量平均温度），这与7月16日的线缆测井稳态记录完全相同，尽管临时流动测试的流速只有稳态流速的2/3（60gal/min对比92gal/min）。换句话说，在两次测井之间的10周时间里储层温度几乎没有下降。

1993年5月11日的测量数据[图9-16(b)]是在5月6日流动阻抗急剧下降后流体产量明显增加的情况下获得的。可以看出这次测量日志显示的深度温度与图9-16（a）和（b），以及其他测井所测得的温度非常接近，包括两个月前的第二个稳态生产阶段（1993年3月16日）的温度。该测量结果还显示随着流体向地面移动，井筒内的温度下降得并不那么快，这无疑是因为在阻抗急剧下降后流体在井筒内的流速增加了。

有几次温度测井都是在生产井的裸眼段进行的。表9-8显示的是该段内4个特定深度（与已知的流体进入点相对应）的温度，其是3年内5次测井的结果。

表9-8　生产井（EE-2A）裸眼段4个流体入口点温度（1992年7月至1995年7月）

单位:℃

流体入口点	1992年7月16日	1992年9月29日	1993年3月16日	1995年6月22日（已更正）	1995年7月12日
A点11 840ft（3608m）	234.5	233.9	231.5	229.7	227.3
B点11 320ft（3450m）	233.4	232.9	232.4	230.6	229.2
C点10 990ft（3350m）	232.0	231.7	231.5	230.0	228.7
D点10 750ft（3277m）	228.2	228.1	227.8	227.3	226.4

这些生产间隔测井结果表明在这3年中，最深点A处的温度明显下降了（约7.2℃），但最浅点D处的温度下降则要小得多（不到2℃）。重要的是，要知道这些测量所涵盖的时间段包括储层长期关闭和低流量时期，尽管这些测量本身是在高产期完成的。

根据1992年7月16日的测井结果，裸眼段4个流体入口点的温度数据汇编如图9-17所示。

图9-18显示的是1993年10月12日的温度曲线，这是在无循环期间所做的两个测井结果之一。由于这些温度是在热恢复期，即静态而非流动的条件下测量的，因此不能与流动测试期间记录的温度做直接的比较（图9-17）。然而它们的确能证明在1993年5月停止流动测试后，整体上看生产井的裸眼段没有发生明显的温度变化。1995年10月18日在长期流动测试终止几个月后，对生产井做了最后一次温度测井。结果表明在停止生产后，生产区以上的井筒部分的温度已向之前的地温梯度下降。此外，4个流

体入口点的温度变化也没有像图 9-17 中显示得那么突然。这表明经过几个月的停产，生产段内的热驱自然对流已经平滑了以前的温度梯度。

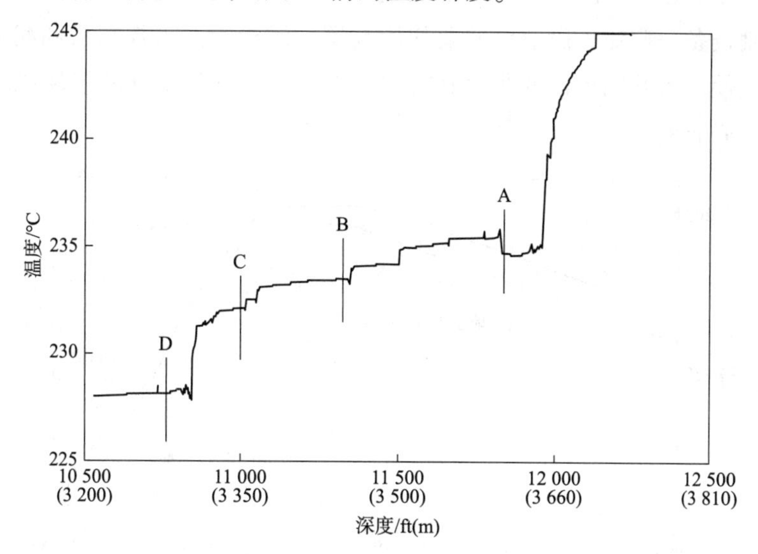

图 9-17　1992 年 7 月 16 日生产井（EE-2A）裸眼段的温度分布图。

资料来源：Brown，1994b

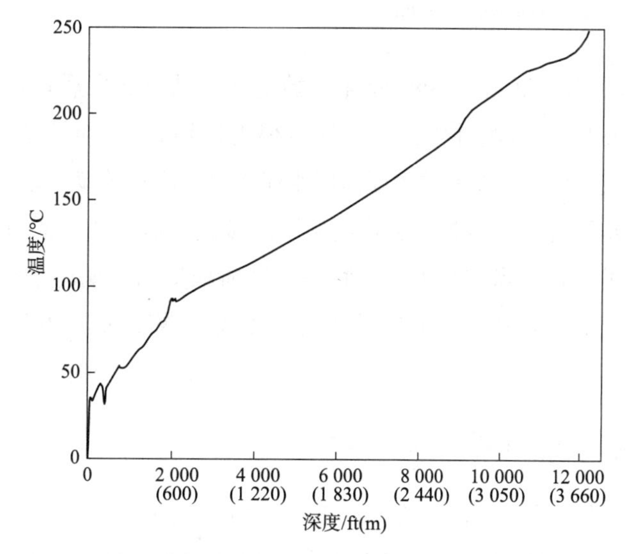

图 9-18　关井期间生产井内的温度曲线（1993 年 10 月 12 日）。

资料来源：干热岩项目数据档案（技术状况报告，1993 年 10 月）

温度测井：注入井

评估注入井筒内温度的机会有限，因为在循环过程中它通常保持在非常高的压力下。在 1993 年 12 月 10 日，做了第一次长期流动测试期间的温度测井，此时正值第二个稳态阶段之后的最小运行期（图 9-19）。其数据阐明了在流动测试的头 13 个月中储层注入区的温度下降情况。此次测井是在循环停止了近 7 个月以后完成的，期间储层压力得以以其自然速度下降。这种延迟测量有两个积极的影响：首先可以使用手头已有的压力控制设备，避免了商业测井要使用高压、润滑液注入控制头和润滑器的额外费用；其次能使注入井回接柱的张力有时间得以释放，减少了井的损坏风险（这是任何测井操作中必有的）。

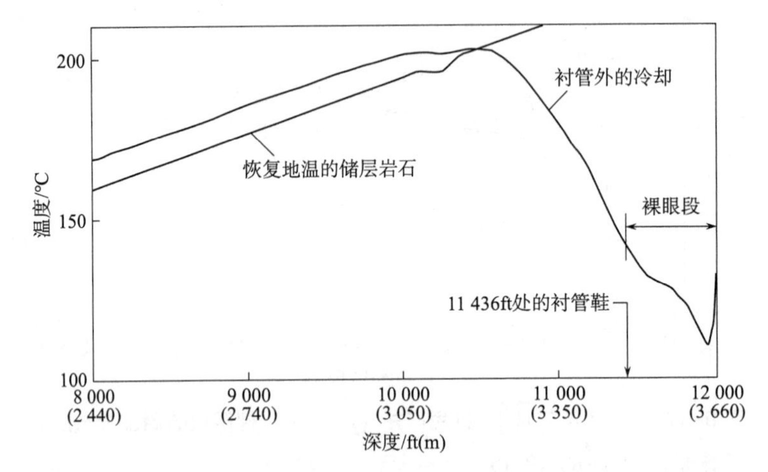

图 9-19　关闭期间注水井筒内的温度曲线（1993 年 12 月 10 日）。

资料来源：Duchane，1995a

这些温度数据基本上复制了 1986 年年初始闭环流动测试之后在注入井中获得的数据（在图 7-10 的 6 月 23 日测井中，曲线显示得更详细）。显而易见的是 10 800ft 以下的边缘裂缝水流以及 12 000ft 以上的主要储层水流入口的冷却效应。显然大部分注入水在裸眼段底部附近流出了井筒，尽管无法确定从该区域流入储层本体的流体分布。图 9-19 还显示了正如预期的那样，当它从第二个稳态生产阶段期间长期冷水注入引起的径向冷却中恢复过来时，衬管和回接柱后面区域的温度曲线（深度约为 10 500ft）与储层岩石的地温平行。

假定储层划分及其与第 I 期储层的连接

第 II 期储层划分问题根据的是在 EE-3A 和 EE-2A 观察到的不同压力反应。这个问题及其与第 I 期储层明显连通的相关问题都可以通过第 6 章的图 6-43 所示的一个简单情景来回答。在 EE-3A 的隔离衬管上方的环空既与第 II 期储层相连（通过衬管周缘裂缝）又与第 I 期储层相连（通过与该环空相交的那个低压节理）。正是 1995 年 7 月 6 日的突破在两个储层之间建立了更直接的联系。换句话说，第 II 期储层并没有分段。

1995 年夏天，长期流动测试之后温度测井的额外证据促进了对 EE-3A 周缘裂缝做进一步测试（尽管它基本上是多余的）。7 月底，在生产井口测得的关闭储层压力为 2161psi（14.9MPa）。在随后的两个月里，将少量的水短暂地注入储层（伴随着示踪剂测试)，同时交替地关闭和排空了由环空流道连接到地面的周缘裂缝流道。储层压力继续下降，9 月 4 日降到了 1160psi（8.0MPa），到 9 月底则到了约 812psi（5.6MPa）。在这些运行中，在 EE-3A 测得的环空压力并没有接近在 EE-2A 测得的储层压力，清楚地表明储层压力与深层环空压力只有很小的关系（图 6-43）。

示踪剂和地球化学研究

本节中的信息主要来自文献：Birdsell and Robinson（1988b）；Rodrigues 等（1993）；Callahan（1996）（关于示踪剂研究结果的更详细讨论可以在这些出版物中找到），以及 1992—1995 年干热岩地热能源开发项目的月度和年度报告（*HDR Geothermal Energy Development Program monthly and annual reports*，另见前述的长期流动测试：运行（1992—1995）一节中的示踪研究）。

储层流体通道

图 9-20 显示的是 3 次荧光素示踪剂测试的归一化恢复曲线，它们是在第一个和第二个稳态生产阶段以及在 1993 年 5 月阻抗下降之后短暂稳定期间测得的。同时还显示有与第一次荧光素试验一起完成的 p-TSA 示踪剂试验的恢复曲线，它证实了荧光素试验的结果。可以看出随着循环的进行，示踪剂穿越储层的时间逐渐变长。示踪剂首次到达生产井的时间延长，清楚地表明随着时间的推移，较短的流动通道会被关闭。1993 年曲线的峰值较晚且形状较宽，大致表明模态体积和分散体积均在增长。(仅仅通过对曲线的随意观察是不可能确定积分平均体积的变化的)。这些数据毫无疑问地表明芬顿山的干热岩储层是一个动态的实体，即在稳态循环的条件下，循环流体可及的热储层岩石的体积在不断增加，这对未来干热岩发电是一个非常好的预兆。

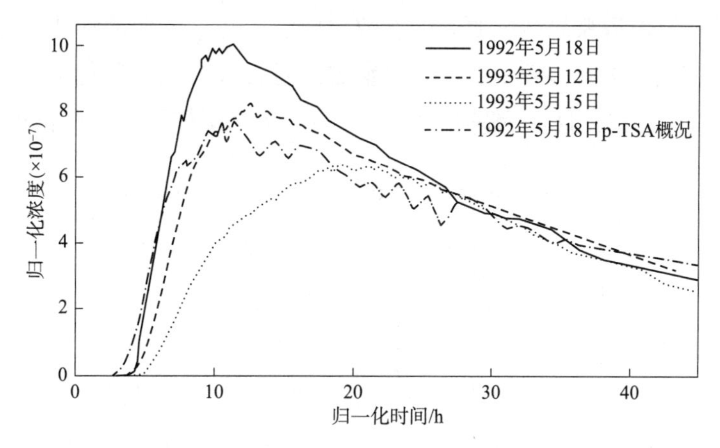

图 9-20　稳态运行期间示踪剂的归一化曲线（1992—1993 年）：3 个荧光素和 1 个 p-TSA 试验结果。

资料来源：HDR，1995

图 9-21 中的数据来自两次 p-TSA 示踪试验，显示出第一个稳态生产段的恢复曲线。它提供了关于 1992 年 5—7 月期间储层变化性质的重要信息（假设 p-TSA 没有化学降解）。在此期间储层的积分平均体积增加了约 $520m^3$，失水量约为 $3400m^3$（Rodrigues et al.，1993）。示踪剂数据表明这些失水中约有 15%（$520m^3$ 除以 $3400m^3$）实际上是在不断扩展的载液节理网络中增加的液体体积。粗略计算一下循环流体的冷却效应引起的岩石收缩表明积分平均体积占了大约 $190m^3$，这意味着剩下的约 $330m^3$ 则反映了新的节理打开。其他 85% 的失水可以解释为压力扩散到压裂储层外围岩石基质中，和（或）储存在进一步张开但不流动的节理中。

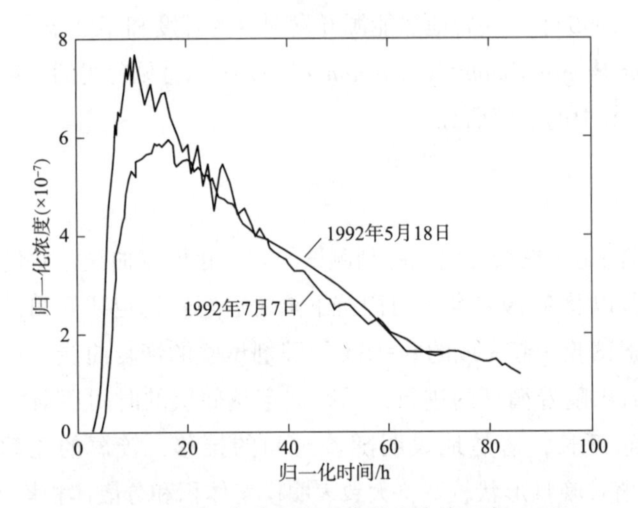

图 9-21　第一个稳态生产阶段实施的两次 p-TSA 示踪剂试验的恢复曲线。

资料来源：Rodrigues et al.，1993

表 9-9 显示的是示踪剂测试的运行参数。如前所述，长期流动测试的第二个稳态生产阶段参数基本上复制了第一个阶段的参数，而后来的试验还包括了第三个稳态阶段，涉及几个变化。根据这些示踪剂测试数据得到的储层体积信息见表 9-10。

表 9-9　长期流动测试的各种示踪剂测试中的运行参数

测试日期	平均注入压力 /psi（MPa）	平均值生产流速 /（gal/min）（L/s）	平均回压 /psi（MPa）	平均水-损失率 /（gal/min）（L/s）
1992 年 5 月 18 日（第一个稳态生产阶段）	3883（26.8）	98.44（6.2）	1408（9.7）	13.47（0.85）
1993 年 4 月 12 日（第二次稳态生产阶段）	3968（27.4）	90.67（5.7）	1408（9.7）	7.45（0.47）
1993 年 5 月 15 日（阻抗下降后的稳态阶段）	3854（26.6）	122.06（7.7）	1408（9.7）	-3.96*（-0.25）

续表

测试日期	平均注入压力 /psi（MPa）	平均值生产流速 /（gal/min）（L/s）	平均回压 /psi（MPa）	平均水-损失率 /（gal/min）（L/s）
1995 年 6 月 6 日（第三次稳态生产阶段，第 1 段）	3968 (27.4)	104.94 (6.6)	1408 (9.7)	17.91* (1.13)
1995 年 7 月 11 日（负荷跟踪试验后的稳态）	3968 (27.4)	93.05 (5.9)	2205 (15.2)	8.24 (0.52)

资料来源：Callahan，1996

* 在这些试验阶段中，失水数据是不相关的。

运行条件的变化使得比较这几次示踪剂试验的数据变得更加困难，但仍可以得到一些重要的观察结果。正如预期的那样，首次到达体积在第二个稳态生产阶段结束时仍在继续增加，尽管积分平均体积实际上比 1992 年 5 月（在第一个稳态阶段）的值有所下降。可以推测在近 7 个月的临时流动测试期间（1992 年 8 月至 1993 年 2 月）压力和流动的减少导致了载流节理的松弛和部分关闭。事实上，该时期（1992 年 9 月）的示踪剂测量，当储层在间歇性地循环时，给出的积分平均体积大约为 72 000ft^3（2044m^3）（Rodrigues et al.，1993，Table II）。与早期较大的体积相比，这种收缩在当时归因于临时流动测试期间较低的运行压力和流速。

表 9-10 的示踪数据清楚地显示出 1993 年 5 月流动阻抗突然下降的影响。模量、积分平均和首次到达量体积都显示出急剧下降，表明流体在储层中的流速大大加快。显然，新打开的节理以如此高的速度输送流体，使得流体与其他通道都被有效地切断了，因此它们在示踪剂测量中没有发挥作用。

要从现有的示踪剂数据确定储层在两年的非循环期（1993 年 5 月至 1995 年 5 月）中发生了什么变化是比较困难的。然而 1995 年的示踪剂数据显示，自 1993 年 5 月以来，模量体积、分散体积和积分平均体积都有明显的反弹，而且首次到达体积也恢复了增长趋势。这些数据表明在 1993 年 5 月阻抗下降期间打开的较短流动通道已经开始重新关闭。换句话说，流动阻抗下降造成的这些趋势的逆转似乎是一种反常现象。

表 9-10　根据长期流动测试中的各种示踪测试结果得到的储层体积*　　单位：m^3

测试日期	模量体积		分散体积	积分平均体积		首次到达体积
	荧光素	p-TSA	p-TSA	荧光素	p-TSA	p-TSA
1992 年 5 月 18 日（第一个稳态生产阶段）	277	277	320	n. d.	2246	79
1993 年 4 月 12 日（第二个稳态生产阶段）	477	511	658	6579	2034	124
1993 年 5 月 15 日（阻抗下降后的稳态）	314	n. d.	358**	3558	n. d.	105**

续表

测试日期	模量体积		分散体积	积分平均体积		首次到达体积
	荧光素	p-TSA	p-TSA	荧光素	p-TSA	p-TSA
1995 年 6 月 6 日（第三个稳态生产阶段）	496	389	610	6565	1789	88
1995 年 7 月 11 日（负荷试验之后的稳态）	478	357	743	8376	1630	111

资料来源：Callahan，1996

注：n. d. 为未收集数据。

* 见长期流动测试：运行（1992—1995 年）一节中的示踪研究。关于本表中体积术语的讨论。

** 来自荧光素的数据。

在 1995 年 7 月进行示踪剂测试时，储层正以负荷跟踪模式在运行，生产井的回压高于 6 月初。模量体积和积分平均体积（后者的荧光素数据除外）均比 6 月份的测试数据略有下降，这可能是运行条件变化的结果。这些变化使得与早期的示踪剂数据的比较有些不太明确；但 1995 年的数据与 1992—1993 年的数据一样，显示出分散体积随时间的推移而增加，表明通过储层更复杂的流动通道的发展。

作为储层温度趋势指标的示踪剂数据

图 9-22 将 1995 年 6 月的 p-TSA 和荧光素的累积回收曲线与 1995 年 7 月的曲线做了比较。

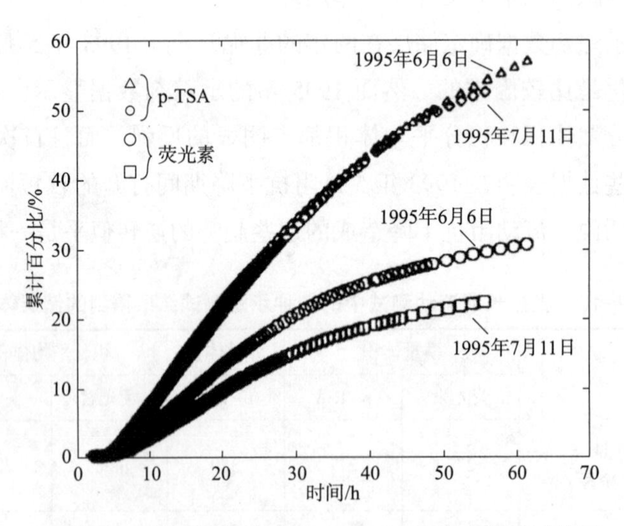

图 9-22　示踪剂回收曲线，p-TSA 和荧光素试验结果，1995 年 6 月的与 1995 年 7 月的比较。

资料来源：Callahan，1996

注意，虽然两次测试在 p-TSA 的回收体积方面几乎相同，但 7 月的测试显示荧光素的回收体积有明显的下降。这种差异不能用储层流动路径的变化来解释，因为其应该会对荧光素和 p-TSA 产生同样的影响，也没有观察到可能影响荧光素的流体化学的任何明显变化。唯一可能的解释就是温度的不同，也就是说在 7 月的测试中，荧光素的降解程度更高，这意味着示踪剂在穿过储层时遇到的平均温度要高于 1 个月前。这一发现和其他一些发现一样，表明随着干热岩储层中液体循环的继续，其与热岩的接触也在提高。

地球化学分析和淡水冲洗

在整个长期流动测试期间循环液体的化学成分是非常一致的。如图 9-11 所示，在所有 3 个稳态生产阶段，生产用水中重要的阴、阳离子的浓度均是相似的，即便在 1993 年 5 月阻抗突然下降后也没有明显变化。在生产井出口处安装的 50μm 过滤器上收集到的悬浮固体远低于 1kg；水的溶解固体含量也不是特别高，大约是海水盐度的 1/10。这一结果也与 1986 年临时流动循环测试期间测得的循环液地球化学结果相同。大多数物质都是良性的，但硼化物、氟化物特别是砷的含量高到了使循环水不可饮用的程度。

表 9-11　长期流动测试期间生产用水中的溶解物浓度　　单位：ppm

种类	第一个稳态生产阶段		第二个稳态生产阶段	储层验证流动测试第 1 段	储层验证流动测试第 4 段（负荷跟踪试验）
	1992 年 4 月	1992 年 7 月	1993 年 3 月	1995 年 5 月	1995 年 7 月
氯化物	1220	953	1002	890	1160
钠	1100	900	899	839	1020
重碳酸盐	552	588	556	469	505
硅酸盐（以 SiO_2 计）	458	424	402	419	445
硫酸盐	285	378	342	328	385
钾	95	89	91	90	94
硼	47	35	34	30	39
钙质	19	18	17	13	15
锂	19	16	15	15	17
氟化物	14	17	13	15	15
溴化物	6.5	5	5.1	4.6	6.8
砷	3.8	7.2	3.5	3.0	4.0

续表

种类	第一个稳态生产阶段		第二个稳态生产阶段	储层验证流动测试第1段	储层验证流动测试第4段（负荷跟踪试验）
	1992年4月	1992年7月	1993年3月	1995年5月	1995年7月
铁	1.0	0.8	0.3	0.3	0.2
铝合金	0.9	1.2	0.8	0.8	0.9
铵	0.8	1.1	1.3	1.0	0.4
锶	0.8	0.8	0.8	0.6	0.8
钡	0.2	0.2	0.2	0.1	0.1
镁	0.2	0.1	—	—	0.1
溶解固体总量	3845	3434	3387	3118	3713

溶解气体的水平一直低于3000ppm，其中二氧化碳占总量的95%以上。硫化氢含量很低（通常低于1ppm）。在闭环循环过程中压力足够高，甚至在循环的生产侧也是如此，从而使少量的溶解气体处于溶解状态而不会被气体与颗粒分离器清除。与溶解的固体一样，这些气体似乎很快就在循环液体中达到了平衡。

1992年9月2日至8日，作为临时流动测试的一部分（在第一和第二个稳态生产阶段之间），用淡水替换了反复通过储层循环的水。这种淡水冲洗也可视为一种示踪剂试验，因为淡水中的物质会替换液体中的物质，或两者中都有的物质（通过比较浓度）均可以作为示踪剂使用。

表9-12显示的是冲洗开始时淡水中主要溶解物质的浓度，冲洗结束时产液中的浓度，以及大约3周后产液中的浓度。注意除了钙和镁，这些物质浓度在淡水中比在产液中要低得多。在淡水冲洗试验结束时（9月8日），产液中的溶解固体总量比在第一个稳态生产阶段（表9-11）下降了约1/3。然而3周后，个别物质浓度已恢复到与所有其他闭环循环期间相似的水平。

表9-12 FWF期间和之后的溶解物质浓度　　单位：ppm

种类	注入的淡水	产液	
	（1992年9月2日）	1992年9月8日	1992年9月28日
氯化物	101	615	1109
钠	54	569	935
重碳酸盐	259	430	419
硅酸盐（以 SiO_2 计）	81	396	451
硫酸盐	21	235	361
钾	10	53	94

续表

种类	注入的淡水	产液	
	（1992 年 9 月 2 日）	1992 年 9 月 8 日	1992 年 9 月 28 日
硼	1.9	18	40
钙质	89	9.3	18
锂	0.7	8.7	16
氟化物	0.5	15	14
溴化物	0.6	3.2	5.6
砷	<0.1	2.7	3.4
铁	0.5	0.3	0.5
铝合金	0.2	1.3	0.6
铵	0.1	1.1	1.3
锶	0.3	0.4	0.7
钡	0.1	0.1	0.2
镁	8.6	<0.1	0.1
溶解固体总量	633	2358	3471

FWF 带来了一些启示。仅仅是将淡水混合到循环液中，预计就会逐渐降低总溶解固体的浓度，并按比例降低大多数物质的浓度。这种降低在大多数离子中（钠和氯是很好的例子）都观察到了；但如果混合是唯一的机制，它并没有像示踪研究表明的那样快速发生。此外，与总固溶物的下降相比硅酸盐浓度的下降远远小于预期。最后，考虑到钙和镁在淡水中的浓度较高，它们的浓度并没有显示出预期的增长。这些发现意味着有一些其他机制在影响液体的化学成分。

图 9-23 显示的是与预期的（根据从 p-TSA 示踪剂数据得出的下降曲线）相比，在 FWF 的过程中产液中硼、溴和氯的标准化浓度下降曲线。

所有这 3 种离子都显示出小于预期的下降，表明储层内有物质来源。这几乎可以肯定就是孔隙流体，因为岩石中没有任何其他矿物能够成为这些物质的来源。通过比较示踪剂的下降曲线，可以计算出这些孔隙流体衍生物质在产液中的浓度。结果显示在表 9-13 的第一数字列。表中第二列显示的是纯孔隙流体中这些物质的大致浓度，它们是根据干热岩系统开发过程中所采样本来确定的。第三列中的数字则是通过第一列的除以第二列的得到的，表明在淡水冲洗期间产生的水有 4%~7% 来自孔隙流体。

大多数其他溶解物质的浓度也显示出小于预期的下降，但这些并不能轻易归因于孔隙流体对产液的贡献。其中一些可能在储层岩中有来源。硅酸盐的浓度只显示出轻微的下降，可能是在第 II 期储层内温度下从石英中迅速溶解出来的。如果溶解速度足够快，硅酸盐的平衡水平（400~450ppm）甚至流体只要通过储层一次就能达到。在淡水冲洗期间，氟化物浓度实际上略有增加，尽管仍未超过其通常在再循环流体中的浓度，但生产的流体中较高的氟化物浓度却是出乎意料的，这可能表明氟化物从储层岩石中存在的矿物中溶解了出来。

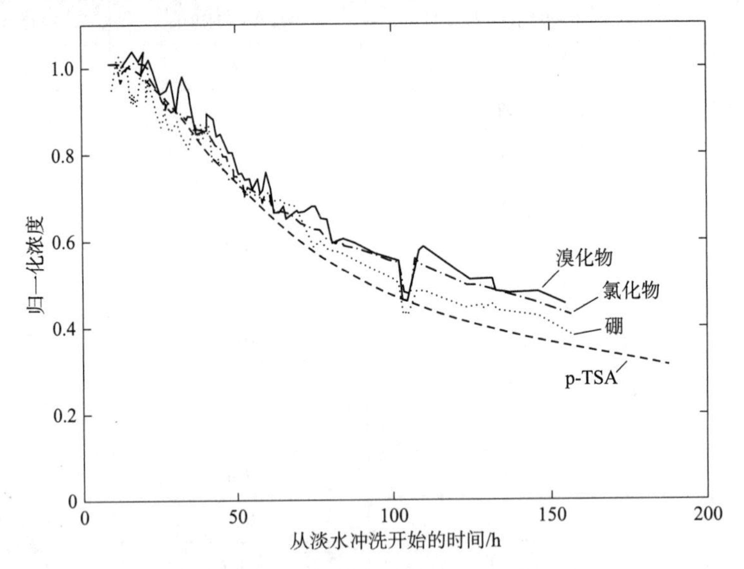

图 9-23　淡水冲洗期间硼、氯和溴归一化浓度下降曲线与根据 p-TSA 示踪剂数据得出的下降曲线之比较。

资料来源：Rodrigues et al.，1993

表 9-13　淡水冲洗期间孔隙流体对产水的贡献*

种类	来自孔隙流体的离子在产水中的浓度/ppm	纯孔隙流体的离子浓度/ppm	孔隙流体在产水中占比/%
硼	12	178	7
溴化物	1.5	42	4
氯化物	274	5870	5

* 主要是原始节理内充填物中的孔隙流体，不是岩石基质中的。

钙和镁的行为可能是最有趣的。尽管其在淡水中的浓度比在第一个稳态生产阶段循环水中的浓度要高，但二者在淡水冲洗产液中的浓度都有所下降。毫无疑问，储层水中的溶解二氧化碳含量比淡水中的高。两者的混合会使大部分注入的钙离子和镁离子迅速沉淀，这是对产液中钙离子和镁离子含量低最可能的解释。

必须结合实际情况来看待淡水冲洗的结果，特别是关于钙和镁的结果。要记得的是干热岩系统将会无一例外地以加压、闭环的方式运行，来最大限度地减少所需的补充液体量。芬顿山的广泛地球化学分析表明，不断循环的地质流体中的溶解气体和固体在循环开始后的一到两周内就达到了平衡水平，此后也没有有明显变化。此外，通过防止流体暴露在氧气中，闭环循环就能将系统中加压部分的管道和套管的腐蚀降到最低。

在淡水冲洗进行到 92h 时，注入泵意外地发生了故障。自动控制系统随后对生产井口做了部分关闭，从而增加了回压并降低了流速。其产生的效果是暂时减少了流动阻抗（图 9-24），这为一些特殊的测量提供了机会。

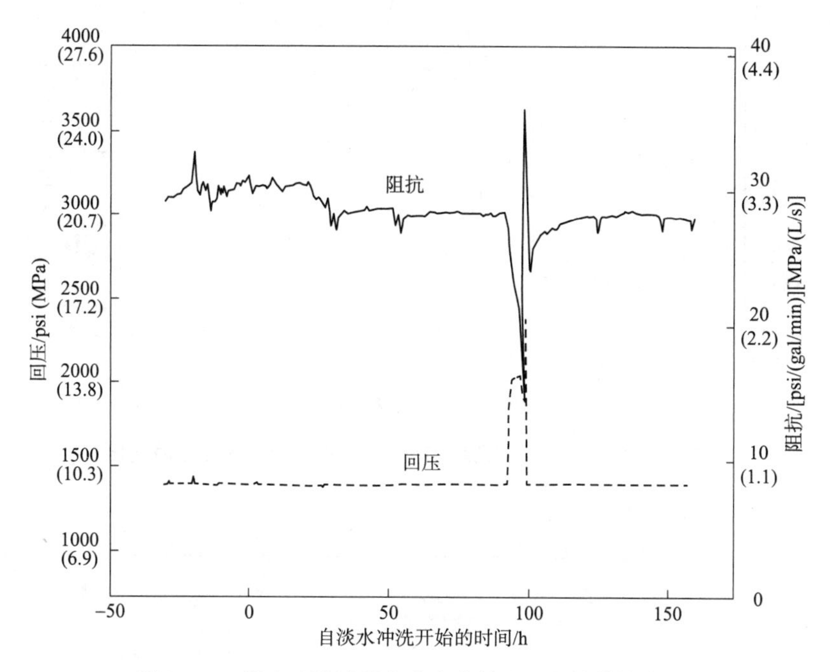

图 9-24　淡水冲洗过程中生产井的回压和计算的阻抗。

资料来源：Rodrigues et al. , 1993

对自动控制系统施加的回压变化的测量显示出与产液电导率变化的显著同步，如图 9-25 所示，压力曲线的 6 个数字点与电导率曲线的数字点密切相关——压力的上升导致电导率的下降，直到随后压力下降使电导率恢复到以前的较高水平。这些发现表明，增加的回压导致生产井筒附近的节理打开，在几个小时内数次涌入较新鲜的水到井筒。这些少量的水开始向上移动，每次其到达地表时都被系统的电导率仪检测到（较新鲜的水可能含有较少的孔隙流体和/或较少的溶解矿物质离子，因其迅速离开了储层主体）。

每个压力变化和它在地表被检测（作为流体导电性的变化）之间的时间与涌流在生产井筒中的运输时间相对应。

图 9-26 显示的是不同深度的 5 个先前确定的节理流体运输时间的变化。每一个编号点都是根据起始时间和通过时间对其中一个淡水涌流的定位。由于通过时间不仅是节理深度也是流速的函数，系统会被部分节流又重新开放，因此流速会发生几次变化。6 个涌流（图 9-25 中的 6 个点）通过时间的范围如下：第一次是 5. 37h，而最后一次则是 3. 96h。

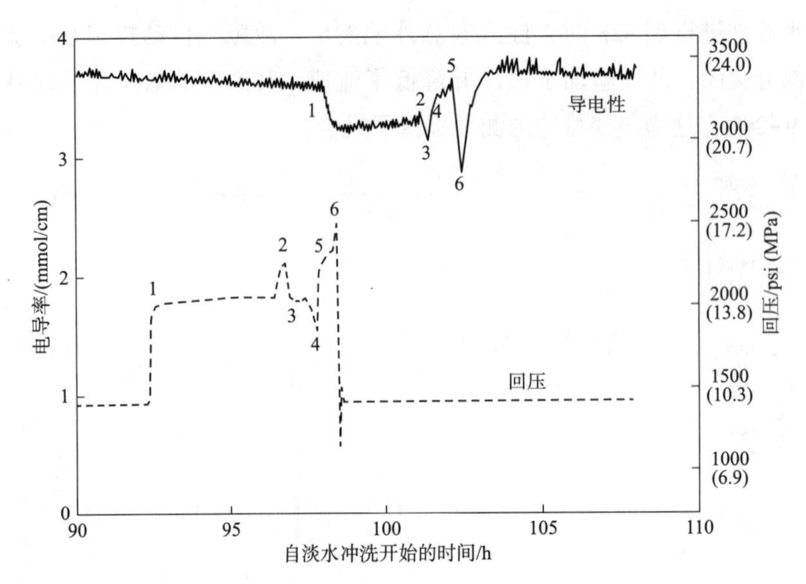

图 9-25　FWF 部分关闭期间产流电导率随回压的变化而变化。

资料来源：Rodrigues et al.，1993

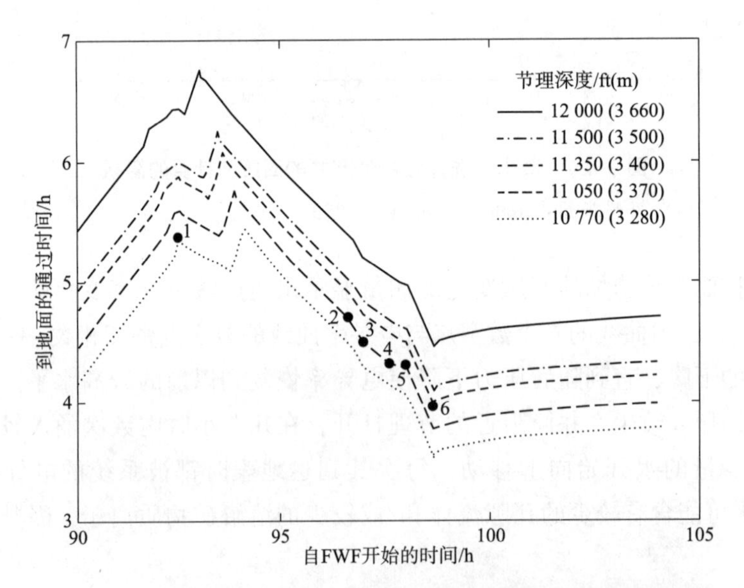

图 9-26　计算出的水从不同深度的节理处到生产井中的通过时间。回压变化和水力传导系数的相应变化之间的滞后时间由 6 个点表示（与图 9-25 中的点相对应）。

资料来源：Rodrigues et al.，1993

注意，所有 6 个点都位于或非常接近两个最上层节理的通过时间曲线。这表明要么（1）这些节理由于井筒部分关闭而被优先打开了，要么（2）在关闭时，淡水已经到达了井上部那些节理的出口，而不是较深的那些节理出口。不管是哪种情况，这些数据都证实上部节理在储层的流体输送中起着非常重要的作用，但对较深的节理没有揭示出任何明确的信息。

综上所述，根据长期流动测试示踪剂试验和地球化学分析的结果，包括淡水冲洗试验，可以得出以下结论：

1. 储层实际上是动态的。从一个测试到另一个测试的示踪剂回收曲线的变化表明，流动通道在不断变化。可能是由于节理通道的局部冷却，以及随之而来的循环流体的冷却，增加了其黏度。更高的黏度意味着更大的流动阻力，这会重新分配储层内的压力，从而打开那些以前关闭的节理。

2. 随着流动通道重新分布的进行，流体不断地进入新的热岩。这一过程的其他证据则来自地球化学数据，表明即使循环数月后，生产流体中仍有一定程度的孔隙流体（新打开的节理是其来源），这一现象起着延长资源有用寿命的重要作用。

3. 在第一次负荷试验（1993 年 5 月）中发生的流动阻抗突然下降涉及通过储层的一个或多个重要的新（和更短）通道的开放。它表明对储层压力的调控可能有意或无意地大大改变了储层内部流动条件。由此我们学到的是，不仅要仔细设计和密切监测运行策略，还要通过有意施加压力来对储层做实际上的调整。

4. 循环水的地球化学成分能迅速达到平衡。对于芬顿山这种在坚硬的结晶岩中形成的储层，可以预期水的总盐度水平会远低于海水，因此相对不具有腐蚀性。

5. 在芬顿山的第 II 期储层内，那些上部产流节理对流动的贡献很大。

长期流动测试期间的地震活动

长期流动测试的一个主要目标是要评估芬顿山干热岩系统在最大储层稳定性条件下的性能。因此，其注入压力略低于地震压裂阈值。然而在测试期间，储层一直保持着较高的压力水平但循环只是间歇性地进行。在后来的几个月里还观察到了一些地震活动。第一次地震活动很早，是在 1992 年 12 月 24 日记录到的，到 1993 年 5 月底已经记录了 48 次地震活动。这些活动与这一时期的地表测量压力之间的关系见图 9-27。

看来地震活动通常发生在地面测量的生产压力高的时候，这与系统因某种原因而关闭的时期相关，而储层（在注入井和生产井之间没有强加的压力梯度）正在平衡到一个均匀的压力。

临时流动测试期间记录的 49 次地震活动中的 31 次得到了可靠的定位；所有的地震活动都发生在较浅的深度，而且比大规模水力压裂试验（在 1984 年创建了储层）测到的大量地震活动更靠北。但其位置确实与 1986 年年初始闭环流动测试关闭期间观察到的地震密切相关（见第 7 章）。人们认为，初始闭环流动测试地震活动可能是由于关闭后储层生产侧的压力增加所引起的（Dash et al.，1989）。值得注意的是，1993 年 5 月初储层阻抗突然大幅下降时并没有明显的地震活动与其相关，当时的运行模式是要定期关闭生产井的。

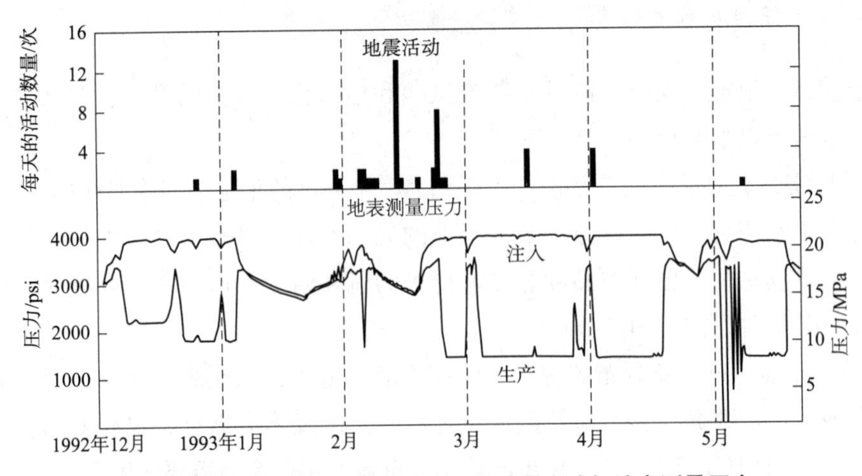

图 9-27 临时流动测试期间及之后的地震活动与地表测量压力。

资料来源：HDR，1995

总之，无震条件就是长期流动测试期间的运行原则。试验期间无震期长，地震活动发生的频率低且数量相对较少，且这些事件与施加的条件之间缺乏强烈一致的关联，这些都意味着所观察到的地震活动与储层内（或更有可能是储层边界附近）因长期流动运行而产生的某种长期松弛应力有关。

与长期流动测试有关的储层建模

储层建模对于干热岩地热系统的成功运行至关重要；通过预测各种运行条件下的性能，建模可优化对系统的管理，使其生产力、使用寿命和经济回报都能达到最大化。

当然，从任何模型中得到的结果只有将数据输入才会有效。干热岩模型既依赖于可直接验证的数据（如流速和生产温度），也依赖于不可直接验证的参数（如可用于传热的有效储层岩石体积、流体输送节理之间的距离、张开节理的范围，以及流体在各节理之间的分布）。后一类参数极为重要，但人们对其知之甚少；在某些情况下，用不同的方法得到的建模结果差异很大，彰显出获得准确输入数据的难度。例如，根据纯粹的几何学计算第 II 期储层的有效传热体积，得出的数值约为 500 万m^3。如果根据水力特性计算，这个值就会增加到 2000 万m^3；如果根据示踪剂数据得出 2200 万m^3；但如果以非常保守的测量方法，即根据以建造储层时观察到的地震活动的几何分布，则为 2800 万m^3。如果能提高模型结果与试验测量结果相匹配的能力（验证模型），就会增加对模型输入数据的可信度。这反过来，又会增加模型结果对干热岩储层未来性能预测的可信度。

早期模型

在洛斯阿拉莫斯开发的用于测量多孔介质中流体流动的预测模型，又称为有限元热量与质量（FEHM）模型，可用来估计第 II 期储层的温度下降（作为模拟长期流动测试期间干热岩系统特性的起点）。假设 1600 万m^3 的储层体积，模型预测在 125gal/min（8L/s）的流速下，温度在 5 年内会下降约 10℃。然而由于第 II 期干热岩储层是创建在高度不透水的致密岩石中，其中的流动仅限制在相对较少的相互连通的张开节理中，因此为多孔介质中流体流动设计的模型不太可能产生很可靠的结果。

与干热岩系统更相关的两个模型是洛斯阿拉莫斯干热岩热模型和斯坦福地热项目（SGP）模型。这两个模型的相似之处在于都是基于流体在岩块中的一维热波及流，并且都将岩石总体积和节理间距作为主要的输入变量。但它们在计算方法方面有所不同，而且洛斯阿拉莫斯模型使用示踪剂数据作为其输入的一部分。在长期流动测试开始之前，有人（Robinson and Kruger，1992）对两个模型都做了试验运行，来预测在规划的长期流动测试条件下第 II 期储层的热性能。其结果表明在流速约为 125gal/min 的条件下，取决于模型和初始假设，储层温度从 240℃下降到 210℃需要从 6 年多到近 11 年的时间。换句话说，两个模型都预测出在长期流动测试的预期两年内不会有明显的（判断为至少 10℃）热衰减。

这些早期建模结果是令人鼓舞的，因为所有 3 个模型都预测出，持续两年的长期流动测试不会给储层造成足够大的影响，以至会产生可观察到的产液温度下降，这表明干热岩系统可能会有很长的生产寿命。但令人失望的是，同时结果也表明，长期流动测试的持续时间太短而无法深入了解干热岩储层的性能，因为只有观察到热衰退的开始才能确定其性能。

在长期流动测试头两个稳态生产阶段之后的 1995 年早期，再次应用了斯坦福模型于芬顿山系统（Kruger，1995）。根据其结果，计算出在第二个稳态生产阶段结束时，从第 II 期干热岩储层中只能采出大约 6% 的可用热量。

地质裂缝模型

到 20 世纪 90 年代初，在洛斯阿拉莫斯的赞助下，堪萨斯州立大学开发了一个专门为第 II 期储层设计的模型（Swenson et al.，1991），又称为地质裂缝（GEOCRACK）模型。这个二维的完全耦合模型能模拟在一个加压节理储层中的流体流动。通过迭代的有限元方法对节理和岩块建模：首先根据初始输入参数得出流体流动和节理张开的解，然后进行迭代，每个流体流动的解又成为后续计算节理张开的输入值，反之亦然。这一过程不断重复直到两个解趋于一致。

这样一来，流体在节理中的流动就与岩石的变形相联系，而流动取决于节理张开，反过来节理张开程度又取决于施加的流体压力。非线性节理硬度、岩块的弹性和热变形，以及与温度有关的流体黏度都包括在内，还有两种储层边界条件可供选择：位移和表面摩擦力。

随着长期流动测试的运行，地质裂缝模型应用各种试验获得的数据做了测试，并不断地加以了完善。例如，增加岩块尺寸的灵活性、流动通道引入随机堵塞、考虑通过扩散到压裂储层边界之外而失去的流体，以及纳入最初没有包括的热传递方程等。在长期流动测试结束时，地质裂缝模型已经能够准确地反映观察到的长期流动测试结果，包括瞬态特征和示踪剂反应。它还可以提供关于储层在各种运行条件下的长期预期热性能的信息。

早期成果。地质裂缝模型对长期流动测试的实际贡献甚至在测试项目开始之前就已经开始了。1991 年，用地质裂缝模型模拟了一项计划的周期性循环研究，其需要将生产井的回压保持在 2200psi（15.2MPa）长达 16h，然后在 8h 内降至为零（HDR，1993）。其目的是要在周期中的每 8 小时内让生产井全开（回压阀全开）来大幅提高产量。模拟结果显示在每个周期的高回压阶段，节理会保持其正常张开状态，而离生产井筒最近的那些节理则会在零回压阶段开始的几分钟内就会关闭（对在井壁及其附近处大大增加的节理关闭应力的反应）。这些节理的关闭会有效地切断生产井与储层本体中大量储存流体的联系，从而会大大降低流体生产的速度，而我们的目标却正是要提高它。这一结果很直观，它清楚地表明在任何循环生产方案中，生产井的回压必须足够高以防止模型预测的节理关闭。根据储层中已知的应力条件，研究人员很快就能确定，在芬顿山这种回压的下限将会在 1450~2200psi（10~15.2MPa）之间。这一认识为长期流动测试期间多次采用循环运行时提供了宝贵的指导。

此外，地质裂缝模拟为第 II 期干热岩储层中主要应力机制的重要性提供了进一步的见解。在储层压力测试期间，几个缓慢的排放作业推断出了 3 个主要的节理关闭应力（针对 3 个不同的节理方位），但这些关闭应力并没有很好地量化。然后在低流速的储层再膨胀测试中，确定出这些节理分别在 2200psi、3300psi 和 4000psi（15.2MPa、22.8MPa 和 27.6MPa）的压力下打开了。然而，从水压数据中并不清楚这 3 个节理打开压力中的两个控制了循环过程中与井筒连通的节理流体的流动。在早期的地质裂缝模拟中使用了两个较低的打开压力作为压力边界参数，在模拟的流速和试验观察到的结果之间并不符合。但用两个较高的打开压力来定义压力边界条件时，模型给出的结果与试验流量值却非常吻合（HDR，1993）。因此，该模型帮助我们理解到：最高和中间处节理打开压力之间的关系比中间和最低处节理打开压力之间的关系对整体流动的影响更大。

与长期流动测试现场数据相比的结果。如上所述，不断地对地质裂缝模型加以修改，目的是确保由其获得的结果能与那些可以通过测试验证的现象之结果相一致。这一过程有助于提高对模型的长期但未经测试（在现有的资金限制和时间框架内无法测试）验证的预测的信心。图 9-28 显示的是关闭期间模拟与长期流动测试现场地表测量压力变化实际数据的符合程度。图 9-29 显示的是几条长期流动测试示踪剂回收曲线与模型预测的示踪剂回收模式之间的匹配关系。（在这两幅图中，误差条表示的是由模型结果分析获得的各个数据点的范围）。这两个例子证实了地质裂缝模型能够可信地模拟长期流动测试期间的压力和流动特性。

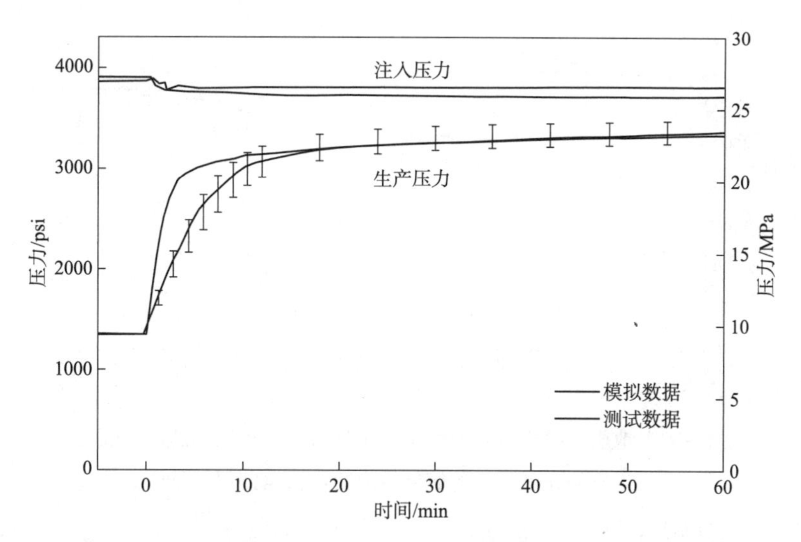

图 9-28　注入和生产井关闭时的压力反应：地质裂缝模拟数据与测试数据对比。

资料来源：Swenson et al.，1995

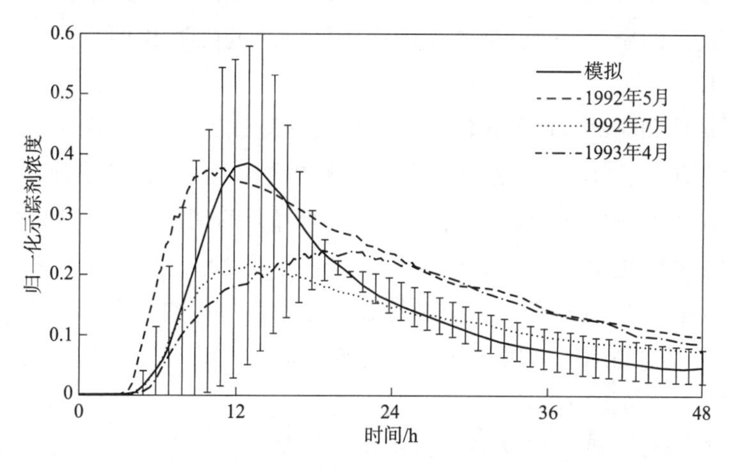

图 9-29　地质裂缝模拟的示踪剂数据和长期流动测试数据。

资料来源：Swenson et al.，1995

关于井间距对流动阻抗影响的预测。由于证明了地质裂缝模型能够准确地模拟储层内的阻抗分布（如图 9-28 所示的压力变化），因而用其来确定井间距是否以及会如何影响流动阻抗。对两个假设的干热岩系统的储层压力曲线做了模拟，其中一个的井间距为 200m，另一个的则为 400m（芬顿山第 II 期系统深度上的平均井间距大约为 100m）。一组模拟结果显示，如果一个井间距为 400m 的干热岩系统运行时的流速比间距为 200m 的系统的流速低 16%（84gal/min 与 100gal/min），那么这两个系统的注入井和生产井之间的压力变化将会几乎相同（图 9-30）。

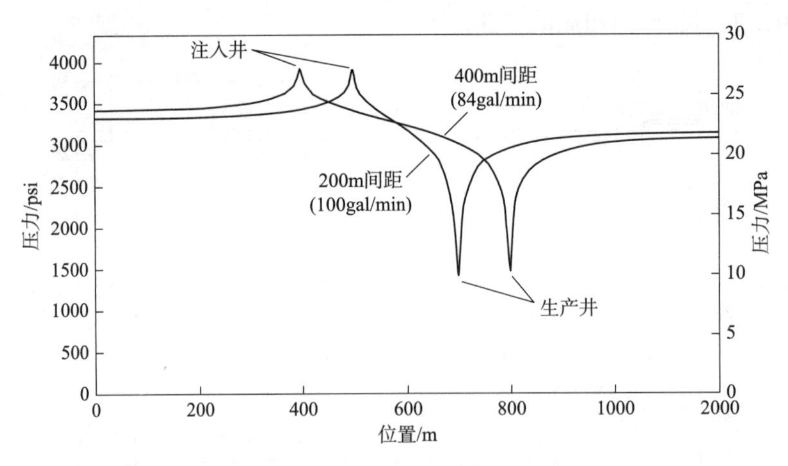

图 9-30　地质裂缝模拟的两个假设干热岩系统在相同的注入压力和生产回压条件下的储层压力曲线，但井间距不同。

资料来源：Brown，1994b

换句话说，应该可以大大增加干热岩系统的规模（井间距仅增加 1 倍就能使可利用的储层体积增加 4 倍，甚至更多），而不会大大增加流动阻抗。这意味着在目前可用的商业设备能达到的压力下，合适数量的流体可以通过比第 II 期系统要大得多的干热岩储层进行循环。

关于未来地热和流动特性的预测。在长期流动测试中断的两年中（1993 年 5 月至 1995 年 5 月），应用了地质裂缝模型来进一步优化循环生产测试的设计，循环生产测试已经证明了干热岩系统的负荷跟踪潜力。考虑到每天的周期包括（1）先是基载水平 16h，然后是 8h 的强化生产，以及（2）先是基载水平 20h，然后是 4h 的强化生产，模拟结果表明，20h 与 4h 的流程具有明显的生产力优势。正如前面有关第三个稳态生产阶段的章节中所描述的那样，1995 年 7 月进行了该运行计划的负荷跟踪试验，取得了非常好的结果（Brown，1995b）。

由于地质裂缝模型可用来在循环过程中描绘从注入井筒入口到储层的冷却前缘，因此该模型也能用来设计产能计划，以最大限度地回收干热岩储层的可用热量。与其他用于评估长期流动测试的模型一样，地质裂缝模型预测在长期流动测试过程中不会出现明显的温度下降；正如图 9-31 所示。该模拟还表明，即使经过 40 年的循环（采用长期流动测试的头两个稳态生产阶段相对较低的流速），生产井的温度也不会出现明显下降。

在长期流动测试期间使用的注入压力是在不诱发储层增长的条件下能够应用的最大压力，这必然会限制循环流速。如图 9-32 所示，地质裂缝模型对未来几年储层性能的模拟结果预测，即使在恒定的注入条件下，通过与芬顿山类似的干热岩储层的流速在运行一年左右后就会开始增加（Duchane，1995b）。

图 9-31　地质裂缝模拟的第 II 期干热岩储层内的冷却等值线，在长期流动测试的头两个稳态生产阶段所采用的流速下循环 40 年后的状况。

资料来源：Duchane，1995b

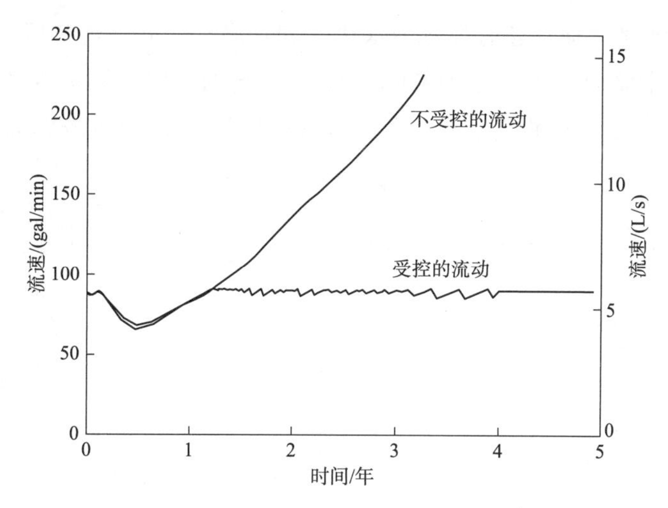

图 9-32　地质裂缝模拟通过第 II 期干热岩储层的流动，显示如果不实行流速控制，在大约一年后流速就会开始增加。

资料来源：Duchane，1995b

如果这一预测是准确的，那就需要控制流速以防止系统达到类似短路的状态，即在提取所有可用的热资源之前生产温度会冷却到有用温度以下。遗憾的是，长期流动测试没有持续足够长的时间来观察这种预测是否真的会发生。如果测试的时间足够长，也观察到这种流速的增加，那么在循环仅仅几年之后就有可能诱发芬顿山的温度下降。这样的结果将能够在很大程度上验证或反驳用于评估芬顿山干热岩储层的所有模型得出的采热预测。这个例子很好地说明，如果我们要高效地利用干热岩资源，透彻了解储层特性与智能流量管理相结合是有多么的重要。

长期流动测试是洛斯阿拉莫斯干热岩项目的巅峰之作。虽然没有实现能量生产连续一整年的技术目标，但维持超过了11个月的循环确实证明了可以在较长的时间内从干热岩储层中常规地提取能量。此外，间歇性停产提供了一个意想不到的机会，可用来评估在商业干热岩能源厂运行期间，干热岩系统对可能遇到的各种不利情况的反应(特别是它清楚地表明，系统在长期不生产后能够迅速地恢复运行，无论在此期间是否保持着储层压力)。

长期流动测试还表明，可以采用周期性的负荷跟踪生产计划来提高生产率。基于早期测试打下的基础，在长期流动测试的最后阶段（储层验证流动测试第4段）实施了直接循环生产策略，从运行和营销的角度明确证明了这种技术的优势。当商业干热岩工厂最终建成时，看起来将会采用长期流动测试已经证明有效的周期性生产计划为模型，最大限度地提高整体效率。

最后，长期流动测试产生了大量的试验数据可用于模型改进，不仅是那些为模拟干热岩系统而设计的，而且还有那些为水热（如热湿岩）断层与节理系统而设计的模型。正是由于长期流动测试，人们现在对干热岩系统的了解比1992年时多很多。它使得干热岩技术可能成为21世纪世界商业能源的一个主要来源更加接近现实。

4

第四部分

干热岩的未来展望

第10章 干热岩地热能源的未来

正如前几章所详述的那样，芬顿山项目已经清晰地证明了干热岩地热能源的技术可行性，完成了对两个独立的封闭储层的测试。现在的主要任务是要将这一革命性的新技术在世界能源供应组合中推向适当的地位。显然仅有技术可行性仍然是不够的，干热岩还必须能够经济地提供有用的能源。为了满足这一要求还必需要解决以下几个问题。目前，我们对它们的了解还不够充分。

- 生产率：能否通过工程策略来提高干热岩储层的热能输出？
- 可持续性：一个典型的干热岩系统的预期寿命是多少，延长它的最佳方法又是什么？
- 普遍性：是否在任何地方都能够开发干热岩系统？

一旦这些存在的问题得到有效的解决，那就会有一个相对较短的路径来广泛建立从干热岩中获取热能的商业发电厂。随着这些电厂的建立，以及认识到干热岩系统能完全工程化的独特优势，肯定会激励人们进一步发展干热岩技术。许多先进的科学和工程概念，当前都只是在理论上提出，还必须通过现场测试和评估来做进一步探索，最终完善干热岩使其更加经济高效。下面将会讨论解决这些存在问题的可能方法，描述其中一些先进的理念。

提高生产率

芬顿山的长期流动试验产生的热能约为4~5MW。流体采到地面时的温度大约为180℃，在此温度下热-电的转换效率约为15%，因此电力生产潜力只有大约0.6MW。这远远低于干热岩能够作为实际电源所需的水平，同时也证明在钻探和储层开发方面的大量投资是多么的合理。

在 1986 年第 II 期储层的初始闭环流动测试期间，人们认识到芬顿山的单一生产井只进入了细长储层的其中一端，而该储层是围绕创建它的注入井对称发展的。在这个为期 30 天测试的后半部分，注入压力增加到了约 4600psi，这使稳态热功率生产提高到了 10MW。

更高的注入压力扩大了储层，同时也大大增加了净失水量。但如图 10-1 所示，地震数据表明大部分水并没有流失，而是用在了扩大那些没有生产井筒作为减压阀的储层区域（重要说明：后来的压力测试也证实了这个扩大的第 II 期储层仍然是完全封闭的）。

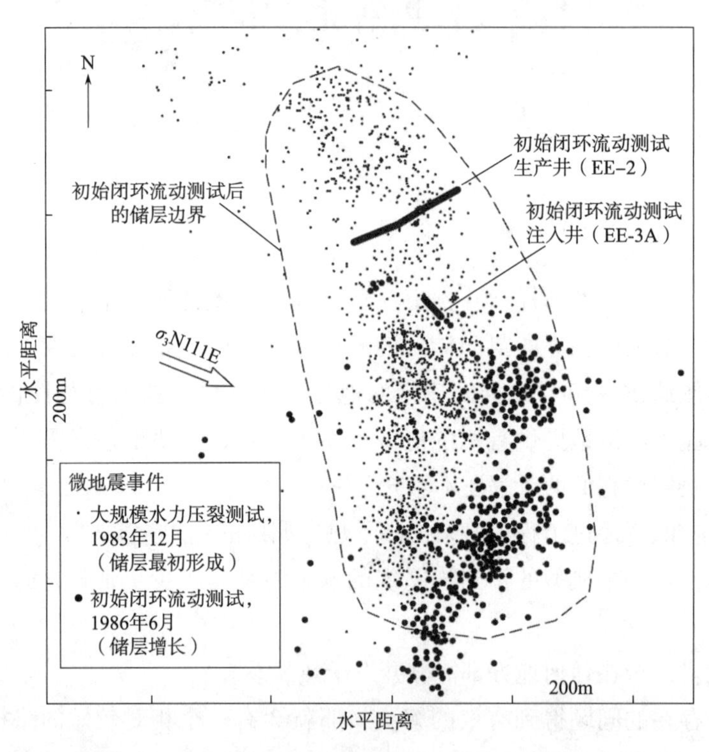

图 10-1　大规模水力压裂试验期间和初始闭环流动测试后半段地震活动的分布情况，同时也显示出最小主地应力（σ_3）的方向。

资料来源：Brown，1995b

从初始闭环流动测试得出了两个相关联的重要观察见解：

1. 在细长的储层停滞端上布置第二口生产井可以生产大量的额外流体，提高生产率。

2. 在储层这另一端的第二口生产井将会提供压力释放，从而能够在高得多的压力下注入而不会造成储层增长。更高压力的注入反过来又会使得两个生产井的流速提高，从而进一步提高生产率。据估计芬顿山第 II 期干热岩储层的生产率能够至少提高到 20MW 热能，而从封闭的储层区域净失水率不会超过 7～10gal/min，只需在一个适当位置钻出第二口生产井即可。简而言之，多个生产井是高产干热岩系统的关键。如果实施得当这一策略肯定能够提高生产率。

若重新对芬顿山较深的干热岩储层做流动测试，那就可以研究许多其他提高生产率的潜在技术。例如，生产井的压力循环和从每口生产井中钻出一些深层水平井段。短的（长 1000~2000ft）水平井段在生产井开始钻探之后和完成之前就要立即钻探。这些水平井段的目标是要靠近压裂储层两端的区域，在那里可以“捕获”到更多的产量。由于干热岩储层几乎所有的流动阻抗都集中在生产井口的附近，增加通过储层区域的生产井数量可以大大减少净流动阻抗，从而显著提高生产率。

延长系统的寿命

在长期流动测试的 11 个月期间，芬顿山的深层储层没有显示出热缩的迹象。事实上，正如前面所讨论的，示踪剂测试表明循环水不断地进入储层区域边界附近的新热岩区域。建模表明芬顿山的 4MW 热能系统在长期流动测试的条件下可运行 30 多年，而且生产井口无任何冷却（然而如前所述，这些条件还尚不足以达到商业干热岩项目所需的生产率水平）。

迄今所有证据均表明，可持续性对干热岩系统来说应该不是一个问题，但只有在干热岩系统能以商业实用的发电率长期运行时，才能令人信服地证明其可持续的能源生产能力。此外，正如芬顿山的工作所显示的，生产井可以在离注入井相当远的地方与扩张的储层区域相交，因为流动的阻力主要不是流体穿越距离的函数。更确切地讲，它更是近井筒出口阻抗的函数（当流体接近生产井的入口时，循环流体的压力就会急剧下降）。考虑到所涉及的几个生产变量，证明可持续性的最佳方式是用一个生产率适当的储层来连续地长期生产电力。

建立干热岩的普遍性

显然只有通过广泛的实践，才能证明干热岩技术在各种地方的适用性。随着芬顿山工作的价值得到认可，其他几个国家也开始了试验。然而，这些项目都没有创建出芬顿山类型的干热岩系统。

在不列颠群岛的罗斯曼欧文斯，通过压裂制造了一个储层，但岩石的温度不足以产生有用的能量。在日本，两个试图制造干热岩储层的项目均是在破火山口处实施的，那里的热岩位于相对较浅的深度。但在这两种情况下，其储层都是开放而不是封闭的（即它们不是真正的干热岩储层），在循环期间会受到高水失量的困扰。如果钻探得更深些，或者最好是在其他地方而不是在火山口处，则有可能发现合格的热岩。在法国东部的苏茨亚森林，欧洲干热岩项目钻进了一个热液区，花岗岩基底上有着天然开放的断层和节理。因此，其系统生产的是天然和注入流体的混合体，现在则称为湿热岩。

在澳大利亚，在与芬顿山系统非常相似的岩石中制造了一个干热岩储层（有着相似的深度和岩石温度）。然而与欧洲人一样，澳大利亚人钻到的也是花岗岩岩体，在张开节理中有天然热流体。在其南澳大利亚库珀盆地的运行中，他们对一个区域实施了压裂，该区含有大量溶解气体的超压盐水充满着这些打开的节理。

因此，即使这几个项目是从芬顿山的工作中发展出来的，但其干热岩的普遍性还有待证明。

在美国西部的盆-岭省的大部分地区，以及落基山脉以东的大平原的广大地区，其地质结构通常是几千英尺的沉积岩覆盖在结晶基底上。除了在那些不寻常地区，后期的断层扰乱了基岩，其地质情况与芬顿山类似：没有张开节理或断层。基岩可能是多种类型的混合体。正如在芬顿山清楚显示的那样，对于干热岩储层开发来说，重要的不是基岩的类型（主要是火成岩或变质岩），而是其中的节理构造。正因如此，人们应该能够在数以万计的地方复制芬顿山的干热岩储层。最大的未知数是要钻到多深的基底才能达到适合干热岩开发温度（大于 150℃）的岩石。

综上所述，干热岩技术的广泛应用看来有两个关键：（1）钻井深度要足以达到合适的温度，和（2）钻进到没有张开节理或断层的基岩。由于用于储层开发的岩体上的约束压力会随着深度的增加而增加，一般来说深度越大意味着储层的密封性越好。而没有张开节理或断层则意味着岩石的固有孔隙度和渗透率都低，这对在任何深度下都能确保封闭的干热岩压裂储层至关重要。

解决存在的问题

推进干热岩技术的关键是要开发和运行更大和更高产的储层。第一步是要建立一个有两个生产井的示范工厂。若能在芬顿山这样做，那就可以重新激活第 II 期储层。与在一个全新的地点开始干热岩项目相比，这样做信心更高（因为现有的知识基础），还能大大降低成本，能够最快和最经济地获得有关生产率和可持续性问题的确切数据；有这些数据则更有利于向其他地方推广。只有在许多其他地方都建立起新的系统后，干热岩的普遍性问题才能得到解决。

与芬顿山干热岩工作相关进一步的问题更是行政问题而不是技术问题。首先必须得到进入站点的批准，确保所需的水权，还要详细解决环境问题。由于该地区的原始性质，芬顿山的电力传输都会限制在已有的电力线能力范围内，即其电产量加上运行地面工厂和注入泵所需的电量。即使在这种有限发电量的条件下，也应该能建立出一个有代表性的转换效率，将其作为基线来预测今后在其他地点商业运行的每千瓦时电力成本。

当然，对芬顿山深层干热岩储层重新进行流动测试若能成功，将会为私人投资后续干热岩设施提供最有力的激励。但是，如果证明不可能重新启动芬顿山，那就必须选择新的开发地点。

它必须在地表和地下特征方面满足几个标准：良好的地热梯度和深度合格的岩石（其中没有近期断层的证据）是重要的，但交通便利、靠近输电线路、有电力消费市场，以及当地政府和社区的支持也很重要。在芬顿山也好或一个合适的替代站点也好，建立第一个实用的干热岩发电厂一定是可行的。这种电厂的成功运行将证明干热岩是一种高产和可持续的技术，必定会在 21 世纪的能源市场中确立其应有的地位。

干热岩技术的未来创新

一旦人们公认干热岩是有竞争力的丰富清洁能源来源，就会有包括财政在内的强大动力去继续探讨各种创新的想法和概念，虽然今天它们还仅是存在于猜测的领域。下面将会概述一些主要的潜在创新。

先进的钻探技术

到目前为止，干热岩系统开发最昂贵和最有风险的部分就是需要进行大量的硬岩钻探，以进入到具有适当温度的地下深度。尽管深层钻探多年来一直是石油和天然气行业的一项重要技术，但主要是用于钻探蕴藏石油和天然气的沉积岩层。本质上这些矿藏比典型的花岗岩基岩更软更易钻探，因而少有动力去开发特定的硬岩钻探设备，迄今为止提出的新技术中也只有少数经过了初步测试。但是一旦干热岩系统的经济可行性得到证明，降低钻井成本将会成为开发先进钻井技术的强大创新动力，并将为今天正在努力寻找融资的项目吸引投资资金。

负荷响应和抽水蓄能

正如第 2 章和第 9 章所讨论的，在长期流动测试结束时所做的循环试验清楚地表明，只要简单地改变应用于生产井的回压就能迅速地提高或降低干热岩储层的能量输出。由于电力在需求量大时就会更加昂贵，这种快速和简易调整电力生产以满足不断变化需求的能力具有非常显著的经济优势。事实上，这种负荷响应的潜力很可能是使干热岩成为一种有竞争力能源的关键因素，从而加速其广泛应用。

第二种与负荷响应有关的策略就是抽水蓄能：通过对储层的加高压来临时储存额外的加压液体。注入以稳定的速度进行，但在需求减少时期生产就降低速度，将累积的差额储存在储层中。这种策略的一个变种就是将干热岩与另一种可再生但间歇性的能源资源（如风能）联系起来，通过在非高峰时段储能，从而更有效地利用间歇性资源。例如可以在晚上利用风能来驱动一个辅助注入泵，有效地将干热岩储层作为一个“大地电池”。抽水蓄能技术目前已经在一些水电站使用：发电机在夜间低需求时段保持运转，将水抽回到大坝后面从而确保在白天和傍晚高需求时段能发出足够的水电。

在抽水蓄能模式下使用的干热岩储层能够解决在没有风或没有太阳的时候如何利用风能或太阳能的难题。与干热岩相关联可以将这种绿色但间歇性的能源资源变成可靠的全天候电力供应方。

处理废水

为了尽量减少干热岩发电中的用水量，最常见的做法是应用二元循环技术，即在一个封闭的地下环路中不断地循环加压地质流体。因此废水（如果量大）也可以作为系统循环流体的主要部分，在运行中加以消毒：因为水要加热并会在干热岩储层中受到巨大的压力，这样就可能分解通常在城市污水、木材或造纸厂废水和其他工业废水中发现的那些有机废弃物。如有必要还可在注入的流体中加入氧气等辅助剂以加速此过程。

生产饮用水也是一种可能性。可以采用一个开环的干热岩系统，由废水构成部分的地质流体。为此，应用闪蒸技术的系统最简单：在闪蒸设备中转化为蒸汽的那部分地质流体冷凝后就能作为淡水供应，额外的废水则可以添加到注入的流体中，以弥补因汽化而损失的水（此方法需要解决的缺点是地质流体中的溶解矿物质可能会随时间而变得更加集中，甚至会沉积在管道表面）。

这样，在生产电力的同时，干热岩储层还能够作为清洁水来源以及城市或工业废水的处理设施。

新的循环流体和循环条件

随着干热岩电站的普及和技术的发展，将会有更多的新想法值得评估。例如，使用水以外的流体作为循环的地质流体。其中一个候选方案就是超临界二氧化碳（Brown，2000，2003）。虽然它的质量热容量要低得多，是比水更低效的传热介质，但在典型的干热岩储层条件下，其黏度要低得多，意味着应用超临界二氧化碳的储层生产流速将会大大高于用水的，这至少能够部分弥补热容量低的不足。

即使少量的二氧化碳漏失到干热岩储层致密的围岩中也不会造成环境问题（这种气体在许多地方已经存在于深处）；事实上，通过这种方式在岩石中封存一些二氧化碳，从大气中适量地将其去除会有助于缓解全球变暖。同时，二氧化碳可能与储层区域少量的水发生作用，形成潜在的有害碳酸（或其他未预料到的影响）。由于这些潜在的问题，在将二氧化碳用于干热岩系统之前还需要进行更多的研发。但毫无疑问，随着干热岩行业的成熟，应用其他循环介质的想法，如水溶液或环境可接受的流体的组合等也肯定将会出现。

随着钻探技术的进步，接触温度超过374℃（在这个温度下纯水成为超临界）的岩石可能变得实际可行。与二氧化碳一样，超临界水的化学成分可能会在实际操作中造成一些问题。但是随着一个成熟和充满活力的干热岩能源产业的发展，对这些和其他有前途的想法之探索将会变得更加具有经济吸引力，会使好的资源好上加好。

探测和定位与干热岩相关的微地震活动的新方法

正如第 6 章所讨论的（见地震矩不足），在大规模水力压裂试验期间至少 99% 的注入流体一定是由非地震拉张断裂来容纳的，即节理在张力下打开，没有产生可测量的剪切位移。仍然无解的问题是：构成这个巨大阵列的较低打开压力的节理位置和方位是什么。从地震学角度讲，没有任何方法从大规模水力压裂测试所获数据来回答这个问题，地震学家们就这样错过了机会！鉴于这种事后的认识，下一个问题是：我们如何才能改善这种情况。明显的答案就是要集中精力探测和定位微地震信号中唯一重要的成分 P 波。

这就需要非传统地震分析专家来制定最好的方法。例如，目前在非火山微震中如何识别出低频地震的工作（Maceira et al.，2010），似乎有望成为分析干热岩压裂数据的新地震方法。

总　　结

必须最优先考虑解决干热岩的生产率、可持续性和普遍性等问题。只有当这些重要的问题得以解决，才有可能建立既经济又环保的干热岩发电厂。一旦以干热岩为基础的产业出现，对上述先进概念的研究毫无疑问还会包括许多甚至从未想象过的概念，都将会得以迅速实施。伴随着 21 世纪的发展，在为世界各国提供清洁而丰富的家用能源方面，干热岩将会发挥越来越大的作用。

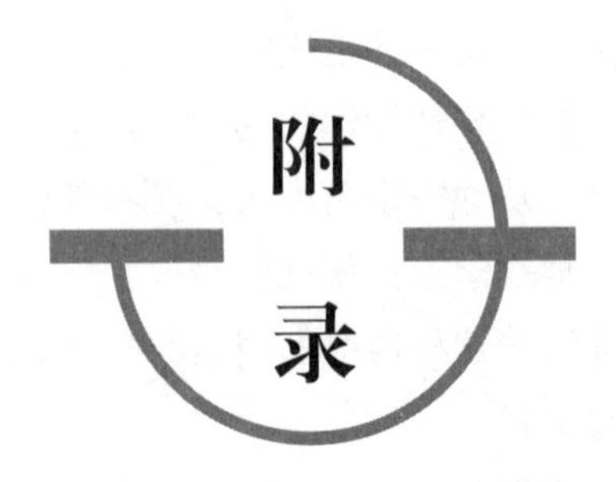

高温井下仪器

芬顿山开发第II期储层，比第I期储层要更深更热，要在非常坚硬的结晶岩中钻井和完井到15 000ft（4600m）以深；然后，通过大规模压裂来制造和扩展储层；最后再进行广泛的储层流动测试。其对设备和材料的要求在石油和天然气行业或传统的地热作业中是罕见的。第II期钻孔所及温度（高达320℃）明显要高于第I期的，在深层基岩中打开和扩展节理所需的压力也是如此（约为7000psi，即48MPa）。此外，在芬顿山广泛应用了定向钻探，在深层结晶岩中的这还是首次。最后，井下测试具有独特的试验性质，与石油工业、水热地热工业或任何其他从事地壳研究的实体所做的都不相同。

正如第5章所简要讨论的那样，很少有市面上的仪器能够承受芬顿山井下的高温和压力环境，即使是短时也不行。在许多情况下，仪器或电缆头在接近待测深度之前就已经失效了。尽管已经证明了一些为油气井开发的测井仪器（如水泥胶结测井仪和多臂套管检查卡尺）的确能直接应用于第II期作业，但很明显还必须有一套独特的诊断仪器，能够在恶劣的井下环境中长时间使用。其中大部分不得不由实验室自己来专门设计、制造和测试。在这个关键领域的开发工作一直是芬顿山干热岩项目的一个组成部分，直到1987年8月（遗憾的是，在那之后实验室不再获得美国能源部的资助）。

应该指出的是，多年来为干热岩项目开发的一些诊断性测井仪器，最初只是用来调查第I期储层区域。到20世纪80年代初，在第II期储层开发期间，人们对压裂区的了解已有了很大的进展。第I期储层基本上是一个受限的（扁平的）区域，包括几个接近垂直、相互连通的节理，而第 II 期储层则制造成了一个大得多、包括多个相互连通的节理，即有明显倾斜的多流道节理的区域。很明显，诸如井下注入器与伽马射线检测器和跨井声学探测仪等工具，其设计都是假设储层具有直接流动通道的这种简单组成，因而并不适用于更复杂的第 II 期储层。

这些专门井下仪器的设计和制造有些是由实验室独立完成的，有些则是与工业制造商和其他实验室合作或分包给了他们。这些仪器的应用主要分为三类：

• 对储层区域进行地震探测，以监测其生长和几何形状，并绘制主要的内部节理系统图

• 在钻井和完井期间，表征钻孔和储层的特性（温度、节理与钻孔的交汇点、流体的进出点），以及对钻孔做诊断。

• 表征储层岩石的物理性能和储层流体的地球化学特性。

本附录中的大部分信息来自文献：Dennis 等（1985）；HDR（1985）；Dennis（comp.，1986）和 Dennis（1990）。

储层区域的地震调查

准确表征干热岩储层主要取决于对压裂诱发地震的可靠测量。如果知道微地震信号的确切位置，就能确定地震活跃区（即储层区）的演变过程以及它的三维方位。此外，通过分析到达多个台站的信号波形，就能确定一些具有较高打开压力节理的位置、方位和大小（微震信号中显著的 S 波分量能反映出这些节理的打开）。对于第 II 期储层，这种测量必须有在高温环境中能够工作较长时间的检波器（例如，大规模水力压裂测试持续了近 3 天，而在长期流动测试期间地震活动则持续了两周多）。

洛斯阿拉莫斯设计的井下三轴地震检波器（图 A-1）能够检测在压裂形成储层过程中由节理运动产生的微震（即声学）信号。

由地震源产生的信号通常包括来自正常节理扩张的纵波（P）和通常发生在打开压力较大的倾斜节理上的小位移的横波（S）。P 波在介质中的传播与颗粒位移的方向平行（一般与节理或正在张开的一组节理正交），而 S 波的传播则与该方向垂直（一般是节理滑动的方向，如果有的话）。由于 P 波在固体介质中的传播速度比 S 波快，通过了解介质种类并测量 P 波和 S 波到达之间的滞后时间，就能确定到震源的距离（P 波到达的偏振方向给出方向；偏振方向和 S 波减 P 波的滞后时间则给出方向和相对于探测器的距离）。

标准的三轴地震检波器长 68in，外径 $5\frac{1}{2}$in，重 160lb，额定温度高达 275℃，压力高达 15 000psi。每个轴包含 4 个串联的 30Hz 地震检波器。电子元件封装在一个热保护系统中，该系统将杜瓦瓶（受控环境外壳）与 Cerrobend 含镉铅合金（一种低熔点合金）的散热器集合在一起，能够大大地增加井下作业时间，还允许使用低温电子设备。

声学耦合通过一个单臂锁定装置得到改善，该装置旨在将仪器压在井壁上（然而这种耦合的有效性可能会有所不同，这取决于装置在电缆末端自然旋转后的最终位置）。通过地面数据采集和控制系统控制的井下信号多路复用装置，可以监测其他数据，如内部杜瓦瓶温度、地震检波器方位（通过测量井的倾角）和电源电压。

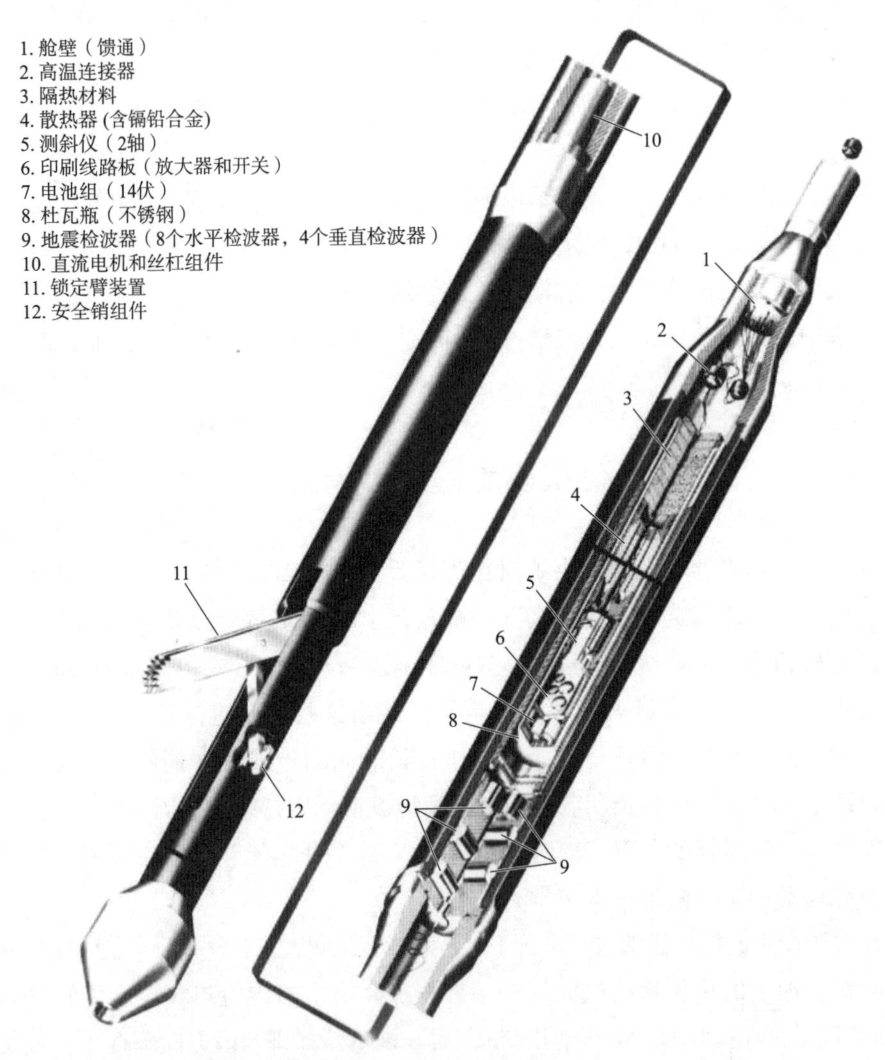

图 A-1 洛斯阿拉莫斯开发的标准高温（275℃）三轴地震检波器。

资料来源：Dennis，1990

标准三轴地震检波器的一个缩小版本，即小直径检波器（图 A-2），是为在钻杆或管道中使用而设计的。其长度为 152in，外径为 $3\frac{1}{4}$ in，重量为 52lb，经实验室测试，可在 275℃温度和压力高达 15 000psi 的条件下使用。它使用 2 个串联的 30Hz 地震检波器，并集成了一个高温放大电路，使其能够在井下环境中工作许多小时甚至几天。

第三种类型的地震检波器，即前寒武系岩层垂直检波器，是一种更小、额定温度较低的设备。其长度为 22in，直径 $2\frac{1}{2}$in，仅重 20lb，它包含 4 个串联的 4. 5Hz 垂直方向的地震检波器。其中几个装置安置在深度为 2000~2500ft 的花岗岩表面或附近，形成了前寒武系地层网络。

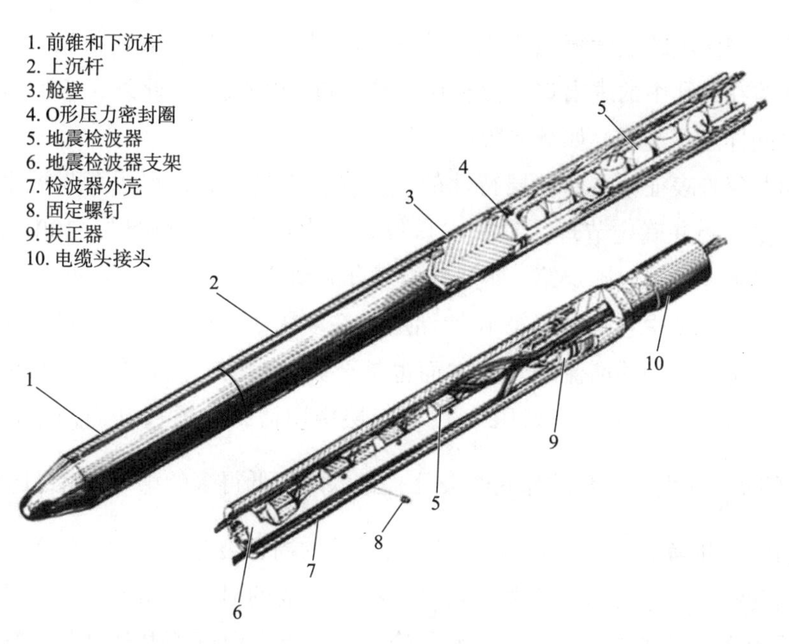

图 A-2 洛斯阿拉莫斯开发的小直径型高温（275℃）三轴地震检波器。

资料来源：HDR，1985

所有这些地震检波器都是通过使用声源引爆装置来校准的。在一个钻孔中一个或多个已知位置安装的引爆装置提供爆炸源信号，来模拟储层区域内发生的地震活动。设置在另一个钻孔中选定深度的地震台站的地震检波器则检测这些信号，用来校准该地震台站。多次击发的引爆装置可以连续起爆 12 次，其起爆模块架包含 3 个引爆装置层，每层可容纳 4 个为高温和高流体压力而设计的爆炸箔引爆装置。还开发了一种小直径声源引爆装置，可在钻杆或管道中运行。它可以起爆两个引爆装置并带有一个前端载体以承载更大的炸药量，可用于高温钻柱起爆（即钻具接头的回爆）。多发引爆装置和小直径引爆装置都具有安全功能以防止在地面运输和处理过程中发生意外引爆。

表征钻孔和储层的特性

温度调查

钻孔中不同深度的温度测量为表征钻孔和储层的特性提供重要数据。用这些数据能够确定流体在钻孔中的进出口、热梯度、热下降和回收率。此外，它们往往对其他研究领域也同样至关重要，如下文所述。

温度测井仪是表征钻孔和储层特性的一个主要工具。通过揭示背景温度梯度的异常和变化，温度测井确定节理入口和出口位置最为可靠（准确到在±10ft 内）。例如，正是温度信息最终才得以确定第 I 期储层的复合流动几何形状（见第 4 章图 4-5），而且在延长的流动测试中它阐明了第 II 期储层的许多特性。从诊断的角度来看，温度测井在揭示一些更奇怪的井筒流动现象方面也是至关重要的。例如在大规模流动测试后关井时，温度测井发现流体从高压第 II 期储层中回流，并通过井筒向上流动，然后（通过挤毁的 $9\frac{5}{8}$in 生产套管的那些断裂处）进入压力低得多的第 I 期储层区域。最后，正是通过温度测井确定了 EE-3A 尾部固井灾难性的周缘裂缝。

通过温度测井（结合卡尺测井和钻屑分析）完成的另一项重要任务是为封隔器确定那些合适的座封区域。通过揭示以前的液体渗入点，温度测井还能够确定封隔器应该避免座封的那些区域。

洛斯阿拉莫斯开发的测温仪采用的是薄壁不锈钢热敏电阻探针，具有很高的精度和分辨率。为了提供准确的校深信息以校正电缆深度，每个测温仪还集合有一个高温接箍定位器（以及典型的伽马射线探测器）。测井仪也制成了各种尺寸（长度从大约 6~10ft 不等，重量从 84~230lb 不等），其额定温度均为 350℃，压力为 15 000psi。图 A-3 中所示的小直径接箍定位器测井仪长度为 112in，直径为 2. 0in，重量为 76lb，额定温度为 350℃，压力为 15 000psi。

井孔诊断

由于市面上的单臂和双臂测径仪已证明是不足以绘出在结晶岩石中钻探的干热岩钻孔剖面图，很容易漏掉壁架和节理填充物的冲刷区或井壁坍塌，其中任何一种情况都可能会造成封隔器破裂。因此实验室开发了一种独立记录的高温多臂测径仪，能够测量 2. 5~7. 0in 的半径。好多次，它提供了关于与井眼相交的侵蚀节理的几何形状（走向和倾角）的信息。它还能用来识别套管挤毁但仍然压力封闭的区域，或者与温度测井相结合来定位套管上的孔和裂缝。

最初的设计是一个可以修改为 6 个独立臂的三臂仪器，这些臂呈圆周均匀分布，可以改变长度以测量最大达 30in 的孔直径。通过电机激活，这些臂可以根据地面命令伸长或缩回。当仪器下入井时，臂缩回，然后伸出来测量感兴趣的区域，最后再次缩回以便起出。通过一个机械联动装置、磁耦合和高温旋转电位器，将井眼半径的测量结果转换成电子输出。为了补偿卡尺垫的磨损，这在较长的运行过程中可能是很重要的，做了记录前和记录后的校准。其额定温度为 300℃，压力为 15 000psi（这一综合额定值至今仍超过所有工业测井公司提供的任何类似的仪器）。其长度为 $9\frac{1}{3}$ft，直径为 3in，重量为 154lb。

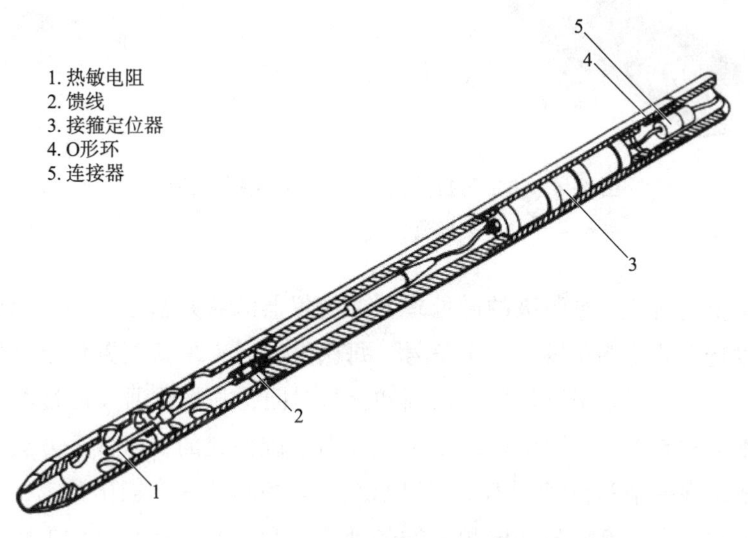

图 A-3 小直径接箍定位器测温仪。

资料来源：Dennis et al.，1985

作为美国和德国的一个联合项目[1]，在 20 世纪 80 年代中期，开始了开发一种急需的表征钻孔特性的仪器，即声波电视测井仪，它能够提供孔壁的实际图像。当资金不幸被削减时，它早已进入了现场开发阶段。其原型（图 A-4）长 14ft，直径为 $3\frac{3}{8}$in，重 225lb，额定井下温度为 275℃，压力为 12 000psi。

为了便于现场组装和维护，电视测井仪的结构是模块化的，由一个声学子系统（发射和接收声学脉冲）和一个井下电子子系统（收集、处理和传输数据）组成。声学子系统包括两个压电传感器（晶体），一个 1.3MHz 和一个 625 000Hz，相隔 180°安装在一个旋转头上。两传感器在一个充满硅油的腔体中由一个交流同步电机以 360r/min 的速度旋转，地面控制单元可以任选其一作为操作传感器。

[1] 位于丹佛市的美国地质调查局水资源部门已经在使用一种类似但不那么复杂的仪器了，但它只适用于 200℃以下的温度且可用性有限。

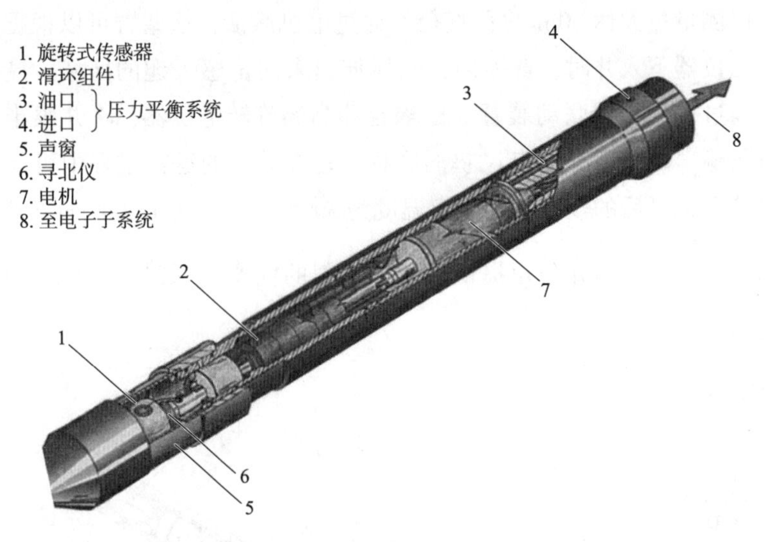

图 A-4 洛斯阿拉莫斯开发的声波电视测井仪。

资料来源：干热岩项目文件

电子子系统包括一个军用级的微处理器，当仪器沿着井壁移动时发出脉冲，每个脉冲都会触发选定的传感器发射一个信号。每次发射后，重新配置传感器为反射信号的接收器，然后电子子系统测量信号振幅和旅行时间，并将数据（通过测井电缆）传送到地面。地面控制单元是围绕西门子微处理器系统构建的，以数字方式将数据记录在磁带上并显示在一个彩色显示器上。以 10ft/min 的测井速度输出数据，提供井壁细粒度地貌的实时信息，例如与井壁相交的各种节理和诱发的热裂缝的方位，由压力和（或）温度的变化引起的应力剥落区（井壁坍塌），甚至岩石片麻岩结构的方位。

如果当时让仪器研发继续下去，那它一定会成为干热岩项目的重要资产。由于在加压和减压两种模式下都能传输对井孔的扫描，声波电视测井仪能够提供关于流体接收节理的方位和其孔径随压力变化的宝贵信息。时至今日，关于岩体变形机制的现场信息仍然是岩石力学家的“必杀技”，因为地面实验室无论多大都无法获得这样的数据。

除了查询井壁外，声波电视测井仪还能够提供其他一些准确的细节信息，如套管的损坏部位、冲刷和壁架等。但在 1987 年成功地将其部署在了 EE-2 井之后，就没有再做过进一步研发，因为美国能源部认为地球物理仪器工作不再是实验室的任务之一。

放射性示踪剂诊断方法

在干热岩项目早期，开发了两个工具，即井下流体注入器和井下注入器与伽马射线探测器，后来因环境问题两者都停止了使用。

井下流体注入器将示踪剂［主要是放射性的❶但有时是化学的（如荧光素染料）］

❶ 放射性示踪剂，如溴(82Br)，是由实验室的试验反应堆生产的。

注入邻近接受流体的某个或一组节理的井中。其目的是使示踪剂在储层中输送，然后在生产井的流出物中收集。然而现实中，使示踪剂穿过储层流动的尝试几乎没有成功过，一是因为井下工具能注入的示踪剂量太少，再者示踪剂在流经互通的流动通道网络时很快就扩散了。

注入器长约 10ft，直径为 $3\frac{1}{4}$ in，重量为 175lb，额定温度高达 275℃，压力为 15 000psi。其下端有一个圆筒装着要注入的液体，而上端有排放口和挡板式止回阀，防止在工具插入过程中液体的流失。当达到所需深度时，激活释放机制，通过圆筒末端盖上的开口排放液体。

井下注入器与伽马射线检测器（图 A-5）集合了一个井下流体注入器与一个整体的伽马射线探测器，后者置于一个配备有含镉铅合金散热器的杜瓦瓶中给予热保护。已证明它比井下流体注入器更成功，用来将放射性示踪剂（通常是 ^{82}Br）注入一个张开的节理中，随后测量其在井中的返回。它也可以用来诊断套管的损坏。将检测器放置在钻孔中与一个张开节理相邻时，驱动一个电动推杆击碎一个装有示踪剂的石英安瓿瓶将其释放。伽马射线探测器部分则追踪示踪剂流动的路径。

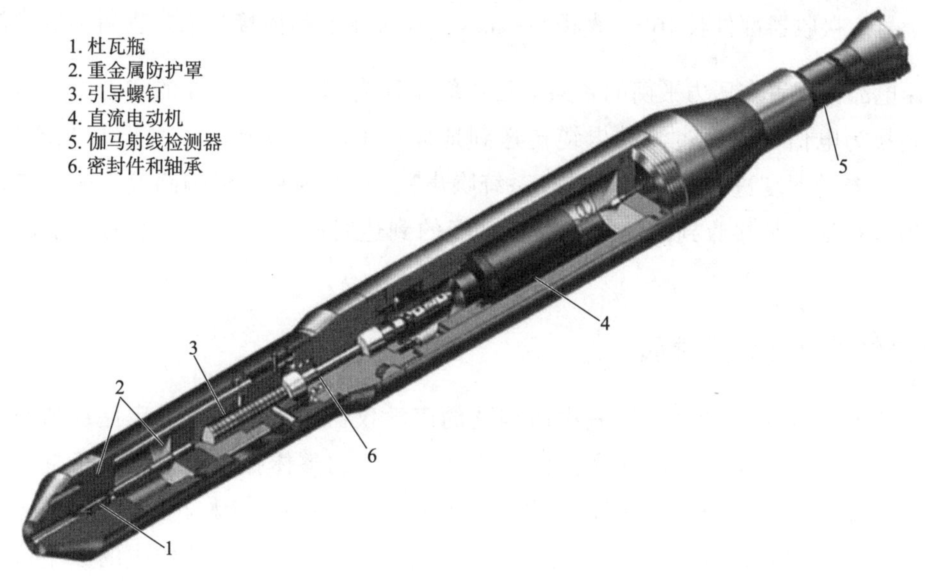

图 A-5　洛斯阿拉莫斯开发的井下注入器与伽马射线检测器。

资料来源：干热岩项目文件

然而，这个工具和井下流体注入器一样，几乎没有提供可用来表征储层特性的信息。它产生的数据主要用于识别流动节理与井眼的交汇点或套管上孔的位置。

岩体物理性能和流体地球化学特性

弹性性能的确定

跨井声收发器（CAT）系统（为调查小得多也简单得多的第I期储层而开发）是一种确定两口井之间岩体弹性性能的方法。它包括：（1）部署在第一口井中的发射器，以恒定、重复和受控的方式产生声学信号；（2）部署在第二口井中的接收器，检测声波的到来；以及（3）一个地面数据采集和控制系统。其额定温度为250℃，井眼流体压力为10 000psi。

发射器部件的长度为17ft，直径为$5\frac{1}{4}$in。它通过可控硅点火电路使一个高温电容器向两个磁致伸缩装置放电，这两个装置都置于压力平衡的聚四氟乙烯纤维窗内的一个充满油的空腔中。当发射器在钻孔中从一个位置移动到另一个位置时，即在安装在第二个钻孔中接收器部件的上方和下方的一定距离，它以地面系统计算机控制的速率产生信号。接收器部件长16ft，直径$5\frac{1}{4}$in。它通过压电晶体接收来自发射器的声波信号，压电晶体安置在压力平衡的聚四氟乙烯纤维窗内的一个充满油的空腔中。晶体将声波转换为电信号再通过测井电缆传送到地面。来自接收器的信号记录在磁带上，根据接收器的深度进行叠加（以减少系统噪声），从而为每个传输路径产生定义该路径的独特扫描。从接收到的信号特性和它们的到达时间可以推断出信号传播的介质特性。

储层流体的地球化学性质

上文在储层区域的地震调查中所描述的声学仪器使人们能够确定储层岩石的某些物理特性，如P波和S波速度，从而计算出岩体的整体弹性模量。为了补充由此获得的数据，在洛斯阿拉莫斯开发了一个井筒流体取样器，因为在与注入井中流体混合之前，对包含在节理填充物质的孔隙中以及岩石的微裂缝结构中的原生流体做化学分析，能够揭示出宝贵的地球化学信息。尽管此工具开发得太晚，以致无法在芬顿山显示其潜在的优势，但还是有必要对其做一些描述。它能够采集两个270cm^{3}的样品或一个780cm^{3}的样品。取样容器上装了一个保持关闭的阀门，直到取样器处于所需的井下位置时，它才由一个微型直流电动机打开，让液体流入（但没有反向流动）。其长约$7\frac{1}{2}$ft，直径5in，重229lb，额定井下温度为300℃，压力为15 000psi。

测井电缆的连接工具

上述所有的仪器设备都是通过一根铠装多芯测井电缆将数据传输到地面设施，它们与电缆的连接则都是通过一个机电耦合装置，即一个电缆头组件。它（图A-6）是干热岩项目仪器计划的重要成就之一：它能够使地球物理仪器在所需区域内连续停留数天。

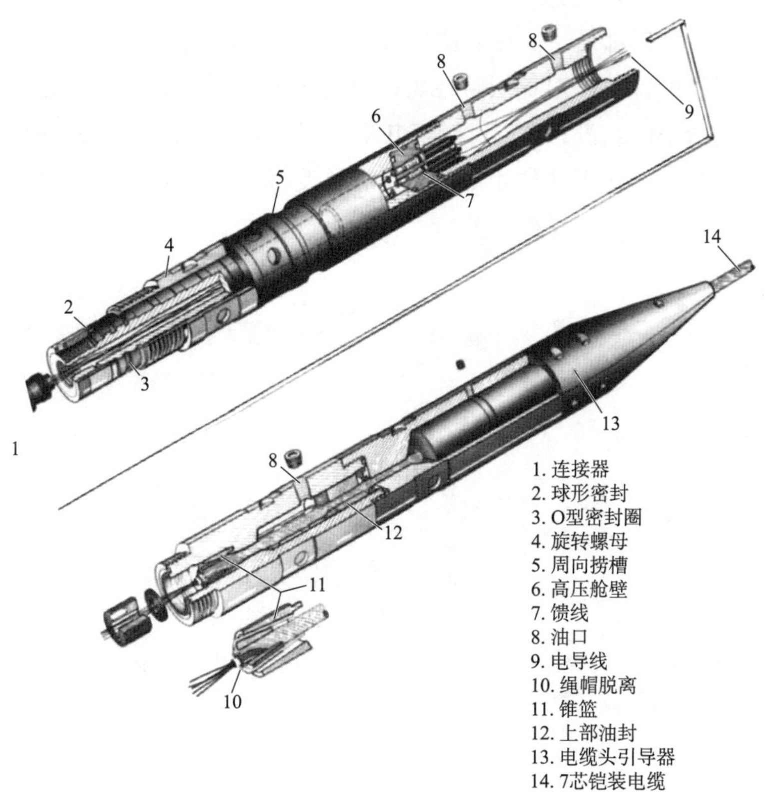

图A-6 洛斯阿拉莫斯设计的高温高压电缆头组件。

资料来源：干热岩项目文件

电缆头组件的作用是：（1）为导电线提供隔水腔，保护其不受井下流体的影响来确保其完好性；（2）在高压高温井下环境与仪器中的低压环境之间的压力转换室；（3）快速释放机制，在仪器卡在孔中时使其与电缆分离。此外，打捞离合外壳有一个周向捞槽，在需要从钻孔中取出仪器时为打捞筒打捞工具提供一个有利的夹持区域。

一个井下仪器是否能可靠地测量和传输数据，部分取决于它与测井电缆的连接质量。遗憾的是，工业界的做法往往是从井中尽可能快地进出，因而只能获得少量数据。这样的电缆头组件对于干热岩项目完全不够用，因为通常需要在较长的时间内做一系列的测量（在长期流动测试期间，一些地震检波器要部署长达 14 天）。而实验室设计开发的高温高压电缆头组件，能够防止高压水进入 7 芯电缆造成一芯或多芯导线短路。事实证明，它对获得第 II 期储层的许多次深井测量结果至关重要。电缆头组件长 35in，直径 $2\frac{1}{8}$in，额定温度为 350℃，压力为 15 000psi。

实验室开发的井下仪器，其温度能力远远超过了市面上的所有仪器，这是干热岩项目头 15 年中最重要的成就之一。

这些温度测井仪器都是“工作老黄牛”，无论白天黑夜都在提供关于井筒状况、套管问题和流动通道的位置（对储层特性表征至关重要）的信息。高温地震检波器组件证明也是非常有价值的：没有它们，对第 II 期储层的复杂性和形状的了解就会少得多。卓越的电缆头组件与这些测井仪相结合，具有承受极端温度和压力的能力，使得井下测量的时间比那些商业测井仪长得多。

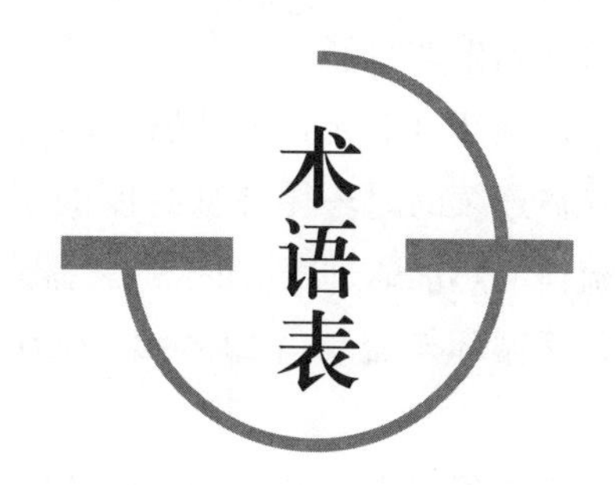

术语表

声波测距（Acoustic ranging）：用于确定从一个钻孔到附近另一个钻孔的距离和方向的地震技术；设置在第一个钻孔中的声源产生信号，设置在第二个钻孔中的地震检波器则接收信号。

回压（Backpressure）：有意施加在地面注入泵以外的循环系统任何部分的反向压力（或节流压力）。通常情况下，在生产井口施加回压以部分顶开与干热岩储层本体和生产井中生产段连通的那些流动节理。

滞水区（Backwater region）：第II期储层离生产井最远的区域，其在长期流动测试的高流速与高压段（1986年）期间受到压裂。流入该区域的流体似乎与生产井连通不佳，压裂造成了储层向南大量增长（见第349页的图7-7）。

基岩（Basement rock）：在沉积岩和（或）火山岩层下出现的坚硬结晶岩。在美国西部，这种岩石通常是火成岩或变质岩，而且往往是前寒武系的。

本体阻抗（Body impedance）：流体流经有节理和压力扩张的干热岩储层本体的阻力。它与将储层本体和井筒相连的那些阻抗是相加的，如下：

总的流动阻抗=本体阻抗+近井筒入口阻抗+近井筒出口阻抗

（参见近井筒入口阻抗和近井筒出口阻抗。）

声波电视测井仪（Borehole televiewer）：一种声学测井设备，最早由实验室在20世纪80年代中期开发，用于绘制井筒表面的不规则现象，其中许多都与密封节理有关（见第105页和附录）。

循环可及储层体积（Circulation-accessible reservoir volume）：实际可供加压的循环水进入的压裂岩体体积（或区域）。在节理干热岩储层中，它取决于储层的平均压力，理论上可以和地震体积一样大；然而通常情况下，它会比地震体积小一些，因为在最初高压压裂时形成的一些具有较高开口压力的节理会受到阻碍，而无法使低压流体有效地进入储层。

循环驱动压力（Circulation driving pressure）：流体进入注入井口时施加给它的压力。在常规的循环作业中，驱动压力必须能足以使流体在注入井中往下，穿流过储层，再上升流到生产井中。

闭路循环（二元）干热岩采能（Closed（binary）HDR power extraction）：通过加压流体连续的闭环循环从封闭的干热岩储层中提取热量，确保无排放的能源生产。循环流体的热能通过表面的热交换器转移到二次工作流体，然后用来驱动涡轮发电机。

闭环循环与流动（Closed-loop circulation/flow）：见闭路循环（二元）干热岩采能。

封闭储层（Confined reservoir）：在先前封闭的热结晶岩体中人造的干热岩储层，储层从其初始注入点处增长和延伸时，其边界仍会保持着封闭（相比之下，非封闭式的热湿岩储层具有非封闭的开放边界。）

循环（或负荷跟踪）作业（Cyclic（or load-following）operation）：通过调整生产井的回压来调节生产流速，从而调节干热岩储层的运行，以实现每天几个小时的快速和持续的产量增长。（见使用干热岩储层进行负荷跟踪，第 36 页）。

扩散失水（Diffusional water loss）：水从加压干热岩储层中通过原本封闭的围岩中的微裂缝网络在储层边界处向外缓慢地流失。

分散体积（Dispersionvolume）：一种根据示踪剂数据（见第 413 页）测得的储层流体体积。

首次到达体积（First-arrival volume）：一种根据示踪剂数据（见第 427 页）测得的储层流体体积。

流动阻抗（Flow impedance）：从注入井筒表面到生产井筒表面的总流动阻力。它包括通过井筒本身流动的阻力以及穿过储层的流动阻力（见储层流动阻抗）。

流体可及储层体积（Fluid-accessible reservoir volume）：它包括可循环可及储层体积，以及靠近储层边界外围的区域，在那里流体已经渗透到节理的延伸部分处。因此在任何给定的储层压力下，它都会比循环可及岩石体积略大，它似乎为后者提供一个合理的类比，但其能够通过静态储层压力测试来测量。

地质裂缝（GEOCRACK）：丹尼尔·斯文森教授给其芬顿山节理干热岩储层的离散元素数值模型起的名字。

地热能（Geothermal energy）：从地球的自然热量中获取的能源。

地热梯度（Geothermal gradient）：岩体的温度随深度变化的速度。在超出地表气候影响的深度，地热梯度是以下因素的函数（1）岩石的成分；（2）存在显著的地热源（如岩浆体或放射性元素的富集）或与其之距离；以及（3）存在流体，其为传导梯度增加了对流成分。在干热岩环境下，由于没有开放的断层或节理使水对流，地热梯度是受地球内部的热量向外传导的控制，并由岩体本身中的放射性元素衰变产生的热量加以强化。

热流（Heat flow）：岩体中的热量从温度较高区域向温度较低区域的流动。岩石中传导热流的速度是特定岩体及其中任何流体的热导率的直接函数。流体在岩体中的运动也可能会产生对流热流，其发生速度能比传导热流的大得多，从而产生热液状况。

采热（Heat mining）：由阿姆斯特德和特斯特（Armstead and Tester，1987）创造的术语，用于重新命名闭环干热岩热传输过程（最初由唐·布朗于1973年命名），即通过加压水在封闭的人造干热岩储层中循环来生产地热能。它指的是通过加压水的循环将热量从储层中提取并输送到地表的过程。

传热体积（Heat-transfer volume）：干热岩储层中的压裂岩体体积，循环流体能够从其中有效地采热。它取决于储层的平均压力，但不包括地震体积的高压部分（在较低的储层循环压力下无法进入）和由“死胡同”流体填充的那些节理组成的区域。传热体积类似于循环可及储层体积（见上文）。

高回压流动测试（High-backpressure flow testing）：洛斯阿拉莫斯现场测试人员对封闭干热岩储层进行流动测试的术语，其生产压力远远高于防止生产流体沸腾所需的压力（高几百 psi）。

干热岩（HDR）地热能源（Hot dry rock geothermal energy）：1971年由洛斯阿拉莫斯科学实验室的研究人员发明的一个全新的地热能源概念（后来获得专利）。

湿热岩（HWR）地热能源（Wet geothermal energy）：日本地热研究人员在20世纪90年代初采用的术语，用于描述在无压裂情况下仅有少量产量的开放式节理热液系统（见第22页）。1995年美国能源部将此类系统重新命名为 Enhanced Geothermal System（EGS），即增强型地热系统。（截至2012年，在美国仍然还没有增强型地热系统的例子）。

单井循环运行模式（Huff-puff operational mode）：早期储层循环运行概念，即通过钻孔定期向封闭储层注水，然后从同一钻孔生产。

水力压裂（Hydraulic stimulation or pressurization）：将一种液体，通常是水，以足够高的压力注入钻孔的一个孤立段，以打开（扩张）与钻孔相交的一个或多个有利方位的节理。水力压裂坚硬的结晶基岩几乎都会打开已经存在但又重新封闭的那些节理，但并不能破裂（产生拉力）钻孔的固体岩围。打开此节理网络就工程制造出了干热岩储层（见压裂）。

初始闭环流动测试（ICFT）（Initial Closed-Loop Flow Test）：1986年中期在芬顿山对更深的第II期储层做的第一次扩展循环测试。

临时流动测试（IFT）（Interim Flow Test）：在初始闭环流动测试的第一个和第二个稳态生产阶段之间有将近7个月的时间（1992年8月至1993年2月），在此期间解决了水泵问题，同时对储层保持着加压循环。

阻抗（Impedance）：见流动阻抗和储层流动阻抗。

阻抗分布（Impedance distribution）：对干热岩循环系统总流动阻抗的分解，包括4个部分：系统管道（非常小）、注入井中流体进入那些储层入口附近的储层区域（小）、储层本体（小到大），以及流体进入那些生产井入口附近的储层区域（大）。

注入阻抗（Injection impedance）：与打开与注入井段相交的一组最有利方位节理所需的压力水平相关的阻抗（见第262页）。它与进入潜在储层区域的流动有关，不能与穿过储层的流动阻抗相混淆（见储层流动阻抗）。

注入压力（Injection pressure）：在注入井口施加的压力使流体进入干热岩储层。在常规的能源开采作业中，这一压力需要大到足以能打开储层节理使循环可行，但又不能大到使储层重新增长（诱发地震活动）。

积分平均流体体积（Intergral mean fluid volume）：根据示踪剂数据测得的储层体积（见第152页）。

撑开压力（Jacking pressure）：见节理打开压力。

节理（Joints）：结晶基岩中重新粘合（封闭）的缺陷或裂缝，最初在变形或沉沉过程中形成。在创建干热岩储层的过程中，水力压裂重新打开这种封闭的缺陷。

节理闭合应力（Joint-closure stress）：垂直于节理表面的地应力张量分量。它等于刚好打开一个节理所需的流体压力（节理打开压力）。

节理扩展压力（Joint-extension pressure）：高到使已打开的节理进一步扩展的压力。当干热岩储层加压时，在至少等于节理扩展压力下注入液体将会诱发微震活动，因为节理在继续压力扩张和延伸时会有轻微的剪切位移。

节理填充物（Joint-filling material）：随着时间的推移，由自然化学过程沉积填充并密封住结晶基底岩中先前打开节理的矿物质。

节理打开压力（Joint-opening pressure）：在现有的正常闭合应力下打开一个节理所需的流体压力，有时也称为撑开压力。

节理孔隙度（Joint porosity）：二次节理填充物的孔隙率，早期由于通过节理的含矿物质的液体流量不断减少而沉积下来而将其缓慢密封。因此在节理封闭后，其填充物的残余孔隙率称为节理孔隙度。它比基质（即结晶基岩中相互连接的微裂缝的稀疏阵列）的孔隙率要高得多。在某些情况下，储层孔隙度一词用来指加压干热岩储层的总孔隙度，它几乎完全由压裂节理的张开程度所决定，此总孔隙度强烈依赖于储层压力。

节理组（Joint sets）：近平行的组或阵列，用来表征压力扩张干热岩储层区域中压裂节理的分布。

洛斯阿拉莫斯科学实验室（Los Alamos Sientific Laboratory，LASL）：洛斯阿拉莫斯国家实验室1980年改名之前的名称。

最小主地应力（σ_3）：给定深度处原位地应力张量的最小分量。

负荷响应（Load-following）：干热岩储层以循环方式运行的能力，每天有几个小时的热能生产会大大增加。它是通过生产井回压的程序变化来实现的，使储层热能生产也发生相应的变化。它能使干热岩系统根据需求的波动来产能，在高峰期（和商业上最高价时）生产最大的能量。

长期流动测试（Long-Term Flow Test，LTFT）：对芬顿山第 II 期干热岩储层所做的流动测试（1992—1995 年），以评估干热岩能量生产的可靠性和储层寿命；并证明地热能源可以持续提取。其设计是为了尽可能地模拟商业干热岩发电厂的运行条件。

磁力测向（Magnetic ranging）：实验室用它磁力确定从一个钻孔到另一个钻孔的方向。

补给水（Makeup water）：必须持续添加到循环流体中的水量，以弥补储层边界外围处（到远处）流体的损失使其保持恒定的压力和流速。

分流节理（Manifolding joints）：干热岩储层内使流体贯通储层的连续节理组（见第 283 页）。

大规模水力压裂试验（MHF）（Massive Hydraulic Fracturing Test）：向 EE-2 井最深处高压高容量地注入了近 600 万 gal 的水，制造出了第 II 期干热岩储层。试验于 1983 年 12 月实施，旨在极大地扩大第 2020 次试验期间压裂的节理网络，并将这一扩大的储层与其上面的 EE-3 井连通起来。

微裂缝（Microcracks）：发生在结晶基岩中充满液体的小而细的裂缝。通常形成于晶界或矿物晶体内部，相互连通的微裂缝阵列排得非常紧密，这解释了干热岩储层的基质围岩具有非常低的原生渗透率因而非常高的流体流动阻抗。

微地震活动（Microseismic activity）：当水以足够高的压力注入封闭的岩石区域，打开以前的密封节理时所产生的非常小的地震（微震）（打开这种节理的主要是张力，但往往也会有剪切成分）。探测到微地震活动就表明干热岩储层正在形成或扩大，确定单个地震事件的位置是定位储层区域、确定其大致尺寸及其内部节理结构一些特性的最重要手段。

微地震云（Microseismic cloud）：受压裂岩体可能会诱发成千上万的微震事件，而且在某些区域比其他区域会更多。微地震事件云描述的是这些事件的分布和密度，代表着节理打开区域，这有助于研究人员评估压裂岩体中节理的连通程度。

微地震事件（Microseismic events）：由于沿相互连接的节理施加水压，在干热岩储层中造成有节理的岩块在深处发生位移。这些由节理张开和沿节理处的滑动引起的位移，表现为微地震。对微震事件的探测是一种定位节理扩张和储层增长的手段。

模态体积（Modal volume）：一种根据示踪剂数据测得的储层流体体积（见第 413 页）。

近井筒入口阻抗（Near-wellbore inlet impedance）：流体在将注入段与储层本体相连的那些近井筒节理中流动的阻力。当相对较冷的注入流体使得注入井附近的岩块冷却和收缩，从而打开这些相连节理时，该阻抗就会迅速下降。

近井筒出口阻抗（Near-wellbore outlet impedance）： 流体在将储层本体与压力低得多的生产段相连的那些近井筒节理中流动的阻力。在这一区域的流动阻抗是最大的，因为当流动汇聚到生产井时，流体压力会迅速下降，使得那些生产节理会逐渐闭合。

开环循环干热岩发电（Open-cycle HDR power extraction）： 流体通过在某处会对大气开放的干热岩储层的循环（非典型）。对于电力生产，产生的液体会闪蒸成蒸汽，然后再将蒸汽输送到涡轮机。开环循环运行有很多缺点，其中包括水的消耗和矿物结垢。

抛光孔座（PBR）（Polished bore receptance）： 一段有磨光（抛光）孔的管道（通常长为 30~40ft），以形成有滑动套筒高温密封机制的外表面。它与密封组件（有时称为抛光孔座芯轴）一起使用构成一个可移动的高压密封。抛光孔座密封组件在芬顿山用于了不同的压差，最高达 7000psi。

硬币状裂缝理论（Penny-shaped fracture theory）： 此理论（基于错误的假设认为基岩都是均匀和各向同性的）认为通过水力压裂能够在岩石中产生一个硬币状的垂直裂缝（见第 12 至 14 页?）。

第 II 期假设（Phase II assumption）： 根据在第 I 期储层中观察到的那些节理方位，假设更深的第 II 期储层区域的那些连续节理的方位也会是相同的，即基本上是垂直而不是倾斜的。此假设已证明是错误的（见第 251 页）。

第 II 期干热岩储层（Phase II HDR reservoir）： 芬顿山较深的干热岩储层，是在 1983 年年底在大规模水力压裂测试期间制造的，并在 1985—1995 年期间做了广泛的流动测试。

孔隙流体（Pore fluid）： 占据基岩块体中微裂缝孔隙的流体，且重要的是占据节理填充物本身中的孔隙的流体。后者孔隙不是由微裂缝组成，而是由更多的等轴孔隙组成（见第 356 页）。

压力张开或膨胀（Pressure dilation）： 通过压裂打开坚硬的结晶性岩石中的节理。注意节理不必完全顶开，只需稍微张开，使得不是所有的粗糙面都互相接触到。扩张可以持续到节理完全顶开。这种扩张产生的体积变化会被与内部岩块和（或）干热岩储层边界外围处岩体相关的压缩所容纳。

压力支撑（Pressure propping）： 通过节理本身内的压力来保持节理张开（类似于石油工业中使用的砂撑技术）。

压力剥落（Pressure spallation）： 压力引起的节理表面剥落。在储层发展过程中，来自节理的高压流体慢慢渗透到节理表面附近的岩石基质的微裂缝网络中。如果节理内的压力突然被释放（如储层的快速排空），高压流体会被困在微裂缝中。这样在微裂缝和低压节理之间会产生非常大的压力差，造成岩石基质的碎片脱离，或从节理表面剥落。似乎需要对基岩进行相当长的时间，如几天的压力“浸泡”，才能建立压力剥落的必要条件。

压裂（Pressure stimulation）：向钻入到岩体中的钻孔注入液体，压力高到足够能打开早已存在但又封闭的节理，或在加压区域周围扩展已经打开的节理［见水力压裂（或加压）］。

生产井回压（Production well backpressure）：在干热岩系统运行期间施加给生产井的压力。通过压力扩展节理从高压储层本体进入低压生产井筒，增加回压（高回压运行）可以大大地降低近井筒出口阻抗。

抽水蓄能（Pumped storage）：干热岩储层的一种辅助用途，即在高于正常压力的临时运行条件下，利用干热岩储层储存额外的加压水。这种额外储存是通过储层内和储层刚好在边界外的岩石块体的临时超压缩来容纳。额外储存的水可以在电力需求高峰期返回地面，增加干热岩工厂的电力产能。

储层流动阻抗（Reservoir flow impedance）：流经干热岩储层的阻力。它通常在生产井筒附近的区域最大，因为流体汇聚到压力低得多的生产井筒时，流体压力会迅速下降，造成相交的那些节理会在一定程度上闭合。

储层岩石体积（Reservoir rock volume）：压裂的干热岩储层岩石体积。它可以根据以下几种信息来测量或估算：地震数据、示踪剂数据、水力与流体力学测量，或井筒注入区和生产区的几何分析。与储层运行最相关的体积测量是流体可及储层体积（见上文），它根据的是静态储层加压数据。

储层验证流动测试（RVFT）（Reservoir Verification Flow Test）：芬顿山第II期干热岩储层的最后循环测试。它证明了储层即使经过两年的停运，储层压力有时都下降到了周围环境的水平，系统也能迅速恢复到与之前稳态时期基本相同的运行条件和生产力水平。

地震云（Seismic cloud）：见微地震云

地震储层体积（Seismic reservoir volume）：压裂作业所影响的岩体体积，由检测到的地震事件的分布确定。它只是一个估计值，因为地震事件的分布往往不均匀；它通常以标准差（σ_1、σ_2 等）的数学规则来表示置信度，根据的是计算中包含的已识别地震信号的分数。

短路（Short-circuiting）：流体优先通过一条或几条通道从注入井直接向生产井的流动。短路流动可能会使优选通道迅速冷却从而造成能源产量下降。而且经验也已表明，随着冷却，节理往往会塌陷且减少液体运输，因而会将更多的流量转移到更迂回的通道上。

应力笼（Stress cage）：压力扩张储层超压缩围岩的环形区域，它使得储层边界处的那些节理会比原来更紧密地闭合。这种额外的压缩是围岩对储层区域加压的弹性响应（见第276页）。

压力解锁试验（SUE）（Stress-unlocking experiment）：在第I期储层测试接近尾

声时所做的试验，以确定在明显较高的水平上对储层进行再加压是否会减少流动阻抗（见第 165 页）。

尾部固井（Tag cementing）：一种套管固井方法，只对套管底部数百英尺长的部分在钻孔中做固井。

热扩张（Thermal dilation）：通过热收缩，冷却造成与注水井相交的节理扩张。

热衰减（Thermal drawdown）：干热岩储层中储热量的消耗，其表现为生产流体的温度下降。

过流流体体积（Through-flow fluid volume）：与循环可及岩石体积有关的流体体积，根据示踪剂数据确定。

旅行时间算法（Travel-time algorithm）：空间定位声学事件的地震方法。通过反演至少由两个独立地震检波器所记录的 4 个或更多 P 波和（或）S 波的到达时间，就能够确定事件的位置和时间。

失水（Water loss）：水从加压干热岩储层的边界处扩散流失。这个术语有时被错误地用来指水流入正在扩大的干热岩储层区域，此时储层边界处的节理还在继续打开和压力扩张。

井筒阻抗（Wellbore impedance）：流体在注入井筒中向下和在生产井筒中向上流动的阻力。它是干热岩系统中整体流动阻抗的一个非常小的组成部分。

井筒应力集中（Wellbore stress concentration）：在井壁及其附近发生的周向压应力，它是由钻井产生的。

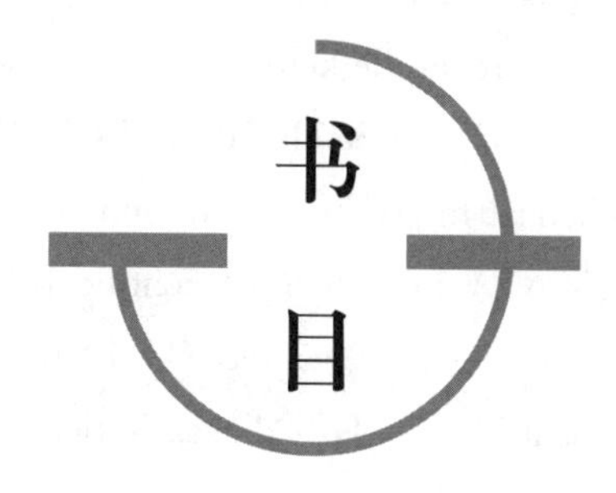

关于参考文献目录的说明

这里所列文献的主要来源是能源部的电子数据库，通过洛斯阿拉莫斯国家实验室研究图书馆加以访问。在最初的清单中，我们在编写各章时又逐渐增加了其他文献。在一些情况下，使用一个文献来补充或澄清信息后，我们检查了文献目录以了解它是否已经存在，结果发现的确已经存在，只是作者的顺序完全相反（除了第一作者）！糟糕的是，在多次发现这种情况后，才意识到这已经成了一种模式，那时再回头去找已改正了哪些条目则已经太晚了。(这个数据库问题的起源尚不清楚，可能与它从能源部转移到洛斯阿拉莫斯系统的过程有关)。更令人担忧的是在某些情况下，错误是通过美国地质协会专业数据库发现的，这让我们信任并使用了该数据库来做交叉检查，又多次发现了实验室文献相对地质协会专业数据库中的条目也是以相反的顺序排列作者姓名（通过实验室出版物数据库验证的)。

显然，要百分之百确定正确的顺序，唯一的办法是将每个参考文献与纸质件对照来做检查，鉴于条目的数量这是一项不可能完成的任务（更不用说要获得每个条目纸质件的难度)。因此我们只能竭尽所能，同时也表示歉意，可能还会有未知数量的文献仍然以第二和后续作者的名字按相反顺序列出。此外在一些情况下，参考文献（在不同的数据库中）没有页码或只有一个模糊的条目，如“第 128 页”，后者有 3 种可能的解释：该条目只是一页的摘要；它是一篇从该页开始的文章；或整个文件有 128 页。我们尽了最大努力来解决这些问题（例如，如果这个数字很明显代表文件的总页数，就写成“128 页”）。毫无疑问，还有一些条目因此而无法完全阐明。

Aamodt, R. L., 1977. "Hydraulic fracture experiments in GT-1 and GT-2," Los Alamos Scientific Laboratory report LA-6712, Los Alamos, NM, 19 pp.

Aamodt, R. L., 1980. "Hot dry rock geothermal reservoir engineering," 3rd invitational well testing symposium, *Well testing in low permeability environments* (March 26 - 28, 1980: Berkeley, CA). Lawrence Berkeley Laboratory, Berkeley, CA, pp. 11-13.

Aamodt, R. L., and Smith, M. C., 1972. "Induction and growth of fractures in hot rock—artificial geothermal reservoirs," 10th annual American Nuclear Society conference (June 18, 1972: Las Vegas, NV). Los Alamos Scientific Laboratory report LA-DC-72-669, 31pp.

Aamodt, R. L., and Zyvoloski, G., 1980. "Report on Phase I, Segment 5, Stage 1 (start up of experiment 217)," Los Alamos National Laboratory internal report G-5, Technical Memo No. 5, Los Alamos, NM, 31 pp.

Aamodt, R. L., and Kuriyagawa, M., 1981. "Measurement of instan-taneous shut-in pressure in crystalline rock," workshop on hydraulic fracturing stress measurements (December 2-5, 1981: Monterey, CA). U. S. Geological Survey Open File report OF 82-1075, Reston, VA, pp. 394-402.

Abé, H., and Hayashi, K., 1992. "Fundamentals of design concept and design methodology for artificial geothermal reservoir systems," *Geotherm. Resour. Counc. Bull.* 21(5): 149-155.

Abé, H., Duchane, D. V., Parker, R. H., and Kuriyagawa, M., 1999. "Present status and remaining problems of HDR/HWR systems design," in *Hot Dry Rock/Hot Wet Rock Academic Review* (Abé, H., Niitsuma, H., and Baria, R., eds.), *Geothermics* special issue 28 (4/5): 573-590.

Abé, H., Niitsuma, H., and Murphy, H., 1999. "Summary of discussions, structured academic review of HDR/HWR reservoirs," in *Hot Dry Rock/Hot Wet Rock Academic Review* (Abé, H., Niitsuma, H., and Baria, R., eds.), *Geothermics* special issue 28(4/5): 671-679.

Achenbach, J. D., Bazant, Z. P., Dundurs, J., Keer, L. M., Nemat-Nasser, S., Mura, T., and Weertman, J., 1980. "Hot dry rock reservoir character-ization and modeling, October 1, 1978-September 30, 1979" (final report). Los Alamos Scientific Laboratory report LA-8343-MS, Los Alamos, NM, 154 pp.

Ahearne, J., 1979. "Fenton Hill: drilling for energy at 13,000 feet," *The Atom*, Los Alamos Scientific Laboratory, Los Alamos, NM, 5 pp.

Albright, J. N., 1975. "A new and more accurate method for the direct measurement of earth temperature gradients in deep boreholes," 2nd United Nations symposium on the development and use of geothermal resources (May 20-29, 1975: San Francisco, CA). CONF-750525-7, 17 pp.

Albright, J. N., 1975. "Temperature measurements in the Precambrian section of Geothermal Test Hole No. 2," Los Alamos Scientific Laboratory report LA-6022-MS, Los Alamos, NM, 11 pp.

Albright, J. N., and Hanold, R., 1976. "Seismic mapping of hydraulic fractures made in basement rocks," in *Proceedings* (Linville, B., ed.), second ERDA symposium on enhanced oil and gas recovery (September 9, 1976: Tulsa, OK), vol. 2—Gas. Petroleum Publishing Company, Tulsa, OK, pp. C8. 1–C8. 13.

Albright, J. N., and Pearson, C. F., 1980. "Location of hydraulic fractures using microseismic techniques," 55th Society of Petroleum Engineers of AIME annual technical conference and exhibition (September 21, 1980: Dallas, TX). SPE 9509, 19 pp.

Albright, J. N., and Newton, C. A., 1981. "The characterization of hot dry rock geothermal energy extraction systems," in *SQUID Applications to Geophysics* (Weinstock, H., and Overton, W. C., Jr., eds.), workshop on SQUID applications (June 2–4, 1980: Los Alamos, NM), pp. 166–171.

Albright, J. N., and Pearson, C. F., 1982. "Acoustic emissions as a tool for hydraulic fracture location: experience at the Fenton Hill hot dry rock site," *Soc. Petrol. Eng. J.* 22(4): 523–530.

Albright, J., Potter, R., Aamodt, L., and Linville, B., 1977. "Definition of fluid-filled fractures in basement rocks," 3rd ERDA symposium on enhanced oil and gas recovery and improved drilling methods (August 30, 1977: Tulsa, OK). CONF-770836-P2, pp. F. 2. 1–F. 2. 8.

Albright, J. N., Aamodt, R. L., Potter, R. M., and Spence, R. W., 1978. "Acoustic methods for detecting water-filled fractures using commer-cial logging tools," 4th ERDA symposium on enhanced oil and gas recovery and improved drilling methods (August 29, 1978: Tulsa, OK). CONF-780825-3, 19 pp.

Albright, J. N., Fehler, M. C., and Pearson, C. F., 1980. "Transmission of acoustic signals through hydraulic fractures," in *Transactions*, 21st annual symposium of the Society of Professional Well Log Analysts (July 8–11, 1980: Lafayette, LA). SPWLA, Houston, TX, pp. R1–R18.

Albright, J. N., Johnson, P. A., Phillips, W. S., Bradley, C. R., and Rutledge, J. T., 1988. "The Crosswell Acoustic Surveying Project," Los Alamos National Laboratory report LA-11157-MS, Los Alamos, NM, 121 pp.

Aldrich, M. J., and Laughlin, A. W., 1984. "A model for the tectonic development of the southeastern Colorado Plateau boundary," *J. Geophys. Res.* 89: 207–218.

Aldrich, M. J., Laughlin, A. W., and Gambill, D. T., 1981. "Geothermal resource base of the world: a revision of the Electrical Power Research Institute's estimate," Los Alamos Scientific Laboratory report LA-8801-MS, Los Alamos, NM, 59 pp.

Altseimer, J. H., Armstrong, P. E., Fisher, H. N., and Krupka, M. C., 1977. "Rapid excavation by rock melting—LASL Subterrene program" (Hanold, R. J., comp.), Los Alamos Scientific Laboratory report LA-5979-SR, Los Alamos, NM, 83 pp.

Anon. ,1979. *Summary of talks,hot dry rock geothermal conference*(April 19-20,1978:Los Alamos,NM). Los Alamos Scientific Laboratory report LASL-79-8,Los Alamos,NM,31 pp.

Anon. ,1981. *Summary of talks,third annual hot dry rock geothermal infor-mation conference*(October 28-29,1980,Santa Fe,NM). Los Alamos National Laboratory report LAL-81-22, Los Alamos,NM,41 pp.

Archuleta,J. R. ,and Todd,B. E. ,1978. "Hot dry rock geothermal energy development project: cable head assembly. Equipment develop-ment report," Los Alamos Scientific Laboratory informal report LA-7325-MS,Los Alamos,NM,8 pp.

Armstead,H. C. H. ,1983. Geothermal Energy,second edition,E. & F. N. Spon,London,357 pp.

Armstead,H. C. H. ,and Tester,J. W. ,1987. Heat Mining,E. & F. N. Spon,London and New York,478 pp.

Armstrong,D. E. ,Coleman,J. S. ,McInteer,B. B. ,Potter,R. M. ,and Robinson,E. S. ,1965. "Rock melting as a drilling technique," Los Alamos Scientific Laboratory report LA-3243, Los Alamos,NM,39 pp.

Arney,B. ,Potter,R. ,and Brown,D. ,1981. "When the hole is dry:the HDR alternative in the Cascades," Geothermal Resources Council symposium,*Geothermal potential of the Cascade mountain range:exploration and development*(May 19-22,1981:Portland,OR). Geothermal Resources Council special report No. 10,Davis,CA,pp. 11-14.

Arney,B. H. ,Goff,F. ,and Harding Lawson Associates,1982. "Evaluation of the hot dry rock geothermal potential of an area near Mountain Home,Idaho," Los Alamos National Laboratory report LA-9365-HDR,Los Alamos,NM,65 pp.

Balagna,J. ,Vidale,R. ,Tester,J. ,Holley,C. ,Herrick,C. ,Feber,R. ,Charles,R. ,and Blatz, L. ,1976. "Geochemical considerations for hot dry rock systems," Conference on scale management in geothermal energy development(August 2,1976:San Diego,CA). COO-2607-4; CONF-760844,pp. 103-114.

Bechtel National,Inc. ,1988. *Hot Dry Rock Venture Risks Investigation*,prepared for the U. S. Department of Energy,San Francisco operations office,San Francisco,CA,217 pp.

Becker,N. M. ,Pettitt,R. A. ,and Hendron,R. H. ,1981. "Power from the hot-dry-rock geothermal resource," ASME/IEEE joint power generation conference(October 4,1981:St. Louis, MO). CONF-811008-3,30 pp.

Berger,M. E. ,and Murphy,H. D. ,1988. "Prospects for hot dry rock in the future," in *Proceedings*,Geothermal Energy Program Review VI(April 18-21,1988:San Francisco,CA). U. S. Department of Energy document CONF-880477-5,10 pp.

Birdsell,S. A. (ed.),1988. "Experiment 2074 report," Group ESS-4 internal memorandum ESS-4-88-92,Los Alamos,NM,29 pp.

Birdsell,S. A. (ed.),1989. "Experiment 2076 report," GroupESS-4 internal memorandum ESS-4-89-82,Los Alamos,NM,9pp.

Birdsell,S. A. ,and Robinson,B. A. ,1988a. "Prediction of thermal front breakthrough due to fluid reinjection in geothermal reservoirs," Geothermal Resources Council 11th annual symposium on geothermal energy(January 10-14,1988:New Orleans,LA). American Society of Mechanical Engineers,New York,NY,CONF-880104,7pp.

Birdsell,S. A. ,and Robinson,B. A. ,1988b. "A three-dimensional model of fluid,heat,and tracer transport in the Fenton Hill hot dry rock reser-voir," in *Proceedings*,13th annual workshop on geothermal reservoir engineering(January 19-21,1988:Stanford,CA). SGP-TR-113,pp. 225-230.

Birdsell,S. A. ,and Robinson,B. A. ,1989. "Kinetics of aryl halide hydrolysis using isothermal and temperature-programmed reaction analyses," *Ind. Eng. Chem. Res.* 28(5):511-518.

Blackwell,D. D. ,1983. "Heat flow—the technique for hot dry rock exploration and evaluation," in *Workshop on Exploration for Hot Dry Rock Geothermal Systems*(Heiken,G. H. ,Shankland, T. J. ,and Ander,M. E. ,comp.),June 21,1982:Los Alamos,NM. Los Alamos National Laboratory report LA-9697-C,Los Alamos,NM,pp. 22-27.

Blair,A. G. ,Tester,J. W. ,andMortensen,J. J. ,1976. "LASL Hot Dry Rock Geothermal Project. Progress report,July 1,1975-June 30,1976," Los Alamos Scientific Laboratory report LA-6525-PR,Los Alamos,NM,238pp.

Block,L. ,Cheng,C. H. ,Fehler,M. ,and Phillips,W. S. ,1991. "Inversion of microearthquake arrival time data at the Los Alamos hot dry rock reservoir," 60th annual international meeting of the Society of Exploration Geologists(September 23-27,1991:San Francisco,CA). Expanded abstracts SI4. 7,pp. 1226-1229.

Block,L. V. ,Phillips,W. S. ,Fehler,M. C. ,and Cheng,C. H. ,1994. "Seismic imaging using microearthquakes induced by hydraulic fracturing," *Geophys.* 59(1):102-112.

Bower,K. M. ,June 1996. "A numerical model of hydro-thermo-mechanical coupling in a fractured rock mass," Los Alamos National Laboratory report LA-13153-T,Los Alamos,NM,179 pp.

Brittenham,T. L. ,1978. "Drilling plan,Energy Extraction Well EE-2,Jemez Plateau,Sandoval County,New Mexico." Grace,Shursen,Moore & Associates,unpublished data.

Brittenham,T. L. ,Williams,R. E. ,Rowley,J. C. ,and Neudecker,J. W. ,1980. "Directional drilling operations:hot dry rock Well EE-2," preprint,Geothermal Resources Council annual meeting(September 9-11,1980:Salt Lake City,UT). Los Alamos Scientific Laboratory report LASL-80-36,Los Alamos,NM,pp. 5-8.

Brown, D. W., 1973. "Potential for hot-dry-rock geothermal energy in the western United States," Los Alamos Scientific Laboratory report LA-UR-73-1075, Los Alamos, NM, 22 pp.

Brown, D. W., 1982a. "Addendum to Experiment 2020 procedure," Group ESS-4 internal memorandum ESS-4-82-489, Los Alamos, NM, 4 pp.

Brown, D. W., 1982b. "Los Alamos hot-dry-rock project: recent results," in *Proceedings*, 8th annual workshop on geothermal reservoir engineering (December 14, 1982: Stanford, CA). SGP-TR-60, pp. 249-254.

Brown, D. W. (ed.), 1983. "Results of Experiment 186, the high back-pressure flow experiment" (unpublished), 86 pp.

Brown, D. W., 1988a. "Anomalous earth stress measurements during a six-year sequence of pumping tests at Fenton Hill, New Mexico," 2nd international workshop on hydraulic fracturing stress measurements (June 15-18, 1988: Minneapolis, MN). Los Alamos National Labora-tory report LA-UR-88-3985, Los Alamos, NM, 25 pp.

Brown, D. W., 1988b. "Post Expt. 2074 temperature log in EE-3A," Group ESS-4 internal memorandum ESS-4-88-25, Los Alamos, NM, 4 pp.

Brown, D. W., 1989a. "Reservoir modeling for production management," in *Research and Development for the Geothermal Marketplace*, proceed-ings of Geothermal Energy Program Review VII (March 21-23, 1989: San Francisco, CA). U. S. Department of Energy document CONF-890352, pp. 153-156.

Brown, D. W., 1989b. "The potential for large errors in the inferred minimum earth stress when using incomplete hydraulic fracturing data," *Int. J. Rock Mech. Min. Sci. & Geomech. Abstr.* 26: 573-577.

Brown, D. W., 1990a. "Hot dry rock reservoir engineering," *Geotherm. Resour. Counc. Bull.* 19 (3): 89-93.

Brown, D. W., 1990b. "Reservoir water loss modeling and measurements at Fenton Hill, New Mexico," in *Hot Dry Rock Geothermal Energy* (Baria, R., ed.), proceedings of the Camborne School of Mines interna-tional hot dry rock conference (June 27-30, 1989: Redruth, Cornwall, UK). Robertson Scientific Publications, London, pp. 498-508.

Brown, D. W., 1991. "Recent progress in HDR reservoir engineering," in *The Geothermal Partnership—Industry, Utilities, and Government Meeting the Challenges of the 90's*, proceedings of Geothermal Energy Program Review IX (March 19-21, 1991: San Francisco, CA). U. S. Department of Energy document CONF-9103105, pp. 153-157.

Brown, D. W., 1992. "Update on the Long-Term Flow Testing Program," *Geotherm. Resour. Counc. Bull.* 21: 157-161.

Brown, D. W., 1993a. "Cumulative experience of the U. S. Hot Dry Rock Program," in *Hot Dry Rock Geothermal Energy for U. S. Electric Utilities*, proceedings of an EPRI workshop (January 14, 1993: Philadelphia, PA). Project RP1994-06, 6 pp.

Brown, D. W., 1993b. "Recent flow testing of the HDR reservoir at Fenton Hill, New Mexico," *Geotherm. Resour. Counc. Bull.* 22: 208-214.

Brown, D. W., 1994a. "How to achieve a four-fold productivity increase at Fenton Hill," Geothermal Resources Council annual meeting, *Restruc-turing the geothermal industry* (October 2-5, 1994: Salt Lake City, UT). *Trans. Geotherm. Resour. Counc.* 18: 405-408.

Brown, D. W., 1994b. "Summary of recent flow testing of the Fenton Hill HDR reservoir," in *Proceedings*, 19th annual workshop ongeothermal reservoir engineering (January 18 - 20, 1994: Stanford, CA). SGP-TR-147, pp. 113-116.

Brown, D., 1995a. "1995 verification flow testing of the HDR reservoir at Fenton Hill, New Mexico," Geothermal Resources Council annual meeting (October 8-11, 1995: Reno, NV). *Trans. Geotherm. Resour. Counc.* 19: 253-256.

Brown, D., 1995b. "The US hot dry rock program—20 years of experience in reservoir testing," in *Worldwide Utilization of Geothermal Energy: an Indigenous, Environmentally Benign Renewable Energy Resource*, proceedings of the World Geothermal Congress (May 18 - 31, 1995: Florence, Italy). International Geothermal Association, Inc., Auckland, New Zealand, vol. 4, pp. 2607-2611.

Brown, D. W., 1996a. "Experimental verification of the load-following potential of a hot dry rock geothermal reservoir," in *Proceedings*, 21st workshop on geothermal reservoir engineering (January 22-24, 1996: Stanford, CA). SGP-TR-151, pp. 281-285.

Brown, D. W., 1996b. "1995 reservoir flow testing at Fenton Hill, New Mexico," in *Proceedings*, 3rd international HDR forum (May 13-16, 1996: Santa Fe, NM), pp. 34-37.

Brown, D. W., 1996c. "The geothermal analog of pumped storage for electrical demand load following," in *Proceedings*, Intersociety Energy Conversion Engineering Conference (August 11-16, 1996: Washington, DC), pp. 1653-1656.

Brown, D. W., 1996d. "The hot dry rock geothermal potential of the Susanville (CA) area," *Trans. Geotherm. Resour. Counc.* 20: 441-445.

Brown, D. W., 1996e. "The load-following potential of an HDR reservoir," in *Proceedings*, 3rd international HDR forum (May 13-16, 1996: Santa Fe, NM), pp. 47-50.

Brown, D. W., 1997a. " Review of Fenton Hill HDR test results," in *Proceedings*, NEDO international geothermal symposium (March 11-12, 1997: Sendai, Japan), pp. 316-323.

Brown, D. W., 1997b. "Storage capacity in hot dry rock reservoirs," U. S. Patent No. 5,585,362, dated November 11, 1997.

Brown, D. W., 1999. "Evidence for the existence of a stable, highly fluid-pressurized region of deep, jointed crystalline rock from Fenton Hill hot dry rock test data," in *Proceedings*, 24th workshop on geothermal reservoir engineering (January 25-27, 1999: Stanford, CA). SGP-TR-162, pp. 352-358.

Brown, D. W., 2000. "A hot dry rock geothermal energy concept utilizing supercritical CO_2 instead of water," in *Proceedings*, 25th annual workshop on geothermal reservoir engineering (January 24-26, 2000: Stanford, CA). SGP-TR-165, pp. 233-238.

Brown, D. W., 2003. "Geothermal energy production with supercritical fluids," U. S. Patent No. 6,668,554 B1 (dated December 30, 2003).

Brown, D. W., 2009. "Hot dry rock geothermal energy: important lessons from Fenton Hill," in *Proceedings*, 34th workshop on geothermal reser-voir engineering (February 9-11, 2009: Stanford, CA). SGP-TR-187, pp. 139-142.

Brown, D. W., and Potter, R. M., 1973. "LASL geothermal energy program: summary of *in-situ* experiments in the first exploratory hole," fall annual meeting of the American Geophysical Union (December 10-13, 1973: San Francisco, CA). *EOS*, *Trans. Am. Geophys. Union* 54 (11): 1214.

Brown, D. W., and Fehler, M. C., 1989. "Pressure-dependent water loss from a hydraulically stimulated region of deep, naturally jointed crystalline rock," in*Proceedings*, 14th annual workshop on geothermal reservoir engineering (January 24-26, 1989: Stanford, CA). SGP-TR-122, pp. 19-28.

Brown, D. W., and Robinson, B. A., 1990. "The pressure dilation of a deep, jointed region of the earth," in *Rock Joints* (Barton, N., and Stephansson, O., eds.), proceedings of the international symposium on rock joints (June 4-6, 1990: Loen, Norway). Balkema, Rotterdam, pp. 519-525.

Brown, D. W., and Duchane, D., 1992. "Status and prospects for hot dry rock in the United States," Geothermal Resources Council annual meeting (October 4-7, 1992: San Diego, CA). *Trans. Geotherm. Resour. Counc.* vol. 16, 20th anniversary, Davis, CA, pp. 395-401.

Brown, D. W., and DuTeau, R., 1993. "Progress report on the long-term flow testing of the HDR reservoir at Fenton Hill, New Mexico" in *Proceedings*, 18th annual workshop on geothermal reservoir engineering (January 26-28, 1993: Stanford, CA). SGP-TR-145, pp. 207-211.

Brown, D. W., and DuTeau, R. J., 1995. "Using a hot dry rock geothermal reservoir for load following," in *Proceedings*, 20th annual workshop on geothermal reservoir engineering (January 24-26, 1995: Stanford, CA). SGP-TR-150, pp. 207-211.

Brown, D. W., and DuTeaux, R., 1997. "Three principal results from recent Fenton Hill flow testing," in *Proceedings*, 22nd workshop on geothermal reservoir engineering (January 27–29, 1997: Stanford, CA). SGP-TR-155, pp. 185–190.

Brown, D. W., and Duchane, D. V., 1999. "Scientific progress on the Fenton Hill HDR project since 1983," in *Hot Dry Rock/Hot Wet Rock Academic Review* (Abé, H., Niitsuma, H., and Baria, R., eds.), *Geothermics* special issue 28(4/5): 591–601.

Brown, D. W., Potter, R. M., and Smith, M. C., 1972. "New method for extracting energy from ′dry′ geothermal reservoirs," 7th intersociety energy conversion engineering conference (September 25, 1972: San Diego, CA). Los Alamos Scientific Laboratoryreport LA-DC-72-1157, Los Alamos, NM, 23 pp.

Brown, D., Hendron, R. H., and Dennis, B., 1982. "Experiment 2020: third fracture connection attempt from just below the casing shoe in EE-2," Group ESS-4 internal memorandum ESS-4-82-410, Los Alamos, NM, 8 pp.

Brown, D. W., Dennis, B., and Hendron, R. H., 1984. "Experiment 2036: post-MHF evaluation of EE-2," Group ESS-4 internal memorandum ESS-4-84-4, Los Alamos, NM, 7 pp.

Brown, D. W., Potter, R. M., and Myers, C. W., 1990. "Hot dry rock geothermal energy—an emerging energy resource with a large world-wide potential," in *Energy and the Environment in the 21st Century* (Tester, J. W., Wood, D. O., and Ferrari, N. A., eds.), proceedings of the MIT conference (March 26–28, 1990: Cambridge, MA), pp. 931–942.

Brown, D. W., DuTeaux, R., Kruger, P., Swenson, D., and Yamaguchi, T., 1999. "Fluid circulation and heat extraction from engineered geothermal reservoirs," in *Hot Dry Rock/Hot Wet Rock Academic Review* (Abé, H., Niitsuma, H., and Baria, R., eds.), *Geothermics* special issue 28(4/5): 553–572.

Burns, K. L., 1987. "Geological structures from televiewer logs of GT-2, Fenton Hill, New Mexico. Part 1: feature extraction," Los Alamos National Laboratory report LA-10619-HDR, Pt. 1, Los Alamos, NM, 40 pp.

Burns, K. L., 1987. "Geological structures from televiewer logs of GT-2, Fenton Hill, New Mexico. Part2: rectification," Los Alamos National Laboratory report LA-10619-HDR, Pt. 2, Los Alamos, NM, 40pp.

Burns, K. L., 1987. "Geological structures from televiewer logs of GT-2, Fenton Hill, New Mexico. Part 3: quality control," Los Alamos National Laboratory report LA-10619-HDR, Pt. 3, 18 pp.

Burns, K. L., 1988. "Televiewer measurement of the orientation of *in-situ* stress at the Fenton Hill Hot Dry Rock site, New Mexico," Geothermal Resources Council annual meeting (October 9–12, 1988: San Diego, CA). *Trans. Geotherm. Resour. Counc.* 12: 229–235.

Burns, K. L., 1991. "Orientation of minimum principal stress in the hot dry rock geothermal reservoir at Fenton Hill, New Mexico," Geothermal Resources Council annual meeting (October 6–9, 1991: Sparks, NV). *Trans. Geotherm. Resour. Counc.* 15: 319–323.

Burns, K. L., and Potter, R. M., 1995. "Structural analysis of Precam–brian rocks at the hot dry rock site at Fenton Hill, New Mexico," in *Worldwide Utilization of Geothermal Energy: anIndigenous, Environmentally Benign Renewable Energy Resource*, proceedings of the World Geothermal Congress (May 18–31, 1995: Florence, Italy). International Geothermal Association, Inc., Auckland, New Zealand, vol. 4, pp. 2619–2624.

Callahan, T. J., 1996. "Reservoir investigations of the hot dry rock geothermal system, Fenton Hill, New Mexico: tracer test results," in *Proceedings*, 21st annual workshop on geothermal reservoir engineering (January 22–24, 1996: Stanford, CA). SGP–TR–151, pp. 299–304.

Carden, R. S., Nicholson, R. W., Pettitt, R. A., and Rowley, J. C., 1985. "Unique aspects of drilling and completing hot–dry–rock geothermal wells," *J. Pet. Technol.* 37: 821–834.

Carter, J. J., 1990. "The effects of a clay coating on fluid flow through simulated rock fractures," M. S. thesis, University of California, Department of Materials Science and Mineral Engineering, Berkeley, CA, 75 pp.

Cash, D., Homuth, E. F., Keppler, H., Pearson, C., and Sasaki, S., 1983. "Fault plane solutions for microearthquakes induced at the Fenton Hill hot dry rock geothermal site: implications for the state of stress near a Quaternary volcanic center," *Geophys. Res. Lett.* 10(12): 1141–1144.

Chemburkar, R., Brown, L. F., Travis, B. J., and Robinson, B. A., 1988. "Numerical determination of temperature profiles in flowing systems from conversions of chemically reacting tracers," American Institute of Chemical Engineers annual convention (November 27, 1988: Washington, DC). CONF–881143–4, 16 pp.

Cummings, R. G., Erickson, E. L., Arundale, C. J., and Morris, G., 1979. *Economic Factors Relevant for Electric Power Produced from Hot Dry Rock Geothermal Resources: A Case Study for the Fenton Hill, New Mexico, Area*. U. S. Department of Energy report DOE/ET/27017–T1, 52 pp.

Cummings, R. G., Morris, G. E., Tester, J. W., and Bivins, R. L., 1979. "Mining earth´s heat: hot dry rock geothermal energy," *Technol. Rev.* 81(4): 58–78.

Dash, Z. V., and Murphy, H. D., 1981. "Summary of hot dry rock geothermal reservoir testing 1978 to 1980," in *Proceedings*, 7th annual workshop on geothermal reservoir engineering (December 16, 1981: Stanford, CA), pp. 97–102.

Dash, Z. V., and Murphy, H. D. (eds.), 1983. "Hot dry rock geothermal reservoir testing: 1978 to 1980," in *Geothermal Energy from Hot Dry Rock* (Heiken, G., and Goff, F., eds.), *J. Volcanol. Geotherm. Res.* special issue 15(1-3):59-99.

Dash, Z. V., and Murphy, H. D., 1985. "Estimating fracture apertures from hydraulic data and comparison with theory," Geothermal Resources Council annual meeting (August 26-30, 1985: Kailua Kona, HI). *Trans. Geotherm. Resour. Counc.* 9(II):493-496.

Dash, Z. V., Murphy, H. D., and Cremer, G. M. (eds.), 1981. "Hot dry rock geothermal reservoir testing: 1978-1980," Los Alamos National Laboratory report LA-9080-SR, 62 pp.

Dash, Z., Dennis, B., Dreesen, D., Fehler, M., Walter, F., and Zyvoloski, G., 1984. "Experiment 2042," Group ESS-4 internal memorandum ESS-4-84-326, Los Alamos, NM, 39 pp.

Dash, Z., Burns, K., Kelkar, S., Dreesen, D., House, L., Miller, J., Zyvoloski, G., and Murphy, H., 1985a. "Experiment 2061—the unsuccessful attempt to connect EE-3A to EE-2 by injection in EE-3A below a packer set at 12555 feet," Group ESS-4 internal memorandum ESS-4-85-205, Los Alamos, NM, 40pp.

Dash, Z. V., Dreesen, D. S., Walter, F., and House, L., 1985b. "The massive hydraulic fracture of Fenton Hill HDR Well EE-3," Geothermal Resources Council annual meeting (August 26-30, 1985: Kailua Kona, HI). *Trans. Geotherm. Resour. Counc.* 9(II):83-88.

Dash, Z. V., Aguilar, R. G., Dennis, B. R., Dreesen, D. S., Fehler, M. C., Hendron, R. H., House, L. S., Ito, H., Kelkar, S. M., Malzahn, M. V., Miller, J. R., Murphy, H. D., Phillips, W. S., Restine, S. B., Roberts, P. M., Robinson, B. A., and Romero, W. R. Jr., 1989. "ICFT: an initial closed-loop flow test of the Fenton Hill Phase II HDR reservoir," Los Alamos National Laboratory report LA-11498-HDR, Los Alamos, NM, 128pp.

Demuth, R. B., and Harlow, F. H., 1979. "Thermal fracture effects in geothermal energy extraction," Los Alamos Scientific Laboratory report LA-7963, Los Alamos, NM, 148pp.

Demuth, R. B., and Harlow, F. H., 1980. "Geothermal energy enhancement by thermal fracture," Los Alamos Scientific Laboratory report LA-8428, 66 pp.

Dennis, B. R., 1978. "Hot dry rock, an abundant, clean energy resource," in *Combined Environments: Technology Interrelations*, proceedings of the 24th Institute of Environmental Sciences technical meeting (April 18-20, 1978: Fort Worth, TX). A79-16076 04-38, pp. 300-306.

Dennis, B. R., 1980. "Borehole survey instrumentation development for geothermal applications," in *Transactions*, 21st annual symposium of the Society of Professional Well Log Analysts (July 8-11, 1980: Lafayette, LA). SPWLA, Houston, TX, pp. D1-D16.

Dennis, B. R., 1984. "Logging technology forhigh-temperature geothermal boreholes," in *Observation of the Continental Crust through Drilling I*(Raleigh, C. B., ed.), international symposium(May 20-25, 1984: Tarrytown, NY), pp. 174-181.

Dennis, B. R., 1985. "Earth science instrumentation update review," in *Proceedings*, Geothermal Energy Program Review IV(September11, 1985: Washington, DC). U. S. Department of Energy document CONF-8509142, pp. 115-118.

Dennis, B. R. (comp.), 1986. "Symposium on high-temperature well-logging instrumentation"(November 13-14, 1985: Los Alamos, NM). Los Alamos National Laboratory report LA-10745-C, Los Alamos, NM, 117 pp.

Dennis, B. R., 1987. "What is required to make good measurements in a geothermal wellbore? A team," in *Proceedings*, Geothermal Energy Program Review V(April 14-15, 1987: Washington, DC). U. S. Department of Energy document CONF-8704110, pp. 165-170.

Dennis, B., 1990. "High-temperature borehole instrumentation developed for the DOE Hot Dry Rock Geothermal Energy Program," *Geotherm. Resour. Counc. Bull.* 19(3): 71-81.

Dennis, B. R., and Horton, E. H., 1980. "Hot dry rock, an alternate geothermal energy resource—a challenge for instrumentation," *Trans. Instrum. Soc. Am.* 19(1): 49-58.

Dennis, B. R., Potter, R., and Kolar, J., 1981. "Radioactive tracers used to characterize geothermal reservoirs," preprint, Geothermal Resources Council annual meeting(October 25-29, 1981: Houston, TX). Los Alamos Scientific Laboratory report LALP-81-48, Los Alamos, NM, pp. 1-4.

Dennis, B. R., Koczan, S., and Cruz, J., 1982. "High-temperature borehole instrumentation," 10th annual Instrument Society of America sympo-sium on instrumentation and control systems(May 4, 1982: Denver, CO). CONF-820564-1, 13 pp.

Dennis, B. R., Koczan, S. P., and Stephani, E. L., 1985. "High-temperature borehole instrumentation," Los Alamos National Laboratory report LA-10558-HDR, Los Alamos, NM, 46 pp.

Dey, T. N., and Brown, D. W., 1986. "Stress measurements in a deep granitic rock mass using hydraulic fracturing and differential strain curve analysis," in *Proceedings*, international symposiumon rock stress and rock stress measurements(September1-3, 1986: Stockholm, Sweden). Centek Publishers, Lulea, Sweden, pp. 351-357.

Dillinger, W. H., Harding, S. T., and Pope, A. J., 1972. "Determining maximum likelihood body wave focal plane solutions," *Geophys. J. Roy. Astron. Soc.* 30: 315-329.

Dreesen, D. S., and Nicholson, R. W., 1985. "Well completion and opera-tions for MHF of Fenton Hill HDR Well EE-2," Geothermal Resources Council annual meeting(August 26-30, 1985: Kailua Kona, HI). *Trans. Geotherm. Resour. Counc.* 9(II): 89-94.

Dreesen, D. S., Malzahn, M. V., Fehler, M. C., and Dash, Z. V., 1987. "Identification of MHF fracture planes and flow paths: a correlation of well log data with patterns in locations of induced seismicity," Geothermal Resources Council annual meeting (October 11-14, 1987: Sparks, NV). *Trans. Geotherm. Resour. Counc.* 11: 339-348.

Dreesen, D. S., Cocks, G. G., Nicholson, R. W., and Thomson, J. C., 1989. "Repair, sidetrack, drilling, and completion of EE-2A for Phase II reservoir production service," Los Alamos National Laboratory report LA-11647-MS, Los Alamos, NM, 67 pp.

Duchane, D. V., 1990. "Hot dry rock: a realistic energy option," *Geotherm. Resour. Counc. Bull.* 19(3): 83-88.

Duchane, D. V., 1991. "Commercialization of hot dry rock geothermal energy technology," Geothermal Resources Council annual meeting (October 6-9, 1991: Sparks, NV). *Trans. Geotherm. Resour. Counc.* 15: 325-331.

Duchane, D. V., 1991. "Hot dry rock heat mining: an alternative energy progress report," in *Proceedings*, international symposium on energy and environment (August 25-28, 1991: Espoo, Finland). CONF-910809-1, 17 pp.

Duchane, D. V., 1991. "International programs in hot dry rock technology development," *Geotherm. Resour. Counc. Bull.* 20(5): 135-142.

Duchane, D., 1991. "Moving HDR technology toward commercialization," in *The Geothermal Partnership—Industry, Utilities, and Government Meeting the Challenges of the 90's*, proceedings of Geothermal Energy Program Review IX (March 19-21, 1991: San Francisco, CA). U. S. Department of Energy document CONF-9103105, pp. 143-148.

Duchane, D. V., 1992. "Hot dry rock: a new energy source for clean power," Ch. 45 in *Proceedings*, 15th World Energy Engineering Congress (October 27-31, 1992: Atlanta, GA). pp. 265-270.

Duchane, D. V., 1992. "Hot dry rock heat mining: an advanced geothermal energy technology," in *Emerging Energy Technology*—1992, PD-Vol. 41 (Gollahalli, S. R., ed.), proceedings of the American Society of Mechan-ical Engineers energy sources technology conference and exhibition (January 26-30, 1992: Houston, TX). American Society of Mechanical Engineers, New York, NY, pp. 71-78.

Duchane, D. V., 1992. "HDR opportunities and challenges beyond the long-term flow test," in *Geothermal Energy and the Utility Market—the Opportunities and Challenges for Expanding Geothermal Energy ina Competitive Supply Market*, proceedings of Geothermal Energy Program Review X (March 24-26, 1992: San Francisco, CA). U. S. Department of Energy document CONF-920378, pp. 147-154.

Duchane, D. V., 1992. "Industrial applications of hot dry rock geothermal energy," international conference on industrial uses of geothermal energy (September 2–4, 1992: Reykjavik, Iceland). CONF-9209147-1, 9 pp.

Duchane, D. V., 1993. "Expectations for a second U. S. hot dry rock site," in *Hot Dry Rock Geothermal Energy for U. S. Electric Utilities*, proceed-ings of an EPRI workshop (January 14, 1993: Philadelphia, PA). Project RP1994-06, 5 pp.

Duchane, D. V., 1993. "Hot dry rock flow testing: What has it told us? What questions remain?" Geothermal Resources Council annual meeting, *Utilities and geothermal: an emerging partnership* (October 10–13, 1993: Burlingame, CA). *Trans. Geotherm. Resour. Counc.* 17: 325–330.

Duchane, D. V., 1993. "Hot dry rock: What does it take to make it happen?" in *Geothermal Energy—the Environmentally Responsible Energy Technology for the Nineties*, proceedings of Geothermal Energy Program Review XI (April 27–29, 1993: Berkeley, CA). *Geotherm. Resour. Counc. Bull.* 22(8): 204–207.

Duchane, D. V., 1993. "Next stages in HDR technology development," in *Hot Dry Rock Geothermal Energy for U. S. Electric Utilities*, proceed-ings of an EPRI workshop (January 14, 1993: Philadelphia, PA). Project RP1994-06, 7 pp.

Duchane, D., 1994a. "Geothermal energy," in Kirk-Othmer Encyclopedia of Chemical Technology, 4th edition, vol. 12. John Wiley & Sons, New York, pp. 512–539.

Duchane, D. V., 1994b. "Geothermal energy production from hot dry rock: operational testing at the Fenton Hill, New Mexico HDR test facility," in *Emerging Energy Technology—1994* (Karim, G. A., ed.), proceed-ings of the American Society of Mechanical Engineers energy sources technology conference and exhibition (January 23–26, 1994: New Orleans, LA). American Society of Mechanical Engineers, New York, NY, vol. 57.

Duchane, D. V., 1994c. "Heat mining to tap hot dry rock energy," Los Alamos National Laboratory report LALP-94-73, Los Alamos, NM, 4 pp.

Duchane, D. V., 1994d. "Hot dry rock: a climate change action opportunity for industry," in *Geothermal's Role in Global Climate Change—Impacts on the Climate Change Action Plan*, proceedings of Geothermal Energy Program Review XII (April 25–28, 1994: San Francisco, CA), 11pp.

Duchane, D., 1994e. "Hot dry rock geothermal energy: moving towards practical applications," New Mexico conference on the environment (April 24–26, 1994: Albuquerque, NM). CONF-9404107-3, 10 pp.

Duchane, D., 1994f. "Status of the United States hot dry rock geothermal technology development program," *Chinetsu Gijutsu* (Japan) 19(1 & 2): 12–32.

Duchane, D. V. , 1995a. "Heat mining to extract hot dry rock (HDR) geothermal energy: technical and scientific progress," in *Federal Geothermal Research Program Update, Fiscal Year* 1994, U. S. Department of Energy, Washington, DC, pp. 4. 183–4. 195.

Duchane, D. V. , 1995b. "Heat mining to extract hot dry rock (HDR) geothermal energy: technology transfer activities," in *Federal Geothermal Research Program Update, Fiscal Year* 1994, U. S. Department of Energy, Washington, DC, pp. 4. 197–4. 203.

Duchane, D. V. , 1995c. "Hot dry rock: a versatile alternative energy technology," annual technical conference and exhibition of the Society of Petroleum Engineers (October 22–25, 1995: Dallas, TX). SPE 30738, 10 pp.

Duchane, D. , 1995d. "Hot dry rock geothermal energy in the USA— moving toward practical use," in *Worldwide Utilization of Geothermal Energy: an Indigenous, Environmentally Benign Renewable Energy Resource*, proceedings of the World Geothermal Congress (May 18–31, 1995: Florence, Italy). International Geothermal Association, Inc. , Auckland, New Zealand, vol. 4, pp. 2613–2617.

Duchane, D. V. , 1995e. "Hot dry rock in the United States: putting a unique technology to practical use," Geothermal Resources Council annual meeting (October 8–11, 1995: Reno, NV). *Trans. Geotherm. Resour. Counc.* 19: 257–261.

Duchane, D. V. , 1995f. "Putting HDR technology to practical use," in *The Role of Cost–Shared R & D in the Development of Geothermal Resources*, proceedings of Geothermal Energy Program Review XIII (March 13–16, 1995: San Francisco, CA). U. S. Department of Energy document DOE/EE–0075, pp. 8. 19–8. 26.

Duchane, D. , 1996a. "Focus of the Hot Dry Rock Program after restruc–turing," in *Keeping Geothermal Energy Competitive in Foreign and Domestic Markets*, proceedings of Geothermal Energy Program Review XIV (April 8–10, 1996: Berkeley, CA). U. S. Department of Energy document DOE/EE–0106, pp. 89–95.

Duchane, D. V. , 1996b, "Geothermal energy from hot dry rock: a renew–able energy technology moving towards practical application," in *Renewable Energy* Vol. II (A. A. M. Sayigh, ed.), World Renewable Energy Congress on energy efficiency and the environment (June 15–21, 1996: Denver, CO), pp. 1246–1249.

Duchane, D. V. , 1996c. "Heat mining to extract hot dry rock geothermal energy: technical and scientific progress," in *Federal Geothermal Research Program Update, Fiscal Year* 1995, U. S. Department of Energy, Washington, DC, pp. 4. 215–4. 230.

Duchane, D. , 1996d. "Hydrothermal applications of hot dry rock tech–nology," *Trans. Geotherm. Resour. Counc.* 20: 453–456.

Duchane, D. V., 1996e. "Progress in making hot dry rock geothermal energy a viable renewable energy resource for America in the 21st century," 31st Intersociety and Energy Conversion Engineering Conference (August 11-16, 1996: Washington, DC). Vol. 3, IEEE, Piscataway, NJ, pp. 1628-1632.

Duchane, D., 2002. "The history of HDR research and development," in *Geologisches Jahrbuch* special edition (Baria, R., Baumgärtner, J., Gérard, A., and Jung, R., eds.), international conference—4th HDR forum (September 28-30, 1998: Strasbourg, France). Hannover, Germany, pp. 7-17.

Duchane, D. V., Brown, D. W., House, L., Robinson, B. A., and Ponden, R., 1990a. "Progress in hot dry rock technology development," Geothermal Resources Council annual meeting and international symposium on geothermal energy (August 20-24, 1990: Kailua Kona, HI). *Trans. Geotherm. Resour. Counc.* 14(II), Davis, CA, pp. 555-559.

Duchane, D. V., Brown, D. W., Robinson, B. A., and Ponden, R., 1990b. "Status of the hot dry rock geothermal energy development program at Los Alamos," in *The National Energy Strategy—the Role of Geothermal Technology Development*, proceedings of Geothermal Energy Program Review VIII (April 17-20, 1990: San Francisco, CA). U. S. Department of Energy documentCONF-9004131, pp. 101-108.

Duffy, C. J., 1980. Unpublished data.

DuTeau, R., 1993. "A potential for enhanced energy production by periodic pressure stimulation of the production well in an HDR reservoir," Geothermal Resources Council annual meeting, *Utilities and Geothermal: an Emerging Partnership* (October 10-13, 1993: Burlingame, CA). *Trans. Geotherm. Resour. Counc.* 17:331-334.

DuTeau, R., and Brown, D., 1993. "HDR reservoir flow impedance and potentials for impedance reduction," in *Proceedings*, 18th annual workshop on geothermal reservoir engineering (January 26-28, 1993: Stanford, CA). SGP-TR-145, pp. 193-197.

DuTeaux, R., Swenson, D., and Hardeman, B., 1996a. "Insight from modeling discrete fractures using GEOCRACK," in *Proceedings*, 21st workshop on geothermal reservoir engineering (January 22-24, 1996: Stanford, CA). SGP-TR-151, pp. 287-293.

DuTeaux, R., Swenson, D., and Hardeman, B., 1996b. "Modeling the use of tracers to predict changes in surface area and thermal breakthrough in HDR reservoirs," in *Proceedings*, 3rd international HDR forum (May 13-16, 1996: Santa Fe, NM), pp. 41-44.

Dyer, B. C., Schanz, U., Ladner, F., Häring, M. O., and Pillman, T. S., 2008. "Microseismic imaging of a geothermal reservoir stimulation," in *The Leading Edge* (Society of Exploration Geophysicists, Tulsa, OK), pp. 856-869.

East, J. , 1981. "Hot dry rock geothermal potential of Roosevelt Hot Springs area: review of data and recommendations," Los Alamos National Laboratory report LA-8751-HDR, Los Alamos, NM, 46 pp.

Elsworth, D. , 1990. "Lifetime calculations for multiple stimulated HDR reservoirs," in *Hot Dry Rock Geothermal Energy* (Baria, R. , ed.), proceedings of the Camborne School of Mines international hot dry rock conference (June 27-30, 1989: Redruth, Cornwall, UK). Robertson Scientific Publications, London, pp. 487-497.

Evans, K. , Cornet, F. , Hayashi, K. , Hashida, T. , Ito, T. , Matsuki, K. , and Wallroth, T. , 1999. "Stress and rock mechanics issues of relevance to HDR/HWR engineered geothermal systems: review of developments during the past 15 years," in *Hot Dry Rock/Hot Wet Rock Academic Review* (Abé, H. , Niitsuma, H. , and Baria, R. , eds.), *Geothermics* special issue 28 (4/5): 455-474.

Fehler, M. C. , 1984. "Microseismic Analysis Review Panel summary report," ESS Division internal report ESS-84-002-DS, Los Alamos, NM, 25 pp.

Fehler, M. , 1987. "A new method for determining dominant fluid flow paths during hydraulic fracturing," in *Proceedings*, Geothermal Energy Program Review V (April 14-15, 1987: Washington, DC). U. S. Depart-ment of Energy document CONF-8704110, pp. 153-156.

Fehler, M. , 1989. "Stress control of seismicity patterns observed during hydraulic fracturing experiments at the Fenton Hill hot dry rock geothermal energy site, New Mexico," *Int. J. Rock Mech. Min. Sci. & Geomech. Abstr.* 26(3-4): 211-219.

Fehler, M. , and Bame, D. , 1985. "Characteristics of microearthquakes accompanying hydraulic fracturing as determined from studies of spectra of seismic waveforms," Geothermal Resources Council annual meeting (August 26-30, 1985: Kailua Kona, HI). *Trans. Geotherm. Resour. Counc.* 9(II): 11-16.

Fehler, M. , and Phillips, W. S. , 1991. "Simultaneous inversion for Q and source parameters of microearthquakes accompanying hydraulic fracturing in granitic rock," *Bull. Seism. Soc. Am.* 81: 553-575.

Fehler, M. , and Rutledge, J. , 1995. "Using seismic tomography to charac-terize fracture systems induced by hydraulic fracturing," SEGJ/SEG international symposium on geotomography (November 8-10, 1995: Tokyo, Japan). CONF-9511148-1, 8 pp.

Fehler, M. , House, L. , and Kaieda, H. , 1987. "Determining planes along which earthquakes occur: method and application to earthquakes accom-panying hydraulic fracturing," *J. Geophys. Res.* 92(B9): 9407-9414.

Ferrazini, V., Chouet, B., Fehler, M., and Aki, K., 1990. "Quantitative analysis of long-period events recorded during hydraulic fracturing experiments at Fenton Hill, New Mexico," *J. Geophys. Res.* 95(B13):21871-21884.

Franke, P. R., 1979. "Hot dry rock geothermal energy development program," 2nd Miami international conference on alternative energy sources (December 10, 1979: Miami Beach, FL). CONF-791204-3, 16pp.

Franke, P. R., 1988. "The U. S. hot dry rock geothermal energy develop-ment program," 11th annual symposium on geothermal energy (January 10-14, 1988: New Orleans, LA). American Society of Mechanical Engineers, New York, NY, CONF-880104, pp. 11-16.

Franke, P. R., and Nunz, G. J., 1985. "Recent developments in the hot dry rock geothermal energy program," Geothermal Resources Council annual meeting (August 26-30, 1985: Kailua Kona, HI). *Trans. Geotherm. Resour. Counc.* 9(II):95-98.

Gérard, A., Genter, A., Kohl, T., Lutz, P., Rose, P., and Rummel, F., 2006. "The deep EGS (Enhanced Geothermal System) project at Soultz-sous-Forêts (Alsace, France)," *Geothermics* 35(5):473-483.

Goff, F., and Decker, E. R., 1983. "Candidate sites for future hot dry rock development in the United States," in *Geothermal Energy from Hot Dry Rock* (Heiken, G., and Goff, F., eds.), *J. Volcanol. Geotherm. Res.* special issue 15(1-3):187-221.

Gosnold, W. D. Jr., and German, K. E. Jr., 1983. "Geothermal investigations in Nebraska," in *Workshop on Exploration for Hot Dry Rock Geothermal Systems* (Heiken, G. H., Shankland, T. J., and Ander, M. E., comp.), June 21, 1982: Los Alamos, NM. Los Alamos National Laboratory report LA-9697-C, Los Alamos, NM, pp. 75-81.

Green, A. S. P., Pine, R. J., and Jupe, A., 1990. "*In situ* stress measurements in deep wells," in *Hot Dry Rock Geothermal Energy* (Baria, R., ed.), proceedings of the Camborne School of Mines international hot dry rock conference (June 27-30, 1989: Redruth, Cornwall, UK). Robertson Scientific Publications, London, pp. 85-97.

Grigsby, C. O., and Tester, J. W., 1989. "Rock-water interactions in the Fenton Hill, New Mexico, hot dry rock geothermal systems II: modeling geochemical behavior," *Geothermics* 18(5/6):657-676.

Grigsby, C. O., Tester, J. W., Trujillo, P. E., Counce, D. A., Abbott, J., Holley, C. E., and Blatz, L. A., 1983. "Rock-water interactions in hot dry rock geothermal systems: field investigations of *in situ* geochemical behavior," in *Geothermal Energy from Hot DryRock* (Heiken, G., and Goff, F., eds.), *J. Volcanol. Geotherm. Res.* special issue 15(1-3):101-136.

Grigsby, C. O., Tester, J. W., Trujillo, P. E., and Counce, D. A., 1989. "Rock-water interactions in the Fenton Hill, New Mexico, hot dry rock geothermal systems I: fluid mixing and chemical geothermometry," *Geothermics* 18(5/6):629-656.

Harlow, F. H., and Pracht, W. E., 1972. "A theoretical study of geothermal energy extraction," *J. Geophys. Res.* 77(35):7038-7048.

Harrison, R., Doherty, P., and Coulson, I., 1990. "HDR cost modelling," in *Hot Dry Rock Geothermal Energy* (Baria, R., ed.), proceedings of the Camborne School of Mines international hot dry rock conference (June 27-30, 1989: Redruth, Cornwall, UK). Robertson Scientific Publications, London, pp. 245-261.

Harvey, D. J., 1979. "LASL manages the national program," *The Atom*, Los Alamos Scientific Laboratory, Los Alamos, NM, 4 pp.

HDR (Hot Dry Rock Geothermal Energy Development Project), 1976. "Annual report, July 1975-June 1976," (Pettitt, R. A., ed.), Los Alamos Scientific Laboratory report LA-6504-SR, Los Alamos, NM, 92 pp.

HDR (Hot Dry Rock Geothermal Energy Development Project), 1978. "Annual report, fiscal year 1977," (LASL HDR Project staff, eds.), Los Alamos Scientific Laboratory report LA-7109-PR, Los Alamos, NM, 294 pp.

HDR (Hot Dry Rock Geothermal Energy Development Program), 1979. "Annual report, fiscal year 1978" (Brown, M. C., Smith, M. C., Siciliano, C. L. B., and Duffield, R. B., eds.), Los Alamos Scientific Laboratory report LA-7807-HDR, Los Alamos, NM, 132 pp.

HDR (Hot Dry Rock Geothermal Energy Development Program), 1980. "Annual report, fiscal year 1979" (Cremer, G. M., Wilson, M. G., Smith, M. C., and Duffield, R. B., eds.), Los Alamos Scientific Labora-tory report LA-8280-HDR, Los Alamos, NM, 255 pp.

HDR (Hot Dry Rock Geothermal Energy Development Program), 1981. "Annual report, fiscal year 1980" (Cremer, G. M., ed.), Los Alamos National Laboratory report LA-8855-HDR, Los Alamos, NM, 211 pp.

HDR (Hot Dry Rock Geothermal Energy Development Program), 1982. "Annual report, fiscal year 1981" (Smith, M. C., and Ponder, G. M., eds.), Los Alamos National Laboratory report LA-9287-HDR, Los Alamos, NM, 140 pp.

HDR (Hot Dry Rock Geothermal Energy Development Program), 1983a. "Annual operating plan, fiscal year 1984" (Nunz, G. J., Franke, P. R., and Brown, D. W., comp.), Los Alamos National Laboratory report HDR-84-AOP-01, Los Alamos, NM, 58 pp.

HDR (Hot Dry Rock Geothermal Energy Development Program), 1983b. "Annual report, fiscal year 1982" (Smith, M. C., Nunz, G. J., andPonder, G. M., eds.), Los Alamos National Laboratory report LA-9780-HDR, Los Alamos, NM, 127pp.

HDR (Hot Dry Rock Geothermal Energy Development Program), 1985. "Annual report, fiscal year 1983" (Smith, M. C., Nunz, G. J., and Wilson, M. G., eds.), Los Alamos National Laboratory report LA-10347-HDR, Los Alamos, NM, 91pp.

HDR(Hot Dry Rock Geothermal Energy Development Program), 1986a. "Annual operating plan, fiscal year 1986" (Franke, P. R., Brown, D. W., and Hendron, R. H., comp.), Los Alamos National Laboratory report HDR-86-AOP-02, Los Alamos, NM, 41 pp.

HDR(Hot Dry Rock Geothermal Energy Development Program), 1986b. "Annual operating plan, fiscal year 1987" (Franke, P. R., and Hendron, R. H., comp.), Los Alamos National Laboratory report HDR-87-AOP-01, Los Alamos, NM, 41pp.

HDR(Hot Dry Rock Geothermal Energy Development Program), 1986c. "Annual report, fiscal year 1984" (Franke, P. R., Brown, D. W., Smith, M. C., and Mathews, K. L., eds.), Los Alamos National Laboratory report LA-10661-HDR, Los Alamos, NM, 31 pp.

HDR(Hot Dry Rock Geothermal Energy Development Program), 1986d. Program Development Council, Minutes of meeting, July 15, 1986, Albuquerque, NM, 94 pp.

HDR(Hot Dry Rock Geothermal Energy Development Program), 1987. "Annual report, fiscal year 1985" (Brown, D. W., Franke, P. R., Smith, M. C., and Wilson, M. G., eds.), Los Alamos National Laboratory report LA-11101-HDR, Los Alamos, NM, 23 pp.

HDR(Hot Dry Rock Geothermal Energy Development Program), 1988a. "Annual operating plan, fiscal year 1988," (Franke, P. R., Hendron, R. H., and Murphy, H. D., comp.), Los Alamos National Laboratory report HDR-88-AOP-02, Los Alamos, NM, 40 pp.

HDR(Hot Dry Rock Geothermal Energy Development Program), 1988b. "Annual report, fiscal year 1988" (Dash, Z. V., Murphy, H. D., and Smith, M. C., eds.), Los Alamos National Laboratory report

LA-UR-88-4193, Los Alamos, NM, 82 pp.

HDR(Hot Dry Rock Geothermal Energy Development Program), 1988c. "Annual operating plan, fiscal year 1989," (Franke, P. R., Hendron, R. H., and Murphy, H. D., comp.), Los Alamos National Laboratory report HDR-89-AOP-04, Los Alamos, NM, 40 pp.

HDR(Hot Dry Rock Geothermal Energy Development Program), 1989a. "Annual report, fiscal year 1986" (Dash, Z. V., Grant, T., Jones, G., Murphy, H. D., and Wilson, M. G., eds.), Los Alamos National Laboratory report LA-11379-HDR, Los Alamos, NM, 32pp.

HDR(Hot Dry Rock Geothermal Energy Development Program), 1989b. "Annual report, fiscal year 1987" (Smith, M. C., Hendron, R. H., Murphy, H. D., and Wilson, M. G., eds.), Los Alamos National Laboratory report LA-11717-HDR, Los Alamos, NM, 55pp.

HDR(Hot Dry Rock Geothermal Energy Development Program), 1990. "Annual report, fiscal year 1989" (Albright, J. N., Dash, Z. V., Hendron, R. H., and Smith, M. C., eds.), Los Alamos National Laboratory report LA-UR-90-230, Los Alamos, NM, 58pp.

HDR(Hot Dry Rock Geothermal Energy Development Program),1991. "Annual report,fiscal year 1990"(Duchane,D. V. ,ed.),Los Alamos National Laboratory report HDR-90-Annual Report,Los Alamos,NM,66 pp.

HDR(Hot Dry Rock Geothermal Energy Development Program),1992. "Annual report,fiscal year 1991"(Duchane,D. ,ed.). Los Alamos National Laboratory report LA-UR-92-870, Los Alamos,NM,72 pp.

HDR(Hot Dry Rock Geothermal Energy Development Program),1993. "Hot dry rock energy: Progress report,fiscal year 1992"(Winchester,W. W. ,ed.),Los Alamos National Laboratory report LA-UR-93-1678,Los Alamos,NM,69 pp.

HDR(Hot Dry Rock Geothermal Energy Development Program),1995. "Hot dry rock energy: Progress report,fiscal year 1993"(Salazar,J. ,and Brown,M. ,eds.) Los Alamos National Laboratoryreport LA-12903-PR,Los Alamos,NM,40 pp.

Heiken,G. ,and Sayer,S. ,1980. "Bibliography of the geological and geophysical aspects of hot dry rock geothermal resources," Los Alamos Scientific Laboratory report LA-8222-HDR, Los Alamos,NM,51 pp.

Heiken,G. ,Murphy,H. ,Nunz,G. ,Potter,R. ,and Grigsby,C. ,1981. "Hot dry rock geothermal energy," *American Scientist* 69(4):400-407.

Heiken, G. , Goff, F. , and Cremer, G. (eds.), 1982. "Hot dry rock geothermal resource 1980," Los Alamos National Laboratory report LA-9295-HDR,Los Alamos,NM,113 pp.

Helmick,C. ,Koczan,S. ,and Pettitt,R. ,1982. "Planning and drilling geothermal Energy Extraction Hole EE-2:a precisely oriented and deviated hole in hot granitic rock," Los Alamos National Laboratory report LA-9302-HDR,Los Alamos,NM,135 pp.

Hendron,R. H. ,1978. "Hot dry rock energy project," international conference on alternative energy sources,*Geothermal energy and hydropower*(December 5,1977:Miami Beach,FL). Vol. 6,Hemisphere Publishing Corp. ,Washington,DC,pp. 2655-2687.

Hendron,R. H. ,1981. "Energy from hot dry rock," in *Proceedings*,international conference on long-term energy resources(November 26- December 7,1979:Montreal,Canada). Pitman Publishing Co. ,Boston,MA,pp. 1617-1637.

Hendron,R. H. ,1987. "Operations and flow testing at Fenton Hill," in *Proceedings*,Geothermal Energy Program Review V(April 14-15,1987:Washington,DC). U. S. Department of Energy document CONF-8704110,pp. 143-151.

Hendron,R. H. ,1988. "Hot dry rock at Fenton Hill,USA," international workshop on hot dry rock,*Creation and evaluation of geothermal reservoirs*(November 4,1988:Tsukuba City,Japan). CONF-881196-1,20 pp.

Herzog, H., Tester, J., and Frank, M., 1995. "Economic analysis of heat mining," in *World-wide Utilization of Geothermal Energy: an Indig-enous, Environmentally Benign Renewable Energy Resource*, proceed-ings of the World Geothermal Congress (May 18-31, 1995: Florence, Italy). International Geothermal Association, Inc., Auckland, New Zealand, vol. 4, pp. 2521-2527.

Hicks, T. W., Pine, R., Willis-Richards, J., Xu, S., Jupe, A., and Rodrigues, N., 1996. "A hydro-thermo-mechanical numerical model for HDR geothermal reservoir evaluation," *Int. J. Rock Mech. Min. Sci. & Geomech. Abstr.* 33: 499-511.

Hoffers, B., 1983. "Experiment 2018, first fracturing attempt below casing shoe in EE-2," Group ESS-4 internal memorandum ESS-4-83-81, Los Alamos, NM, 21 pp.

Holley, C. E. Jr., 1981. "Chemistry and the Los Alamos hot dry rock geothermal power project," *N. M. J. Sci.* 21(1): 1-9.

Holley, C. E. Jr., Blatz, L. A., Charles, R. W., Grigsby, C. O., and Tester, J. W., 1978. "Enhanced chemical dissolution of granite" (abstract), in *Proceedings* (Elsner, D. B., comp.), hot dry rock geothermal workshop (April 20, 1978: Los Alamos, NM). Los Alamos Scientific Laboratory report LA-7470-C, p. 49.

Holley, C., Charles, R., Blatz, L., Tester, J., Grigsby, C., and Campbell, A., 1980. "Interaction of water with crystalline basement rock in fractured hot dry rock geothermal reservoirs: tests and laboratory experiments," 3rd international symposium on water-rock interaction (July 14, 1980: Edmonton, Alberta, Canada). CONF-800718-1, pp. 161-162.

House, L., 1987. "Locating microearthquakes induced by hydraulic fracturing in crystalline rock," *Geophys. Res. Lett.* 14(9): 919-921.

House, L., and Fehler, M., 1988. "Microseismic mapping of an HDR reservoir: exploration and development of geothermal resources," International symposium on geothermal energy (November 10-14, 1988: Kumamoto, Japan). *J. Geotherm. Res. Soc. Japan*, pp. 359-362.

House, L., Keppler, H., and Kaieda, H., 1985. "Seismic studies of a massive hydraulic fracturing experiment," Geothermal Resources Council annual meeting (August 26-30, 1985: Kailua Kona, HI). *Trans. Geotherm. Resour. Counc.* 9(II): 105-110.

House, L. S., Fehler, M. C., and Phillips, W. S., 1992. "Studies of seis-micity induced by hydraulic fracturing in a geothermal reservoir," in *Workshop on Induced Seismicity* (Ramseyer, C., ed.), proceedings of the 33rd U. S. symposium on rock mechanics (June 10, 1992: Santa Fe, NM), pp. 186-189.

Kaufman, E. L., and Siciliano, C. L. B., 1979. "Environmental analysis of the Fenton Hill hot dry rock geothermal test site," Los Alamos Scientific Laboratory report LA-7830-HDR, Los Alamos, NM, 63 pp.

Kelkar, S. M., 1985. "Expt. 2059 (the connection), EE-3A packer test#3 hydraulic data," Group ESS-4 internal memorandum ESS-4-85-150, Los Alamos, NM, 23pp.

Kelkar, S., and Malzahn, M. V., 1987. "Recent U. S. hot dry rock reser-voir testing and hydrothermal modeling," conference on forced flow through fractured rock masses (April 1987: Garcy, France). CONF-8704111-2, 15 pp.

Kelkar, S. M., Zyvoloski, G. A., and Dash, Z. V., 1986. "Pressure testing of a high temperature naturally fractured reservoir," in *Proceedings*, 11th annual workshop on geothermal reservoir engineering (January 21, 1986: Stanford, CA), pp. 59-63.

Kelkar, S., Dash, Z., Malzahn, M., and Hendron, R., 1987. "Hydraulic and thermal behavior of a hot dry rock reservoir during a 30-day circulation test," Geothermal Resources Council annual meeting (October 11-14, 1987: Sparks, NV). *Trans. Geotherm. Resour. Counc.* 11:547-552.

Keppler, H., Pearson, C. F., Potter, R. M., and Albright, J. N., 1983. "Micro-earthquakes induced during hydraulic fracturing at the Fenton Hill HDR site: the 1982 experiments," *Trans. Geotherm. Resour. Counc.* 7:429-433. Khilar, K. L., andFolger, H. S., 1984. "The existence of a critical salt concen-tration for particle release," *J. Colloid. and Interface Sci.* 101(1):214-224.

Kintzinger, P. R., West, F. G., and Aamodt, R. L., 1977. "Downhole electrical detection of hydraulic fracturesin GT-2 and EE-1," Los Alamos Scientific Laboratory report LA-6890-MS, Los Alamos, NM, 13 pp.

Kowallis, B. J., and Wang, H. F., 1983. "Microcrack study of granitic cores from Illinois Deep Borehole UPH 3," *J. Geophys. Res.* 88:7373-7380.

Kron, A., and Stix, J., 1982. "Geothermal gradient map of the United States," National Geophysical Data Center, National Oceanic and Atmospheric Administration, Boulder, CO (for the Los Alamos National Laboratory, Los Alamos, NM).

Kron, A., Wohletz, K., and Tubb, J., 1991. "Geothermal gradient contourmap Of the United States," Los Alamos National Laboratory, Los Alamos, NM.

Kruger, P., 1990. "Heat extraction from microseismic estimated geothermal reservoir volume," *Trans. Geotherm. Resour. Counc.* 14:1225-1232.

Kruger, P., 1995. "Heat extraction from HDR geothermal reservoirs," in *Worldwide Utilization of Geothermal Energy: an Indigenous, Environmentally Benign Renewable Energy Resource*, proceedings of the World Geothermal Congress (May 18-31, 1995: Florence, Italy). International Geothermal Association, Inc., Auckland, New Zealand, vol. 4, pp. 2517-2520.

Landt, J. A., Koelle, A. R., Trump, M. A., and Nickell, J. D. Jr., 1978. "A magnetic induction technique for mapping vertical conductive fractures: electronic design," Los Alamos Scientific Laboratory informal report LA-7426-MS, Los Alamos, NM, 17 pp.

Laney, R., Laughlin, A. W., and Aldrich, M. J. Jr., 1981. "Geology and geochemistry of samples from Los Alamos National Laboratory HDR Well EE-2, Fenton Hill, New Mexico," Los Alamos National Laboratory report LA-8923-MS, Los Alamos, NM, 33pp.

Laughlin, A. W., and Eddy, A. C., 1977. "Petrography and geochemistry of Precambrian rocks from GT-2 and EE-1," Los Alamos Scientific Laboratory report LA-6930-MS, Los Alamos, NM, 50pp.

Laughlin, A. W., Eddy, A. C., Laney, R., and Aldrich, M. J. Jr., 1983. "Geology of the Fenton Hill, New Mexico, hot dry rock site," in *Geothermal Energy from Hot Dry Rock* (Heiken, G., and Goff, F., eds.), *J. Volcanol. Geotherm. Res.* special issue 15(1-3): 21-41.

Lehner, F. K., and Bataille, J., 1984. *Nonequilibrium Thermodynamics of Pressure Solutions*, Report No. 25, Division of Engineering, Brown University, Providence, RI, 52 pp.

Levy, S., 2010. "Subsurface geology of the Fenton Hill hot dry rock geothermal energy site," Los Alamos National Laboratory report LA-14434-HDR, Los Alamos, NM, 101 pp.

Liu, J., and Badalamente-Alexander, T. M., 1988. "Geothermal power generation options for Fenton Hill reservoir testing," Los Alamos National Laboratory report LA-11470-MS, Los Alamos, NM (available from NTIS, Springfield, VA), 134 pp.

Maceira, M., Rowe, C. A., Beroza, G., and Anderson, D., 2010. "Identi-fication of low-frequency earthquakes in non-volcanic tremor using the subspace detector method," *Geophys. Res. Lett.* 37, L06303, doi: 10. 1029/2009GL041876, 2010.

Malzahn, M., Dreesen, D. S., and Fehler, M. C., 1988. "Locating hydrau-lically active fracture planes," in *Proceedings*, 13th annual workshop on geothermal reservoir engineering (January 19-21, 1988: Stanford, CA). SGP-TR-113, pp. 231-237.

Matsunaga, I., Kadowaki, M., and Murphy, H., 1983. "Current summary of hydraulic fracturing experiments in Phase II reservoir," Group ESS-4 internal memorandum ESS-4-83-80, Los Alamos, NM, 32 pp.

McFarland, R. D., 1975. "Geothermal reservoir models: crack plane model," Los Alamos Scientific Laboratory report LA-5947-MS, Los Alamos, NM, 18 pp.

McFarland, R. D., and Murphy, H. D., 1976. "Extracting energy from hydraulically fractured geothermal reservoirs," in *Proceedings*, 11th intersociety energy conversion engineering conference (September 12-17, 1976: State Line, NV). Vol. 1, American Institute of Chemical Engineers, New York, pp. 828-835.

McGarr, A., 1976. "Seismic moments and volume changes," *J. Geophys. Res.* 81: 1487-1494.

McNamara, J. J., and Kaufman, E. L., 1979. "Hot dry rock geothermal resource ownership and the law," Los Alamos Scientific Laboratory report LA-8027-HDR, Los Alamos, NM, 39 pp.

Miera, F. R. Jr., Montoya, C., McEllin, S., and Langhorst, G., 1984. "Environmental studies conducted at the Fenton Hill hot dry rock geothermal development site," Los Alamos National Laboratory report LA-9967-MS, Los Alamos, NM, 20 pp.

Milora, S. L., and Tester, J. W., 1976. Geothermal Energy as a Source of Electric Power, Massachusetts Institute of Technology Press, Cambridge, MA, 186 pp.

MIT (Massachusetts Institute of Technology), 2006. *The Future of Geothermal Energy*. Prepared for the U. S. Dept. of Energy under Idaho National Laboratory subcontract 63 00019; DOE Idaho Opera-tions Office contract DE-AC07-05ID14517. Idaho Falls, ID. Available at http://www1.eere.energy.gov/geothermal/egs_technology.html

Mock, J. E., 1990. "The U. S. hot dry rock program (USA)," in *Hot Dry Rock Geothermal Energy* (Baria, R., ed.), proceedings of the Camborne School of Mines international hot dry rock conference (June 27-30, 1989: Redruth, Cornwall, UK). Robertson Scientific Publications, London, pp. 149-158.

Mortensen, J. J., (comp.), 1977. *Proceedings*, 2nd NATO-CCMS information meeting on dry hot rock geothermal energy (June 28, 1977: Los Alamos, NM). Los Alamos Scientific Laboratory report LA-7021-C, 77 pp.

Mortensen, J. J., 1978. "Hot dry rock: a new geothermal energy source," *Energy* (Oxford) 3 (5): 639-644.

Mortimer, N. D., and Minett, S. T., 1990. "Hot dry rock geothermal energy cost modelling: drilling and stimulation results," in *Hot Dry Rock Geothermal Energy* (Baria, R., ed.), proceedings of the Camborne School of Mines international hot dry rock conference (June 27-30, 1989: Redruth, Cornwall, UK). Robertson Scientific Publications, London, pp. 224-244.

Muffler, L. J. P. (ed.), 1979. *Assessment of Geothermal Resources of the United States—1978*, U. S. Geological Survey circular C 790, Reston, VA, 163 pp.

Murphy, H. D., 1979. "Hot dry rock geothermal heat extraction experi-ments," Geothermal Resources Council annual meeting (September 24, 1979: Reno, NV). Los Alamos Scientific Laboratory report LASL-79-75, Los Alamos, NM, 5 pp.

Murphy, H. D., 1979. "Thermal stress cracking and the enhancement of heat extraction from fractured geothermal reservoirs," *Geothermal Energy* 7(3): 22-29.

Murphy, H., 1980. "Pressure losses in fracture-dominated reservoirs: the wellbore constriction effect," Geothermal Institute 1980 workshop (November, 1980: Auckland, New Zealand). CONF-801123-1, 7 pp.

Murphy, H., 1984. "Experiment 2032 report," Group ESS-4 internal memorandum ESS-4-84-70, Los Alamos, NM, 53 pp.

Murphy, H. D., 1985. "Hot dry rock Phase II reservoir engineering," in *Proceedings*, Geothermal Energy Program Review IV (September 11, 1985: Washington, DC). U. S. Department of Energy document CONF-8509142, pp. 91-96.

Murphy, H., 1987. "Highlights of the hot dry rock program," in *Proceedings*, Geothermal Energy Program Review V (April 14-15, 1987: Washington, DC). U. S. Department of Energy document CONF-8704110, pp. 139-142.

Murphy, H., 1987. "Hot dry rock reservoir engineering," NATO Advanced Study Institute on geothermal reservoir engineering (July 1-10, 1987: Antalya, Turkey). *NATO ASI Series E: Applied Sciences* No. 150, Noordhoff International Publishing, Leiden, Netherlands, pp. 177-193.

Murphy, H. D., and Tester, J. W., 1979. "Heat production from a geothermal reservoir formed by hydraulic fracturing—comparison of field and theoretical results," 54th annual conference and exhibi-tion of the Society of Petroleum Engineers (September 23-26, 1979: Las Vegas, NV). SPE 8265, 10pp.

Murphy, H., and Dash, Z., 1985. "The shocking behavior of fluid flow in deformable joints," Geothermal Resources Council annual meeting (August 26-30, 1985: Kailua Kona, HI). *Trans. Geotherm. Resour. Counc.* 9(II): 115-118.

Murphy, H. D., and Fehler, M. C., 1986. "Hydraulic fracturing of jointed formations," in *Proceedings*, Society of Petroleum Engineers interna-tional meeting on petroleum engineering (March 17, 1986: Beijing, China). Vol. 1, Society of Petroleum Engineers of AIME, Dallas, TX, pp. 489-496.

Murphy, H. D., Lawton, R. G., Tester, J. W., Potter, R. M., Brown, D. W., and Aamodt, R. L., 1977. "Preliminary assessment of a geothermal energy reservoir formed by hydraulic fracturing," *Soc. Pet. Eng. J.* 17(4): 317-326.

Murphy, H. D., Grigsby, C. O., Tester, J. W., and Albright, J. N., 1978. "Evaluation of the Fenton Hill hot dry rock geothermal reservoir: Part I. Heat extraction performance and modeling; Part II. Flow characteristics and geochemistry; Part III. Reservoir characterization using acoustic techniques," 4th annual workshop on geothermal reservoir engineering (December 13-15, 1978: Stanford, CA). SGP-TR-30, pp. 243-263.

Murphy, H. D., Aamodt, R. L., Albright, J. N., Becker, N., Brown, D. W., Butler, R., Counce, D., Fisher, H., Grigsby, C. O., Hendron, R. H., Pearson, C., Potter, R. M., Tester, J. W., Trujillo, P. E., and Zyvoloski, G., 1980a. "Preliminary evaluation of the second hot dry rock geothermal energy reservoir: results of Phase I, Run Segment4," Los Alamos Scientific Laboratory report LA-8354-MS, Los Alamos, NM, 88pp.

Murphy, H. D., Potter, R. M., Grigsby, C. O., and Tester, J. W., 1980b. "*In situ* heat transfer in man-made geothermal energy reservoirs," 19th national heat transfer conference (July 27, 1980: Orlando, FL). CONF-800723-17, 39 pp.

Murphy,H. D. ,Potter,R. M. ,and Tester,J. W. ,1980c. "Comparison of two hot dry rock geothermal reservoirs," in *Proceedings*,6th annual work-shop on geothermal reservoir engineering(December 16-18,1980:Stanford,CA),pp. 272-278.

Murphy,H. D. ,Aamodt,R. ,Fisher,H. ,Grant,T. ,Grigsby,C. ,Hendron,R. ,Keppler,H. ,Pearson,C. ,Potter,R. , Suhr, G. ,and Zyvoloski, G. ,1981a. "Relaxation of geothermal reservoir stresses induced by heat production"(Murphy,H. D. ,ed.),Los Alamos National Laboratory report LA-8954-MS,Los Alamos,NM,33pp.

Murphy,H. ,Fisher,H. ,Grigsby,C. ,and Aamodt,R. L. ,1981b. "Growth of hot dry rock reservoirs"(abstract),in *Proceedings*,5th annual EPRI geothermal conference and workshop(June 23-25,1981:San Diego,CA). Electric Power Research Institute document EPRI-AP-2098, Palo Alto,CA,p. 3. 29.

Murphy,H. D. ,Tester,J. W. ,Grigsby,C. O. ,and Potter,R. M. ,1981c. "Energy extraction from fractured geothermal reservoirs in low-permeability crystalline rock," *J. Geophys. Res.* 86 (B8):7145-7158.

Murphy,H. ,Zyvoloski,G. ,Tester,J. ,and Drake,R. ,1982. "Economics of a 75-MW(e) hot-dry-rock geothermal power station based upon the design of the Phase II reservoir at Fenton Hill," Los Alamos National Laboratory report LA-9241-MS,Los Alamos,NM,39pp.

Murphy,H. ,Keppler,H. ,and Dash,Z. ,1983. "Does hydraulic fracturing theory work in jointed rock masses?" *Trans. Geotherm. Resour. Counc.* 7:461-466.

Murphy,H. ,Zyvoloski,G. ,Tester,J. ,and Drake,R. ,1985. "Economics of a conceptual 75 MW hot dry rock geothermal electric power-station," Seminar on utilization of geothermal energy for electric power produc-tion and space heating(May 14,1984:Florence,Italy). *Geothermics* 14(2/3):459-474.

Murphy,H. ,Hendron,R. ,Miller,J. ,and Dreesen,D. ,1987. "Hot dry rock plans," in *Proceedings*,Geothermal Energy Program Review V(April 14-15,1987:Washington,DC). U. S. Department of Energy document CONF-8704110,pp. 171-174.

Murphy,H. , Fehler, M. , Robinson, B. , Tester, J. , Potter, R. , and Birdsell, S. , 1988. "Hot dry rock fracture propagation and reservoir characteriza-tion," in *Proceedings*,Geothermal Energy Program Review VI(April 18-21,1988:San Francisco,CA). U. S. Department of Energy document CONF-880477-5,10 pp.

Murphy,H. , Dreesen, D. , Miller, J. , Hendron, R. , Hughes, E. , Kruger, P. , and Roberts, V. , 1989. "The Hot Dry Rock Program:highlights and future," in *Basis for Expansion*,proceedings of the 11th EPRI geothermal conference and workshop(June 23-25. 1987:Oakland,CA). EPRI-GS-6380,pp. 209-218.

Murphy, H. , Brown, D. , Jung, R. , Matsunaga, I. , and Parker, R. , 1999. "Hydraulics and well testing of engineered geothermal reservoirs," in *Hot Dry Rock/Hot Wet Rock Academic Review* (Abé, H. , Niitsuma, H. , and Baria, R. , eds.), *Geothermics* special issue 28(4/5):491-506.

Muskat, M. , 1937. "Use of data on the build-up of bottom-hole pressures," *Trans. AIME* 123: 44-48.

Nakatsuka, K. , 1999. "Field characterization for HDR/HWR: a review," in *Hot Dry Rock/Hot Wet Rock Academic Review* (Abé, H. , Niitsuma, H. , and Baria, R. , eds.) *Geothermics* special issue28(4/5):519-531.

Narayan, S. P. , Yang, Z. , Rahmann, S. S. , Jing, Z. , and Hashida, T. , 2002. "HDR reservoir development by fluid induced shear dilation: a numerical study of the Cooper Basin granite rock," in *Geologisches Jahrbuch* special edition (Baria, R. , Baumgärtner, J. , Gérard, A. , and Jung, R. , eds.), international conference—4th HDR forum (September 28-30, 1998: Strasbourg, France). Hannover, Germany, pp. 269-279.

Nemat-Nasser, S. , Keer, L. M. , and Oranratnachai, A. , 1978. "Thermally induced secondary cracks" (abstract), in *Proceedings* (Elsner, D. B. , comp.), hot dry rock geothermal workshop (April 20, 1978: Los Alamos, NM). Los Alamos Scientific Laboratory report LA-7470-C, pp. 39-40.

New Energy and Industrial Technology Development Organization, 1997b. *Proceedings*, NEDO international geothermal symposium (March 11-12, 1997: Sendai, Japan), 372 pp.

Nicholson, R. W. , Pettitt, R. , and Sims, J. , 1982. "Production casing for hot dry rock wells EE-2 and EE-3," preprint, Geothermal Resources Council annual meeting (October 11-14, 1982: San Diego, CA). Los Alamos National Laboratory report LALP-82-21, Los Alamos, NM, pp. 9-16.

Nicholson, R. W. , Dreesen, D. S. , and Turner, W. C. , 1984. "Improvement of tubulars used for fracturing in hot dry rock wells," *Trans. Geotherm. Resour. Counc.* 8:275-280.

Niitsuma, H. , Fehler, M. , Jones, R. , Wilson, S. , Albright, J. , Green, A. , Baria, R. , Hayashi, K. , Kaieda, H. , Tezuka, K. , Jupe, A. , Wallroth, T. , Cornet, F. H. , Asanuma, H. , Moriya, H. , Nagano, K. , Phillips, W. S. , Rutledge, J. , House, L. , Beauce, A. , Alde, D. , and Aster, R. , 1999. "Current status of seismic and borehole measurements for HDR/ HWR development," in *Hot Dry Rock/Hot Wet Rock Academic Review* (Abé, H. , Niitsuma, H. , and Baria, R. , eds.) *Geothermics* special issue 28(4/5):475-490.

Niitsuma, H. , Baria, R. , Fehler, M. , Green, A. , Hayashi, K. , Kaieda, H. , and Tezuka, K. , 2002. "Results and the next step of MTC project: international joint research on new mapping technology for HDR/HWR development," in *Geologisches Jahrbuch* special edition (Baria, R. , Baumgärtner, J. , Gérard, A. , and Jung, R. , eds.), international conference—4th HDR forum (September 28-30, 1998: Strasbourg, France). Hannover, Germany, pp. 401-410.

Nunz, G. J., 1980. "DOE Hot Dry Rock Program," 2nd DOE-ENEL work-shop for cooperative research in geothermal energy (October 20, 1980: Berkeley, CA). Lawrence Berkeley Laboratory report LBL-11555, pp. 173-188.

Nunz, G. J., 1980. "Status report—hot dry rock geothermal energy," *Mech. Eng.* 102(12): 26-31.

Nunz, G. J., 1993. "The xerolithic geothermal ('hot dry rock') energy resource of the United States: an update," Los Alamos National Laboratory report LA-12606-MS, Los Alamos, NM, 28 pp.

Nunz, G. J., and Franke, P. R., 1983. "HDR geothermal energy—a prog-ress report," preprint, Geothermal Resources Council annual meeting (October 24-27, 1983: Portland, OR). Los Alamos National Laboratory report LALP-83-34, Los Alamos, NM, 4 pp.

Nunz, G. J., Franke, P. R., and Veziroglu, T. N., 1985. "Present status of hot dry rock technology," in *Alternative Energy Sources VII*, proceedings of the 7th international conference on alternative energy sources (December 9, 1985: Miami Beach, FL). Hemisphere Publishing, New York, NY, pp. 235-240.

Olsson, W. A., 1992. "The effect of slip on the flow of fluid through a fracture," *Geophys. Res. Lett.* 19(6): 541-543.

Pearson, C. F., 1981. "The relationship between microseismicity and high pore pressures during hydraulic stimulation experiments in low-permeability granitic rocks," *J. Geophys. Res.* 86(B9): 7855-7864.

Pearson, C. F., 1982. "Parameters and a magnitude moment relationship from small earthquakes observed during hydraulic fracturing experiments in crystalline rocks," *Geophys. Res. Lett.* 9(4): 404-407.

Pearson, C. F., and Albright, J. N., 1984. "Acoustic emissions during hydraulic fracturing in granite," in *Proceedings*, 3rd conference on acoustic emission/microseismic activity in geologic structures and materials (October 5-7, 1984: University Park, PA), pp. 559-575.

Pearson, C., Keppler, H., and Grigsby, C., 1982. "Location of microseismic events from Experiment 2025," Group ESS-4 internal memorandum (unnumbered), Los Alamos, NM, 6 pp.

Pearson, C. F., Fehler, M. C., and Albright, J. N., 1983. "Changes in compressional and shear wave velocities and dynamic moduli during operation of a hot dry rock geothermal system," *J. Geophys. Res.* 88(B4): 3468-3475.

Pettitt, R. A., 1975a. "Planning, drilling, and logging of Geothermal Test Hole GT-2, Phase I," Los Alamos Scientific Laboratoryreport LA-5819-PR, Los Alamos, NM, 42pp.

Pettitt, R. A., 1975b. "Testing, drilling, and logging of Geothermal Test Hole GT-2, Phase II," Los Alamos Scientific Laboratoryreport LA-5897-PR, Los Alamos, NM, 21pp.

Pettitt, R. A., 1975c. "Testing, drilling, and logging of Geothermal Test Hole GT-2, Phase III," Los Alamos Scientific Laboratory report LA-5965-PR, Los Alamos, NM, 8 pp.

Pettitt, R. A., 1977a. "Los Alamos hot dry rock geothermal energy project," Geothermal Resources Council meeting, *Geothermal: State of the Art* (May 9-11, 1977: San Diego, CA). Geothermal Resources Council, Davis, CA, CONF-770569, pp. 241-242.

Pettitt, R. A., 1977b. "Planning, drilling, logging, and testing of Energy Extraction Hole EE-1, phases I and II," Los Alamos Scientific Laboratory report LA-6906-MS, Los Alamos, NM, 66 pp.

Pettitt, R. A., 1978a. "Los Alamos hot dry rock geothermal energy experiment," Engineering Foundation conference on water for energy development (December 5, 1976: Pacific Grove, CA), pp. 151-162.

Pettitt, R. A., 1978b. "Testing, planning, and redrilling of Geothermal Test Hole GT-2, phases IV and V," Los Alamos Scientific Laboratory report LA-7586-PR, Los Alamos, NM, 64pp.

Pettitt, R. A., 1981. "Development of man-made geothermal reservoirs," specialty conference on energy in the man-built environment: *The next decade* (August 3, 1981: Vail, CO). CONF-810808-4, 9pp.

Pettitt, R. A., 1983. "Hot dry rock geothermal energy: the advanced technology," American Nuclear Society winter meeting (October30, 1983: San Francisco, CA). *Trans. Am. Nucl. Soc.* 45: 16-17.

Pettitt, R. A., and Carden, R., 1981. "Sidetracking experiences in hot granitic wellbores," preprint, Geothermal Resources Council annual meeting (October 25-29, 1981: Houston, TX); Los Alamos National Laboratory report LALP-81-48, Los Alamos, NM, 4 pp.

Pettitt, R. A., and Becker, N. M., 1983. "Mining earth's heat: development of hot dry rock geothermal reservoirs," ASCE spring meeting (May 16, 1983: Philadelphia, PA). *Geothermal Energy* 11(7): 11-15.

Pettitt, R. A., and White, A. A. L., 1984. "Geothermal alternate energy: expanding the options," *J. Energy Eng.* 110(2): 143-156.

Phillips, W. S., Fehler, M. C., and House, L. S., 1992. "Seismic imaging of a hydraulically fractured reservoir," in *Workshop on Induced Seismicity* (Ramseyer, C., ed.), proceedings of the 33rd U. S. symposium on rock mechanics (June10, 1992: SantaFe, NM), pp. 190-194.

Phillips, W. S., House, L. S., and Fehler, M. C., 1992. "Vp/Vs and the structure of microearthquake clusters" (abstract), 87th annual meeting of the Seismological Society of America (April 13-15, 1992: Santa Fe, NM). *Seismolog. Res. Lett.* 63(1): 56.

Phillips, W. S., House, L. S., and Fehler, M. C., 1997. "Detailed joint structure in a geothermal reservoir from studies of induced microearthquake clusters," *J. Geophys. Res.* 102(B6): 11745-11763.

Plains Electric Generation and Transmission Cooperative, Inc. , 1981. *Hot Dry Rock Feasibility Study*, prepared for the U. S. Department of Energy. Plains Electric Generation and Transmission Cooperative, Inc. , Albuquerque, NM, 175 pp.

Ponden, R. F. , 1991. "The design and construction of a hot dry rock pilot plant," in *The Geothermal Partnership—Industry, Utilities, and Govern-ment Meeting the Challenges of the* 90′s, proceedings of Geothermal Energy Program Review IX (March 19-21, 1991: San Francisco, CA). U. S. Department of Energy document CONF-9103105, pp. 149-151.

Ponden, R. F. , 1992. "Start-up operations at the Fenton Hill HDR pilot plant," in *Geothermal Energy and the Utility Market—the Opportunities and Challenges for Expanding Geothermal Energy in a Competitive Supply Market*, proceedings of Geothermal Energy Program Review X (March 24-26, 1992: San Francisco, CA). U. S. Department of Energy document CONF-920378, pp. 155-158.

Ponden, R. F. , Dreesen, D. S. , and Thomson, J. C. , 1991. "Performance testing of the Phase II HDR reservoir," Geothermal Resources Council annual meeting (October 6-9, 1991: Sparks, NV). *Trans. Geotherm. Resour. Counc.* 15: 397-400.

Potter, R. M. , Smith, M. C. , and Robinson, E. S. , 1974. "Method of extracting heat from dry geothermal reservoirs," U. S. patent No. 3,786,858.

Potter, R. M. , Smith, M. C. , Laughlin, A. W. , and Eddy, A. C. , 1978. "U. S. HDR resource base estimates" (abstract), in *Proceedings* (Elsner, D. B. , comp.), hot dry rock geothermal workshop (April20, 1978: Los Alamos, NM). Los Alamos Scientific Laboratory report LA-7470-C, p. 61.

Purtymun, W. D. , Pettitt, R. A. , and West, F. G. , 1974. "Geology of Geothermal Test Hole GT-2, Fenton Hill site, July 1974," Los Alamos Scientific Laboratory report LA-5780-MS, Los Alamos, NM, 17 pp.

Ramey, H. J. , and Gringarten, A. C. , 1982. "Well tests in fractured reser-voirs," 3rd circum-Pacific energy and mineral resources conference of the American Association of Petroleum Geologists (August22-28, 1982: Honolulu, HI). Geothermal Resources Council special report No. 12, Davis, CA, pp. 11-16.

Rannels, J. E. (ed.), 1985. *Approved Minutes for the* 11*th IEA/HDR Steering Committee Meeting* (November 15-16, 1985: LosAlamos, NM). U. S. Department of Energy, Washington, DC, 138pp.

Rannels, J. E. (ed.), 1986. *Approved Minutes for the* 13*th IEA/HDR Steering Committee Meeting* (November 19-20, 1986: Los Alamos, NM). U. S. Department of Energy, Washington, DC, 195pp.

Rannels, J. E., 1987. "Final report for the IEA implementing agreement for a programme of research, development, and demonstration on hot dry rock technology," U. S. Department of Energy, Washington, DC, 14 pp.

Rannels, J. E., and Duchane, D. V., 1991. "Geothermal energy develop-ment in the USA: a vast potential resource," *Power Generation Tech-nology (United Kingdom)*, 1990-1991 issue, pp. 177-180.

Rea, K. H., 1977. "Environmental investigations associated with the LASL hot dry rock geothermal energy development project," Los Alamos Scientific Laboratory report LA-6972, Los Alamos, NM, 25 pp.

Richards, H. G., Parker, R. H., Green, A. S. P., Jones, R. H., Nicholls, J. D. M., Nicol, D. A. C., Randall, M. M., Richards, S., Stewart, R. C., and Willis-Richards, J., 1994. "The performance and characteristics of the experimental hot dry rock geothermal reservoir at Rosemanowes, Cornwall (1985-1988)," *Geothermics* 23(2):73-109.

Roberts, P. M., Aki, K., and Fehler, M. C., 1991. "A low-velocity zone in the basement beneath the Valles Caldera, New Mexico," *J. Geophys. Res.* 96:21583-21596.

Robinson, B. A., 1982. "Quartz dissolution and silica deposition in hot dry rock geothermal systems," Los Alamos National Laboratory report LA-9404-T, Los Alamos, NM, 144pp.

Robinson, B. A., 1986. "A field study of tracer and geochemistry behavior during hydraulic fracturing of a hot dry rock geothermal reservoir," 11th annual workshop on geothermal reservoir engineering (January 21-23, 1986: Stanford, CA). SGP-TR-93, pp. 189-196.

Robinson, B. A., 1988. "Fracture network modeling of a hot dry rock geothermal reservoir," 13th annual workshop on geothermal reservoir engineering (January 19-21, 1988: Stanford, CA). SGP-TR-113, pp. 211-218.

Robinson, B. A., 1990. "A discrete fracture model for a hot dry rock geothermal reservoir," in *Hot Dry Rock Geothermal Energy* (Baria, R., ed.), proceedings of the Camborne School of Mines international hot dry rock conference (June 27-30, 1989: Redruth, Cornwall, UK). Robertson Scientific Publications, London, pp. 315-327.

Robinson, B. A., 1990. "Pressure transient modeling of a fractured geothermal reservoir," in *Proceedings*, 15th annual workshop on geothermal reservoir engineering (January 23-25, 1990: Stanford, CA). SGP-TR-130, pp. 13-19.

Robinson, B. A., 1991. "Alternate operating strategies for hot dry rock geothermal reservoirs," Geothermal Resources Council annual meeting and exhibit (October 6-9, 1991: San Diego, CA). *Trans. Geotherm. Resour. Counc.* 15:339-345.

Robinson, B. A., and Tester, J. W., 1984. "Dispersed fluid flow in fractured reservoirs: an analysis of tracer-determined residence time distribu-tions," *J. Geophys. Res.* 89(B12): 10374-10384.

Robinson, B. A., and Tester, J. W., 1986. "Characterization of flow maldistribution using inlet-outlet tracer techniques: an application of internal residence-time distributions," *Chem. Eng. Sci.* 41(3):469-484.

Robinson, B. A., and Birdsell, S. A., 1987. "Tracking thermal fronts with temperature-sensitive, chemically reactive tracers," in *Proceedings*, Geothermal Energy Program Review V (April 14-15, 1987: Washington, DC). U. S. Department of Energy document CONF-8704110, pp. 157-163.

Robinson, B. A., and James, G. F., 1987. "A tracer-based model for heat transfer in a hot dry rock reservoir," Geothermal Resources Council annual meeting (October 11-14, 1987: Sparks, NV). *Trans. Geotherm. Resour. Counc.* 11:615-622.

Robinson, B. A., and Kruger, P., 1988. "A comparison of two heat transfer models for estimating thermal drawdown in hot dry rock reservoirs," in *Proceedings*, 13th annual workshop on geothermal reservoir engineering (January 19-21, 1988: Stanford, CA). SGP-TR-113, pp. 113-120.

Robinson, B. A., and Birdsell, S. A., 1989. "Hot dry rock geothermal reser-voir model development at Los Alamos," in *Research and Development for the Geothermal Marketplace*, proceedings of Geothermal Energy Program Review VII (March 21-23, 1989: San Francisco, CA). U. S. Department of Energy document CONF-890352, pp. 157-163.

Robinson, B. A., and Pendergrass, J., 1989. "A combined heat transfer and quartz dissolution/deposition model for a hot dry rock geothermal reservoir," 14th annual workshop on geothermal reservoir engineering (January 24-26, 1989: Stanford, CA). SGP-TR-122, pp. 207-217.

Robinson, B. A., and Brown, D. W., 1990. "Modeling the hydraulic characteristics of the Fenton Hill, New Mexico hot dry rock reservoir," Geothermal Resources Council annual meeting and international symposium on geothermal energy (August 20-24, 1990: Kailua Kona, HI). *Trans. Geotherm. Resour. Counc.* 14:1333-1337.

Robinson, B. A., and Fehler, M., 1991. "Estimates of rock volume suitable for heat transfer calculations," Group EES-4 internal memorandum EES-4-91-208, Los Alamos, NM, 5 pp.

Robinson, B. A., and Kruger, P., 1992. "Pre-test estimates of temperature decline for the LANL Fenton Hill Long-Term Flow Test," Geothermal Resources Council annual meeting, 20th anniversary (October 4-7, 1992: San Diego, CA). *Trans. Geotherm. Resour. Counc.* 16: 473-479.

Robinson, B. A., Brown, L. F., and Tester, J. W., 1984. "Using chemically reactive tracers to determine temperature characteristics of geothermal reservoirs," preprint, Geothermal Resources Council annual meeting (August 26-29, 1984: Reno, NV). Los Alamos National Laboratory report LALP-84-37, Los Alamos, NM, pp. 41-45.

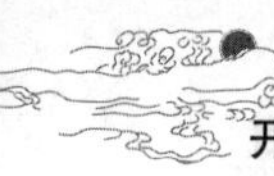

Robinson, B., Dash, Z., Dreesen, D., Kelkar, S., Miller, J., Restine, B., Yamaguchi, T., and Zyvoloski, G., 1985. "Experiment 2062 results," Group ESS-4 internal memorandum ESS-4-85-209, Los Alamos, NM, 47 pp.

Robinson, B. A., Aguilar, R. G., Kanaori, Y., Trujillo, P. E. Jr., Counce, D. A., Birdsell, S. A., and Matsunaga, I., 1987. "Geochemistry and tracer behavior during a thirty-day flow test of the Fenton Hill HDR (hot dry rock) reservoir," 12th annual workshop on geothermal reser-voir engineering (January 20-22, 1987: Stanford, CA). SGP-TR-109, pp. 163-171.

Robinson, B. A., Brown, L. F., and Tester, J. W., 1988. "Reservoir sizing using inert and chemically reacting tracers," *SPE (Society of Petroleum Engineers) Format. Eval.* 3(1): 227-234.

Robinson, E. S., Potter, R. M., McInteer, B. B., Rowley, J. C., Armstrong, D. E., and Mills, R. L., 1971. "A preliminary study of the nuclear Subterrene" (Smith, M. C., ed.), Los Alamos Scientific Laboratory report LA-4547, 62 pp.

Rodrigues, N. E. V., Robinson, B. A., and Counce, D. A., 1993. "Tracer experiment results during the Long-Term Flow Test of the Fenton Hill reservoir," 18th annual workshop on geothermal reservoir engineering (January 26-28, 1993: Stanford, CA). SGP-TR-145, pp. 199-206.

Roegiers, J. C., and Brown, D. W., 1974. "Geothermal energy: a new application of rock mechanics?" 3rd international congress on rock mechanics (September 1, 1974: Denver, CO). CONF-740909-P2A, vol. II, part A, National Academy of Sciences, Washington, DC, pp. 674-680.

Roegiers, J. C., and McLennan, J. D., 1978. "Rock mechanics problems associated with hot dry rock geothermal energy extraction" (abstract), in *Proceedings* (Elsner, D. B., comp.), hot dry rock geothermal workshop (April 20, 1978: Los Alamos, NM). Los Alamos Scientific Laboratory report LA-7470-C, p. 36.

Roff, A., Phillips, W. S., and Brown, D. W., 1996. "Joint structures determined by clustering microearthquakes using waveform amplitude ratios," *Int. J. Rock Mech. Min. Sci. & Geomech. Abstr.* 33(6): 637-639.

Rowley, J. C., and Carden, R. S., 1982. "Drilling of hot dry rock geothermal Energy Extraction Well EE-3," Los Alamos National Laboratory report LA-9512-HDR, Los Alamos, NM, 123 pp.

Rowley, J. C., Heiken, G., Murphy, H. D., and Kuriyagawa, M., 1982. "Experimental results and potential for hot dry rock geothermal resources," 3rd circum-Pacific energy and mineral resources conference of the American Association of Petroleum Geologists (August 22-28, 1982: Honolulu, HI). *Trans. Circum-Pacific Energy Minerals Res. Conf.* 3: 451-457.

Rowley, J. C., Pettitt, R. A., Hendron, R. H., Sinclair, A. R., and Nicholson, R. W., 1983. "Fracturing operations in a dry geothermal reservoir," annual technical conference of the Society of Petroleum Engineers of AIME (October 5, 1983: San Francisco, CA). *Soc. Pet. Eng. AIME Pap.* vol. SPE12100, p. 16.

Rowley, J. C., Pettitt, R. A., Matsunaga, I., Dreesen, D. S., Nicholson, R. W., and Sinclair, A. R., 1983. "Hot dry rock geothermal reservoir fracturing: initial field operations—1982," Geothermal Resources Council annual meeting (October 24–27, 1983: Portland, OR). *Trans. Geotherm. Resour. Counc.* 7: 467–472.

Sanyal, S. K., Wells, L. E., and Bickham, R. E., 1979. "Geothermal well log interpretation. Midterm report," Los Alamos Scientific Laboratory report LA-7693-MS, Los Alamos, NM, 178 pp.

Sarda, J. P., and Hsu, Y. C., 1975. "Angle of crack propagation for a vertical hydraulic fracture," Los Alamos Scientific Laboratory report LA-6175-MS, Los Alamos, NM, 6 pp.

Sass, J. H., and Robertson-Tait, A., 2002. "Potential for ´enhanced geothermal systems´ in the western United States," in *Geologisches Jahrbuch* special edition (Baria, R., Baumgärtner, J., Gérard, A., and Jung, R., eds.), international conference—4th HDR forum (September 28–30, 1998: Strasbourg, France). Hannover, Germany, pp. 35–42.

Savage, W. U., 1977. *Review of the Los Alamos Seismic Monitoring Program in Relation to the Hot Dry Rock Geothermal Project*, prepared for the Los Alamos Scientific Laboratory of the University of California, Los Alamos, NM. Woodward-Clyde Consultants, San Francisco, CA, 30 pp.

Schillo, J. C., Nicholson, R. W., Hendron, R. H., andThomson, J. C., 1987. "Redrilling of Well EE-3 at the Los Alamos National Laboratory HDR Project," Geothermal Resources Council annual meeting (October 11–14, 1987: Sparks, NV). *Trans. Geotherm. Resour. Counc.* 11: 67–73.

Shulman, G., 1992. "Administration´s national energy strategy relating to the hot dry rock (HDR) geothermal energy program" (presentedto U. S. House of Representatives Committee on Interior and Insular Affairs, Subcommittee on Energy and the Environment, January 23, 1992). *Geotherm. Resour. Counc. Bull.* 21(5): 175–176.

Sibbitt, W. L., Dodson, J. G., and Tester, J. W., 1979. "Thermal conduc-tivity of crystalline rocks associated with energy extraction from hot dry rock geothermal systems," *J. Geophys. Res.* 84(B3): 1117–1124.

Simmons, G., and Eddy, A., 1976. "Microcracks in GT-2 core" (abstract), American Geophysical Union spring annual meeting (April 12, 1976: Washington, DC). *EOS, Trans. Am. Geophys. Union* 57(4): 353.

Simmons, G., and Richter, D., 1976. "Microcracks in rocks," in The Physics and Chemistry of Minerals and Rocks (Streus, R. G. J., ed.), John Wiley & Sons, London, pp. 105–137.

Simmons, G., and Cooper, H., 1977. "DSA of the microcracks in more GT-2 core: interpretation and implications," final technical report to the Los Alamos Scientific Laboratory under subcontract X67-69648-1, unpublished, 34 pp.

SKB(Svensk Kärnbränslehantering AB—Swedish Nuclear Fuel and Waste Management Co.), 1989. *Storage of Nuclear Waste in Very Deep Boreholes—Feasibility Study and Assessment of Economic Potential*, SKB Technical Report 89-39, Stockholm, Sweden, 100pp.

Slemmons, D. B., 1975. "Fault activity and seismicity near the Los Alamos Scientific Laboratory geothermal test site, Jemez Mountains, New Mexico," Los Alamos Scientific Laboratory report LA-59-11-MS, 26 pp.

Smith, M. C., 1973. "Geothermal energy," Los Alamos Scientific Laboratory informal report LA-5289-MS, Los Alamos, NM, 31 pp.

Smith, M. C., 1973. "The potential for the production of power from geothermal resources," *Geotherm. Energy* 1(2):46-51.

Smith, M. C., 1974. "Geothermal power," in *Proceedings*, AIP topical confer-ence on energy (February 4, 1974: Chicago, IL). No. 19, pp. 401-411.

Smith, M. C., 1974. "Los Alamos dry geothermal source demonstration project," in *Proceedings*, geothermal power development conference (June 18, 1974: Berkeley, CA). Lawrence Berkeley Laboratory document LBL-3099, 6pp.

Smith, M. C., 1974. "Los Alamos geothermal dry hot rock source demonstra-tion project," *Geotherm. Energy Mag.* 2(10):8-14.

Smith, M. C., 1974. "Progress of the LASL dry hot rock geothermal energy project," in *Proceedings*, conference on research for the development of geothermal energy resources (September 23, 1974: Pasadena, CA), pp. 207-212.

Smith, M. C., 1974. "Prospect for geothermal power," Power Engineering Society summer meeting and energy resources conference (July 16, 1974: Anaheim, CA). CONF-740709-2, 9 pp.

Smith, M. C., 1975. "Los Alamos Scientific Laboratory dry hot rock geothermal project," *Geothermics* 4(1-4):27-39.

Smith, M. C., 1976. "LASL dry hot rock concept" (abstract), American Geophysical Union spring annual meeting (April 12, 1976: Washington, DC). *EOS, Trans. Am. Geophys. Union* 57(4):349.

Smith, M. C., 1977. "Results of fluid-circulation experiments: LASL hot dry rock geothermal project," American Nuclear Society topical meeting on energy and mineral recovery research (April 12, 1977: Golden, CO). CONF-770440-3, 6 pp.

Smith, M. C., 1978. "Geothermal energy: the furnace in the basement," *Phys. Teach.* 16(8): 533-539.

Smith, M. C., 1978. "Initial results from the first Los Alamos hot dry rock energy system," symposium on geothermal energy (May 29, 1978: Gothenburg, Sweden). CONF-780513-1, 10 pp.

Smith, M. C., 1979. "The future of hot dry rock geothermal energy systems," 3rd national congress, pressure vessel and piping division of the American Society of Mechanical Engineers (June 24-29, 1979: San Francisco, CA). American Society of Mechanical Engineers publication 79-PVP-35, 12 pp.

Smith, M. C., 1980. "Hot dry rock pilot project," NATO/CCMS meeting on pilot studies (July 15, 1980: Paris, France). CONF-800704-2, 5 pp.

Smith, M. C., 1981. "The hot dry rock geothermal energy program," *Interstate Oil Compact Commission Committee Bull*. 23(2): 20-22.

Smith, M. C., 1982. "The hot dry rock geothermal energy program," Los Alamos National Laboratory report LALP-81-45, Los Alamos, NM, 4 pp.

Smith, M. C., 1982. "Progress of the U. S. hot dry rock program," in *Proceedings*, international conference on geothermal energy (Stephens, H. S., and Stapleton, C. A., eds.), May 11-14, 1982: Florence, Italy, pp. 303-319.

Smith, M. C., 1983a. "A history of hot dry rock geothermal energy systems," in *Geothermal Energy from Hot Dry Rock* (Heiken, G., and Goff, F., eds.), *J. Volcanol. Geotherm. Res.* special issue 15(1-3): 1-20.

Smith, M. C., 1983b. "Hot dry rock is where you find it," in *Workshop on Exploration for Hot Dry Rock Geothermal Systems* (Heiken, G. H., Shankland, T. J., and Ander, M. E., comp.), June 21, 1982: Los Alamos, NM. Los Alamos National Laboratory report LA-9697-C, pp. 18-21.

Smith, M. C., 1983c. "Major accomplishments of the hot dry rock program, 1970-1982," Los Alamos National Laboratory report LALP-82-37, Los Alamos, NM, 12 pp.

Smith, M. C., 1985. "The transfer of hot dry rock technology," Los Alamos National Laboratory report LA-10601-HDR, Los Alamos, NM, 38 pp.

Smith, M. C., 1987. "The hot dry rock geothermal energy program," Los Alamos National Laboratory report LALP-87-16, Los Alamos, NM, 5 pp.

Smith, M. C., 1995. "The furnace in the basement, Part 1: The early days of the hot dry rock geothermal energy program, 1970-1973," Los Alamos National Laboratory report LA-12809, Pt. 1, Los Alamos, NM, 215 pp.

Smith, M. C., *in preparation*. "The furnace in the basement, Part 2: The Phase I system, 1974-1978."

Smith, M. C., and Tester, J. W., 1977. "Energy extraction characteristics of hot dry rock geothermal systems," in *Proceedings*, 12thintersociety energy conversion engineering conference (August 28-September 2, 1977: Washington, DC). Society of Mechanical Engineers, New York, NY, pp. 816-823.

Smith, M., Potter, R., Brown, D., and Aamodt, R. L., 1973. "Induction and growth of fractures in hot rock," in *Geothermal Energy* (Kruger, P., and Otte, C., eds.), Stanford University Press, Stanford, CA, pp. 251-268.

Smith, M. C., Aamodt, R. L., Potter, R. M., and Brown, D. W., 1975. "Man-made geothermal reservoirs," 2nd United Nations symposium on the development and use of geothermal resources (May 20-29, 1975: San Francisco, CA). CONF-750525-6, 26 pp.

Smith, R. L., Bailey, R. A., and Ross, C. S., 1970. *Geologic Map of the Jemez Mountains, New Mexico*, U. S. Geological Survey Miscellaneous Investigations Series Map No. I-571, Reston, VA.

Sneddon, I. N., 1946. "The distribution of stress in the neighbourhood of a crack in an elastic solid," *Proc. Royal Soc. London* A187: 229-260.

Somerville, M., van der Meulen, T., Estrella, D., Rahman, S. S., Chopra, P. N., and Wyborn, D., 1994. "Hot dry rock feasibility study," Energy Research and Development Corporation report ERDC-243, 133 pp.

Spence, R. W., Aamodt, R. L., Potter, R. M., and Albright, J. N., 1978. "Acoustic ranging and in-situ velocity measurements" (abstract), in *Proceedings* (Elsner, D. B., comp.), hot dry rock geothermal workshop (April 20, 1978: Los Alamos, NM). Los Alamos Scientific Laboratory report LA-7470-C, p. 20.

Steck, L. K., Lutter, W. J., Fehler, M. C., Thurber, C. H., Roberts, P. M., Baldridge, W. S., Stafford, D. G., and Sessions, R., 1998. "Crust and upper mantle structure beneath Valles Caldera, New Mexico: Results from the JTEX Teleseismic Experiment," *J. Geophys. Res.* 103: 24301-24320.

Sun, R. J., 1969. "Theoretical size of hydraulically induced horizontal fractures and corresponding surface uplift in an idealized medium," *J. Geophys. Res.* 74(25): 5995-6011.

Swanson, P. L., 1985. "Subcritical crack growth and other time-and environment-dependent behavior in crustal rocks," *J. Geophys. Res.* 89: 4137-4152.

Swenson, D., and Beikmann, M., 1992. "An implicitly coupled model of fluid flow in jointed rock," in *Proceedings*, 33rd U. S. symposium on rock mechanics (Tillerson, J. R., and Wawersik, W. R., eds.), June 3-5, 1992: Santa Fe, NM. A. A. Balkema, Brookfield, VT, pp. 649-658.

Swenson, D., Martineau, R., James, M., and Brown, D., 1991. "A coupled model of fluid flow in jointed rock," in *Proceedings*, 16th annual workshop on geothermal reservoir engineering (January 23-25, 1991: Stanford, CA). SGP-TR-134, pp. 21-27.

Swenson, D., DuTeau, R., and Sprecker, T., 1995. "Modeling flow in a jointed geothermal reservoir," in *Worldwide Utilization of Geothermal Energy: an Indigenous, Environmentally Benign Renewable Energy Resource*, proceedings of the World Geothermal Congress (May 18-31, 1995: Florence, Italy). International Geothermal Association, Inc., Auckland, New Zealand, vol. 4, pp. 2553-2558.

Takahashi, H. , and Hashida, T. , 1993. "New project for hot wet rock geothermal reservoir design concept," in *Proceedings*, 18th annual workshop on geothermal reservoir engineering(January 26–28, 1993: Stanford, CA). SGP–TR–145, pp. 291–296.

Tatro, C. A. , 1986. "A study of pumps for the hot dry rock geothermal energy extraction experiment(LTFT [Long–Term Flow Test])," Los Alamos National Laboratory report LA–10862–T, 89 pp.

Tennyson, G. P. Jr. , 1985. *Minutes*, 9th IEA Steering Committee meeting(October 3–4, 1984, Tokyo, Japan). U. S. Department of Energy, Washington, DC, 110 pp.

Tennyson, G. P. Jr. , 1986. *Revised Draft Minutes*, 12th IEA/HDR Steering Committee meeting (June 17–18, 1986: Los Alamos, NM). U. S. Department of Energy, Washington, DC, 177 pp.

Tennyson, G. P. Jr. , 1991. "Summary—hot dry rock," in *The Geothermal Partnership—Industry, Utilities, and Government Meeting the Challenges of the* 90′s, proceedings of Geothermal Energy Program Review IX(March 19–21, 1991: San Francisco, CA). U. S. Department of Energy document CONF–9103105, pp. 139–141.

Tennyson, G. P. Jr. , 1992. "Hot dry rock—summary," in *Geothermal Energy and the Utility Market—the Opportunities and Challenges for Expanding Geothermal Energy in a Competitive Supply Market*, proceedings of Geothermal Energy Program Review X(March 24–26, 1992: San Francisco, CA). U. S. Department of Energy document CONF–920378, p. 145.

Tester, J. W. , 1974. *Proceedings*, NATO–CCMS information meeting on dry hot rock geothermal energy(September 17–19, 1974: Los Alamos, NM). Los Alamos Scientific Laboratory report LA–5818–C, 40 pp.

Tester, J. W. , 1976. "Geothermal energy for power generation," in *Energy for the Future*, proceedings of the IEEE region six conference(April 7–9, 1976: Tucson, AZ). A76–39476 19–44, pp. 19–25.

Tester, J. W. , 1979. "Issues facing the development of hot dry rock geothermal resources," 3rd annual EPRI geothermal conference(June 26, 1979: Monterey, CA). CONF–790679–2, 11 pp.

Tester, J. W. , 1980. "Development of hot dry rock geothermal resources: technical and economic issues," in *Energy for Ourselves and Our Posterity*(Perrine, R. L. , and Ernst, W. G. , eds.), Rubey colloquium(January 28, 1980: Los Angeles, CA). Vol. 3, pp. 208–228.

Tester, J. W. , 1982. "Energy conversion and economic issues for geothermal energy," in Handbook of Geothermal Energy(Edwards, L. M. , Chilingar, G. V. , Rieke, H. H. III, and Fertl, W. , eds.), Gulf Publishing Company, Houston, TX, pp. 471–588.

Tester, J. W. , 1992. "Testimony on hot dry rock geothermal energy"(pre–sented to U. S. House of Representatives Committee on Interior and Insular Affairs, Subcommittee on Energy and the Environment, January 23, 1992). *Geotherm. Resour. Counc. Bull.* 21(5): 137–147.

Tester, J. W., and Milora, S. L., 1975. "Geothermal energy," energy sources of the future meeting (July 7, 1975: Oak Ridge, TN). Los Alamos Scientific Laboratory report LA-UR-75-1463; CONF-750733-1, pp. 74-88.

Tester, J. W., and Bivins, R. L., 1978. "An analysis of interwell tracer residence time distributions" (abstract), in *Proceedings* (Elsner, D. B., comp.), hot dry rock geothermal workshop (April 20, 1978: Los Alamos, NM). Los Alamos Scientific Laboratory report LA-7470-C, p. 31.

Tester, J. W., and Albright, J. N. (eds.), 1979. "Hot dry rock energy extrac-tion field test: 75 days of operation of a prototype reservoir at Fenton Hill, Segment 2 of Phase I," Los Alamos Scientific Laboratory report LA-7771-MS, Los Alamos, NM, 104 pp.

Tester, J. W., and Potter, R. M., 1979. "Interwell tracer analyses of a hydrau-lically fractured granitic geothermal reservoir," 54th annual conference and exhibition of the Society of Petroleum Engineers (September 23-26, 1979: Las Vegas, NV). SPE 8270, 12pp.

Tester, J. W., and Herzog, H. J., 1990. *Economic Predictions for Heat Mining: a Review and Analysis of Hot Dry Rock (HDR) Geothermal Energy Technology*, final report for the U. S. Department of Energy. Massachusetts Institute of Technology, Energy Laboratory, document MIT-EL 90 001, 180 pp.

Tester, J. W., and Herzog, H. J., 1991. "The economics of heat mining: an analysis of design options and performance requirements of hot dry rock (HDR) geothermal power systems," *Energy Sys. and Pol.* 15:33-63.

Tester, J. W., Blatz, L. A., and Holley, C. E. Jr., 1977. "Solution chemistry and scaling in hot dry rock geothermal systems," 83rd national meeting of the American Institute of Chemical Engineers (March 20, 1977: Houston, TX). CONF-770310-2, 9 pp.

Tester, J. W., Grigsby, C., Holley, C., and Blatz, L., 1978. "Geochemical analysis of fluids circulated through a granitic hot dry rock geothermal system" (abstract), 2nd workshop on sampling and analysis of geothermal effluents (February 15-17, 1977: Las Vegas, NV). EPA/600/7-78-121, p. 174.

Tester, J. W., Morris, G. E., Cummings, R. G., and Bivins, R. L., 1979. "Electricity from hot dry rock geothermal energy: technical and economic issues," Los Alamos Scientific Laboratory report LA-7603-MS, Los Alamos, NM, 24 pp.

Tester, J. W., Brown, D. W., and Potter, R. M., 1989a. "Hot dry rock geother-mal energy—a new energy agenda for the 21st century," Los Alamos National Laboratory report LA-11514-MS, Los Alamos, NM, 30 pp.

Tester, J. W., Murphy, H. D., Grigsby, C. O., Potter, R. M., and Robinson, B. A., 1989b. "Fractured geothermal reservoir growth induced by heat extraction," *SPE (Society of Petroleum Engineers) Reserv. Eng.* 4(1):97-104.

Traeger, R., and Murphy, H., 1988. "Plumbing the Earth's depths," *Mech. Eng.* 110(9):62-68.

Trice, R., and Warren, N., 1977. "Preliminary study on the correlation of acoustic velocity and permeability in two granodiorites from the LASL Fenton Hill deep borehole, GT-2, near the Valles Caldera, New Mexico," Los Alamos Scientific Laboratory report LA-6851-MS, Los Alamos, NM, 26 pp.

Trujillo, P. E., Shevenell, L., Goff, F., Grigsby, C. O., and Counce, D., 1987. "Chemical analysis and sampling techniques for geothermal fluids and gases at the Fenton Hill laboratory," Los Alamos National Laboratory report LA-11006-MS, Los Alamos, NM, 87 pp.

University of New Mexico, 1979. *Economic Modeling of Electricity Production from Hot Dry Rock Geothermal Reservoirs: Methodology and Analyses* (Cummings, R. G., and Morris, G. E., principal investiga-tors), final report. Electric Power Research Institute document EPRI EA-630, 82 pp.

USDOE (U. S. Department of Energy), 1980. *Hot Dry Rock Research, Development, and Demonstration Program Plan*, U. S. Department of Energy, Division of Geothermal Energy, document HDR-PO1, 41 pp.

USDOE (U. S. Department of Energy), 1987. *Energy Security: a Report to the President of the United States*, U. S. Department of Energy, Washington, DC., 97 pp.

USDOE (U. S. Department of Energy), 1995. *Geothermal Progress Monitor*, report No. 17, DOE/EE-0091, U. S. Department of Energy, Washington, DC, 85 pp.

USGS (U. S. Geological Survey), 1979. *Assessment of Geothermal Resources of the United States—1978* (Muffler, L. J. P., ed.), U. S. Geological Survey circular C 790, Reston, VA, 163 pp.

USGS (U. S. Geological Survey), 2008. (Resources Assessment Team: Williams, C. F., Reed, M. J., Mariner, R. H., DeAngelo, J., and Galanis, S. P. Jr.), *Assessment of Moderate-and High-Temperature Geothermal Resources of the United States*. U. S. Geological Survey Fact Sheet 2008-3082, 4 pp.

Vidale, R., Gancarz, A., and Binder, I., 1981. "Application of fluid-chemistry studies to a hot dry rock geothermal system: I. Neutron-activation studies," Los Alamos Scientific Laboratory report LA-8766-MS, Los Alamos, NM, 25 pp.

Wald, M. L., 1991. "Mining deep underground for energy," *New York Times*, November 3, 1991.

Wang, H. F., and Simmons, G., 1978. "Microcracks in crystalline rock from the 5.3-km depth in the Michigan Basin," *J. Geophys. Res.* 83:5849-5856.

Warren, N., 1983. "Quantitative petrostructure analysis," Los Alamos National Laboratory report LA-9711-MS, Los Alamos, NM, 39 pp.

West, F. G., 1976. "Geology of the LASL Fenton Hill site" (abstract), American Geophysical Union spring annual meeting (April 12, 1976: Washington, DC). *EOS, Trans. Am. Geophys. Union* 57(4):350.

West, F. G., and Shankland, T. J., 1977. "Exploration methods for hot dry rock," Los Alamos Scientific Laboratory report LA-6659-MS, Los Alamos, NM, 58 pp.

West, F. G., Kintzinger, P. R., and Laughlin, A. W., 1975. "Geophysical logging in Los Alamos Scientific Laboratory Geothermal Test Hole No. 2," Los Alamos Scientific Laboratory report LA-6112-MS, Los Alamos, NM, 13 pp.

West, F. G., Kintzinger, P. R., and Purtymun, W. D., 1975. "Hydrologic testing of Geothermal Test Hole No. 2," Los Alamos Scientific Laboratory report LA-6017-MS, Los Alamos, NM, 8 pp.

Whetten, J., Potter, R., and Brown, D., 1983. "Hot dry rock update," in *Proceedings*, Geothermal Energy Program Review II (October 11, 1983: Washington, DC). U. S. Department of Energy document CONF-8310177, pp. 212-234.

Whetten, J., Dennis, B., Dreesen, D., House, L., Murphy, H., Robinson, B., and Smith, M., 1986. "The U. S. hot dry rock project," 1st EEC/U. S. workshop on geothermal hot dry rock technology (May 28-30, 1986: Brussels, Belgium). *Geothermics* 16(4): 331-339.

Whetten, J. T., Murphy, H. D., Hanold, R. J., Myers, C. W., and Dunn, J. C., 1988. "Advanced geothermal technologies," 15th annual energy technology conference and exposition, *Repowering America* (February 17-19, 1988: Washington, DC). CONF-880212-4, 16 pp.

Williams, R. E., 1978. "Geothermal drilling in hot granitic rock," Geothermal Resources Council meeting, *Geothermal Energy: a Novelty Becomes a Resource* (July 25-27, 1978: Hilo, HI). *Trans. Geotherm. Resour. Counc.* 2(2): 721-723.

Williams, R. E., Rowley, J. C., Neudecker, J. W., and Brittenham, T. L., 1979. "Equipment for drilling and fracturing hot granite wells," 54th annual conference and exhibition of the Society of Petroleum Engi-neers (September 23-26, 1979: Las Vegas, NV). SPE 8268, 8 pp.

Williams, R. E., Neudecker, J. W., Rowley, J. C., and Brittenham, T. L., 1981. "Directional drilling and equipment for hot granite wells," in *Proceedings*, international geothermal drilling and completions technology conference (January 21-23, 1981: Albuquerque, NM). CONF-810105-2, pp. 9. 1-9. 24.

Witherspoon, P. A., Wang, J. S. Y., Iwai, K., and Gale, J. E., 1980. "Validity of cubic law for fluid flow in a deformable rock fracture," *Water Resour. Res.* 16: 1016-1024.

Witherspoon, P. A., Bodvarsson, G. S., Pruess, K., and Tsang, C. F., 1982. "Energy recovery by water injection," 3rd circum-Pacific energy and mineral resources conference of the American Association of Petroleum Geologists (August 22-28, 1982: Honolulu, HI). Geothermal Resources Council special report No. 12, Davis, CA, pp. 35-44.

Won, I. J., and Son, K. H., 1982. "Determination of depth to the Curie isotherm from aeromagnetic data," in *Workshop on Exploration for Hot Dry Rock Geothermal Systems* (Heiken, G. H., Shankland, T. J., and Ander, M. E., comp.), June 21, 1982: Los Alamos, NM. Los Alamos National Laboratory report LA-9697-C, pp. 51-57.

Worley, W. G., and Tester, J. W., 1995. "Dissolution kinetics of quartz and granite in acidic and basic salt solutions," in *Worldwide Utilization of Geothermal Energy: an Indigenous, Environmentally Benign Renew-able Energy Resource*, proceedings of the World Geothermal Congress (May 18-31, 1995: Florence, Italy). International Geothermal Associa-tion, Inc., Auckland, New Zealand, vol. 4, pp. 2545-2551.

Wunder, R., and Murphy, H., 1978. "Thermal drawdown and recovery of singly and multiply fractured hot dry rock reservoirs," Los Alamos Scientific Laboratory report LA-7219-MS, Los Alamos, NM, 18 pp.

Yamamoto, T., Kitano, K., Fujimitsu, Y., and Ohnishi, H., 1997. "Application of simulation code GEOTH3D on the Ogachi HDR site," in *Proceedings*, 22nd workshop on geothermal reservoir engineering (January 27-29, 1997: Stanford, CA). SGP-TR-155, pp. 203-212.

Zyvoloski, G., 1980. "Bottom-hole temperatures and pressures for Experiment 217," Los Alamos Scientific Laboratory G-5 internal report, technical memo 11, Los Alamos, NM.

Zyvoloski, G., 1982. "Non-Darcy flow in geothermal reservoirs," Geothermal Resources Council annual meeting (October 11, 1982: San Diego, CA). *Trans. Geotherm. Resour. Counc.* 6: 325-328.

Zyvoloski, G., 1984. "Reservoir modeling of the Phase II hot dry rock system," preprint, Geothermal Resources Council annual meeting (August 26-29, 1984: Reno, NV). Los Alamos National Laboratory report LALP-84-37, Los Alamos, NM, 4 pp.

Zyvoloski, G., 1985. "The sizing of a hot dry rock reservoir from a hydraulic fracturing experiment," in *Research and Engineering Applications in Rock Masses*, proceedings of the 26th U. S. symposium on rock mechanics (June 26-28, 1985: Rapid City, SD). A. A. Balkema Publishers, Accord, MA, pp. 355-362.

Zyvoloski, G. A., Aamodt, R. L., and Aguilar, R. G., 1981a. "Evaluation of the second hot dry rock geothermal energy reservoir: results of Phase I, Run Segment 5," Los Alamos National Laboratory report LA-8940-HDR, Los Alamos, NM, 94 pp.

Zyvoloski, G. A., Aamodt, R. L., Fisher, H. N., and Murphy, H. D., 1981b. "Some results of a long-term flow test of a hot dry rock reservoir," preprint, Geothermal Resources Council annual meeting (October 25-29, 1981: Houston, TX). Los Alamos National Laboratory report LALP-81-48, Los Alamos, NM, 4 pp.